无 | 师 | 自 | 通 | 学 | 电 | 脑 | 系 | 列

无师自通学电脑

新手学Word图文排版

2016版

梁为民 编著

北京日报出版社

图书在版编目（CIP）数据

新手学 Word 图文排版 / 梁为民编著. -- 北京 ：北京日报出版社, 2018.11
（无师自通学电脑）
ISBN 978-7-5477-3195-6

Ⅰ. ①新… Ⅱ. ①梁… Ⅲ. ①文字处理系统 Ⅳ. ①TP391.12

中国版本图书馆 CIP 数据核字(2018)第 211804 号

新手学 Word 图文排版

出版发行：北京日报出版社
地　　址：北京市东城区东单三条 8-16 号东方广场东配楼四层
邮　　编：100005
电　　话：发行部：（010）65255876
　　　　　总编室：（010）65252135
印　　刷：北京京华铭诚工贸有限公司
经　　销：各地新华书店
版　　次：2018 年 11 月第 1 版
　　　　　2018 年 11 月第 1 次印刷
开　　本：787 毫米×1092 毫米　1/16
印　　张：15.5
字　　数：378 千字
定　　价：58.00 元（随书赠送光盘一张）

内 容 提 要

本书作为“无师自通学电脑”系列丛书之一，根据初学者的具体情况和实际需求，从零开始、系统全面地讲解 Word 图文排版的各项技能。

本书共分为 12 章，内容包括：Word 2016 基础入门、Word 2016 文档操作、输入与编辑文本、设置文本格式、创建和编辑图形、创建与编辑表格、创建和编辑图表、高级应用与排版、设置页面与打印文档、商务办公案例实战、书报排版案例实战和其他应用案例实战。

本书结构清晰、语言简练，适合于电脑办公应用的初、中级用户阅读，同时也包括电脑入门人员、Word 办公人员、在职求职人员以及退休人员等。

■ 写作驱动

随着计算机技术的不断发展，电脑在人们的日常工作和生活中扮演着越来越重要的角色，熟练地掌握电脑操作已成为每个人必备的本领。我们经过精心的策划与编写，面向广大初级用户推出了“无师自通学电脑”系列丛书。本套丛书集新颖性、易学性、实用性于一体，帮助用户轻松入门，并通过大量案例实战，让大家快速成为电脑应用高手。

■ 丛书内容

“无师自通学电脑”作为一套面向电脑初级用户、全彩印刷的电脑应用技能普及丛书，第二批书目如下表所示：

序号	书名	配套资源
1	《无师自通学电脑——新手学 Photoshop 数码照片处理》	配多媒体光盘
2	《无师自通学电脑——新手学 Photoshop 图像处理》	配多媒体光盘
3	《无师自通学电脑——新手学网上淘宝与开店》	配多媒体光盘
4	《无师自通学电脑——新手学 Word 图文排版》	配多媒体光盘
5	《无师自通学电脑——新手学电脑办公应用》	配多媒体光盘

■ 丛书特色

“无师自通学电脑”系列丛书的主要特色如下：

- ❖ 从零开始，由浅入深
- ❖ 学以致用，全面上手
- ❖ 全程图解，实战精通
- ❖ 精心构思，重点突出
- ❖ 注解教学，通俗易懂
- ❖ 双栏排布，版式新颖
- ❖ 全彩印刷，简单直观
- ❖ 视频演示，书盘结合
- ❖ 书中扫码，观看视频

■ 本书内容

本书共分 12 章，通过理论与实践相结合，全面、详细地讲解了 Word 2016 基础入门、Word 2016 文档操作、输入与编辑文本、设置文本格式、创建和编辑图形、创建与编辑表格、创建和编辑图表、高级应用与排版、设置页面与打印文档、商务办公案例实战、书报排版案例实战以及其他应用案例实战等内容。

■ 超值赠送

本书还随书赠送一张超值多媒体光盘，光盘中除了本书实例用到的素材与效果文件之外，还包括与本书配套的主体内容的多媒体视频演示。

■ 本书服务

本书由梁为民主编，杜慧为副主编，具体参编人员和字数分配：梁为民 1~4 章（约 9 万字）、杜慧 5~6 章（约 8 万字）、梁新民 7~8 章（约 5 万字）、郑桂梅 9~10 章（约 7 万字）、常凤霞 11~12 章（约 5 万字）。由于编者水平有限，加之编写时间仓促，书中难免存在疏漏与不妥之处，欢迎广大读者来信咨询并指正。

本书及光盘中所采用的图片、音频、视频和软件等素材，均为所属公司或个人所有，书中引用仅为说明（教学）之用，特此声明。

编 者

目 录

第 1 章

Word 2016 基础入门

Word 作为一款专门为文本编辑、排版而开发的软件，它具有强大的文字编写、图文排版和表格制作等功能。本章将主要介绍 Word 2016 的新增功能、工作界面和视图方式等内容。

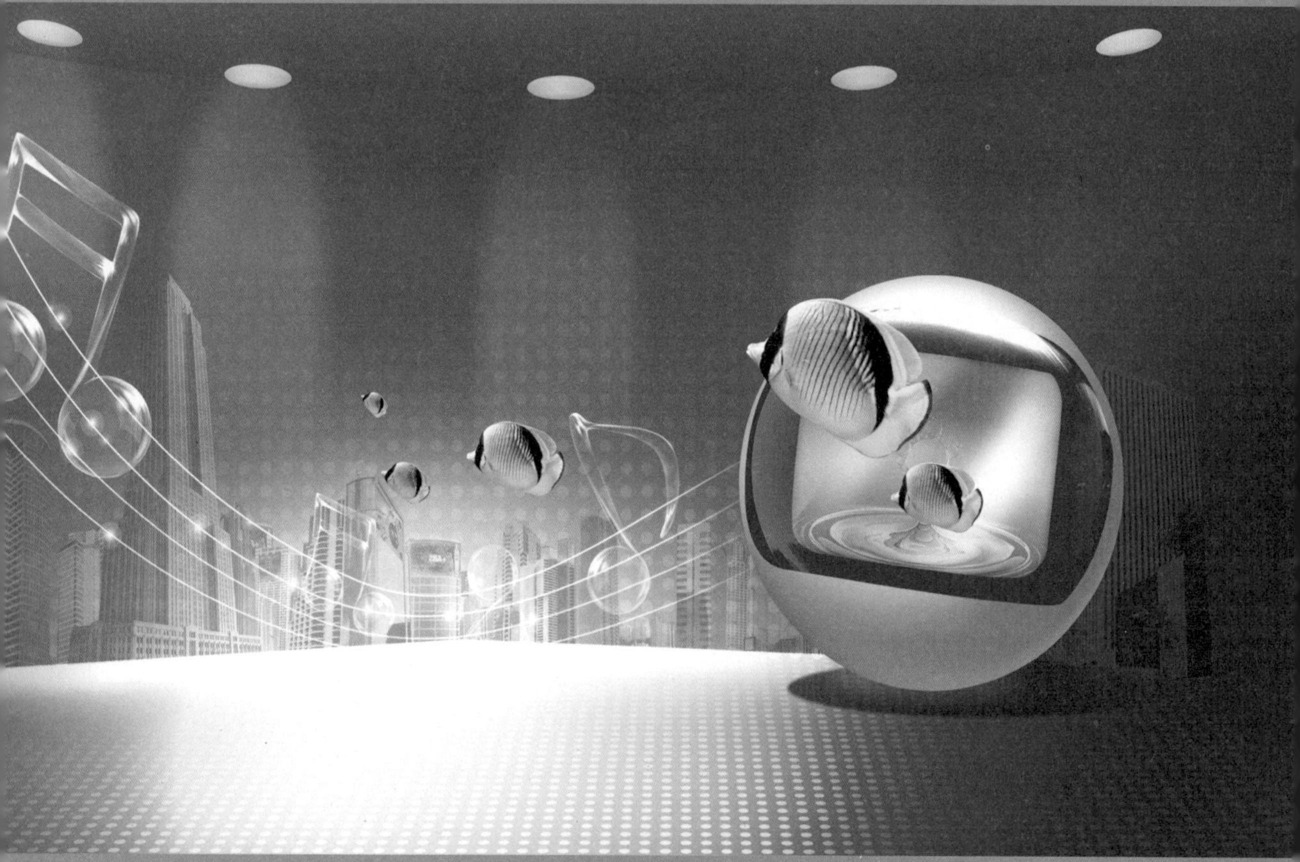

1.1 Word 2016 简介

Word 软件作为文字处理中应用最多、最广泛的软件之一，自问世以来就以其强大的功能、简洁的操作等特点深受广大用户的青睐，现在几乎每一个使用电脑办公的人都会用到它。而且随着产品的不断更新与升级，它的各个方面更加趋于完善，Microsoft 公司推出了其最新的版本——Word 2016。与原来的版本相比，其工作界面更加细腻、层次更分明，同时还增加了许多新的功能。

1.1.1 审查文档

在 Word 文档中可以进行文本的编辑，同时也可以对文档进行审阅，如图 1-1 和图 1-2 所示。

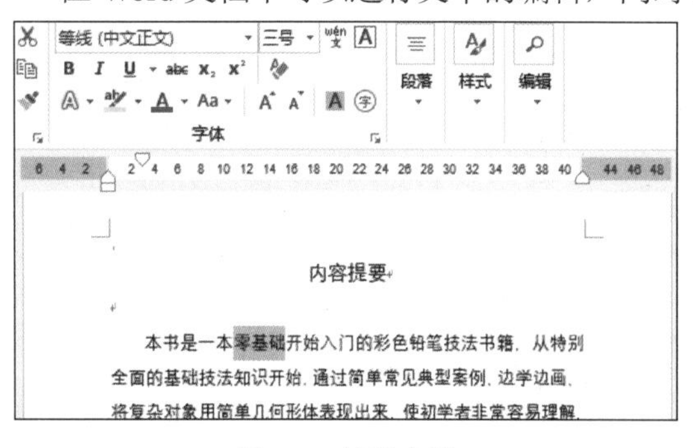

图 1-1 编辑文档

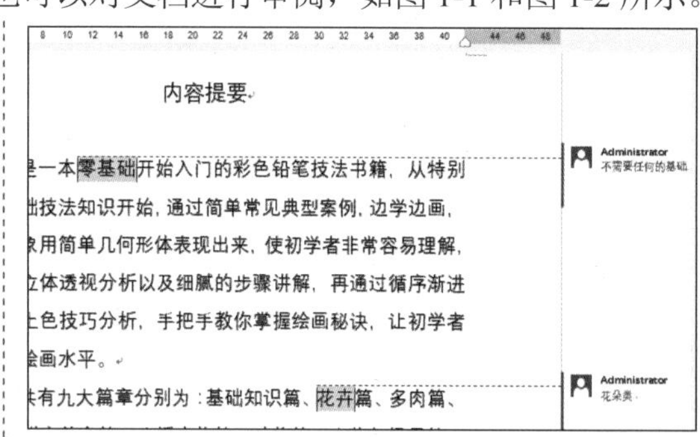

图 1-2 审阅文档

1.1.2 文字处理

使用 Word 文字处理功能，可以对文本的字体、大小、段落或颜色等格式进行设置，如图 1-3 所示。

1.1.3 查看文档编排

当编辑的文本较长时，可以通过调整显示比例查看文档的编排，图 1-4 所示。

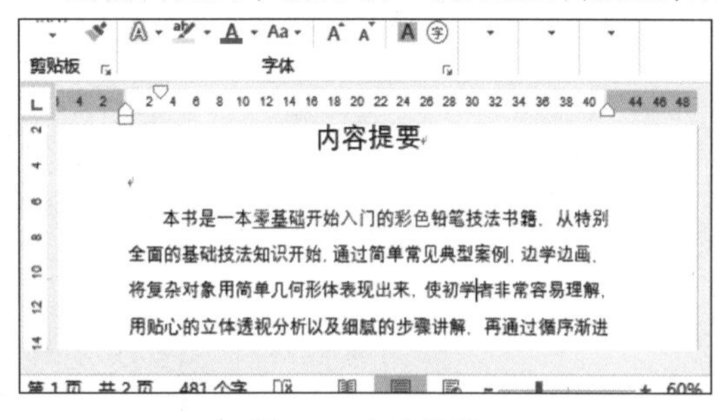

图 1-3 文字处理

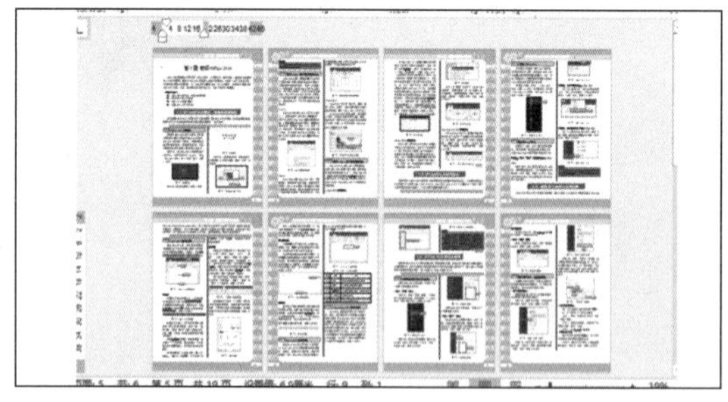

图 1-4 查看文档编排

1.1.4 制作表格与图表

用户可以在 Word 文档中采用表格和图表的形式将统计类型的数据表达得更加直观，如图 1-5 和图 1-6 所示。

商品销售情况统计表						
商品分类	1 月	2 月	3 月	4 月	5 月	6 月
食品	225	325	320	301	350	282
文具	112	123	145	142	104	152
烟酒	225	324	423	362	325	350
饮料	135	213	152	182	251	235
日用品	523	562	432	478	520	452
服装	332	442	532	452	380	368
化妆品	456	556	460	545	452	547

图 1-5　表格形式

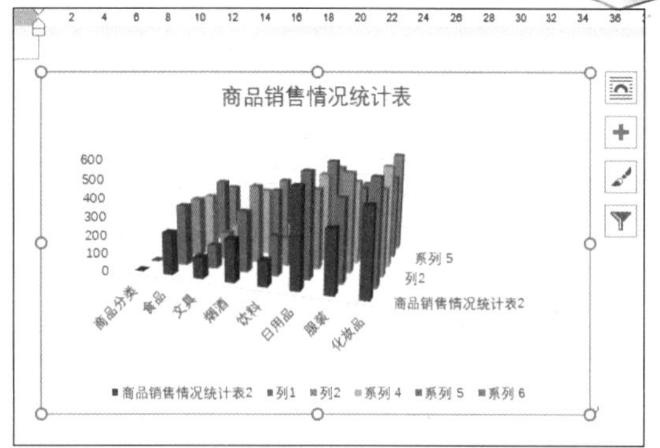

图 1-6　图表形式

1.1.5　应用符号与图文环绕

当以大纲视图编辑文档时，可以添加对应的项目符号或编辑列表，让各级别的关系更加明确，层次感更强，如图 1-7 所示。

在 Word 文档中应用图文环绕的方式可以使文档更加生动，同时也使阅读过程更添情趣，如图 1-8 所示。

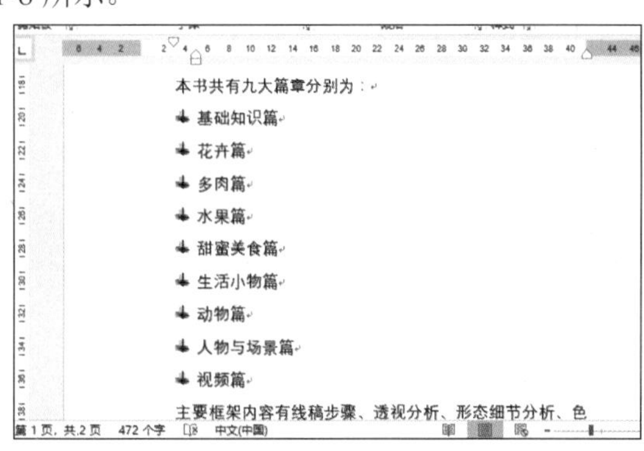

图 1-7　应用项目符号

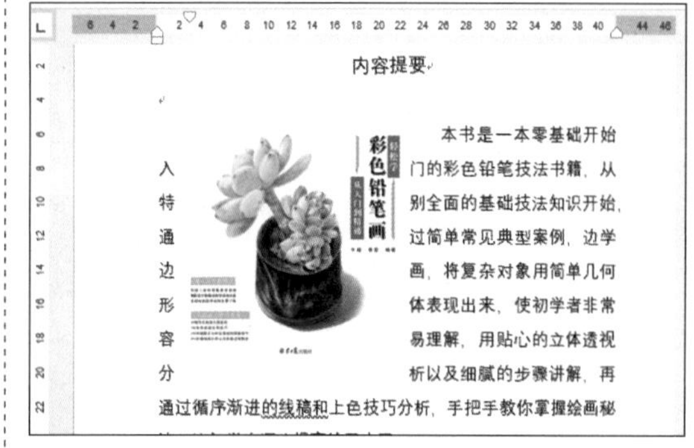

图 1-8　图文环绕

1.2　体验 Word 2016 新增功能

在 Word 2016 中可以更轻松地编辑和浏览文档。为了提升影响力和编辑效果，Word 2016 的新增功能主要集中于为已完成的文档增加表现力。

1.2.1　新增部分功能组

在 Word 2016 中，新增的功能大多体现在各个选项卡下的部分功能组中，如在“审阅”选项卡下，取消了“校对”组中的“定义”功能，但又新增了“见解”分组，如图 1-9 所示；此外，“页面布局”选项卡名称更改为“布局”，如图 1-10 所示。

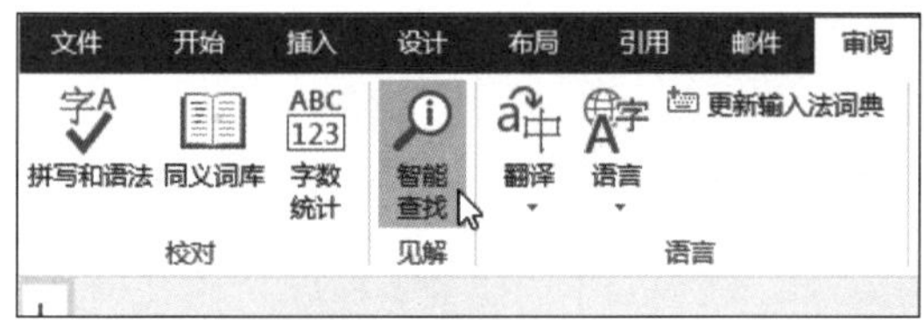

图 1-9　“见解”分组

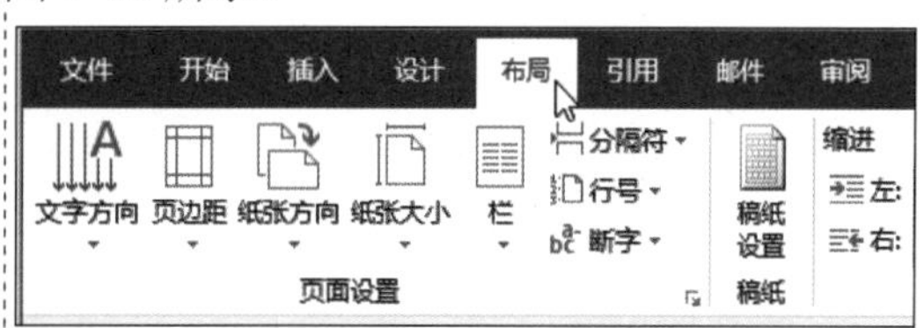

图 1-10　“布局”选项卡

1.2.2　“告诉我您想要做什么”文本框

在 Word 2016 中功能区标签的右侧还新增了一个“请告诉我”文本框，通过该框的“告诉我您想要做什么”功能能够快速查找某些功能按钮，如图 1-11 所示。该框中还记录了用户最近使用的操作，方便用户重复使用，如图 1-12 所示。

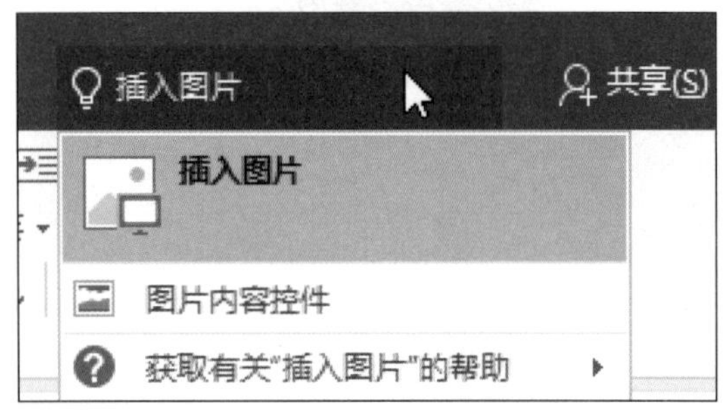

图 1-11　快速查找功能按钮

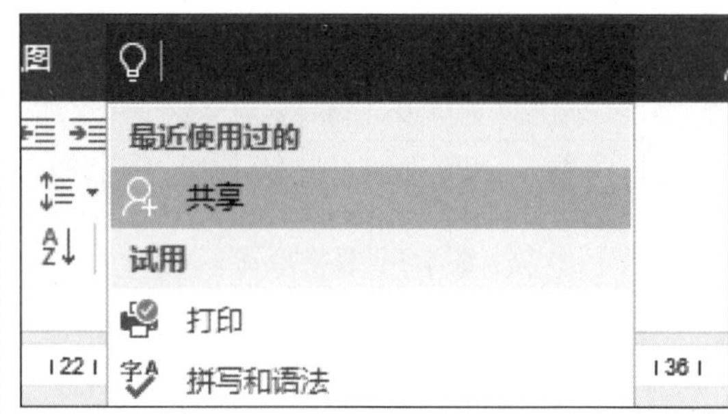

图 1-12　最近使用的操作

1.3　熟悉 Word 2016 工作界面

Word 2016 的工作界面主要由标题栏、菜单栏、快速访问工具栏、功能区、标尺、文档编辑区、滚动条和状态栏等部分组成，如图 1-13 所示。

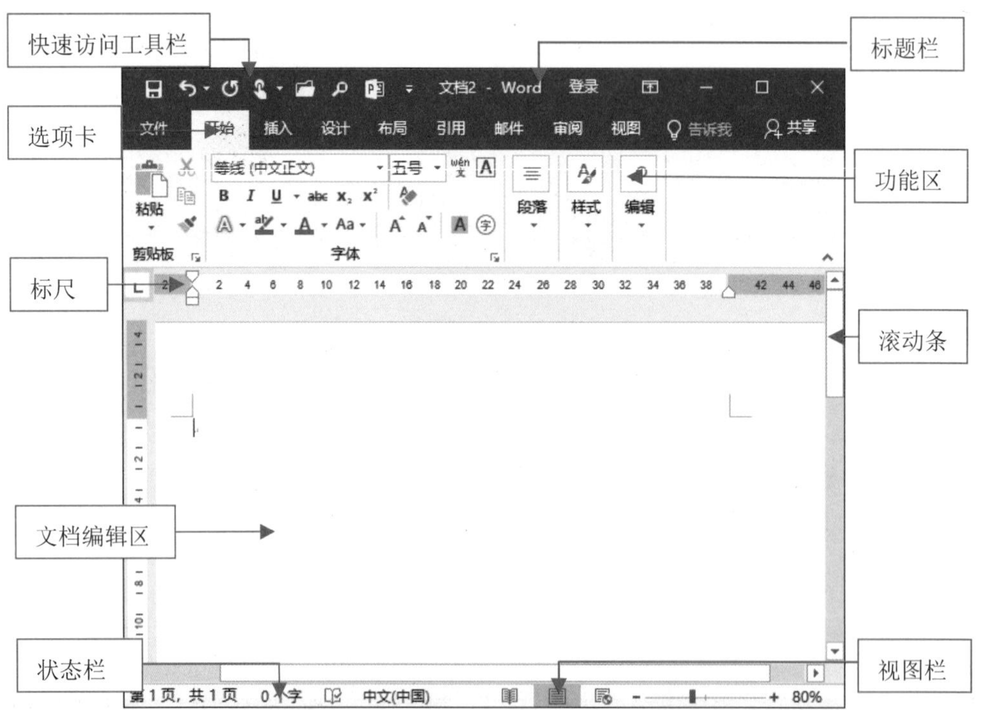

图 1-13　Word 2016 工作界面

1.3.1　标题栏

标题栏位于窗口的最上方、快速访问工具栏的右侧。在 Word 2016 中，标题栏由文档名称、程序名称、“登录”按钮、“功能区显示选项”按钮、“最小化”按钮、“最大化/向下还原”按

钮和“关闭”按钮 7 个小部分组成，如图 1-14 所示。

图 1-14　标题栏

1.3.2　选项卡

选项卡位于标题栏的下方，由“文件”“开始”“插入”“设计”“布局”“引用”“邮件”“审阅”和“视图”9 个选项卡组成，另外 Word 2016 还新增了一个“告诉我你想要做什么”文本框，如图 1-15 所示。

图 1-15　菜单栏

1.3.3　快速访问工具栏

快速访问工具栏位于窗口左上角，主要显示一些常用的操作按钮，在默认情况下，快速访问工具栏上的按钮只有“保存”按钮、“撤销键入”按钮、“重复键入”按钮和“自定义快速访问工具栏”按钮，“新建空白文档”按钮，如图 1-16 所示。用户可以根据需要，添加相应的操作按钮。

图 1-16　快速访问工具栏

1.3.4　功能区

在功能区面板中有许多自动适应窗口大小的选项组，为用户提供了常用的按钮或列表框，如图 1-17 所示。

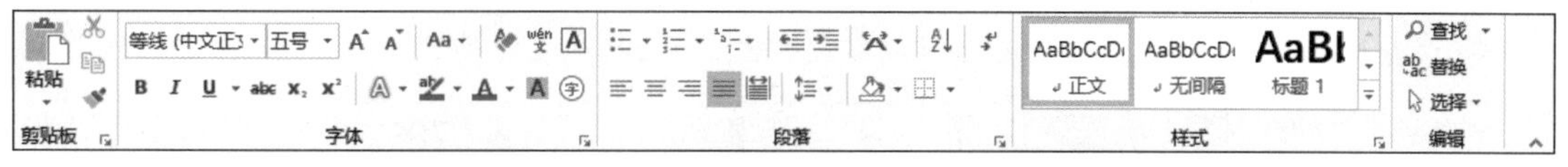

图 1-17　功能区

1.3.5　标尺

标尺分为水平标尺和垂直标尺两种，分别位于文档编辑区的上边和左边，如图 1-18 所示为水平标尺。标尺上有数字、刻度和各种标记，通常以 cm 为单位，无论是排版，还是制表和定位，标尺都起着重要作用。

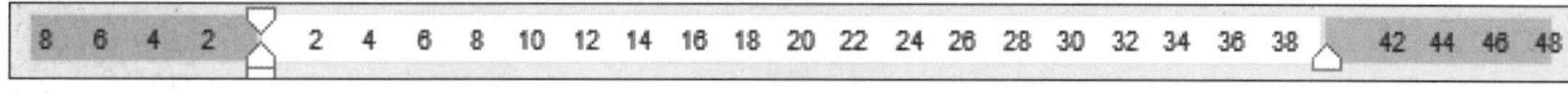

图 1-18　水平标尺

1.3.6　文档编辑区

文档编辑区也称为工作区，位于窗口中央，是用于进行文字输入、文本及图片编辑的工作区域，如图 1-19 所示。用户可以通过选择不同的视图方法来改变基本工作区对各项编辑显示的方式，在默认情况下为页面视图。

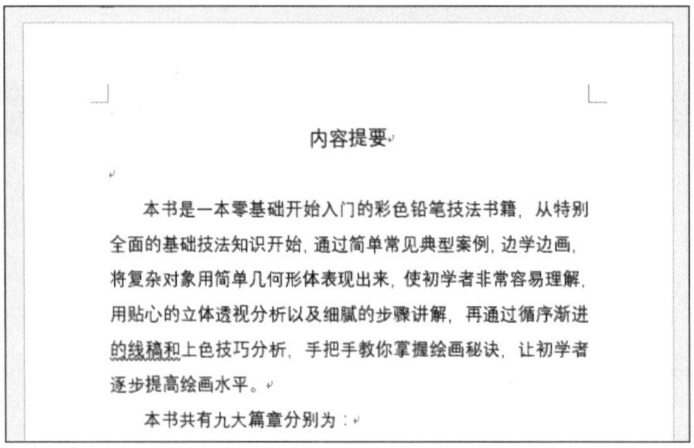

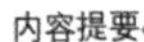

内容提要

本书是一本零基础开始入门的彩色铅笔技法书籍，从特别全面的基础技法知识开始，通过简单常见典型案例，边学边画，将复杂对象用简单几何形体表现出来，使初学者非常容易理解，用贴心的立体透视分析以及细腻的步骤讲解，再通过循序渐进的线稿和上色技巧分析，手把手教你掌握绘画秘诀，让初学者逐步提高绘画水平。

本书共有九大篇章分别为：

图 1-19　文档编辑区

1.3.7　滚动条

滚动条位于窗口的右侧和下方，是主要用于移动窗口显示区的长条。当页面内容较多或者太宽时，页面右侧和底部就会自动显示滚动条，拖动滚动条中的滑块或者单击滚动条两端的按钮可以滚动显示文档中的内容。

1.3.8　状态栏

状态栏用于显示当前所打开文档的状态，如当前文档的页数、总页数、字数、“校对”按钮和语言（国家 / 地区）等信息，如图 1-20 所示。

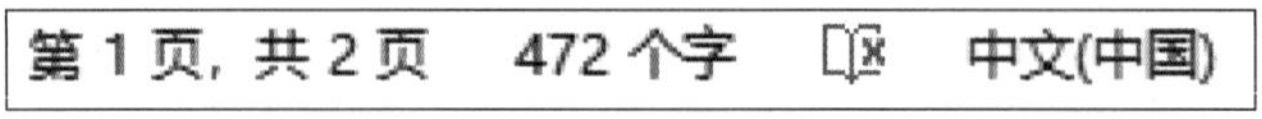

第 1 页，共 2 页　472 个字　中文(中国)

图 1-20　状态栏

1.3.9　视图栏

视图栏位于工作界面的右下角，主要包括视图按钮组、调节页面显示比例滑块和当前显示比例等，其中视图按钮组包括阅读视图、页面视图、Web 版式视图 3 个按钮，如图 1-21 所示。

图 1-21　视图栏

1.4　Word 2016 的视图方式

视图是查看文档结构的屏幕显示形式，选择适当的视图模式，不仅有利于查看文档的结构，还有利于文档的编辑。在 Word 2016 中，主要包括页面视图、大纲视图、草稿视图、Web 版式视图、阅读视图 5 种。另外，利用文档导航窗格可以查看整篇文档的级别以及各标题名称。

扫码观看本节视频

1.4.1　页面视图

页面视图是默认视图，是 Word 中最常用的视图方式。它按照文档的打印效果显示文档，是可视化效果最强的视图方式。在页面视图中，用户可以看到对象在实际打印页面中的位置，

从而可以进一步美化文档，如图 1-22 所示。

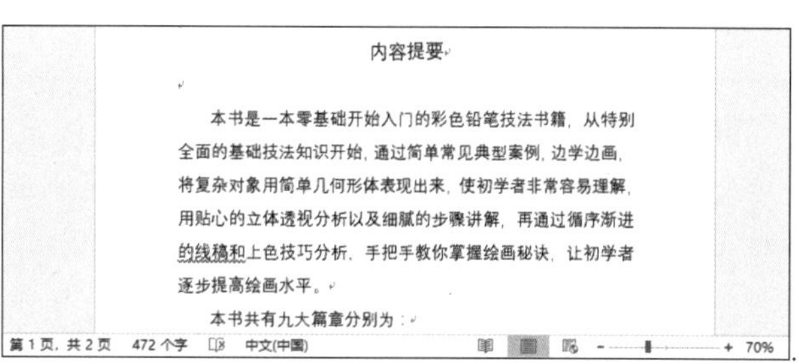

图 1-22　页面视图

专家提醒

页面视图是 Word 2016 默认的视图方式，每次打开文档均以页面视图方式显示。另外，在 Word 文档中上下页之间都会用一个灰色区域进行间隔，以便区分上下页，在灰色区域双击鼠标可以对其进行隐藏或显示。

1.4.2　大纲视图

大纲视图是一种通过缩进文档标题方式来表示文本在文档中级别的显示方式。大纲视图方式特别适合多层次的文档，如报告文体和章节排版等，它将所有的标题分级显示出来，层次分明。用户通过该视图可以方便地在文档中进行页面跳转、修改标题以及移动标题重新安排文本等操作，是进行文档结构重组操作的最佳视图方式。切换至大纲视图的具体操作步骤如下：

1 打开 Word 文档，切换至“视图”选项卡，在“视图”选项组中单击“大纲视图”按钮，如图 1-23 所示。

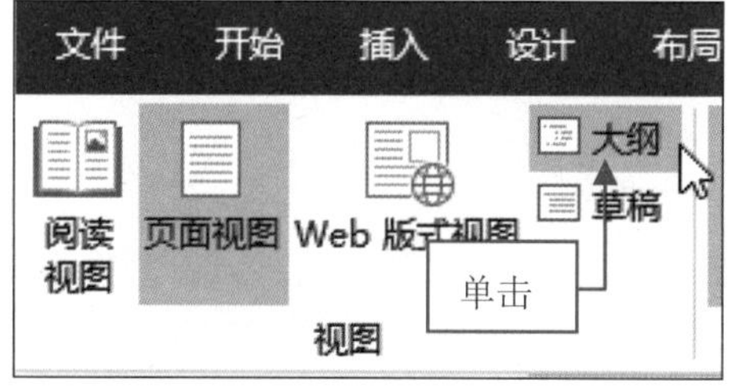

图 1-23　单击“大纲视图”按钮

2 执行操作后，即可切换至大纲视图，如图 1-24 所示。

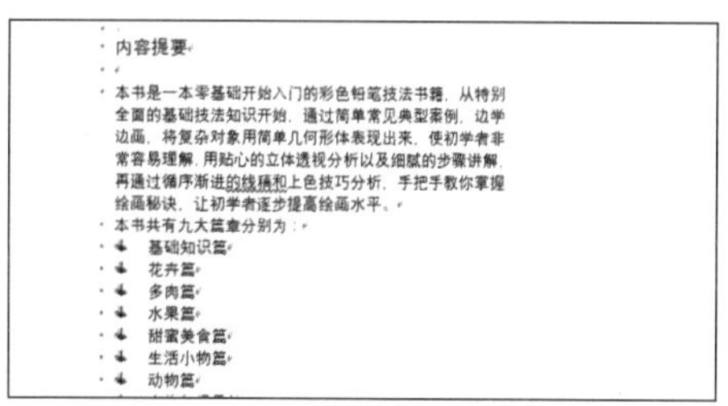

图 1-24　大纲视图效果

3 在“大纲工具”选项组中单击“显示级别”右侧的下拉三角按钮，在弹出的列表中选择“3 级”选项，如图 1-25 所示。

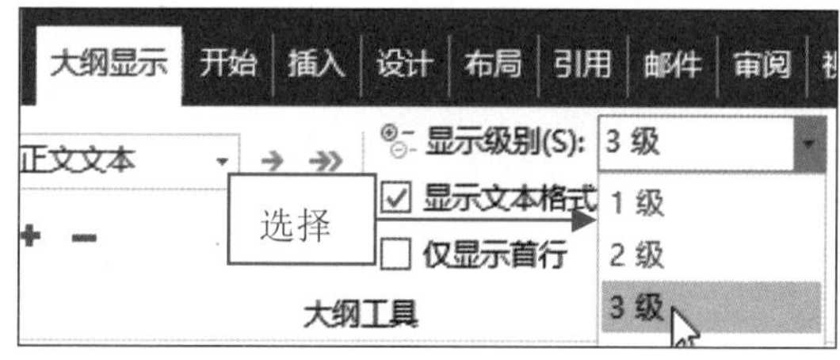

图 1-25　选择“3 级”选项

4 执行操作后，大纲视图中即可显示文档中前 3 级的文本，如图 1-26 所示。

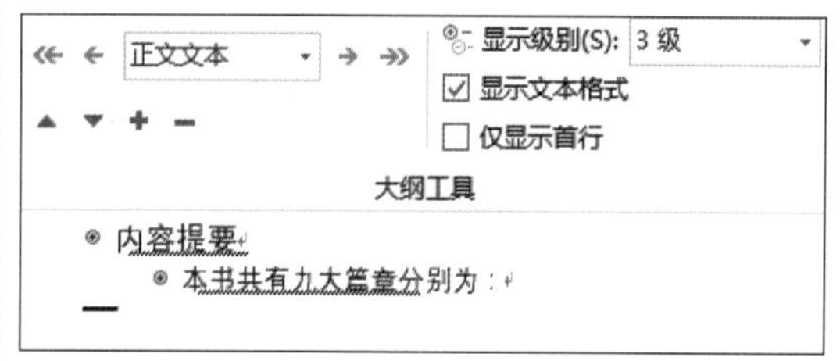

图 1-26　显示前 3 级文本

知识链接

在大纲视图中，若单击“大纲工具”选项组中的“升级”按钮，即可将所选级别的文本提升一级；单击“提升至标题 1”按钮，即可将所选择文本提升至标题 1；单击“降级”按钮，所选文本级别将会降低一级；单击“降级为正文”按钮，文本将转换为正文文本。

1.4.3 草稿视图

草稿视图是 Word 中比较常用的视图方式，与其他视图方式相比，该视图的页面布局最简单，只显示字体、字形、段落缩进以及行间距等最基本的文本格式，比较适合一般的输入和编辑工作，其中，上下页面以虚线进行区分。切换至草稿视图的具体操作步骤如下：

1. 切换至“视图”选项卡，在“视图”选项组中单击“草稿”按钮，如图 1-27 所示。

2. 执行操作后，即可切换至草稿视图，如图 1-28 所示。

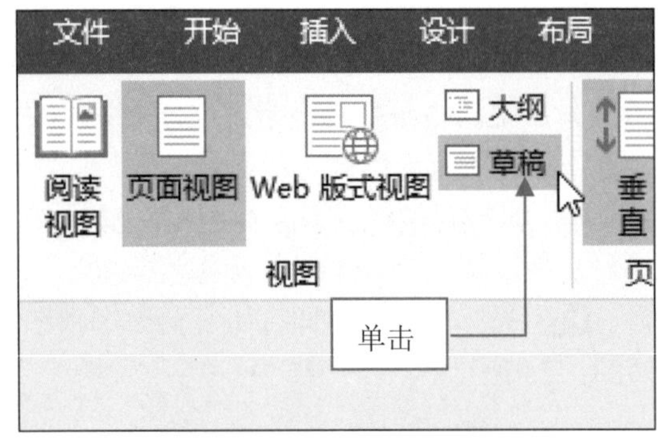

图 1-27 单击“草稿”按钮

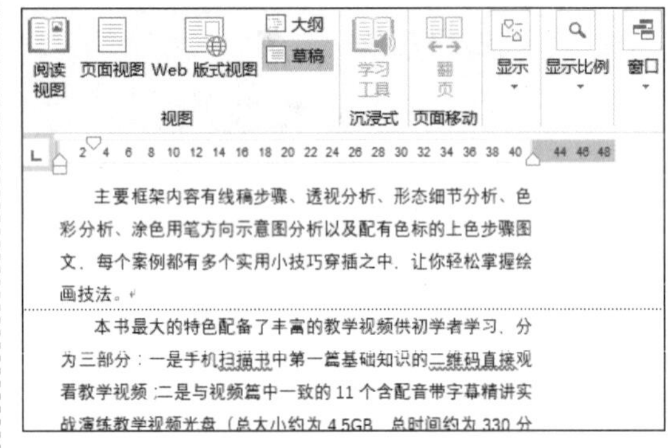

图 1-28 草稿视图效果

1.4.4 Web 版式视图

Web 版式视图主要用于查看网页形式的文档，如果选择 Web 版式视图，编辑窗口将显示文档的 Web 布局视图，且整体窗口将显示得更大。切换至 Web 版式视图的具体操作步骤如下：

1. 打开文档，切换至“视图”选项卡，如图 1-29 所示。

2. 在“视图”选项组中单击“Web 版式视图”按钮，如图 1-30 所示。

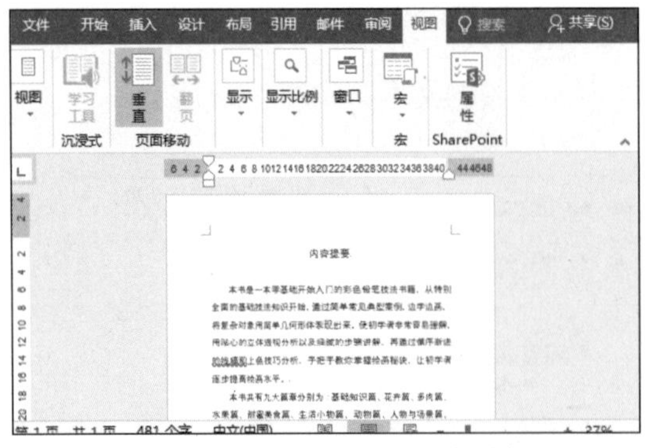

图 1-29 切换至“视图”选项卡

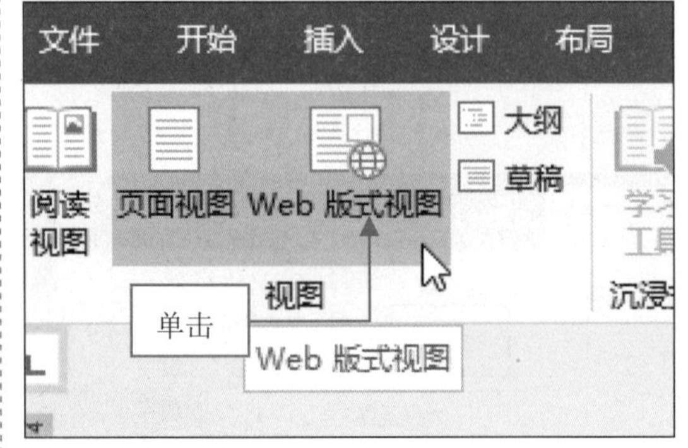

图 1-30 单击“Web 版式视图”按钮

3 执行操作后，即可切换至 Web 版式视图，如图 1-31 所示。

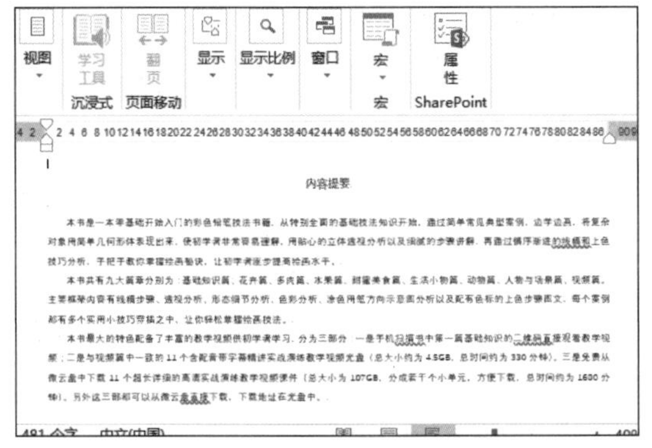

图 1-31　Web 版式视图

知识链接

在 Web 版式视图中，文档不会显示与 Web 页无关的信息，但可以看到背景和为适合窗口而换行的文本，且图形位置与所在浏览器中的位置一致。

另外，切换至 Web 版式视图后，功能区将无任何变化，若需要退出 Web 版式视图，直接单击其他视图按钮即可。

1.4.5　阅读视图

阅读视图是阅读文档时经常使用的视图方式。在阅读视图中，可以进行批注文档和查找参考文本等操作。切换至阅读视图的具体操作步骤如下：

1 打开 Word 文档后，切换至“视图”选项卡，在“视图”选项组中单击“阅读视图”按钮，如图 1-32 所示。

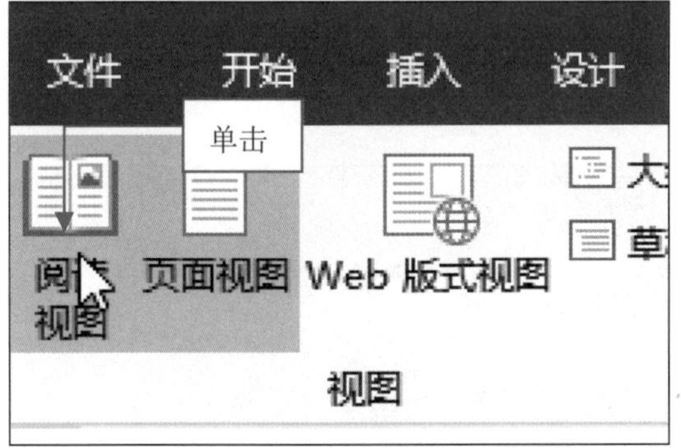

图 1-32　单击“阅读视图”按钮

2 执行操作后，即可转换至阅读视图，如图 1-33 所示。

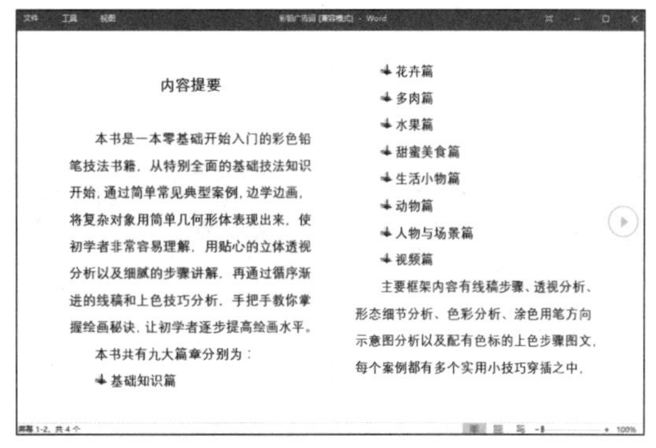

图 1-33　阅读视图

3 单击视图右上角的“工具”按钮，在弹出的列表框中选择“查找”选项，如图 1-34 所示。

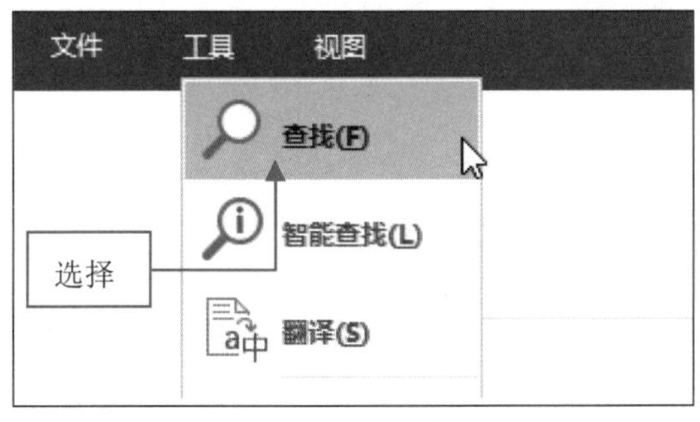

图 1-34　选择“查找”选项

4 执行操作后，出现“导航”窗格，用户可以输入要查找的内容，在文档中会以黄色底纹显示，如图 1-35 所示。

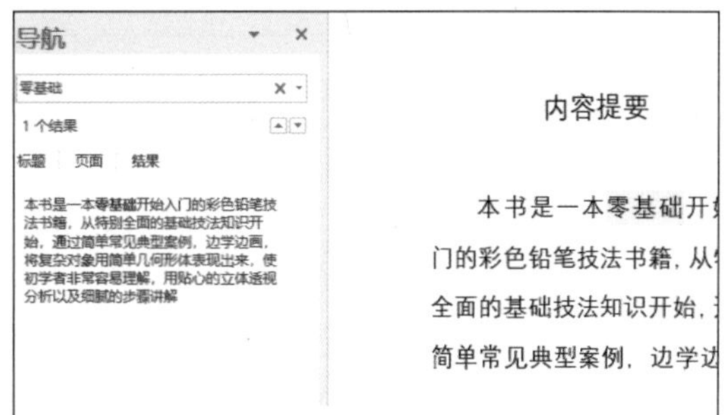

图 1-35　导航窗格查找内容

知识链接

在阅读视图中，将不会显示选项卡、选项组、状态栏和滚动条等，整个屏幕上只显示文档内容，阅读紧凑的文档时，它能将相连的两页显示在一个版面上，阅读十分方便。按【Esc】键或单击“关闭”按钮，即可退出阅读视图。

1.4.6 展开导航窗格

导航窗格是一个独立的纵向窗格，通常位于文档窗口的左侧，主要用于显示文档的各级标题列表。展开导航窗格的具体操作步骤如下：

1. 打开的文档如图 1-36 所示。

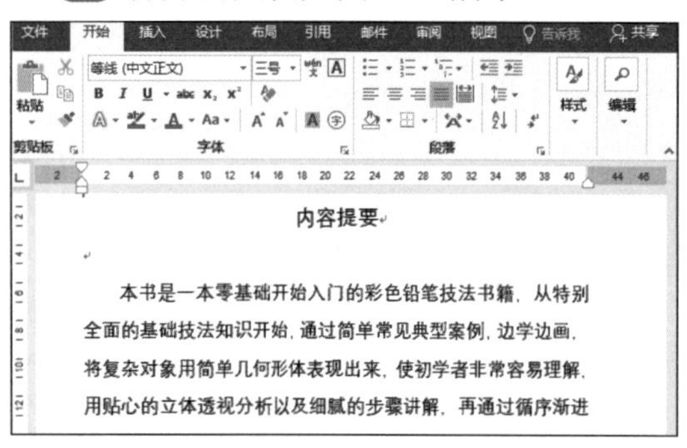

图 1-36 打开 Word 文档

2. 切换至“视图”选项卡，如图 1-37 所示。

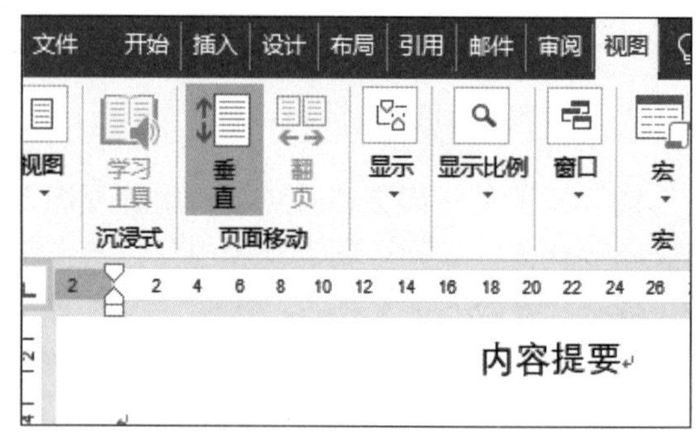

图 1-37 “视图”选项卡

3. 选中“显示”选项组中的“导航窗格”复选框，如图 1-38 所示。

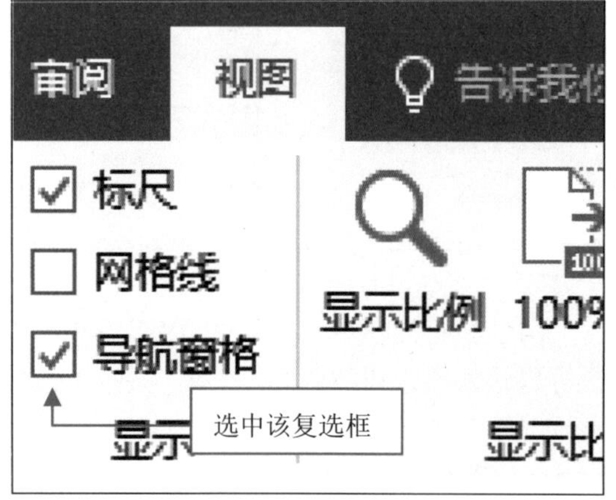

图 1-38 选中“导航窗格”复选框

4. 执行操作后，将展开“导航”窗格，如图 1-39 所示。

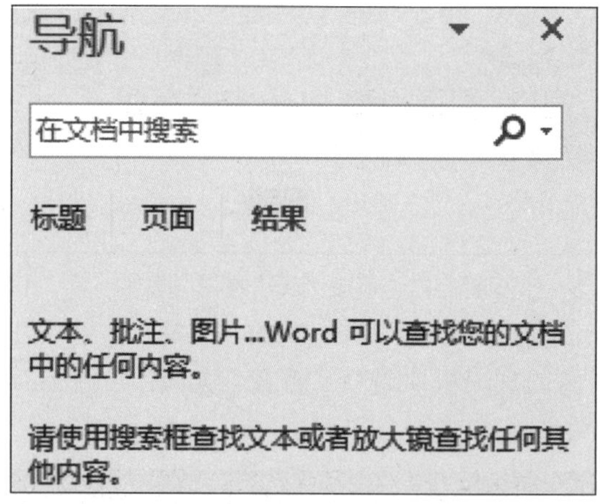

图 1-39 展开导航窗格

在 Word 2016 中，导航窗格中显示的结构是由文档的标题样式来决定的，在文档结构图中单击标题后，Word 就会自动跳转到文档中与该标题相对应的实际位置，并将其显示在窗口中。

5 单击导航窗格右上角的“任务窗格选项”下拉三角按钮，在弹出的列表框中选择“大小”选项，如图 1-40 所示。

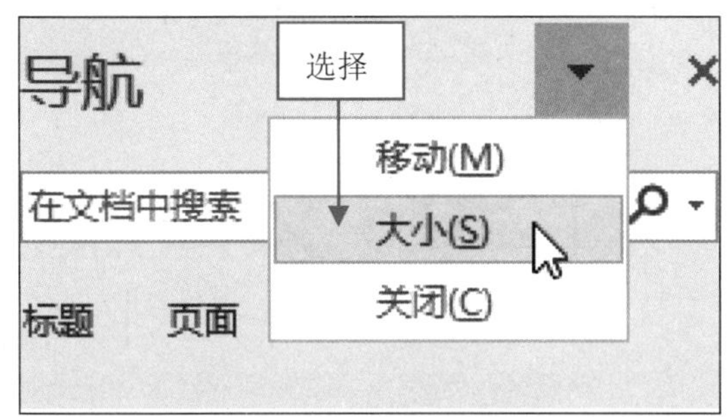

图 1-40　选择“大小”选项

6 执行操作后，鼠标指针转变为一个水平双向箭头，拖曳鼠标至合适位置单击鼠标左键，即可调整导航窗格的大小，如图 1-41 所示。

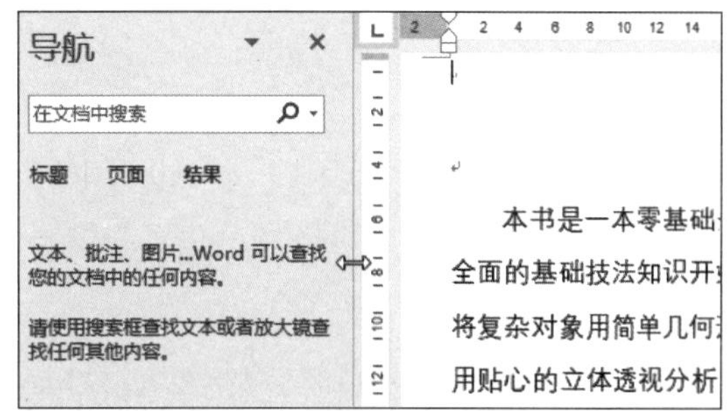

图 1-41　调整窗格大小

知识链接

将鼠标移至窗格上方，当鼠标指针呈形状后，单击鼠标左键并拖曳，即可任意调整窗格的位置。在调整窗格位置或大小后，只需在窗格上方双击鼠标左键，即可使窗格恢复为默认状态。

学习笔记

第 2 章

Word 2016 文档操作

文档是 Word 文件的存储形式，所有 Word 文件都存储为 Word 文档，这样有利于在日后的工作或生活中进行编辑或使用。本章将介绍 Word 2016 中的文档操作，如创建文档、打开文档、加密文档等。

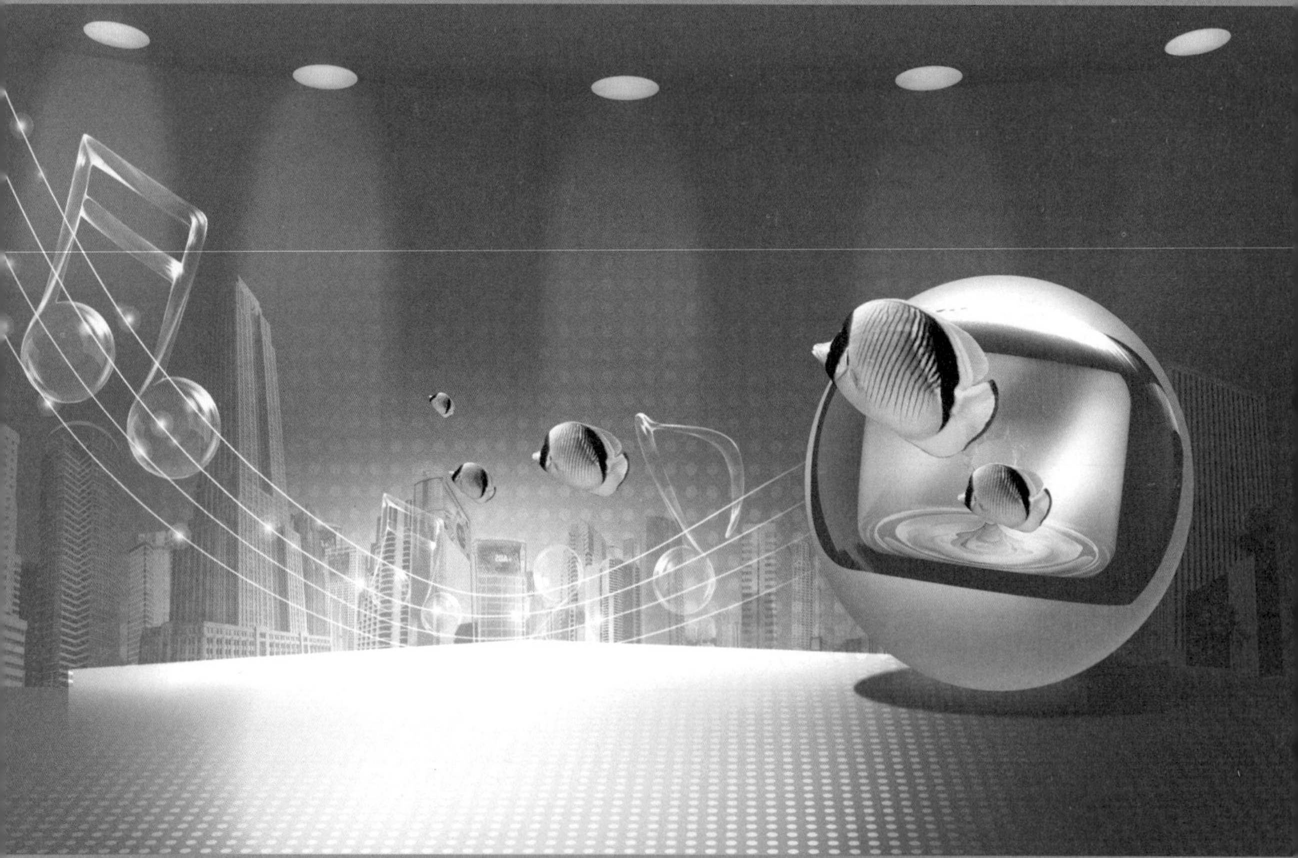

2.1　创建文档

在 Word 2016 的使用过程中，通常是先创建一个空白文档再对其进行文本的输入或各种编辑操作。在办公过程中用户可能会需要创建一些特殊的文档，此时可以通过 Word 2016 提供的模板或向导快速地创建信函、邮件、报告等特殊的文档。

2.1.1　创建文档

每次启动 Word 2016 程序后都会自动创建一个基于 Normal 模板的空白文档，用户可以在该文档中直接进行编辑操作，也可以重新创建一个新的空白文档，具体操作步骤如下：

1. 启动 Word 2016 程序，单击“文件”选项卡，如图 2-1 所示。

图 2-1　单击“文件”选项卡

2. 在弹出的面板中单击“新建”命令，如图 2-2 所示。

图 2-2　单击“新建”命令

3. 切换至“新建”选项卡，在新建窗格中单击“空白文档”按钮，如图 2-3 所示。

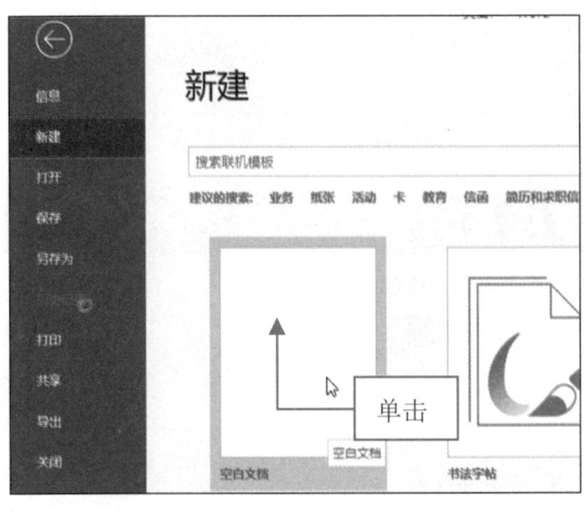

图 2-3　单击“创建”按钮

4. 执行操作后，即可新建一个空白文档，并自动命名为“文档 2”，如图 2-4 所示。

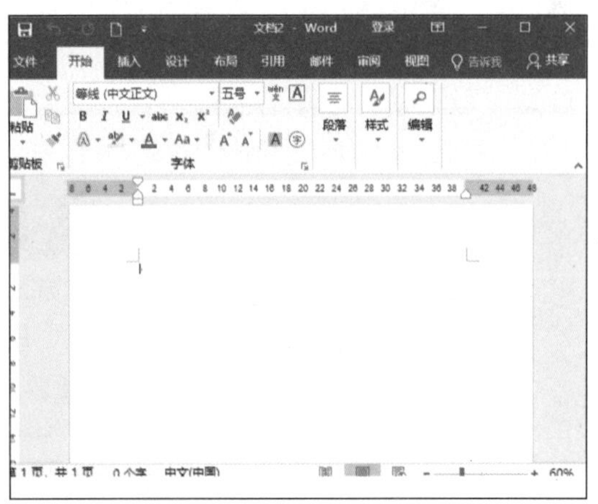

图 2-4　新建的空白文档

2.1.2　通过模板创建新文档

若用户需要创建的文档不是普通的空白文档，如备忘录、信函或传真等特殊文档，则可以通过 Word 2016 中所提供的模板来进行文档的创建，将选定模板中的特定格式应用于新建文档中。使用模板创建新文档的具体操作步骤如下：

1 单击“文件”|“新建”命令，切换至“新建”选项卡，如图 2-5 所示。

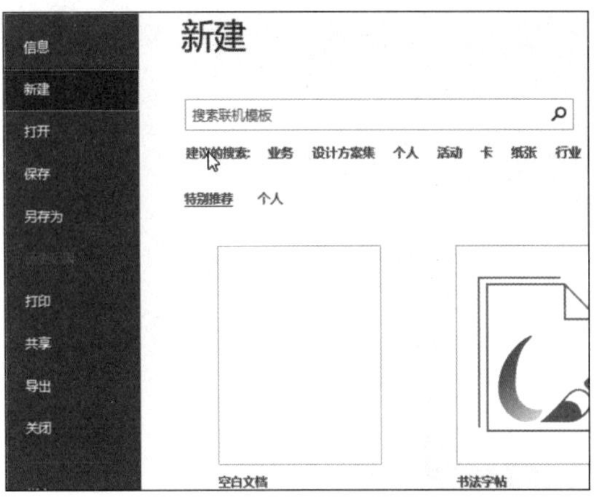

图 2-5 “新建”选项卡

2 在“新建”面板中选择一种模板样式，如图 2-6 所示。

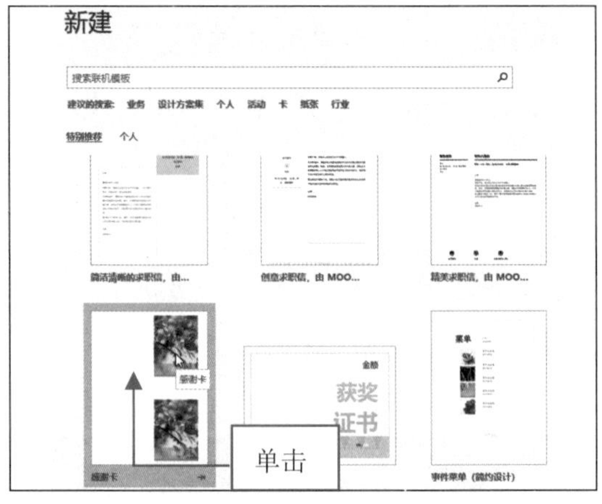

图 2-6 选择模板样式

3 执行操作后，弹出该模板窗格，单击“创建”按钮，如图 2-7 所示。

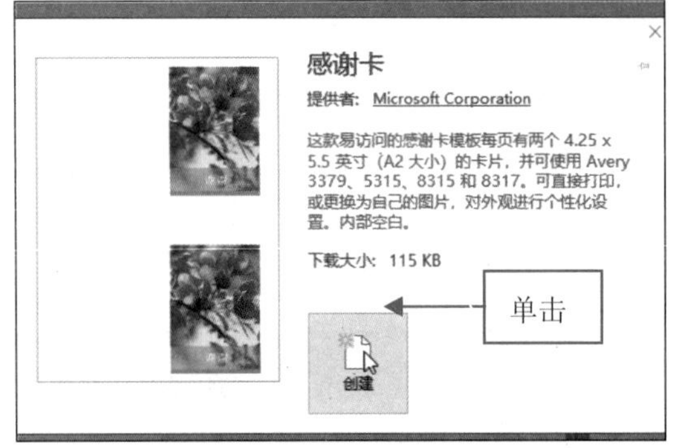

图 2-7 单击“创建”按钮

4 下载成功后即可创建一个选定模板的新文档，并命名为“文档 2”，如图 2-8 所示。

图 2-8 创建新文档

专家提醒

除了上述新建文档的操作方法外，还有以下两种方法：

- 单击快速访问工具栏中的“新建”按钮。
- 按【Ctrl+N】组合键。

2.2 打开文档

对一个已经存在的文档进行编辑之前，必须先将其打开。Word 2016 提供了多种打开文档的方法。

2.2.1 直接打开文档

在 Word 2016 中可以打开不同位置的文档，也可以同时打开位于同一位置的多个文档，直接打开文档的具体操作步骤如下：

1 单击“文件”|“打开”命令，如图 2-9 所示。

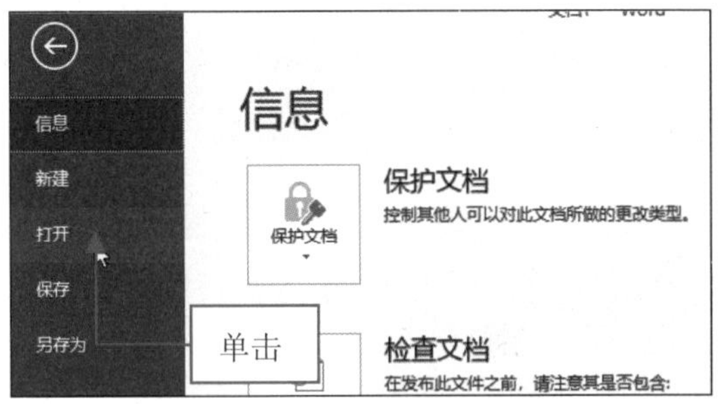

图 2-9　单击“打开”命令

2 在“打开”面板中，单击“浏览”按钮，如图 2-10 所示。

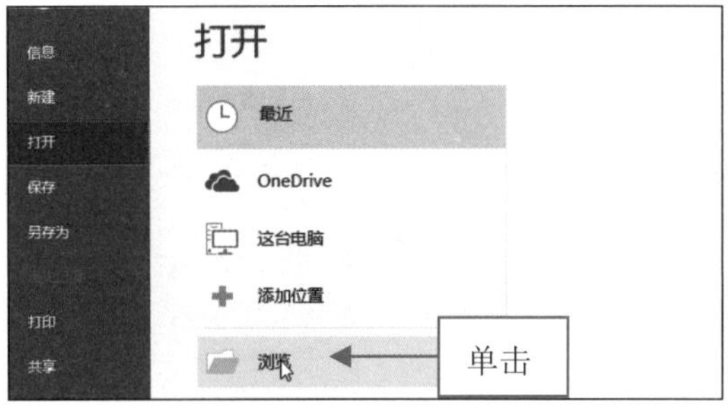

图 2-10　“打开”面板

3 弹出“打开”对话框，选择需要打开的文档，单击“打开”按钮，如图 2-11 所示。

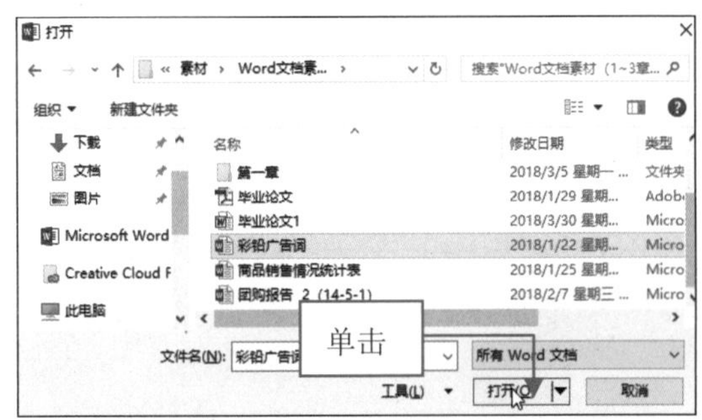

图 2-11　单击“打开”按钮

4 执行操作后，即可打开所选文档，如图 2-12 所示。

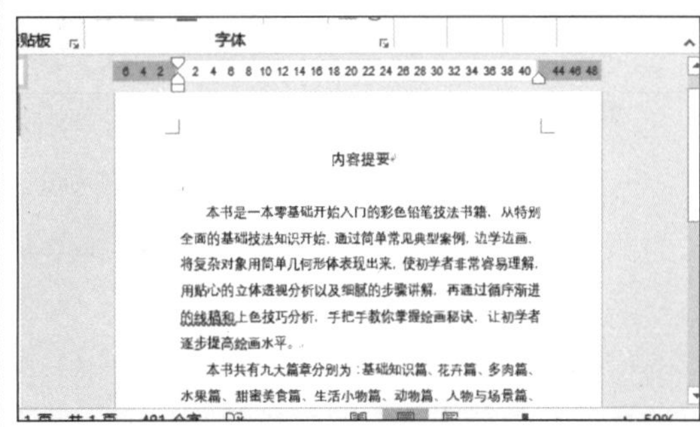

图 2-12　打开文档

专家提醒

除了上述打开文档的操作方法外，还有以下两种方法：

- 单击快速访问工具栏中的“打开”按钮。
- 按【Ctrl+O】组合键。

2.2.2　打开最近所用文档

在 Word 2016 中打开或使用过任何文档后，系统将自动记录下文档的名称，通过查找最近使用的文件记录，即可快速地打开最近使用过的文档。打开最近所用文档的具体操作步骤如下：

1 启动 Word 2016 程序，单击“文件”|“打开”命令，如图 2-13 所示。

图 2-13　单击“文件”菜单

2 单击“最近”选项，如图 2-14 所示。

图 2-14　单击“最近”选项

3 在右边的列表中选择需要打开的文档，如图 2-15 所示。

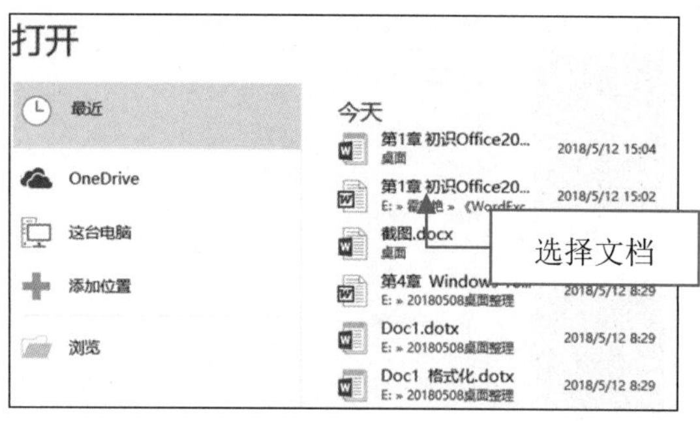

图 2-15　选择选项

4 执行操作后，即可打开所选择的文档，如图 2-16 所示。

图 2-16　打开文档

专家提醒

除了上述打开文档的操作方法外，还有以下 3 种方法：

- 在需要打开的文档图标上双击鼠标左键。
- 右击需要打开的文档图标，在弹出的快捷菜单中选择“打开”选项。
- 单击快速访问工具栏中的“打开”按钮。

2.3　保护文档

当与其他用户共享同一台计算机时，为了防止其他用户访问、打开或修改一些重要文档，可以通过设置密码来对文档进行保护。

2.3.1　加密文档

Word 2016 提供了多种保护文档的方法，可以通过设置文档加密、限制编辑的方式来保护文档，防止文档被打开或修改。通过“保护文档”按钮加密文档的具体操作步骤如下：

1 单击“文件”|“信息”命令，切换至“信息”选项卡，如图 2-17 所示。

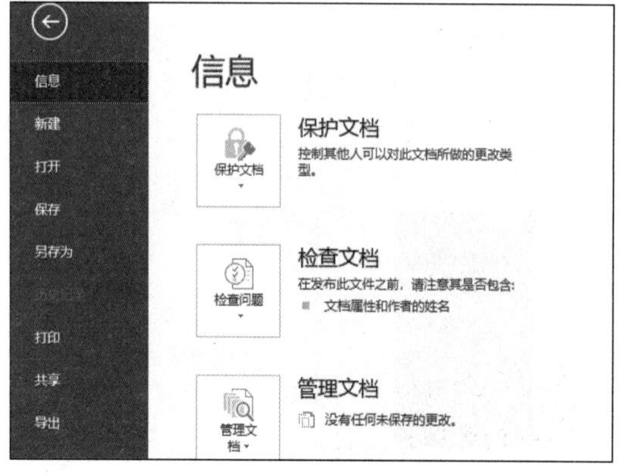

图 2-17　“信息”选项卡

2 在窗格中单击“保护文档”按钮，在弹出的列表框中选择“用密码进行加密”选项，如图 2-18 所示。

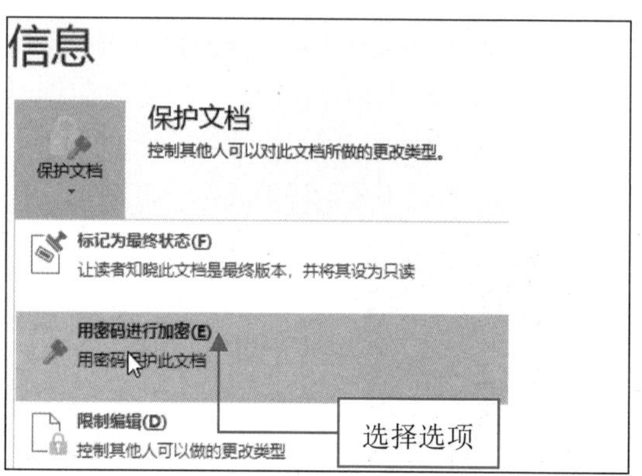

图 2-18　选择“用密码进行加密”选项

3 执行操作后，弹出“加密文档”对话框，在“密码”文本框中输入密码，如图 2-19 所示。

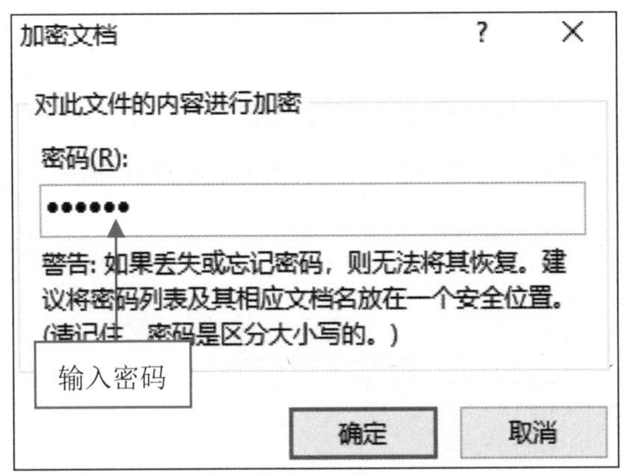

图 2-19　“加密文档”对话框

5 单击“确定”按钮，文档加密成功，此时“保护文档”按钮右侧的信息提示已经改变，如图 2-21 所示。

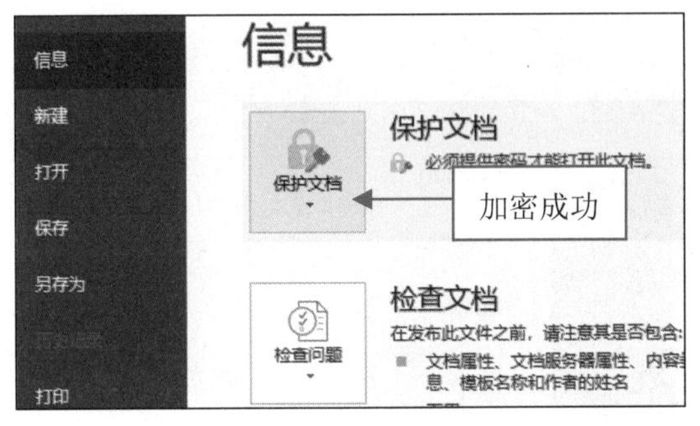

图 2-21　加密成功

4 单击“确定”按钮，弹出“确认密码”对话框，在“重新输入密码”文本框中重新输入所设置的密码，如图 2-20 所示。

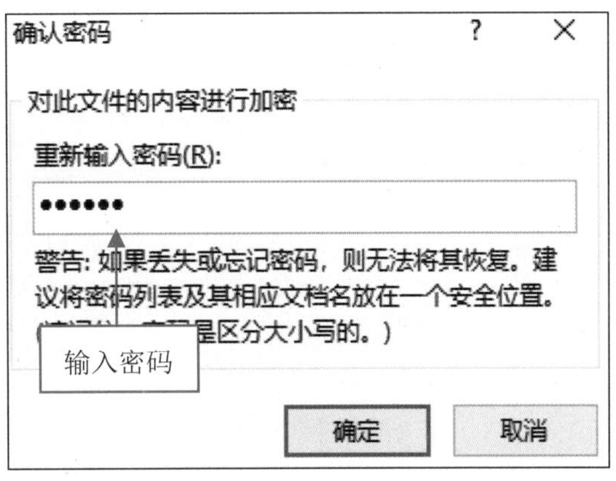

图 2-20　重新输入密码

专家提醒

通过“另存为”命令也可以设置文档密码。单击“另存为”命令，在弹出的“另存为”对话框的下方单击“工具”按钮，在弹出的列表框中选择“常规选项”选项，弹出“常规选项”对话框，在其中设置打开文件时的密码即可。

专家提醒

若在“确认密码”对话框中输入的密码与第一次输入的密码不一致，则系统将弹出“确认密码与原密码不同”的提示信息框，单击“确定”按钮，返回“确认密码”对话框再次输入密码，如果单击“取消”按钮，则返回“加密文档”对话框。

2.3.2　取消密码

为文档进行加密后，一定要记住所设置的密码，否则将无法打开文档。若不再需要文档密码时，则可以取消密码的设置。取消密码的具体操作步骤如下：

1 单击“文件”|“打开”|“浏览”命令，弹出“打开”对话框，选择需要打开的文档，如图 2-22 所示。

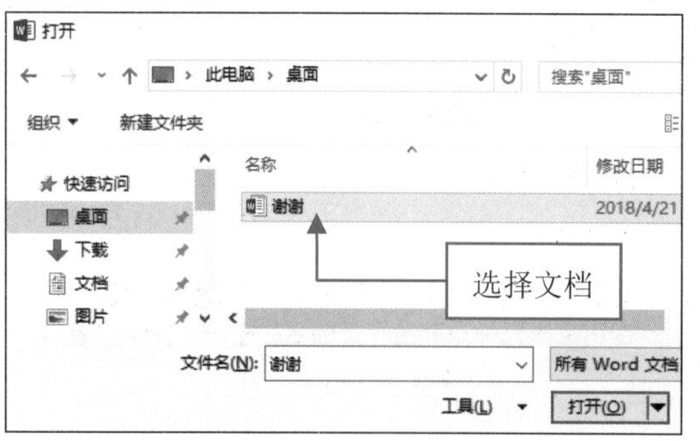

图 2-22 “打开”对话框

2 单击“打开”按钮，弹出“密码”对话框，在“请键入打开文件所需的密码”文本框中输入密码，如图 2-23 所示。

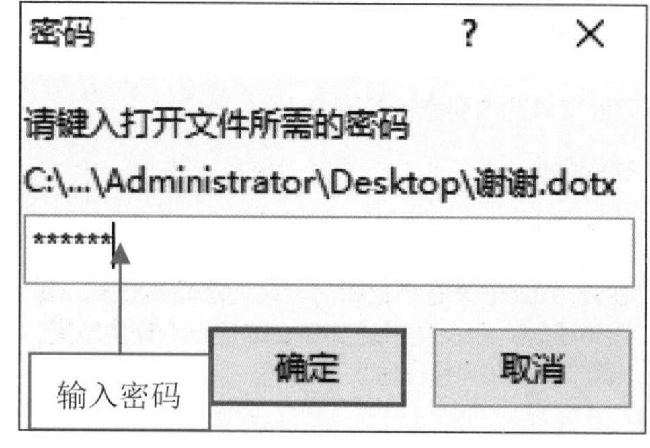

图 2-23 “密码”对话框

专家提醒

若打开加密文档时，所输入的密码与设置密码不相同，将弹出提示信息框，提示密码不正确。

3 单击“确定”按钮，打开加密文档，如图 2-24 所示。

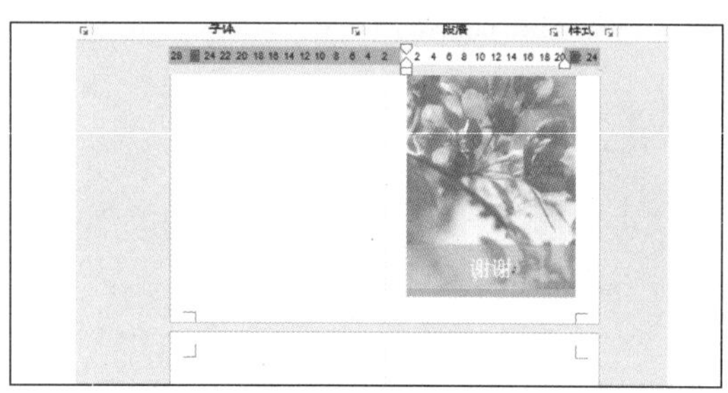

图 2-24 打开加密文档

4 单击“文件”|“另存为”命令，单击“浏览”按钮，如图 2-25 所示。

图 2-25 单击“浏览”按钮

5 弹出“另存为”对话框，单击下面的“工具”按钮，在弹出的列表框中选择“常规选项”选项，如图 2-26 所示。

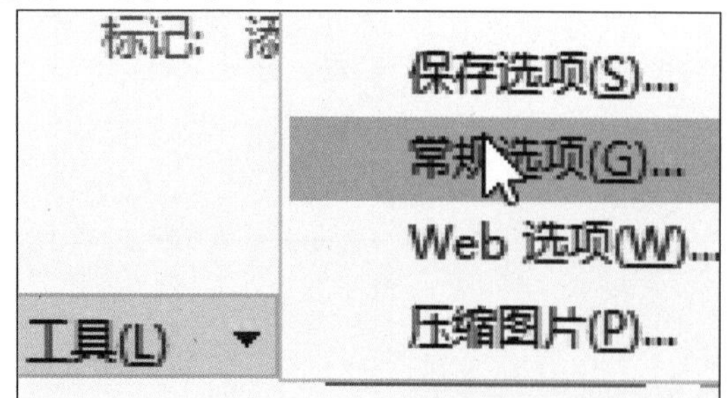

图 2-26 选择“常规选项”选项

6 此时将弹出“常规选项”对话框，其中“打开文件时的密码”文本框中显示的一串“*”号代表所设置的密码，如图 2-27 所示。

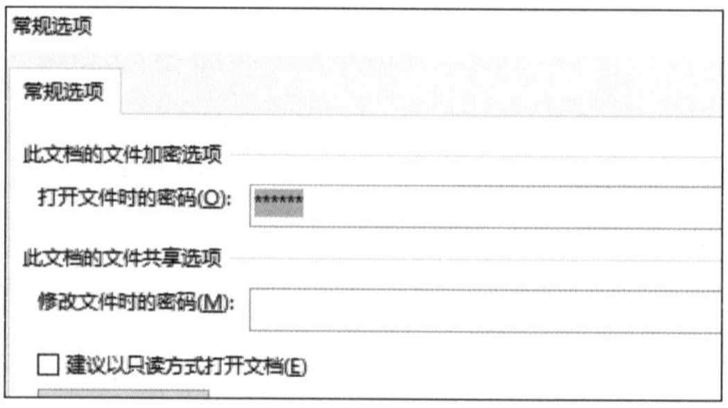

常规选项

常规选项

此文档的文件加密选项

打开文件时的密码(O): ******

此文档的文件共享选项

修改文件时的密码(M):

☐ 建议以只读方式打开文档(E)

图 2-27 “常规选项”对话框

7 删除“打开文件时的密码”文本框中的密码，如图 2-28 所示。

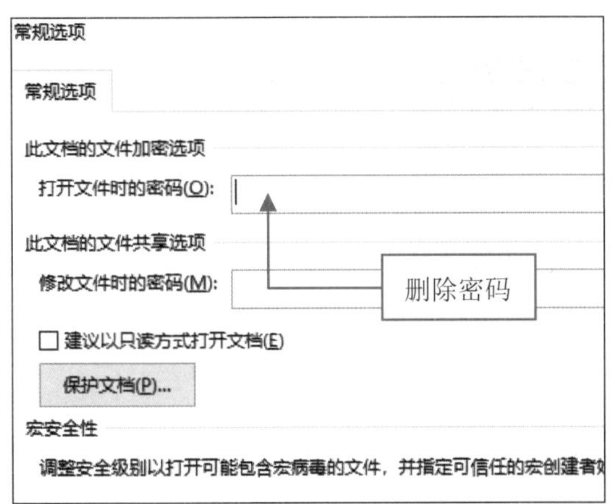

图 2-28　删除密码

8 单击“确定”按钮，返回“另存为”对话框，设置各选项（如图 2-29 所示）后单击“保存”按钮。

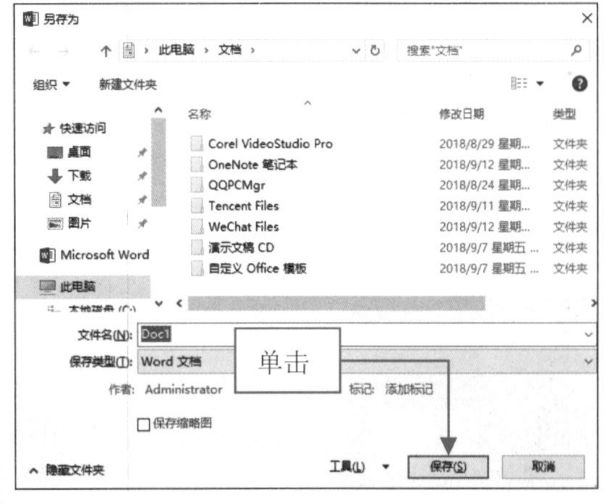

图 2-29　设置各选项

2.4　保存文档

在空白文档中进行了各种编辑后将其进行保存，可以在日后的工作中反复使用。工作时所创建的文档只是暂时保存在电脑中，只有保存文档后才可以将其永久保存下来，否则文档中所编辑的内容将自动丢失，因此养成及时保存文档的习惯是很有必要的。

扫码观看本节视频

2.4.1　保存新建文档

启动 Word 2016 后，可以直接在系统自动新建的空白文档中输入所要编辑的内容，编辑完成后，则可以对该文档进行保存。保存新建文档的具体操作步骤如下：

1 启动 Word 2016 程序，新建一个名称为“文档 1”的空白文档，如图 2-30 所示。

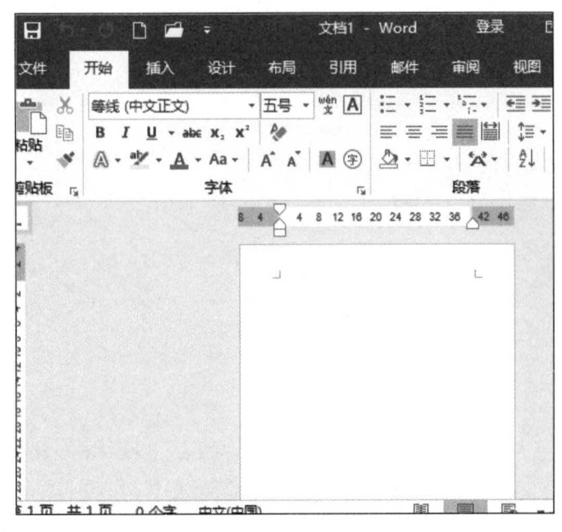

图 2-30　空白文档

2 在空白文档中输入文本，如图 2-31 所示。

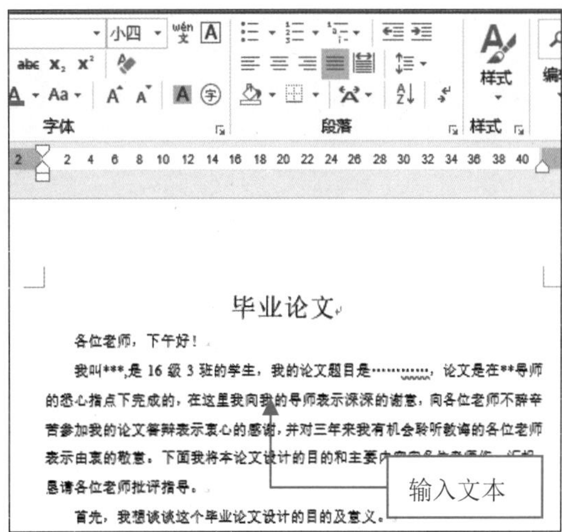

图 2-31　输入文本

3 单击“文件”|“保存”命令，如图 2-32 所示。

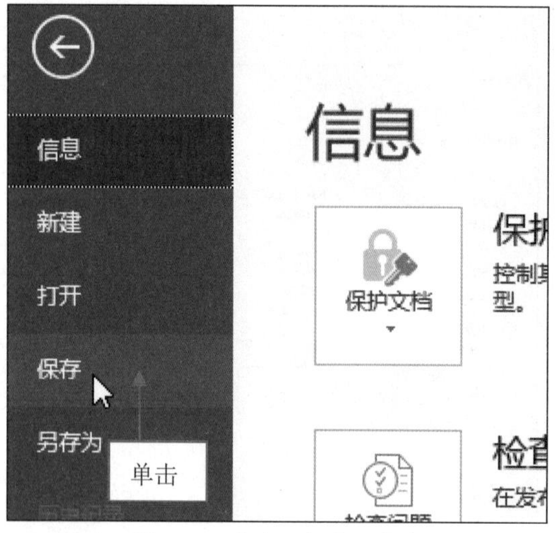

图 2-32　单击“保存”命令

4 自动切换到“另存为”选项，单击“浏览”按钮，如图 2-33 所示。

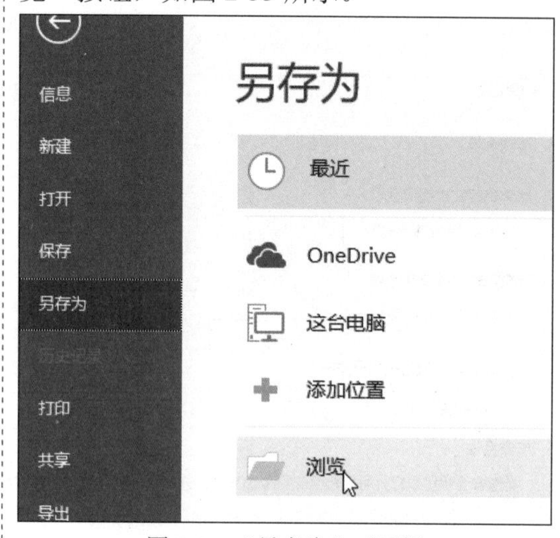

图 2-33　“另存为”对话框

5 弹出“另存为”对话框，在对话框中设置文档的“保存位置”及“文件名”，如图 2-34 所示。

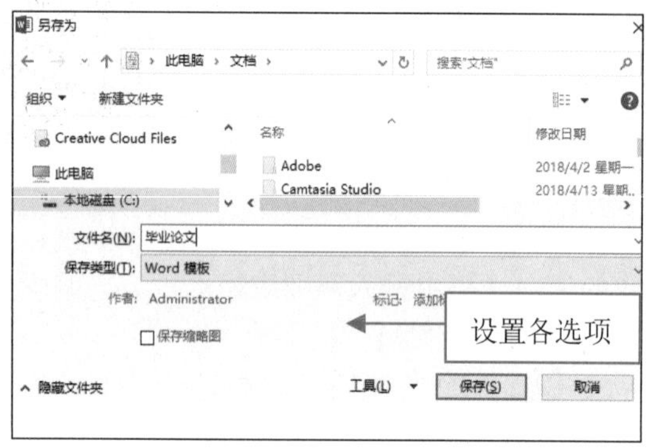

图 2-34　设置文件名及保存位置

6 单击“保存”按钮，保存该文档，且文档的名称随之改变，如图 2-35 所示。

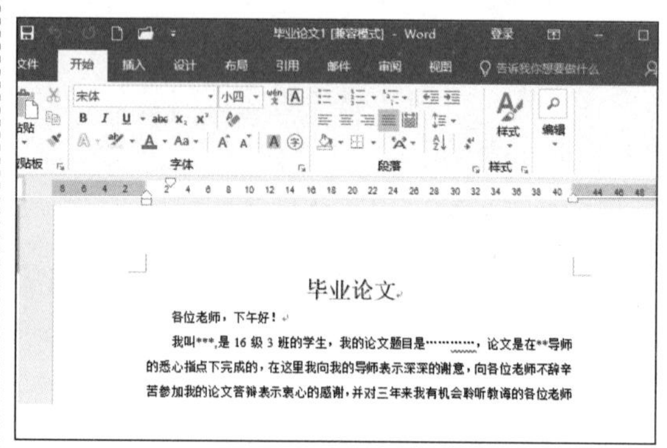

图 2-35　保存文档

除了可以运用上述操作方法保存文档外，还有以下两种方法：

- 单击快速访问工具栏中的“保存”按钮。
- 按【Ctrl+S】组合键。

2.4.2　另存为文档

打开已保存的文档后若对该文档的内容进行了修改，可以选择另存为的方式将修改后的文档进行保存，该方式既不会替换修改前的文档，又使文档得到了更新。另存为文档的具体操作步骤如下：

1 打开的文档如图 2-36 所示。

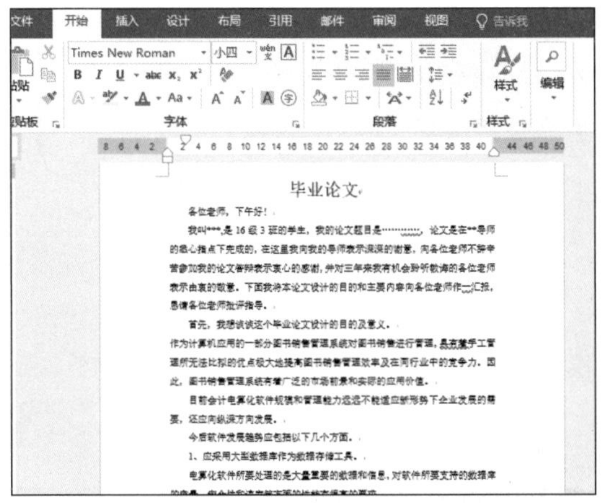

图 2-36 打开文档

2 在文档中选择两段文字，再在功能区中单击“项目符号”按钮，如图 2-37 所示。

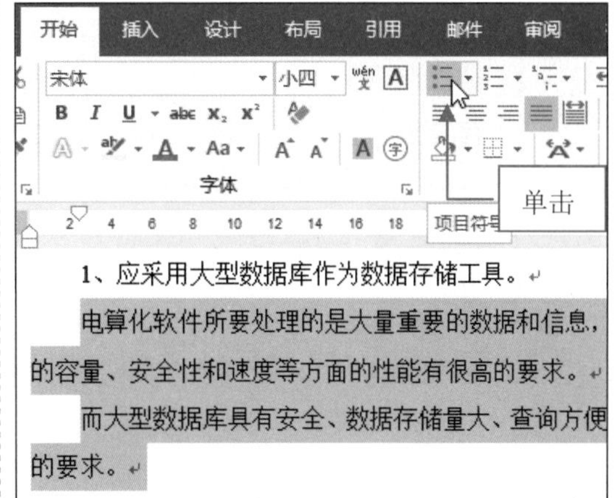

图 2-37 选择文字

3 执行操作后，即可为所选择的两段文字添加项目符号，如图 2-38 所示。

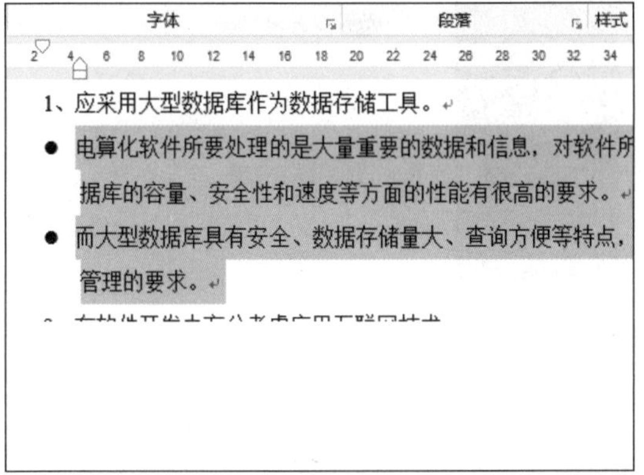

图 2-38 添加项目符号

4 单击“文件”|“另存为”|“浏览”命令，如图 2-39 所示。

图 2-39 单击“浏览”按钮

5 弹出“另存为”对话框，设置“保存位置”和“文件名”，如图 2-40 所示。

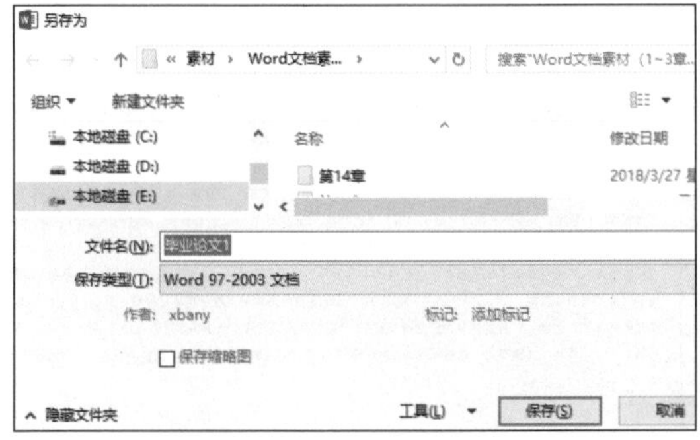

图 2-40 “另存为”对话框

6 单击“保存”按钮，即可另存该文档，且文档名称也将改变，如图 2-41 所示。

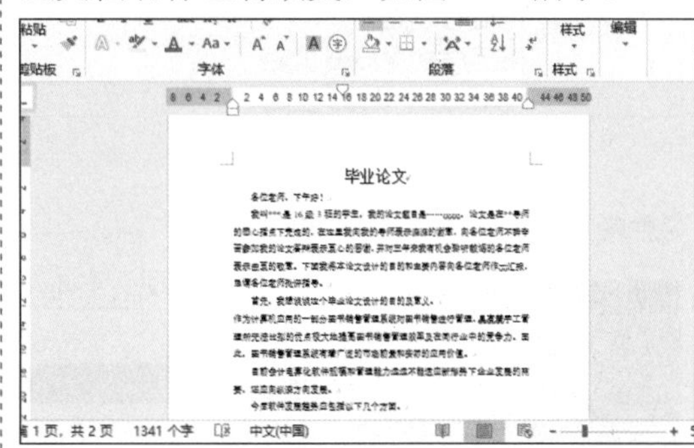

图 2-41 另存文档

专家提醒

当打开的文档被修改后，若直接单击“保存”按钮，则修改前的文档将被修改后的文档替换。在运用“另存为”命令保存文档时，若没有更改“保存位置”或“文件名”，修改前的文档也将被修改后的文档替换。

2.4.3 另存为网页

在 Word 2016 中，除了将 Word 文档保存为普通文档外，也可以将编辑后的文档另存为网页、PDF、纯文本等，将文档另存为网页的具体操作步骤如下：

1 打开的文档如图 2-42 所示。

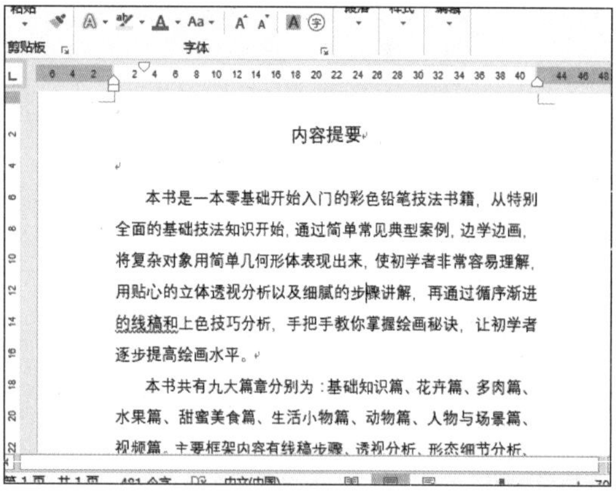

图 2-42 打开文档

2 单击“文件”|“另存为”|“浏览”命令，如图 2-43 所示。

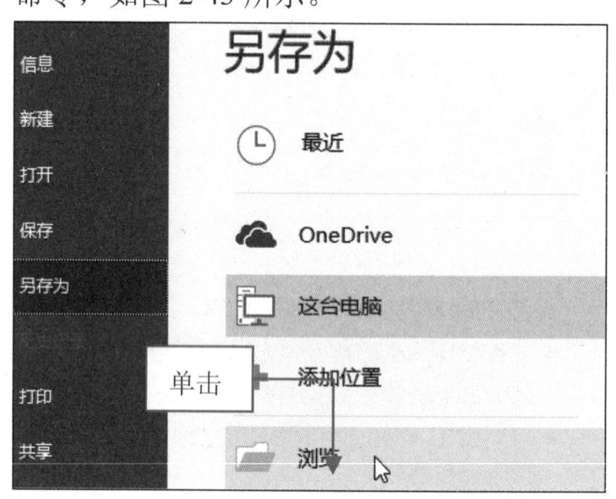

图 2-43 单击“另存为”命令

3 弹出“另存为”对话框，单击“保存类型”右侧的下拉三角按钮，在弹出的下拉列表框中选择“网页”选项，如 2-44 所示。

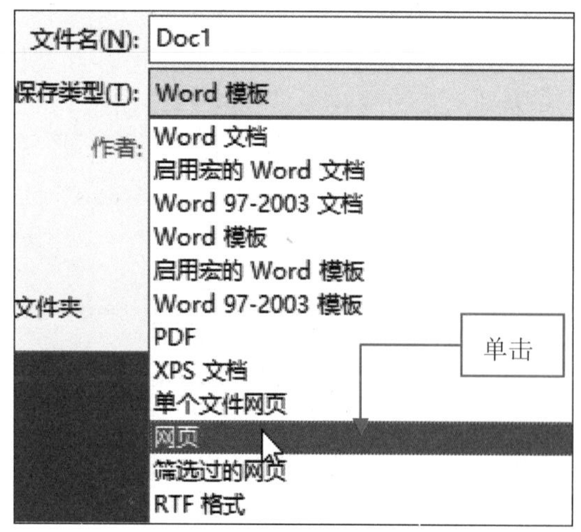

图 2-44 选择“网页”选项

4 设置“文件名”为 2-48，单击“保存”按钮，即可将文档保存为网页，且文档名称和文档形式随之改变，如图 2-45 所示。

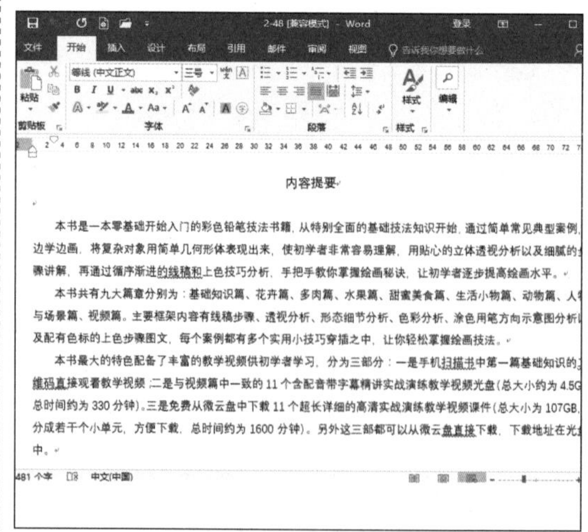

图 2-45 保存为网页

第 2 章

2.4.4　自动保存文档

在编辑文档过程中，若出现电脑死机或断电等意外情况时，往往会由于没有及时保存文档而导致之前所有编辑的信息全部丢失。通过 Word 的自动保存文档功能，可以对文档进行及时保存，降低上述情况发生给我们带来的损失。设置自动保存文档的具体操作步骤如下：

1 打开的文档如图 2-46 所示。

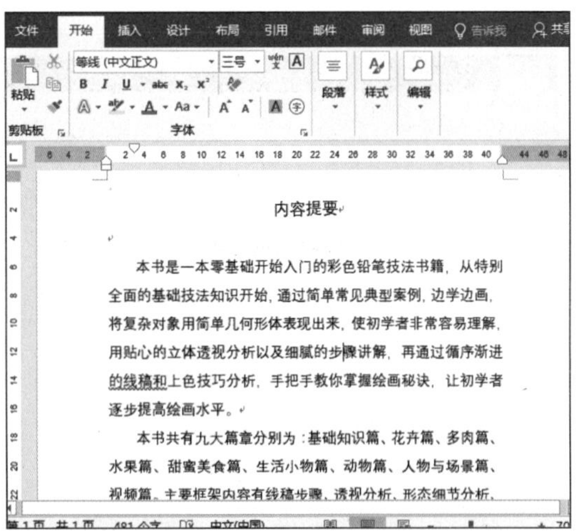

图 2-46　打开文档

2 单击“文件”|“选项”命令，如图 2-47 所示。

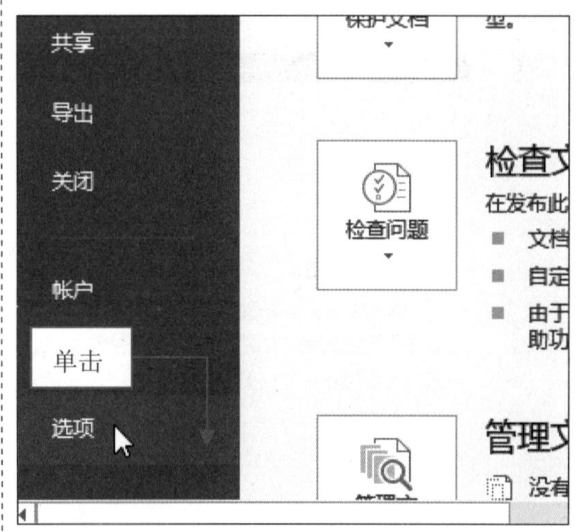

图 2-47　单击“选项”命令

3 执行操作后，将弹出“Word 选项”对话框，在对话框左侧树状窗口中选择“保存”选项，即切换至“保存”选项卡，如图 2-48 所示。

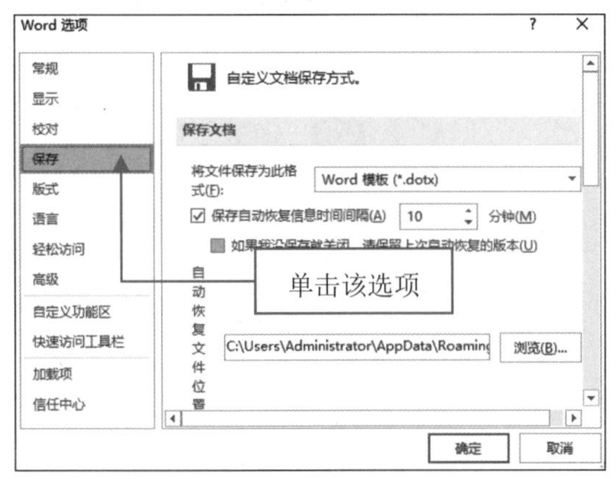

图 2-48　切换至“保存”选项卡

4 选中“保存自动恢复信息时间间隔”单选按钮，在右侧的数值框中输入 6（如图 2-49 所示），单击“确定”按钮，即可完成自动保存文档的设置。

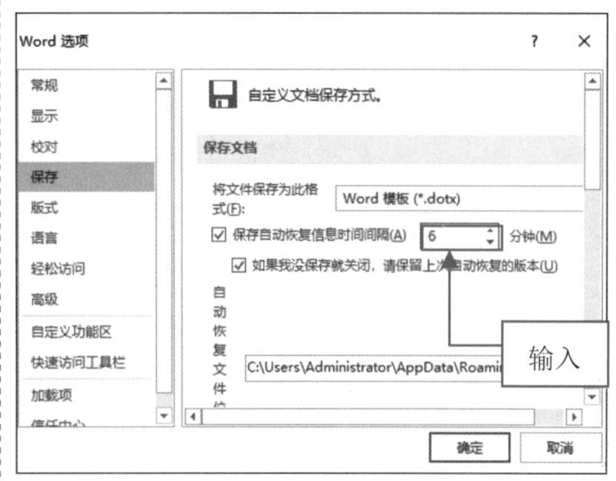

图 2-49　设置参数

专家提醒

在设置自动保存文档时间间隔时，也可以设置自动恢复文件的位置和默认的文件保存位置，这样有利于保存未及时保存的文档。

2.5 关闭文档

在 Word 2016 中编辑好文档并进行保存后，就可以关闭该文档了。若没有保存就要关闭该文档，将弹出提示信息框，询问是否保存修改后的文档。

1 打开的文档如图 2-50 所示。

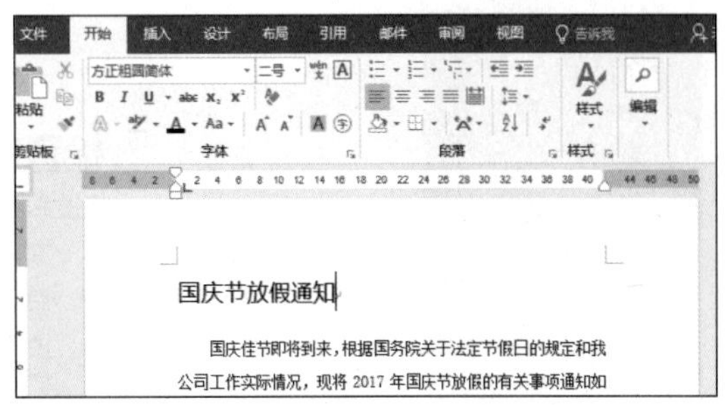

图 2-50 打开文档

2 在文档编辑区中选中标题文字，单击“段落”选项组中的“居中”按钮，如图 2-51 所示。

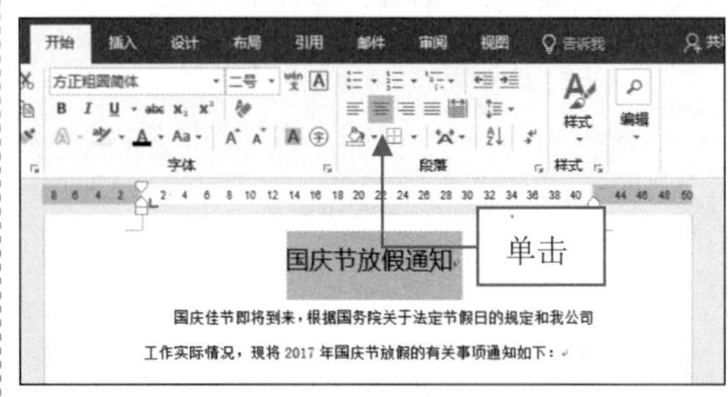

图 2-51 单击“居中”按钮

3 单击“文件”|“关闭”命令，如图 2-52 所示。

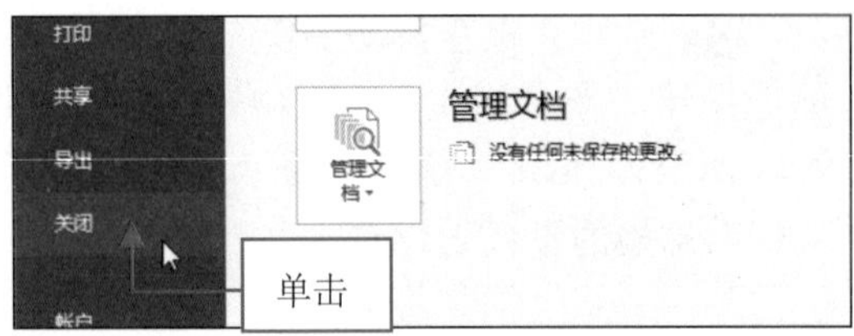

图 2-52 单击“关闭”按钮

4 执行操作后，将弹出提示信息框，询问是否保存更改后的文档，如图 2-53 所示。单击“不保存”按钮，即可放弃对标题居中的编辑保存而直接关闭该文档。

图 2-53 提示信息框

专家提醒

在提示信息框中，单击“保存”按钮，即可保存并关闭更改后的文档，而更改之前的文档被替换；单击“不保存”按钮，将直接关闭该文档；单击“取消”按钮，则返回文档编辑状态。

专家提醒

除了可以使用上述方法关闭文档外，还有以下 3 种方法：

- 单击快速访问工具栏前面的程序图标，在弹出的下拉菜单中选择“关闭”选项。
- 在标题栏上单击鼠标右键，然后在弹出的快捷菜单中选择“关闭”选项。
- 按【Ctrl＋W】组合键。

第 3 章

输入与编辑文本

Word 2016 是一款专门用于文字处理的软件，输入与编辑文本是掌握该软件的第一步。本章通过文本的输入、选择、编辑、查找和拼写检查等操作，来介绍输入与编辑文本的基础操作。

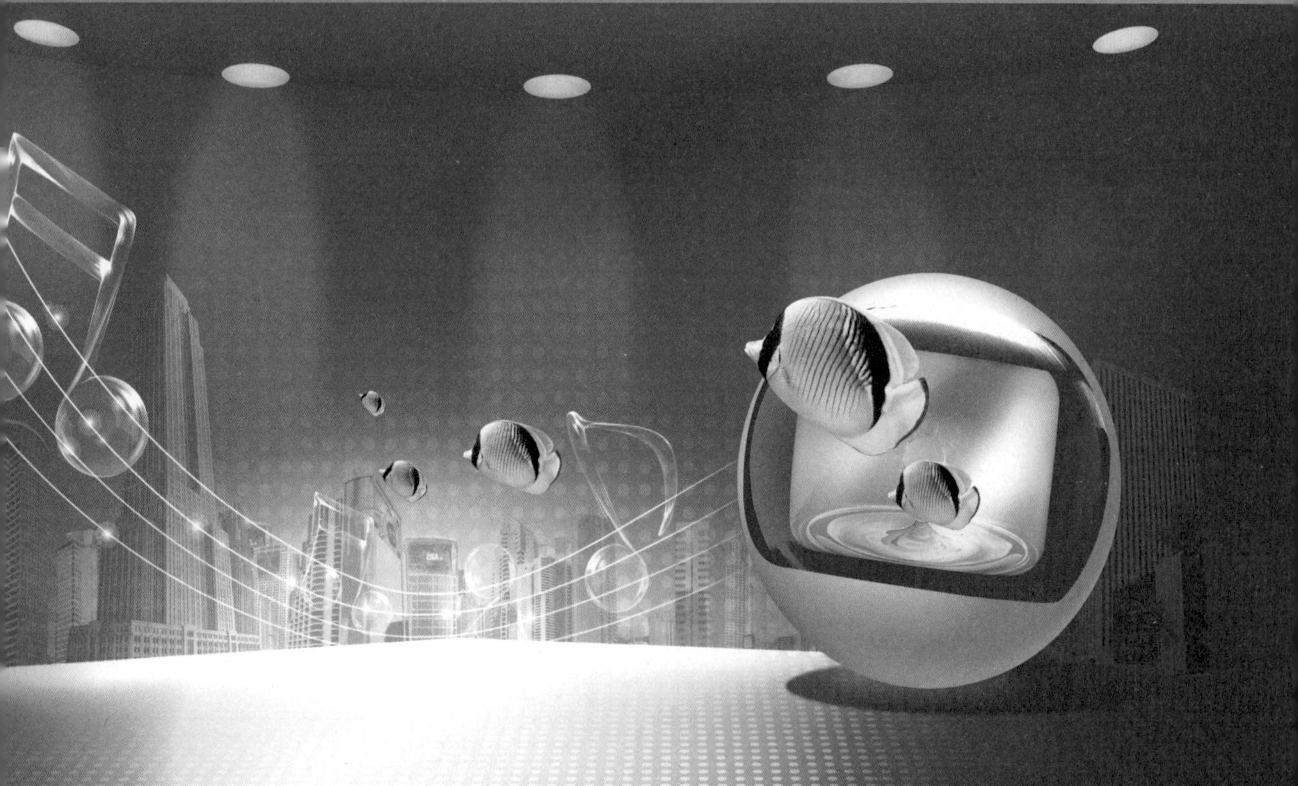

3.1 输入文本

Word 2016 的文本输入功能十分强大，输入的操作也非常简单。输入文本的操作主要是在文档编辑区进行的，输入文字时，光标会随着文字从左至右移动，当光标移至页面右边界时，将自动换行至下一行的行首，若需要重新在另一个段落输入文本，只需按下【Enter】键，光标即可跳转至下一行。

3.1.1 输入文字对象

启动 Word 2016 后，即可在新建文档的文档编辑区中输入文本。输入汉字对象时，首先需要选择输入法并将其切换至中文输入法状态。Word 2016 可以支持多种输入方式，如五笔字型、双拼、极品五笔、搜狗等。输入文字对象的具体操作步骤如下：

1 启动 Word 2016 程序，系统将自动新建一个空白文档，此时文档编辑窗口中显示着一个闪烁的光标，如图 3-1 所示。

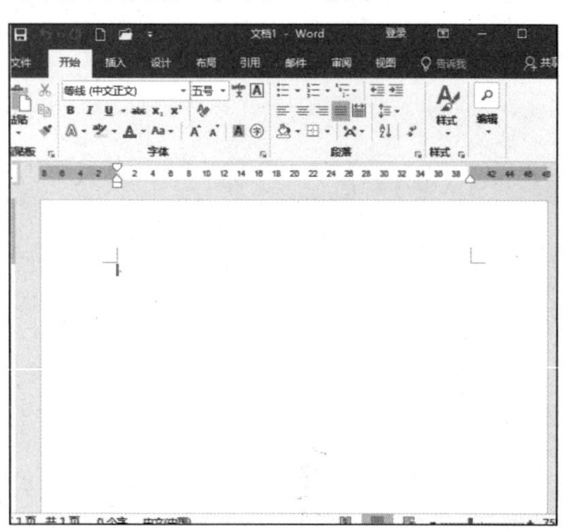

图 3-1 新建文档

2 根据需要选择一种输入法，并将其切换至中文输入状态，如图 3-2 所示。

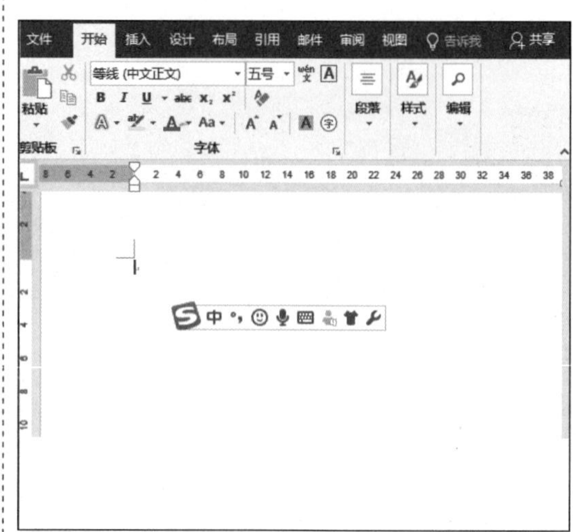

图 3-2 切换输入法

3 在文档编辑区中输入文本，光标将随文字移动，如图 3-3 所示。

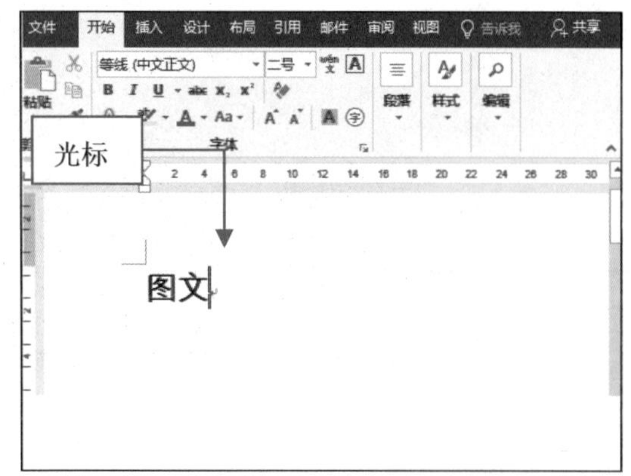

图 3-3 输入文本

4 按【Enter】键，将光标切换至下一行的行首，如图 3-4 所示。

图 3-4 光标换行

5 继续输入文本，当输入的文字至该行的右边界时，光标将自动切换至下一行的行首，如图 3-5 所示。

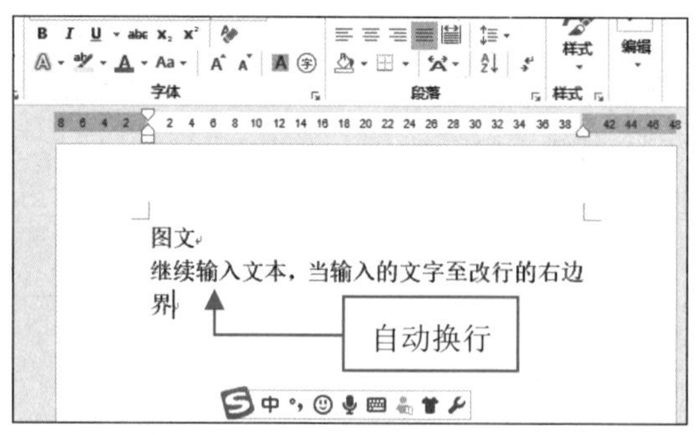

图 3-5　自动换行

6 参照之前的输入方法，在文档编辑窗口中输入文本，如图 3-6 所示。

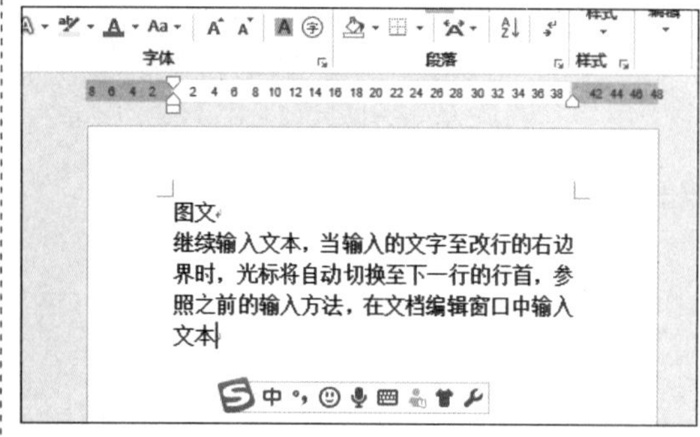

图 3-6　输入文本

3.1.2　插入特殊字符

在 Word 2016 中除了输入文本外，还可以插入一些特殊的符号，如特殊的标点符号、单位符号或数字符号等。插入特殊字符的具体操作步骤如下：

1 打开的文档如图 3-7 所示。

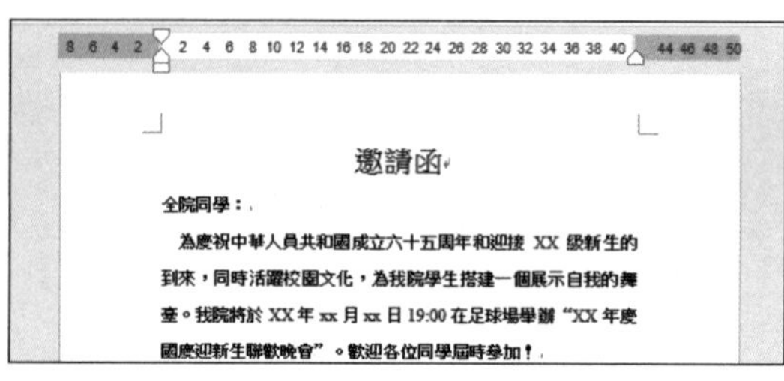

图 3-7　打开文档

2 将光标移至“中华”文本前，单击鼠标左键，定位光标的位置，如图 3-8 所示。

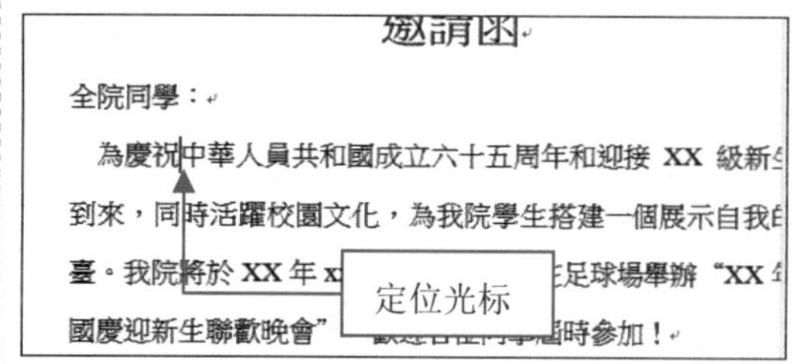

图 3-8　定位光标

3 切换到“插入”选项卡，单击“符号”选项组中的“符号”下拉按钮，在弹出的下拉列表中选择“其他符号”选项，如图 3-9 所示。

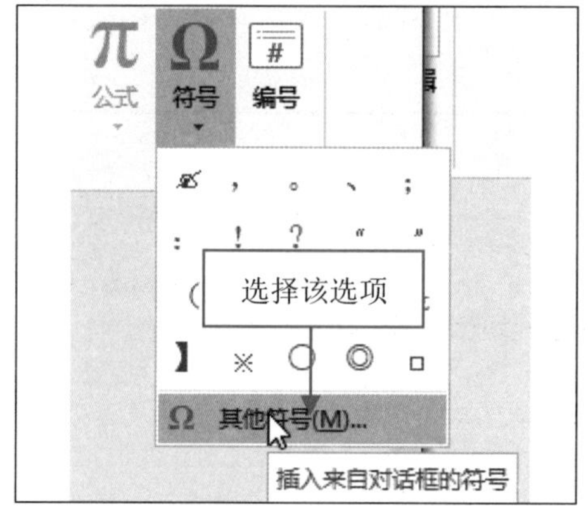

图 3-9　选择“其他符号”选项

4 执行操作后，将弹出“符号”对话框，切换至“特殊字符”选项卡，在“字符”下拉列表框中选择“长划线”选项，如图 3-10 所示。

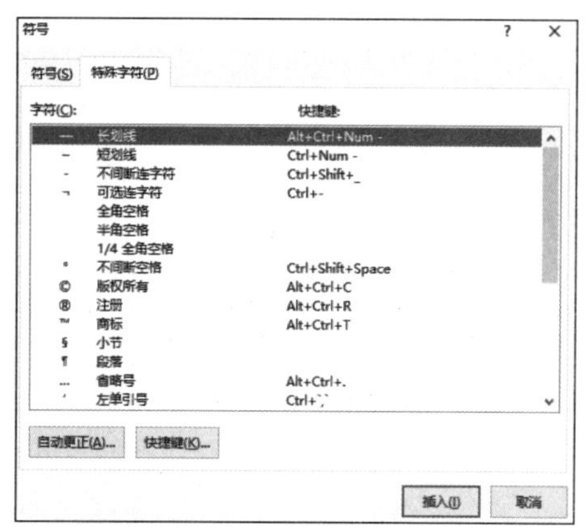

图 3-10　选择字符

专家提醒

在“符号”按钮上单击鼠标右键，在弹出的快捷菜单中选择“添加至快速访问工具栏”选项，也可将“符号”按钮添加至快速访问工具栏中。

5 连续单击两次对话框右下角的“插入”按钮，如图 3-11 所示。

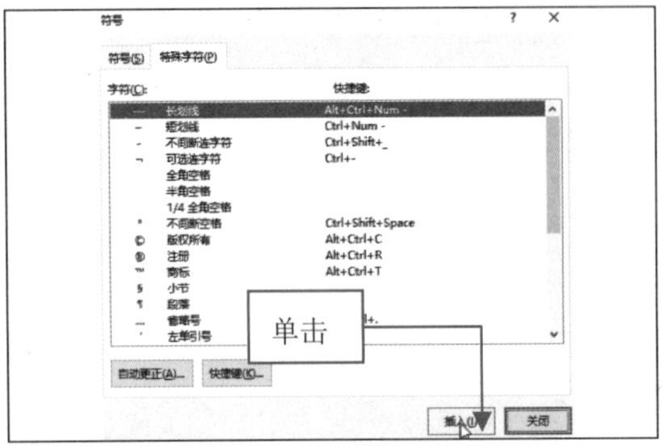

图 3-11 单击“插入”按钮

6 单击“关闭”按钮，此时，在“中华”文本前已插入了两个长划线字符，如图 3-12 所示。

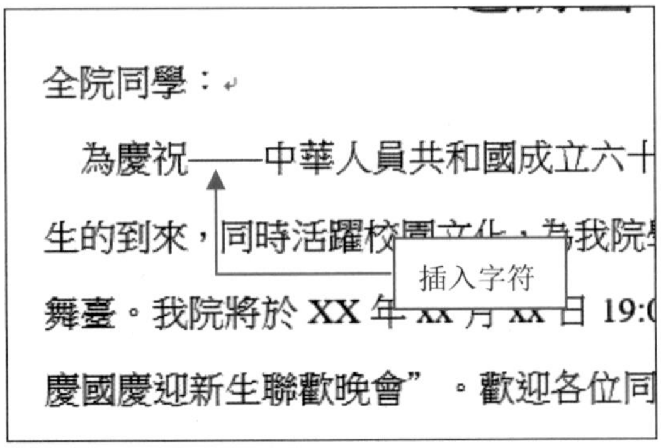

图 3-12 插入字符

专家提醒

在“符号”对话框中双击需要插入符号的图标，也可以在文本中插入符号。

3.1.3 输入日期与时间

用户可以在 Word 2016 文档中直接输入日期或时间，也可以直接通过 Word 2016 所提供的插入日期与时间功能，插入固定或随着日期更新的时间，以便获取编辑文档的日期或时间。输入日期与时间的具体操作步骤如下：

1 打开文档，将光标移至文档最后，如图 3-13 所示。

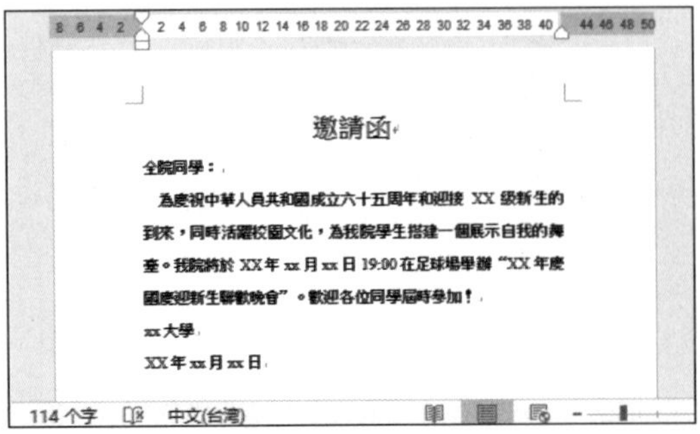

图 3-13 打开文档

2 按【Enter】键，段落换行。在“段落”选项组中单击“右对齐”按钮，文本右对齐，如图 3-14 所示。

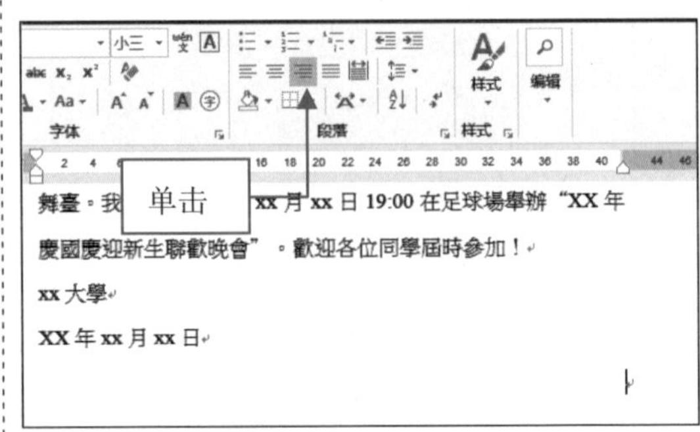

图 3-14 段落换行

③ 切换至“插入”选项卡，单击“文本”选项组中的“日期和时间”按钮，如图 3-15 所示。

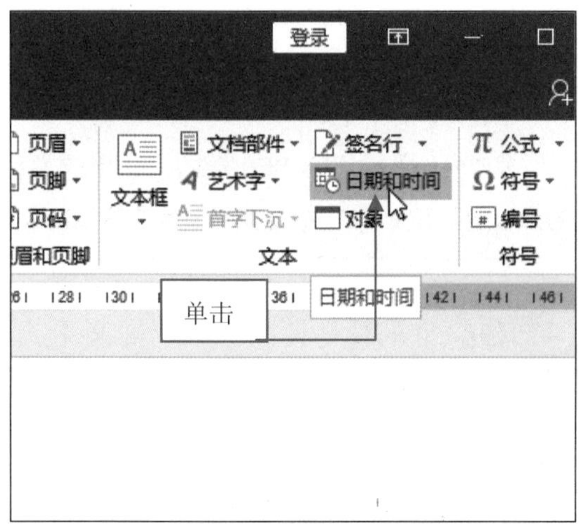

图 3-15　单击“日期和时间”按钮

④ 弹出“日期和时间”对话框，在“可用格式”列表框中提供了多种格式，如图 3-16 所示。

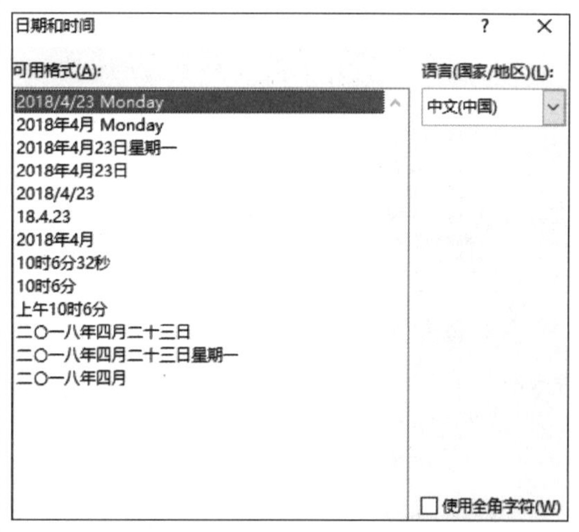

图 3-16　“日期和时间”对话框

⑤ 选择“2018 年 4 月 23 日”选项，并选中“自动更新”复选框，如图 3-17 所示。

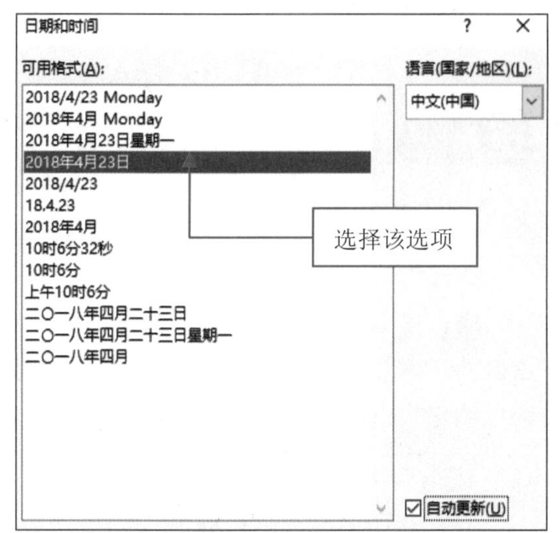

图 3-17　选择日期和时间

⑥ 单击“确定”按钮，即可插入日期和时间，如图 3-18 所示。

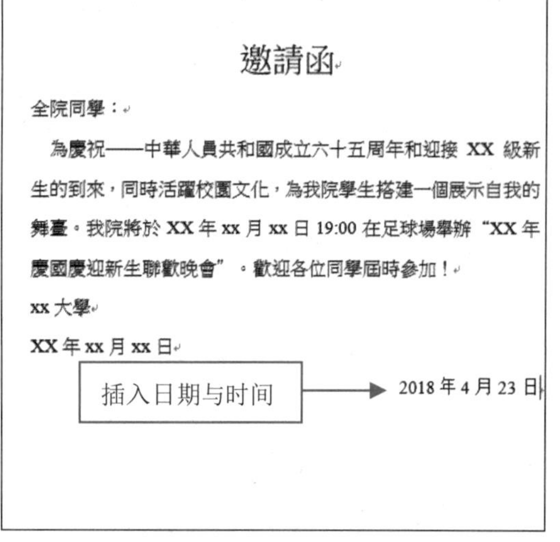

图 3-18　插入日期和时间

3.2　选择文本

在编辑文本时，经常需要对部分文本进行特殊的编辑，此时必须先选中需要编辑的文本对象。选择文本的方式有很多种，如用鼠标选择、用键盘选择和快捷键选择等。

3.2.1　用鼠标选择

用鼠标选择文本是最快捷、最直接、最常用、最灵活的文本选择方式。用鼠标选择文本的具体操作步骤如下：

1 打开的文档如图 3-19 所示。

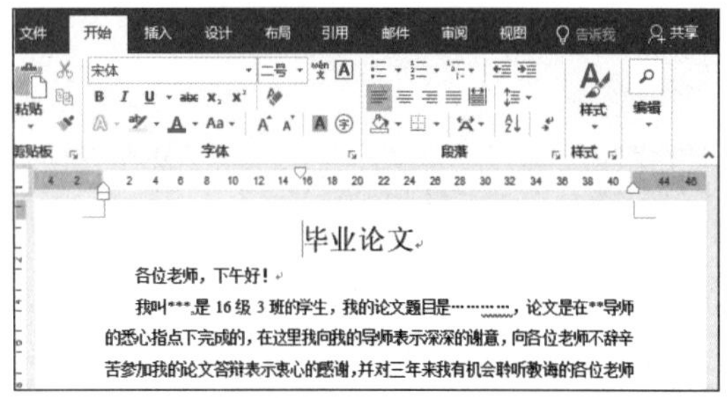

图 3-19　打开文档

3 在任意文本上连续单击鼠标左键 3 次，即可选中整段文档，如图 3-21 所示。

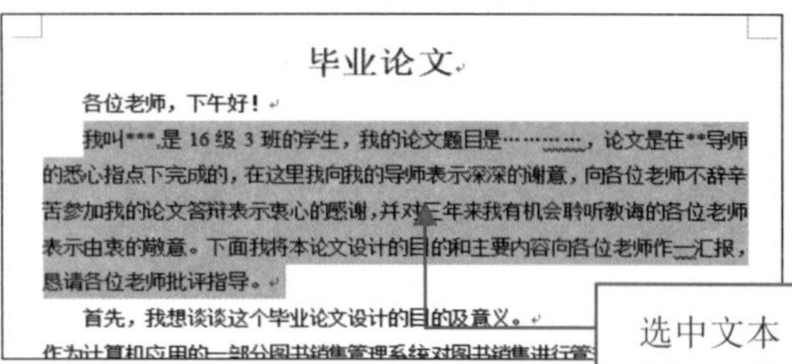

图 3-21　选中整段文本

2 将鼠标指针移至“各位”文本上，双击鼠标左键，即可选中该二字，如图 3-20 所示。

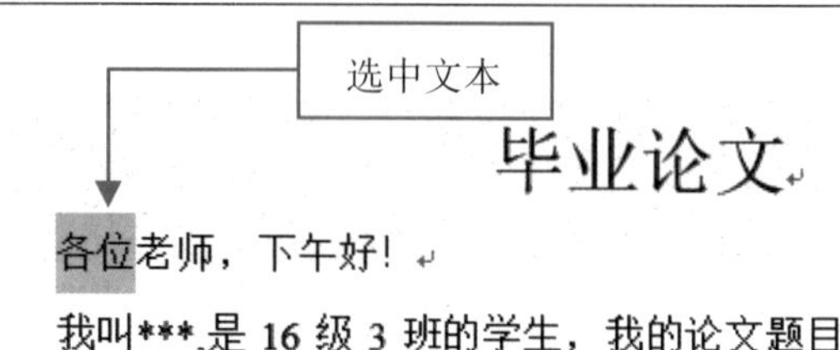

图 3-20　选中文本

4 将鼠标指针移至某一行文本的左侧，单击鼠标，即可选中该行文本，如图 3-22 所示。

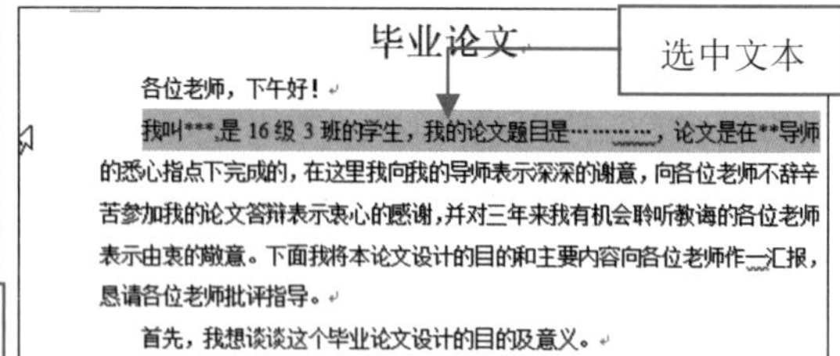

图 3-22　选中一行文本

在 Word 2016 中被选中的文本将以灰色的底色进行标记，以便与未被选中的文本进行区分。

5 将光标定位在“毕业论文”之前，按住鼠标左键向下拖曳至文档底部，即可将所有文本选中，如图 3-23 所示。

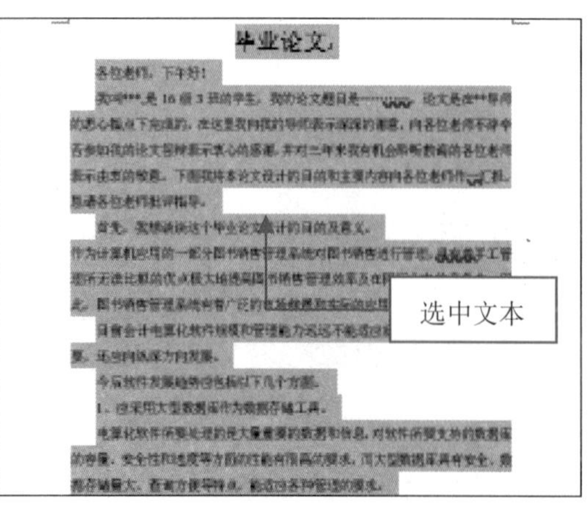

图 3-23　选中所有文本

6 将光标定位至文本“下面”之前，单击鼠标左键并拖曳，至目标位置后释放鼠标，即可选中相应的文本，如图 3-24 所示。

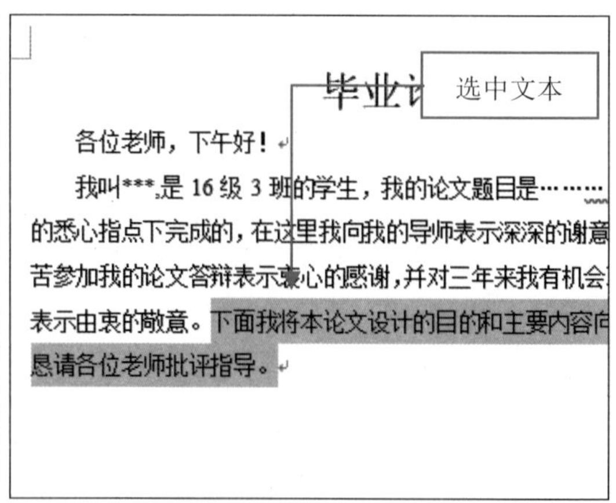

图 3-24　通过拖动鼠标选中文本

第3章

除了上述直接用鼠标选择文本的操作方法外，还可以配合按键来对文本进行选择：

- 按住【Alt】键的同时，单击鼠标左键并拖曳，即可选择一个矩形区域的文本内容。
- 当要选择的文本较长时，将光标插入至文档中需要选择内容的开始处，按住【Shift】键的同时，在需要选择内容的结尾处单击鼠标左键，即可选择需要的文本内容。
- 选中部分文本后，按住【Ctrl】键的同时，再用鼠标选择任意文本，可以选择多个不相邻的文本。
- 选中一行文本后，按住【Ctrl】键，再在需要选择且不在同一行的文本左侧单击鼠标左键，即可选择多行文本。
- 按住【Ctrl】键的同时，在一段文本的左侧单击鼠标左键，即可选中整段文本。

3.2.2　用键盘选择

除了运用鼠标选择文本外，也可以直接运用键盘选择文本。用键盘选择文本的具体操作步骤如下：

1. 打开 Word 文档后，将光标定位于文档第二段首行，如图 3-25 所示。

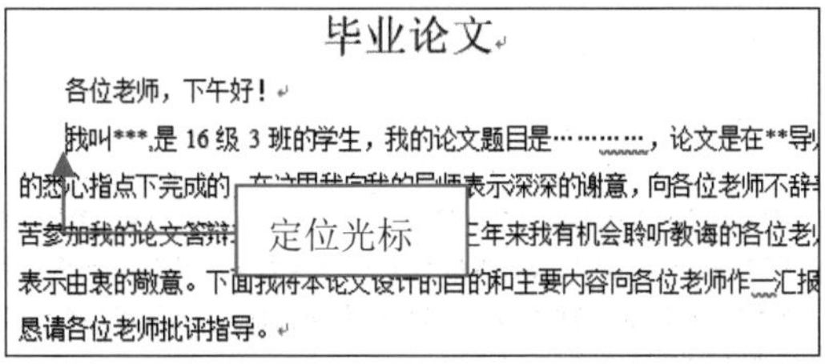

图 3-25　定位光标

2. 按【F8】键，即可激活状态栏上的“扩展式选定”按钮，如图 3-26 所示。

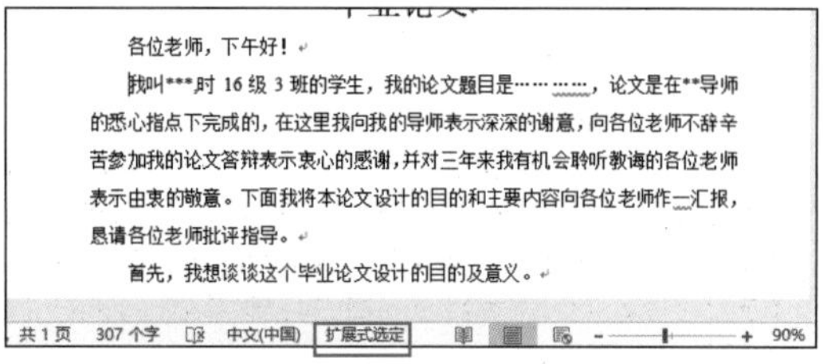

图 3-26　激活“扩展式选定”按钮

3. 再按一次【F8】键，即可选中“我”文本，如图 3-27 所示。

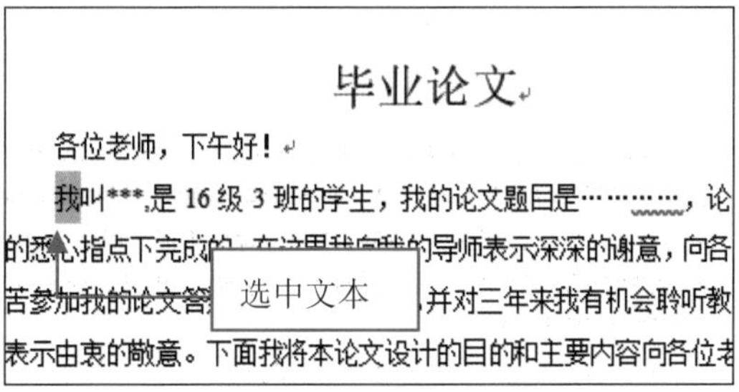

图 3-27　选择文本

4. 再按一次【F8】键，即可选中一句文本，如图 3-28 所示。

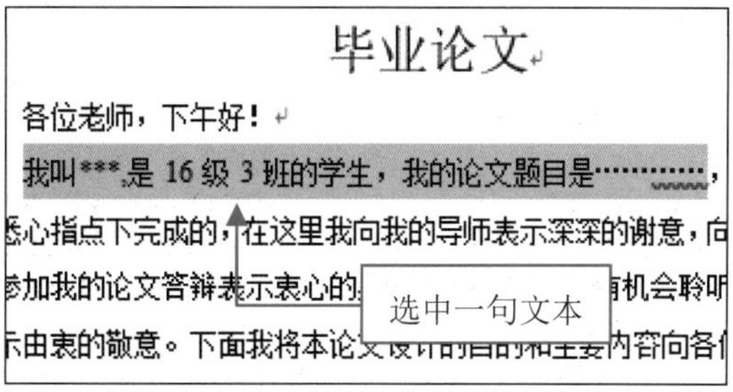

图 3-28　选中一句文本

5 再按一次【F8】键，即可选中整段文本，如图 3-29 所示。

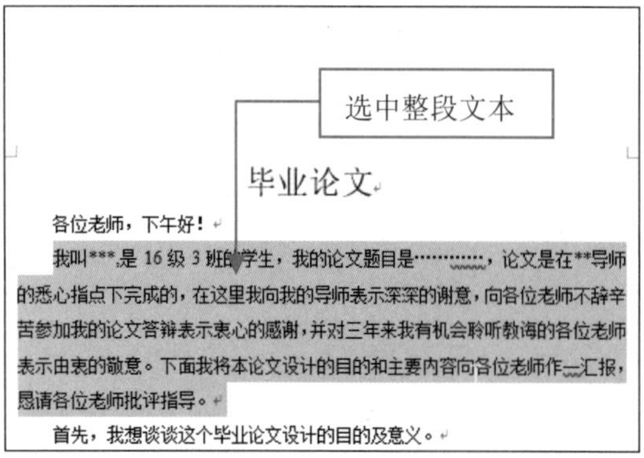

图 3-29　选中整段文本

专家提醒

没有显示“扩展式选定”按钮，可以在状态栏上单击鼠标右键，在弹出的快捷菜单中选择“选定模式”选项，执行操作后，状态栏上即可显示“扩展式选定”按钮。

另外，当“扩展式选定”按钮被激活后，按【Esc】键即可取消扩展选定模式。

专家提醒

用键盘选中所有文本后，若将鼠标指针移至某个文本前并单击鼠标，位于鼠标指针后的文本将取消选中状态。

3.2.3　用快捷键选择

使用不同的快捷键可以选择不同范围的文本。用快捷键选择文本的具体操作方法如下：

1 打开 Word 文档后，将光标定位于“下面”文本前，如图 3-30 所示。

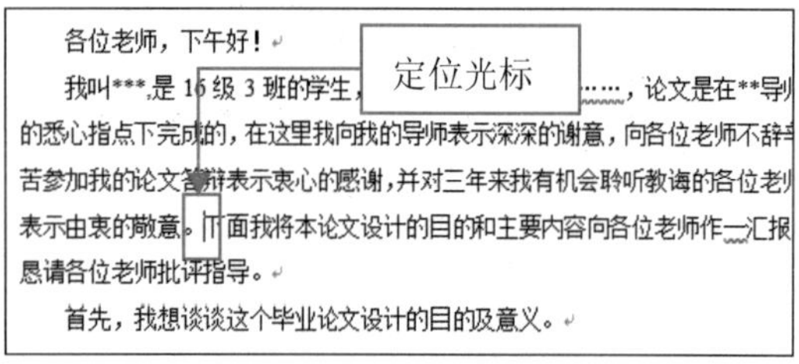

图 3-30　光标定位

2 按住【Shift】键的同时，再按【→】键两次，即可向光标右侧选择两个字符，如图 3-31 所示。

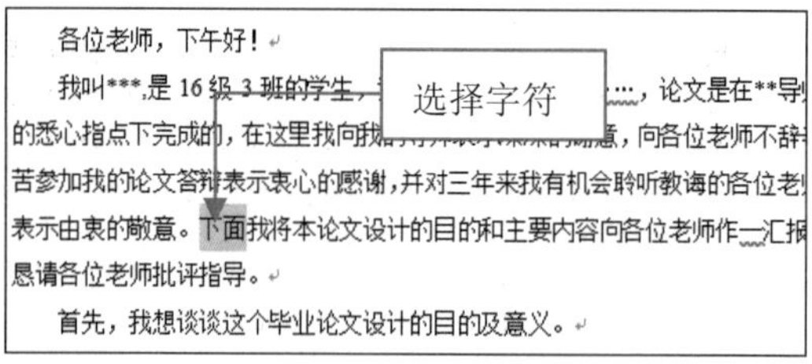

图 3-31　选择两个字符

3 按【Shift+Home】组合键，即可将选择内容扩展至该行的行首，如图 3-32 所示。

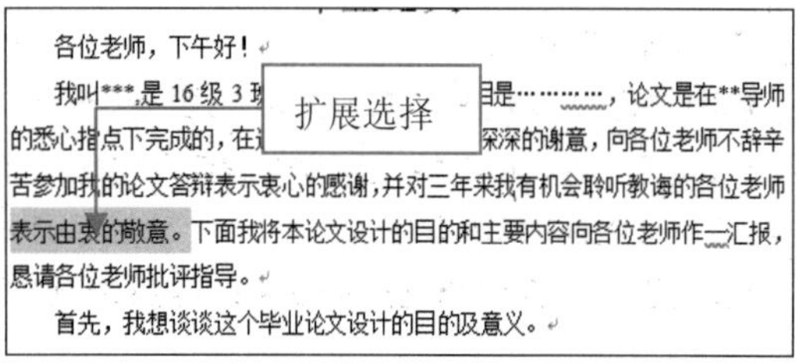

图 3-32　扩展选定内容

4 按【Shift+↑】组合键，即可向上选定一行文本，如图 3-33 所示。

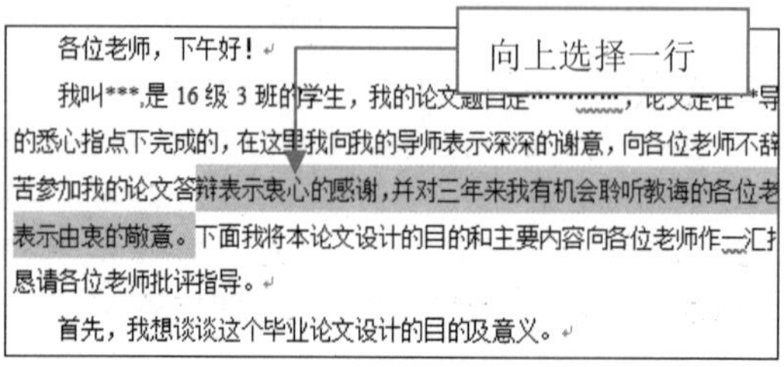

图 3-33　向上选定一行文本

5. 按【Ctrl＋Shift＋Home】组合键，即可将选定内容扩展至文档开始处，如图 3-34 所示。

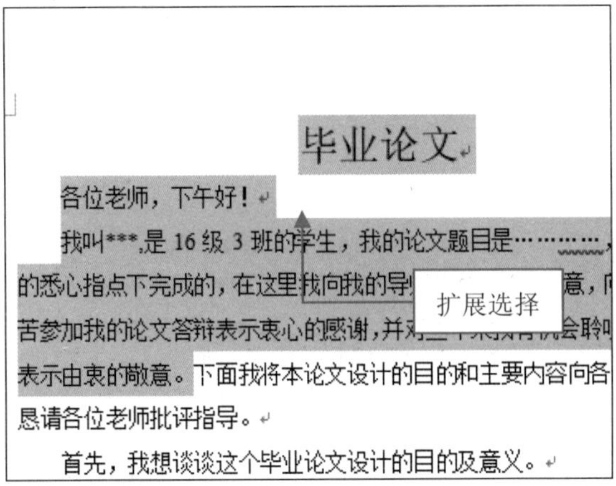

毕业论文

各位老师，下午好！

我叫***,是 16 级 3 班的学生，我的论文题目是………，……的悉心指点下完成的，在这里我向我的导……意，向……苦参加我的论文答辩表示衷心的感谢，并对……会聆听……表示由衷的敬意。下面我将本论文设计的目的和主要内容向各……恳请各位老师批评指导。

首先，我想谈谈这个毕业论文设计的目的及意义。

扩展选择

图 3-34　扩展至文档开始处

6. 按【Ctrl＋A】组合键，即可选定所有文本，如图 3-35 所示。

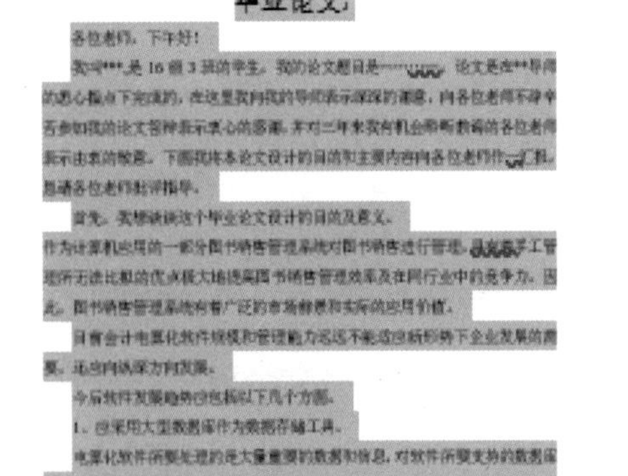

图 3-35　选中所有文本

知识链接

使用快捷键选择文本主要有以下几种：

- 按【Shift＋←】组合键，向左选定一个字符。
- 按【Shift＋→】组合键，向右选定一个字符。
- 按【Shift＋↑】组合键，向上选定一行文本。
- 按【Shift＋↓】组合键，向下选定一行文本。
- 按【Shift＋Home】组合键，将选定内容扩展至行首。
- 按【Shift＋End】组合键，将选定内容扩展至行尾。
- 按【Shift＋Page Up】组合键，将选定内容向上扩展。
- 按【Shift＋Page Down】组合键，将选定内容向下扩展。
- 按【Ctrl＋Shift＋↑】组合键，将选定内容扩展至段落开始处。
- 按【Ctrl＋Shift＋↓】组合键，将选定内容扩展至段落结尾处。
- 按【Ctrl＋Shift＋Home】组合键，将选定内容扩展至文档开始处。
- 按【Ctrl＋Shift＋End】组合键，将选定内容扩展至文档结尾处。
- 按【Ctrl＋A】组合键或按【Ctrl＋5】组合键（该数字为小键盘上数字键 5），即可选中文档中的所有文本。

3.3　编辑文本

作为一款专业的文本处理软件，Word 2016 具有强大的文本编辑功能，其最常用的编辑操作主要是对文本的复制、粘贴、移动、删除、撤销和恢复等。

3.3.1　文本的复制与粘贴

复制与粘贴文本的操作在编辑文档的过程中是十分常用的，若有部分句子或段落在不同的位置经常出现，则可以利用复制和粘贴的功能，这样不仅避免了重复输入文本，也提高了工作效率。复制与粘贴文本的具体操作步骤如下：

1 打开一个 Word 文档，如图 3-36 所示。

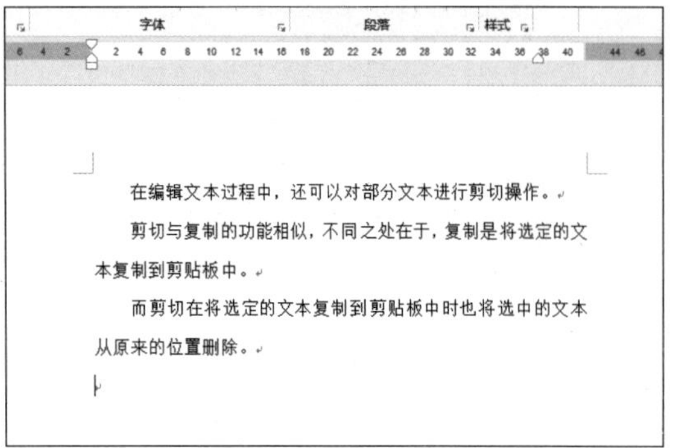

图 3-36　打开文档

2 在文档编辑区中选择一段文本，如图 3-37 所示。

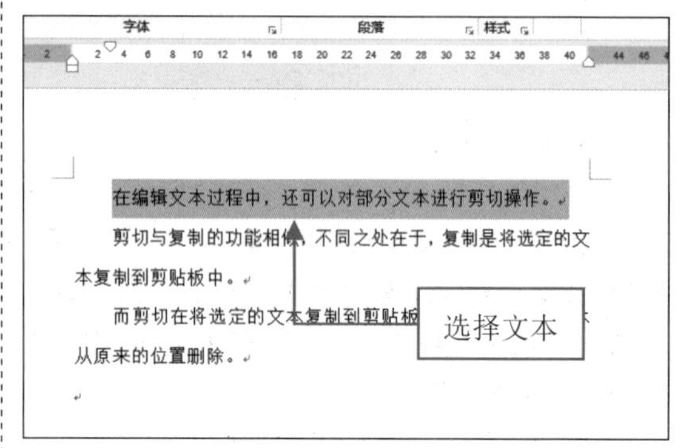

图 3-37　选择文本

3 在功能区的“剪贴板”选项组中单击“复制”按钮，如图 3-38 所示。

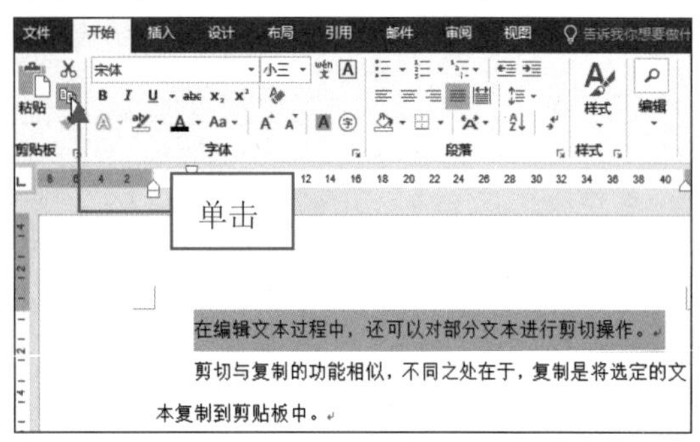

图 3-38　单击“复制”按钮

4 将光标插入至文档结尾处，按【Enter】键，进行文本换行，如图 3-39 所示。

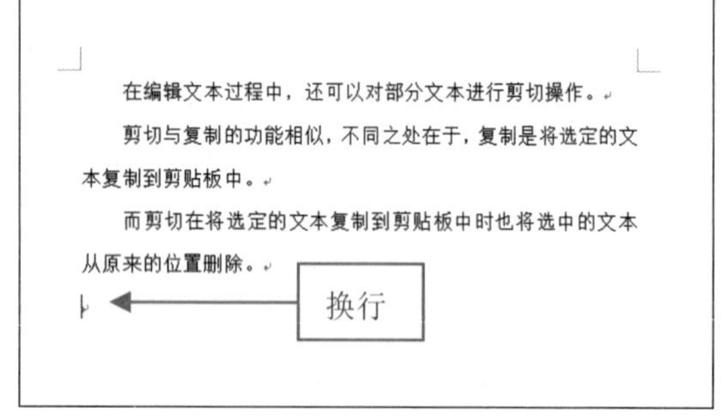

图 3-39　文本换行

5 在功能区的“剪贴板”选项组中单击“粘贴”按钮，如图 3-40 所示。

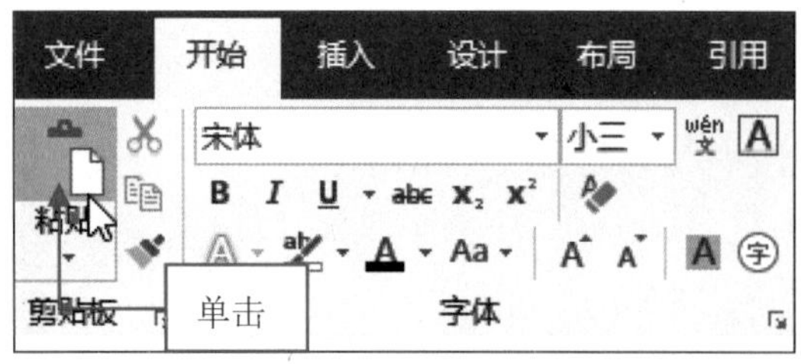

图 3-40　单击“粘贴”按钮

6 执行操作后，即可将所选择的文本复制并粘贴于目标位置，如图 3-41 所示。

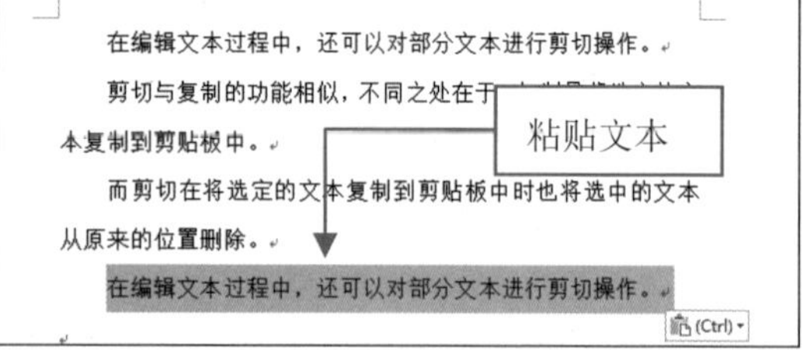

图 3-41　粘贴文本

专家提醒

在编辑文本过程中，还可以对部分文本进行剪切操作。剪切与复制的功能相似，不同之处在于，复制是将选定的文本复制到剪贴板中，而剪切在将选定的文本复制到剪贴板中时也将选中的文本从原来的位置删除。

复制、剪切或粘贴文本还可以通过快捷键来进行操作：

- 按【Ctrl＋C】组合键，复制选定的文本。
- 按【Ctrl＋X】组合键，剪切选定的文本。
- 按【Ctrl＋V】组合键，粘贴复制或剪切的文本。

3.3.2　文本的移动与删除

在编辑文本时，若发现文档中的部分文本位置不对时，可以通过移动功能调整文本的位置。若文档中出现重复或多余的文本，则可以将其删除，以保证整个文档的正确性。移动与删除文本的具体操作步骤如下：

1 在 Word 文档中选中需要移动的段落文本，如图 3-42 所示。

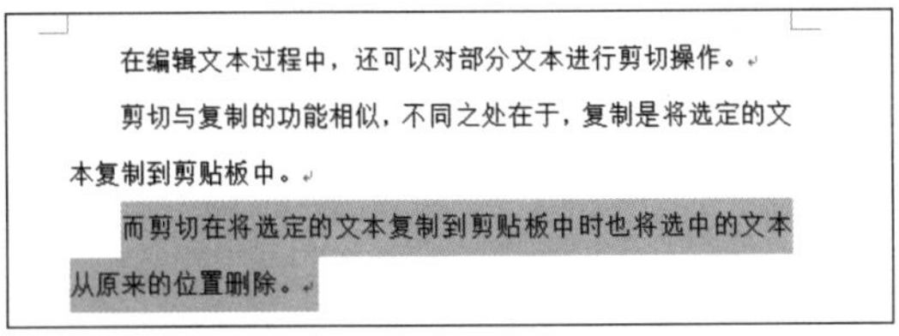

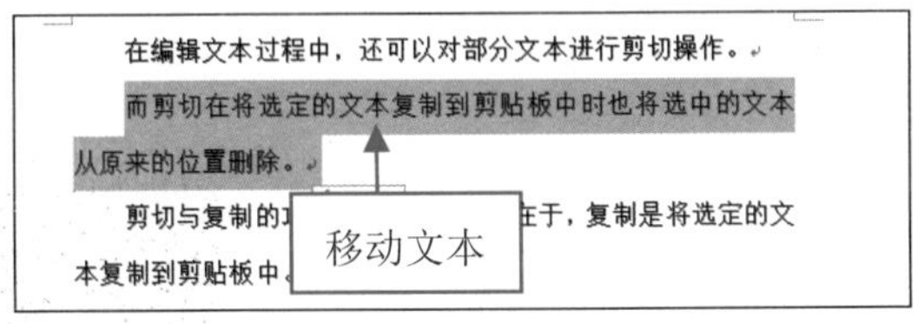

图 3-42　选择文本

2 按住鼠标左键，并将其拖曳至第 2 段的“剪切”文本前，如图 3-43 所示。

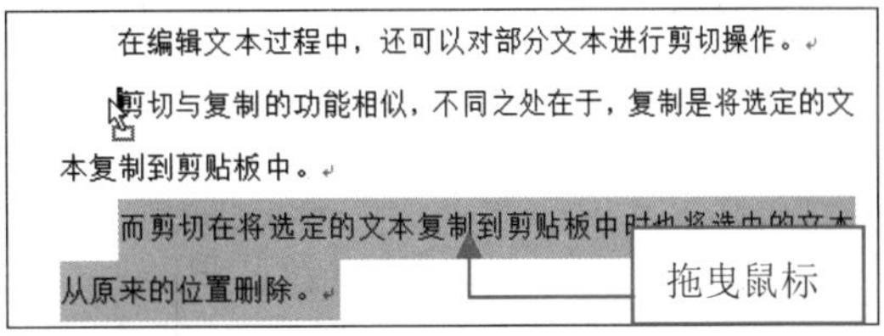

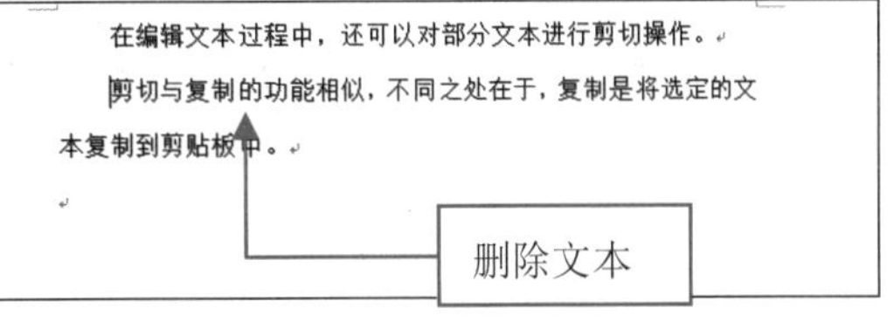

图 3-43　拖曳鼠标

3 释放鼠标后，即可将选择的文本移动至“剪切”文本前，如图 3-44 所示。

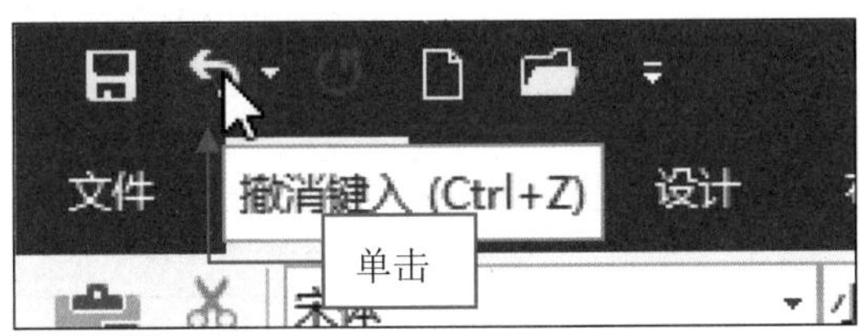

图 3-44　移动文本

4 按【Delete】键，即可删除文本，如图 3-45 所示。

图 3-45　删除文本

3.3.3　操作的撤销与恢复

在编辑文档时，Word 会自动记录最近所执行的操作，编辑期间，难免会出现一些错误的操作，此时可以通过撤销和恢复功能来进行纠正。文本的撤销与恢复的具体操作步骤如下：

1 单击快速访问工具栏中的“撤销”按钮两次，如图 3-46 所示。

图 3-46　单击“撤销”按钮

2 执行操作后，即可撤销上节进行的删除和移动操作，如图 3-47 所示。

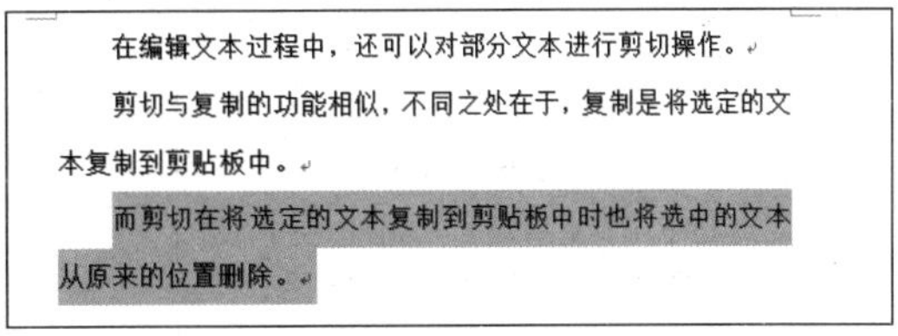

图 3-47　撤销操作

专家提醒

在执行文本编辑的撤销操作时，可以单击“撤销”按钮旁的下拉三角按钮，将弹出下拉列表框，其中显示了最近执行的各种操作，选择需要的撤销选项后，文本编辑窗口中的文档内容将进行相应的还原。

3 单击快速访问工具栏中的“恢复”按钮一次，如图 3-48 所示。

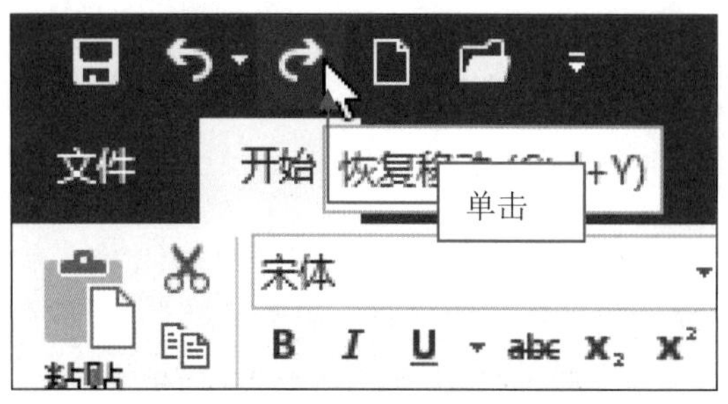

图 3-48 单击“恢复”按钮

4 执行操作后，即可恢复文本的移动操作，如图 3-49 所示。

在编辑文本过程中，还可以对部分文本进行剪切操作。

而剪切在将选定的文本复制到剪贴板中时也将选中的文本从原来的位置删除。

剪切与复制的功能相似，不同之处在于，复制是将选定的文本复制到剪贴板中。

图 3-49 恢复移动操作

知识链接

用户还可以通过快捷键来进行撤销和恢复操作：

- 按【Ctrl＋Z】组合键，撤销前一次的操作。
- 按【Ctrl＋Y】组合键，恢复之前所撤销的操作。

3.4 查找与替换文本

使用 Word 2016 的查找与替换功能，可以查找和替换文档中的文本、格式段落标记、分页符和其他项目等，还可以使用通配符和代码扩展搜索。

扫码观看本节视频

3.4.1 查找文本

使用查找功能可以快速地搜索到文档中所需要的信息。在 Word 2016 中的“查找”操作主要分为“查找”和“高级查找”两种查找方式，其具体操作步骤如下：

1 打开的文档如图 3-50 所示。

图 3-50 打开文档

2 单击“开始”选项卡下“编辑”选项组中的“查找”按钮，如图 3-51 所示。

图 3-51 选择“查找”选项

专家提醒

在“开始”选项卡下的“编辑”选项组中，单击“查找”右侧的下拉三角按钮，在弹出的下拉列表中选择“高级查找”选项，将弹出“查找和替换”对话框，输入查找内容，单击“查找下一处”按钮，即可在文档中进行查找，查找到的信息以灰色进行标记。

3 执行操作后，在工作界面的左侧将显示“导航”任务窗格，如图 3-52 所示。

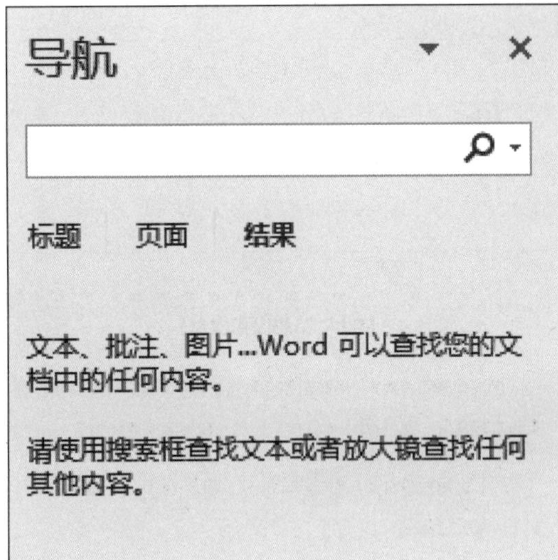

图 3-52　显示“导航”任务窗格

4 在文本框中输入所需查找的文本，此时在文档中查找到的文本将以黄色进行标记，如图 3-53 所示。

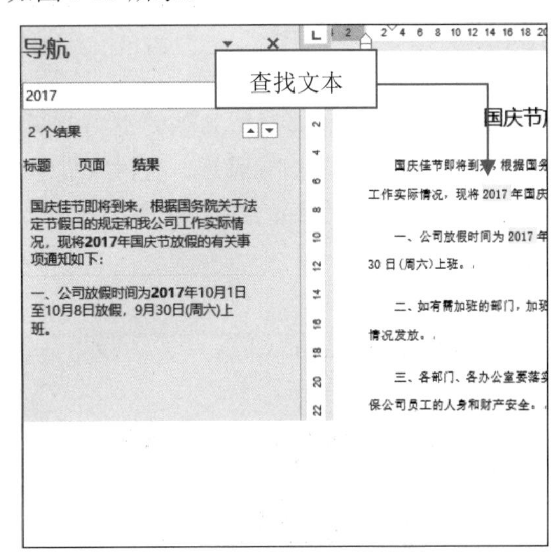

图 3-53　查找到的文本

3.4.2　替换文本

使用替换功能可以快速地、批量地对文档中需要替换的内容进行查找并替换。替换文本的具体操作步骤如下：

1 单击“开始”选项卡下“编辑”选项组中的“替换”按钮，弹出“查找和替换”对话框，如图 3-54 所示。

图 3-54　“查找和替换”对话框

2 在“查找内容”和“替换为”文本框中分别输入需要被替换和替换为的文本，如图 3-55 所示。

图 3-55　输入文本

3 单击“查找下一处”按钮，即可在文档中查找到所需替换的文本，如图 3-56 所示。

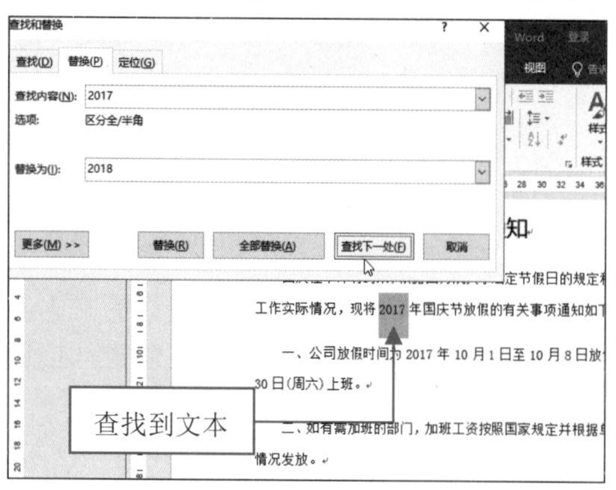

图 3-56　查找文本

4 单击“替换”按钮，查找到的文本即被“替换为”中的内容替换，如图 3-57 所示。

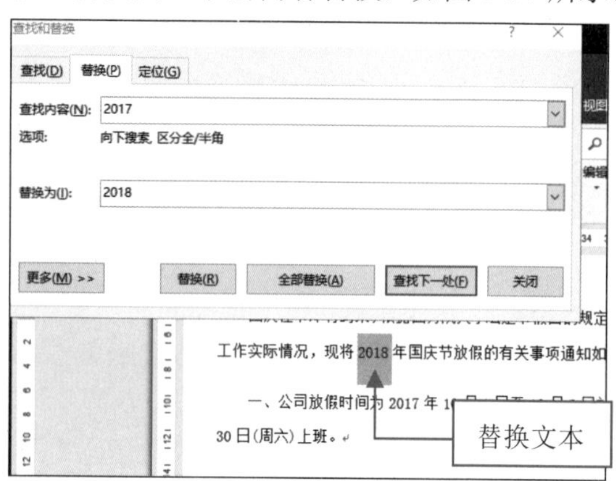

图 3-57　替换文本

5 单击“全部替换”按钮，文档中所有查找到的信息均被新内容替换，且弹出提示信息框，显示被替换的数量信息，如图 3-58 所示。

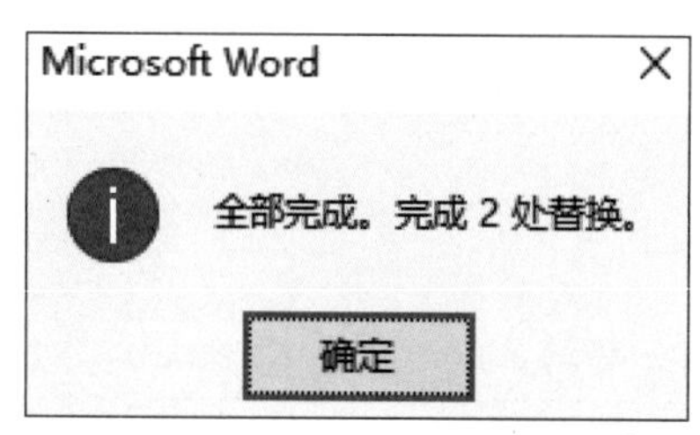

图 3-58　提示信息框

6 单击“确定”按钮，完成替换操作，最后关闭“查找和替换”对话框，如图 3-59 所示。

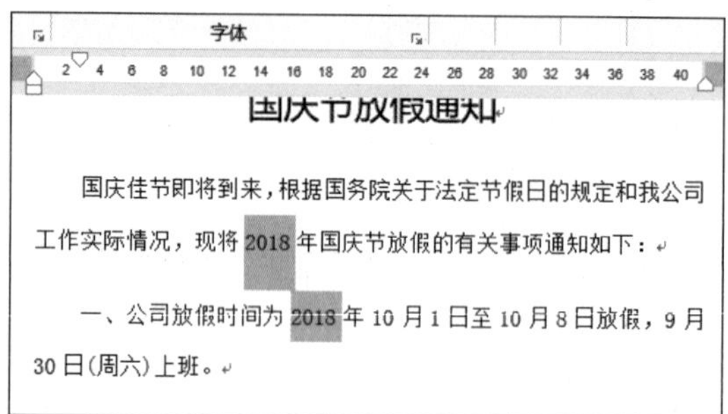

图 3-59　完成替换

专家提醒

在“查找和替换”对话框中，用户还可以对所查找和替换的信息进行更多的设置，在对话框中单击“更多”按钮，将展开更多的选项，在其中可以对“搜索选项”选项和“替换”选项进行详细的设置。

3.5　拼写与语法检查

在编辑文档过程中，难免出现拼写或语法的错误，而 Word 2016 提供的检查拼写和语法的功能，可以将这些问题轻而易举地解决掉，从而减少文档中文本的错误。

3.5.1　检查中英文拼写与语法

在输入文本过程中，可能会在无意中输入错误的单词或语法，利用 Word 2016 中的拼写和语法检查功能，可以快速地对这些错误进行标记。检查中英文拼写与语法的具体操作步骤如下：

1 打开的文档如图 3-60 所示。

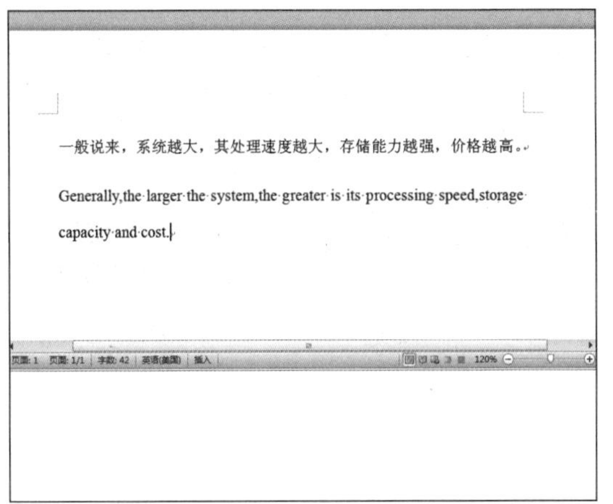

一般说来，系统越大，其处理速度越大，存储能力越强，价格越高。
Generally,the larger the system,the greater is its processing speed,storage capacity and cost.

图 3-60　打开文档

2 单击“文件”|“选项”命令，弹出“Word 选项”对话框，如图 3-61 所示。

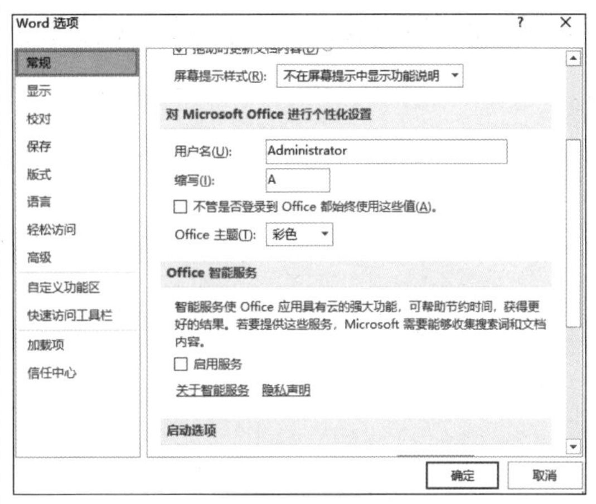

图 3-61　“Word 选项”对话框

3 在对话框左侧单击“校对”选项卡，然后在“在 Word 中更正拼写和语法时”选项区中，选中所需的复选框，如 3-62 所示。

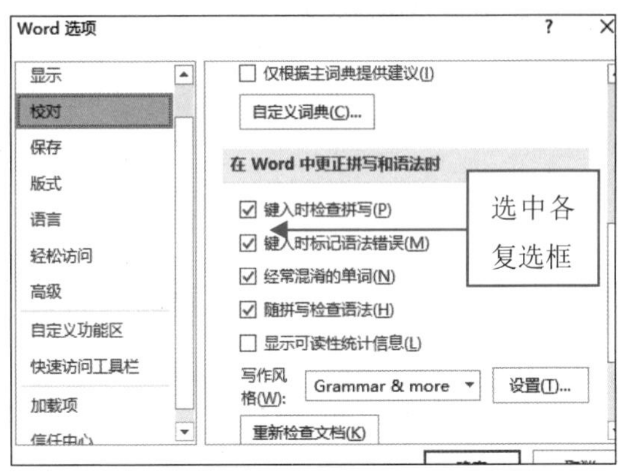

图 3-62　选中各复选框

4 单击“确定”按钮，即可检查出当前文档中的拼写和语法错误，且用红色的波浪线进行标记，如图 3-63 所示。

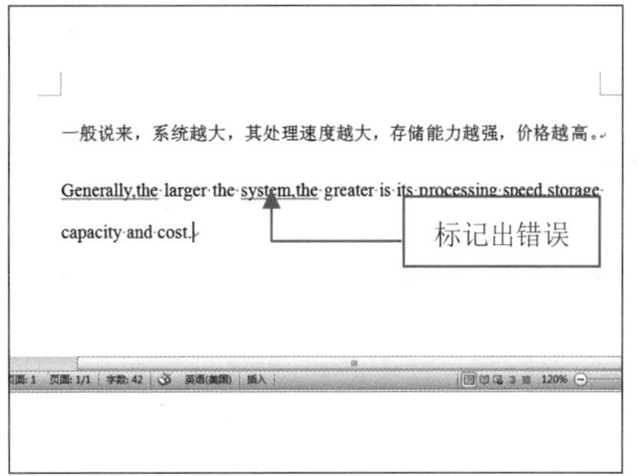

图 3-63　检查出错误

专家提醒

在“Word 选项”对话框中单击“校对”选项卡后，若在“例外项”选项区中选中“只隐藏此文档中的拼写错误”和“只隐藏此文档中的语法错误”复选框，则在单击“确定”按钮后，所检查出的拼写和语法错误将被隐藏。

3.5.2　更改中英文拼写与语法

Word 2016 除了可以检查出错误的拼写和语法外，还可以对错误进行自动更正，也可以手动对错误进行更改。更改中英文拼写与语法的具体操作步骤如下：

1 在检查出拼写和语法错误的文档中，切换至“审阅”选项卡，如图 3-64 所示。

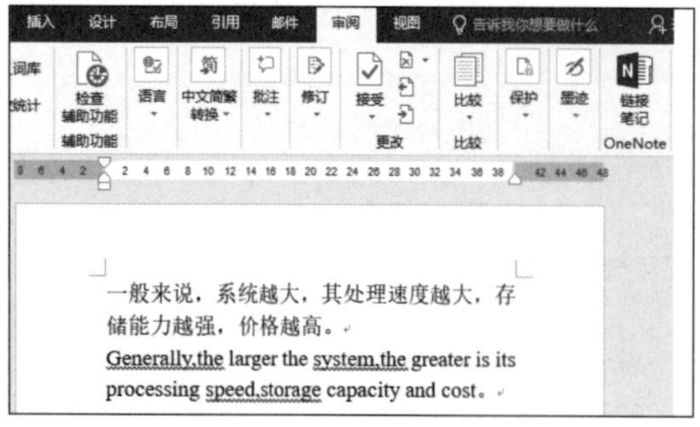

图 3-64　切换至“审阅”选项卡

2 单击“校对”选项组中的“拼写和语法”按钮，如图 3-65 所示。

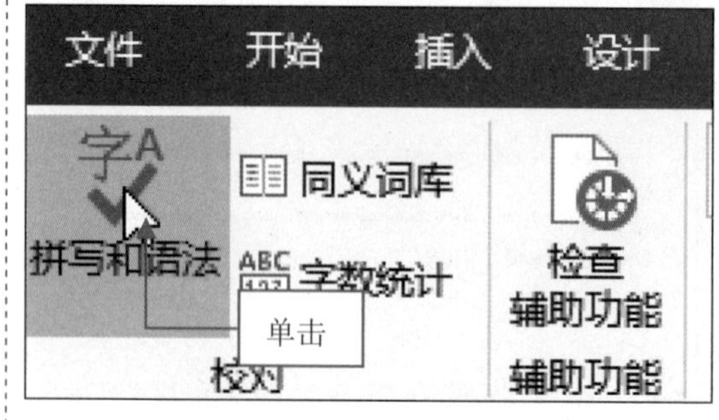

图 3-65　单击“拼写和语法”按钮

3 执行操作后，弹出“拼写检查”窗格，显示错误的拼写和语法，如图 3-66 所示。

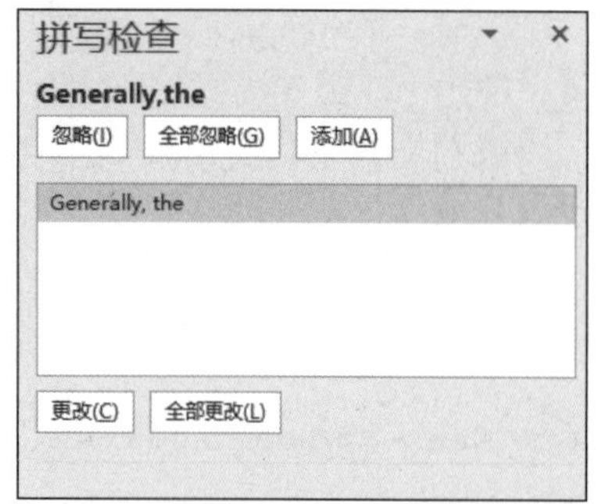

图 3-66　“拼写检查”对话框

4 单击下方的“更改”按钮，第一处错误的拼写和语法被更改，如图 3-67 所示。

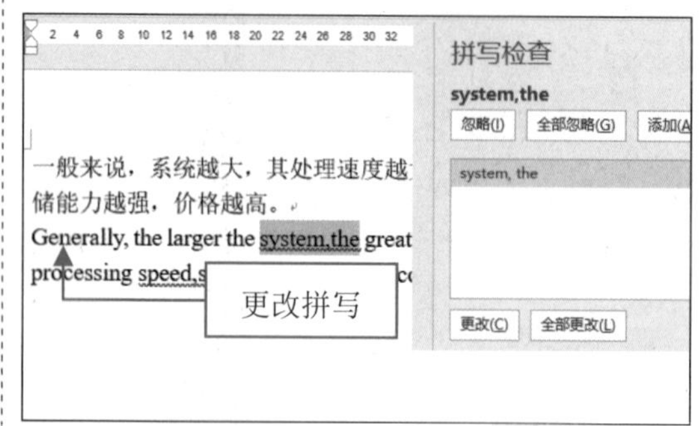

图 3-67　更改拼写和语法错误

专家提醒

若当前文档中的拼写和语法错误是被隐藏的，则在单击“拼写和语法”按钮后，在“拼写检查”窗格中仍然会将错误的拼写和语法标记显示。

5 执行操作后，被更改的拼写单词下的红色波浪线消失，如图 3-68 所示。

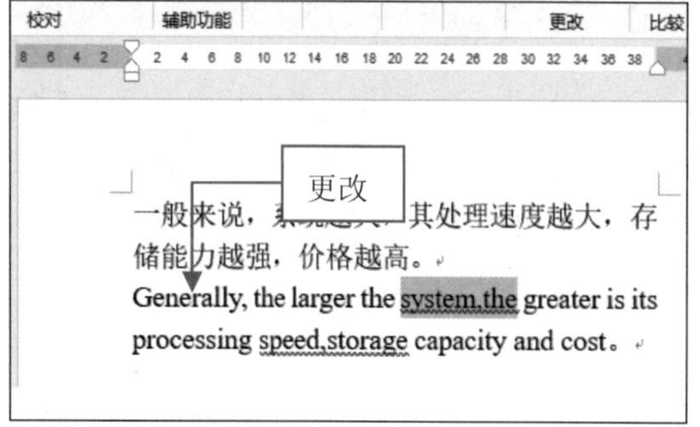

图 3-68　红色波浪线消失

6 再在“拼写检查”窗格中单击“全部更改”按钮，如图 3-69 所示。

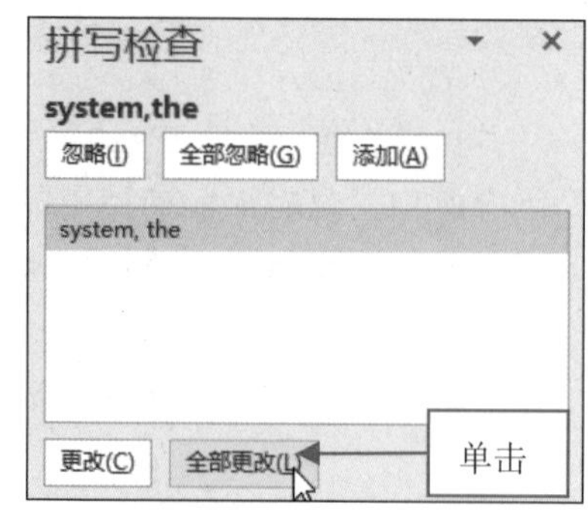

图 3-69　单击“全部更改”按钮

第3章

在更改拼写和语法错误的过程中，若选择了其他的 Word 文档，再返回“拼写检查”窗格时，原来的“忽略一次”按钮转变为“继续执行”按钮，单击“继续执行”按钮，才能继续执行拼写和语法的更改操作。

7 当错误的拼写和语法更正完成后，将弹出提示信息框，如图 3-70 所示。

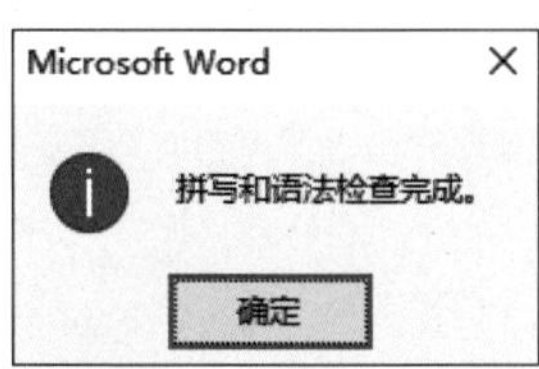

图 3-70　提示信息框

8 单击“确定”按钮，完成拼写和语法错误的更改，如图 3-71 所示。

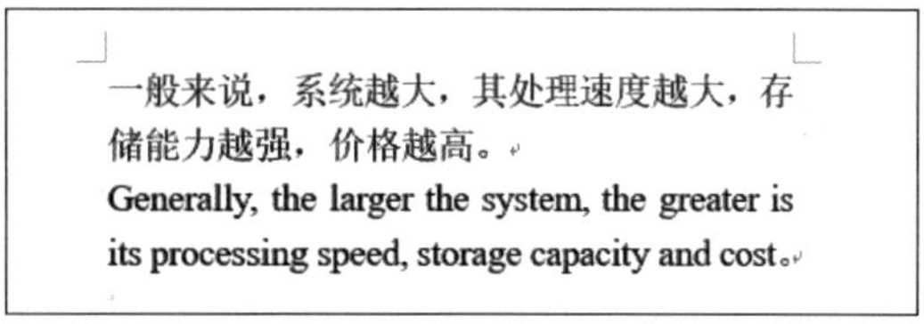

一般来说，系统越大，其处理速度越大，存储能力越强，价格越高。
Generally, the larger the system, the greater is its processing speed, storage capacity and cost。

图 3-71　更改拼写和语法错误

3.5.3　关闭拼写与语法检查

在特殊情况下，可以对 Word 2016 的拼写与语法检查功能进行关闭。关闭拼写与语法检查的具体操作步骤如下：

1 新建一个空白的 Word 文档，在文档编辑区中输入一句拼写和语法错误的文本，可以发现语法错误的地方被标记，如图 3-72 所示。

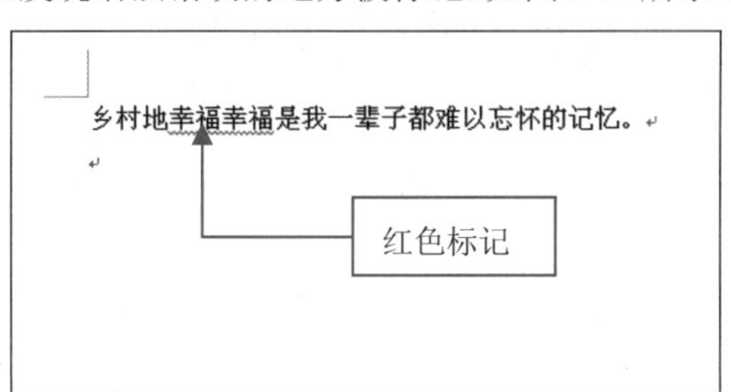

图 3-72　输入文本

2 单击“文件”|“选项”命令，弹出“Word 选项”对话框，单击“校对”选项卡，如图 3-73 所示。

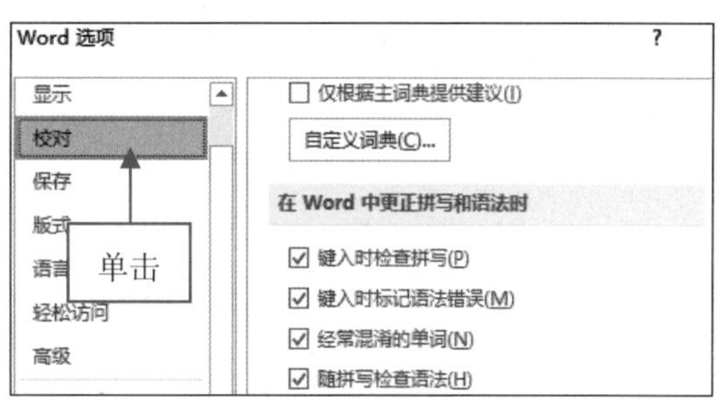

图 3-73　单击“校对”选项卡

3 在“在 Word 中更正拼写和语法时”选项区中，取消选择各复选框，如 3-74 所示。

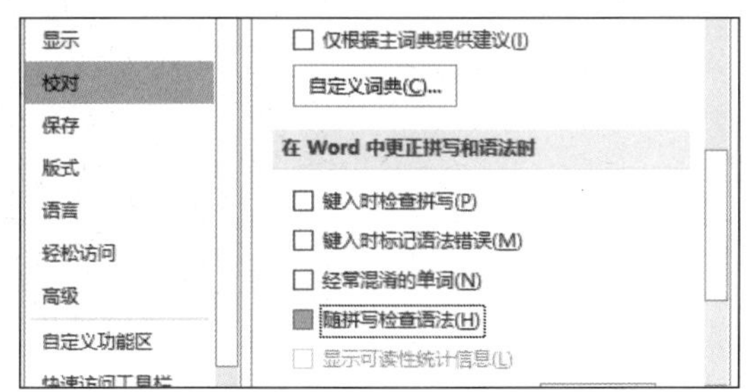

图 3-74　取消选择各复选框

4 单击“确定”按钮，红色标记将消失，即关闭拼写与语法检查，如图 3-75 所示。

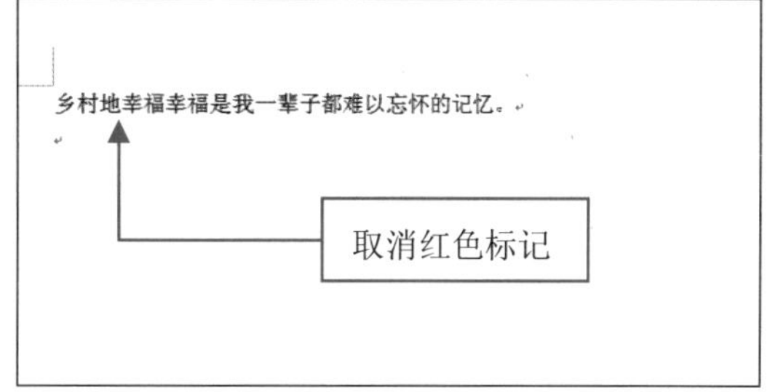

图 3-75　关闭拼写与语法检查

第 3 章

第 4 章

设置文本格式

在 Word 文档中输入文本并对其进行编辑后，应该再对文本的格式进行适当的编排，使文档从整体上更加整齐、美观。本章主要介绍设置字体格式、设置段落格式、添加项目符号和编号等操作。

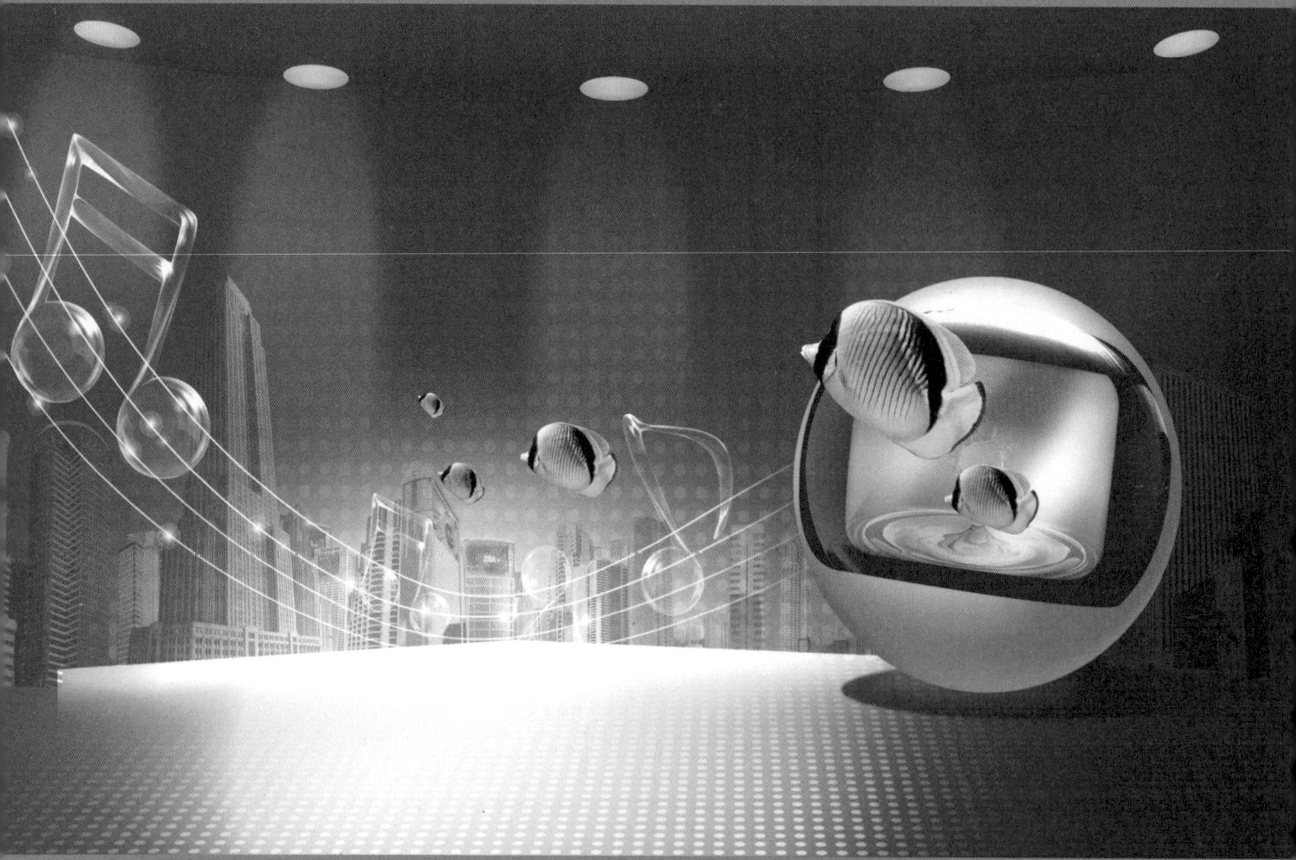

4.1　设置字体格式

设置字体格式的内容有很多种，如字体、字号、间距、行距和颜色等。用户可以自动套用 Word 2016 中所提供的文档格式，也可以对字体的格式进行设置。

4.1.1　设置字体字形

Word 2016 使用的字体是 Windows 系统中的一部分。因此，系统中所存在的字体都可以应用于 Word 文档中。设置文本字体的具体操作步骤如下：

1 启动 Word 2016 程序，新建一个空白文档，在文档编辑区中输入文本，如图 4-1 所示。

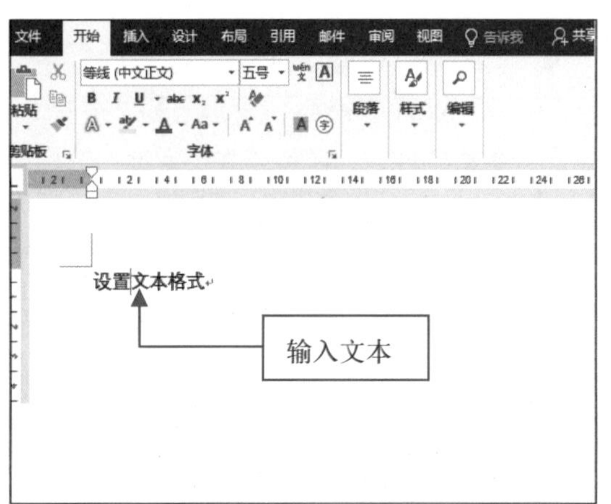

图 4-1　输入文本

2 选中输入的文本，单击“字体”右侧的下三角按钮，在弹出的下拉列表框中选择“黑体”，如图 4-2 所示。

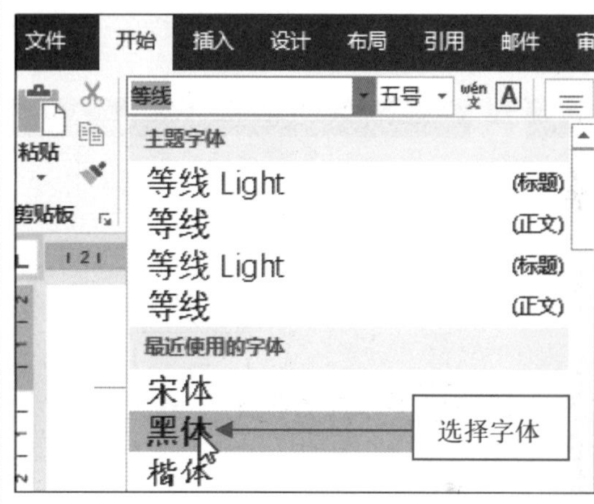

图 4-2　选择字体

3 执行操作后，所选择的字体转变为黑体，如图 4-3 所示。

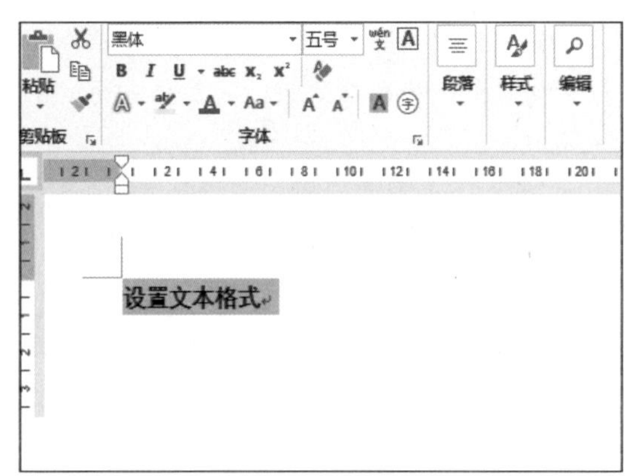

图 4-3　改变字体

4 然后在“字体”选项组中单击“加粗”、“倾斜”按钮，改变文本字形，如图 4-4 所示。

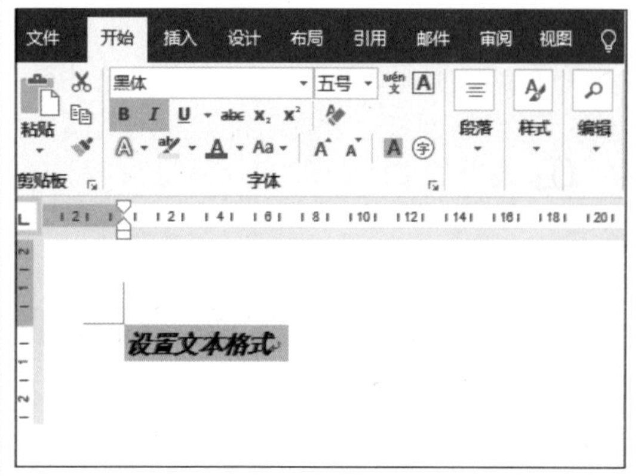

图 4-4　改变字形

4.1.2　设置字体字号

字号指的就是字符的大小，在 Word 中通常是以“号”和“磅”为单位。当文本处于不同情况下，字符的大小是否合适是十分重要的。设置字符字号的具体操作步骤如下：

1 在 Word 文档中选中需要设置字体字号的文本，如图 4-5 所示。

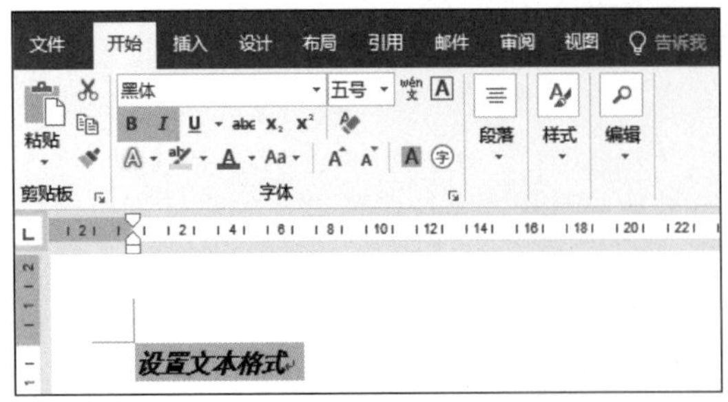

图 4-5　选择文本

2 单击“字号”右侧的下三角按钮，在弹出的下拉列表框中选择“一号”选项，如图 4-6 所示。

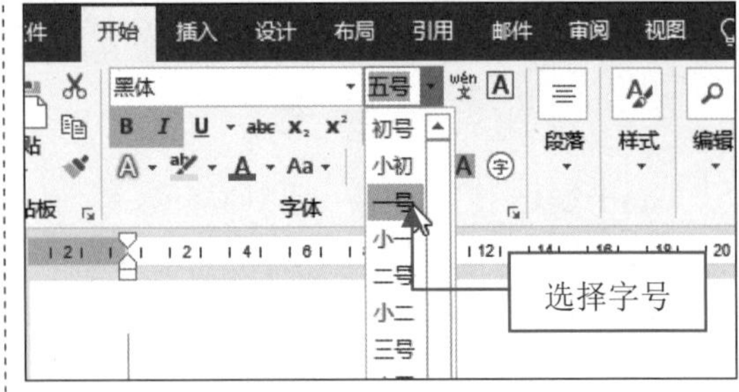

图 4-6　选择字号

3 执行操作后，所选择文本的字号随之改变，如图 4-7 所示。

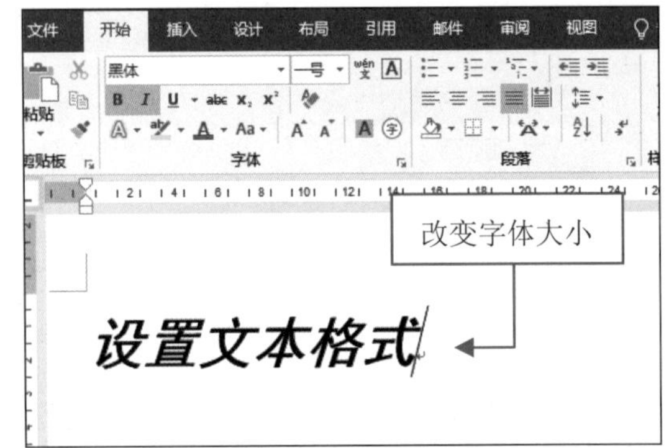

图 4-7　改变字体

专家提醒

设置“字体”“字形”和“字号”文本属性时，还可以在“字体”选项组的右下角单击对话框启动器按钮 ，或按【Ctrl＋D】组合键，也会弹出“字体”对话框。然后单击“字体”选项卡，在对话框中可以设置“中文字体”“西文字体”“字形”“字号”和“字体颜色”等文本属性。

4.1.3　设置字符间距

在默认的状态下，Word 2016 中所显示的中文汉字或英文字母均为标准型，且字符与字符之间的间距也是标准的，但编辑文档的过程中，为了设置出一些特殊效果，需要对字符间的距离进行适当的调整。设置字符间距的具体操作步骤如下：

1 打开的文档如图 4-8 所示。

图 4-8　打开文档

2 在文本编辑窗口中选择“设置文本格式”，单击“字体”选项组中右下角的对话框启动器按钮 ，如图 4-9 所示。

图 4-9　单击“字体”按钮

3 执行操作后，将弹出“字体”对话框，切换至“高级”选项卡，如图 4-10 所示。

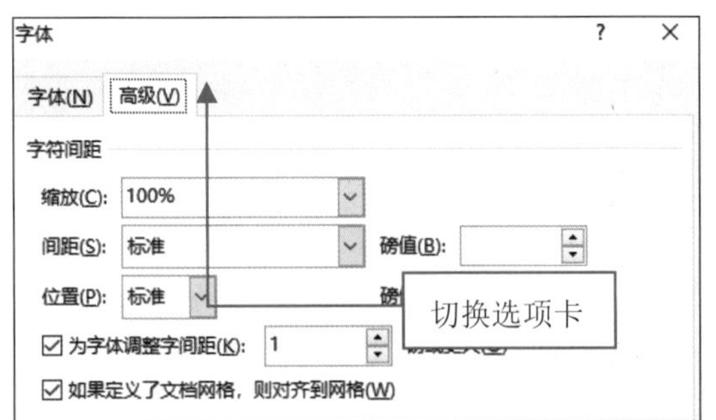

图 4-10　单击“高级”选项卡

4 在“字符间距”选项区中设置“缩放”“间距”和“磅值”等参数，如图 4-11 所示。

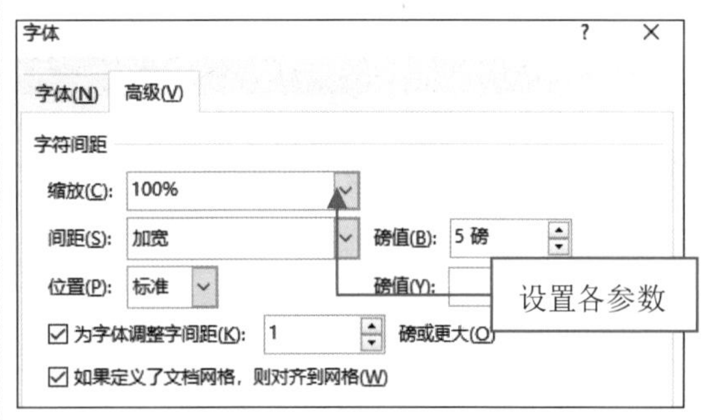

图 4-11　设置字符间距

5 单击“确定”按钮，即可改变字符间距，如图 4-12 所示。

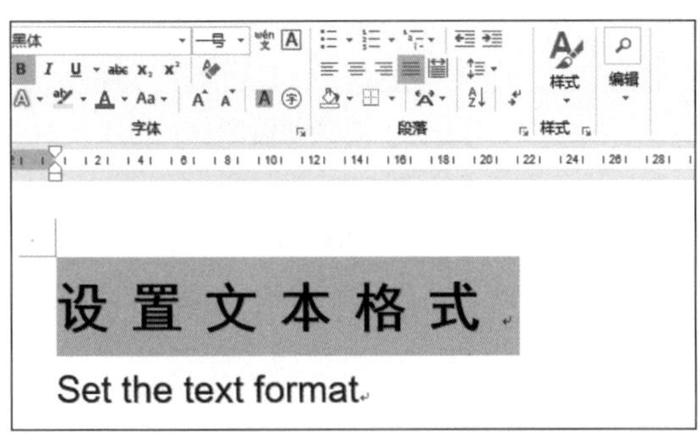

图 4-12　改变中文字符间距

6 用与上述相同的方法，也可以对英文的字符间距进行设置，如图 4-13 所示。

图 4-13　设置英文字符间距

4.1.4　添加艺术效果

在 Word 2016 中用户可以直接对文字添加各种各样的艺术效果，如阴影、映像、发光等。添加艺术效果的具体操作步骤如下：

1 在打开的 Word 文档中选择“设置文本格式”文本，如图 4-14 所示。

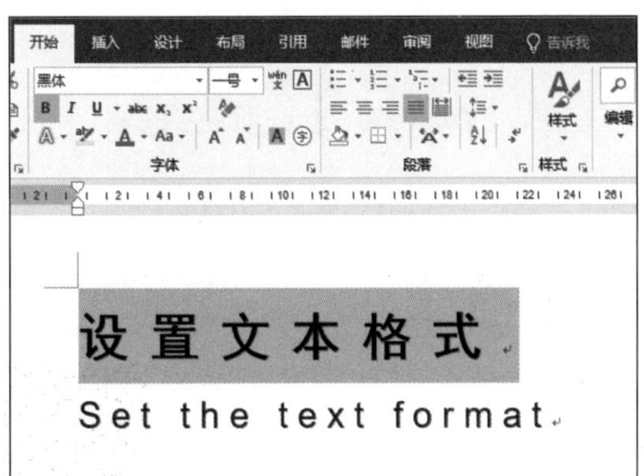

图 4-14　选择文本

2 在“字体”选项组中单击“文本效果和版式”按钮，在弹出的下拉列表中选择一种文本效果，如图 4-15 所示。

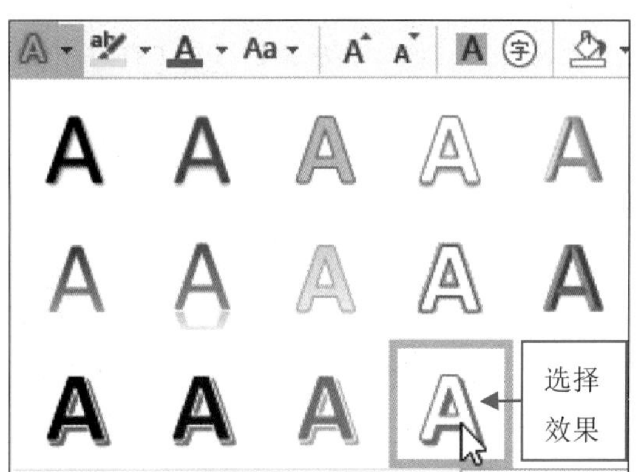

图 4-15　选择文本效果

3 执行操作后，所选择文本的效果将随之改变，如图 4-16 所示。

图 4-16 改变文本效果

4 选择文本，单击“文本效果和版式”下三角按钮，选择“映像”选项，在下级菜单中选择一种映像图标，如图 4-17 所示。

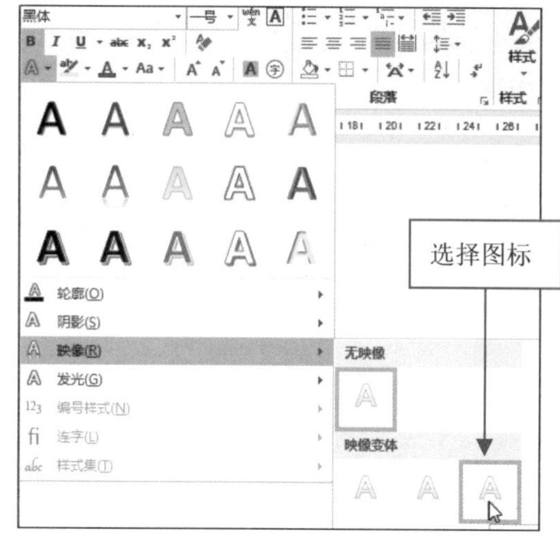

图 4-17 选择映像图标

专家提醒

在为所选择的文本添加艺术效果过程中，当鼠标指针移至文本效果图标上时，文档中所选择的文本也会随之进行对应的显示，以供用户预览文本效果。

5 执行操作后，所选择文本的映像效果会随之改变，如图 4-18 所示。

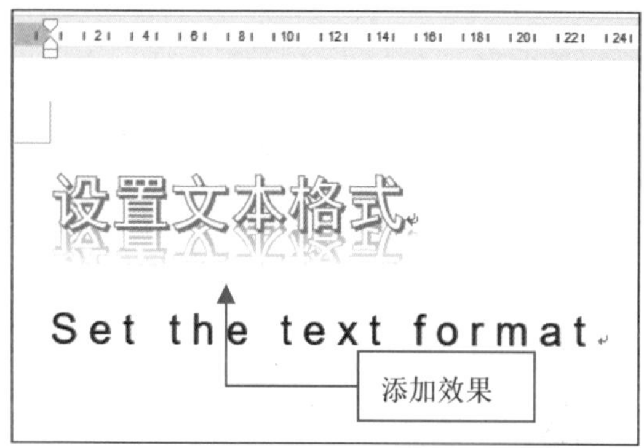

图 4-18 添加映像效果

6 用与上述相同的方法，对英文的文本效果进行相应的设置，如图 4-19 所示。

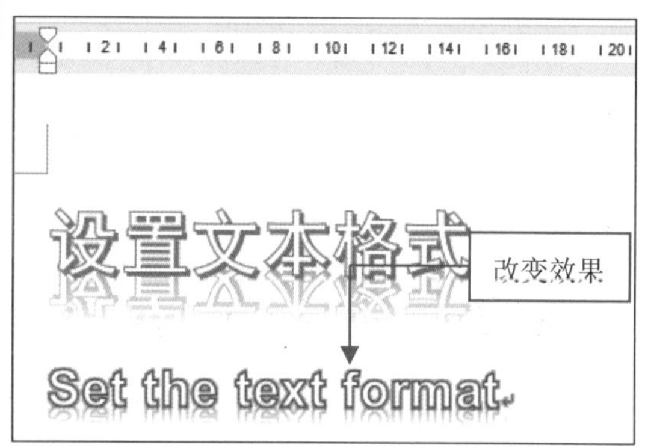

图 4-19 改变文本效果

4.2 设置段落格式

段落指的是两个回车字符之间的文本内容，是独立的信息单位，它们可以拥有自身的格式特征。段落格式的设置主要包括段落对齐方式、段落缩进、段落间距等。

扫码观看本节视频

4.2.1　设置段落对齐

段落对齐的设置是针对整个段落进行的，只要将光标定位于段落中的任意位置即可选定段落。段落对齐可分为水平对齐方式和垂直对齐方式两种，其中水平对齐方式包括两端对齐、左对齐、右对齐、居中对齐和分散对齐 5 种。设置段落对齐方式的具体操作步骤如下：

1 打开的文档如图 4-20 所示。

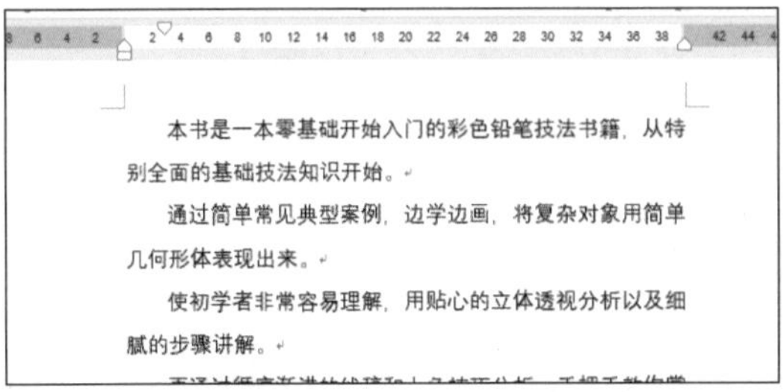

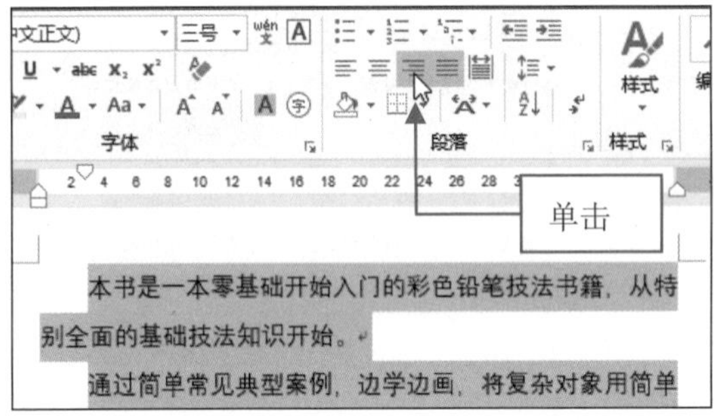

图 4-20　打开文档

2 在文档中选中所有的段落文本，如图 4-21 所示。

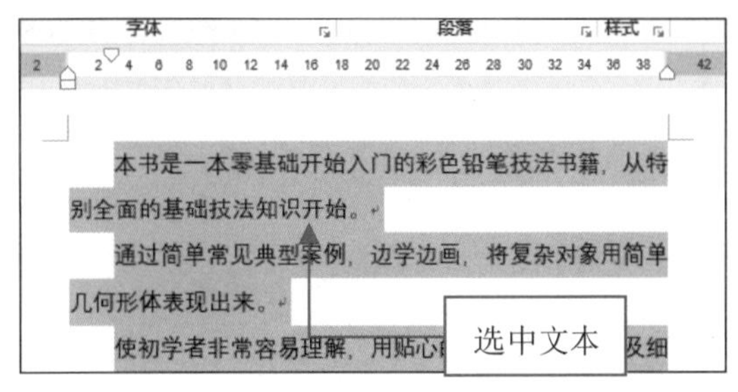

图 4-21　选中文本

3 在“段落”选项组中单击“右对齐”按钮，如图 4-22 所示。

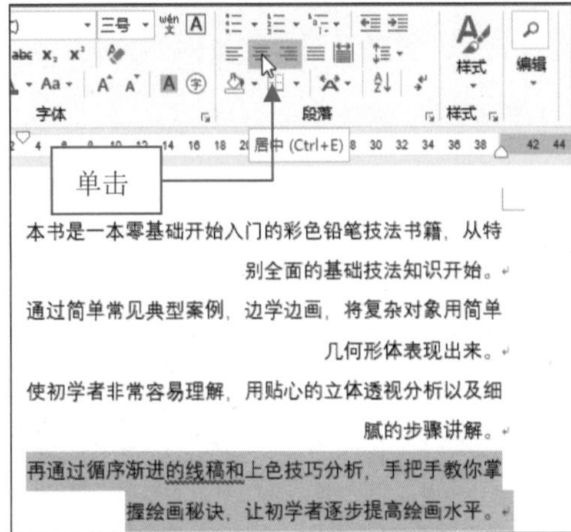

图 4-22　单击“右对齐”按钮

4 执行操作后，所选择的段落文本将向右对齐，如图 4-23 所示。

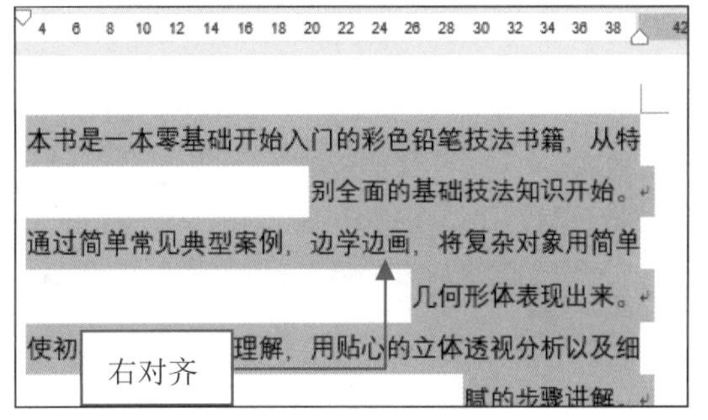

图 4-23　文本右对齐

5 选择最后一段文本，单击“居中”按钮，如图 4-24 所示。

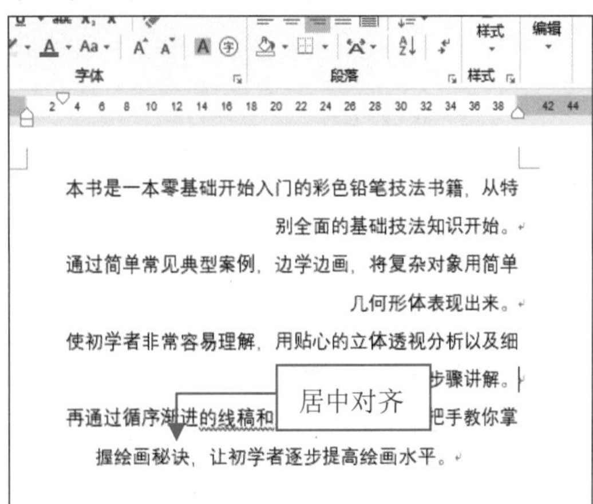

图 4-24　单击“居中”按钮

6 执行操作后，所选择的段落文本将居中对齐，如图 4-25 所示。

图 4-25　居中对齐

知识链接

设置段落对齐的快捷键参考：

- 按【Ctrl＋L】组合键，文本左对齐。
- 按【Ctrl＋R】组合键，文本右对齐。
- 按【Ctrl＋E】组合键，文本居中对齐。
- 按【Ctrl＋J】组合键，文本两端对齐。
- 按【Ctrl＋Shift＋J】组合键，文本分散对齐。

7 将光标定位于最后一个段落的末尾，单击“分散对齐”按钮，文本即可以分散对齐显示，如图 4-26 所示。

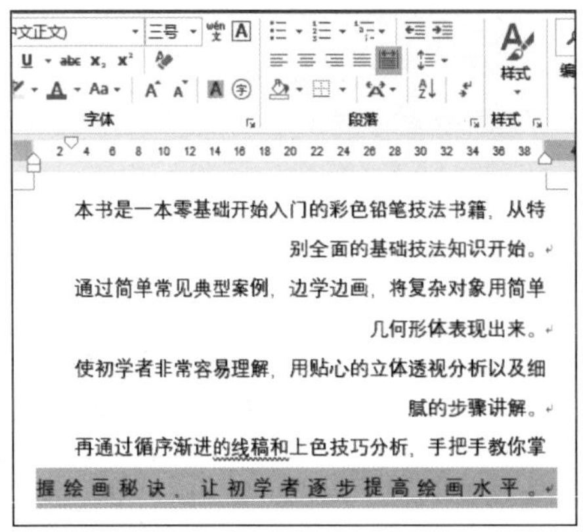

图 4-26 定位光标

8 选中第 2 段文本中的最后一行，单击“段落”选项组中的“分散对齐”按钮，如图 4-27 所示。

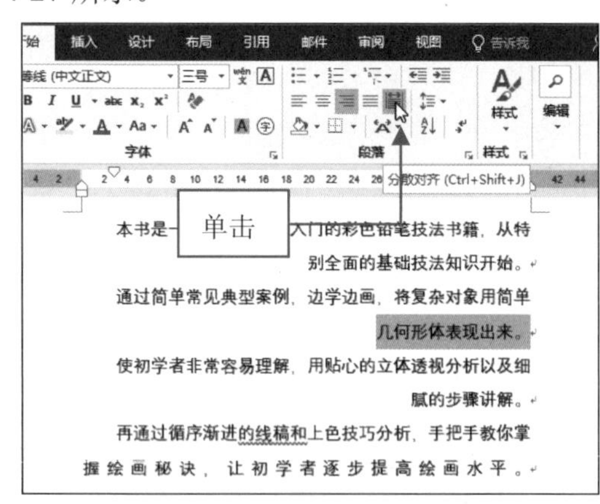

图 4-27 单击“分散对齐”按钮

专家提醒

当段落中的文字使用了不同的字号或文字之间插有图片时，可以通过段落垂直对齐方式来将文字和图片进行对齐排版。设置段落垂直对齐方式需要在“段落”对话框中选择“中文版式”选项卡后，通过设置“文本对齐方式”来进行设置。

9 弹出“调整宽度”对话框，设置“新文字宽度”为 20 字符，如图 4-28 所示。

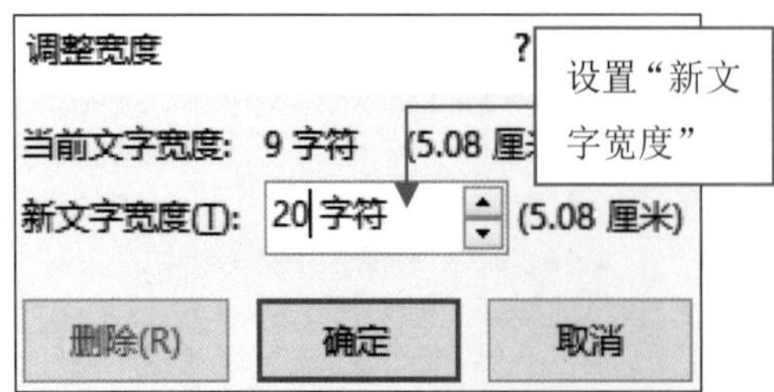

图 4-28 “调整宽度”对话框

10 单击“确定”按钮，所选择的文本以设置的宽度进行分散对齐，如图 4-29 所示。

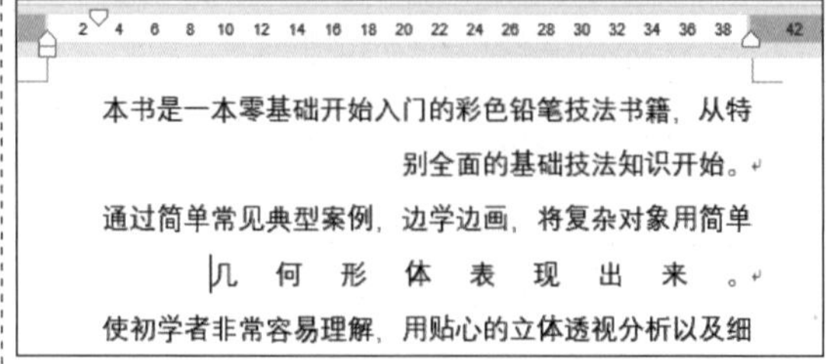

图 4-29 分散对齐

专家提醒

“分散对齐”是一个较特殊的对齐方式，将光标定位于任意一个段落文本中，则所设置的对齐方式针对的是整个段落，若选择部分文本后设置分散对齐时，针对的只是所选择的文本。

4.2.2　设置段落缩进

段落缩进指的是段落相对左右页边距向页内缩进的一段距离。设置段落缩进的具体操作步骤如下：

1 在打开 Word 文档中选择一个文本段落，如图 4-30 所示。

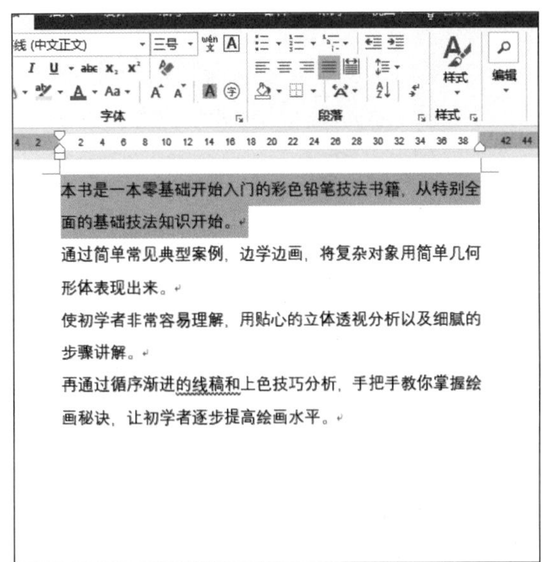

图 4-30　选择段落文本

2 单击“段落”选项组中的对话框启动器按钮，弹出“段落”对话框，如图 4-31 所示。

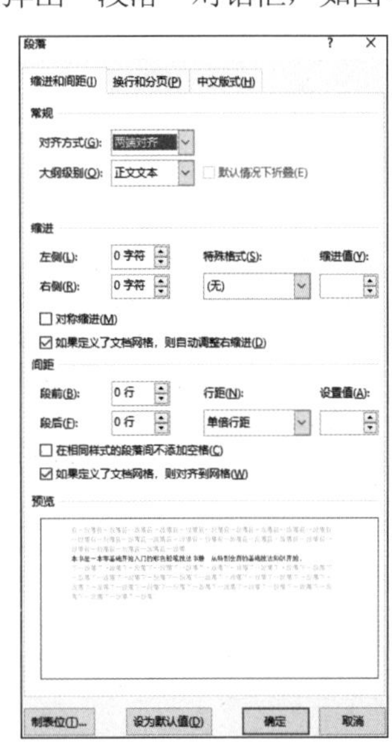

图 4-31　“段落”对话框

专家提醒

除了在“段落”对话框中设置缩进参数外，用户也可以在“段落”选项组中直接单击“减少缩进量”和“增加缩进量”按钮。

3 设置“缩进”选项区域的“左侧”“右侧”均为 1 字符，“特殊格式”为“首行缩进”，“磅值”默认为“2 字符”，如图 4-32 所示。

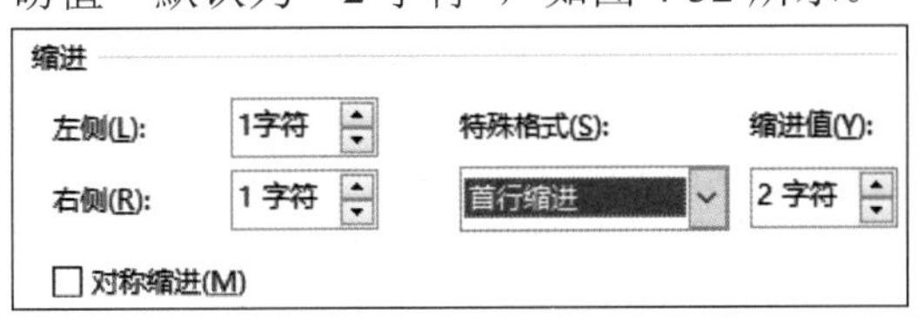

图 4-32　设置各选项

4 单击“确定”按钮，所选择的段落文本即可按照设置的参数进行段落缩进，如图 4-33 所示。

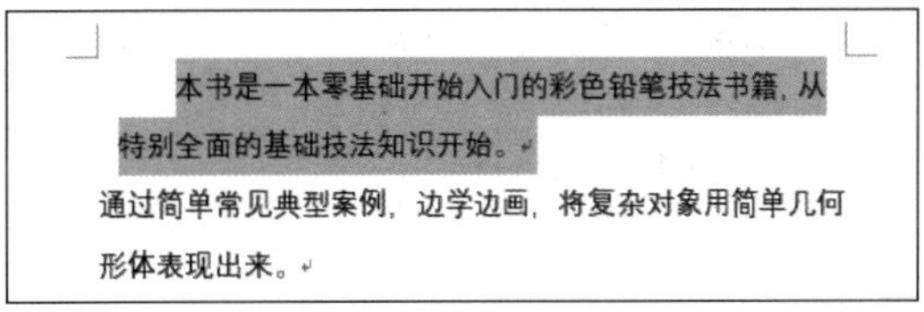

本书是一本零基础开始入门的彩色铅笔技法书籍，从特别全面的基础技法知识开始。

通过简单常见典型案例，边学边画，将复杂对象用简单几何形体表现出来。

图 4-33　段落缩进效果

知识链接

段落缩进主要有左右缩进、首行缩进、悬挂缩进 3 种方式。其中，左右缩进指的是段落的左右边界相对于左右页边距而进行的缩进；首行缩进指的是段落第一行相对于段落左边的缩进；悬挂缩进指的是段落第一行顶格排列，其他各行则相对进行缩进。

4.2.3 设置段落间距

段落间距指的是段落前后的距离大小，而段落行距则指的是行与行之间的间距。设置段落间距的具体操作步骤如下：

1 打开的文档如图 4-34 所示。

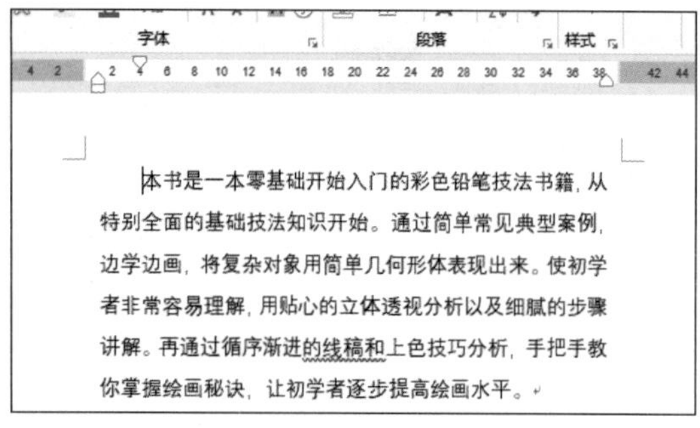

图 4-34　光标定位

2 单击“段落”选项组中的“行和段落间距”按钮，在弹出的下拉列表中选择“行距选项”选项，如图 4-35 所示。

图 4-35　选择“行距选项”选项

3 执行操作后，将弹出“段落”对话框，如图 4-36 所示。

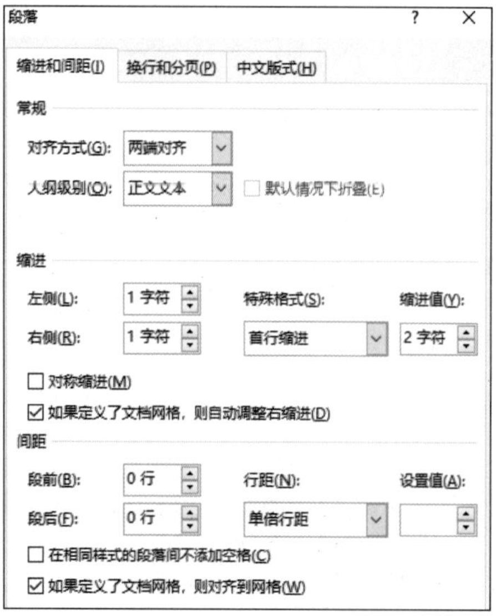

图 4-36　“段落”对话框

4 在“间距”选项区中设置“段前”为 2 行、“行距”为“多倍行距”“设置值”为 3，如图 4-37 所示。

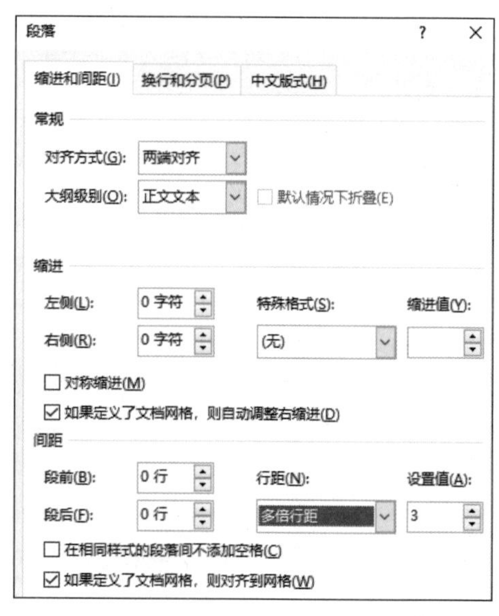

图 4-37　设置各选项

5 单击“确定”按钮，完成段落间距的设置，如图 4-38 所示。

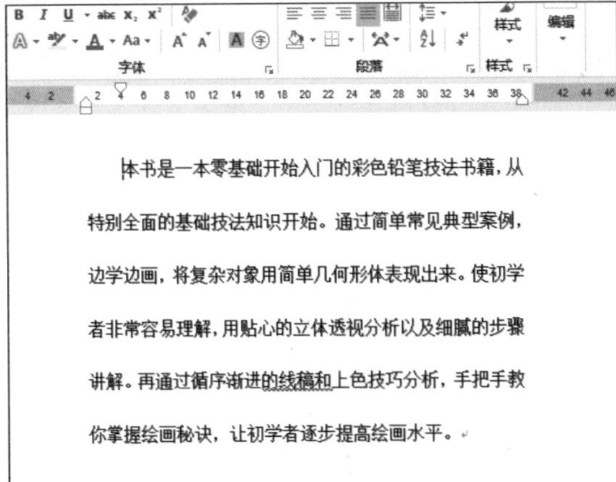

图 4-38　设置段落间距

除了可以在“段落”对话框中设置间距外，还可以单击“布局”选项卡，在“段落”选项组中分别设置“段前间距”和“段后间距”参数，以调整段落之间的距离大小。

4.3　添加项目符号和编号

项目符号用于显示一系列无序的项目，当文档中的内容分为不同级别时，可以通过添加项目符号或编号来进行区分，并增加文档的修饰效果。

4.3.1　添加编号列表

在文档中，编号列表经常用来表示一个由低到高且有一定大小顺序的项目。添加编号列表的具体操作步骤如下：

1 打开的文档如图 4-39 所示。

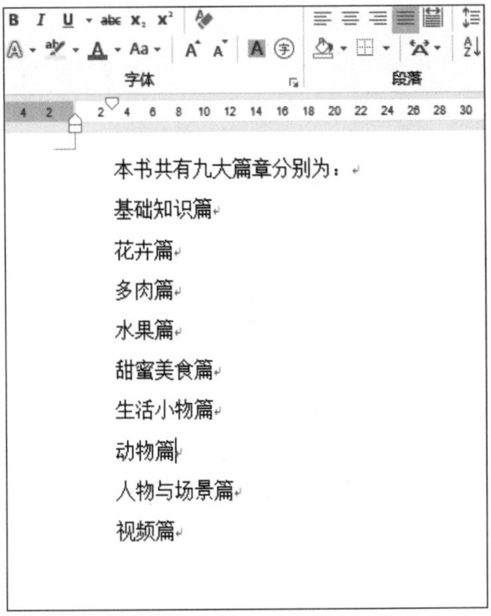

字体　段落

本书共有九大篇章分别为：

基础知识篇

花卉篇

多肉篇

水果篇

甜蜜美食篇

生活小物篇

动物篇

人物与场景篇

视频篇

图 4-39　打开文档

2 在文档编辑区中选择需要添加编号的文本，如图 4-40 所示。

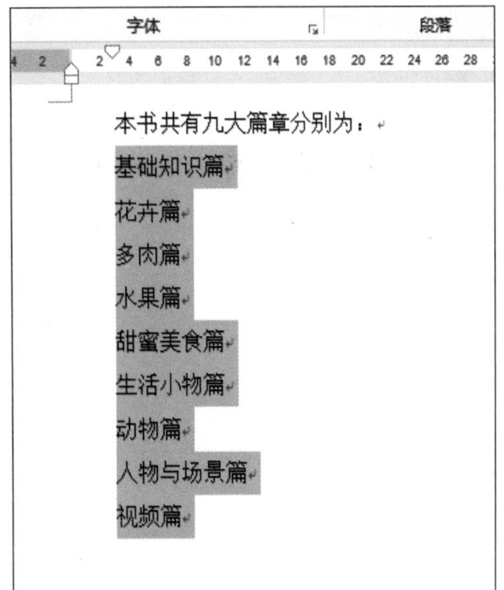

图 4-40　选择文本

3 在“段落”选项组中单击“编号”按钮右侧的下拉三角按钮，在弹出的下拉列表中选择一种编号类型，如图 4-41 所示。

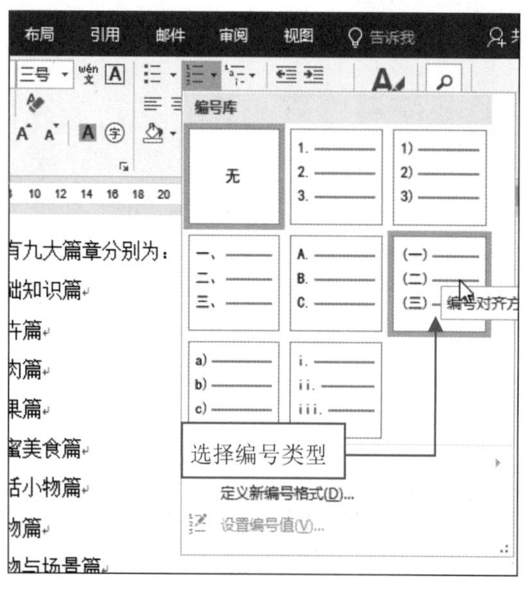

图 4-41 选择编号类型

4 执行操作后，即可为所选择的文本添加编号，如图 4-42 所示。

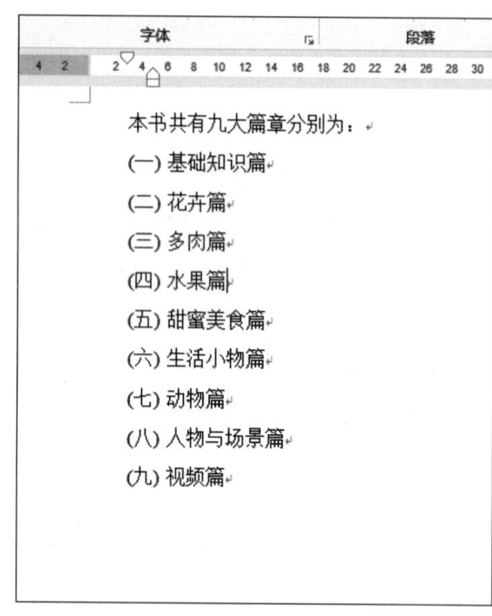

图 4-42 添加编号列表后的效果

4.3.2 添加项目符号

为所选择的文本添加项目符号与添加编号相似，不同之处在于，在每一段落前所添加的项目符号都是相同的。添加项目符号的具体操作步骤如下：

1 在文档中选择文本，单击“项目符号”按钮右侧的下拉三角按钮，在弹出的下拉列表中选择一种项目符号，如图 4-43 所示。

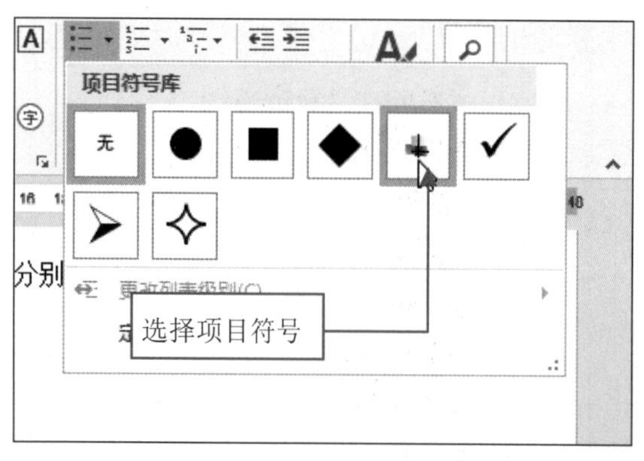

图 4-43 选择项目符号

2 执行操作后，即可为所选择的文本添加项目符号，如图 4-44 所示。

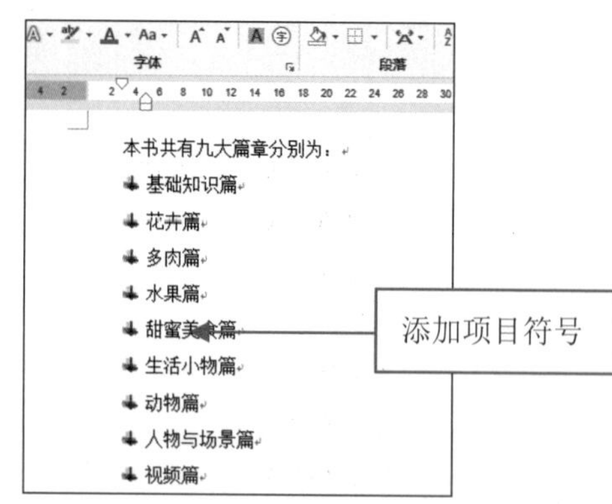

图 4-44 添加项目符号后的效果

4.3.3 添加多级列表

添加多级项目符号是为列表或文档设置层次结构而创建的列表，一般由项目符号和编号列表混合组成。添加多级项目符号的具体操作步骤如下：

1. 打开文档，如图 4-45 所示。

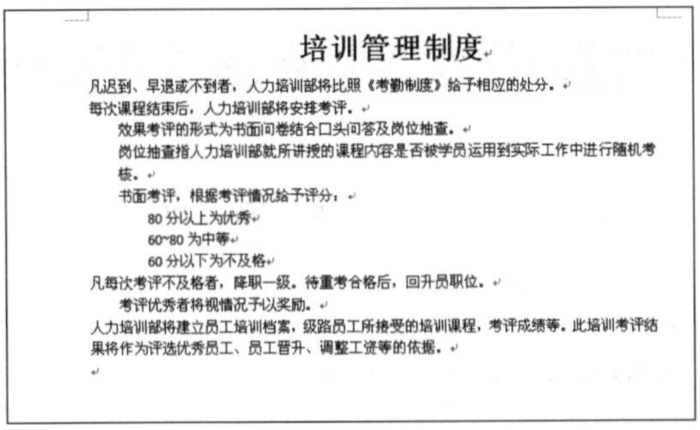

培训管理制度

凡迟到、早退或不到者，人力培训部将比照《考勤制度》给予相应的处分。

每次课程结束后，人力培训部将安排考评。

效果考评的形式为书面问卷结合口头问答及岗位抽查。

岗位抽查指人力培训部就所讲授的课程内容是否被学员运用到实际工作中进行随机考核。

书面考评，根据考评情况给予评分：

80 分以上为优秀

60~80 为中等

60 分以下为不及格

凡每次考评不及格者，降职一级。待重考合格后，回升员职位。

考评优秀者将视情况予以奖励。

人力培训部将建立员工培训档案，级路员工所接受的培训课程，考评成绩等。此培训考评结果将作为评选优秀员工、员工晋升、调整工资等的依据。

图 4-45　打开文档

2. 在文档编辑区中选择除标题以外的所有文本，如图 4-46 所示。

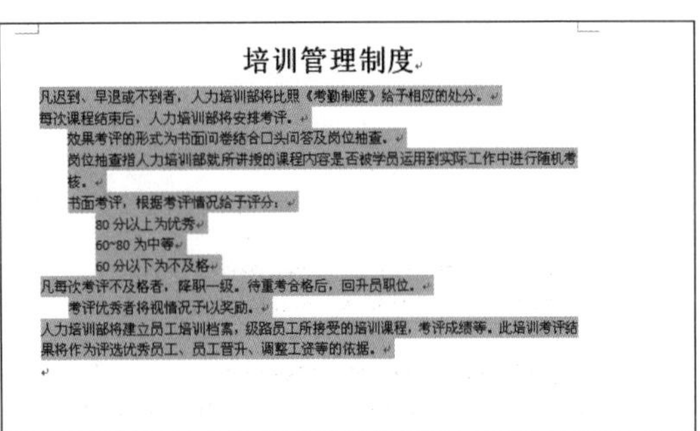

培训管理制度

凡迟到、早退或不到者，人力培训部将比照《考勤制度》给予相应的处分。

每次课程结束后，人力培训部将安排考评。

效果考评的形式为书面问卷结合口头问答及岗位抽查。

岗位抽查指人力培训部就所讲授的课程内容是否被学员运用到实际工作中进行随机考核。

书面考评，根据考评情况给予评分：

80 分以上为优秀

60~80 为中等

60 分以下为不及格

凡每次考评不及格者，降职一级。待重考合格后，回升员职位。

考评优秀者将视情况予以奖励。

人力培训部将建立员工培训档案，级路员工所接受的培训课程，考评成绩等。此培训考评结果将作为评选优秀员工、员工晋升、调整工资等的依据。

图 4-46　选择文本

3. 单击“多级列表”按钮右侧的下拉三角按钮，在弹出的下拉列表中选择一种列表，如图 4-47 所示。

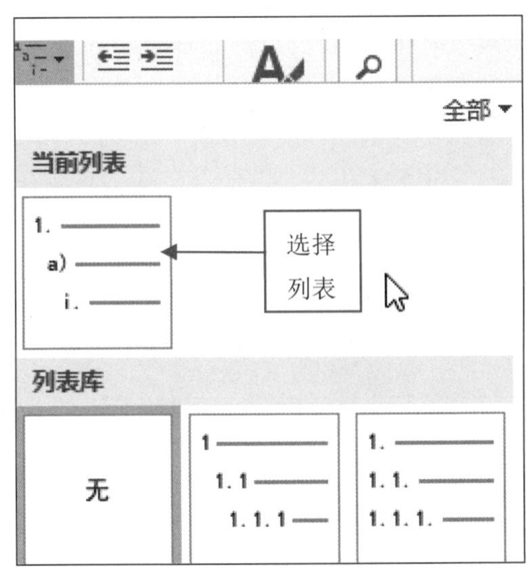

图 4-47　选择列表符号

4. 执行操作后，即可为所选择的文本添加多级列表，如图 4-48 所示。

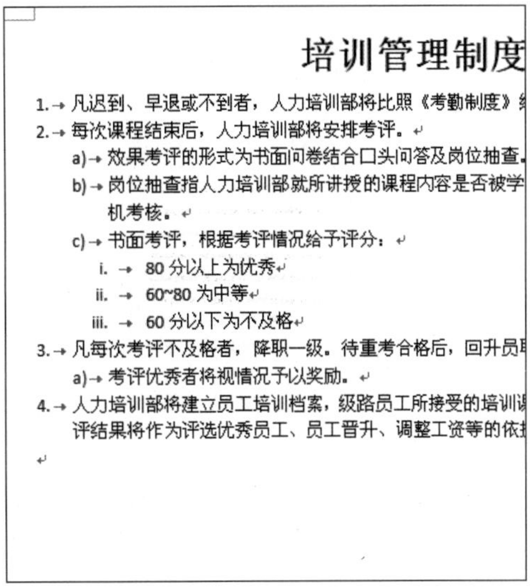

培训管理制度

1. 凡迟到、早退或不到者，人力培训部将比照《考勤制度》

2. 每次课程结束后，人力培训部将安排考评。

   a) 效果考评的形式为书面问卷结合口头问答及岗位抽查。

   b) 岗位抽查指人力培训部就所讲授的课程内容是否被学机考核。

   c) 书面考评，根据考评情况给予评分：

      i. 80 分以上为优秀

      ii. 60~80 为中等

      iii. 60 分以下为不及格

3. 凡每次考评不及格者，降职一级。待重考合格后，回升员

   a) 考评优秀者将视情况予以奖励。

4. 人力培训部将建立员工培训档案，级路员工所接受的培训评结果将作为评选优秀员工、员工晋升、调整工资等的依

图 4-48　添加多级列表效果

专家提醒

多级符号列表中的每一段的项目符号或编号会根据缩进范围发生一定的改变。在 Word 2016 中最多可以支持 9 个级别的多级列表。每个级别的项目符号或编号都可以进行自定义设置。

4.3.4　添加自定义符号

Word 中内置了多种编号和项目符号，用户可以根据喜好进行新样式的定义。添加自定义符号的具体操作步骤如下：

1 在 Word 文档中，选择多行不相邻的段落文本，如图 4-49 所示。

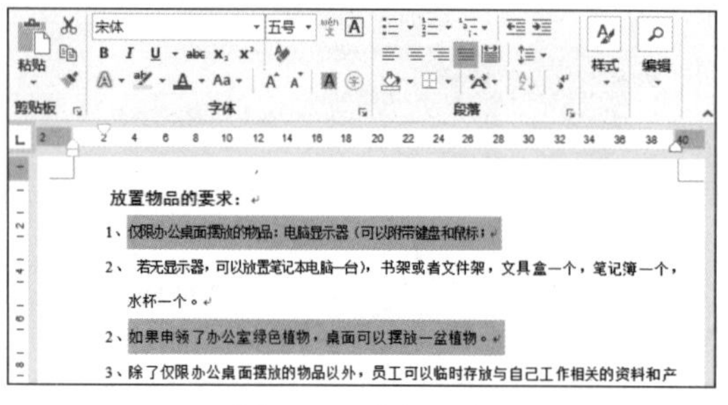

图 4-49 选择文本

2 单击“项目符号”按钮右侧的下拉三角按钮，在弹出的下拉列表中选择“定义新项目符号”选项，如图 4-50 所示。

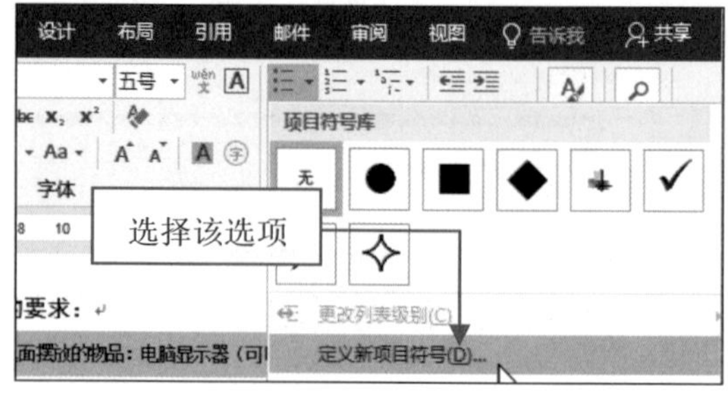

图 4-50 选择“定义新项目符号”选项

3 执行操作后，将弹出“定义新项目符号”对话框，如图 4-51 所示。

图 4-51 “定义新项目符号”对话框

4 单击“图片”按钮，弹出“插入图片”对话框，单击“浏览”按钮，如图 4-52 所示。

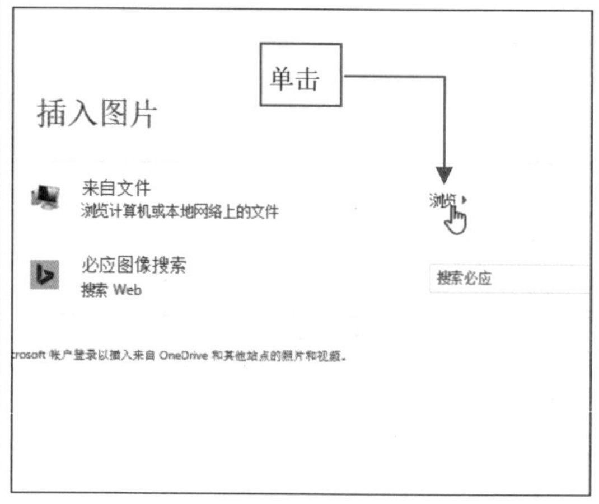

图 4-52 选择符号图标

5 弹出“插入图片”对话框，选择素材，单击“插入”按钮，如图 4-53 所示。

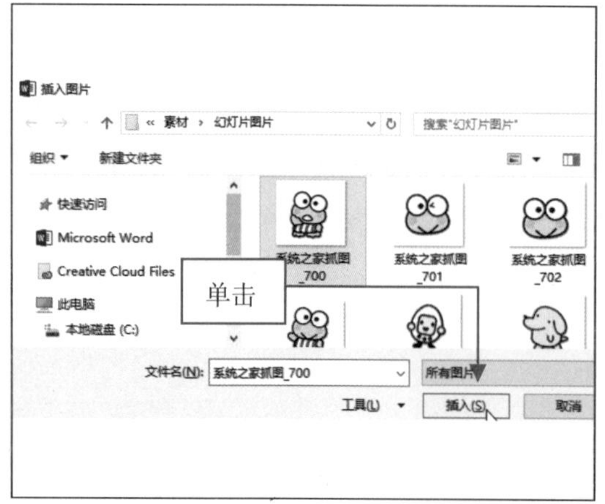

图 4-53 “插入图片”对话框

6 返回“定义新项目符号”对话框，在“预览”区域可看到效果，单击“确定”按钮即可，如图 4-54 所示。

图 4-54 “定义新项目符号”对话框

7 选中文本，单击“项目符号”按钮右侧的下拉三角按钮，在弹出的下拉列表中选择“定义新项目符号”选项，如图 4-55 所示。

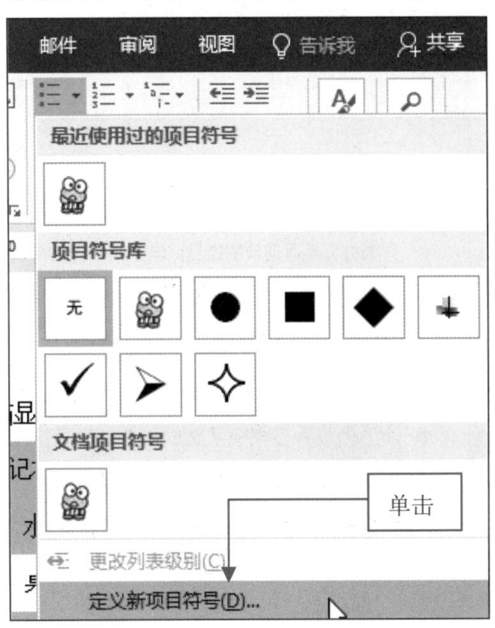

图 4-55　选择“定义新项目符号”选项

8 在弹出的对话框中单击“符号”按钮，弹出“符号”对话框，选择一个符号图标，如图 4-56 所示。

图 4-56　“符号”对话框

9 单击“确定”按钮，返回“定义新项目符号”对话框，在“预览”选项区中将显示所选择的符号，如图 4-57 所示。

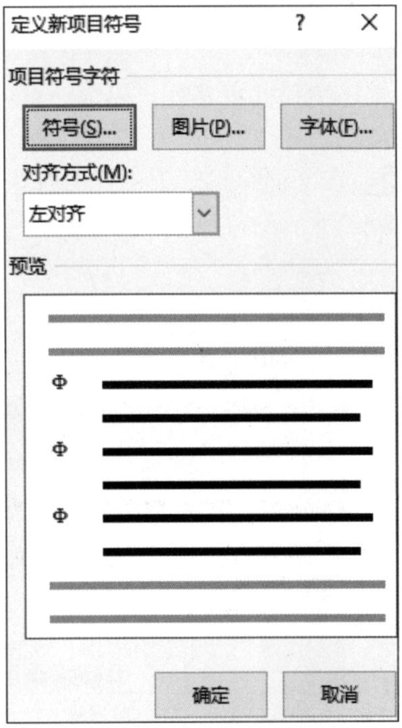

图 4-57　预览项目符号

10 单击“字体”按钮，在弹出的“字体”对话框中设置“字体”“字形”“字号”和“字体颜色”，如图 4-58 所示。

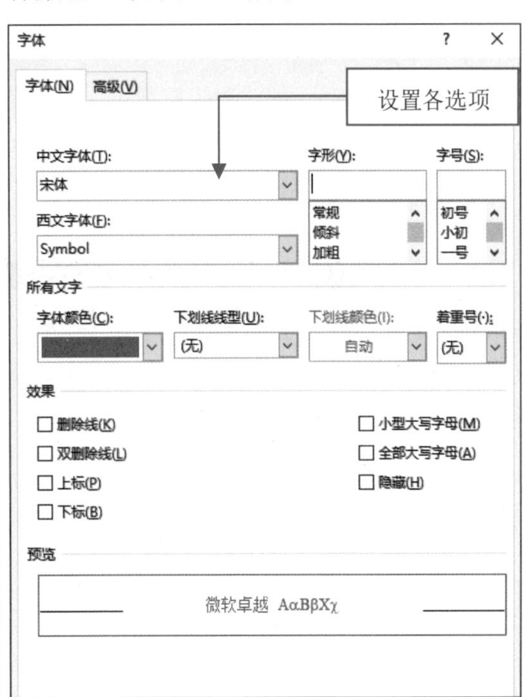

图 4-58　设置参数

第4章

11 单击“确定”按钮，返回“定义新项目符号”对话框，在“预览”选项区中将显示更改字体属性后的符号，如图 4-59 所示。

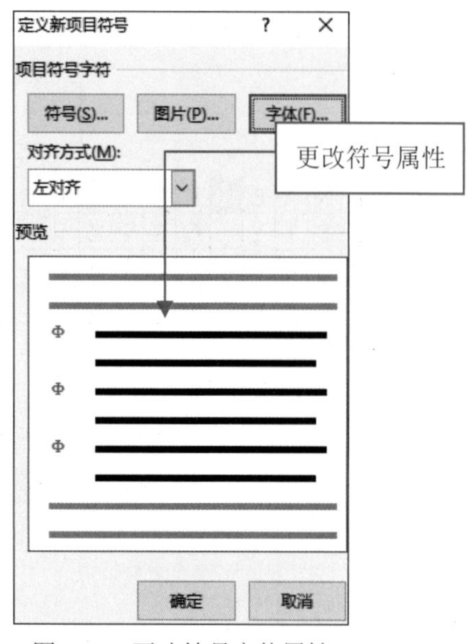

图 4-59　更改符号字体属性

12 单击“确定”按钮，所选择的文本原来的符号列表将被自定义的符号所代替，如图 4-60 所示。

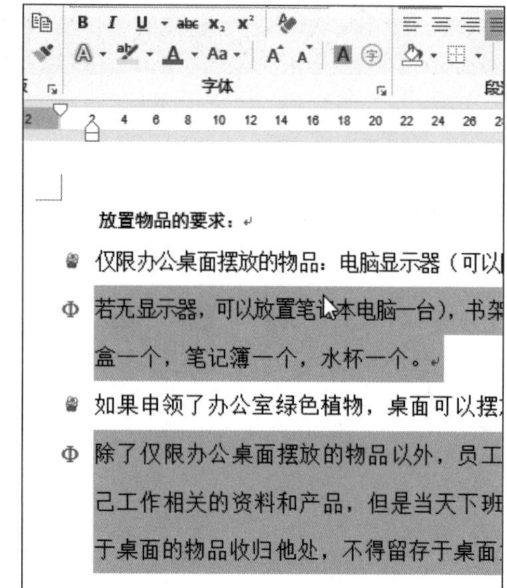

图 4-60　自定义符号效果

4.4　设置边框和底纹

对文字或整篇文本设置边框和底纹，不仅可以使文档中的内容更加突出，还可以使文档的外观更加漂亮。

4.4.1　添加边框

在 Word 文档中可以将部分重要的文本用边框框起来以突显其重要性。添加边框的具体操作步骤如下：

1 打开的文档如图 4-61 所示。

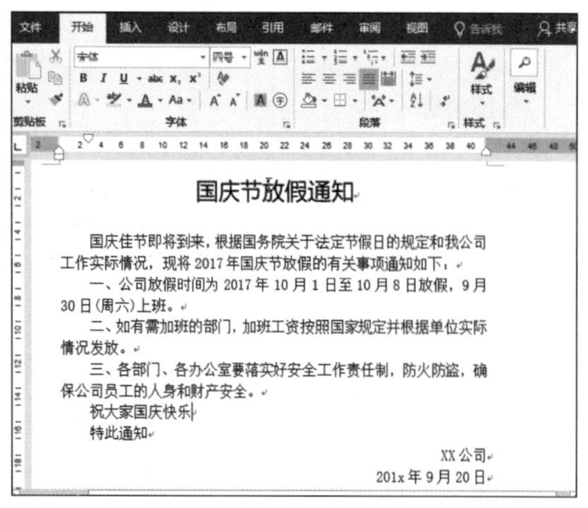

国庆节放假通知

国庆佳节即将到来，根据国务院关于法定节假日的规定和我公司工作实际情况，现将 2017 年国庆节放假的有关事项通知如下：

一、公司放假时间为 2017 年 10 月 1 日至 10 月 8 日放假，9 月 30 日(周六)上班。

二、如有需加班的部门，加班工资按照国家规定并根据单位实际情况发放。

三、各部门、各办公室要落实好安全工作责任制，防火防盗，确保公司员工的人身和财产安全。

祝大家国庆快乐

特此通知

XX 公司

201x 年 9 月 20 日

图 4-61　打开文档

2 在文档编辑区中选择所有正文文本，如图 4-62 所示。

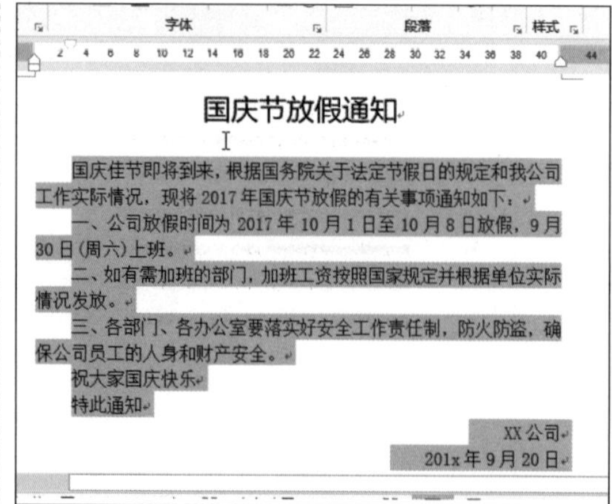

国庆节放假通知

国庆佳节即将到来，根据国务院关于法定节假日的规定和我公司工作实际情况，现将 2017 年国庆节放假的有关事项通知如下：

一、公司放假时间为 2017 年 10 月 1 日至 10 月 8 日放假，9 月 30 日(周六)上班。

二、如有需加班的部门，加班工资按照国家规定并根据单位实际情况发放。

三、各部门、各办公室要落实好安全工作责任制，防火防盗，确保公司员工的人身和财产安全。

祝大家国庆快乐

特此通知

XX 公司

201x 年 9 月 20 日

图 4-62　选择文本

3. 单击“段落”选项组中“边框”右侧的下拉三角按钮，在弹出的列表框中选择“边框和底纹”选项，如图 4-63 所示。

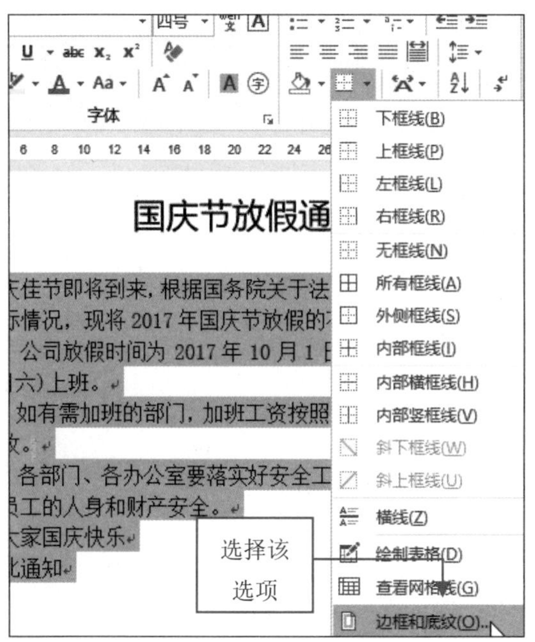

图 4-63　选择“边框和底纹”选项

4. 执行操作后，将弹出“边框和底纹”对话框，在“设置”选项区的下方选择“阴影”选项，如图 4-64 所示。

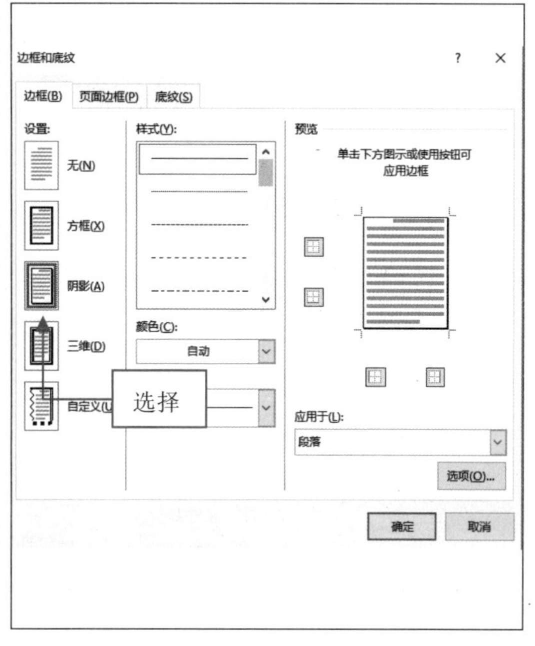

图 4-64　“边框和底纹”对话框

5. 设置“颜色”为“黄色”“宽度”为 1.5 磅，如图 4-65 所示。

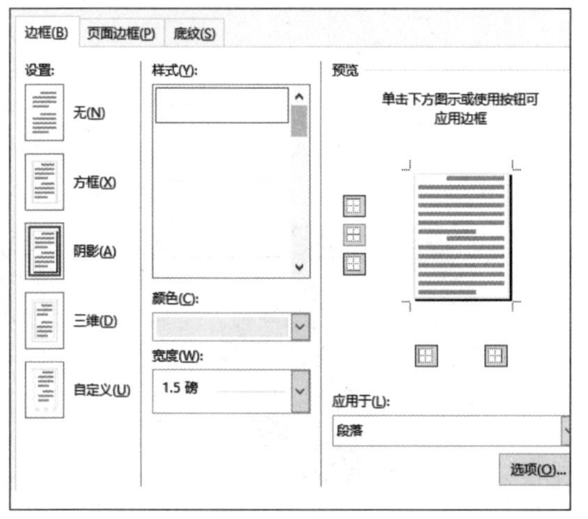

图 4-65　设置各选项

6. 单击“确定”按钮，即可为正文添加边框，如图 4-66 所示。

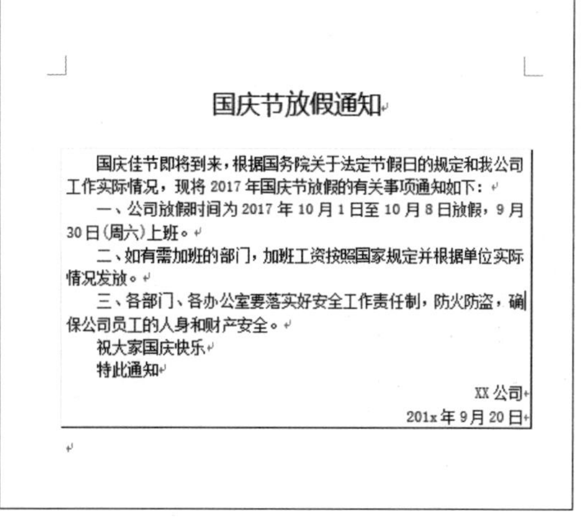

国庆节放假通知

国庆佳节即将到来，根据国务院关于法定节假日的规定和我公司工作实际情况，现将 2017 年国庆节放假的有关事项通知如下：

一、公司放假时间为 2017 年 10 月 1 日至 10 月 8 日放假，9 月 30 日(周六)上班。

二、如有需加班的部门，加班工资按照国家规定并根据单位实际情况发放。

三、各部门、各办公室要落实好安全工作责任制，防火防盗，确保公司员工的人身和财产安全。

祝大家国庆快乐

特此通知

XX 公司

201x 年 9 月 20 日

图 4-66　边框效果

4.4.2　添加底纹

为文本添加合适的底纹效果可以使文本的整体效果更加独特、美观。添加底纹的具体操作步骤如下：

1 在 Word 文档中选择文本后，单击“段落”选项组中“边框”右侧的下三角按钮，在弹出的列表框中选择“边框和底纹”选项，如图 4-67 所示。

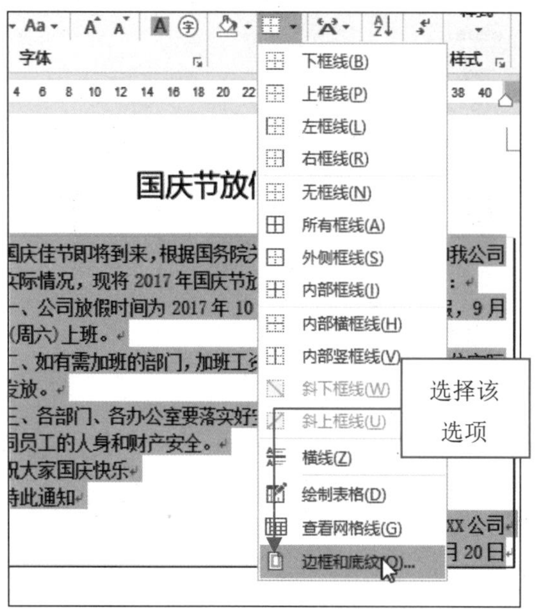

图 4-67　选择“边框和底纹”选项

2 执行操作后，将弹出“边框和底纹”对话框，切换至“底纹”选项卡，如图 4-68 所示。

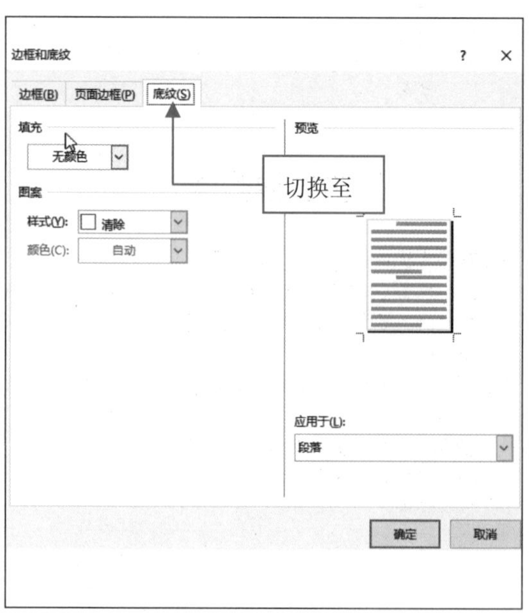

图 4-68　切换至“底纹”选项卡

3 单击“无颜色”下拉列表框右侧的下拉三角按钮，在弹出的列表框中选择“其他颜色”选项，如图 4-69 所示。

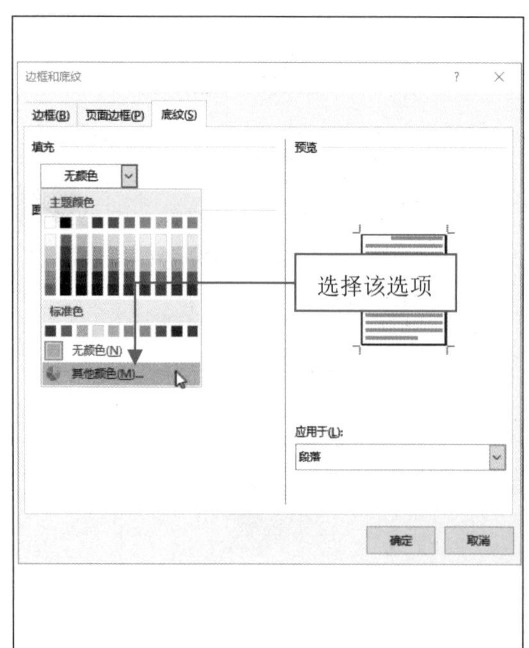

图 4-69　选择“其他颜色”选项

4 弹出“颜色”对话框，单击“标准”选项卡，在“颜色”选项区中选择一种颜色，如图 4-70 所示。

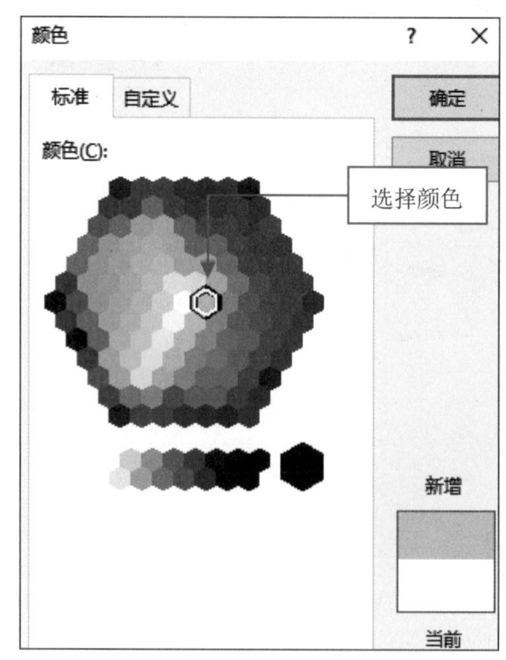

图 4-70　选择颜色

5. 单击“确定”按钮，返回“边框和底纹”对话框，在“图案”选项区中设置“样式”和“颜色”，如图 4-71 所示。

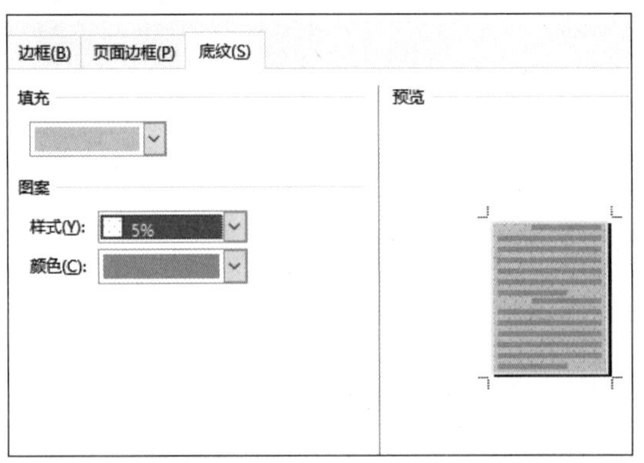

图 4-71　设置各选项

6. 单击“确定”按钮，即可为选择的文本添加对应的底纹效果，如图 4-72 所示。

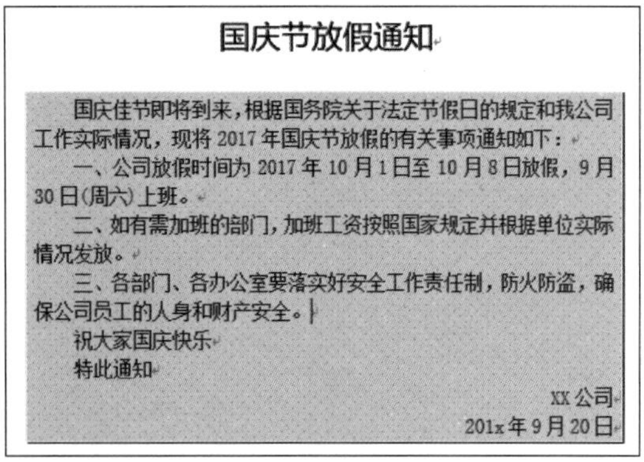

国庆节放假通知

国庆佳节即将到来，根据国务院关于法定节假日的规定和我公司工作实际情况，现将 2017 年国庆节放假的有关事项通知如下：

一、公司放假时间为 2017 年 10 月 1 日至 10 月 8 日放假，9 月 30 日(周六)上班。

二、如有需加班的部门，加班工资按照国家规定并根据单位实际情况发放。

三、各部门、各办公室要落实好安全工作责任制，防火防盗，确保公司员工的人身和财产安全。

祝大家国庆快乐

特此通知

XX 公司

201x 年 9 月 20 日

图 4-72　底纹效果

若用户在选择文本后，单击“段落”选项组中的“底纹”按钮，则利用该按钮所添加的底纹只会针对所选择的字符，而不是整体文本区域。

4.4.3　添加页面边框

在文档中添加的页面边框，在打印输出时是可以被打印出来的，添加合适的页面边框可以使文档的整体更加美观。添加页面边框的具体操作步骤如下：

1. 在 Word 文档中选择文本后，单击“段落”选项组中“边框”右侧的下拉按钮，从弹出的列表中单击“边框和底纹”选项，如图 4-73 所示。

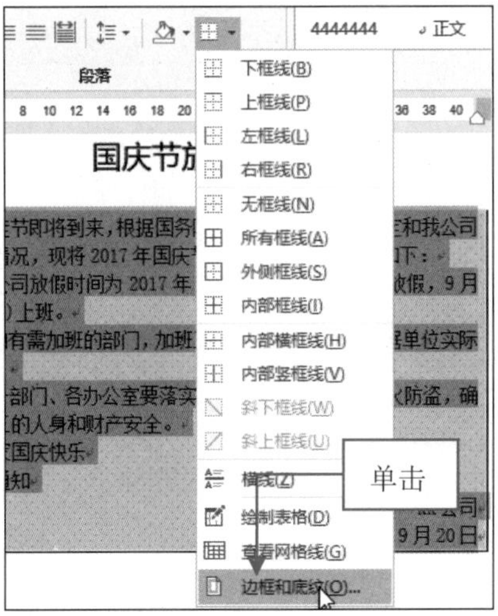

图 4-73　单击“边框和底纹”选项

2. 弹出“边框和底纹”对话框，切换至“页面边框”选项卡，如图 4-74 所示。

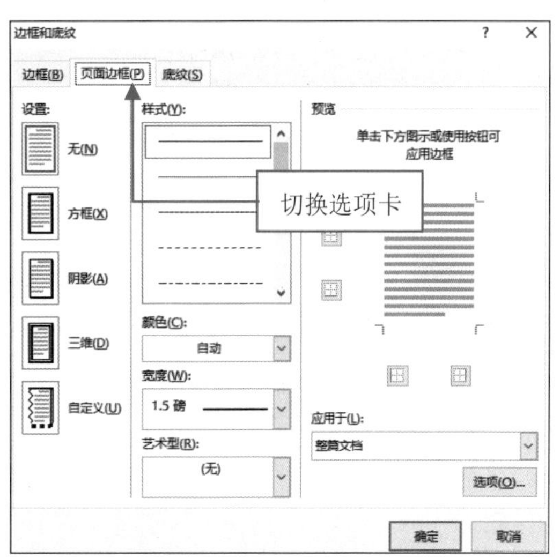

图 4-74　“边框和底纹”对话框

3 在“设置”选项区的下方选择“方框”选项，再在“样式”列表框中选择一种线条样式，如图 4-75 所示。

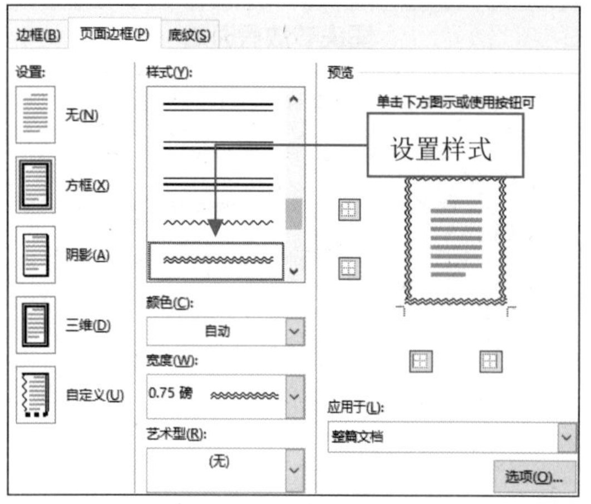

图 4-75　选择样式

4 单击“颜色”下拉列表框右侧的下三角按钮，在弹出的列表框中选择“深红”选项，如图 4-76 所示。

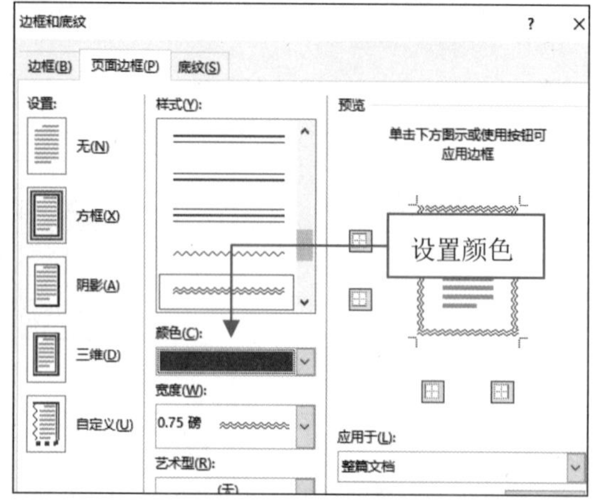

图 4-76　选择颜色

5 单击“宽度”下拉列表框右侧的下三角按钮，在弹出的列表框中选择“0.75 磅”选项，如图 4-77 所示。

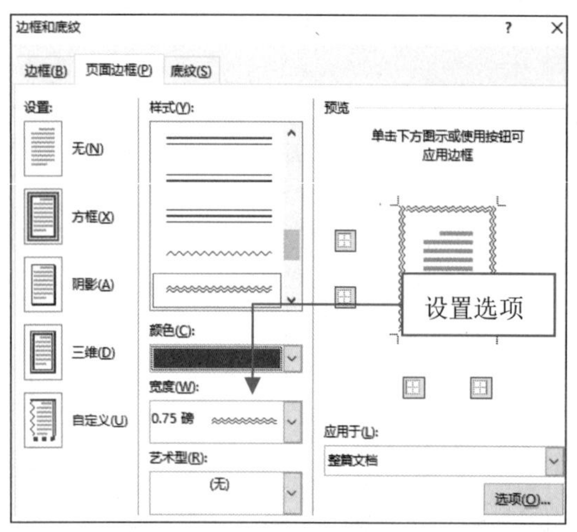

图 4-77　设置宽度

6 单击“确定”按钮，即可为整个文档添加页面边框效果，如图 4-78 所示。

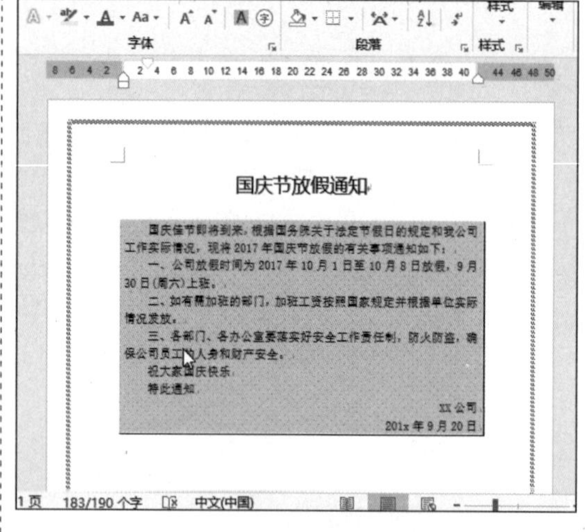

图 4-78　页面边框效果

专家提醒

除了为文档添加单一的线条样式外，还可以将页面边框制作成具有艺术特色的样式效果，这只需在“艺术型”选项区中选择相应的样式即可。

第5章

创建和编辑图形

在文档中适当地插入一些图片，不仅可以使阅读的过程更加轻松，还可以提高文档的感染力。本章将主要介绍插入图片、设置图片格式、绘制图形、添加图形效果和添加艺术字等操作。

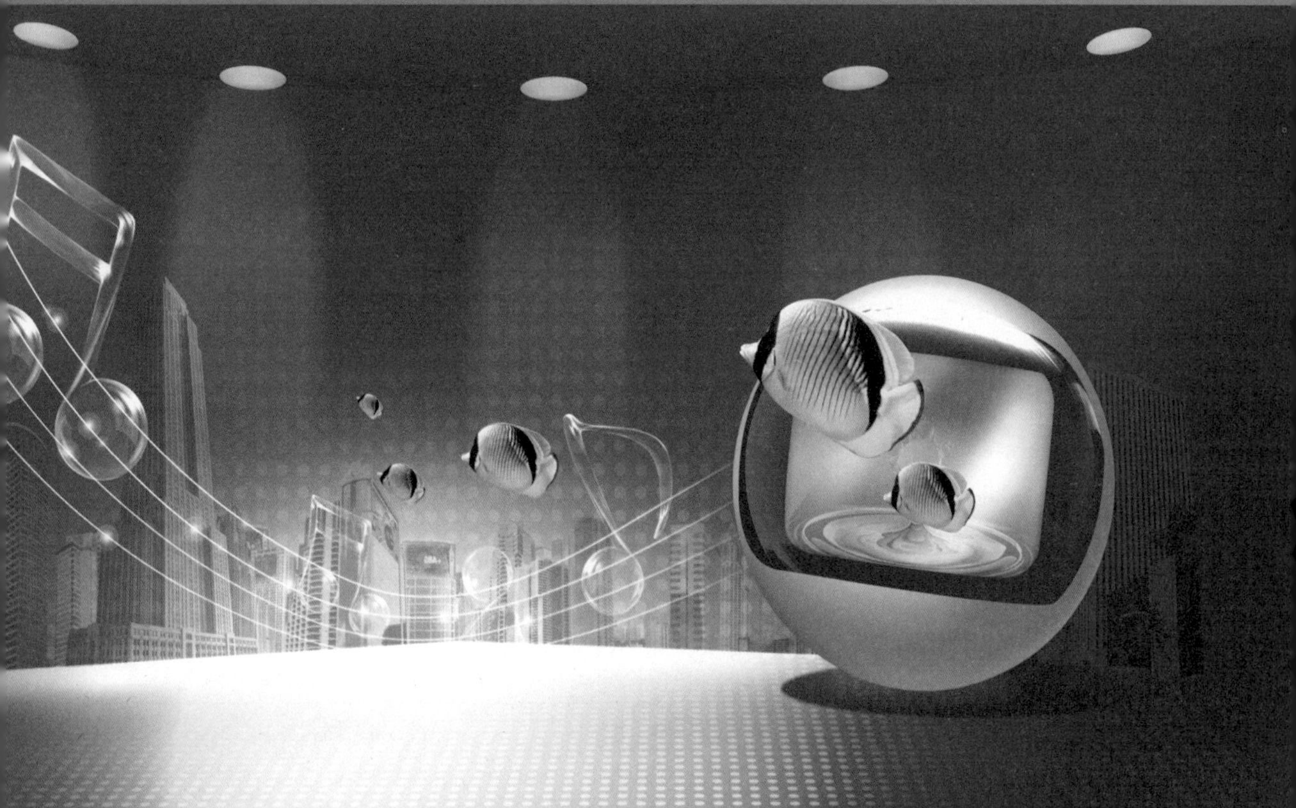

5.1 插入图片

在 Word 2016 中插入图片的功能是十分强大的，它可以插入多种格式的图片，也可以从剪辑库中插入剪贴画或图片，还可以从其他程序或位置插入图片。

5.1.1 插入图片

在文档中插入图片可以实现图文混排，并可以对图片的大小和位置进行精确的调整。插入图片的具体操作步骤如下：

1. 打开的文档如图 5-1 所示。

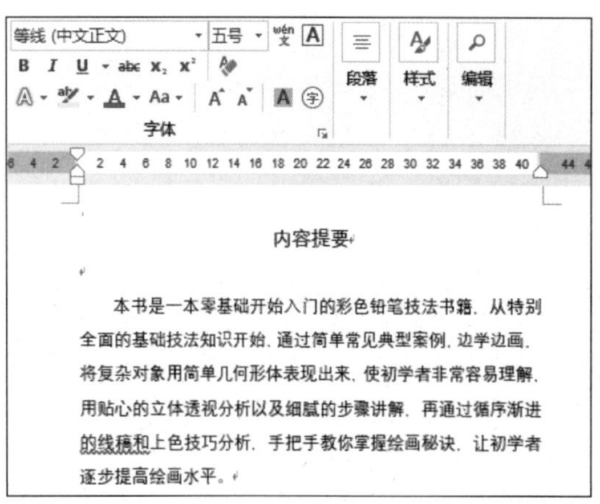

图 5-1 打开文档

2. 切换至“插入”选项卡，在“插图”选项组中单击“图片”按钮，如图 5-2 所示。

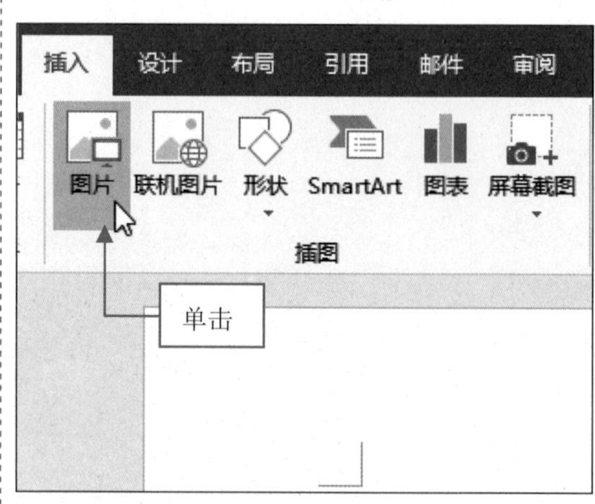

图 5-2 单击“图片”按钮

3. 弹出“插入图片”对话框，选择需要插入的图片，如图 5-3 所示。

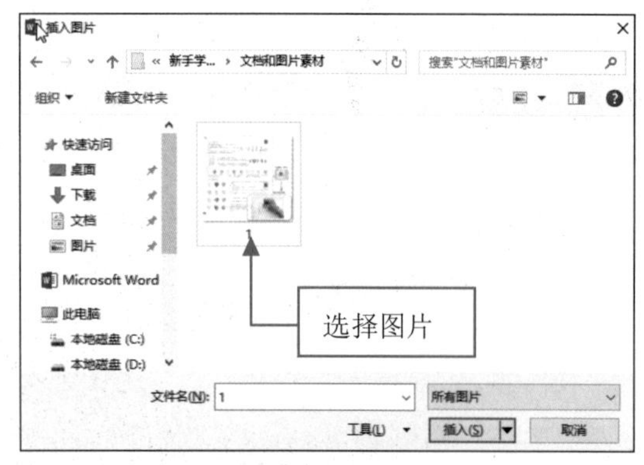

图 5-3 选择图片

4. 单击“插入”按钮，插入图片，适当地调整图片大小，如图 5-4 所示。

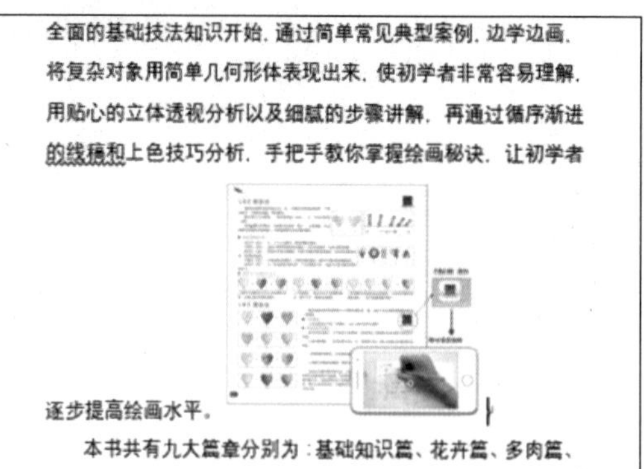

图 5-4 插入图片

若需要插入多张图片，只需在选择一张图片后，按住【Ctrl】键或【Shift】键的同时，选择多个不相邻或连续的图片进行插入。

5.1.2　插入屏幕剪辑

当打开一个窗口后，发现窗口或窗口中有某些部分适合于插入文档的时候，就可以使用屏幕剪辑功能截取整个窗口或窗口的某部分插入到文档中。

1 新建一个 Word 文档，切换至“插入”选项卡，在“插图”选项组中单击“屏幕截图”按钮，在下拉列表中单击“屏幕剪辑”选项，如图 5-5 所示。

图 5-5　选择“屏幕剪辑”选项

2 执行操作后，当前打开的窗口将进入被剪辑的状态中，鼠标呈现十字状，拖动鼠标，框选窗口中需要剪辑的部分即可，如图 5-6 所示。

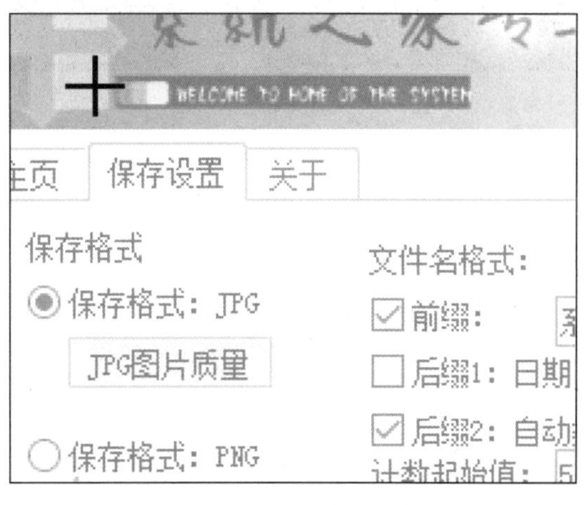

图 5-6 被剪辑状态

5.2　设置图片格式

在文档中插入的图片总会单独占据大部分空间，不符合文档的编辑美观度和编排样式，此时，就应当对图片的大小、版式、位置进行适当的调整。

5.2.1　设置图片大小

将图片插入到 Word 文档中后，发现图片较大不适合浏览，此时，可以根据需要适当地调整图片的大小。设置图片大小的具体操作步骤如下：

1 打开的文档如图 5-7 所示。

图 5-7 打开文档

2 选中图片，此时功能区中增加了一个“图片工具”|“格式”选项卡，如图 5-8 所示。

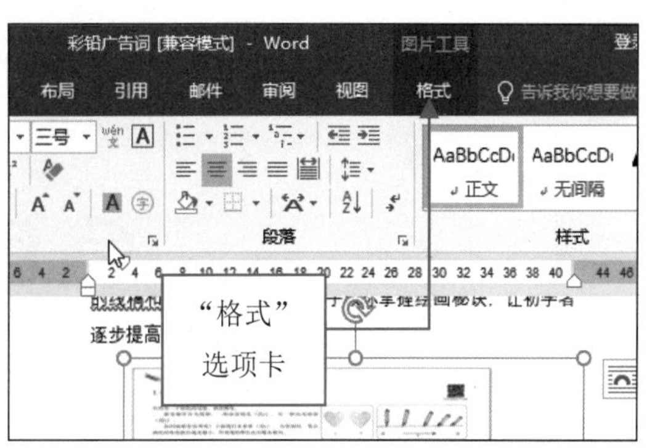

图 5-8　增加“格式”选项卡

专家提醒

在 Word 2016 中，图片工具的“格式”选项卡只有在选中图片的状态下才会被激活。

3 单击“图片工具”|“格式”选项卡，如图 5-9 所示。

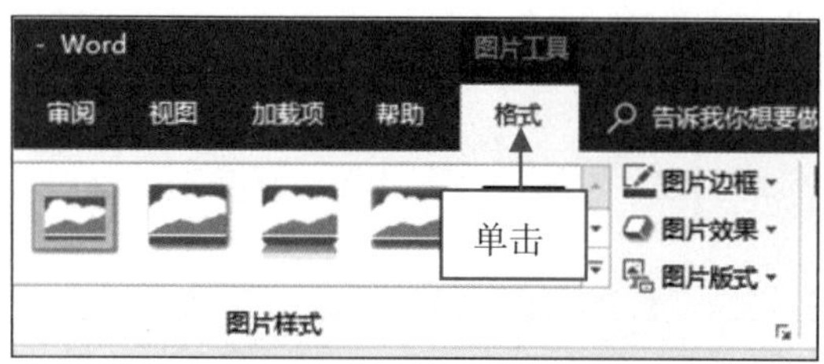

图 5-9 切换至“格式”选项卡

4 单击“大小”选项组中右下角的对话框启动器按钮，如图 5-10 所示。

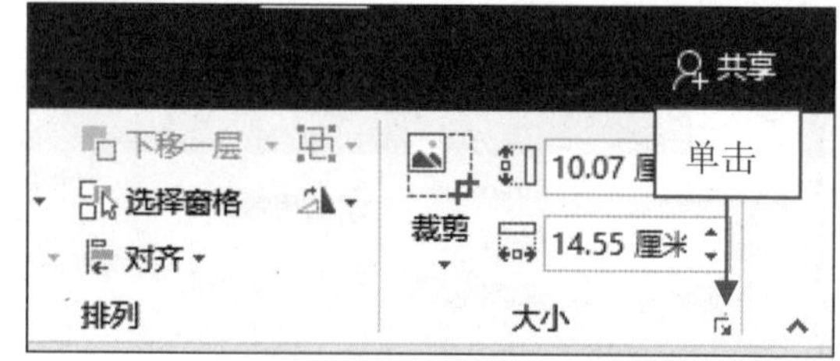

图 5-10 单击对话框启动器按钮

5 执行操作后，将弹出“布局”对话框，其中显示了图片的尺寸大小，如图 5-11 所示。

图 5-11 “布局”对话框

6 设置“高度”为 5 厘米、“宽度”为 7 厘米，如图 5-12 所示。

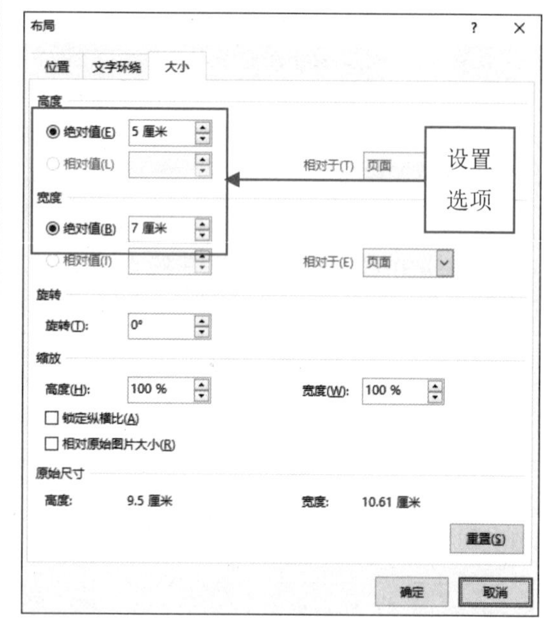

图 5-12 设置选项

专家提醒

在“布局”对话框中依次选中“锁定纵横比”和“相对原始图片大小”复选框后，只需设置其中一种选项，其他选项的大小就会随之改变。

7 单击“确定”按钮，文档编辑区中图片的大小将随之改变，如图 5-13 所示。

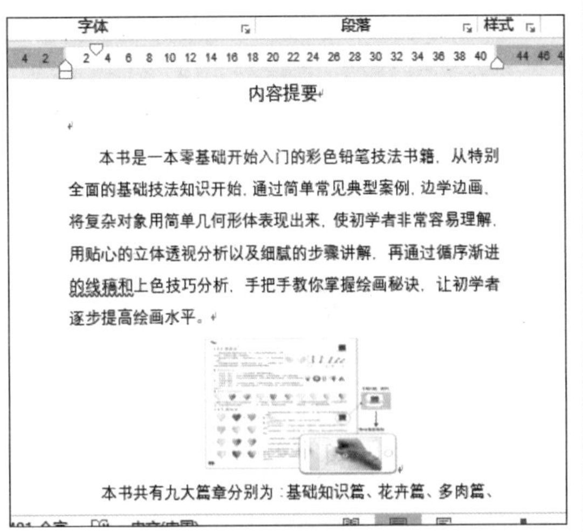

图 5-13　改变图像大小

知识链接

设置图片大小的操作方法还有以下几种：

- 在“大小”选项组中设置“形状高度”和“形状宽度”。
- 选择图片，直接通过调整各控制点改变图片大小。
- 在图片上单击鼠标右键，在弹出的快捷菜单中选择“大小和位置”选项。

5.2.2　设置图片位置

图片直接插入至文档中后可能由于图片位置等问题，造成图片与文档的编排不合理，使得文档整体不够美观，此时，可以通过设置图片的版式来解决图像在文档中的编排问题。设置图片版式的具体操作步骤如下：

1 在 Word 文档中选择图片，并切换至“格式”选项卡，如图 5-14 所示。

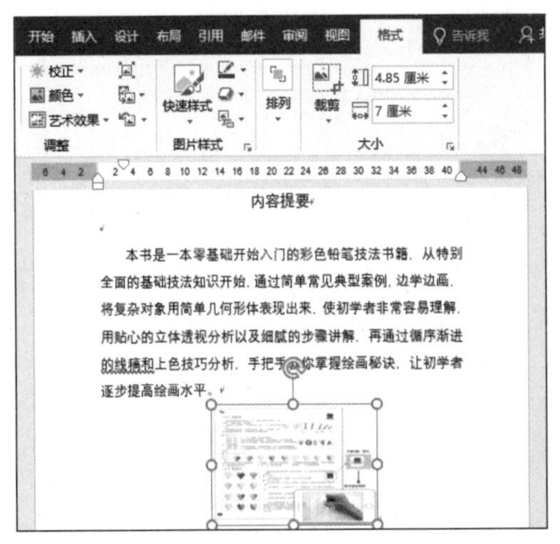

图 5-14　切换至“格式”选项卡

2 单击“排列”选项组中的“位置”按钮，如图 5-15 所示。

图 5-15　单击“位置”按钮

专家提醒

用户可以直接将所选择的图片拖曳至文档中的合适位置，但需要注意的是，若文本的格式不符合图片要求，则图片的部分区域会被隐藏。

第 5 章

3 在弹出的下拉列表中选择一种文字环绕样式，如图 5-16 所示。

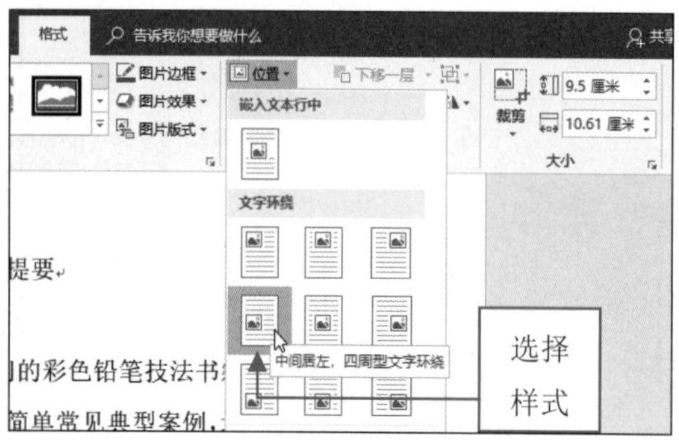

图 5-16 选择样式

5 在图片上单击鼠标右键，弹出快捷菜单，选择"大小和位置"选项，如图 5-18 所示。

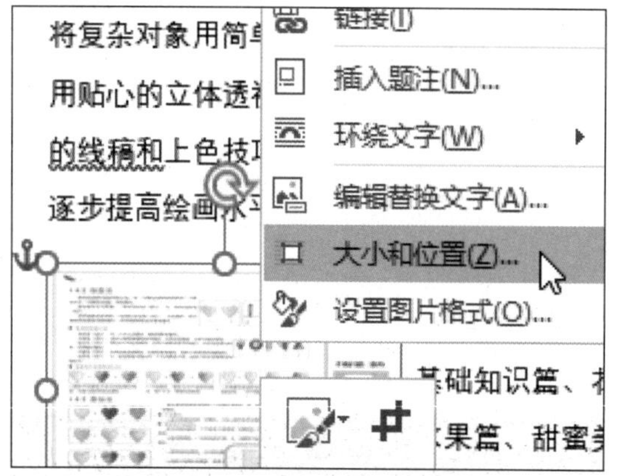

图 5-18 选择"大小和位置"选项

7 分别选中在"水平"和"垂直"选项区中的"相对位置"单选按钮，再设置各选项，如图 5-20 所示。

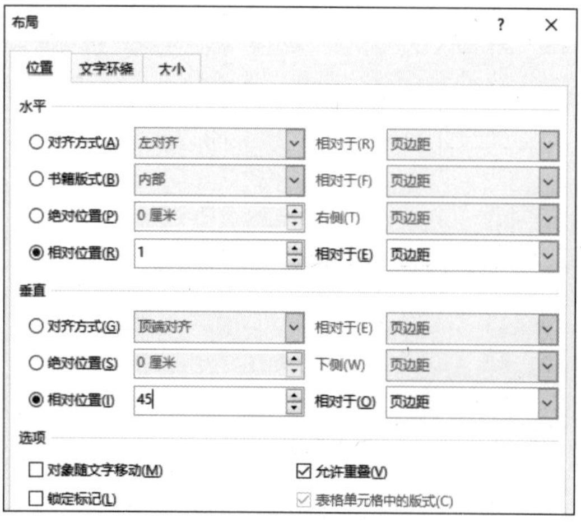

布局
位置 文字环绕 大小
水平
对齐方式(A) 左对齐 相对于(R) 页边距
书籍版式(B) 内部 相对于(F) 页边距
绝对位置(P) 0 厘米 右侧(T) 页边距
相对位置(R) 1 相对于(E) 页边距
垂直
对齐方式(G) 顶端对齐 相对于(E) 页边距
绝对位置(S) 0 厘米 下侧(W) 页边距
相对位置(I) 45 相对于(O) 页边距
选项
对象随文字移动(M) 允许重叠(V)
锁定标记(L) 表格单元格中的版式(C)

图 5-20 设置各选项

4 执行操作后，图像编辑窗口中的图片位置改变，如图 5-17 所示。

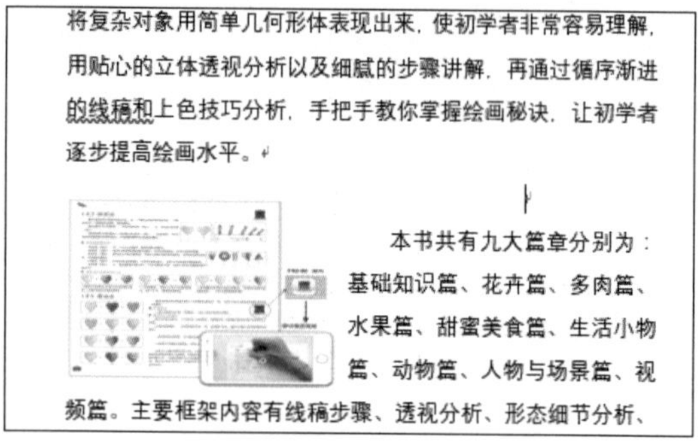

将复杂对象用简单几何形体表现出来，使初学者非常容易理解，用贴心的立体透视分析以及细腻的步骤讲解，再通过循序渐进的线稿和上色技巧分析，手把手教你掌握绘画秘诀，让初学者逐步提高绘画水平。

本书共有九大篇章分别为：基础知识篇、花卉篇、多肉篇、水果篇、甜蜜美食篇、生活小物篇、动物篇、人物与场景篇、视频篇。主要框架内容有线稿步骤、透视分析、形态细节分析、

图 5-17 改变图片位置

6 执行操作后，将弹出"布局"对话框，切换至"位置"选项卡，如图 5-19 所示。

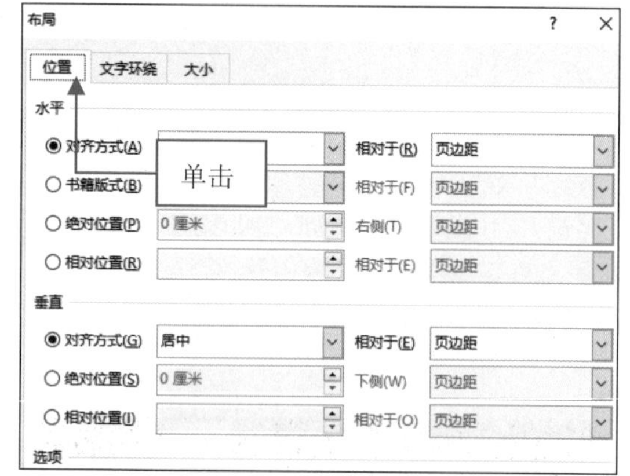

图 5-19 "布局"对话框

8 单击"确定"按钮，此时图片相对于页边距水平和垂直的位置将随之改变，如图 5-21 所示。

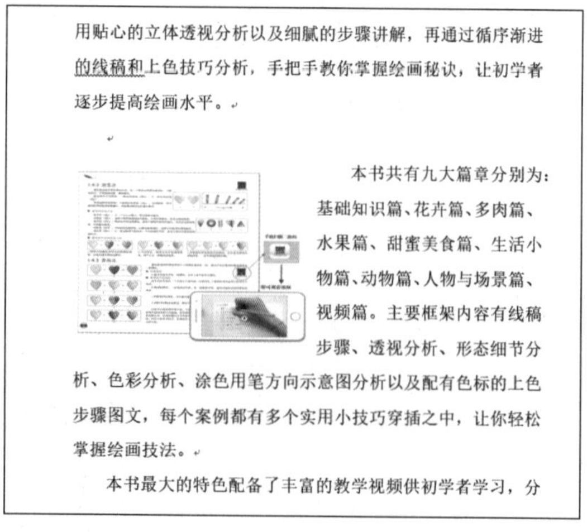

用贴心的立体透视分析以及细腻的步骤讲解，再通过循序渐进的线稿和上色技巧分析，手把手教你掌握绘画秘诀，让初学者逐步提高绘画水平。

本书共有九大篇章分别为：基础知识篇、花卉篇、多肉篇、水果篇、甜蜜美食篇、生活小物篇、动物篇、人物与场景篇、视频篇。主要框架内容有线稿步骤、透视分析、形态细节分析、色彩分析、涂色用笔方向示意图分析以及配有色标的上色步骤图文，每个案例都有多个实用小技巧穿插之中，让你轻松掌握绘画技法。

本书最大的特色配备了丰富的教学视频供初学者学习，分

图 5-21 改变图片位置

知识链接

> 在“布局”对话框中，切换至“位置”选项卡后，对话框中各选项的含义如下：
> - 对齐方式：指的是图片的水平或垂直对齐方式。
> - 绝对位置：指的是图片边框左边界或上边界与页边距之间的距离。
> - 相对位置：指的是图片边框左边界或上边界与页边距之间的相对差距。

5.2.3　设置文字环绕

设置文字环绕可以使图片与文字的编排更加美观。设置文字环绕的具体操作步骤如下：

1 打开 Word 文档，选择图片，切换至“图片工具”|“格式”选项卡，如图 5-22 所示。

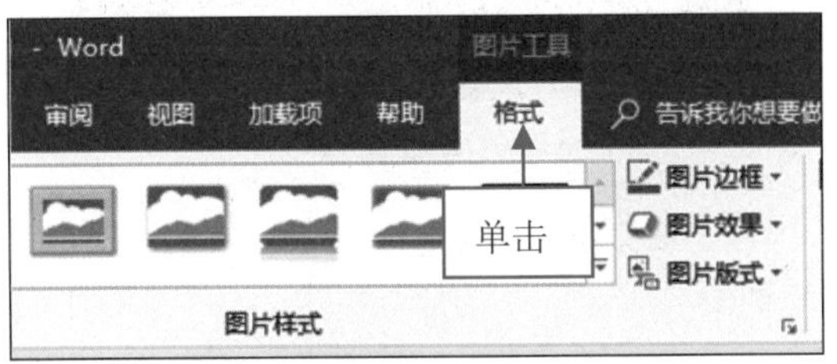

图 5-22　切换至“格式”选项卡

2 单击“大小”选项组右下角的对话框启动器按钮，如图 5-23 所示。

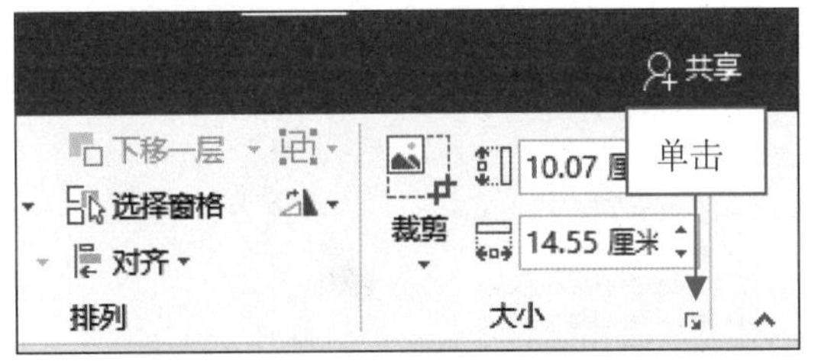

图 5-23　单击对话框启动器按钮

3 执行操作后，将弹出“布局”对话框，切换至“文字环绕”选项卡，如图 5-24 所示。

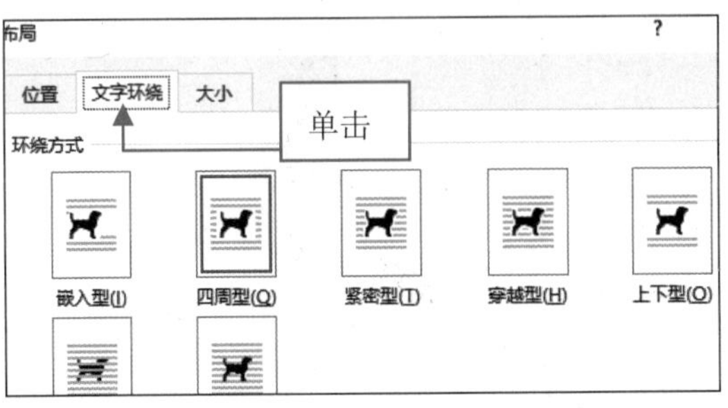

图 5-24　切换至“文字环绕”选项卡

4 在“环绕方式”选项区中选择“穿越型”方式，如图 5-25 所示。

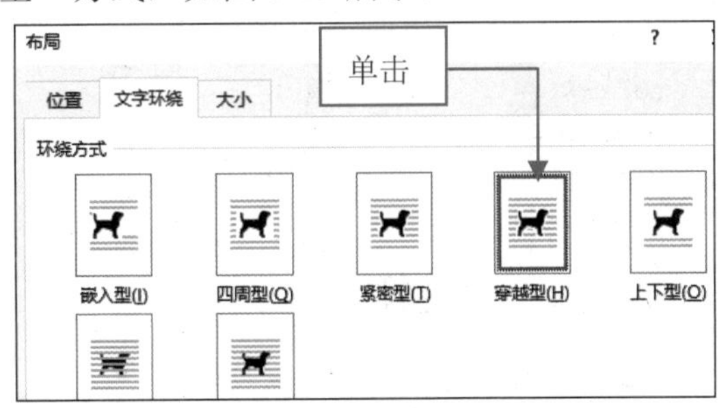

图 5-25　选择环绕方式

5 单击“确定”按钮，改变图像的环绕方式，在图片上单击并按住鼠标左键拖曳，如图 5-26 所示。

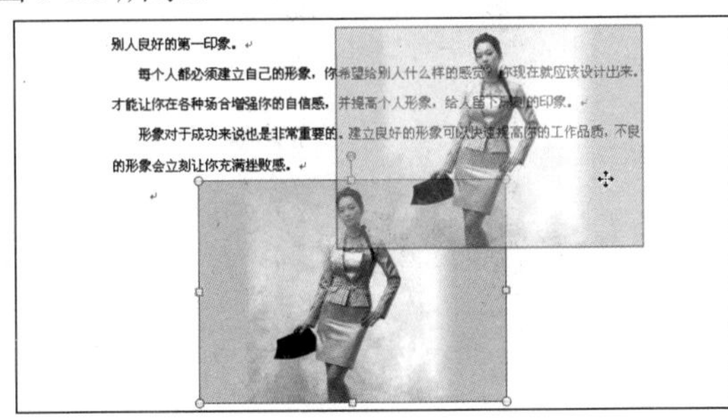

图 5-26　拖曳图片

6 拖曳至合适位置后释放鼠标左键，即可看到设置文字环绕后的效果，如图 5-27 所示。

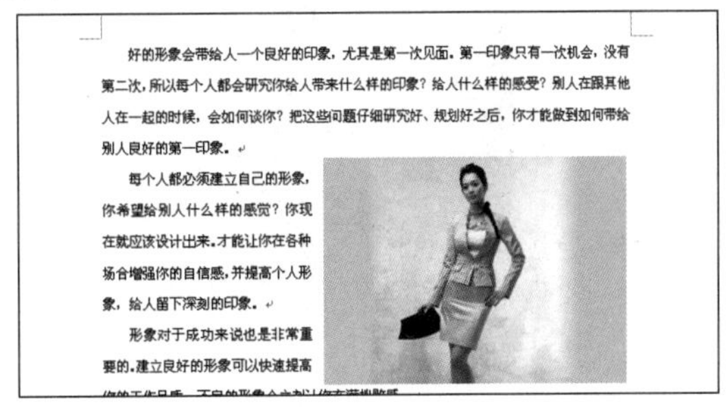

图 5-27　文字环绕

知识链接

选择图片后，单击“排列”选项组中的“环绕文字”按钮，在弹出的下拉列表中选择一种环绕方式，即可使图片与文字进行环绕排列。

5.2.4 裁剪图片

插入图片后若只希望保留其中的一部分精彩图像时，可以运用裁剪操作将不需要的部分剪切。裁剪图片的具体操作步骤如下：

1 在打开的 Word 文档中，选中需要裁剪的图片，如图 5-28 所示。

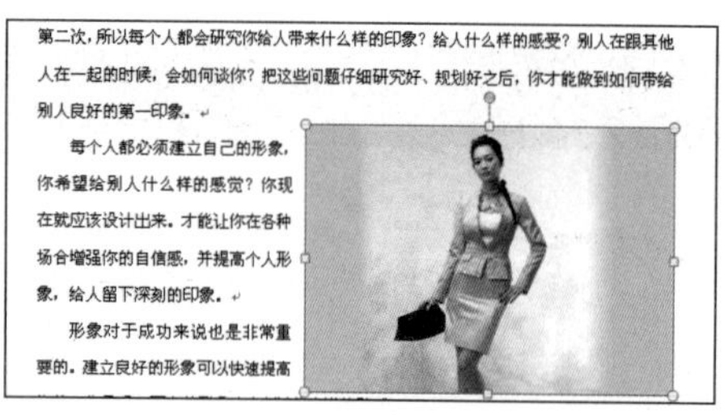

图 5-28　选择图片

2 切换至“图片工具”|“格式”选项卡，单击“大小”选项组中的“裁剪”按钮，如图 5-29 所示。

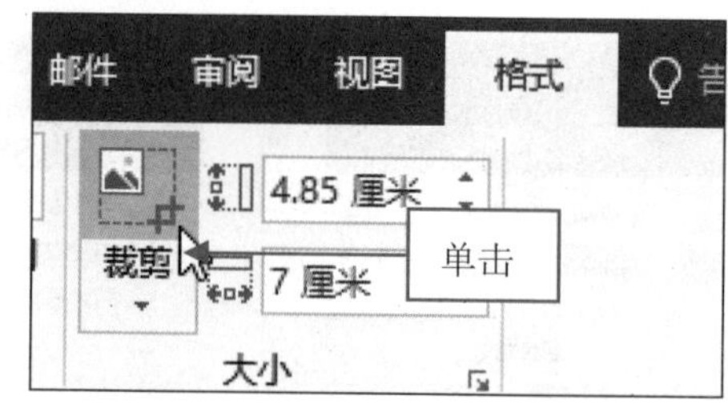

图 5-29　单击“裁剪”按钮

3 执行操作后，所选择的图片上将显示裁剪控制框，如图 5-30 所示。

图 5-30　显示裁剪控制框

4 将鼠标指针移至控制框的正左侧，此时，鼠标指针呈┫形状，如图 5-31 所示。

图 5-31　移动鼠标指针

5 按住鼠标左键并向图片右侧拖拽，被裁剪区域以透明灰色显示，如图 5-32 所示。

图 5-32　拖拽鼠标

6 至合适位置后释放鼠标左键，即可显示将被裁剪区域下方的文字排列效果，如图 5-33 所示。

图 5-33　显示文字排列效果

第5章

7 在文档编辑区的空白区域单击鼠标左键，即可裁剪图片，如图 5-34 所示。

图 5-34　裁剪图片

8 用同样的方法，对图片右侧进行适当的裁剪，如图 5-35 所示。

图 5-35　裁剪图片右侧

9 选中图片，单击“大小”选项组中“裁剪”按钮下方的下拉三角按钮，在弹出的下拉列表中选择“纵横比”选项，如图 5-36 所示。

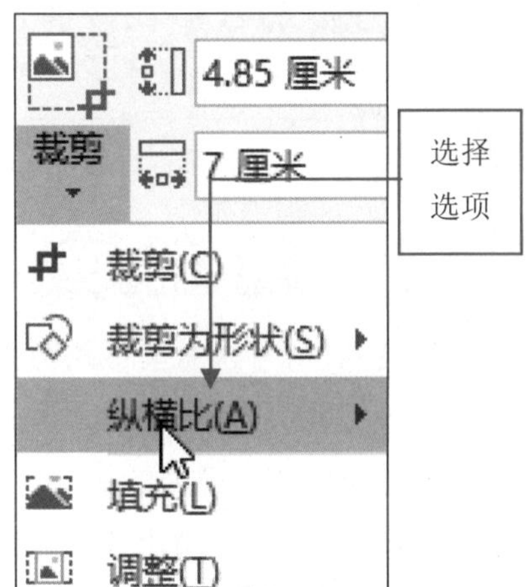

图 5-36　选择“纵横比”选项

10 执行操作后，将弹出相应的列表框，在“方形”选项区中选择 1:1 选项，如图 5-37 所示。

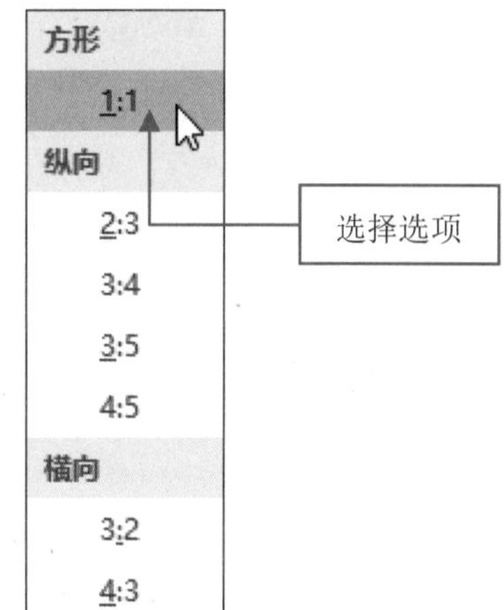

图 5-37　选择比例

11 此时，文档编辑窗口中裁剪控制框以 1:1 的比例显示于所选择的图片上，如图 5-38 所示。

图 5-38　裁剪控制框

12 在文档编辑窗口的空白区域单击鼠标左键，确认裁剪操作，图片被裁剪为正方形，如图 5-39 所示。

图 5-39　裁剪为正方形

专家提醒

运用“纵横比”的方式裁剪图片时，所裁剪的比例是以原图片的尺寸进行等比例分配的。

13 选中图片，单击“大小”选项组中的“裁剪”下方的下三角按钮，在弹出的列表框中选择“裁剪为形状”选项，如图 5-40 所示。

4.85 厘米
4.85 厘米
裁剪
选择选项
裁剪(C)
裁剪为形状(S)
纵横比(A)
填充(L)
调整(T)

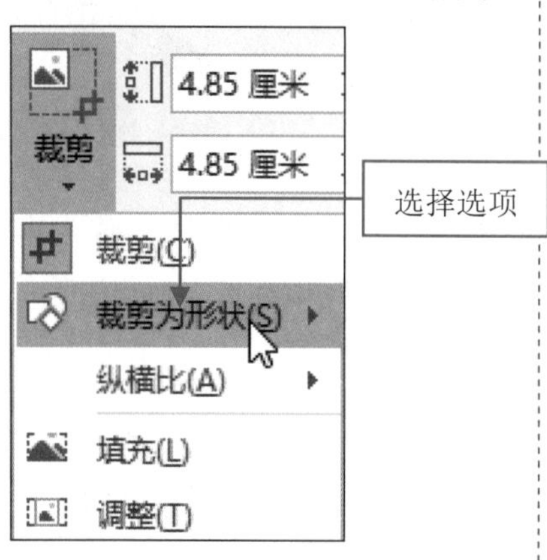

图 5-40　选择“裁剪为形状”选项

14 执行操作后，弹出相应的列表框，在“矩形”选项区中单击“矩形：对角圆角”按钮▢，如图 5-41 所示。

矩形
基本形状
单击
矩形: 对角圆角
箭头总汇

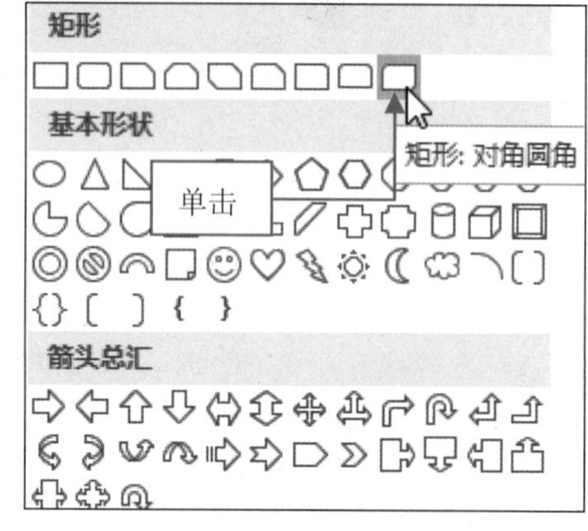

图 5-41　单击“矩形：对角圆角”按钮

15 执行操作后，所选择的图片直接被裁剪为对角圆角矩形的形状，如图 5-42 所示。

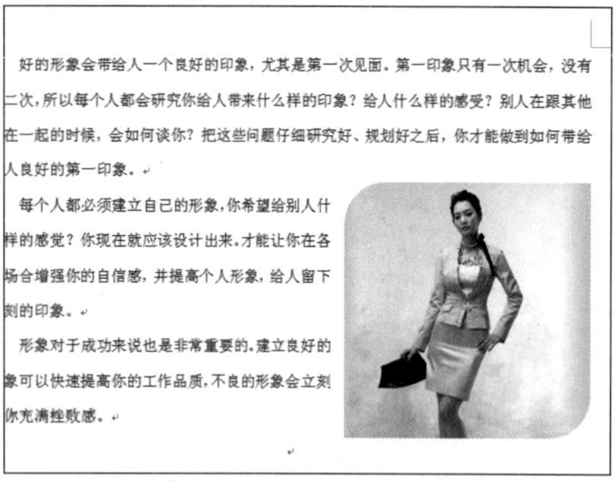

好的形象会带给人一个良好的印象，尤其是第一次见面。第一印象只有一次机会，没有二次，所以每个人都会研究你给人带来什么样的印象？给人什么样的感受？别人在跟其他在一起的时候，会如何谈你？把这些问题仔细研究好、规划好之后，你才能做到如何带给人良好的第一印象。
每个人都必须建立自己的形象，你希望给别人什样的感觉？你现在就应该设计出来。才能让你在各场合增强你的自信感，并提高个人形象，给人留下刻的印象。
形象对于成功来说也是非常重要的。建立良好的象可以快速提高你的工作品质，不良的形象会立刻你充满挫败感。

图 5-42　裁剪为形状

专家提醒

在 Word 中被裁剪掉的图并不是真正地被裁剪，原来被裁剪掉的图片区域是可以进行还原的。

选择被裁剪过的图片，单击“裁剪”按钮，将在图片上显示裁剪控制框，其中的透明灰色区域就是原被裁剪的图片区域，调整裁剪控制框至图片原尺寸大小即可。

5.3　绘制图形

Word 2016 提供了一套强大的绘制图形工具，利用这些工具可以在文档中绘制出所需要的各种图形。

5.3.1　绘制基本图形

绘制基本图形主要是通过“形状”按钮来实现的，如箭头、多边形、菱形等。绘制基本图形的具体操作步骤如下：

1 新建一个 Word 文档，切换至“插入”选项卡，如图 5-43 所示。

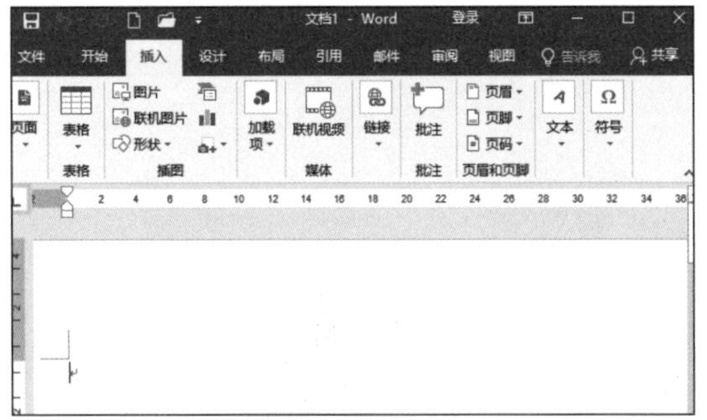

图 5-43　切换至“插入”选项卡

2 在“插图”选项组中单击“形状”按钮，如图 5-44 所示。

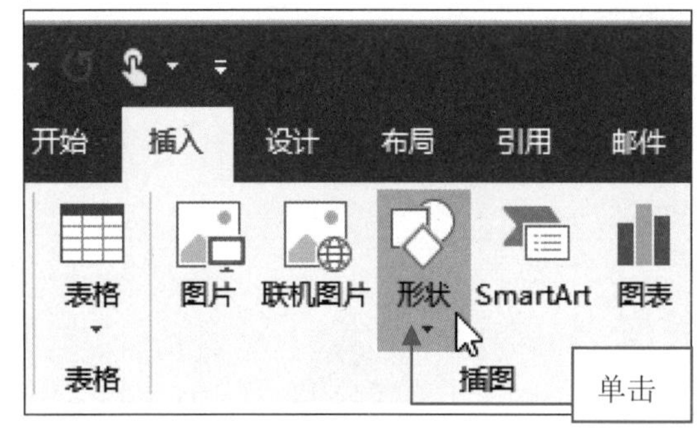

图 5-44　单击“形状”按钮

3 在弹出下拉列表的最下方选择“新建绘图画布”选项，如图 5-45 所示。

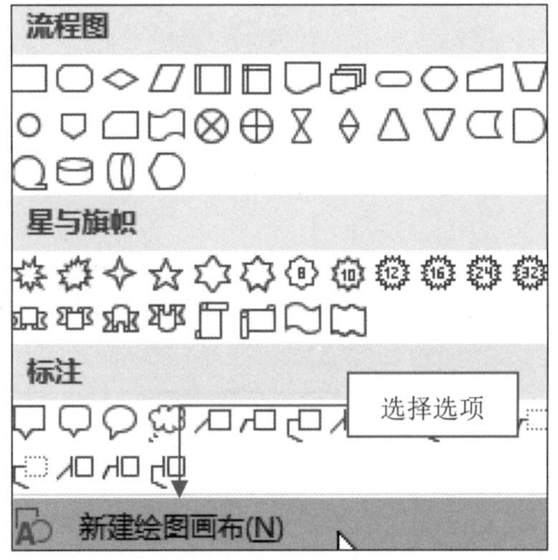

图 5-45　选择“新建绘图画布”选项

4 执行操作后，即可在文档编辑区中新建一幅绘图画布，且激活“绘图工具”|“格式”选项卡，如图 5-46 所示。

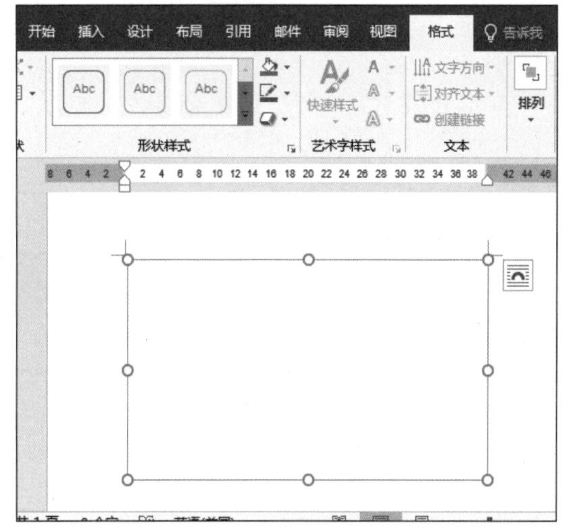

图 5-46　新建绘图画布

5 在“插入形状”选项组中单击“形状”按钮，如图 5-47 所示。

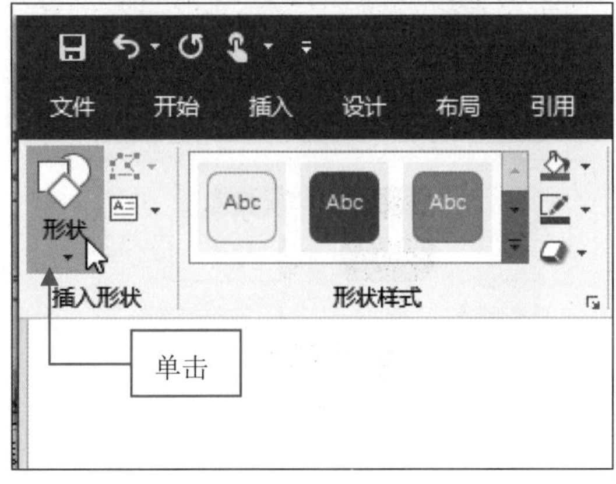

图 5-47　单击“形状”按钮

6 在弹出的下拉列表中单击“等腰三角形”按钮△，如图 5-48 所示。

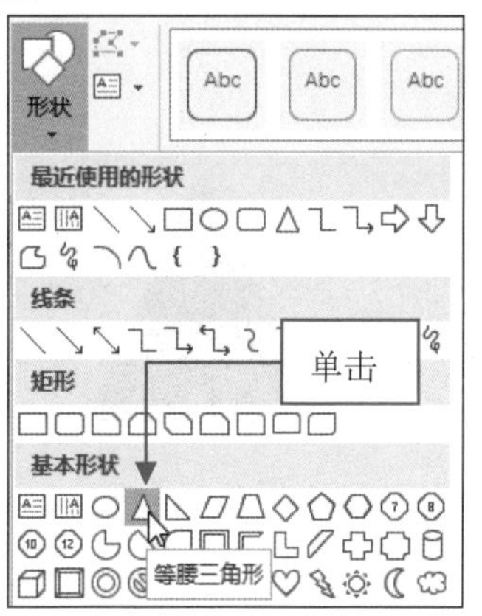

图 5-48　单击“等腰三角形”按钮

7 将鼠标指针移至绘图画布中，按住鼠标左键并拖曳，如图 5-49 所示。

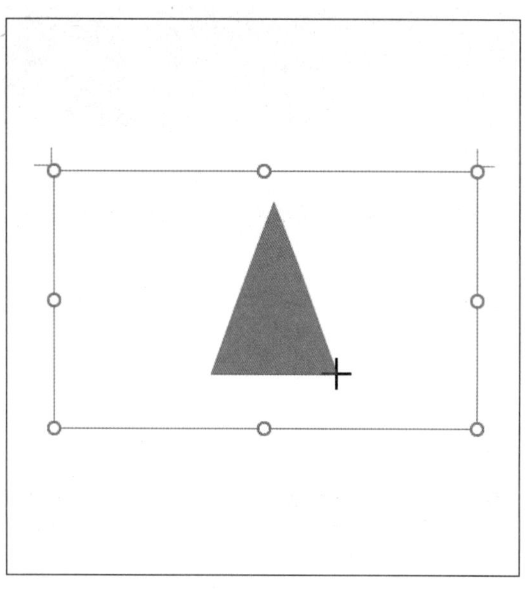

图 5-49　拖曳鼠标

8 至合适位置后释放鼠标左键，即可绘制出一个等腰三角形，如图 5-50 所示。

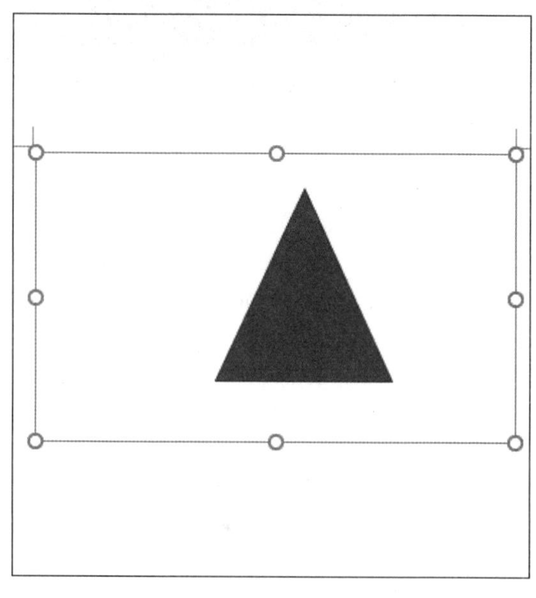

图 5-50　等腰三角形

知识链接

选择形状图标后，直接在文档编辑区或绘图画布中单击鼠标左键，即可绘制出一个系统默认大小的图形。

5.3.2　设置形状格式

在文档编辑区或绘图画布中绘制图形时，图形的填充色和轮廓都是系统默认的，用户可以根据需要对图形的填充色和轮廓线等格式进行相应的改变。设置形状格式的具体操作步骤如下：

1 选中绘图画布中的等腰三角形，如图 5-51 所示。

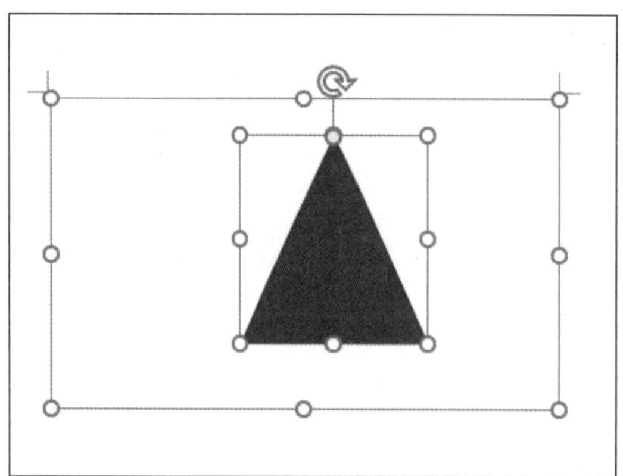

图 5-51　选中图形

2 单击“形状样式”选项组中右下角的对话框启动器按钮 ，如图 5-52 所示。

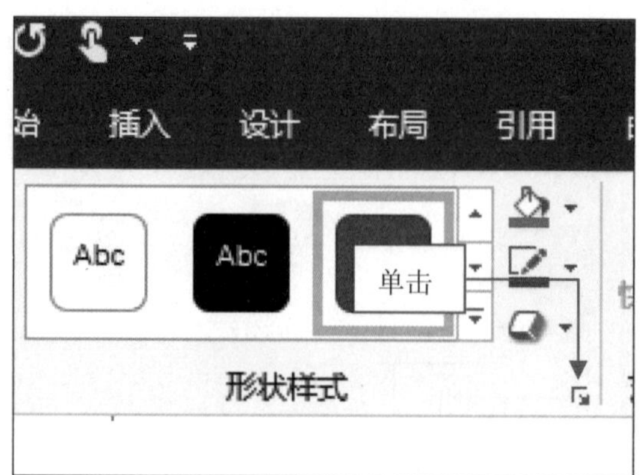

图 5-52　单击对话框启动按钮

3. 执行操作后，弹出“设置形状格式”窗格，切换至“线条与填充”选项卡，单击“填充”选项，如图 5-53 所示。

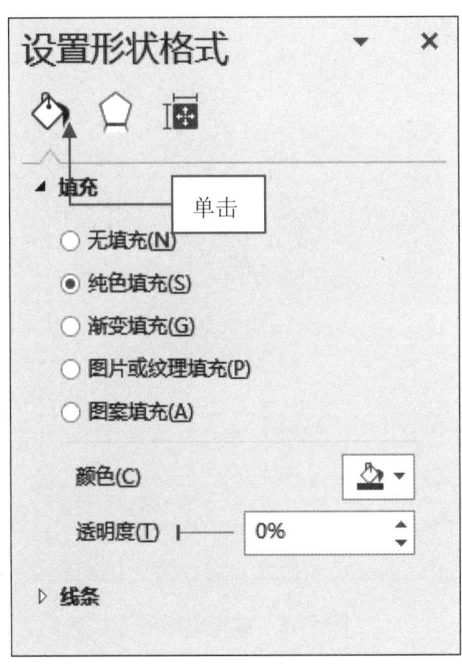

图 5-53　切换至“填充”选项

4. 在“填充”列表中，选中“纯色填充”单选按钮，单击“颜色”右侧的按钮，在弹出的下拉列表中选择“黄色”图标，如图 5-54 所示。

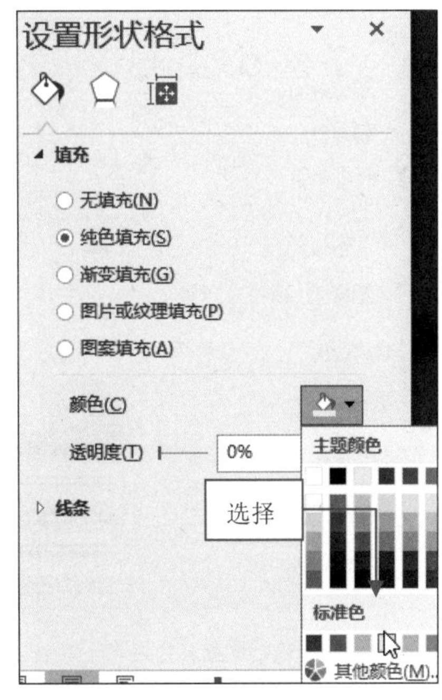

图 5-54　选择“黄色”图标

专家提醒

在“设置形状格式”对话框中设置图形“填充”格式时，所选择的填充类型不同，则“填充”选项区中的选项也随之改变。

5. 切换至“线条”选项，在“线条”列表中单击“颜色”右侧的按钮，在弹出的列表中选择“浅蓝”图标，如图 5-55 所示。

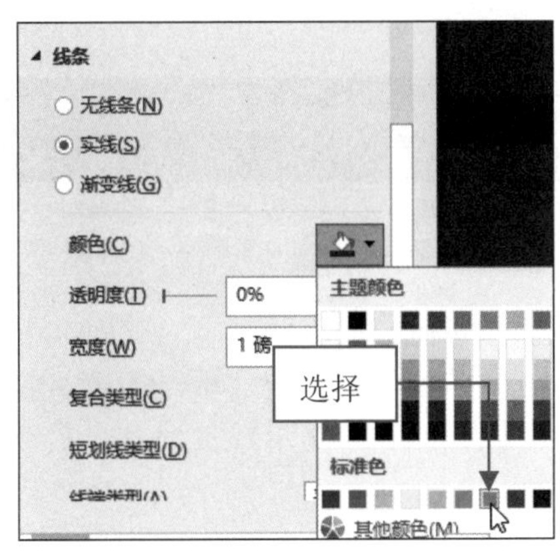

图 5-55　选择“浅蓝”图标

6. 在“线条”列表中设置“宽度”为 3 磅，如图 5-56 所示。

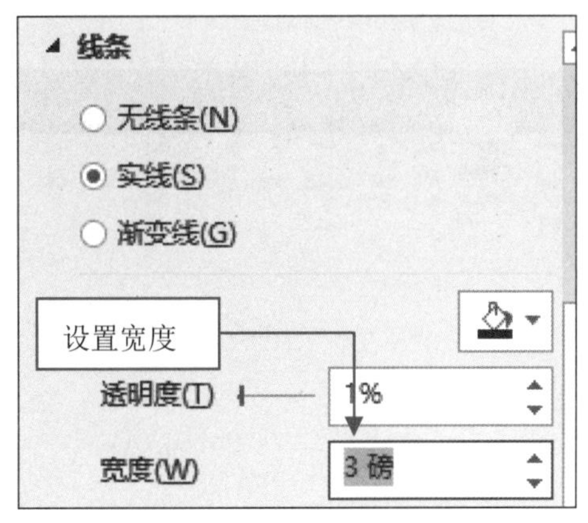

图 5-56　设置线型宽度

7 单击“复合类型”右侧的下三角按钮，在弹出的列表框中选择“由粗到细”选项，如图 5-57 所示。

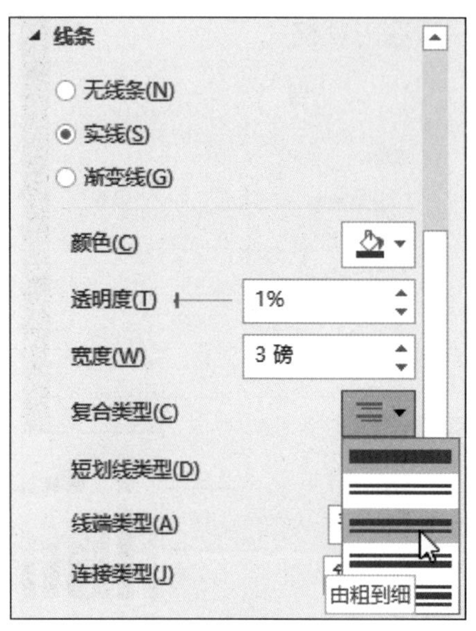

图 5-57 设置复合类型

8 关闭窗格，所选择的图形将按照设置的格式进行相应的改变，如图 5-58 所示。

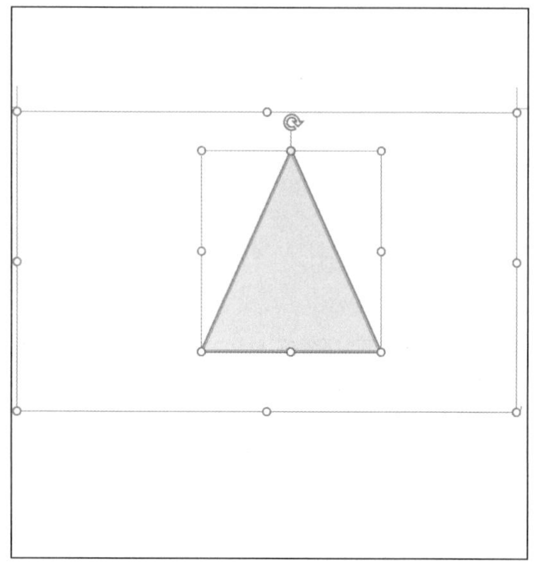

图 5-58 改变图形格式

知识链接

选择需要设置形状格式的图形后，可以直接在“形状样式”选项组中通过“形状填充”按钮和“形状轮廓”按钮改变图形的填充色和轮廓样式。

5.3.3 绘制文本框

在文档中输入文本与在文本框中输入文本是不同的，在文本框中输入的文本只会限制于文本框内。绘制文本框的具体操作步骤如下：

1 新建一个 Word 文档，切换至“插入”选项卡，如图 5-59 所示。

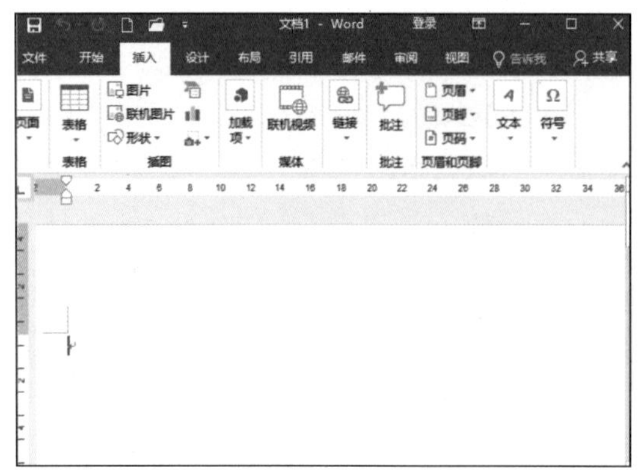

图 5-59 切换至“插入”选项卡

2 在“文本”选项组中单击“文本框”按钮，如图 5-60 所示。

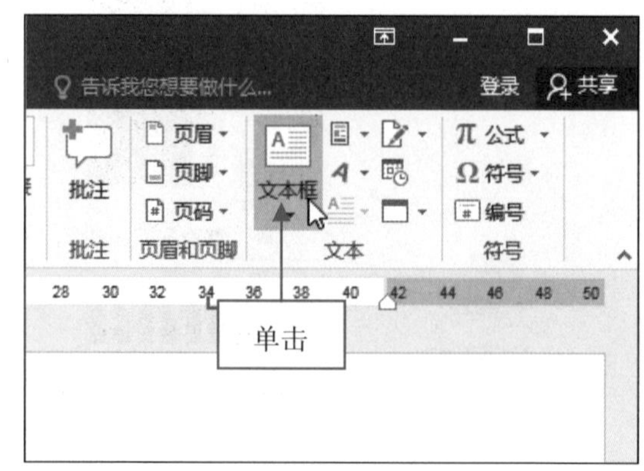

图 5-60 单击“文本框”按钮

3 在弹出的下拉列表框中选择“边线型提要栏”选项，如图 5-61 所示。

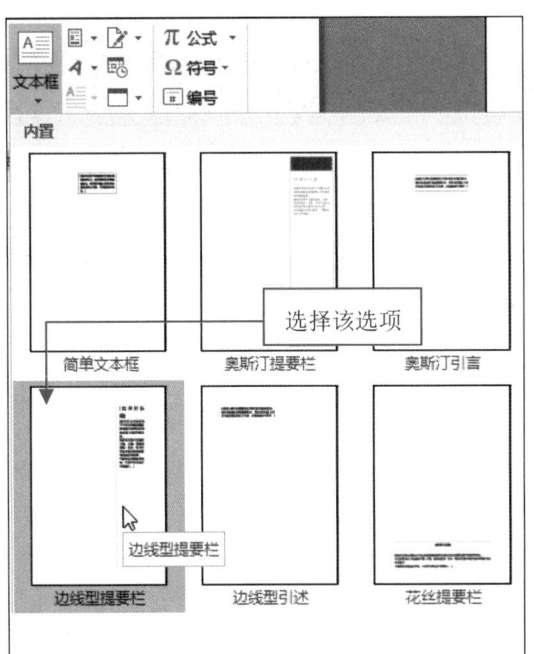

图 5-61 选择“边线型提要栏”选项

4 执行操作后，即可在文档编辑区中插入相应的文本框，如图 5-62 所示。

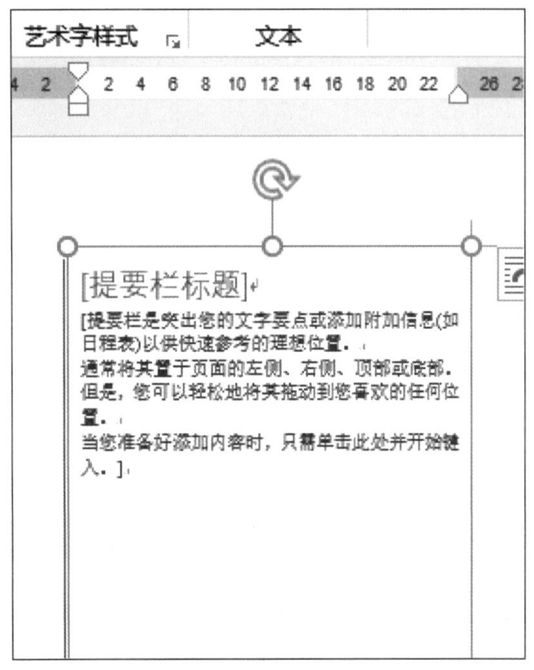

图 5-62 插入文本框

知识链接

除了上述插入文本框的操作方法外，还有以下两种方法：

- 在“插入”选项卡下的“文本”选项组中，单击“文本框”下拉三角按钮，在弹出的列表框中选择“绘制文本框”或“绘制竖排文本框”选项，再在文档编辑区中进行文本框的绘制即可。
- 在“插入”选项卡下的“插图”选项组中单击“形状”下拉三角按钮，在弹出的列表框“基本形状”选项区中选择“绘制文本框”或“绘制竖排文本框”选项，再在文档编辑区中进行文本框的绘制即可。

5.4 添加图形效果

为图形添加合理的阴影、发光、棱台、柔化边缘或三维旋转等图形特效，可以使图形更加精致、美观。

5.4.1 添加阴影效果

插入图片或绘制图形后，可以为其填充阴影效果，并可以更改阴影颜色且图形本身的颜色保持不变。添加阴影效果的具体操作步骤如下：

1 在一个空白文档中，绘制一个笑脸图形并适当地调整形状格式，如图 5-63 所示。

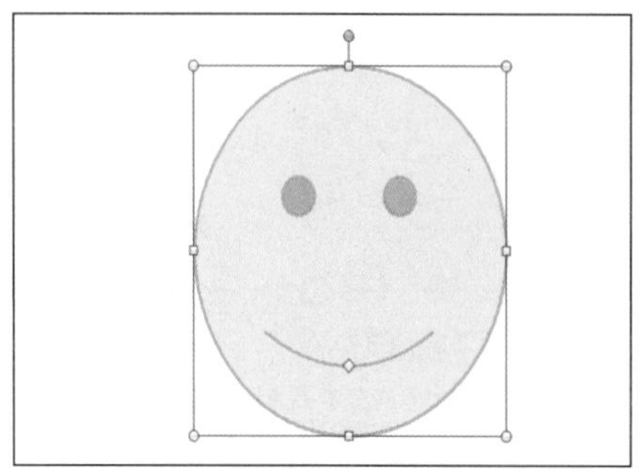

图 5-63 绘制图形

2 单击“绘图工具”|“格式”选项卡下“形状样式”选项组中的“形状效果”下拉三角按钮，如图 5-64 所示。

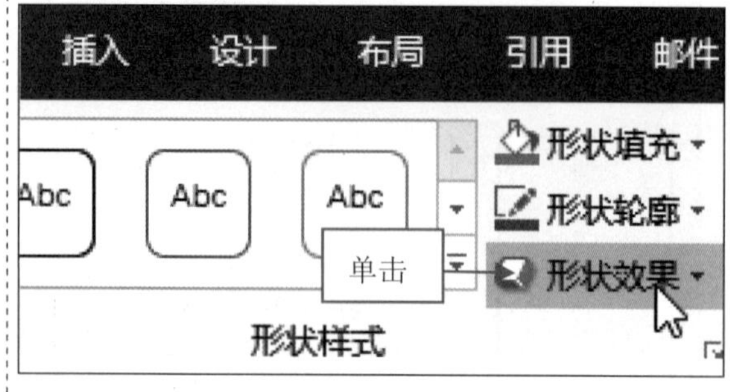

图 5-64 单击“形状效果”按钮

3 执行操作后，在弹出的列表框中选择“阴影”选项，如图 5-65 所示。

图 5-65 选择“阴影”选项

4 在弹出的“透视”选项区中选择“透视：右上”选项，如图 5-66 所示。

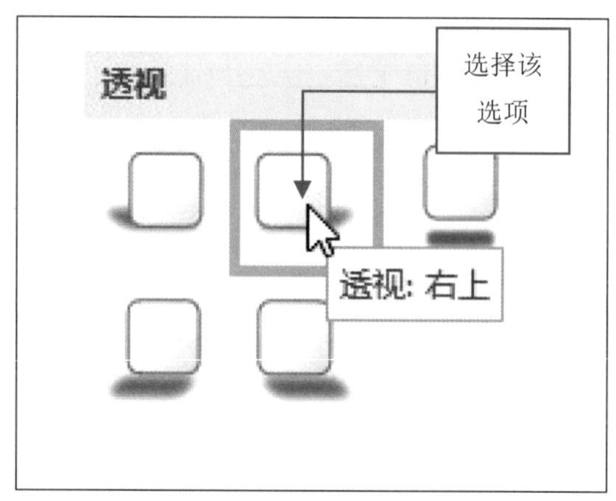

图 5-66 选择“透视：右上”选项

5 执行操作后，即可为所选择的图形添加阴影效果，如图 5-67 所示。

图 5-67 添加阴影效果

6 单击“形状效果”下拉三角按钮，在弹出的列表中选择“阴影”选项底部的“阴影选项”选项，如图 5-68 所示。

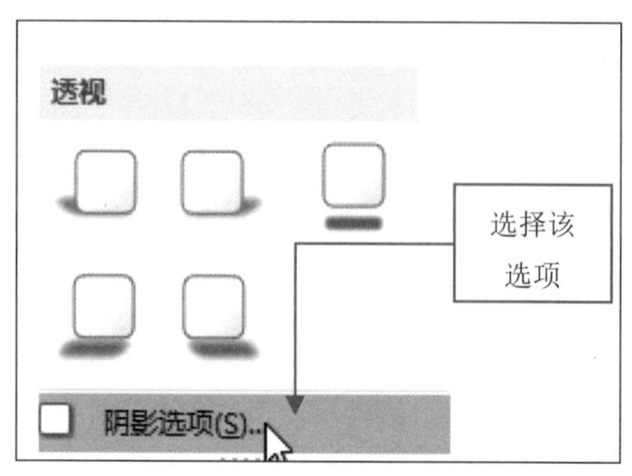

图 5-68 选择“阴影选项”选项

7 弹出“设置形状格式”窗格，单击“阴影”列表中“颜色”右侧的下三角按钮，在弹出的列表中选择一种颜色，如图 5-69 所示。

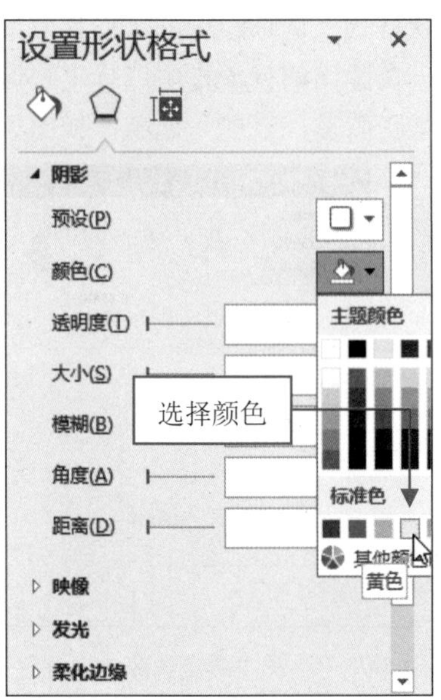

图 5-69　选择颜色

8 在阴影列表中设置“透明度”“大小”“模糊”“角度”和“距离”等参数，如图 5-70 所示。

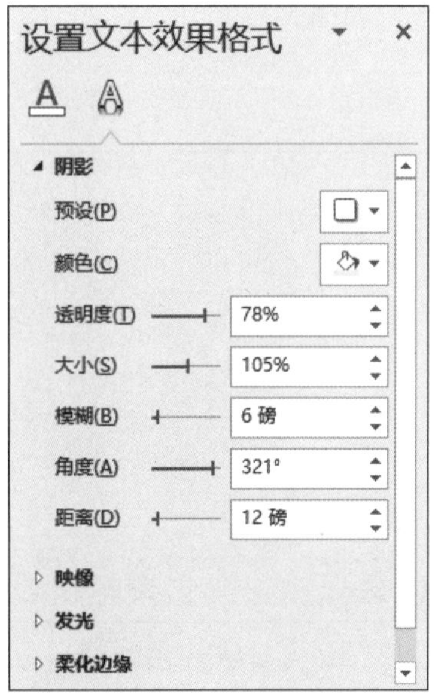

图 5-70　设置各选项

9 单击“关闭”按钮，阴影效果随之改变，如图 5-71 所示。

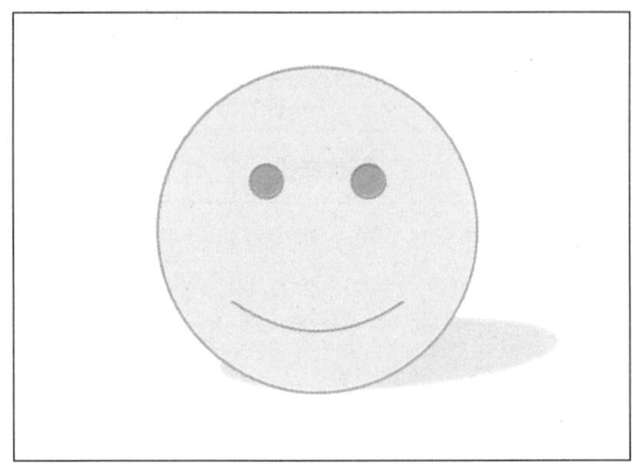

图 5-71　改变阴影效果

知识链接

选择图片或图形后，单击鼠标右键，在弹出的快捷菜单中选择“设置形状格式”选项，在弹出的“设置形状格式”窗格中单击“效果”|“阴影”选项后，单击“预设”右侧的下三角按钮，在弹出的下列表列表框中选择一种阴影样式，同样可以为图片或图形添加阴影。

单击“形状效果”按钮，在弹出的列表框中选择“阴影”选项中的“无阴影”按钮，即可清除阴影效果。

5.4.2　添加映像效果

映像指的是在原图形的基础上为图片加一个镜像，即制作倒影式的效果。添加映像效果的具体操作步骤如下：

1 在文档编辑区中选择需要添加映像效果的图形，如图 5-72 所示。

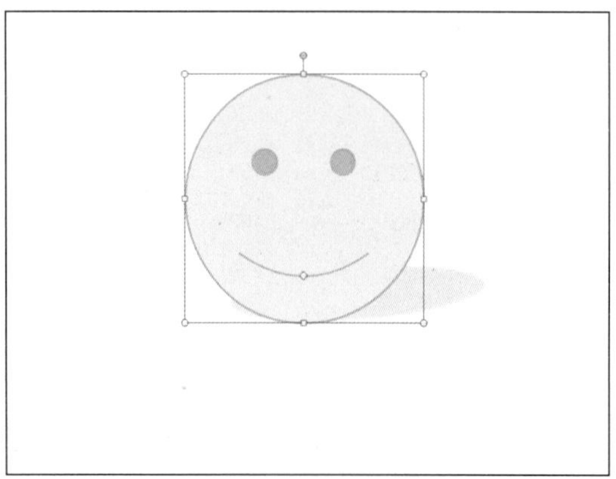

图 5-72 选择图形

2 单击“绘图工具”|“格式”选项卡下“形状样式”选项组中的“形状效果”下三角按钮，在弹出的列表框中选择“映像”选项中的“紧密映像，接触”选项，如图 5-73 所示。

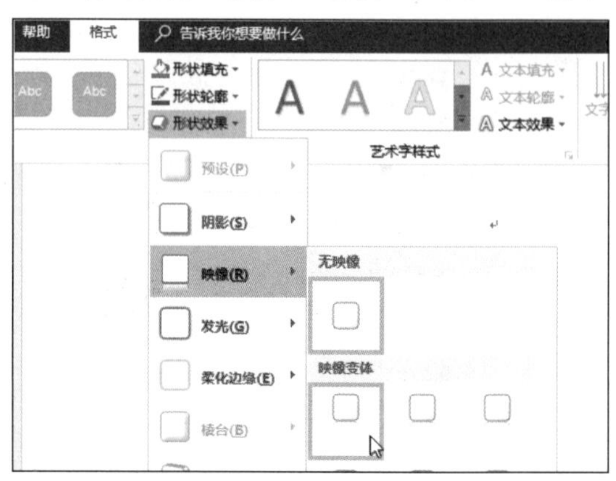

图 5-73 选择“紧密映像，接触”选项

3 执行操作后，即可为图形添加映像效果，如图 5-74 所示。

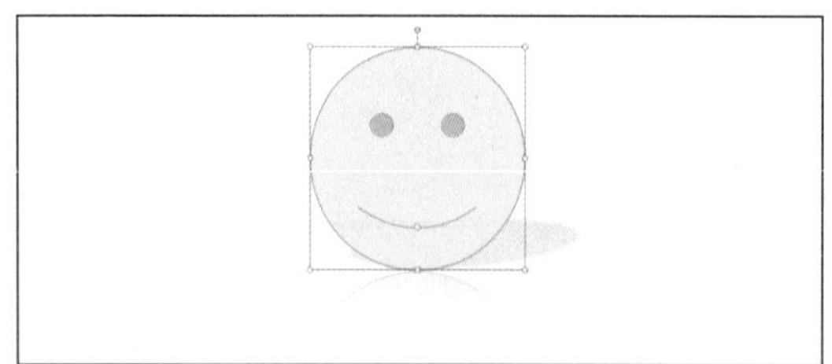

图 5-74 添加映像效果

4 单击“形状样式”选项组中右下角的对话框启动器按钮，如图 5-75 所示。

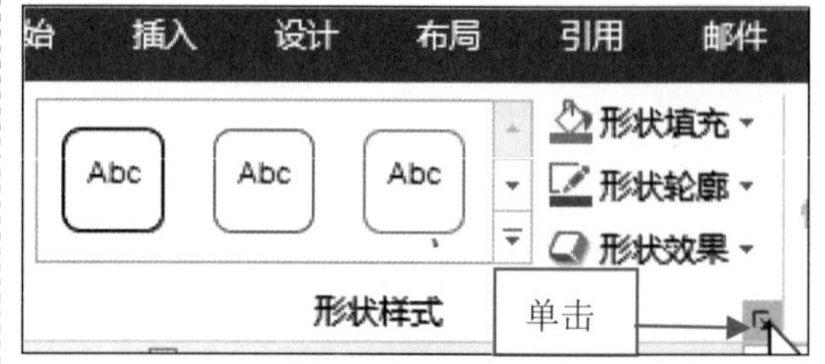

图 5-75 单击对话框启动器按钮

5 弹出“设置形状格式”窗格，切换至“效果”选项卡，设置“映像”选项区域的各选项，如图 5-76 所示。

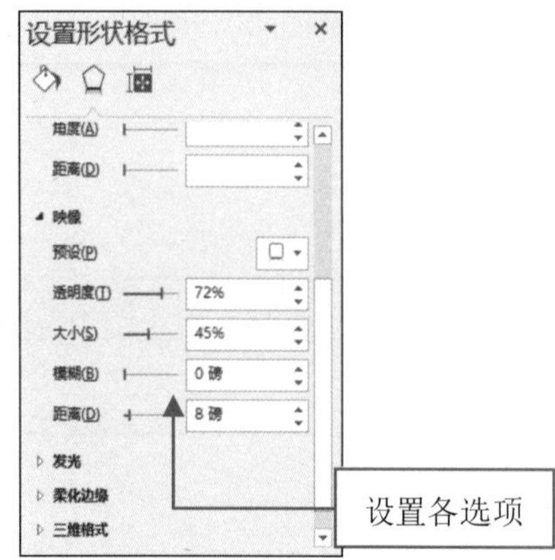

图 5-76 切换至“映像”选项卡

6 单击“关闭”按钮，即可改变映像效果，如图 5-77 所示。

图 5-77 改变映像效果

第5章

专家提醒

当用户不需要所添加的映像效果时，只需单击“形状样式”选项组中的“形状效果”下拉三角按钮，在弹出的列表框中选择“映像”|“无映像”选项即可。

5.4.3　添加发光柔化边缘效果

为图形添加发光可以使图形边缘产生一定的发光效果，添加柔化边缘效果可以使图形的边缘过渡柔和。添加发光柔化边缘效果的具体操作步骤如下：

1 在一个空白 Word 文档中，绘制一个五角星图形，并适当地调整形状格式，如图 5-78 所示。

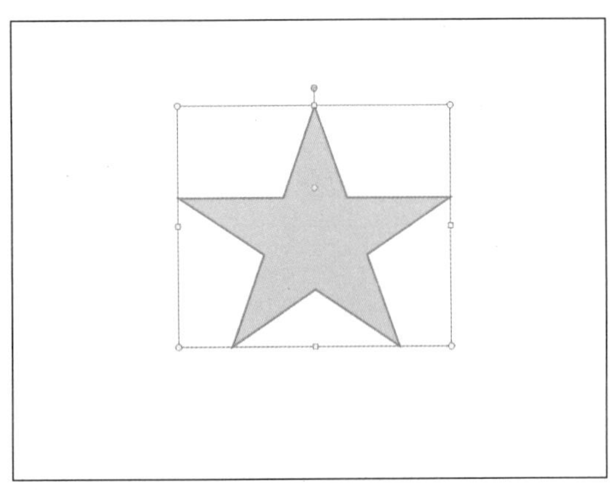

图 5-78　绘制图形

2 切换至“绘图工具”|“格式”选项卡，单击“形状样式”选项组中的“形状效果”按钮，在弹出的下拉列表中选择“发光”选项中的一种发光样式，如图 5-79 所示。

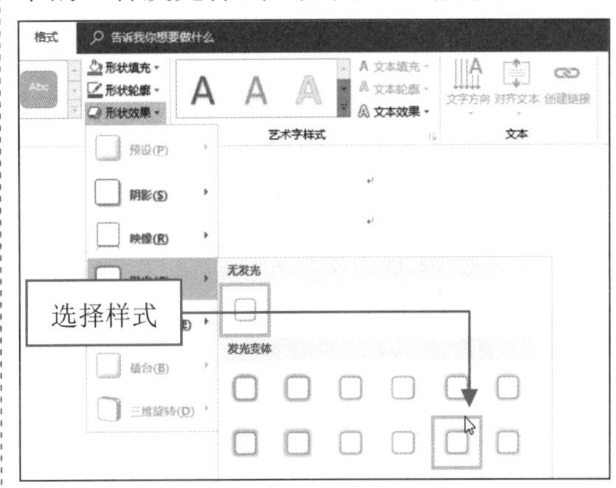

图 5-79　选择发光样式

3 执行操作后，即可看到所选择星形图形的边缘添加了发光效果，如 5-80 所示。

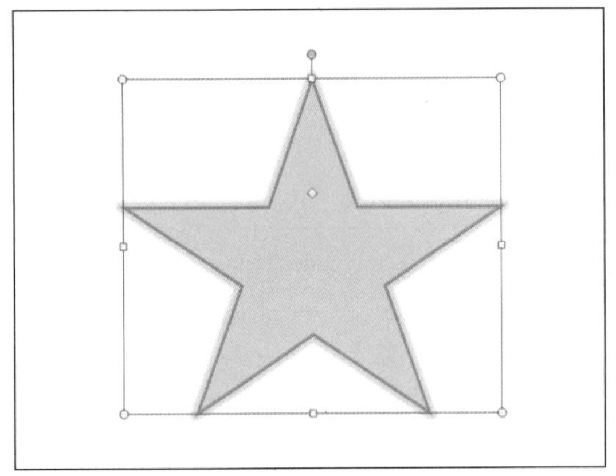

图 5-80　添加发光效果

4 单击“形状效果”下三角按钮，在弹出的列表框中选择“柔化边缘”选项中的“25 磅”选项，如图 5-81 所示。

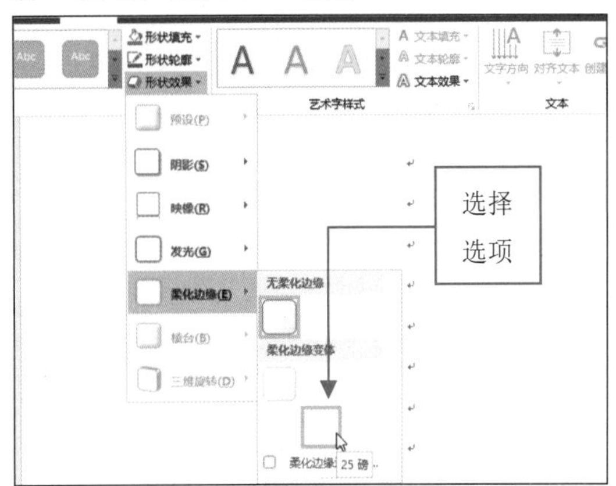

图 5-81　选择“25 磅”选项

5 执行操作后，即可看到所选星形图形的边缘柔化效果随之改变，如图 5-82 所示。

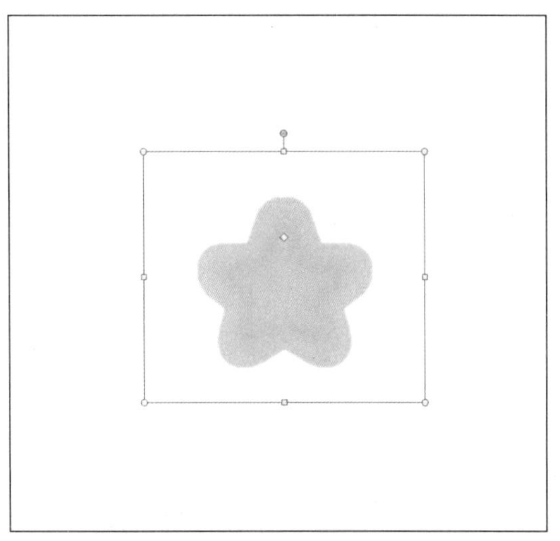

图 5-82　添加柔化边缘效果

6 单击“形状样式”选项组中的对话框启动器按钮，弹出“设置形状格式”窗格，切换至“效果”选项卡，如图 5-83 所示。

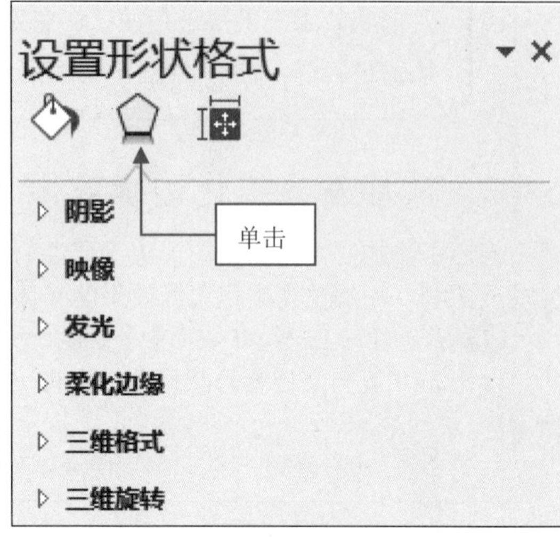

图 5-83　“设置形状格式”窗格

7 在“发光”和“柔化边缘”选项区中设置各参数，如图 5-84 所示。

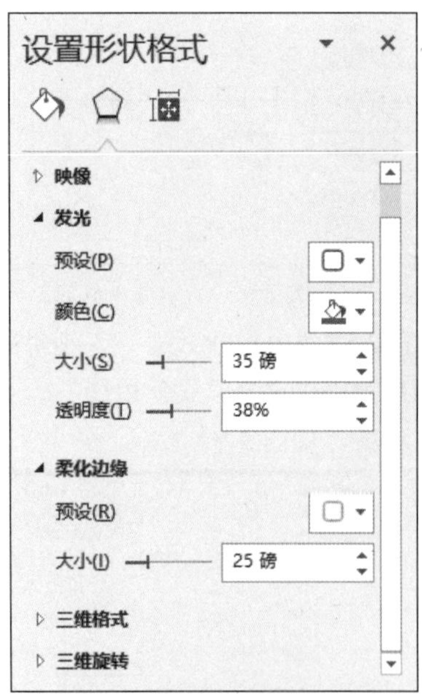

图 5-84　设置各选项

8 单击“关闭”按钮，图形的发光和柔化边缘效果随之改变，如图 5-85 所示。

图 5-85　改变发光和柔化边缘效果

5.4.4　添加棱台三维旋转效果

为图片添加三维效果可以使图片显示立体化效果，并可以根据需要对图形三维效果的深度、颜色、旋转度和角度进行自定义的设置。添加棱台三维旋转效果的具体操作步骤如下：

第5章

1 在文档编辑窗口中选择需要添加棱台和三维旋转效果的图形，如图 5-86 所示。

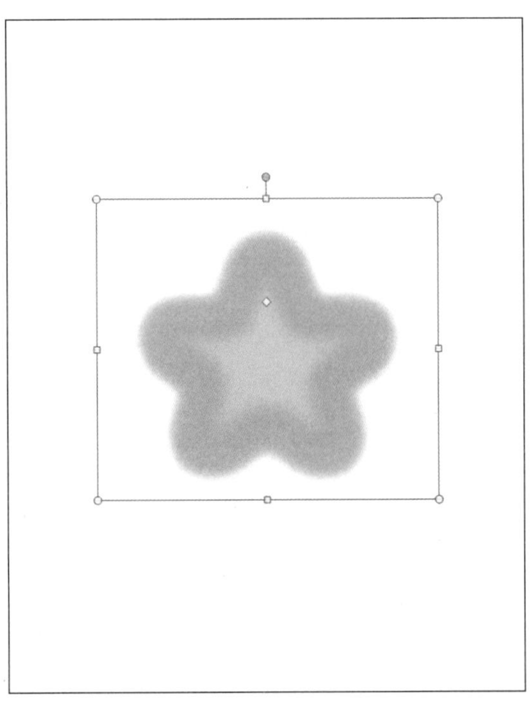

图 5-86　选中图形

2 单击“形状效果”下拉三角按钮，在弹出的列表框中选择“棱台”选项中的“斜面”选项，如图 5-87 所示。

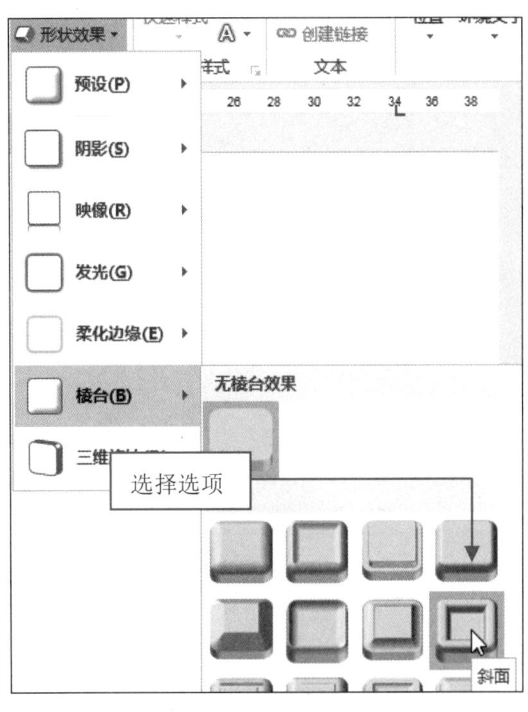

图 5-87　选择“斜面”选项

3 执行操作后，即可为图形添加对应的棱台效果，如 5-88 所示。

图 5-88　添加棱台效果

4 单击“形状效果”按钮，在弹出的列表框中选择“三维旋转”|“平行”|“等角轴线：顶部朝上”选项，如图 5-89 所示。

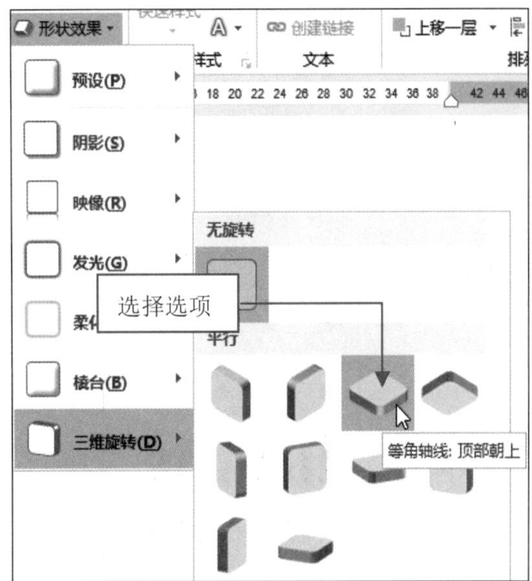

图 5-89　选择“等角轴线：顶部朝上”选项

5 执行操作后，即可为图形添加对应的三维旋转效果，如图 5-90 所示。

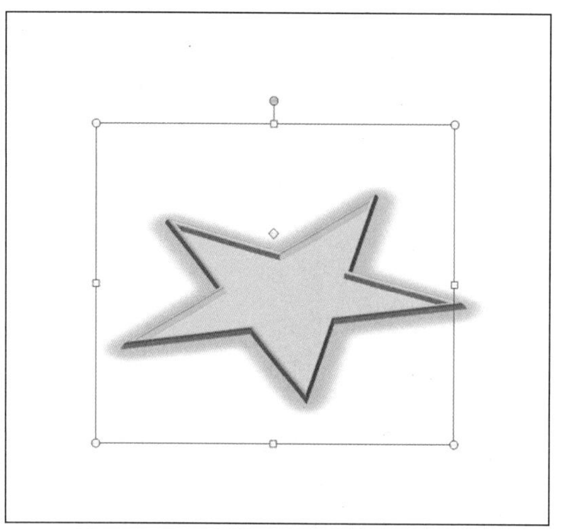

图 5-90 添加三维旋转效果

6 单击“形状效果”按钮，在弹出的列表框中选择“棱台”选项中的“三维选项”选项，弹出“设置形状格式”窗格，如图 5-91 所示。

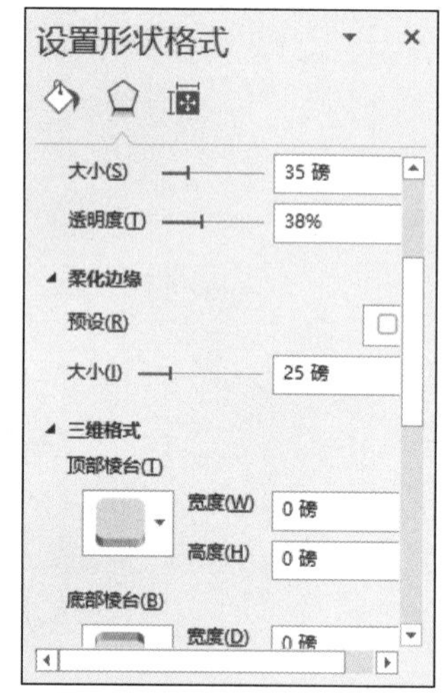

图 5-91 “设置形状格式”窗格

专家提醒

图形或图片中的三维效果主要包括棱台效果和三维效果。

7 在“三维格式”选项下，单击“深度”选项区中“颜色”右侧的下拉三角按钮，在弹出的列表框中选择“黄色”图标，如图 5-92 所示。

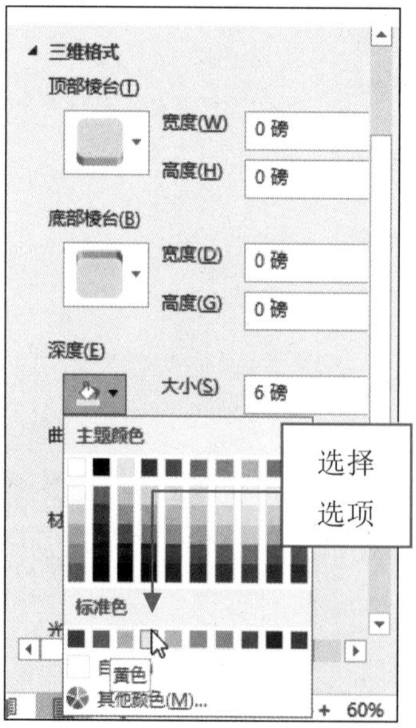

图 5-92 选择“黄色”图标

8 单击“材料”下方的下三角按钮，在弹出的列表框中选择“暖色粗糙”选项，如图 5-93 所示。

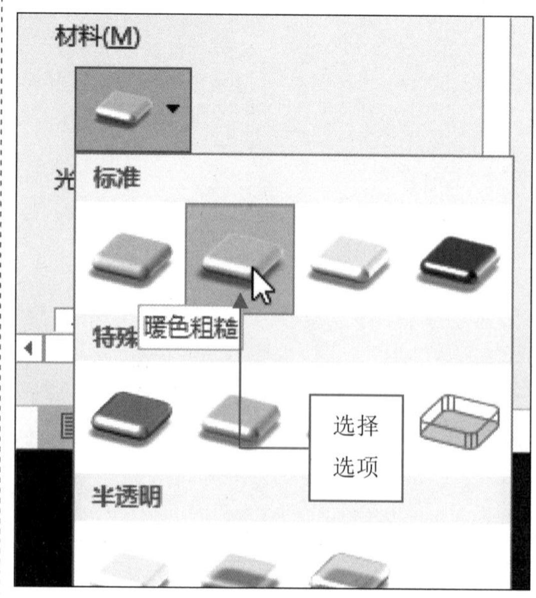

图 5-93 选择“暖色粗糙”选项

9 切换至“三维旋转”选项，在“旋转”选项区中依次设置 X、Y、Z 的参数值，如图 5-94 所示。

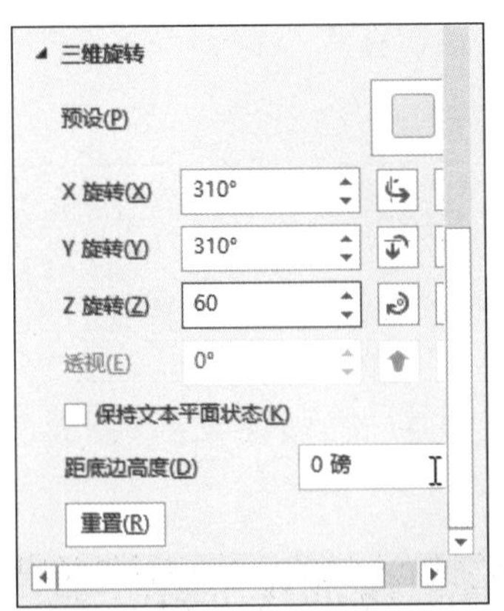

图 5-94　切换至“三维旋转”选项

10 单击“关闭”按钮，即可改变图形深度颜色、表面材料和旋转角度等效果，如图 5-95 所示。

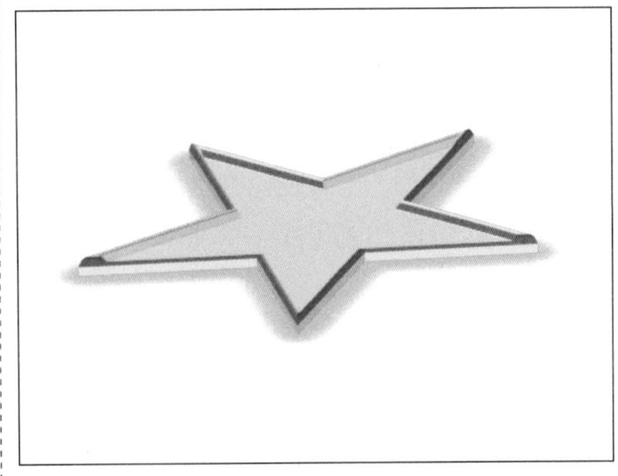

图 5-95　改变三维效果

5.5　添加艺术字

艺术字就是一种特殊的文字效果，在 Word 2016 中不仅可以制作出各种精美的艺术字，而且其操作简单快捷。

扫码观看本节视频

5.5.1　创建艺术字

Word 2016 提供了多种艺术字样式，如渐变色、发光效果、倒影效果和浮雕效果等特殊效果的艺术字。创建艺术字的具体操作步骤如下：

1 新建一个空白文档，切换至“插入”选项卡，单击“文本”选项组中的“艺术字”按钮，如图 5-96 所示。

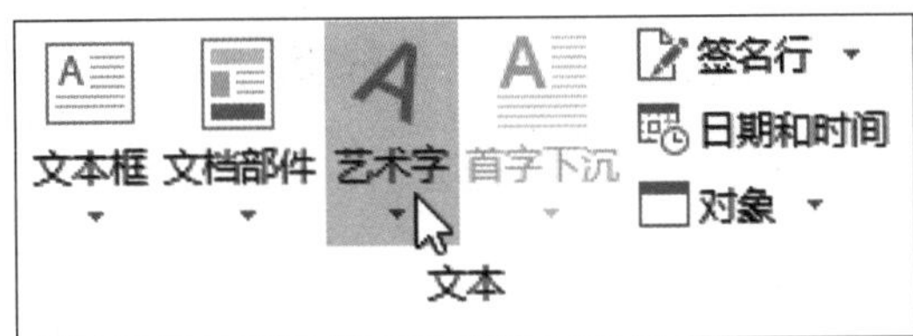

图 5-96　单击“艺术字”按钮

2 在弹出的下拉列表中选择一种艺术字样式，如图 5-97 所示。

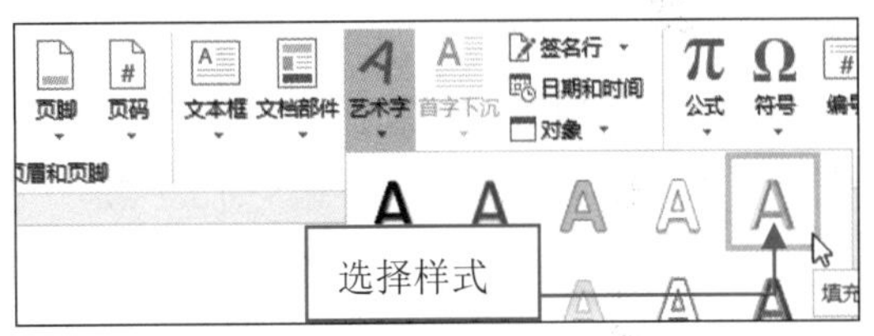

图 5-97　选择艺术字样式

3 执行操作后，文档编辑区中将显示出一个“请在此放置您的文字”文本框，如图 5-98 所示。

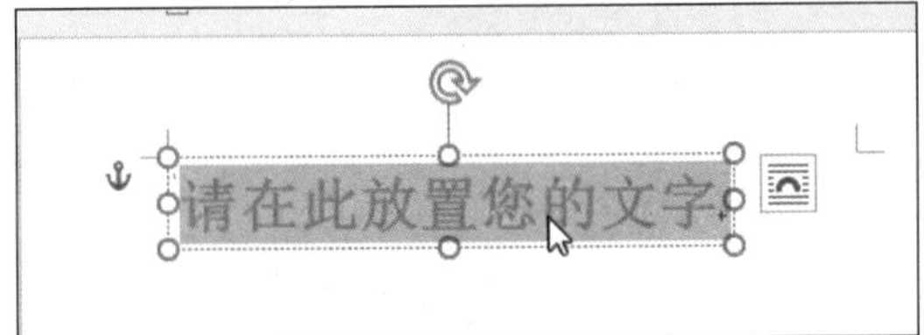

图 5-98　显示文本框

4 在文本框中输入相应的内容，再在文档的空白区域单击鼠标左键，即可看到艺术字效果，如图 5-99 所示。

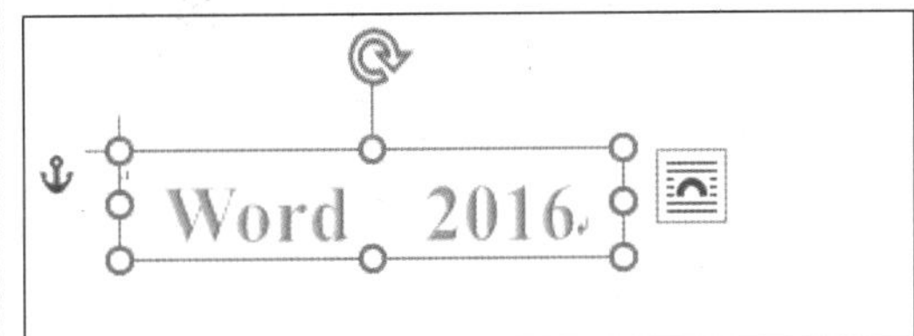

图 5-99　艺术字效果

专家提醒

在文档编辑窗口中输入文字，或在已有的文档中选择相应文本后，再在单击“艺术字”按钮所弹出的列表框中选择艺术字样式，将会直接将艺术效果添加至所选择的文本上。

5.5.2 编辑艺术字

在文档中添加艺术字后，如果对效果样式不满意，还可以对艺术字的样式、填充色、轮廓或文本效果进行修改。编辑艺术字的具体操作步骤如下：

1 在文档编辑区中选中需要修改的艺术字，如图5-100所示。

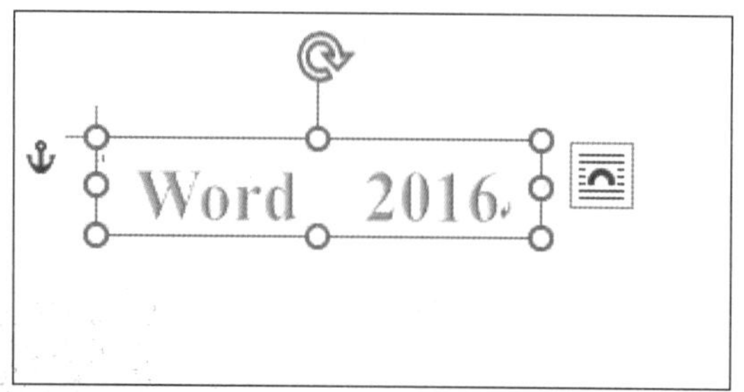

图5-100 选中艺术字

2 切换至“绘图工具”|“格式”选项卡，如图5-101所示。

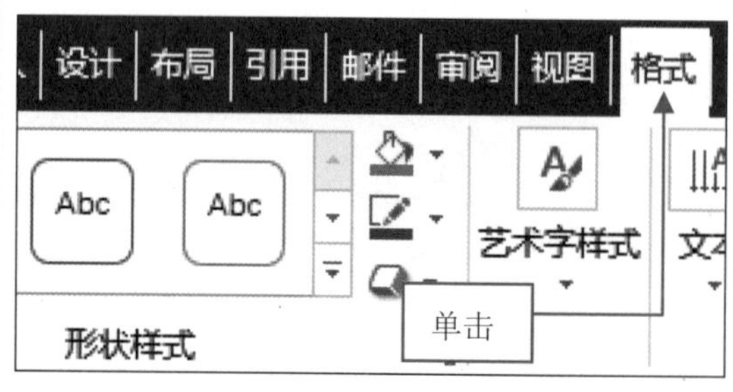

图5-101 切换至“格式”选项卡

3 单击“艺术字样式”选项组中的“文本填充”按钮，在弹出的下拉列表中选择“黄色”，如图5-102所示。

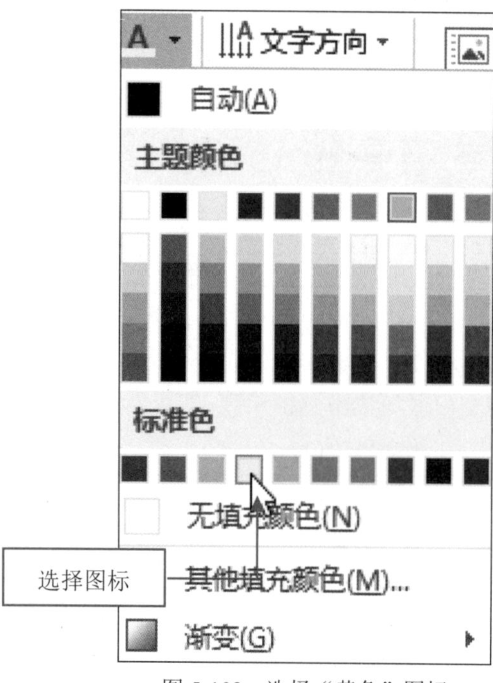

图5-102 选择“黄色”图标

4 单击“艺术字样式”选项组中的“文本效果”按钮，在弹出的下拉列表中选择“转换”选项，如图5-103所示。

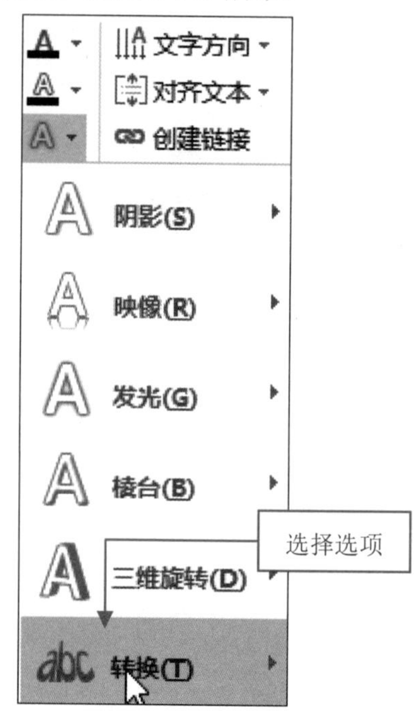

图5-103 选择“转换”选项

5 在弹出的下级列表中选择“桥形”选项，如图 5-104 所示。

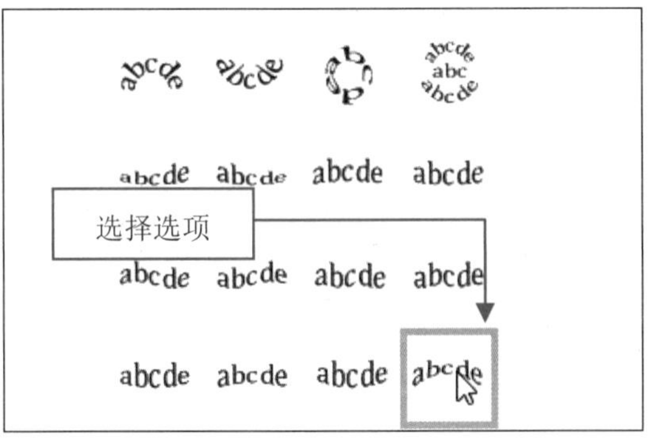

图 5-104　选择“桥形”选项

6 执行操作后，在文档编辑区的空白处单击鼠标左键，即可观察设置艺术字样式后的艺术效果，如图 5-105 所示。

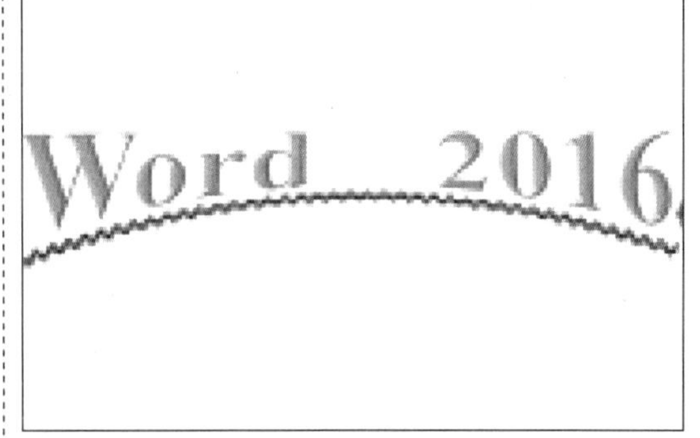

图 5-105　改变艺术字样式

选择艺术字后，在“大小”选项组中可以通过设置“形状高度”和“形状宽度”来调整艺术字的大小。

5.6　添加 SmartArt 图形

SmartArt 图形是一种信息和观点的可视化表现形式，用户可以从多种不同布局中选择需要的 SmartArt 图形，如流程图、层次结构图、循环图或关系图等，从而快速轻松地创建所需形式，以便有效地传达信息或观点。

5.6.1　添加 SmartArt 图形

Word 2016 提供了多种 SmartArt 图形类型，每一种类型都包含着几个不同的布局。因此，在创建 SmartArt 图形时，应当针对需要输入的数据来创建合适的图形。添加 SmartArt 图形的具体操作步骤如下：

1 新建一个空白文档，切换至“插入”选项卡，单击“插图”选项组中的“SmartArt”按钮，如图 5-106 所示。

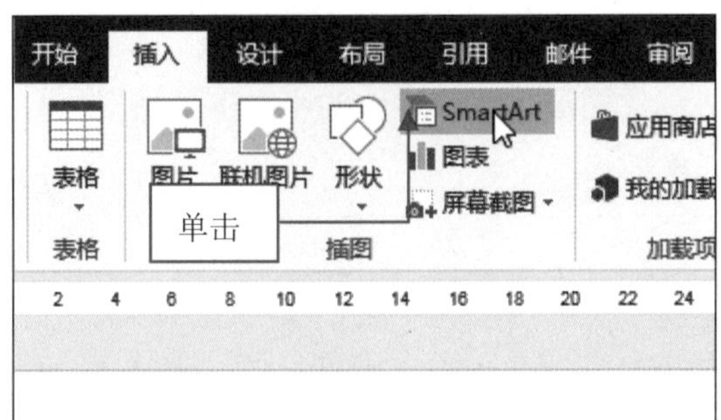

图 5-106　单击 SmartArt 按钮

2 执行操作后，将弹出“选择 SmartArt 图形”对话框，在“列表”列表框中显示了所有的图形布局，如图 5-107 所示。

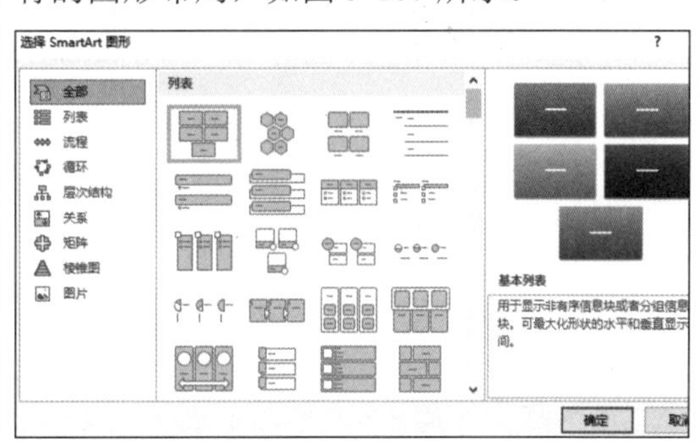

图 5-107　“选择 SmartArt 图形”对话框

3 切换至“流程”选项卡，在右侧的列表框中选择“交替流”选项，如5-108所示。

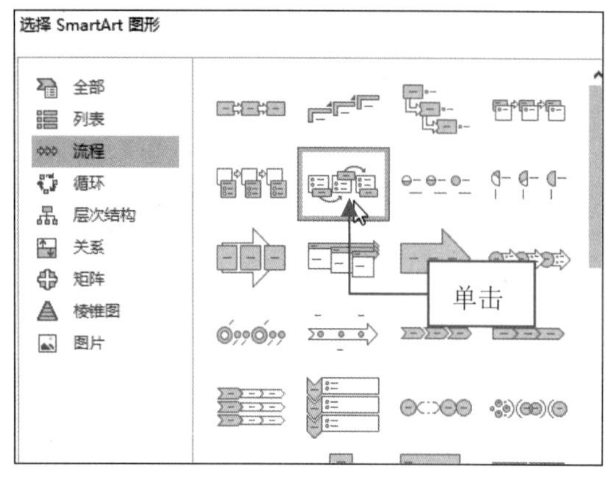

图 5-108 选择“交替流”选项

4 单击“确定”按钮，在文档编辑窗口中将插入对应的 SmartArt 图标，如图 5-109 所示。

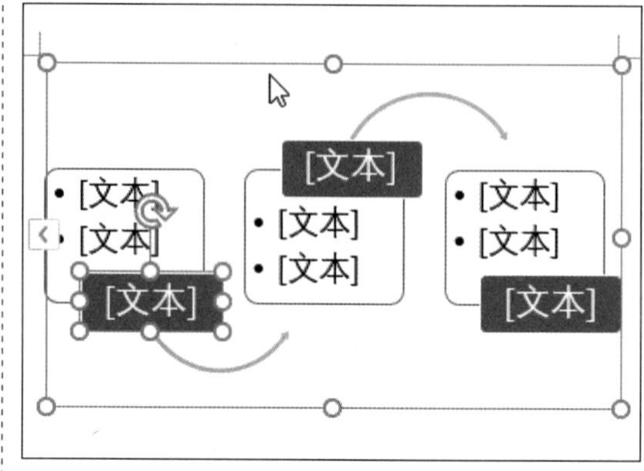

图 5-109 插入 SmartArt 图形

单击图形左侧的折叠按钮，即可展开“在此处键入文字”任务窗格，在其中的文本位置输入文本，则右侧的流程图中将会显示相对应的文字。

5 将光标插入第1个文本框中，并输入文本，如图5-110所示。

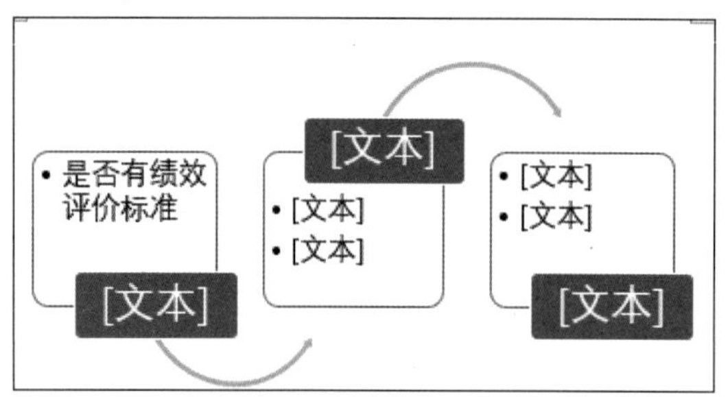

图 5-110 输入文字

6 用与上述相同的方法，在其他的文本框中输入相应的文本，如图5-111所示。

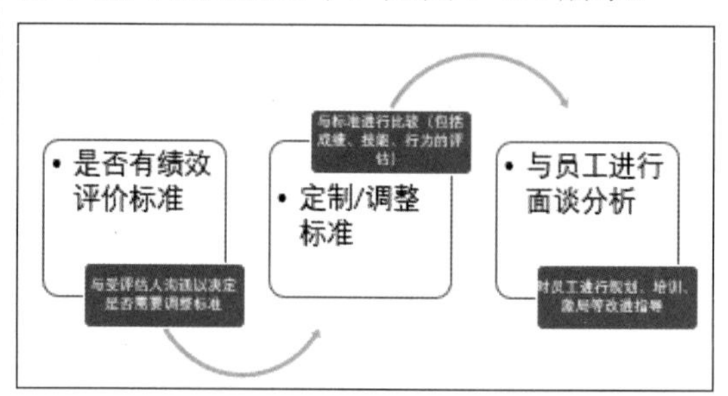

图 5-111 输入其他文本

专家提醒

在插入 SmartArt 图形后，将激活 SmartArt 工具“设计”和“格式”选项卡，切换至“设计”选项卡后，单击“创建图形”选项组中的“文本窗格”按钮，即可展开“在此处键入文字”任务窗格。

5.6.2 编辑 SmartArt 图形

在插入所选择的 SmartArt 图形后，若对图形的样式或布局不太满意，可以通过 SmartArt 工具的“格式”和“设计”选项卡中的命令进行相应的调整。编辑 SmartArt 图形的具体操作步骤如下：

1 在文档编辑区中选中需要编辑的SmartArt图形，如图5-112所示。

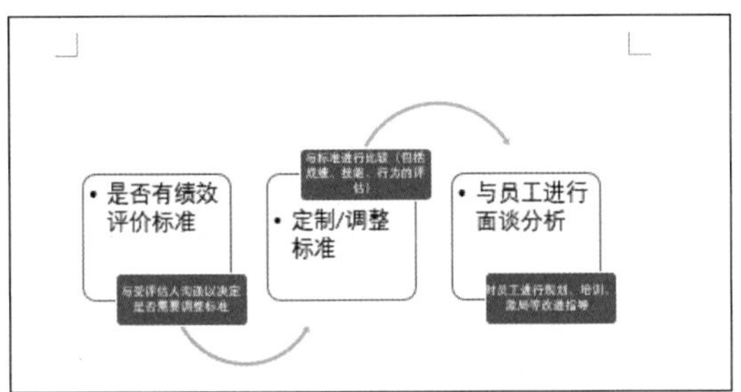

图 5-112　选中图形

2 切换至“SmartArt 工具”|“设计”选项卡，单击“SmartArt 样式”选项组中的“更改颜色”按钮，如图5-113所示。

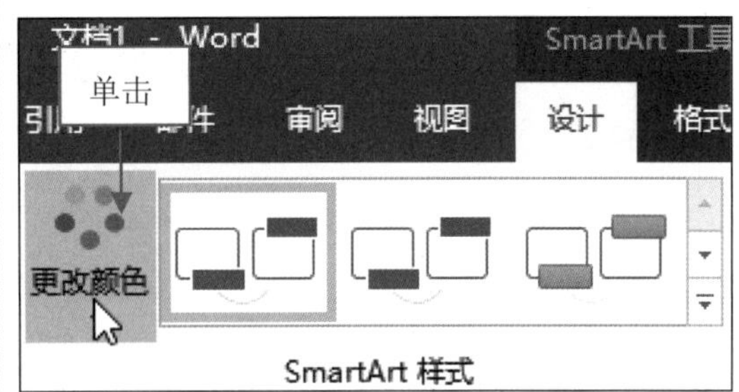

图 5-113　单击“更改颜色”按钮

切换至“SmartArt 工具”-“设计”选项卡后，在“创建图形”选项组中可以通过“添加形状”“升级”“降级”“从右向左”“上移”和“下移”等按钮改变 SmartArt 图形的布局。

3 在弹出的下拉列表中选择“彩色-个性色”选项，如图5-114所示。

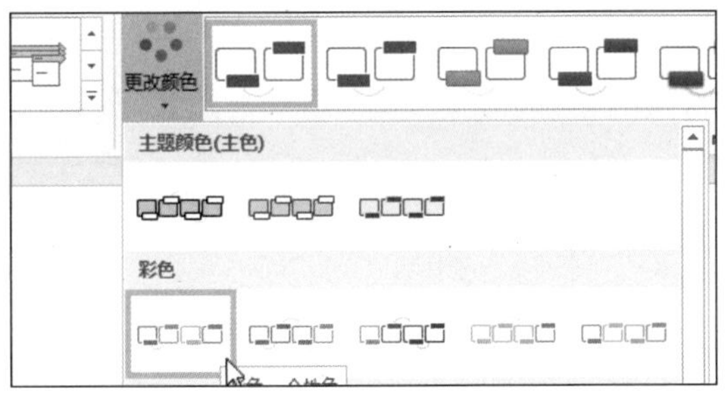

图 5-114　选择“彩色-个性色”选项

4 执行操作后，即可更改图形的颜色，如图5-115所示。

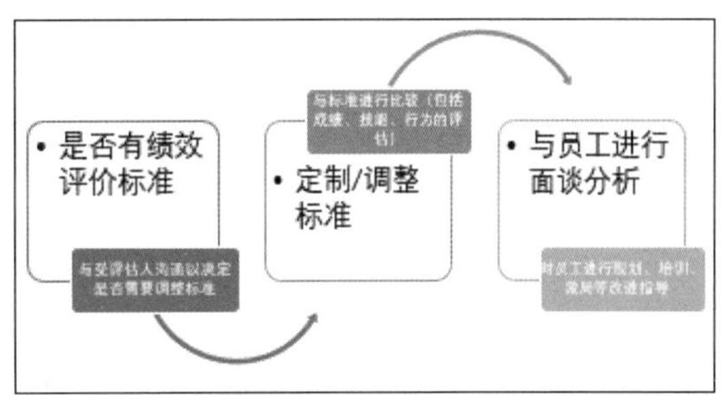

图 5-115　更改图形颜色

5 单击“SmartArt 样式”选项组中的“其他”按钮，在弹出的下拉列表中选择“优雅”选项，图5-116所示。

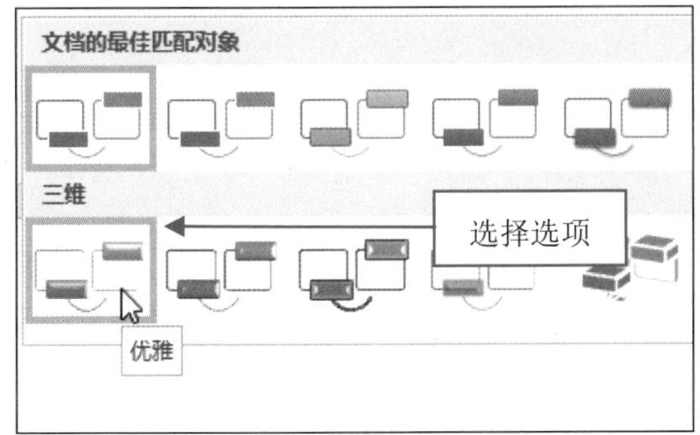

图 5-116　选择“优雅”选项

6 执行操作后，SmartArt 图形的样式效果将随之改变，如图5-117所示。

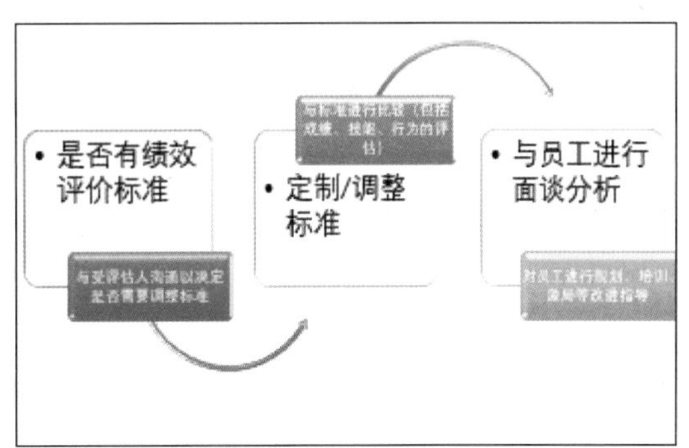

图 5-117　改变样式效果

7 单击“版式”选项组中的“其他”按钮☰，在弹出的下拉列表中选择“交错流程”选项，如图5-118所示。

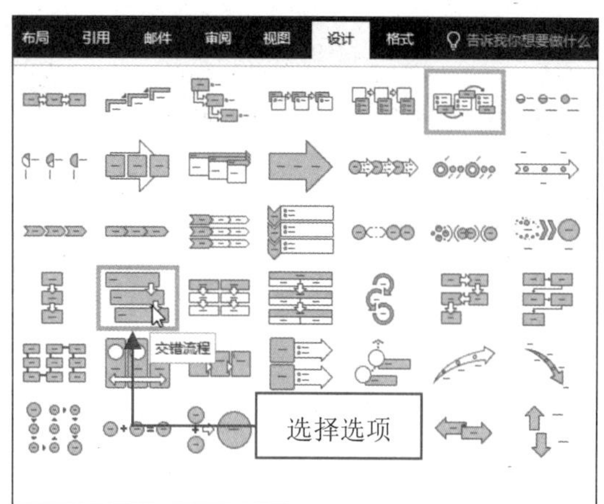

图5-118 选择“交错流程”选项

8 执行操作后，SmartArt图形的“交替流”布局随之改变为“交错流程”布局形式，如图5-119所示。

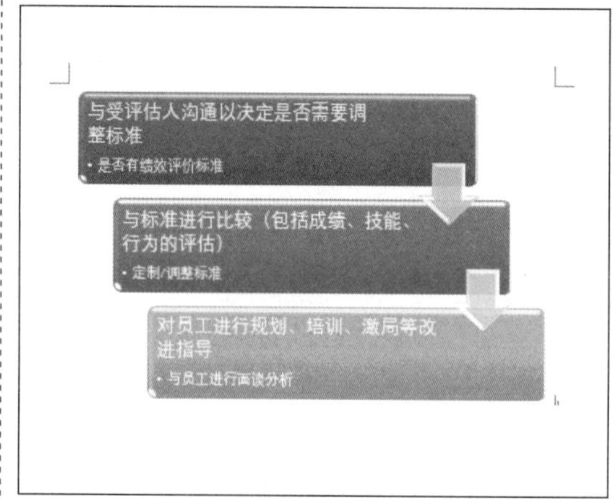

图5-119 改变布局样式

知识链接

单击“版式”选项组中的“其他”按钮后，在弹出的列表框中选择“其他布局”选项，弹出“选择SmartArt图形”对话框，在其中可以重置SmartArt图形。

●学习笔记

第 6 章

创建与编辑表格

运用表格可以将各种复杂的信息系统化、简洁化地进行表达，在 Word 2016 中不仅可以快速地创建各种表格，还可以很便捷地对表格的属性进行修改。本章将主要介绍插入表格、设置表格等内容。

6.1 创建表格

表格是由行和列的单元格组成的一个综合体，一般情况下，使用列来描述一个实体数据的属性，使用行将多个实体排列起来。创建表格后可以插入其他的单元格，也可以手动绘制表格。

6.1.1 插入表格

在 Word 2016 中，可以使用鼠标创建表格，也可以使用命令来创建表格。插入表格的具体操作步骤如下：

1 新建 Word 文档后，切换至“插入”选项卡，单击“表格”选项组中的“表格”按钮，如图 6-1 所示。

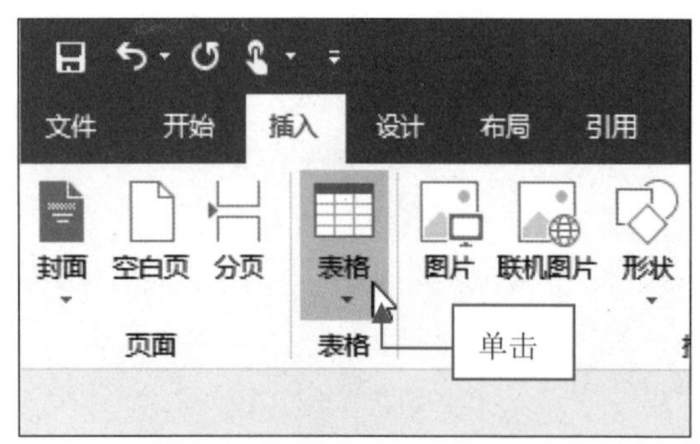

图 6-1 单击“表格”按钮

2 在弹出列表中的“插入表格”区域中移动鼠标指针，选择表格的列数与行数，被选中的表格呈橙色显示，如图 6-2 所示。

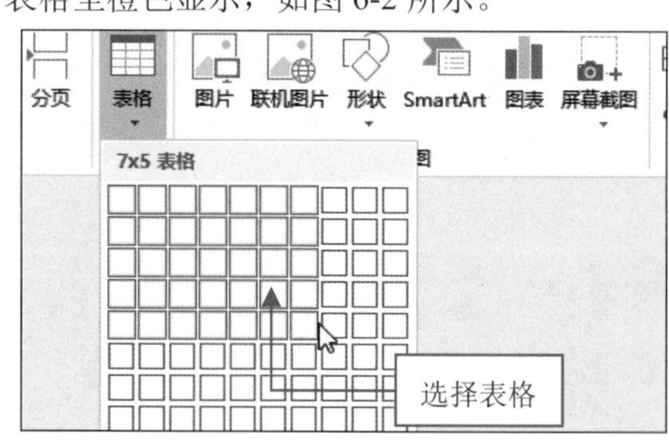

图 6-2 选择表格

使用鼠标创建表格时，每一个方格代表一个单元格，运用此种方法最多可以创建 10×8 的表格。

3 单击鼠标左键，即可在文档编辑区中插入所选定的列数与行数的表格，如图 6-3 所示。

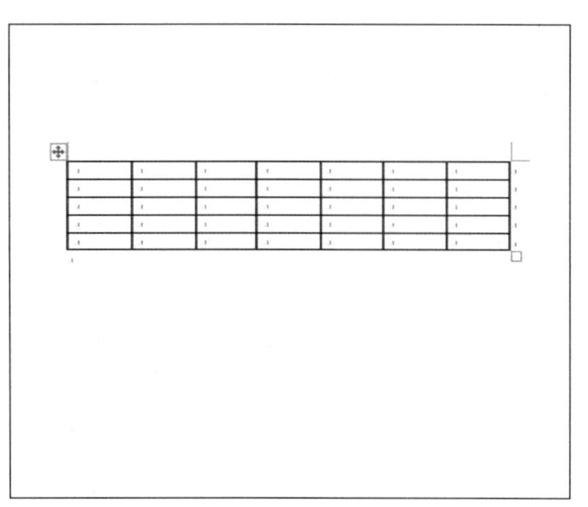

图 6-3 插入表格效果

4 再次单击“插入”|“表格”按钮，在弹出的列表框中选择“插入表格”选项，如图 6-4 所示。

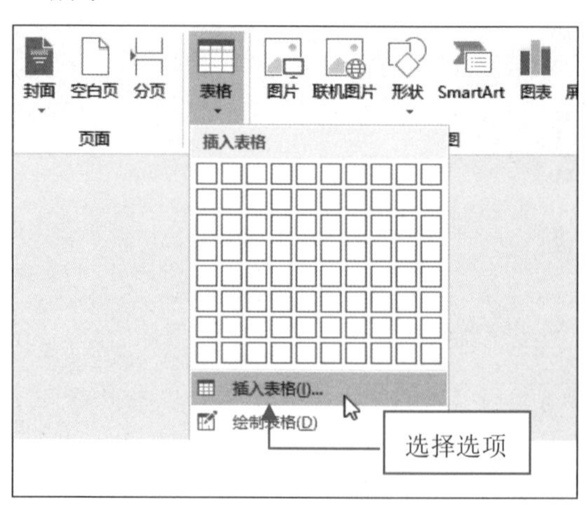

图 6-4 选择“插入表格”选项

5 弹出“插入表格”对话框，设置“列数”和“行数”均为 5，如图 6-5 所示。

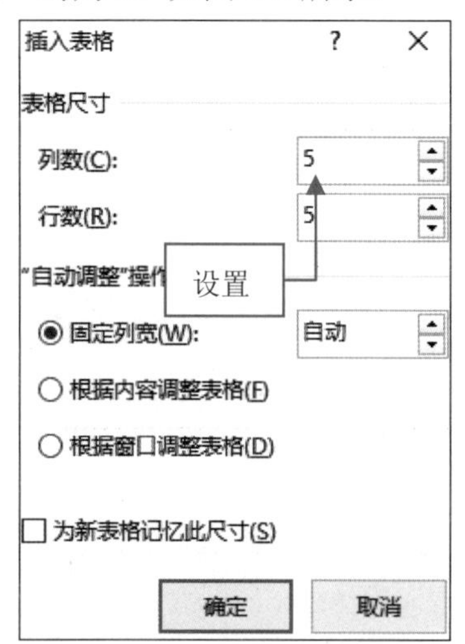

图 6-5　“插入表格”对话框

6 单击“确定”按钮，即可在编辑区中插入对应列数与行数的表格，如图 6-6 所示。

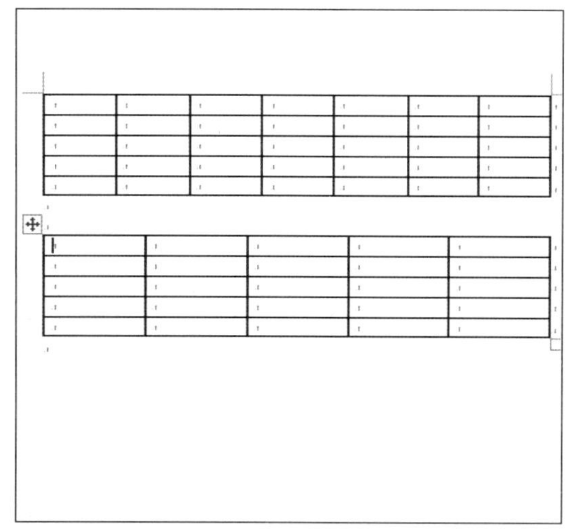

图 6-6　插入表格效果

专家提醒

运用“插入表格”对话框插入表格时，所设置的“列数”与“行数”的数值范围为 1～63。若输入的数值大于 63 或小于 1 时，将会弹出提示信息框，显示数值范围。

6.1.2　绘制表格

绘制表格可以像使用铅笔一样非常灵活地创建表格。手动绘制的表格虽然没有固定格式，但可以创建出一些较复杂的表格。绘制表格的具体操作步骤如下：

1 新建一个空白文档后，切换至“插入”选项卡，单击“表格”按钮，在弹出的列表框中选择“绘制表格”选项，如图 6-7 所示。

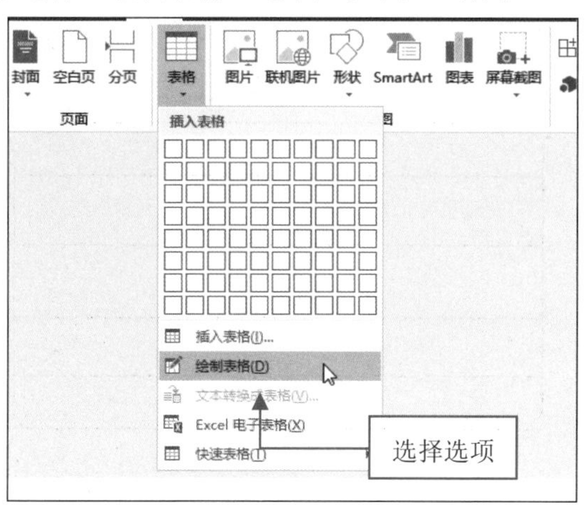

图 6-7　选择“绘制表格”选项

2 执行操作后，将鼠标指针移至文档编辑区域，此时鼠标指针呈 ✎ 形状，如图 6-8 所示。

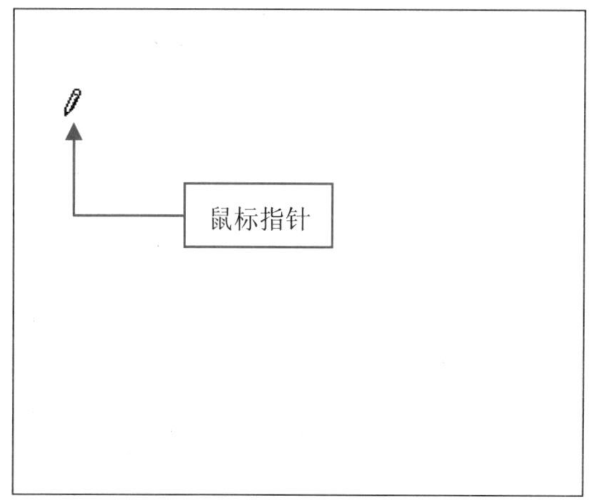

图 6-8　鼠标指针

第 6 章

3 按住鼠标左键并向右下角拖拽，将显示出一个虚线框，如图 6-9 所示。

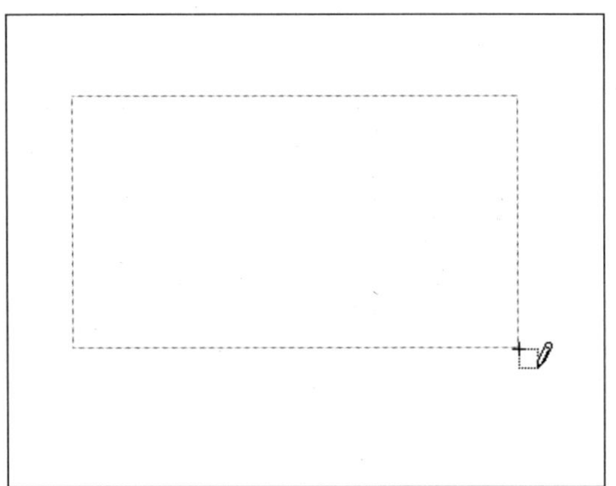

图 6-9　显示虚线框

4 至合适位置后释放鼠标左键，即可绘制出一个矩形框，如图 6-10 所示。

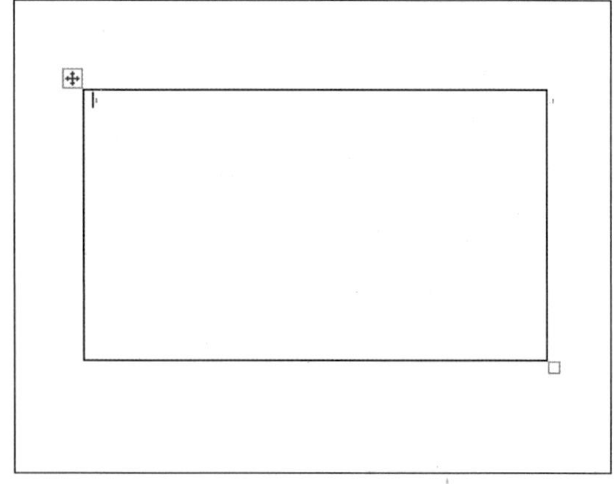

图 6-10　绘制一个矩形框

5 将鼠标指针移至矩形框左侧，如图 6-11 所示。

图 6-11　移动鼠标

6 按住鼠标左键并水平向右拖拽，将显示出一条水平虚线，如图 6-12 所示。

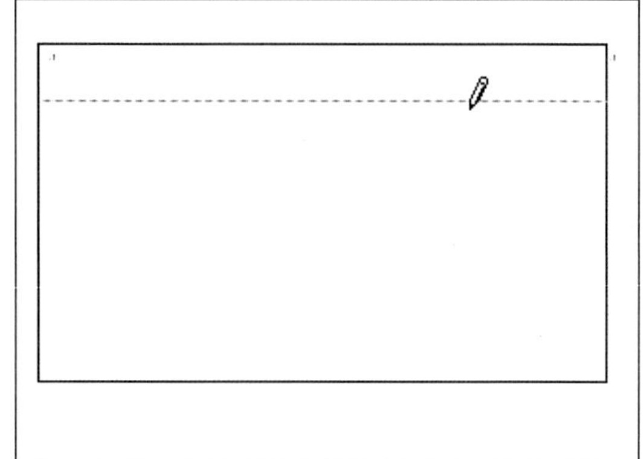

图 6-12　显示水平虚线

7 至矩形框右侧时释放鼠标左键，即可绘制一条水平线，如图 6-13 所示。

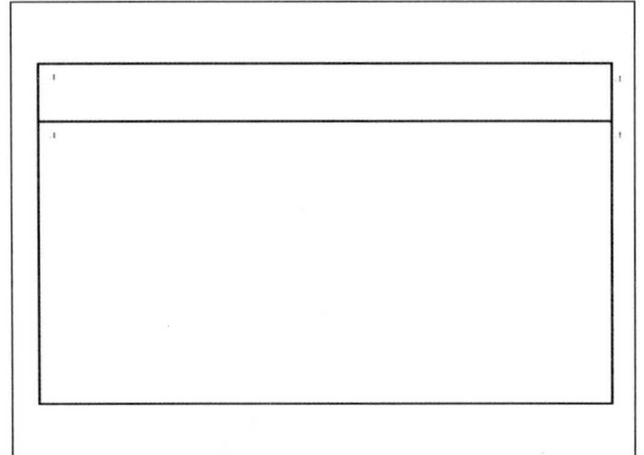

图 6-13　绘制水平线

8 用与上述相同的方法，绘制多条水平线，即可绘制表格的行线，如图 6-14 所示。

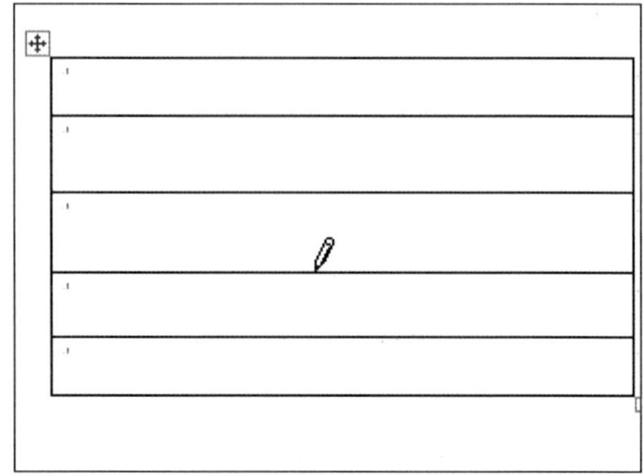

图 6-14　绘制行线

9. 将鼠标指针移至第 1 行单元格的上侧，如图 6-15 所示。

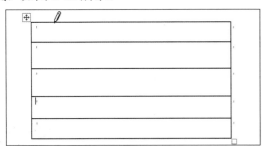

图 6-15　移动鼠标

10. 按住鼠标左键垂直向下拖拽，将显示出一条垂直虚线，如图 6-16 所示。

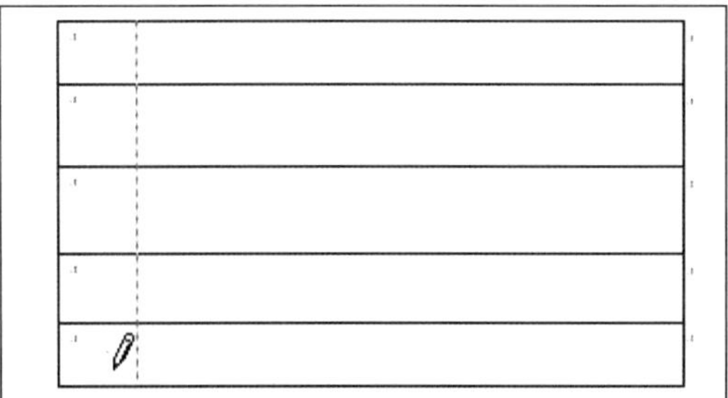

图 6-16　显示垂直虚线

11. 拖拽鼠标至最后一行单元格时，释放鼠标得到一条垂直线，将表格分为两列，如图 6-17 所示。

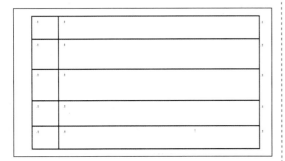

图 6-17　绘制列线

12. 用与上述相同的方法，再在表格右侧绘制 6 条垂直线，即可制作出一个 5 行 8 列的表格，如图 6-18 所示。

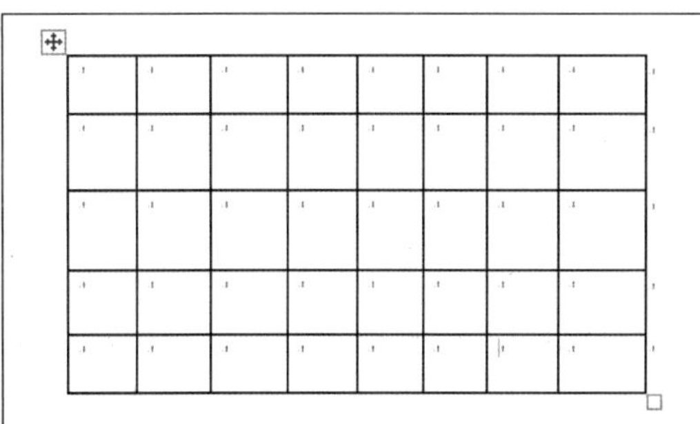

图 6-18　绘制 5 行 8 列的表格

在绘制表格的列线时，若将鼠标指针拖曳至第几行后释放鼠标，则绘制的垂直线将止于该行，也只会对该行以上的单元格进行列的划分。

13. 将鼠标指针移至第 1 行第 1 列单元格的左上角，按住鼠标左键向该单元格的右下角拖拽，如图 6-19 所示。

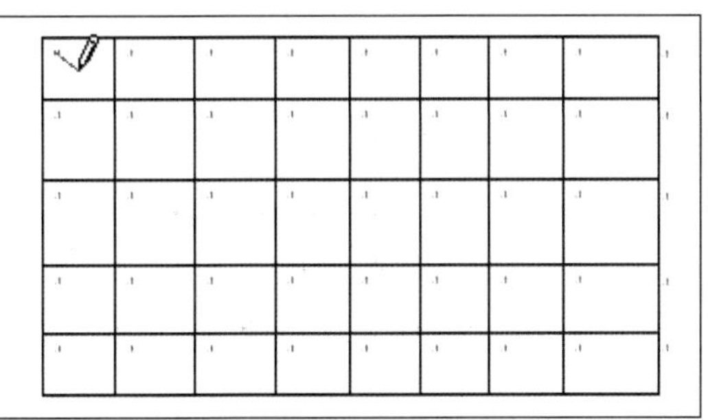

图 6-19　拖拽鼠标指针

14. 释放鼠标左键后，即可在单元格内绘制出一条对角线，如图 6-20 所示。

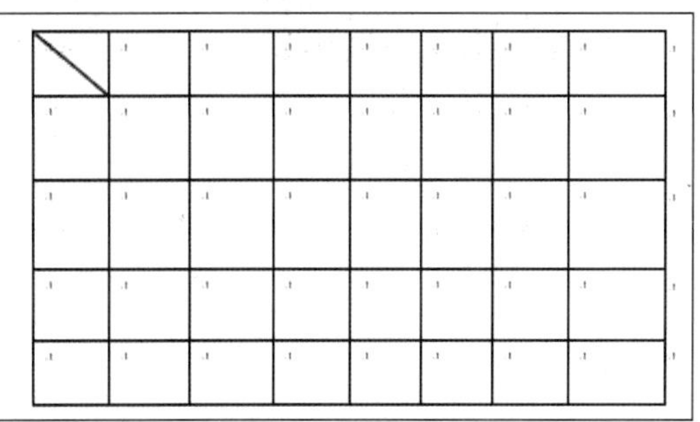

图 6-20　绘制对角线

专家提醒

在手动绘制表格时，用户可以借助标尺来定位表格的宽度或高度，以保证各单元格大小的均衡，从而使表格整体看上去更加美观。

6.2 编辑表格布局

在文档中创建表格后，不一定完全符合工作的需求，此时就需要对表格的布局进行适当的修改，如合并与拆分单元格、调整单元格的大小、插入行与列、删除单元格等操作。

扫码观看本节视频

6.2.1 合并与拆分单元格

合并与拆分单元格的操作通常是根据表格中的内容来决定的，合并单元格可以将两个或两个以上的单元格合成一个单元格，而拆分单元格则是将一个单元格拆分为多个单元格。合并与拆分单元格的具体操作步骤如下：

1. 打开如图 6-21 所示的文档。

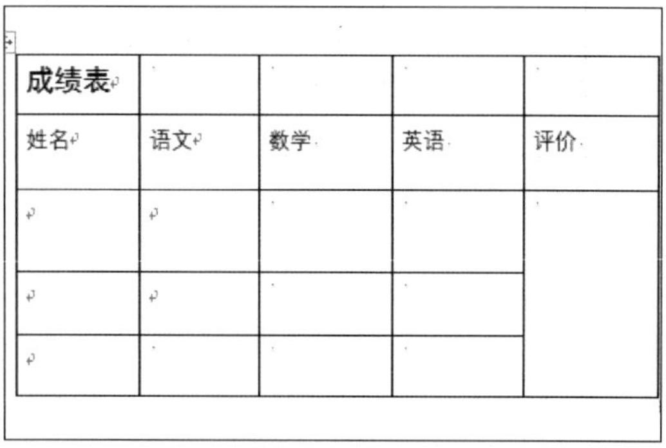

图 6-21 打开文档

2. 选中第 1 行的所有单元格，如图 6-22 所示。

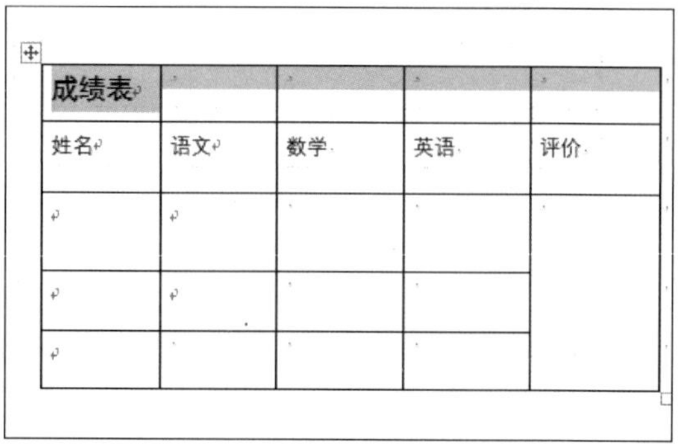

图 6-22 选中第 1 行的单元格

3. 切换至“表格工具”|“布局”选项卡，单击“合并”选项组中的“合并单元格”按钮，如图 6-23 所示。

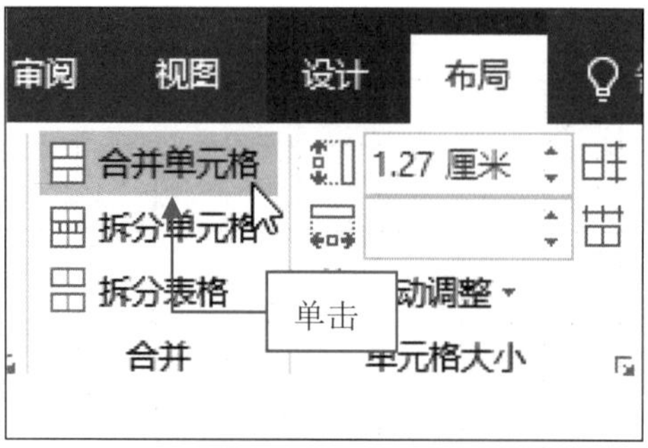

图 6-23 单击“合并单元格”按钮

4. 执行操作后，即可将所选中的单元格合并为一个单元格，如图 6-24 所示。

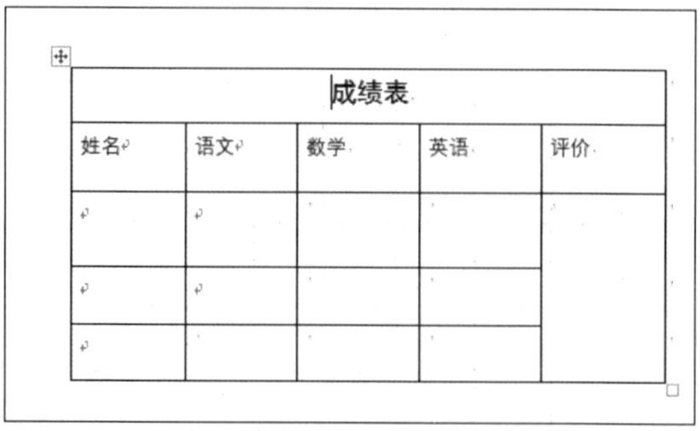

图 6-24 合并单元格

5 将光标定位于需要拆分的单元格中，如图 6-25 所示。

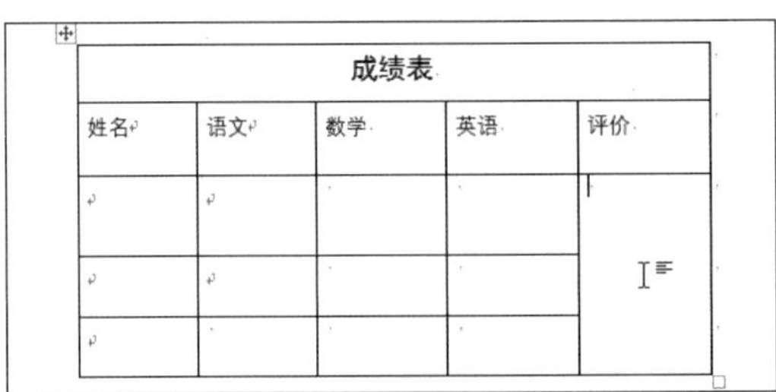

成绩表				
姓名	语文	数学	英语	评价

图 6-25　定位光标

6 切换至“表格工具”|“布局”选项卡，单击“合并”选项组中的“拆分单元格”按钮，如图 6-26 所示。

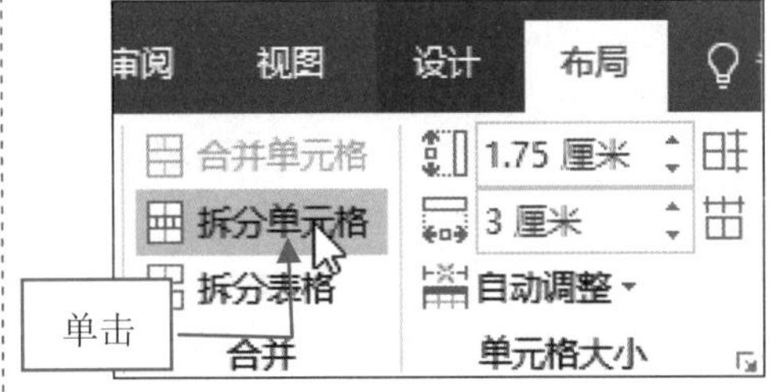

图 6-26　拆分单元格

7 弹出“拆分单元格”对话框，设置“列数”为 1、“行数”为 3，如图 6-27 所示。

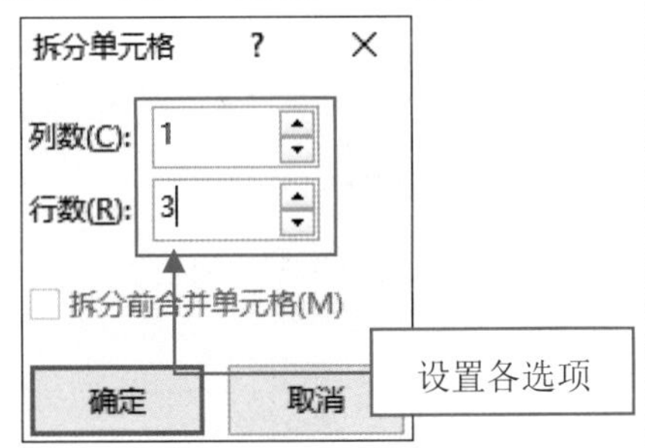

图 6-27　“拆分单元格”对话框

8 单击“确定”按钮，所选择的单元格被拆分为 3 行，如图 6-28 所示。

成绩表				
姓名	语文	数学	英语	评价

图 6-28　拆分单元格

知识链接

选择需要合并或拆分的单元格后单击鼠标右键，在弹出的快捷菜单中选择“合并单元格”或“拆分单元格”选项，即可合并或拆分单元格。

6.2.2　插入与删除单元格

插入与删除单元格就是在一行或一列中插入一个单元格或是删除一个单元格。插入与删除单元格的具体操作步骤如下：

1 打开如图 6-29 所示的表格。

成绩表				
姓名	语文	数学	英语	评价

图 6-29　打开文档

2 将光标定位于第 2 行第 5 列的单元格中，如图 6-30 所示。

成绩表				
姓名	语文	数学	英语	评价

图 6-30　定位光标

3 切换至“表格工具”|“布局”选项卡，单击“行和列”选项组右下角的对话框启动器按钮 ，如图 6-31 所示。

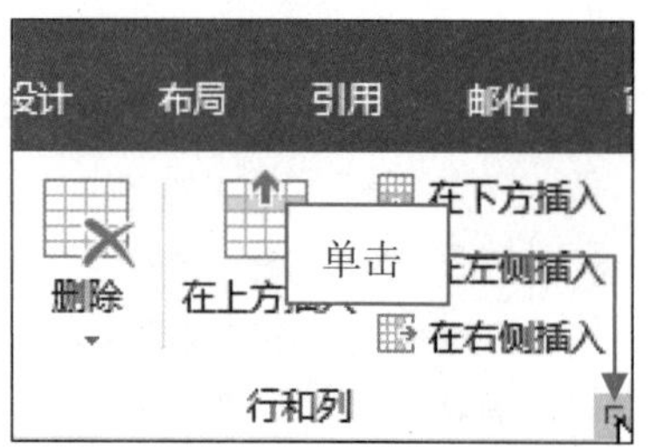

图 6-31 单击对话框启动器按钮

4 执行操作后，弹出“插入单元格”对话框，选中“活动单元格右移”单选按钮，如图 6-32 所示。

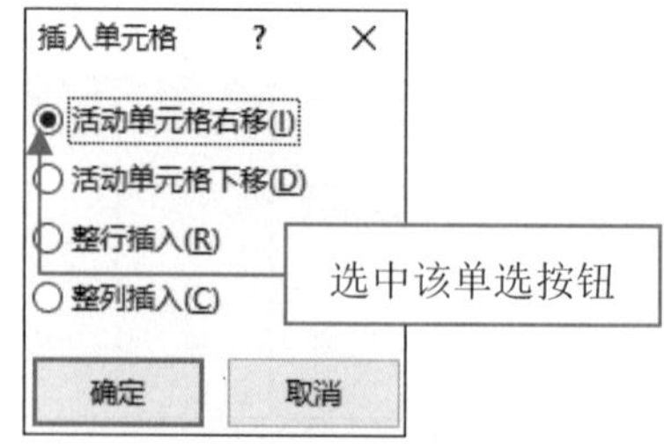

图 6-32 “插入单元格”对话框

5 单击“确定”按钮，所选择的单元格将向右移动，而其左侧则插入一个新的单元格，如图 6-33 所示。

成绩表					
姓名	语文	数学	英语		评价

图 6-33 插入单元格

6 单击“行与列”选项组中的“删除”按钮，在弹出的列表框中选择“删除单元格”选项，如图 6-34 所示。

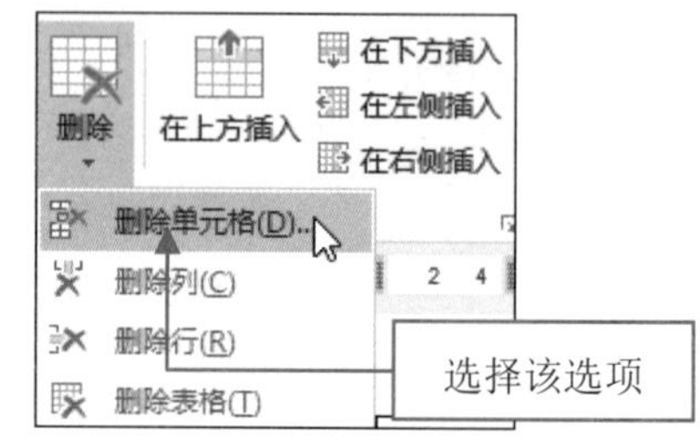

图 6-34 选择“删除单元格”选项

知识链接

“插入单元格”对话框中各选项的含义如下：

- 活动单元格右移：选中该单选按钮，则插入的单元格位于所选单元格的左侧，所选单元格以及其右侧的单元格向右移动。
- 活动单元格下移：选中该单选按钮，则插入的单元格位于所选单元格的上方，所选单元格以及其下方的单元格均向下移动。
- 整行插入/整列插入：将在所选单元格的上方/左侧插入整行或整列。

7 弹出“删除单元格”对话框，选中“右侧单元格左移”单选按钮，如图 6-35 所示。

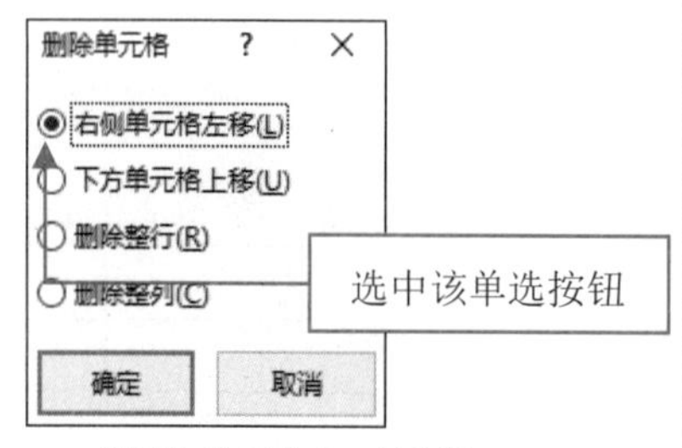

图 6-35 “删除单元格”对话框

8 单击“确定”按钮，即可删除选中的单元格，其右侧的单元格向左移动，如图 6-36 所示。

成绩表				
姓名	语文	数学	英语	评价

图 6-36 删除单元格

知识链接

除了可以使用上述操作方法删除单元格外，还可以在需要删除的单元格上单击鼠标右键，在弹出的快捷菜单中选择“删除单元格”选项，弹出“删除单元格”对话框，在对话框中选择一种选项后，单击“确定”按钮，即可删除对应的单元格。

6.2.3　插入与删除行或列

在编辑表格的过程中，经常会出现表格的行数或列数缺少或者多余的情况，为了表格的完整性和美观，需要对表格的行或列进行添加或删除。插入与删除行或列的具体操作步骤如下：

1. 打开文档，将光标定位于最后一行的单元格中，如图 6-37 所示。

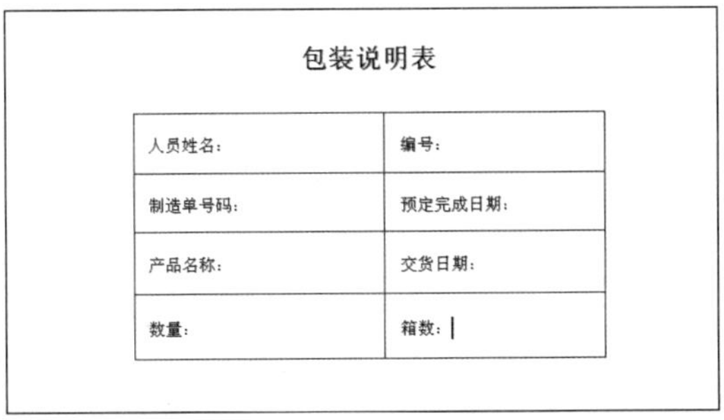

包装说明表

人员姓名：	编号：
制造单号码：	预定完成日期：
产品名称：	交货日期：
数量：	箱数：

图 6-37　打开文档

2. 切换至“表格工具”|“布局”选项卡，在“行和列”选项组中单击“在下方插入”按钮，如图 6-38 所示。

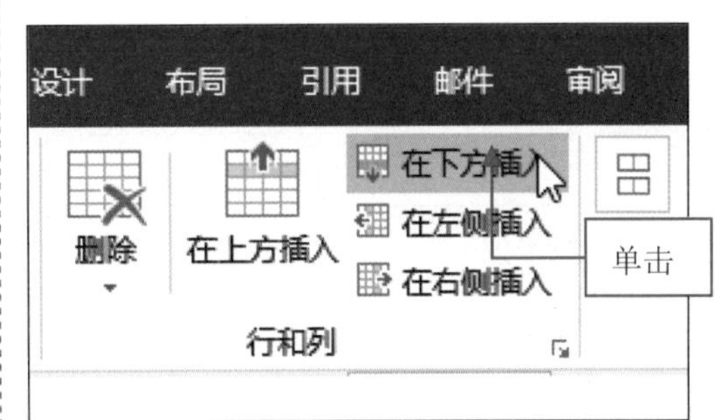

图 6-38　单击“在下方插入”按钮

3. 执行操作后，即可在所选择的单元格下方插入一行，如图 6-39 所示。

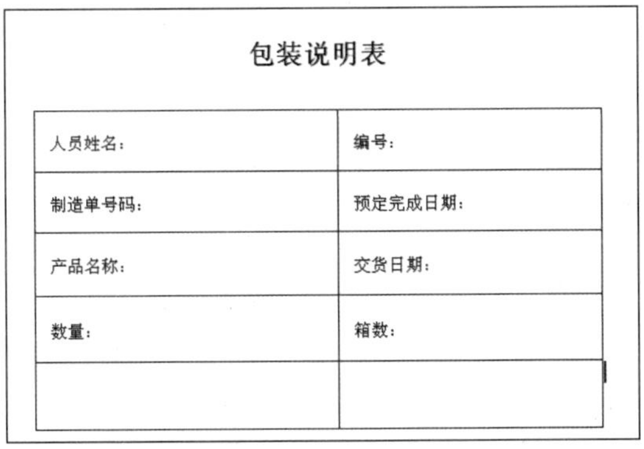

包装说明表

人员姓名：	编号：
制造单号码：	预定完成日期：
产品名称：	交货日期：
数量：	箱数：

图 6-39　插入一行

4. 将光标定位于最后一个单元格中，单击“在右侧插入”按钮，如图 6-40 所示。

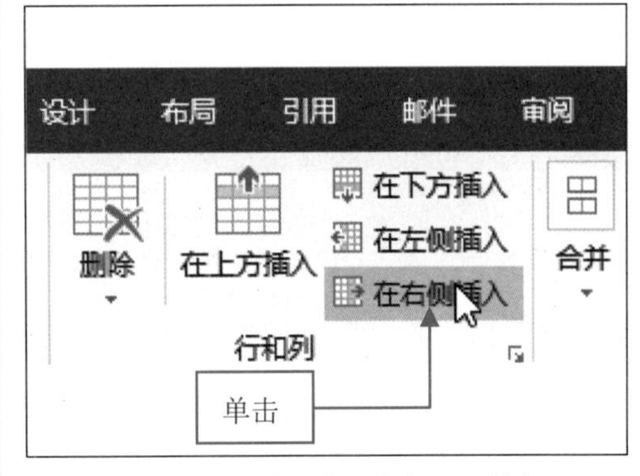

图 6-40　单击“在右侧插入”按钮

将鼠标指针定位于某一行单元格的右侧，再按【Enter】键即可在该行的下方插入一行单元格。

5 执行操作后，即可在所选单元格的右侧插入一列，如图 6-41 所示。

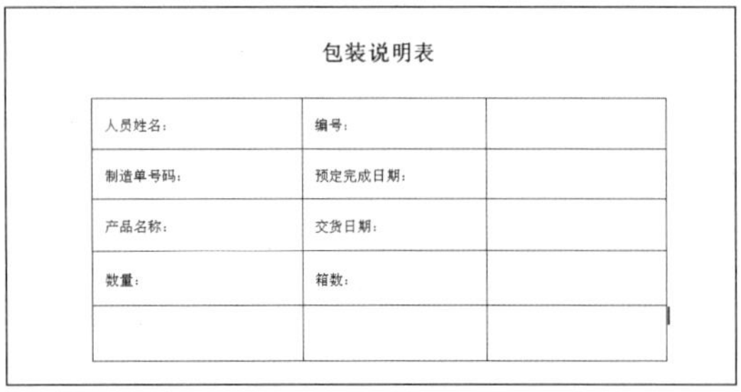

包装说明表
人员姓名：
编号：
制造单号码：
预定完成日期：
产品名称：
交货日期：
数量：
箱数：
图 6-41　插入一列

6 将光标定位于最后一列，单击“删除”按钮，在弹出的列表框中选择“删除列”选项，如图 6-42 所示。

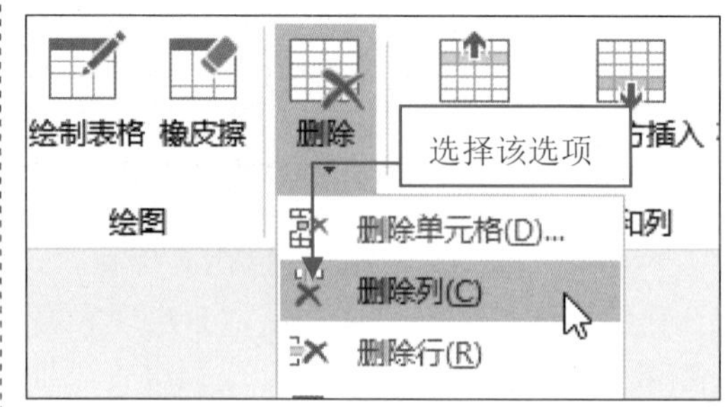

绘制表格
橡皮擦
删除
选择该选项
绘图
删除单元格(D)...
删除列(C)
删除行(R)
图 6-42　选择“删除列”选项

7 执行操作后，即可删除一列单元格，如图 6-43 所示。

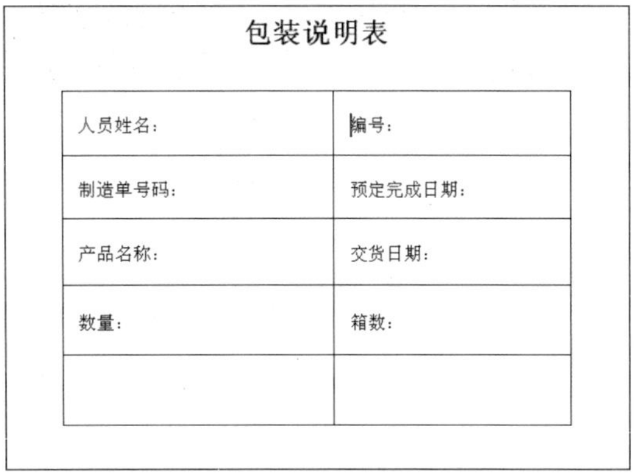

包装说明表
人员姓名：
编号：
制造单号码：
预定完成日期：
产品名称：
交货日期：
数量：
箱数：
图 6-43　删除一列

8 将光标定位于最后一行的单元格中，如图 6-44 所示。

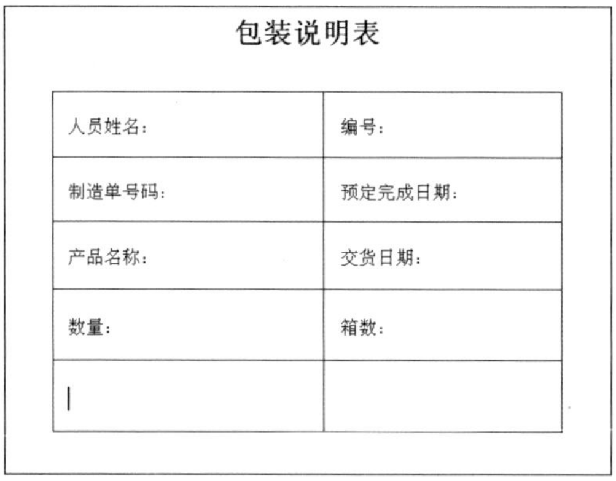

包装说明表
人员姓名：
编号：
制造单号码：
预定完成日期：
产品名称：
交货日期：
数量：
箱数：
图 6-44　定位光标

9 单击“删除”按钮，在弹出的列表框中选择“删除行”选项，如图 6-45 所示。

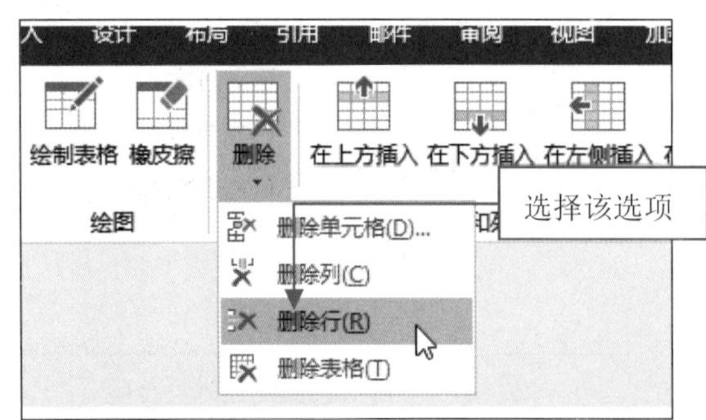

设计
布局
引用
邮件
审阅
视图
绘制表格
橡皮擦
删除
在上方插入
在下方插入
在左侧插入
绘图
选择该选项
删除单元格(D)...
删除列(C)
删除行(R)
删除表格(T)
图 6-45　选择“删除行”选项

10 执行操作后，即可删除一行单元格，如图 6-46 所示。

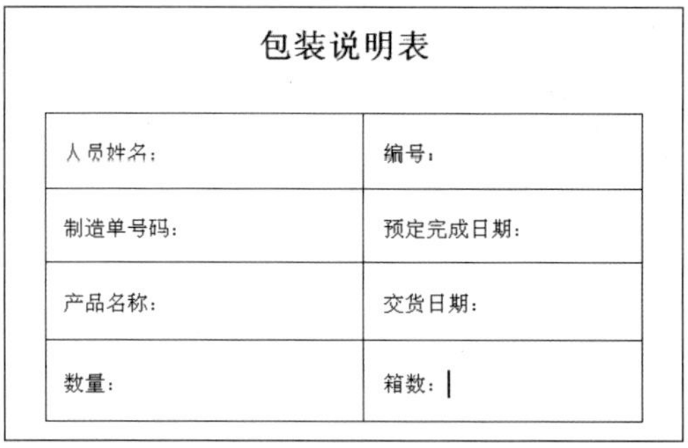

包装说明表
人员姓名：
编号：
制造单号码：
预定完成日期：
产品名称：
交货日期：
数量：
箱数：
图 6-46　删除一行单元格

6.2.4　调整表格的行高和列宽

通常情况下，所创建表格中各单元格的行高和列宽都是相同的。在表格中输入文本时，Word 2016 可以根据文本内容自动进行调整，为了表格整体的统一性和美观度，可以固定表格的行高和列宽。调整表格的行高和列宽的具体操作步骤如下：

第 6 章

1. 打开如图 6-47 所示的 Word 文档。

包装说明表

人员姓名:	编号:
制造单号码:	预定完成日期:
产品名称:	交货日期:
数量:	箱数:

图 6-47　打开文档

2. 切换至“表格工具”|“布局”选项卡，在文档编辑区中选中第 1 列，如图 6-48 所示。

包装说明表

人员姓名:	编号:
制造单号码:	预定完成日期:
产品名称:	交货日期:
数量:	箱数:

图 6-48　选中第 1 列

3. 在“单元格大小”选项组的“表格列宽”中，显示了所选列的列宽，如图 6-49 所示。

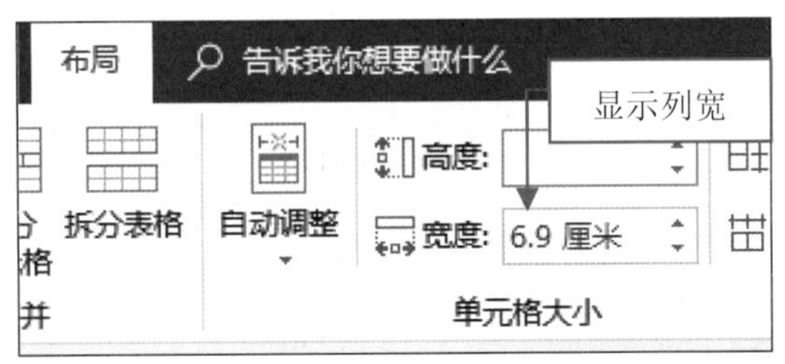

图 6-49　显示表格列宽

4. 在“表格列宽”数值框中输入列宽数值，如图 6-50 所示。

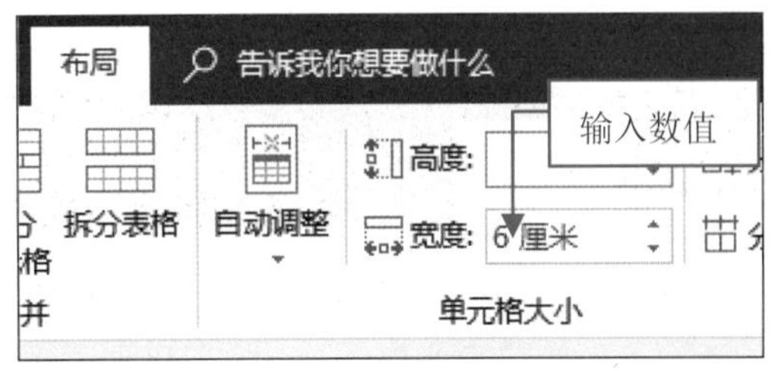

图 6-50　输入列宽数值

5. 执行操作后，所选表格的列宽将随之改变，如图 6-51 所示。

包装说明表

人员姓名:	编号:
制造单号码:	预定完成日期:
产品名称:	交货日期:
数量:	箱数:

图 6-51　改变列宽

6. 将鼠标指针移至表格左上角的按钮上⊞，如图 6-52 所示。

包装说明表

人员姓名:	编号:
制造单号码:	预定完成日期:
产品名称:	交货日期:
数量:	箱数:

图 6-52　移动鼠标指针

7. 单击鼠标左键，即可选中整个表格，如图 6-53 所示。

包装说明表

人员姓名:	编号:
制造单号码:	预定完成日期:
产品名称:	交货日期:
数量:	箱数:

图 6-53　选中整个表格

8. 单击“单元格大小”选项组中的“分布列”按钮，如图 6-54 所示。

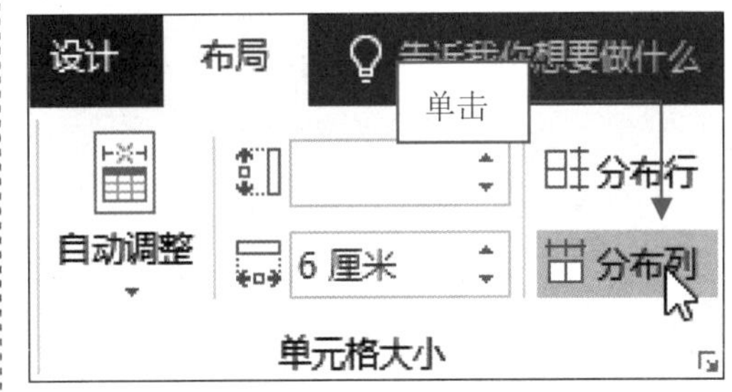

图 6-54　单击“分布列”按钮

9 执行操作后，在“表格列宽”数值框中将显示分布列后的数值，如图 6-55 所示。

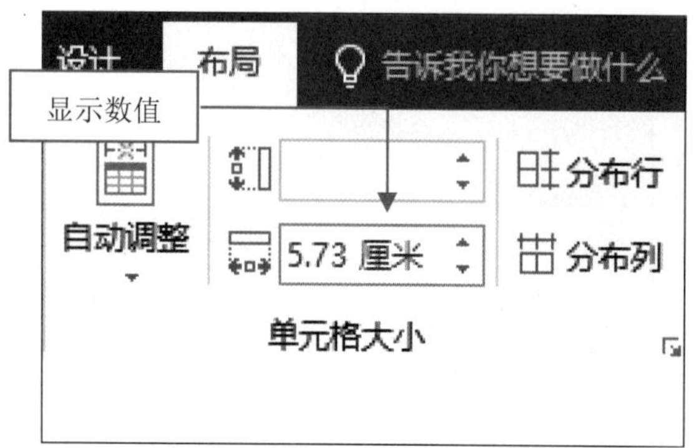

图 6-55　显示数值

10 此时，表格中的列宽平均分布，如图 6-56 所示。

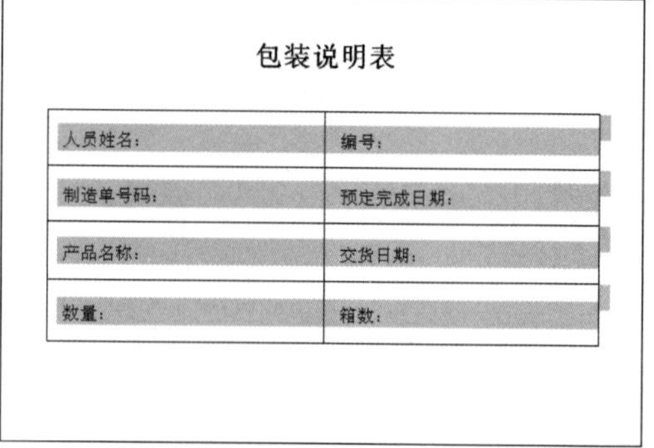
包装说明表

人员姓名：	编号：
制造单号码：	预定完成日期：
产品名称：	交货日期：
数量：	箱数：

图 6-56　平均分布列宽

11 在“表格行高”数值框中输入数值，如图 6-57 所示。

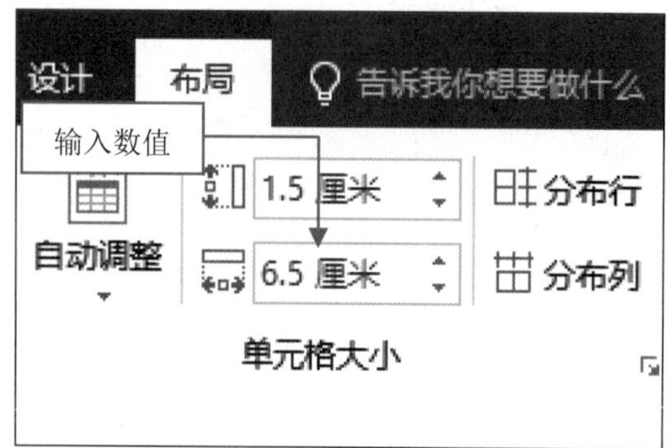

图 6-57　输入数值

12 执行操作后，表格整体的行高随之改变，如图 6-58 所示。

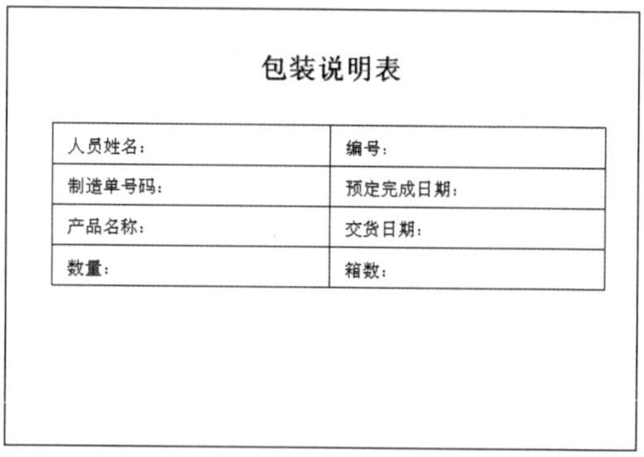

包装说明表

人员姓名：	编号：
制造单号码：	预定完成日期：
产品名称：	交货日期：
数量：	箱数：

图 6-58　改变行高

在文档中显示标尺后，可以运用鼠标直接拖拽标尺来调整表格列宽或行高。

另外，单击“单元格大小”选项板中右下角的“表格属性”按钮，弹出“表格属性”对话框，在其中可以对表格、行、列和单元格的属性进行相应设置。

6.3　设置表格格式

表格的格式包括很多内容，如表格边框的样式、底纹样式、表格对齐方式、文本对象的格式等内容，这些都直接影响着表格的美观。

6.3.1　设置边框和底纹

在 Word 2016 中用户可以对表格的边框或底纹进行自定义，从而制作出精美的表格样式。设置边框和底纹的具体操作步骤如下：

1 打开如图 6-59 所示的 Word 文档。

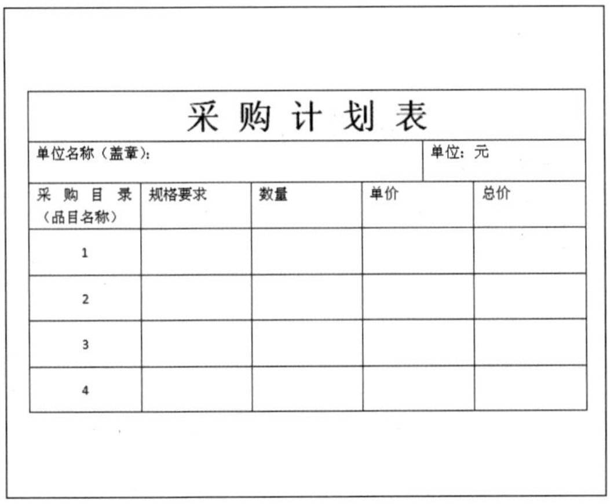

采 购 计 划 表
单位名称（盖章）:
单位：元
采 购 目 录（品目名称）
规格要求
数量
单价
总价
1
2
3
4

图 6-59　打开文档

2 在文档编辑区中选中整个表格，如图 6-60 所示。

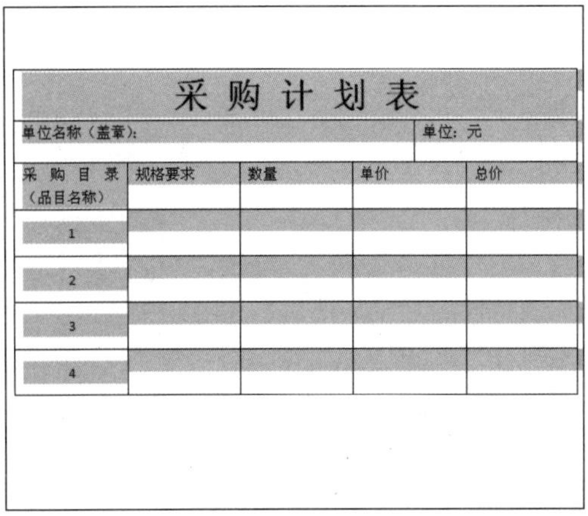

采 购 计 划 表
单位名称（盖章）:
单位：元
采 购 目 录（品目名称）
规格要求
数量
单价
总价
1
2
3
4

图 6-60　选中表格

3 切换至“表格工具”|“设计”选项卡，单击“边框”选项组中的“边框”按钮，从弹出的下拉列表中选择“边框和底纹”选项，如图 6-61 所示。

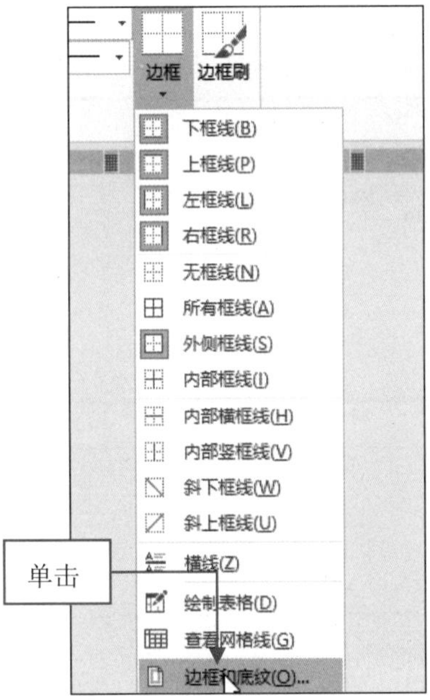

边框
边框刷
下框线(B)
上框线(P)
左框线(L)
右框线(R)
无框线(N)
所有框线(A)
外侧框线(S)
内部框线(I)
内部横框线(H)
内部竖框线(V)
斜下框线(W)
斜上框线(U)
横线(Z)
绘制表格(D)
查看网格线(G)
边框和底纹(O)...
单击

图 6-61　单击“边框和底纹”按钮

4 执行操作后，弹出“边框和底纹”对话框，单击“边框”选项卡，如图 6-62 所示。

边框和底纹
边框(B)
页面边框(P)
底纹(S)
设置:
无(N)
方框(X)
全部(A)
虚框(D)
自定义(U)
样式(Y):
单击
颜色(C):
自动
宽度(W):
0.5 磅
预览
单击下方图示或使用按钮可应用边框
应用于(L):
表格
确定

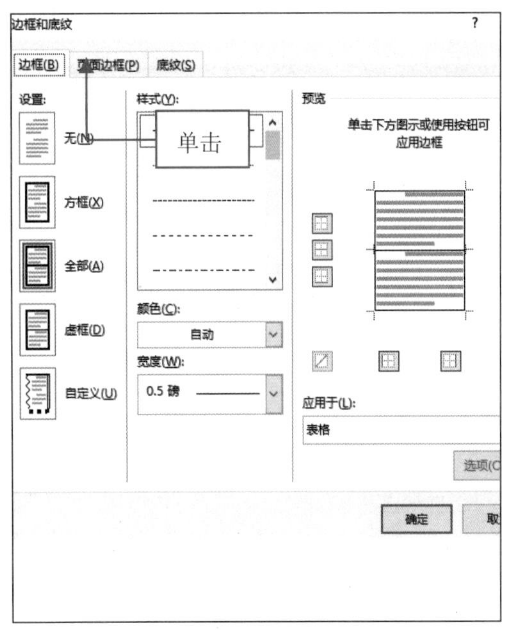

图 6-62　“边框和底纹”对话框

知识链接

切换至“表格工具”“设计”选项卡后，单击“边框”选项组中的对话框启动器按钮，将弹出“边框和底纹”对话框，在其中可以分别对表格的边框和底纹进行设置。

5 在其中设置边框的“设置”“样式”“颜色”和“宽度”，如图6-63所示。

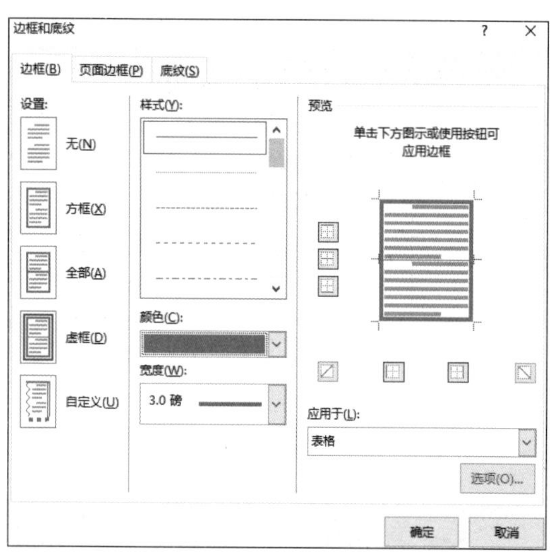

图6-63 设置边框选项

6 单击“确定”按钮，即可为表格应用所设置的边框效果，如图6-64所示。

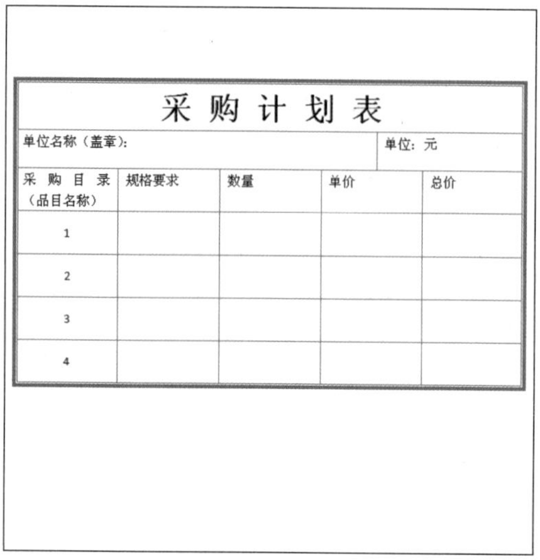

采 购 计 划 表				
单位名称（盖章）:			单位：元	
采 购 目 录（品目名称）	规格要求	数量	单价	总价
1				
2				
3				
4				

图6-64 应用边框效果

7 单击“表格样式”选项组中的“底纹”按钮，在弹出的下拉列表中选择一种底纹颜色，如图6-65所示。

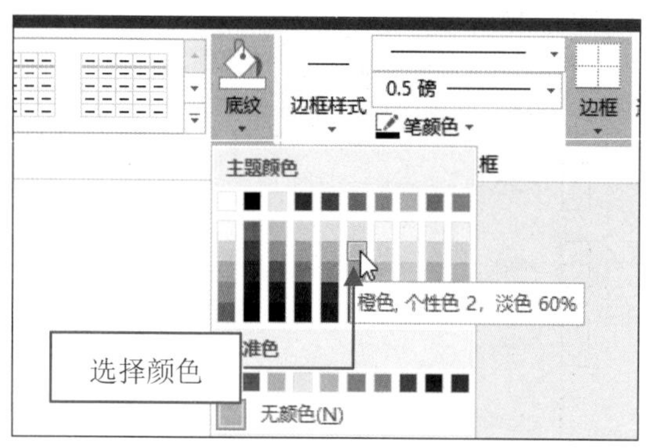

图6-65 选中底纹颜色

8 执行操作后，表格的底纹效果随之改变，如图6-66所示。

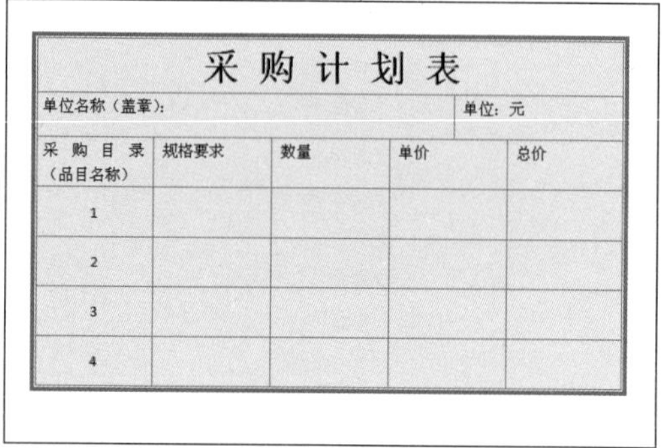

图6-66 底纹效果

单击“底纹”按钮，在弹出的列表框中选择“其他颜色”选项，弹出“颜色”对话框，在其中可以自定义底纹颜色。

若表格不需要底纹效果，则只需单击“底纹”按钮，在弹出的列表框中选择“无颜色”选项，即可去除表格中的底纹效果。

6.3.2 设置表格对齐方式

每一个单元格中的内容都是一个小文档，为了使整个表格的文本统一美观，应对文本的对齐方式进行设置。设置表格对齐方式的具体操作步骤如下：

1 在打开的表格文档中，选择需要设置表格对齐方式的行或列，如图 6-67 所示。

采购计划表				
单位名称（盖章）：			单位：元	
采购目录（品目名称）	规格要求	数量	单价	总价
1				
2				
3				
4				

图 6-67　选中表格

2 切换至“表格工具”|“布局”选项卡，在“对齐方式”选项组中显示了当前文本的对齐方式，如图 6-68 所示。

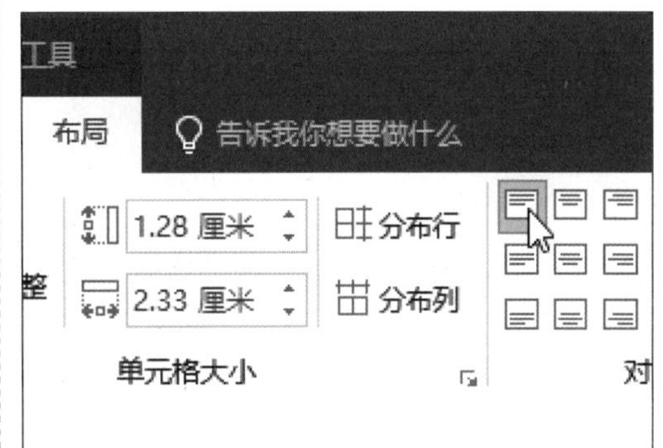

图 6-68　显示对齐方式

表格的对齐方式犹如将单元格以九宫格的形式进行划分，每一个小格就是一种对齐方式。

3 在“对齐方式”选项组中单击“水平居中”按钮，如图 6-69 所示。

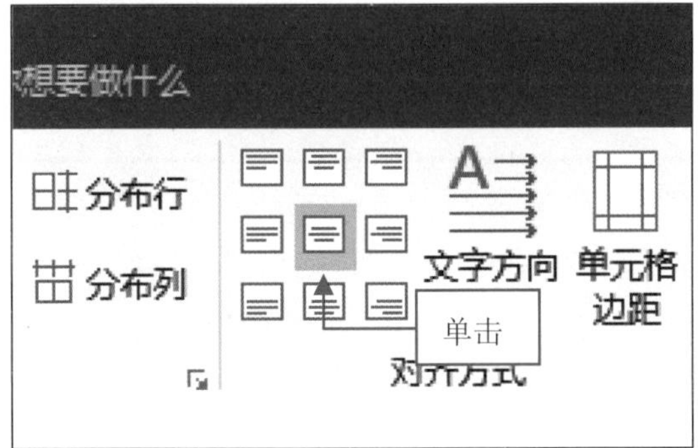

图 6-69　单击“水平居中”按钮

4 执行操作后，所选择的文本以水平居中对齐方式显示，如图 6-70 所示。

采购计划表				
单位名称（盖章）：			单位：元	
采购目录（品目名称）	规格要求	数量	单价	总价
1				
2				
3				
4				

图 6-70　文本水平居中对齐

知识链接

单击“对齐方式”选项组中的“文字方向”按钮，即可更改文本方向，由水平方向转变为垂直方向，或由垂直方向转变为水平方向。

6.3.3　自动套用表格样式

在 Word 2016 中提供了多种表格样式并可以随时套用于表格中，而且还可以对套用的表格样式进行修改。自动套用表格样式的具体操作步骤如下：

1 在 Word 文档中，选中整个表格，如图 6-71 所示。

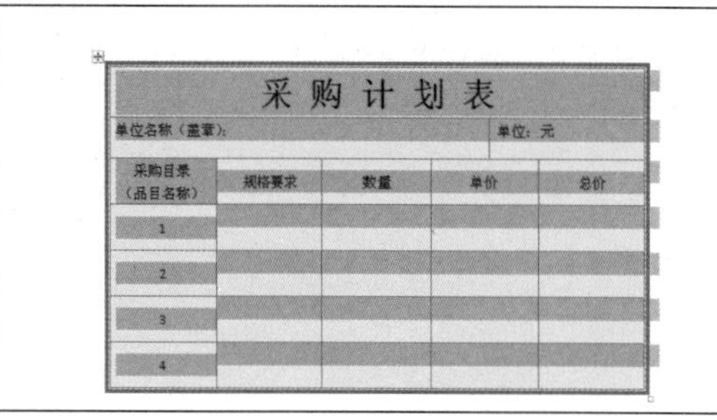

图 6-71　选中整个表格

2 切换至“表格工具”|“设计”选项卡，单击“表格样式”选项组中的“其他”按钮，如图 6-72 所示。

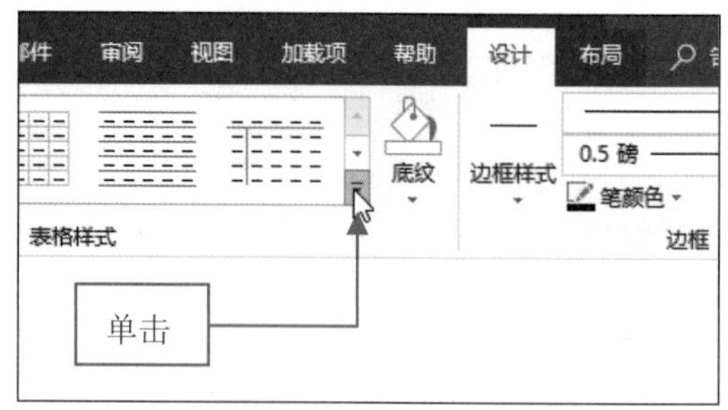

图 6-72　单击“其他”按钮

3 在弹出的下拉列表中选择一种表格样式，如图 6-73 所示。

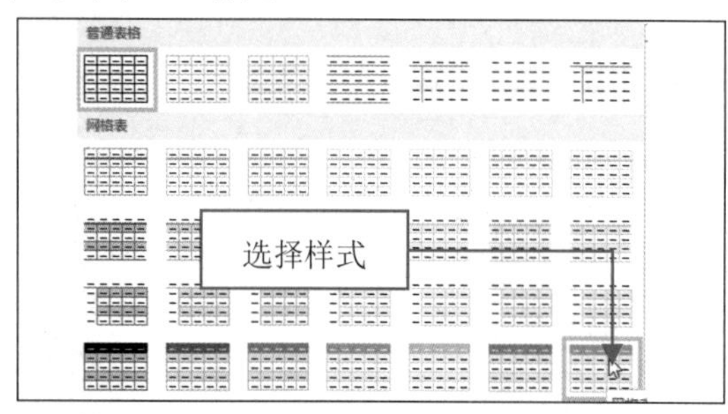

图 6-73　选择表格样式

4 执行操作后，即可将所选表格样式套用于表格中，如图 6-74 所示。

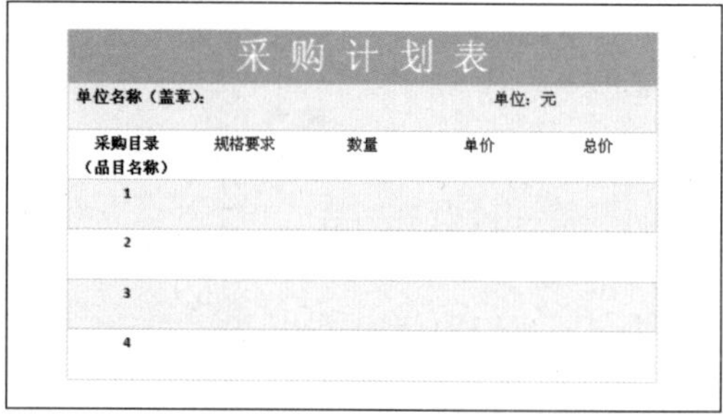

图 6-74　套用表格样式

在“表格样式”选项组中单击“其他”按钮后，在弹出的下拉列表中选择“修改表格样式”选项，将弹出“修改样式”对话框，在其中可以对表格的格式和属性进行相应设置。

- 若在下拉列表框中选择“新建表格样式”选项，则弹出“根据格式设置创建新样式”对话框，在其中可以根据需要新建表格样式。
- 若在下拉列表框中选择“清除”选项，则可以去除所套用的表格样式，且无表格显示，但是整个表格文本的结构不会改变。

6.4　编辑表格文本

创建了合适的表格后，还需要在表格中输入文本，才能真正完成一个表格的制作。在表格中编辑文本的操作与在文档中编辑文本相似。不同之处在于，表格中的文本是以单元格为单位，在 Word 2016 中表格的大小可以随着文本的输入而自动进行调整，也可以对表格的大小进行固定，从而控制所输入文本的显示。

6.4.1　在表格中输入文本

在表格中输入文本的方法与在文档中输入文本的方法一样，但在表格中输入文本的第一步

是选择需要输入文本的单元格。在表格中输入文本的具体操作步骤如下：

1 新建一个空白文档，插入一个 7 行 3 列的表格，如图 6-75 所示。

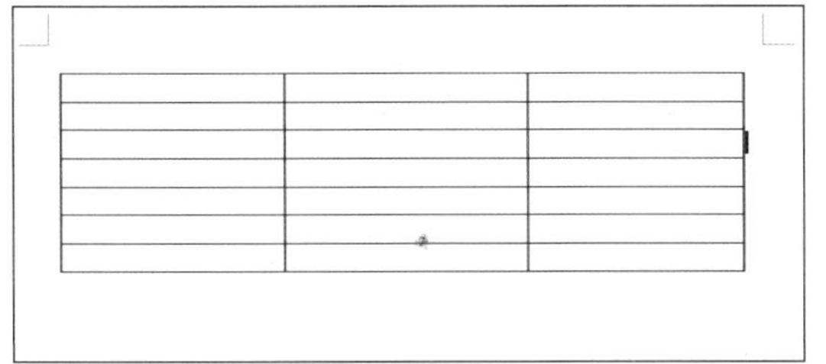

图 6-75　插入表格

2 分别对第 1 行和第 2 行的单元格进行合并，适当地调整表格布局，如图 6-76 所示。

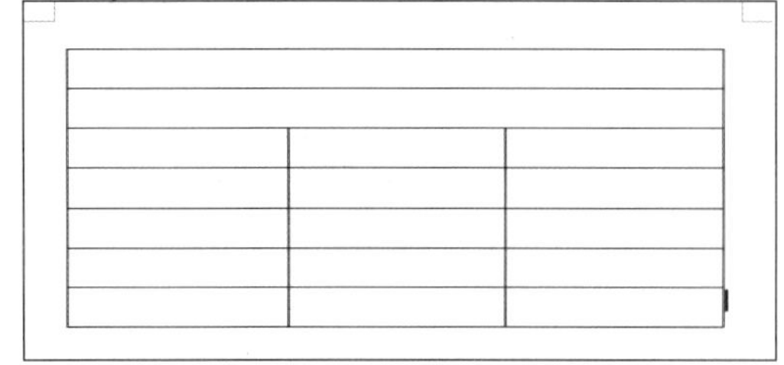

图 6-76　设置表格布局

3 将光标定位于第一行的单元格中，如图 6-77 所示。

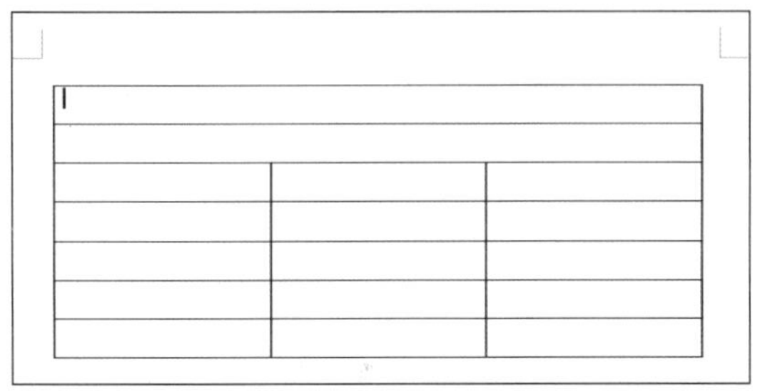

图 6-77　定位光标

4 选择一种输入法，在单元格中输入文本，如图 6-78 所示。

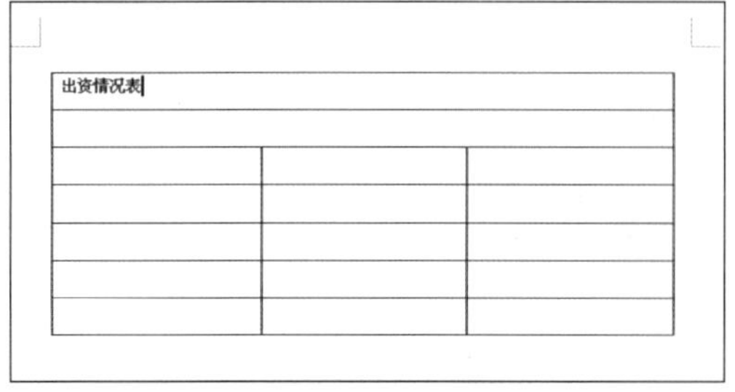

图 6-78　输入文本

在默认情况下，表格的对齐方式为靠上两端对齐。

5 选中第 1 行，设置对齐方式为“水平居中”，切换至“开始”选项卡，对文本属性进行适当的调整，如图 6-79 所示。

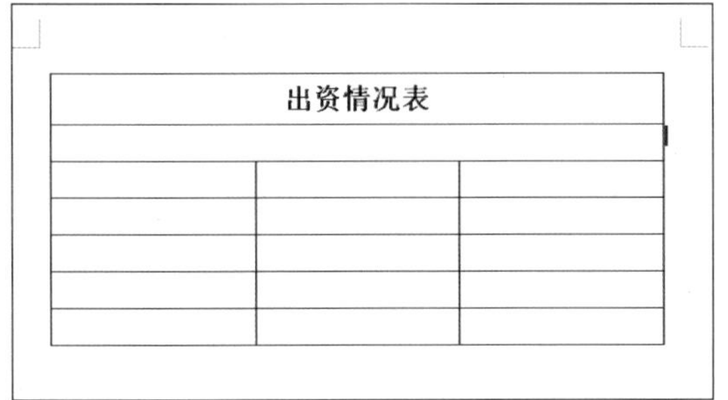

图 6-79　调整文本属性

6 用相同的方法，在其他单元格中输入文本，再适当地调整各文本的对齐方式及属性，如图 6-80 所示。

出资情况表		
本位币单位：　（即营业执照上注册资本的币种）		
项　目	本位币金额	本位币
投资总额		万元
注册资本		万元
注册资本——中方		万元
注册资本——外方		万元

图 6-80　输入文本

6.4.2　选择表格中的文本

若要修改输入有误的文本，首先就需要选中表格中的文本。选择表格中文本的具体操作步骤如下：

1 在文档中将光标移至第 1 行的左侧，此时，光标呈形状，如图 6-81 所示。

出资情况表		
本位币单位:	（即营业执照上注册资本的币种）	
项　目	本位币金额	本位币
投资总额		万元
注册资本		万元
注册资本——中方		万元
注册资本——外方		万元

图 6-81　移动光标

2 单击鼠标左键即可选中第 1 行中的文本，如图 6-82 所示。

出资情况表		
本位币单位:	（即营业执照上注册资本的币种）	
项　目	本位币金额	本位币
投资总额		万元
注册资本		万元
注册资本——中方		万元
注册资本——外方		万元

图 6-82　选择第 1 行文本

将鼠标指针移至表格某行的左侧，当鼠标指针呈形状时，单击鼠标左键即可选中该行中的所有文本。

3 将光标移至第 3 行第 1 列的单元格中，如图 6-83 所示。

出资情况表		
本位币单位:	（即营业执照上注册资本的币种）	
项　目	本位币金额	本位币
投资总额		万元
注册资本		万元
注册资本——中方		万元
注册资本——外方		万元

图 6-83　移动光标

4 按住鼠标并拖拽至第 7 行第 1 列单元格释放鼠标，即可选中文本，如图 6-84 所示。

出资情况表		
本位币单位:	（即营业执照上注册资本的币种）	
项　目	本位币金额	本位币
投资总额		万元
注册资本		万元
注册资本——中方		万元
注册资本——外方		万元

图 6-84　选中文本

知识链接

切换至“表格工具”|“布局”选项卡，单击“表”选项组中的“选择”按钮，在弹出的列表框中选择“选择单元格”或“选择表格”等选项，即可选中表格中相应的文本。

5 将光标移至表格最上方的边框上，此时，光标呈⬇形状，如图 6-85 所示。

出资情况表		
本位币单位:	（即营业执照上注册资本的币种）	
项　目	本位币金额	本位币
投资总额		万元
注册资本		万元
注册资本——中方		万元
注册资本——外方		万元

图 6-85　移动光标

6 单击鼠标左键即可选中整个表格，即所有文本，如图 6-86 所示。

出资情况表		
本位币单位:	（即营业执照上注册资本的币种）	
项　目	本位币金额	本位币
投资总额		万元
注册资本		万元
注册资本——中方		万元
注册资本——外方		万元

图 6-86　选中所有文本

专家提醒

在没有合并单元格的情况下，将鼠标指针移至表格某列的上边框位置，当鼠标指针呈⬇形状时，单击鼠标左键，可选中位于该列中的所有文本。

6.4.3　移动表格中的文本

在单元格中输入文本和数据后，可以根据需要对文本的位置进行移动。移动表格中文本的具体操作步骤如下：

1. 打开如图 6-87 所示的文档。

项目	所需数目
书籍	1 本
杂志	3 本
笔记本	1 本
便笺簿	1 本
钢笔	3 支
铅笔	2 支
荧光笔	1 支（2 色）
剪刀	1 把

图 6-87　打开文档

2. 选中第 8 行的文本，如图 6-88 所示。

项目	所需数目
书籍	1 本
杂志	3 本
笔记本	1 本
便笺簿	1 本
钢笔	3 支
铅笔	2 支
荧光笔	1 支（2 色）
剪刀	1 把

图 6-88　选择文本

3. 在文本上按住鼠标左键并拖拽至第 10 行第 1 列单元格中，此时，鼠标呈形状，如 6-89 所示。

项目	所需数目
书籍	1 本
杂志	3 本
笔记本	1 本
便笺簿	1 本
钢笔	3 支
铅笔	2 支
荧光笔	1 支（2 色）
剪刀	1 把

图 6-89　拖拽鼠标

4. 释放鼠标左键后，即可将所选择的文本移至对应的单元格中，如图 6-90 所示。

项目	所需数目
书籍	1 本
杂志	3 本
笔记本	1 本
便笺簿	1 本
钢笔	3 支
铅笔	2 支
剪刀	1 把
荧光笔	1 支（2 色）

图 6-90　移动文本效果

6.4.4　复制或删除表格中的文本

在表格中复制或删除文本的操作和在普通文本中的操作方法一样。复制或删除表格中文本的具体操作步骤如下：

1 在打开的文档表格中选中第 9 行和第 10 行中的文本，如图 6-91 所示。

项目	所需数目
书籍	1 本
杂志	3 本
笔记本	1 本
便笺簿	1 本
钢笔	3 支
铅笔	2 支
剪刀	1 把
荧光笔	1 支（2 色）

图 6-91 选中文本

2 切换至“开始”选项卡，单击“剪贴板”选项组中的“复制”按钮，如图 6-92 所示。

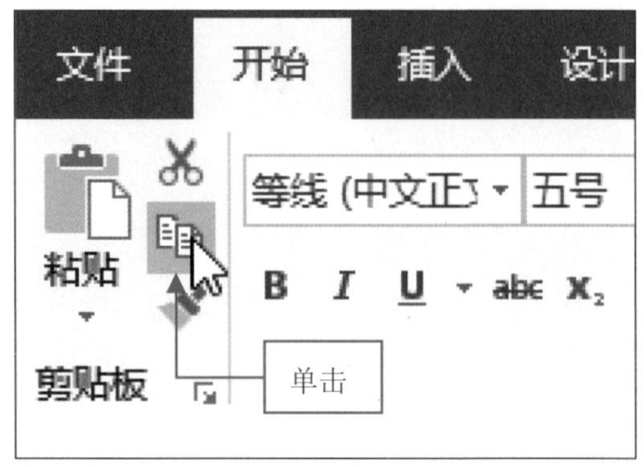

图 6-92 单击“复制”按钮

3 将光标定位于第 8 行第 1 列的单元格中，如 6-93 所示。

项目	所需数目
书籍	1 本
杂志	3 本
笔记本	1 本
便笺簿	1 本
钢笔	3 支
铅笔	2 支
剪刀	1 把
荧光笔	1 支（2 色）

图 6-93 定位光标

4 单击“剪贴板”选项组中的“粘贴”按钮，如图 6-94 所示。

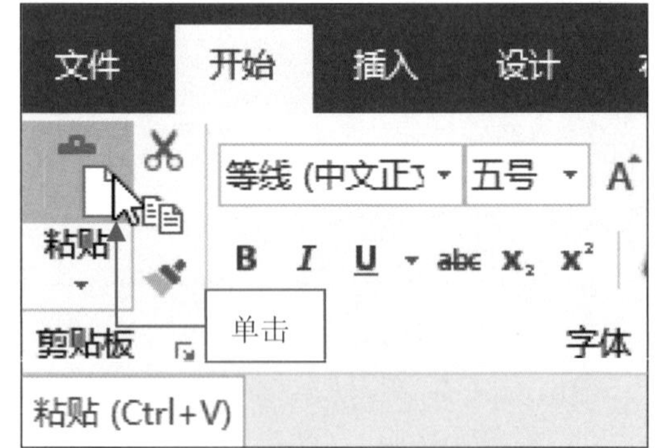

图 6-94 单击“粘贴”按钮

5 执行操作后，将复制的文本粘贴于单元格中，如图 6-95 所示。

项目	所需数目
书籍	1 本
杂志	3 本
笔记本	1 本
便笺簿	1 本
钢笔	3 支
铅笔	2 支
剪刀	1 把
荧光笔	1 支（2 色）
荧光笔	1 支（2 色）

图 6-95 粘贴文本

6 选择第 10 行单元格中的文本，如图 6-96 所示。

项目	所需数目
书籍	1 本
杂志	3 本
笔记本	1 本
便笺簿	1 本
钢笔	3 支
铅笔	2 支
剪刀	1 把
荧光笔	1 支（2 色）
荧光笔	1 支（2 色）

图 6-96 选择文本

7. 单击“剪贴板”选项组中的“剪切”按钮，如图 6-97 所示。

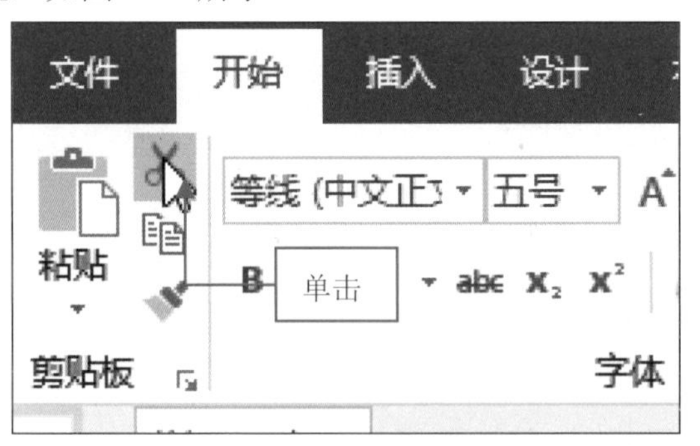

图 6-97　单击“剪切”按钮

8. 执行操作后，剪切所选择的文本，即可删除所选文本，如图 6-98 所示。

项目	所需数目
书籍	1 本
杂志	3 本
笔记本	1 本
便笺簿	1 本
钢笔	3 支
铅笔	2 支
剪刀	1 把
荧光笔	1 支（2 色）

图 6-98　删除文本

专家提醒

在执行复制或删除操作时，若选中的是表格以及其中的文本时，则执行复制操作时，所粘贴的是表格以及文本，删除操作也是同理。

6.5　排序与计算表格数据

在表格中将文本或数字按照升序或降序进行排列，可以使表格的统计更加清晰，也会让计算工作更加方便，从而提高工作效率。

6.5.1　排序表格数据

利用 Word 2016 的表格排序功能，使表格中的数据或文本按照数字大小、笔画或日期等进行递增或递减的顺序进行排列，使表格的统计和计算更加有序。排序表格数据的具体操作步骤如下：

1. 打开如图 6-99 所示的文档。

员工工资数据表

员工编号	姓名	性别	年龄	所属部门	工资额
0001	李梅	女	23	销售部	￥2,040.00
0002	陈晨	女	20	销售部	￥1,879.70
0003	于亮	男	26	销售部	￥2,045.30
0004	刘辉	男	24	销售部	￥1,915.00
0005	周波	男	21	销售部	￥1,820.00
0006	苏健	女	20	销售部	￥1,725.00
0007	元康	男	26	销售部	￥2,210.00

图 6-99　打开文档

2. 将光标定位于表格中的任意单元格中，如图 6-100 所示。

员工工资数据表

员工编号	姓名	性别	年龄	所属部门	工资额
0001	李梅	女	23	销售部	￥2,040.00
0002	陈晨	女	20	销售部	￥1,879.70
0003	于亮	男	26	销售部	￥2,045.30
0004	刘辉	男	24	销售部	￥1,915.00
0005	周波	男	21	销售部	￥1,820.00
0006	苏健	女	20	销售部	￥1,725.00
0007	元康	男	26	销售部	￥2,210.00

图 6-100　定位光标

3 切换至“表格工具”|“布局”选项卡，单击“数据”选项组中的“排序”按钮，如图 6-101 所示。

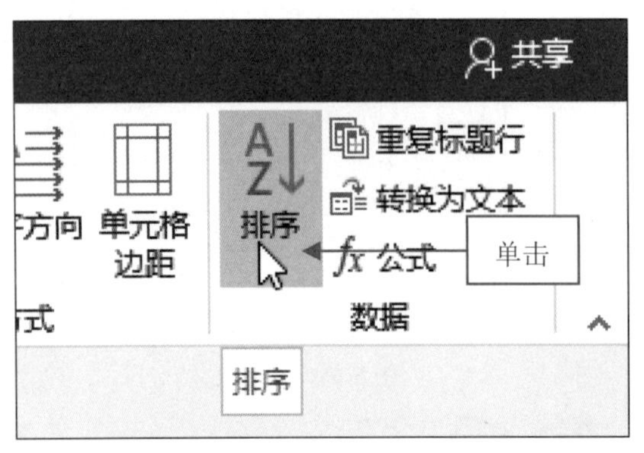

图 6-101 单击“排序”按钮

4 执行操作后，将弹出“排序”对话框，如图 6-102 所示。

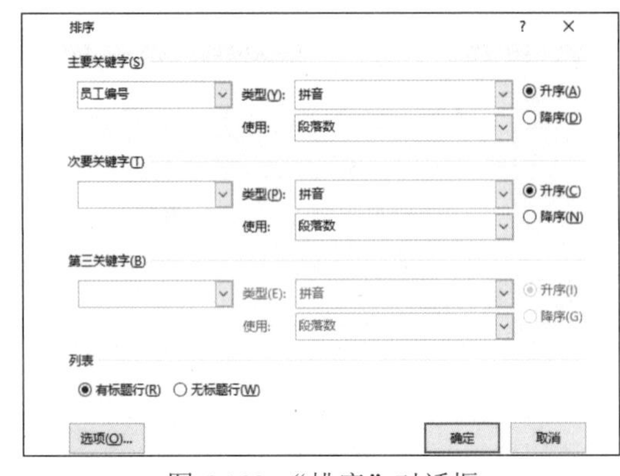

图 6-102 “排序”对话框

专家提醒

将光标定位于表格中并打开“排序”对话框后，系统将会自动分析该表格中的关键字。

5 单击“主要关键字”文本框右侧的下拉三角按钮，在弹出的列表框中选择“工资额”选项，如图 6-103 所示。

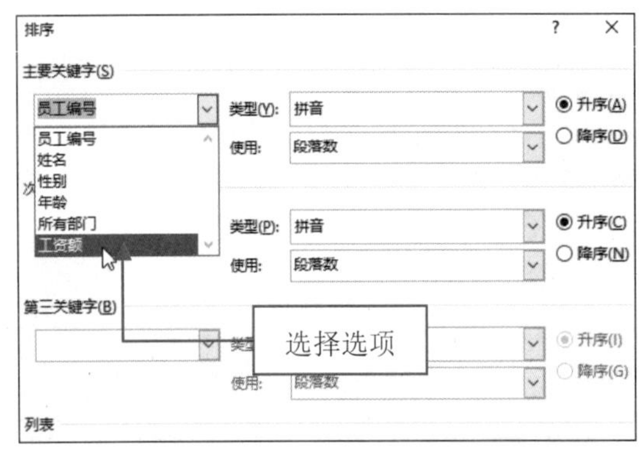

图 6-103 选择“工资额”选项

6 单击“确定”按钮，表格中的数据和文本即可以工资额的升序进行排列，如图 6-104 所示。

员工工资数据表

员工编号	姓名	性别	年龄	所属部门	工资额
0006	苏健	女	20	销售部	¥1,725.00
0005	周波	男	21	销售部	¥1,820.00
0002	陈晨	女	20	销售部	¥1,879.70
0004	刘辉	男	24	销售部	¥1,915.00
0001	李梅	女	23	销售部	¥2,040.00
0003	于亮	男	26	销售部	¥2,045.30
0007	元康	男	26	销售部	¥2,210.00

图 6-104 升序排列

知识链接

在“排序”对话框中可以对“主要关键字”“次要关键字”和“第三关键字”依次进行设置，表格中的数据将按照所设置的要求进行排序。

6.5.2 计算表格数据

在 Word 2016 中除了利用其强大的排序功能外，还可以对表格中的数据进行简单的运算，如求和、平均值等。计算表格数据的具体操作步骤如下：

1 打开文档，将光标定位于需要计算平均值的单元格中，如图 6-105 所示。

员工工资数据表

员工编号	姓名	性别	年龄	所属部门	工资额
0006	苏健	女	20	销售部	¥1,725.00
0005	周波	男	21	销售部	¥1,820.00
0002	陈晨	女	20	销售部	¥1,879.70
0004	刘辉	男	24	销售部	¥1,915.00
0001	李梅	女	23	销售部	¥2,040.00
0003	于亮	男	26	销售部	¥2,045.30
0007	元康	男	26	销售部	¥2,210.00
		平均值		求和	

图 6-105　定位光标

2 切换至“表格工具”|“布局”选项卡，单击“数据”选项组中的“公式”按钮，如图 6-106 所示。

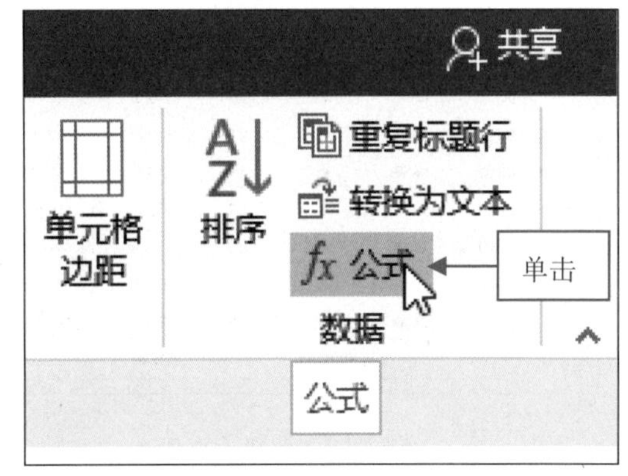

图 6-106　单击“公式”按钮

3 弹出“公式”对话框，清除“公式”文本框中的公式，单击“粘贴函数”文本框右侧的下三角按钮，在弹出的列表框中选择“AVERAGE”选项，如图 6-107 所示。

公式　?　×

公式(F):

=

编号格式(N):

粘贴函数(U):　粘贴书签(B):

ABS
AND
AVERAGE
COUNT

选择选项

确定　取消

图 6-107　选择“AVERAGE”选项

4 执行操作后，在“公式”文本框中将显示所选择的公式，再在括号中输入“ABOVE”，如图 6-108 所示。

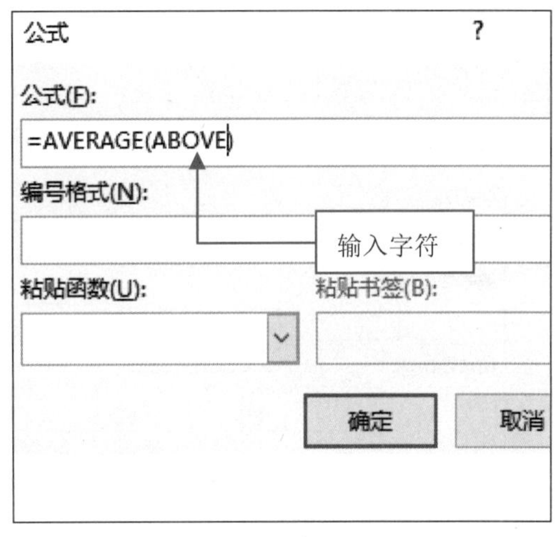

图 6-108　输入“ABOVE”

专家提醒

在清除“公式”文本框中所显示的公式时，一定要保留或重新输入等号，否则无法计算出需要的结果。

5 单击“确定”按钮，即可在所选单元格中显示计算出的年龄平均值，如图 6-109 所示。

员工工资数据表

员工编号	姓名	性别	年龄	所属部门	工资额
0006	苏健	女	20	销售部	¥1,725.00
0005	周波	男	21	销售部	¥1,820.00
0002	陈晨	女	20	销售部	¥1,879.70
0004	刘辉	男	24	销售部	¥1,915.00
0001	李梅	女	23	销售部	¥2,040.00
0003	于亮	男	26	销售部	¥2,045.30
0007	元康	男	26	销售部	¥2,210.00
		平均值	22.86	求和	

图 6-109 计算平均值

6 将光标定位于需要计算求和的单元格中，如图 6-110 所示。

员工工资数据表

员工编号	姓名	性别	年龄	所属部门	工资额
0006	苏健	女	20	销售部	¥1,725.00
0005	周波	男	21	销售部	¥1,820.00
0002	陈晨	女	20	销售部	¥1,879.70
0004	刘辉	男	24	销售部	¥1,915.00
0001	李梅	女	23	销售部	¥2,040.00
0003	于亮	男	26	销售部	¥2,045.30
0007	元康	男	26	销售部	¥2,210.00
		平均值	22.86	求和	

图 6-110 定位光标

专家提醒

在计算表格中的数据时，系统会对行或列中的数据进行自动搜索并计算所需要的结果。

7 单击“数据”选项组中的“公式”按钮，弹出“公式”对话框，“公式”文本框中显示了求和公式，如图 6-111 所示。

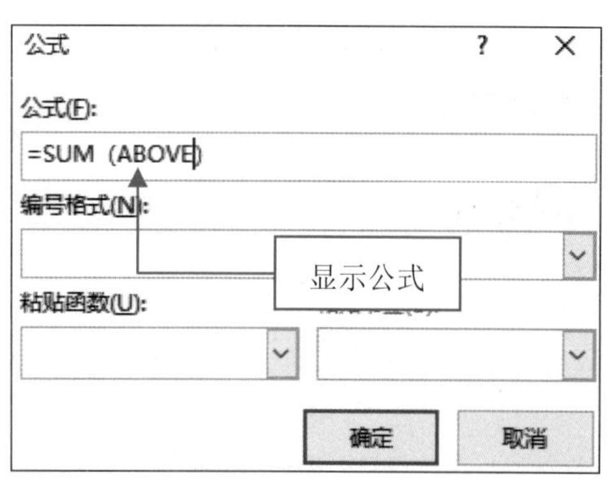

图 6-111 “公式”对话框

8 单击“确定”按钮，即可在所选单元格中显示计算结果，如图 6-112 所示。

员工工资数据表

员工编号	姓名	性别	年龄	所属部门	工资额
0006	苏健	女	20	销售部	¥1,725.00
0005	周波	男	21	销售部	¥1,820.00
0002	陈晨	女	20	销售部	¥1,879.70
0004	刘辉	男	24	销售部	¥1,915.00
0001	李梅	女	23	销售部	¥2,040.00
0003	于亮	男	26	销售部	¥2,045.30
0007	元康	男	26	销售部	¥2,210.00
		平均值	22.86	求和	¥13,635.00

图 6-112 计算求和

6.6 转换表格与文本

利用 Word 2016 所提供的表格与文本之间的相互转换功能，可以让数据与文档的编辑更加便捷、轻松，并且提高工作效率。

6.6.1 将表格转换为文本

当在表格中编辑数据或文本后，可能由于工作的要求需要将表格中的内容转换为文本，若是重新输入文本则会浪费大量的时间和精力，通过 Word 2016 的表格转换为文本功能可以很轻松地实现内容形式的转换。将表格转换为文本的具体操作步骤如下：

1. 打开文档，选中文档编辑区中的整个表格，如图 6-113 所示。

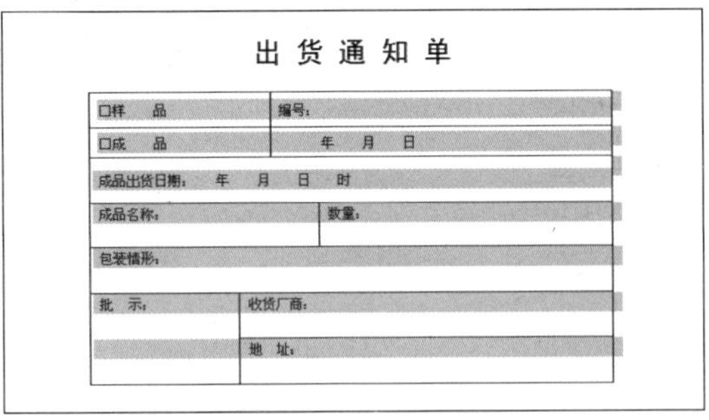

图 6-113　选中整个表格

2. 切换至“表格工具”|“布局”选项卡，在“数据”选项组中单击“转换为文本”按钮，如图 6-114 所示。

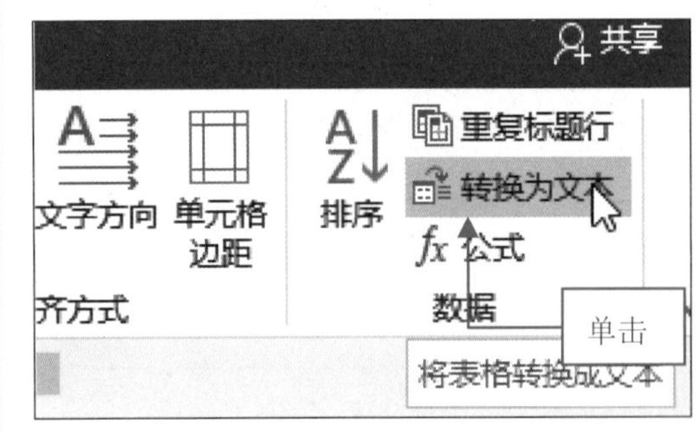

图 6-114　单击“转换为文本”按钮

3. 弹出“表格转换成文本”对话框，选中“制表符”单选按钮，如 6-115 所示。

图 6-115　“表格转换为文本”对话框

4. 单击“确定”按钮，所选择的表格内容转换为文本，且文本布局不变，如图 6-116 所示。

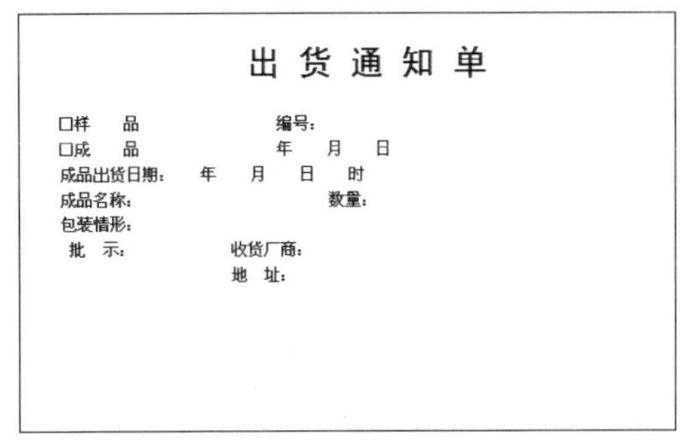

图 6-116　转换为文本

知识链接

“表格转换成文本”对话框中各主要选项的含义如下：

- 段落标记：选中该单选按钮，每个单元格中的内容将转换为一个段落文本。
- 制表符：选中该单选按钮，各个单元格的内容在转换后将用制表符进行分隔，而每行单元格中的内容则为一个段落文本。
- 逗号：选中该单选按钮，各个单元格的内容在转换后将用逗号进行分隔，而每行单元格中的内容则为一个段落文本。
- 其他字符：选中该单选按钮后，在文本框中输入分隔符，则各个单元格的内容在转换后将用输入的字符进行分隔，而每行单元格中的内容则为一个段落文本。

6.6.2　将文本转换为表格

将文本转换为表格与将表格转换为文本不相同，将文本转换为表格之前，需要对文本进行格式化，如每行文本之间需要用段落标记进行分隔，每列文本之间需要用分隔符分开，其中列之间的分隔符可以是制表符、空格或是逗号等。将文本转换为表格的具体操作步骤如下：

1 在打开的文档中选中需要转换为表格的文本，如图 6-117 所示。

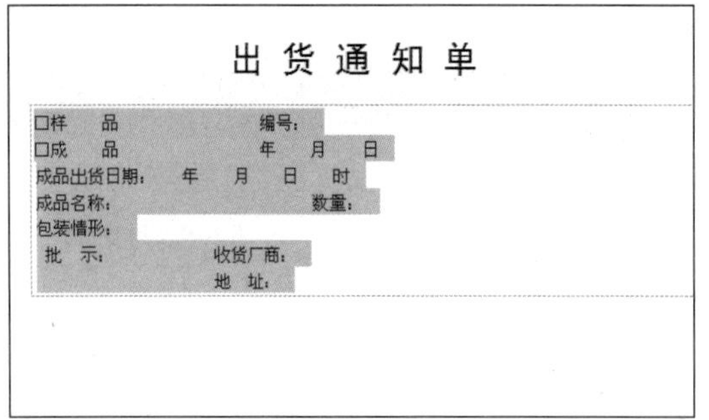
出 货 通 知 单

□样　品　编号：
□成　品　年　月　日
成品出货日期：　年　月　日　时
成品名称：　数量：
包装情形：
批　示：　收货厂商：
地　址：

图 6-117　选中文本

2 切换至“插入”选项卡，单击“表格”选项组中的“表格”按钮，如图 6-118 所示。

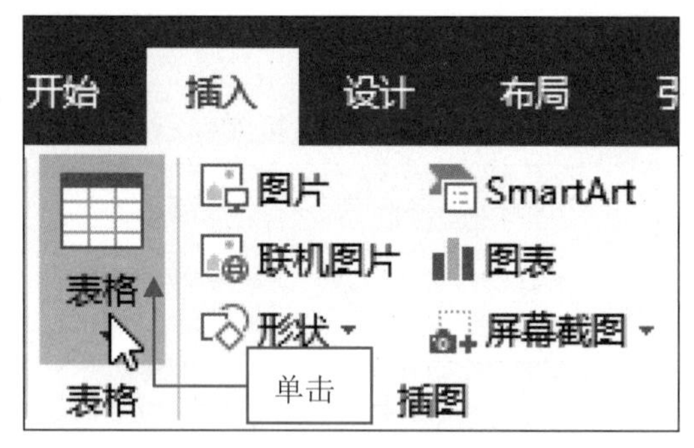

图 6-118　单击“表格”按钮

3 在弹出的下拉列表中选择“文本转换成表格”选项，如图 6-119 所示。

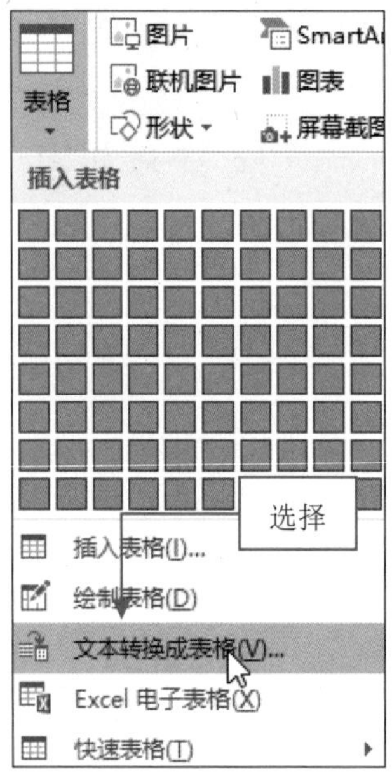

图 6-119　选择“文本转换成表格”选项

4 弹出“将文字转换成表格”对话框，在其中设置各参数，如图 6-120 所示。

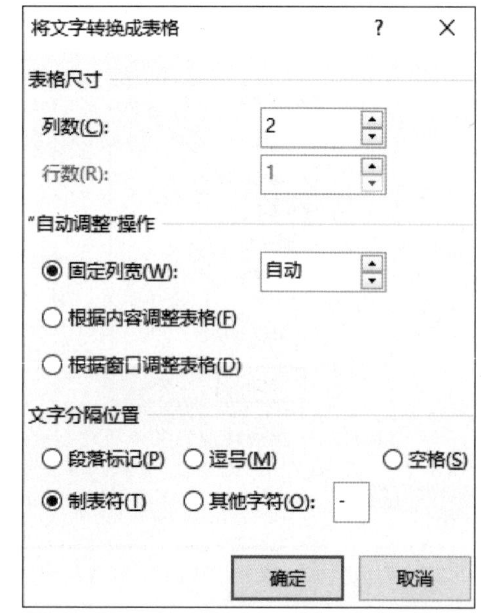

图 6-120　“将文字转换为表格”对话框

5 单击“确定”按钮，即可将选中的文本转换为表格形式，图 6-121 所示。

出 货 通 知 单

□样　品	编号：
□成　品	年　月　日
成品出货日期：　年　月　日　时	
成品名称：	数量：
包装情形：	
批　示：	收货厂商：
	地　址：

图 6-121　文本转换为表格

知识链接

选中需要转换为表格的文本后，单击“表格”按钮，在弹出的列表框中选择“插入表格”按钮，可以快速地将文本转换为普通的表格形式。

第6章

第 7 章

创建与编辑图表

Word 2016 提供了强大的图表编辑功能，图表能直观、清楚地将各种数据表现出来，且层次分明、条理清晰。本章将主要介绍插入图表、创建数据表、设置图表类型和设置图表格式等内容。

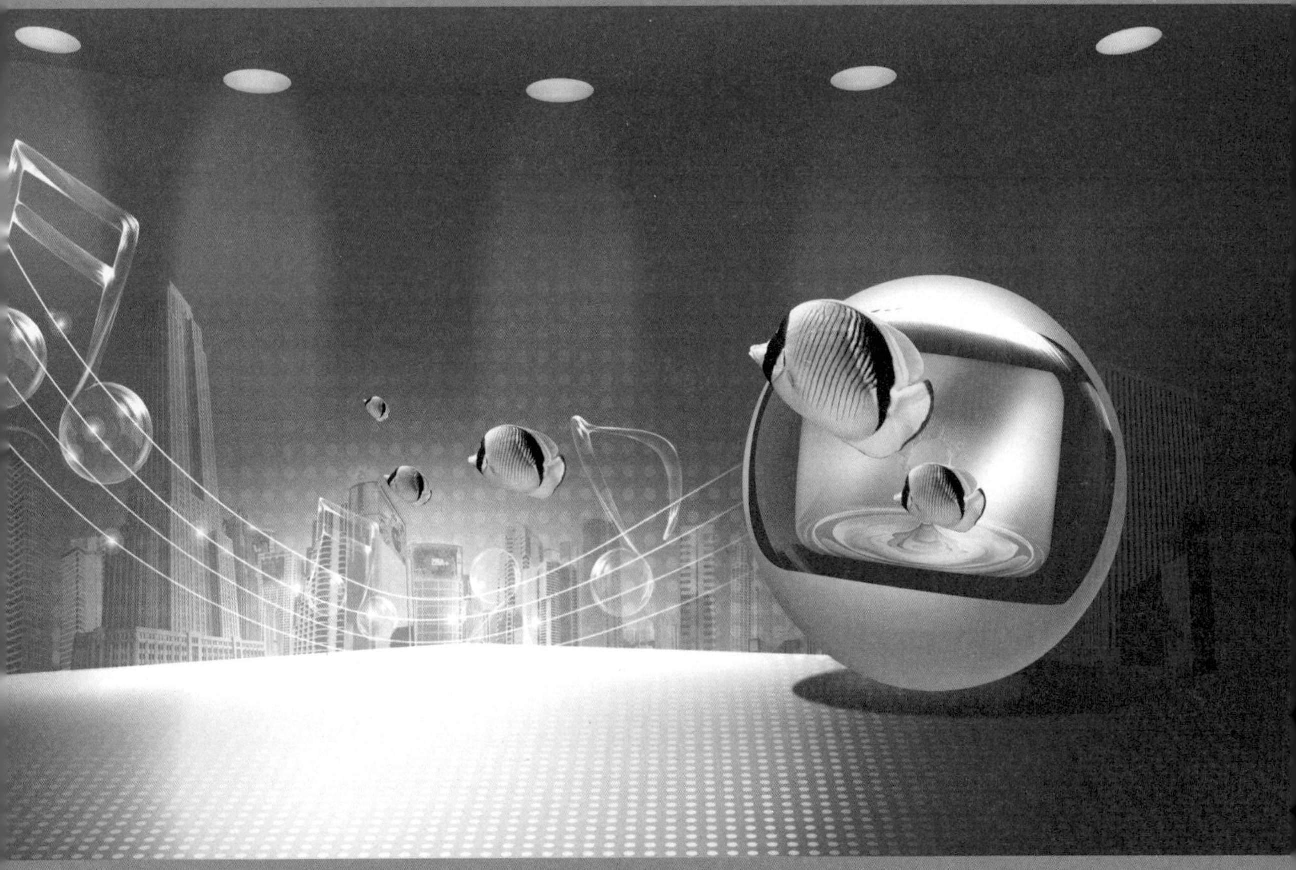

7.1 插入图表

使用图表可以使数据更加直观、简洁，在 Word 2016 中可以使用插入对象的方法插入图表，也可以创建 Word 图表、插入 Excel 图表等。插入图表的具体操作步骤如下：

1 新建一个空白文档，切换至“插入”选项卡，单击“插图”选项组中的“图表”按钮，如图 7-1 所示。

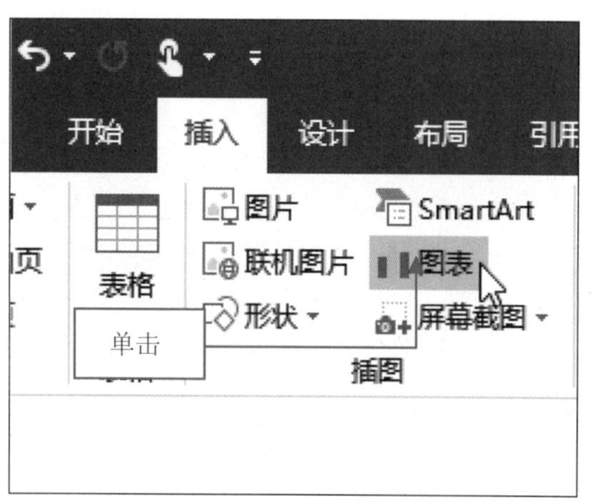

图 7-1 单击“图表”按钮

3 选择一种图表类型，如图 7-3 所示。

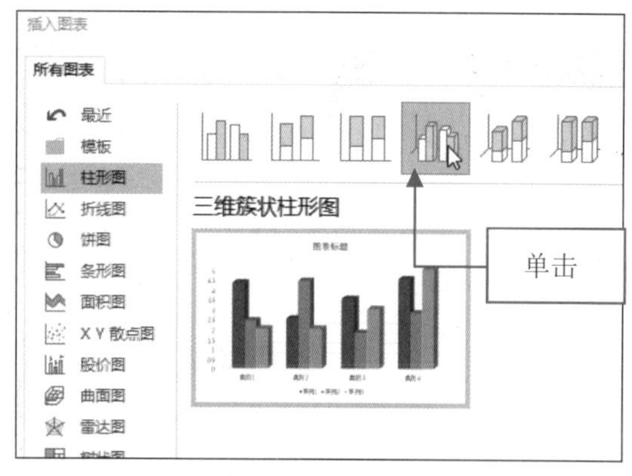

图 7-3 选择图表类型

2 弹出“插入图表”对话框，切换至“柱形图”选项卡，如图 7-2 所示。

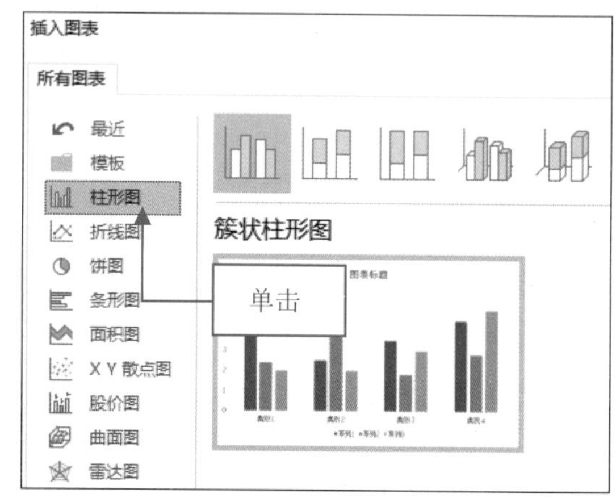

图 7-2 切换至“柱形图”选项卡

4 单击“确定”按钮，新建一个图例图表，且随之打开一个 Excel 数据表，单击“在 Microsoft Excel 中编辑数据”按钮，如图 7-4 所示。

	A	B	C	D
1		系列 1	系列 2	系列 3
2	类别 1	4.3	2.4	2
3	类别 2	2.5	4.4	2
4	类别 3	3.5	1.8	3
5	类别 4	4.5	2.8	5

图 7-4 编辑图表数据

专家提醒

在 Excel 文档中调整数据区域的大小就是调整图表数据，Excel 文档中的数据直接关系着图表数据的显示。

5 进入 Excel，在 Excel 文档的各单元格中输入图表数据，如图 7-5 所示。

图 7-5　输入数据

6 数据编辑完成后，关闭 Excel 文档，此时，Word 文档将根据所编辑的数据创建一个图表，如图 7-6 所示。

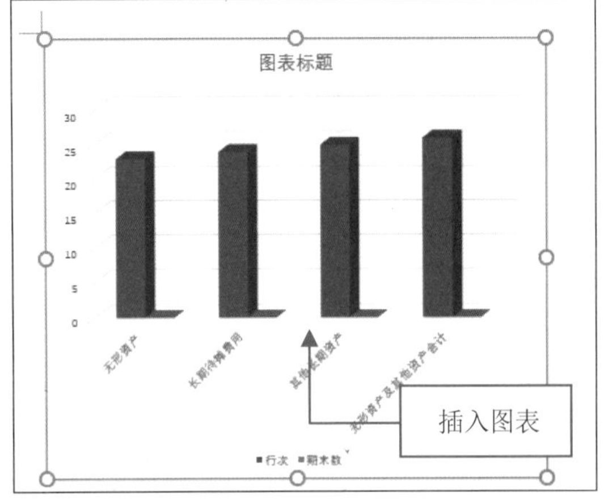

图 7-6　插入图表

7.2　编辑数据表

图表主要由图表和数据组成，且有数据才能体现出图表的作用，当插入图表后，可能会发现原来输入的数据错误或是格式不太符合，此时就需要对数据进行适当的修改。图表数据的编辑主要是通过图表数据表的编辑来实现的。

7.2.1　编辑与修改数据

编辑图表数据之前应先打开图表数据表，在数据表中更改数据后，图表中的信息也会随之改变。编辑与修改数据的具体操作步骤如下：

1 打开 Word 文档，选中文档编辑区中的图表，如图 7-7 所示。

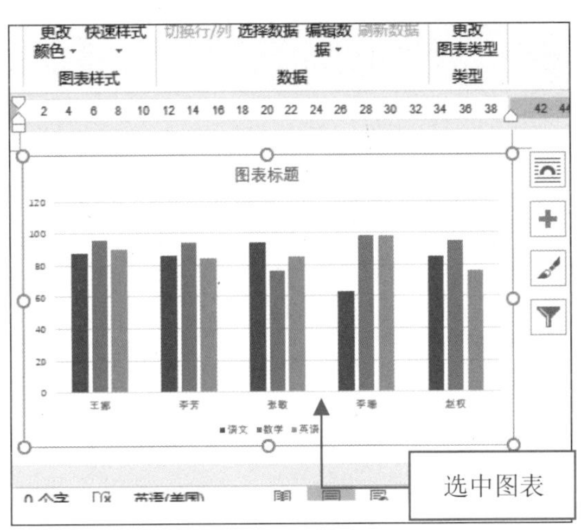

图 7-7　选中图表

2 切换至“图表工具”|“设计”选项卡，单击“数据”选项组中的“编辑数据”按钮，如图 7-8 所示。

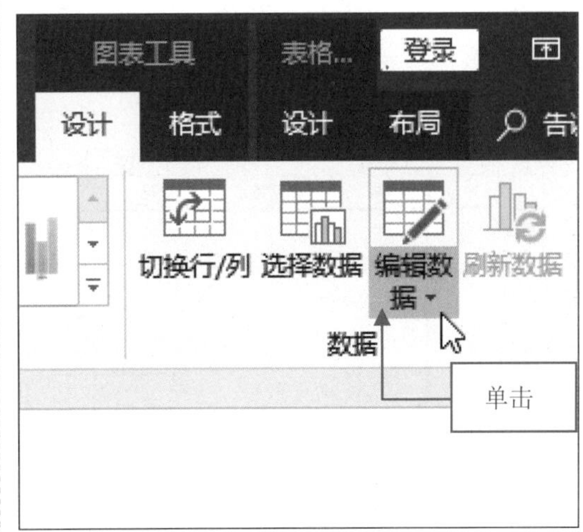

图 7-8　单击“编辑数据”按钮

3 执行操作后，将打开 Excel 图表数据文档，如图 7-9 所示。

	A	B	C	D	E
1		语文	数学	英语	
2	王娜	88	96	90	
3	李芳	86	94	84	
4	张敏	94	76	85	
5	李珊	63	98	98	
6	赵权	85	95	76	
7					
8					

图 7-9 打开 Excel 文档

4 将鼠标指针移至数据表中的 B2 单元格中，鼠标指针呈✚形状，如图 7-10 所示。

	A	B	C	D
1		语文	数学	英语
2	王娜	88	96	90
3	李芳	86	94	84
4	张敏	94		85
5	李珊	63		98
6	赵权	85	95	76
7				
8				

鼠标指针

图 7-10 鼠标指针

知识链接

在单元格上双击鼠标左键即可将其选中并进行数据的编辑。

5 选中单元格后，输入数据 100，如图 7-11 所示。

	A	B	C	D
1		语文	数学	英语
2	王娜	100	96	9
3	李芳	86	94	8
4	张敏	94	76	8
5	李珊	63		9
6	赵权	85		7
7				

输入数据

图 7-11 输入数据

6 执行操作后，Word 文档中的图表数据将随之改变，如图 7-12 所示。

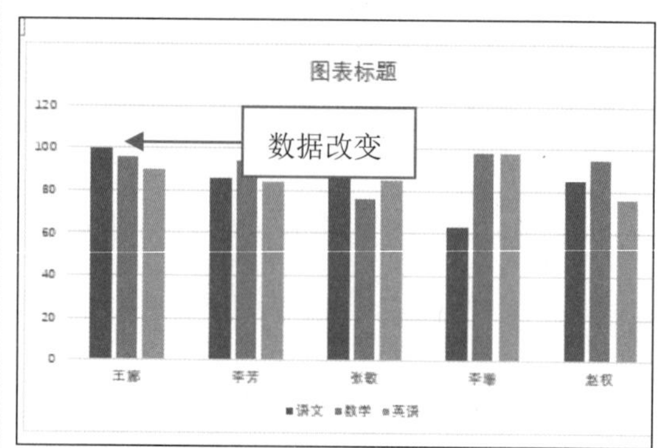

图 7-12 改变图表数据

7 将鼠标指针移至图表数据区域右下角，按住鼠标左键并拖曳至 D8 单元格，如图 7-13 所示。

	A	B	C	D
1		语文	数学	英语
2	王娜	100	96	90
3	李芳	86	94	84
4	张敏	94	76	85
5	李珊	63	98	98
6	赵权			76
7				
8				
9				

拖曳鼠标

图 7-13 拖曳鼠标

8 扩展图表数据区域大小后，选中 A7 单元格并输入相应的数据，如图 7-14 所示。

	A	B	C	D
1		语文	数学	英语
2	王娜	100	96	9
3	李芳	86	94	8
4	张敏	94	76	8
5	李珊	63	98	9
6	赵权			7
7	孙鸥			

输入数据

图 7-14 输入数据

9. 用相同的方法，依次修改各单元格中的数据，如图 7-15 所示。

	A	B	C	D	E
1		语文	数学	英语	
2	王娜	100	96	90	
3	李芳	86	94	84	
4	张敏	94	76	85	
5	李珊	63	98	98	
6	赵权	85	95	76	
7	孙鸥	89	79	99	
8	高辉	7[illegible]		96	
9					

输入数据

图 7-15　输入数据

10. 执行操作后，Word 文档中的图表布局及图表数据将随之改变，如图 7-16 所示。

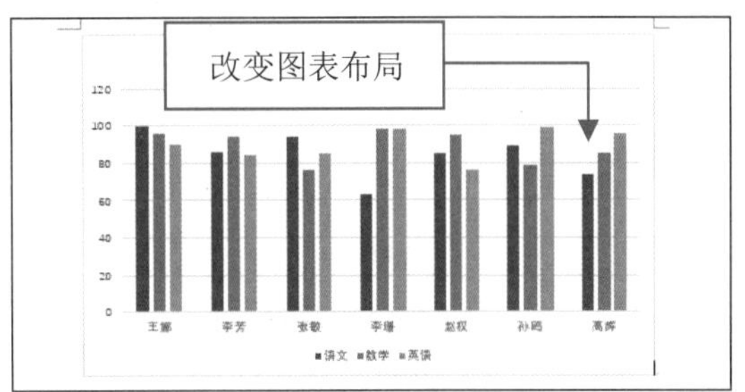

图 7-16　改变图表

专家提醒

在 Word 2016 中的图表数据编辑都是通过 Excel 数据表的编辑来实现的。Excel 数据表中的数据与图表的布局和数据有着直接联系。因此，在 Excel 表中删除、增加或修改数据时，Word 文档中的图表也会随之进行改变。

7.2.2　格式化数据表内容

图表数据的格式化主要是对数据的格式进行设置，针对不同类型的数据，其格式化形式也会有所不同。格式化数据表内容的具体操作步骤如下：

1. 打开 Excel 数据表，将鼠标指针移至 B2 单元格上，如图 7-17 所示。

	A	B	C	D
1		语文	数学	英语
2	王娜	100	96	90
3	李芳	86	94	84
4	张敏	94	76	85
5	李珊	63	98	98
6	赵权		95	76
7	孙鸥		79	99
8	高辉	74	85	96

鼠标指针

图 7-17　鼠标指针

2. 按住鼠标左键并拖曳至 D8 单元格，释放鼠标左键后即可选中各单元格，如图 7-18 所示。

	A	B	C	D
1		语文	数学	英语
2	王娜	100	96	90
3	李芳	86	94	84
4	张敏	94	76	85
5	李珊	63	98	98
6		[illegible]5	95	76
7		[illegible]9	79	99
8	高辉	74	85	96

选中单元格

图 7-18　选中单元格

3. 切换至“开始”选项卡，单击“数字”选项组右下角的对话框启动器按钮，如图 7-19 所示。

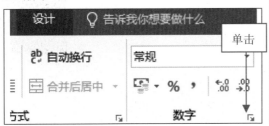

设计　告诉我你想要做什么

单击

自动换行　常规

合并后居中　%

对齐方式　数字

图 7-19　单击对话框启动器按钮

4. 执行操作后，将弹出“设置单元格格式”对话框，如图 7-20 所示。

设置单元格格式

数字　对齐　字体　边框　填充　保护

分类(C):

常规

数值

货币

会计专用

示例

100

常规单元格格式不包含任何特定的数字格式。

图 7-20　“设置单元格格式”对话框

5 在“分类”列表框中选择“数值”选项卡，再设置“小数位数”为1，并选中“使用千位分隔符”复选框，如图7-21所示。

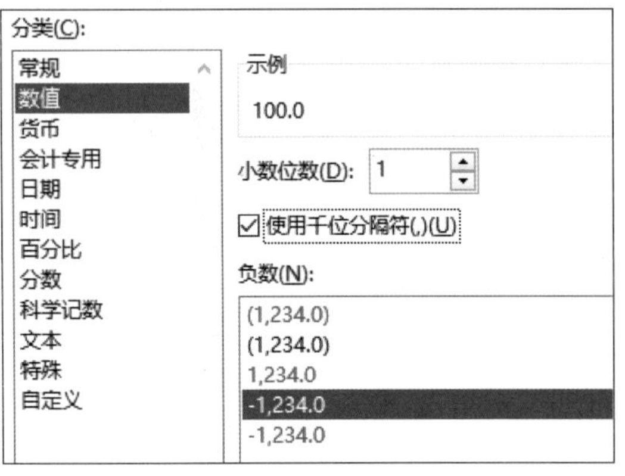

图 7-21　设置各选项

6 单击“确定”按钮，所选单元格的数据格式将随之改变，如图7-22所示。

	A	B	C	D
1		语文	数学	英语
2	王娜	100.0	96.0	90.0
3	李芳	86.0	94.0	84.0
4	张敏	94.0	76.0	85.0
5	李珊	63.0	98.0	98.0
6	赵权	85.0	95.0	76.0
7	孙鸥	[illegible]	[illegible]	99.0
8	高辉	[illegible]	[illegible]	96.0
9				

改变数据格式

图 7-22　改变数据格式

7 此时，Word 文档中的图表数据格式也随之改变，如图7-23所示。

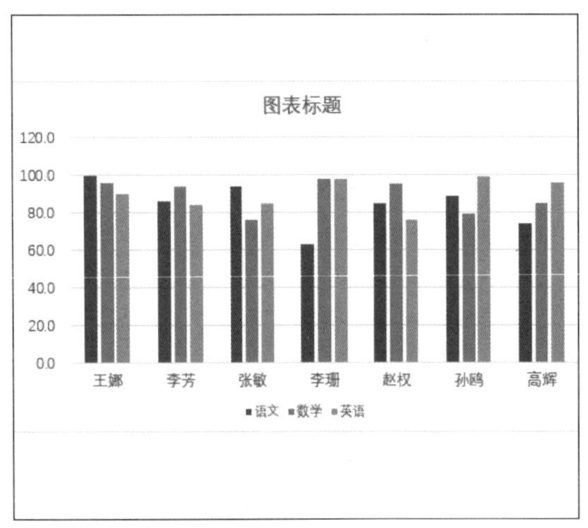

图 7-23 图表发生变化

知识链接

在“设置单元格格式”对话框中，根据数据的不同分类，数据格式也会有所不同。

单击“数字”选项组中的“会计数字格式”按钮、“百分比样式”按钮%、“千位分隔样式”按钮、“增加小数位数”按钮和“减少小数位数”按钮，也可以对数据格式进行设置。

7.3　设置图表类型

在 Word 2016 中内置了丰富的图表类型，在编辑完数据后，用户可以根据需要选择合适的图表类型，适当地编辑图表布局等选项，让数据的统计一目了然。

扫码观看本节视频

7.3.1　选择图表类型

第一次创建的图表类型不一定适合数据的表达，Word 2016 提供了多种图表类型，用户可以根据需要随时调用。选择图表类型的具体操作步骤如下：

1 打开 Word 文档，选中图表，如图 7-24 所示。

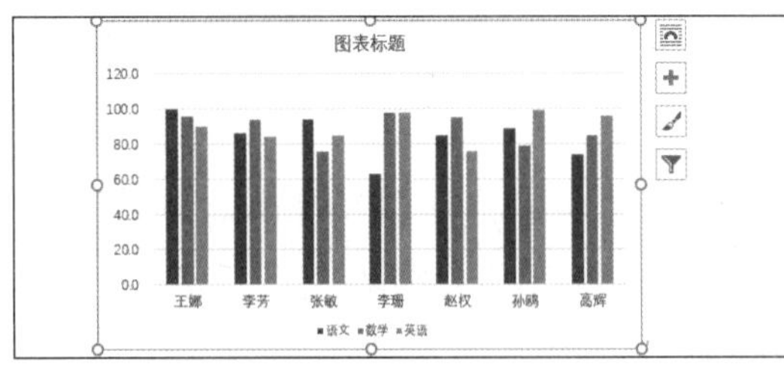

图 7-24　打开文档

2 切换至“图表工具”|“设计”选项卡，单击“类型”选项组中的“更改图表类型”按钮，如图 7-25 所示。

图 7-25　单击“更改图表类型”按钮

3 弹出“更改图表类型”对话框，在其中显示了当前图表的图表类型，如图 7-26 所示。

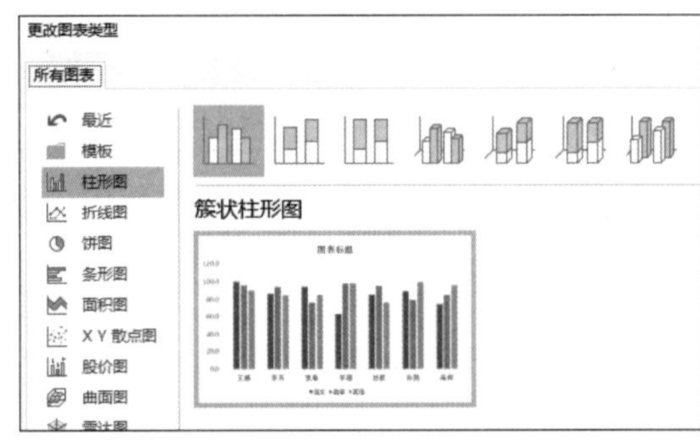

图 7-26　显示当前图表类型

4 切换至“条形图”选项卡，单击“簇状条形图”图标，如图 7-27 所示。

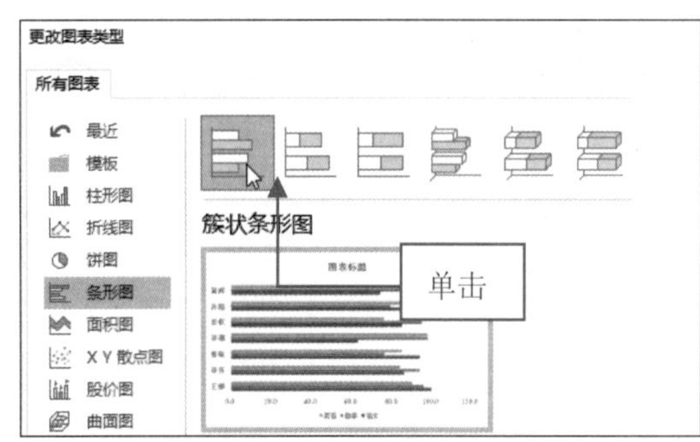

图 7-27　选择图表类型

知识链接

在需要修改图表类型的图表区中单击鼠标右键，在弹出的快捷菜单中选择“更改图表类型”选项，也能弹出“更改图表类型”对话框。

5 单击“确定”按钮，即可改变图表类型，如图 7-28 所示。

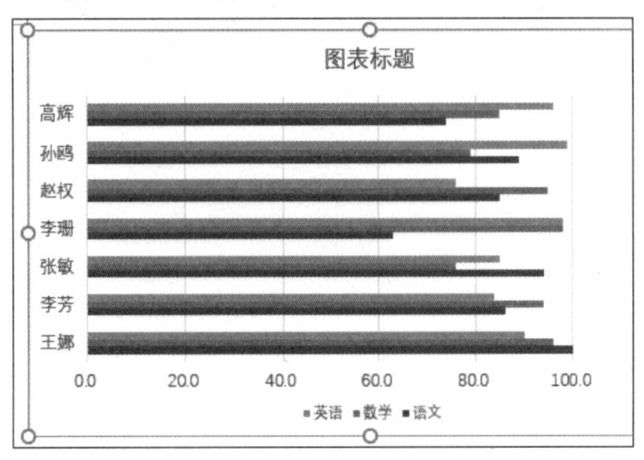

图 7-28　改变图表类型

专家提醒

在图表上直接单击鼠标右键改变图表类型时需要注意，若选中的是图表一个系列中的图形块，在弹出的快捷菜单中将会出现“更改系列图表类型”选项，选择该选项，同样会弹出“更改图表类型”对话框，设置图表类型后，只能改变所选中系列的图表类型，而其他系列的图表类型不变。

7.3.2 设置图表样式

在默认情况下，所创建的图表样式都比较单一、平淡，Word 2016 提供了多种多样的图表样式供用户随时调用。设置图表样式的具体操作步骤如下：

1 在文档中选中图表，切换至“图表工具”|“设计”选项卡，如图 7-29 所示。

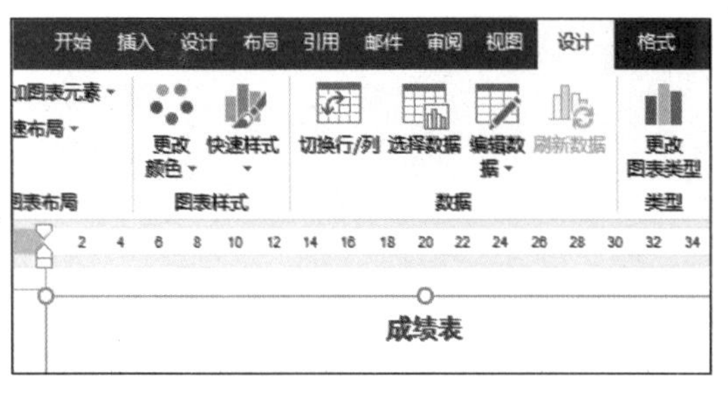

图 7-29 选中表格

2 单击“图表样式”选项组中的“其他”按钮，如图 7-30 所示。

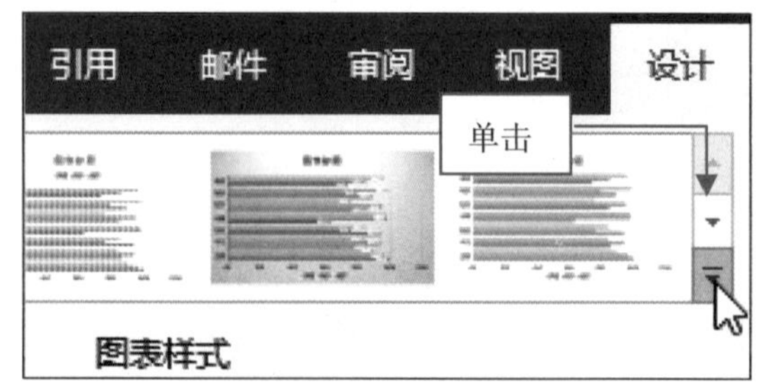

图 7-30 单击“其他”按钮

在“图表样式”选项组中可以直接选择其列表框中的样式选项，单击其右侧的两个按钮▲和▼，可以调整预览图表的外观样式。

3 在弹出的下拉列表中选择“样式 12”选项，如图 7-31 所示。

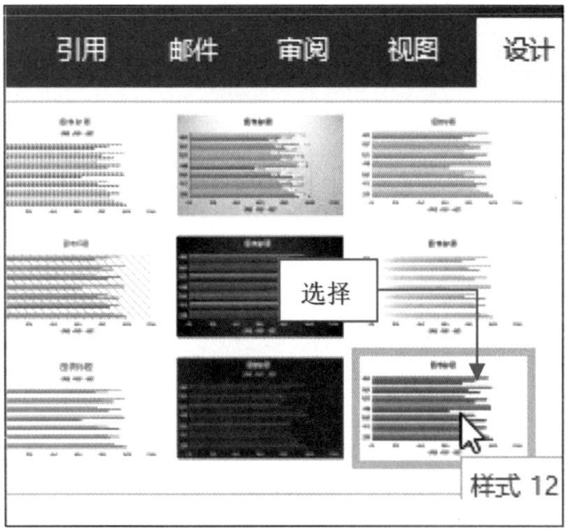

图 7-31 选择“样式 26”选项

4 执行操作后，即可改变图表样式，如图 7-32 所示。

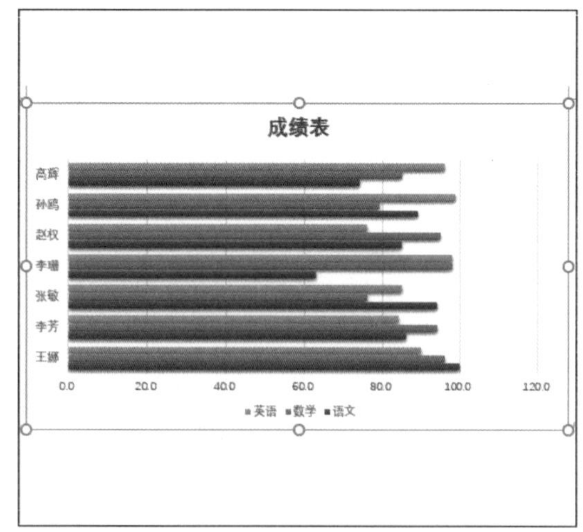

图 7-32 更改图表样式

7.3.3 设置图表布局

图表的布局直接影响到整个图表的表达，因此为图表设置一个合理的布局是非常重要的。设置图表布局的具体操作步骤如下：

第7章

1. 打开 Word 文档，并选中图表，如图 7-33 所示。

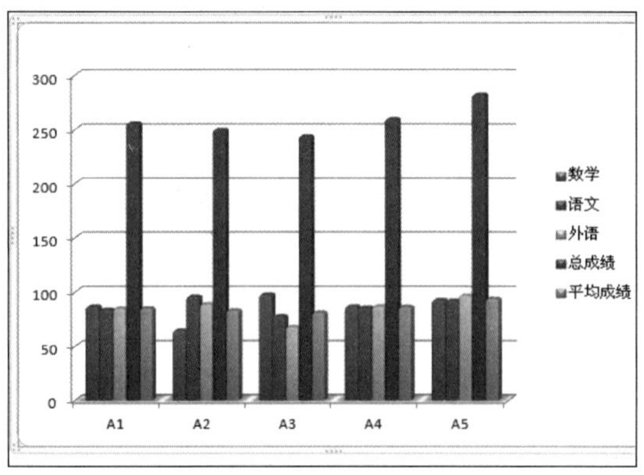

图 7-33　选中图表

2. 切换至“图表工具”|“设计”选项卡，单击“图表布局”选项组中的“快速布局”按钮，如图 7-34 所示。

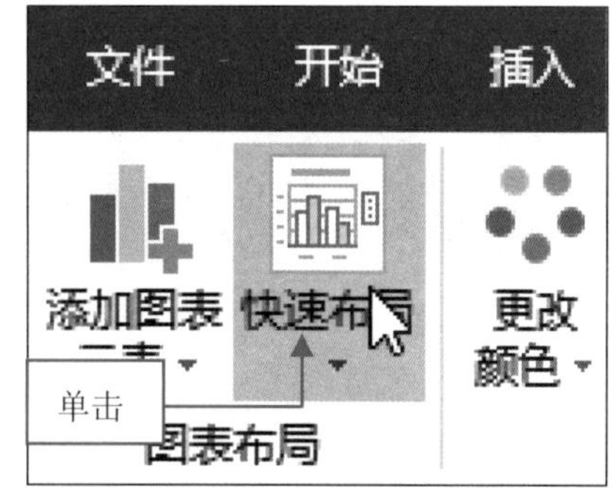

图 7-34　单击“快速布局”按钮

3. 在弹出的下拉列表中选择“布局 2”选项，如图 7-35 所示。

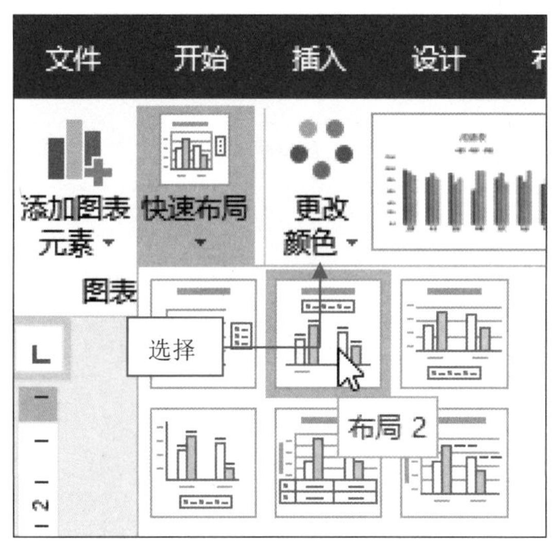

图 7-35　选择“布局 2”选项

4. 执行操作后，即可改变图表的布局，如图 7-36 所示。

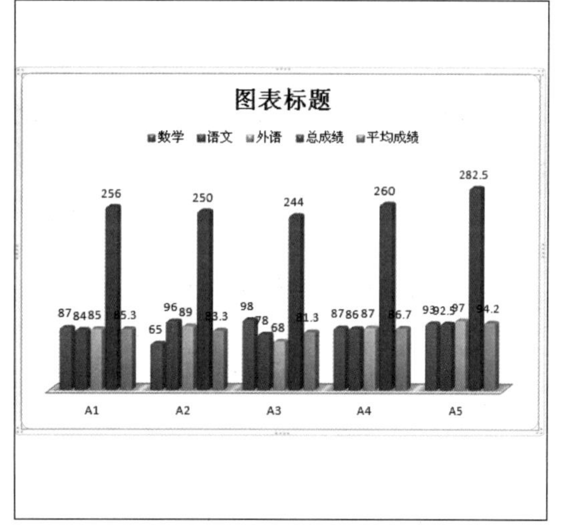

图 7-36　改变图表的布局

知识链接

Word 2016 提供了 11 种快速的图表布局，使用时只需单击“图表布局”选项组中的“快速布局”按钮，在弹出的列表框中选择相应的图表布局，即可将其应用于图表中。

7.3.4　切换图表坐标轴

在 Word 2016 中用户可以轻松地切换图表坐标轴上的数据，即切换行与列中的数据，执行该操作后，图表的形式也会随之进行改变，切换图表的具体操作步骤如下：

1 在 Word 文档中选中需要切换坐标轴的图表，如图 7-37 所示。

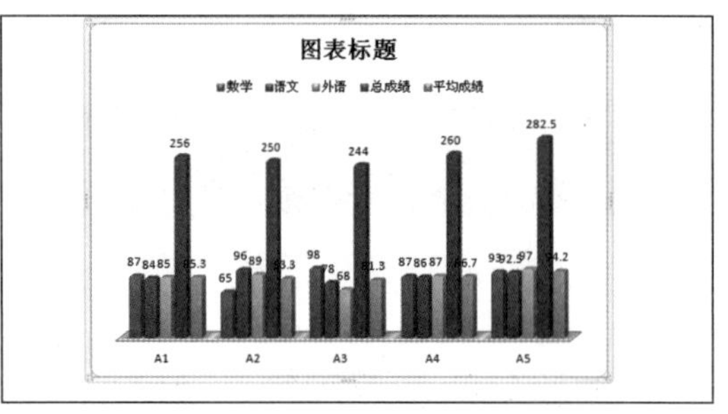

图 7-37　选中图表

2 切换至“图表工具”|“设计”选项卡，单击“数据”选项组中的“编辑数据”按钮，如图 7-38 所示。

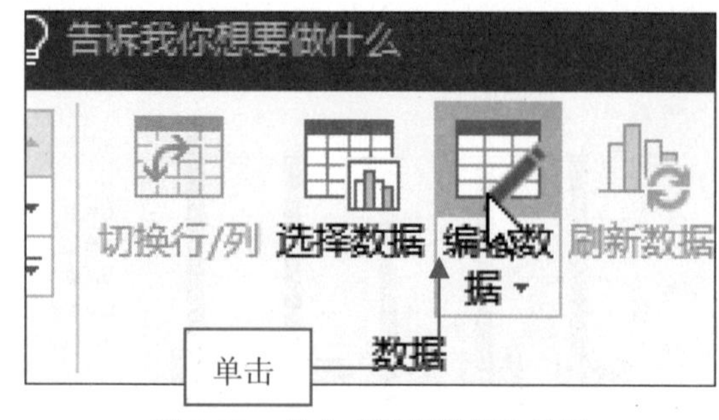

图 7-38　单击“编辑数据”按钮

专家提醒

切换图表坐标轴只是在形式上改变图表数据的行列关系，而 Excel 数据表中的数据位置是不会被改变的。

3 执行操作后，将打开 Excel 数据表且“数据”选项组中的“切换行/列”按钮被激活，单击该按钮，如图 7-39 所示。

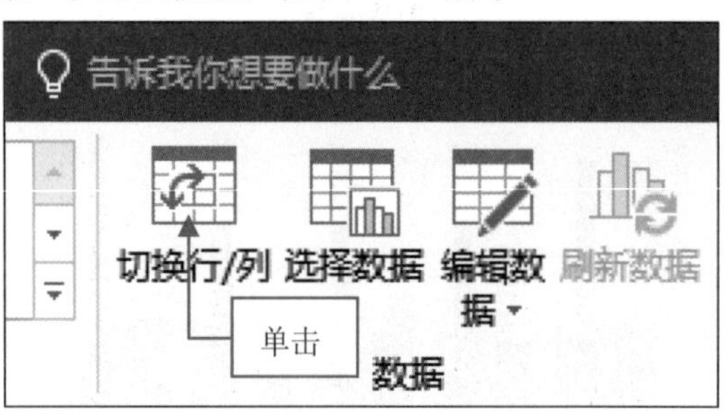

图 7-39　单击“切换行/列”按钮

4 切换行与列中的数据，即改变图表数据的坐标轴，图表的形式也随之改变，效果如图 7-40 所示。

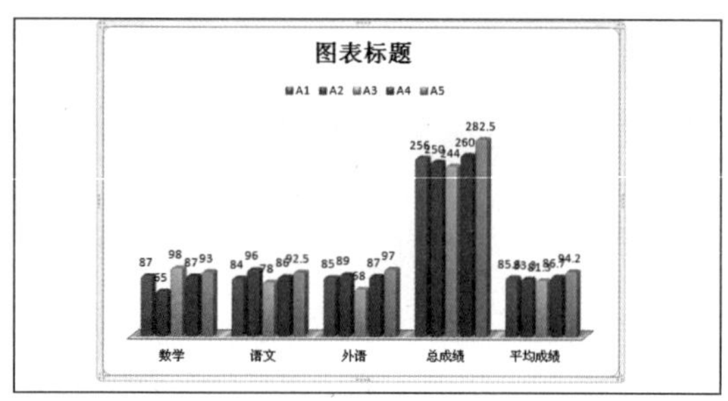

图 7-40　改变图表形式

关闭 Excel 数据表，Word 文档“数据”选项组中的“切换行/列”按钮的激活状态将自动关闭。

7.4　设置图表格式

图表制作完成后，如果对图表的图案样式、背景颜色、文本格式等不太满意，可以通过设置图表格式来美化图表。

7.4.1　设置图表区格式

图表区是在创建图表的同时创建的，它主要用于控制图表的区域范围。在默认情况下，图表区是没有填充任何颜色或图案的。设置图表区格式的具体操作步骤如下：

1 打开 Word 文档，在文档编辑区中选中图表，显示图表区域范围，如图 7-41 所示。

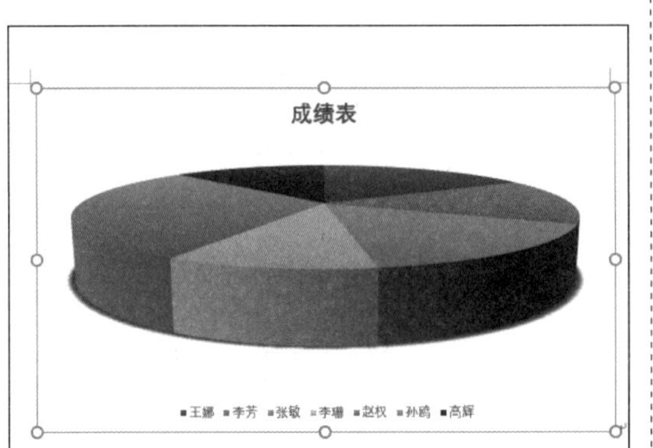

图 7-41　显示图表区域

2 在图表区的空白区域单击鼠标右键，在弹出的快捷菜单中选择“设置图表区域格式”选项。弹出“设置图表区格式”窗格，如图 7-42 所示。

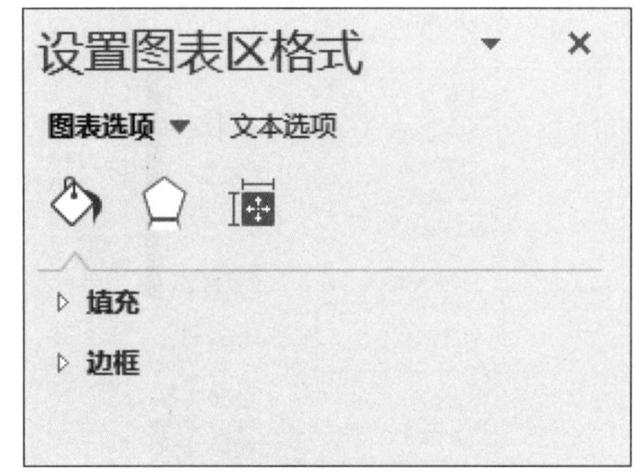

图 7-42　“设置图表区格式”窗格

知识链接

选中图表且显示图表区域后，切换至“图表工具”|“格式”选项卡，单击“形状样式”选项组中的对话框启动器按钮，将会弹出“设置图表区格式”对话框。

3 切换至“填充与线条”选项卡后，在“填充”列表中选中“图案填充”单选按钮，并选择一种图案，如图 7-43 所示。

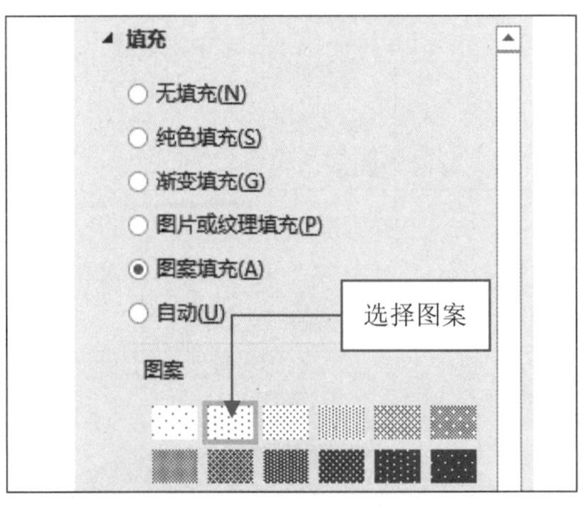

图 7-43　选择图案

4 单击“关闭”按钮，图表区域的背景填充效果随之改变，如图 7-44 所示。

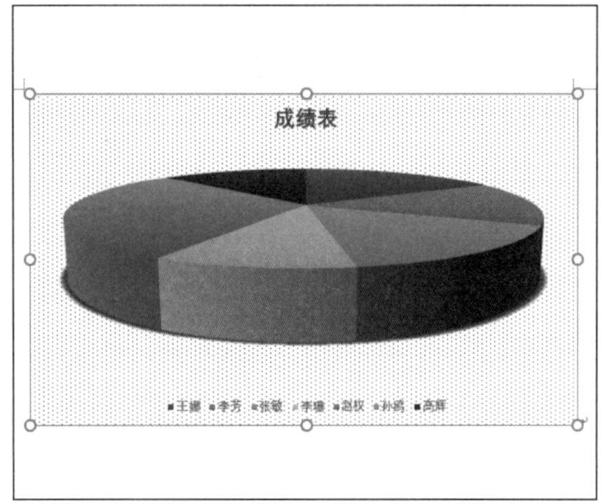

图 7-44　改变背景颜色

知识链接

在“填充”选项区中选中“图案填充”单选按钮后，在其下方可以分别设置填充图案的前景色和背景色。

5 单击鼠标右键选择打开“设置图表区格式”窗格，单击“边框”选项，选中“渐变线”单选按钮，单击“预设颜色”按钮，在弹出的下拉列表中选择“中等渐变-个性色 2”选项，如图 7-45 所示。

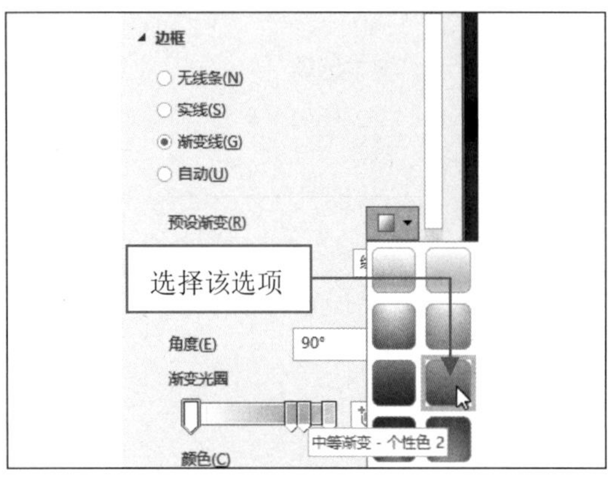

图 7-45　选择渐变色

6 设置“宽度”为 4 磅，单击“复合类型”按钮，在弹出的列表框中选择“单线”选项，如图 7-46 所示。

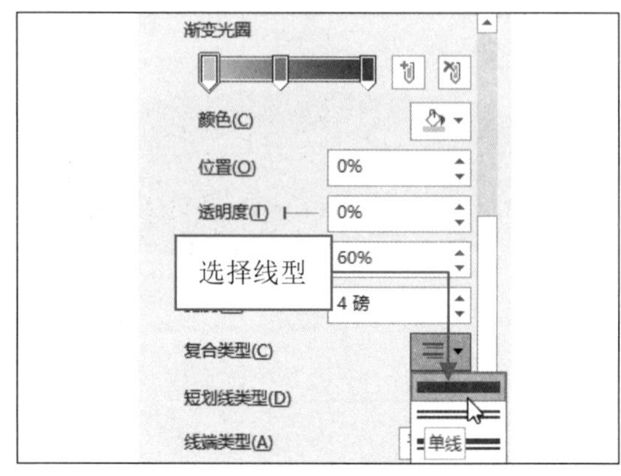

图 7-46　选择“单线”选项

7 单击“短划线类型”按钮，在弹出的列表框中选择“划线-点”选项，如图 7-47 所示。

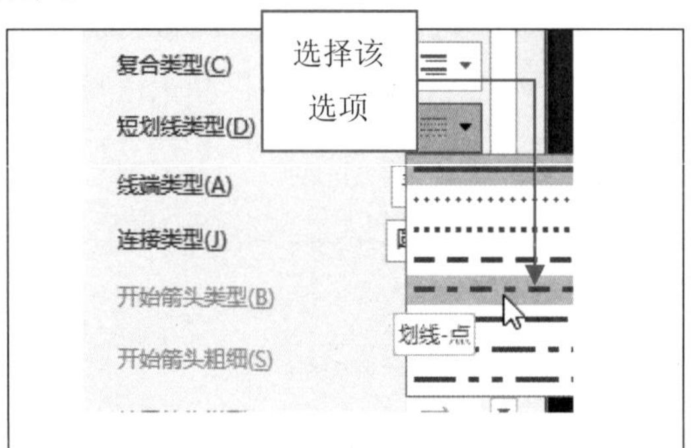

图 7-47　选择“划线-点”选项

8 再在窗格中设置“端点类型”为“圆形”“联接类型”为“棱台”，并选中“圆角”复选框，如图 7-48 所示。

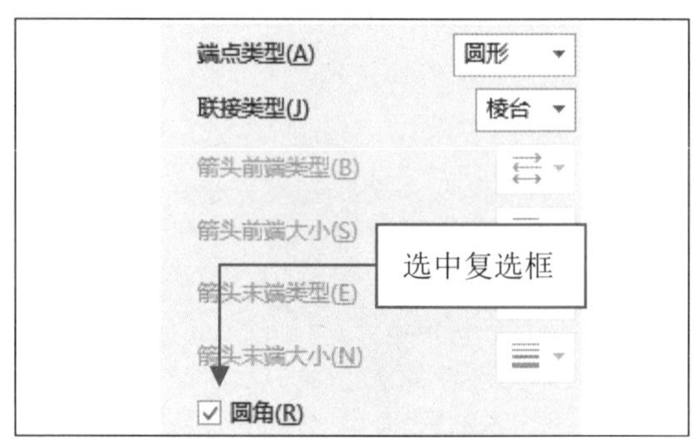

图 7-48　设置各选项

9 切换至“效果”选项卡，在“发光”列表中设置各选项，如图 7-49 所示。

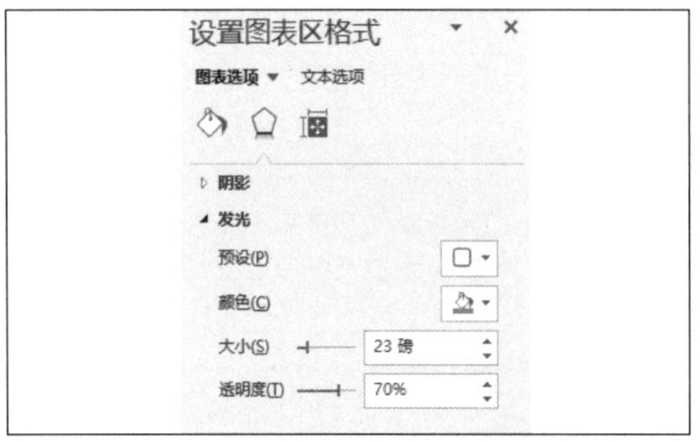

图 7-49　切换至 “效果”选项卡

10 单击“关闭”按钮，图表区的格式进行了相应的改变，如图 7-50 所示。

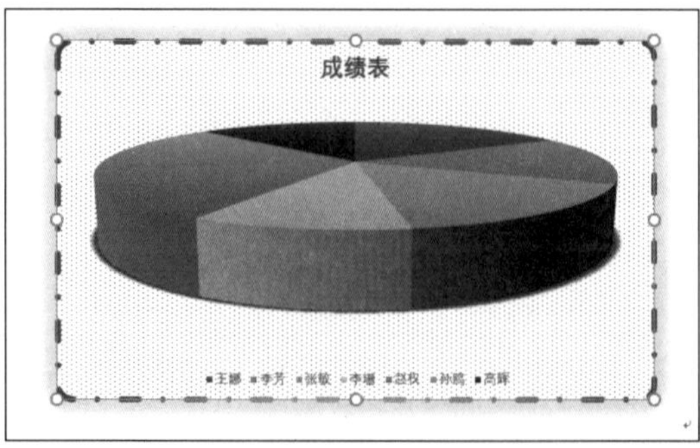

图 7-50　改变图表区格式

第7章

切换至“图表工具”|“格式”选项卡后，在“形状样式”选项组中可以通过设置“形状填充”“形状轮廓”“形状效果”等来改变图表区的格式。

7.4.2　设置数据标签格式

在很多图表中的数据都是直接通过图形大小来体现的，但在 Word 2016 中可以通过设置数据标签来控制数据的显示。设置数据标签格式的具体操作步骤如下：

1 在打开的 Word 文档中选中图表，如图 7-51 所示。

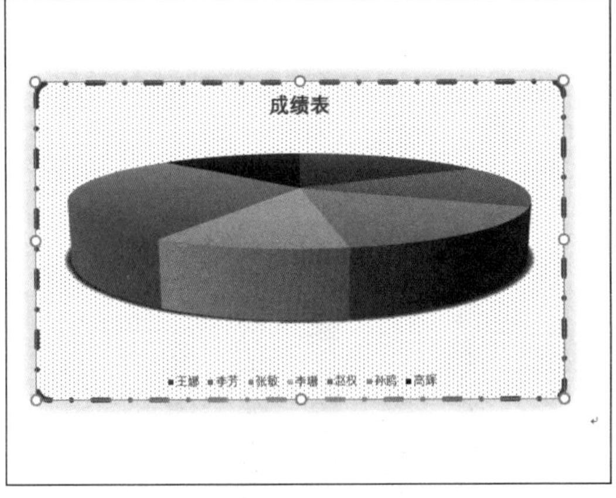

图 7-51　选中图表

2 切换至“图表工具”|“设计”选项卡，单击“图表布局”选项组中的“添加图表元素”按钮，在弹出的下拉列表中选择“数据标签”选项，如图 7-52 所示。

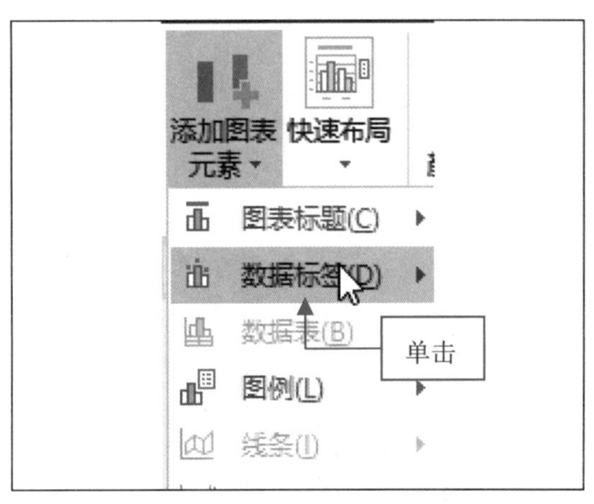

图 7-52　单击“数据标签”按钮

3 在弹出的下级列表中选择“其他数据标签选项”选项，如图 7-53 所示。

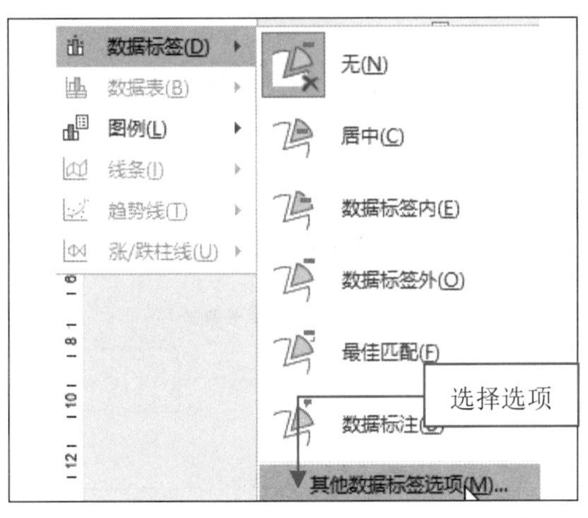

图 7-53　选择“其他数据标签选项”选项

4 弹出“设置数据标签格式”窗格，在“标签选项”列表中设置相关参数，如图 7-54 所示。

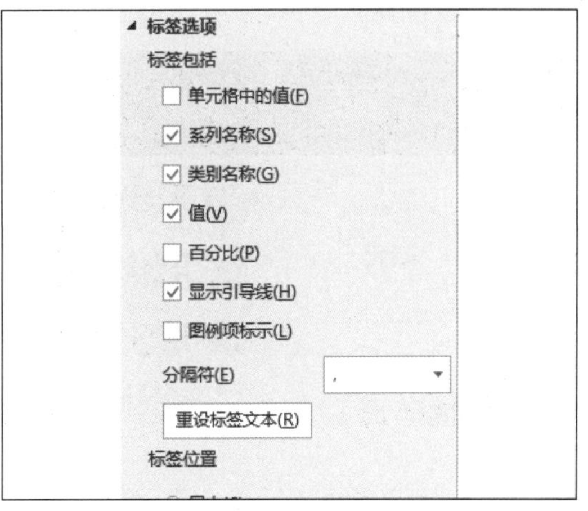

图 7-54　“设置数据标签格式”对话框

5 切换至“数字”选项，再在“数字”选列表中设置相关参数，如图 7-55 所示。

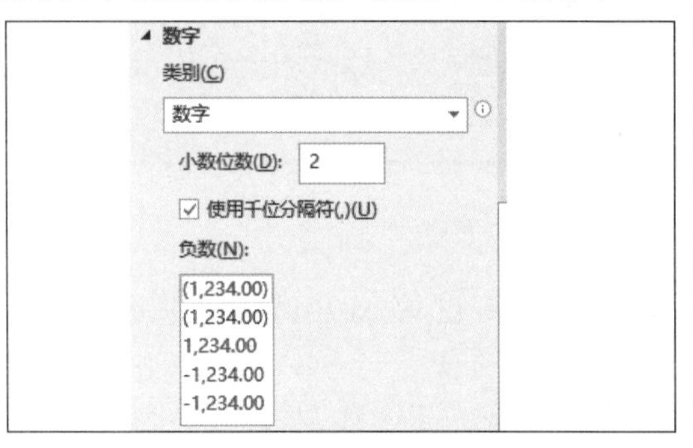

图 7-55 切换至“数字”选项

6 单击“关闭”按钮，即可完成数据标签格式的设置，如图 7-56 所示。

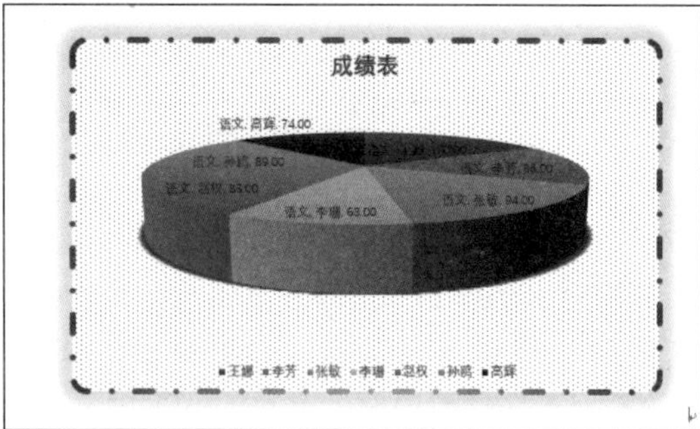

图 7-56 数据标签效果

7.4.3 设置绘图区格式

绘图区指的就是图表背景区域，图表绘图区默认的格式为白底黑边，用户也可以根据需要对绘图区的格式进行自定义。设置绘图区格式的具体操作步骤如下：

1 打开 Word 文档，如图 7-57 所示。

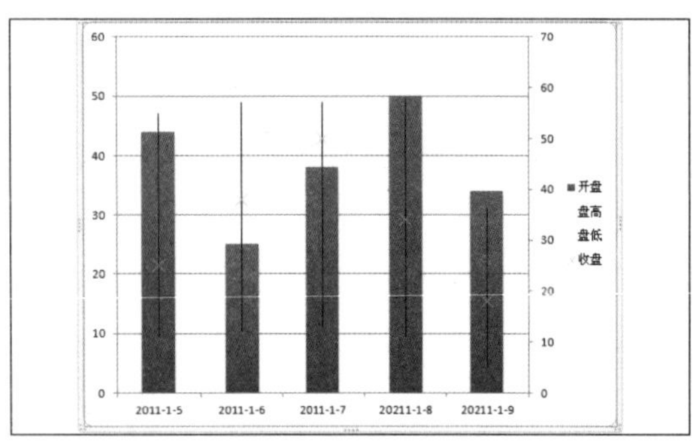

图 7-57 打开文档

2 在图表背景区域单击鼠标左键，即可选中绘图区，如图 7-58 所示。

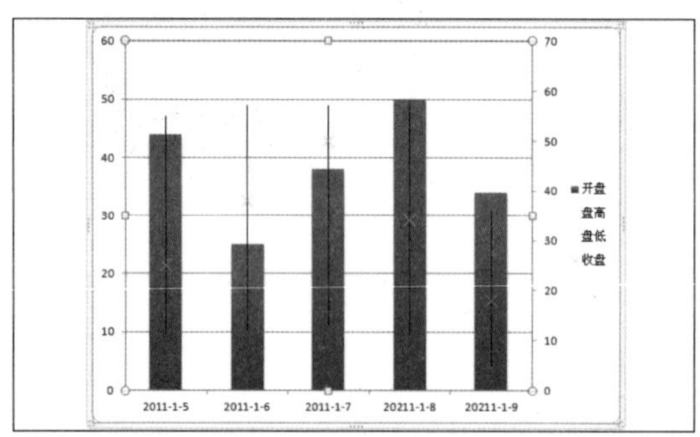

图 7-58 选中绘图区

3 切换至“图表工具”|“格式”选项卡，单击“形状样式”选项组中的“形状填充”按钮，如图 7-59 所示。

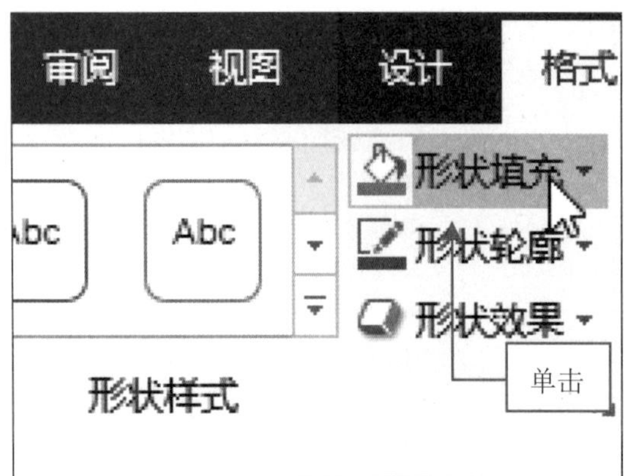

图 7-59 单击“形状填充”按钮

4 在弹出的列表框中选择“纹理”选项，如图 7-60 所示。

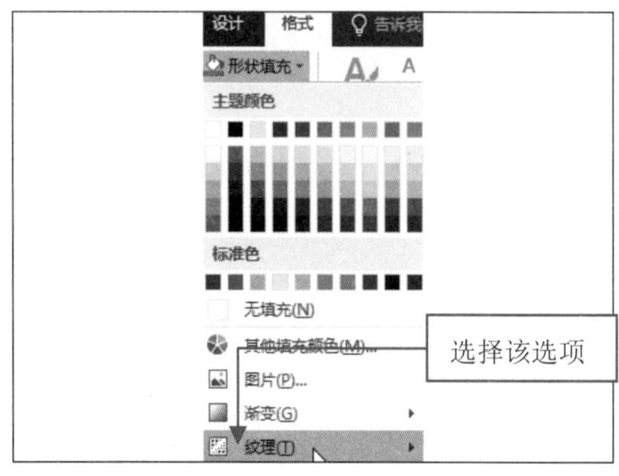

图 7-60 选择“纹理”选项

第7章

知识链接

在绘图区上双击鼠标左键，将弹出“设置绘图区格式”对话框，在其中可以对绘图区的“填充”“边框”“阴影”和“三维格式”等格式选项进行设置。

5 在弹出的下级列表中选择“蓝色面巾纸”选项，如图 7-61 所示。

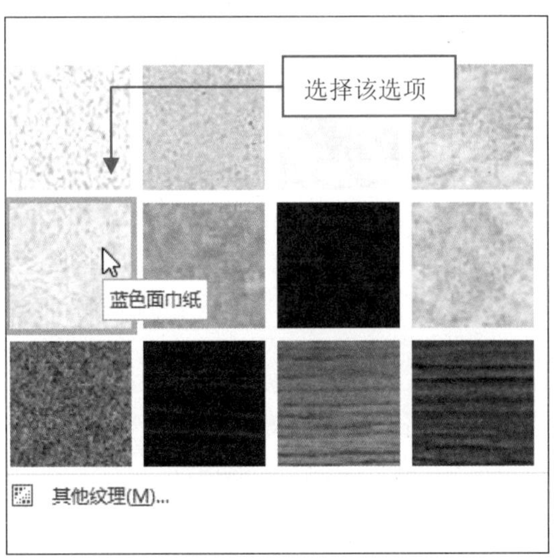

图 7-61　选择“蓝色面巾纸”选项

6 执行操作后，即可改变绘图区的填充效果，如图 7-62 所示。

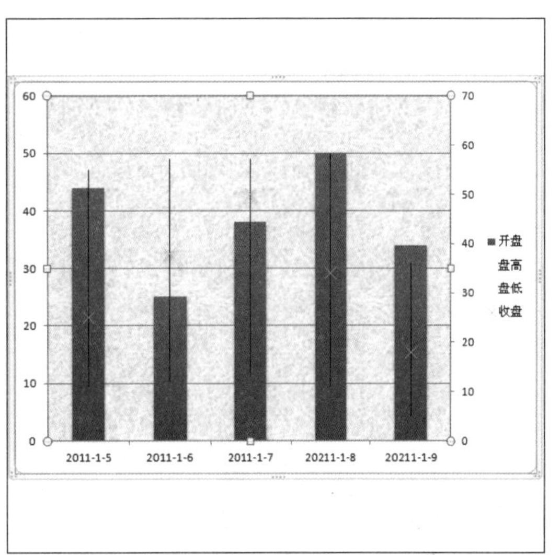

图 7-62　改变绘图区效果

7 单击“形状效果”按钮，选择“阴影”|“右下斜偏移”选项，如图 7-63 所示。

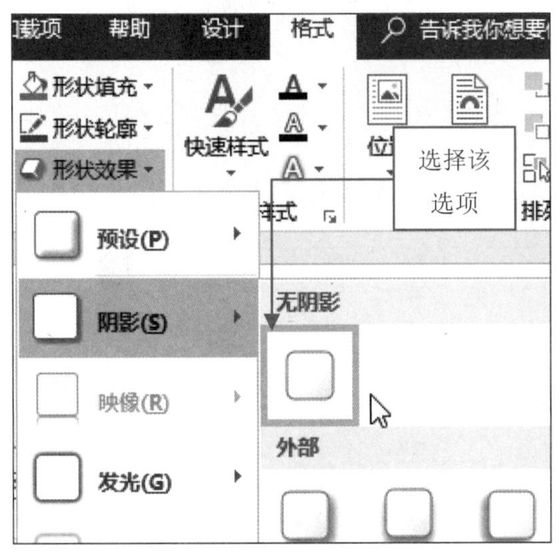

图 7-63　选择“右下斜偏移”选项

8 执行操作后，即可为绘图区添加阴影效果，如图 7-64 所示。

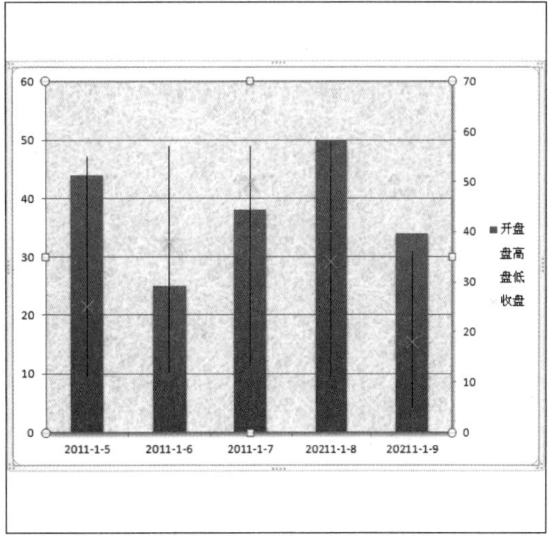

图 7-64　添加阴影效果

9 单击“形状效果”按钮，选择“棱台”|“松散嵌入”选项，如图 7-65 所示。

10 执行操作后，即可为绘图区添加相应的棱台三维效果，如图 7-66 所示。

第 7 章

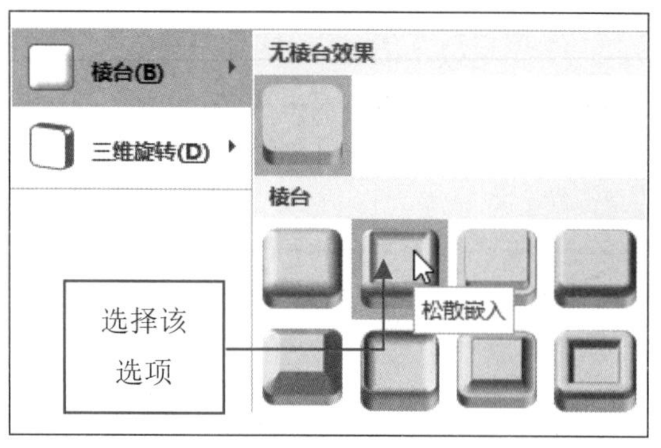

图 7-65 选择“松散嵌入”选项

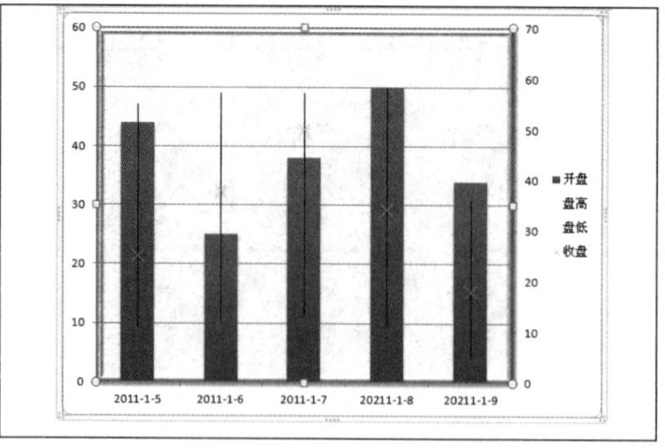

图 7-66 添加棱台三维效果

7.4.4 设置数据系列格式

一般情况下，图表数据系列格式都较为单一，用户可以根据需要对数据系列的格式进行自定义，制作出新颖、独特的图表样式。设置数据系列格式的具体操作步骤如下：

1 在打开的 Word 文档中选中数据系列，如图 7-67 所示。

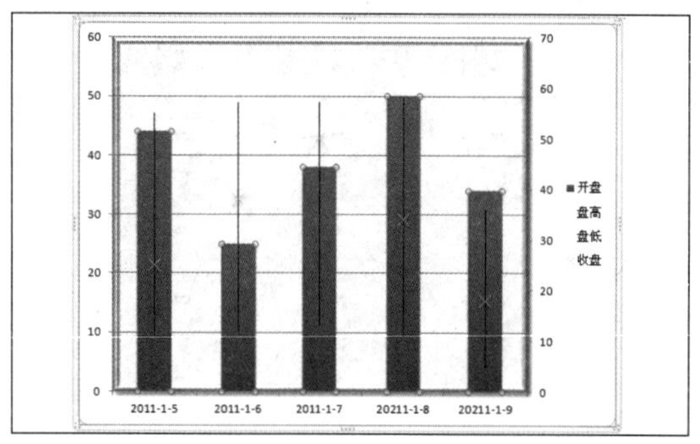

图 7-67 选中数据系列

2 单击鼠标右键，在弹出的快捷菜单中选择“设置数据系列格式”选项，如图 7-68 所示。

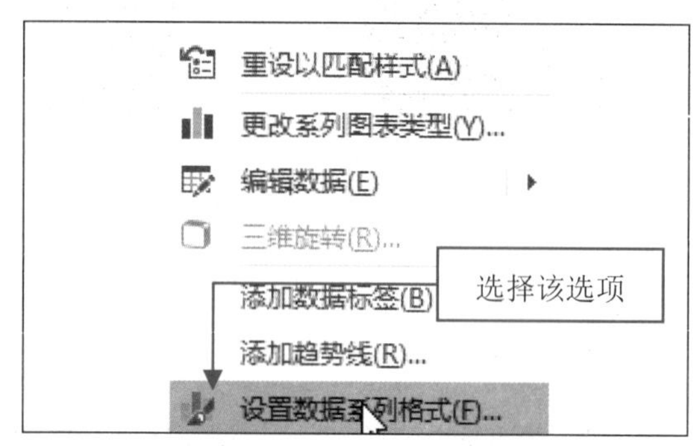

图 7-68 选择“设置数据系列格式”选项

3 弹出“设置数据系列格式”窗格，切换至“系列选项”选项卡，在“系列选项”列表中设置“分类间距”为 100%，如图 7-69 所示。

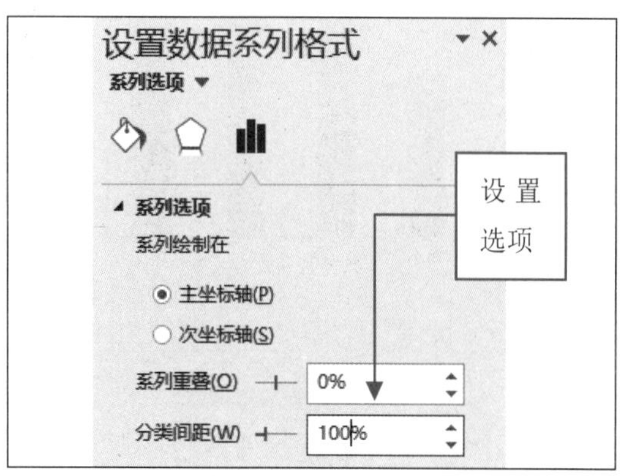

图 7-69 设置“间隙宽度”

4 切换至“效果”选项卡，在“阴影”列表中单击“预设”按钮，在弹出的下拉列表中选择“右上斜偏移”选项，如图 7-70 所示。

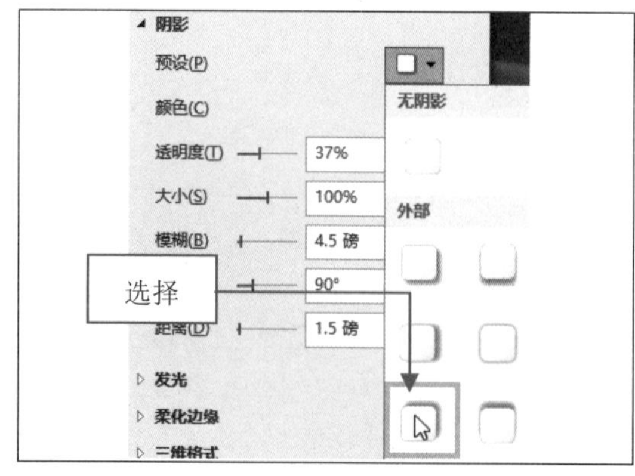

图 7-70 选择“偏移：右上”选项

第7章

5 切换至“三维格式”选项，单击“顶部棱台”的下三角按钮，在弹出的下拉列表中选择“圆”选项，如图 7-71 所示。

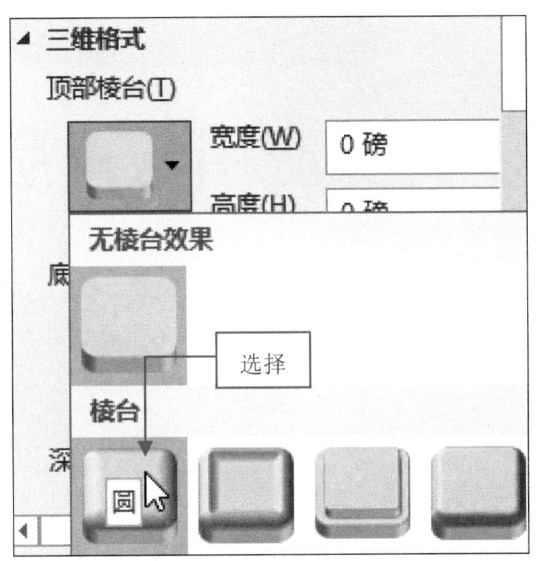

图 7-71　选择“圆”选项

6 设置好各选项后，单击“关闭”按钮，数据系列格式按照设置进行了相应的改变，如图 7-72 所示。

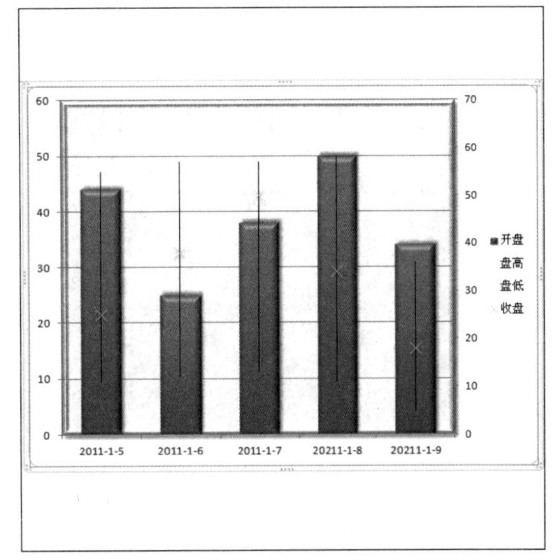

图 7-72　改变数据系列格式

●学习笔记

第 8 章

高级应用与排版

Word 2016 作为一款最新的、优秀的文本处理软件，在设计文字效果与文档排版方面的功能也是十分强大的。本章将主要介绍设置中文版式、设置分栏排版、添加背景和应用其他版式等内容。

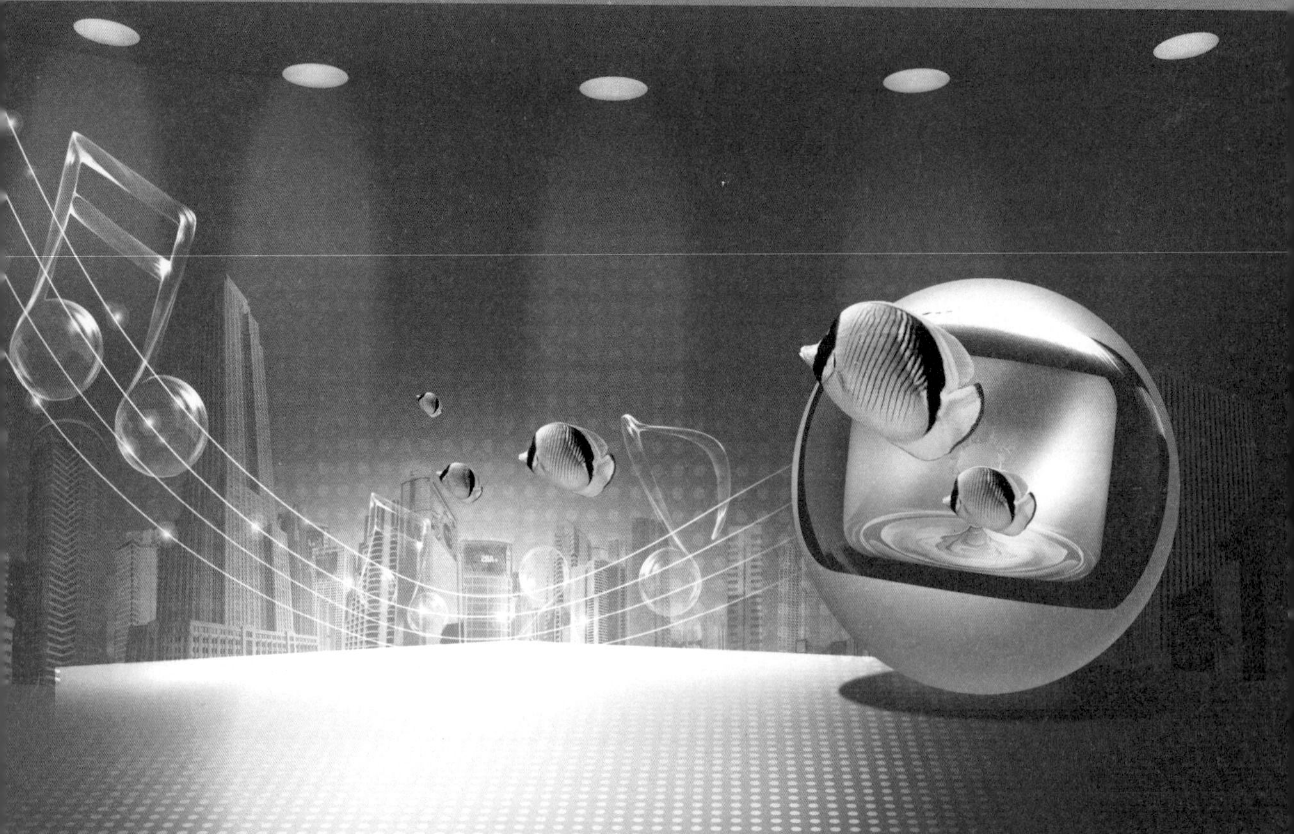

8.1　设置中文版式

Word 2016 提供了中文版式功能，在编辑文本时，可以为字符添加一些中文版式的特殊效果，如拼音标注、添加外圈、纵横混排和合并字符等。

8.1.1　拼音标注

使用拼音指南功能可以为选定的文本添加拼音标注，对于多音字且少见的字符来说，添加拼音标注非常有利于阅读。添加拼音标注的具体操作步骤如下：

1. 打开 Word 文档，如图 8-1 所示。

通　知

体育学院定于 2011 年 6 月 1 日下午 2：20 在会议室召开全体教师大会，请学院所有教职工准时参加！

参加人员：学院所有教职工

主持人：黄院长

准备事项：带纸和笔

院党委部

2011 年 5 月 25 日

图 8-1　打开文档

2. 在文档编辑区中选择需要添加拼音标注的文本，如图 8-2 所示。

通　知

体育学院定于 2011 年 6 月 1 日下午 2：20 在会议室召开全体教师大会，请学院所有教职工准时参加！

参加人员：学院所有教职工

主持人：黄院长

准备事项：带纸和笔

院党委部

2011 年 5 月 25 日

图 8-2　选择文本

3. 切换至“开始”选项卡，在“字体”选项组中单击“拼音指南”按钮，如图 8-3 所示。

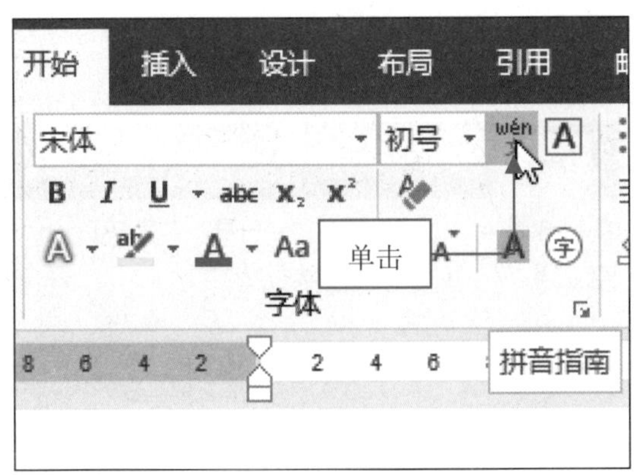

图 8-3　单击“拼音指南”按钮

4. 执行操作后，将弹出“拼音指南”对话框，其中“预览”选项区中显示的是所选择文字的拼音预览效果，如图 8-4 所示。

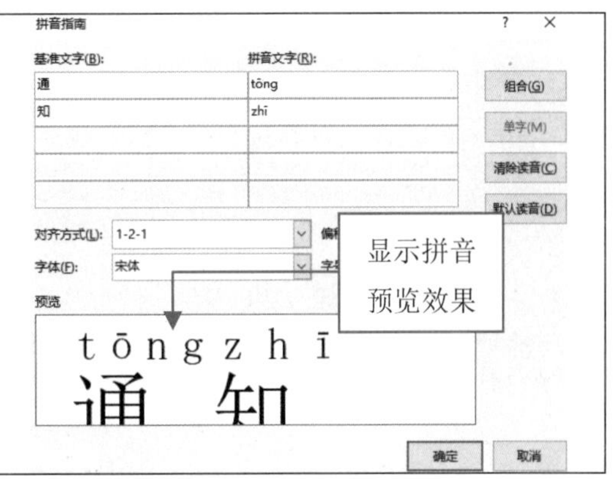

图 8-4　“拼音指南”对话框

专家提醒

在“拼音指南”对话框中，用户也可以根据需要在“基准文字”选项区中输入文字，再在“拼音文字”选项区中输入拼音。

5 设置“对齐方式”为“右对齐”“偏移量”为2、“字体”为“宋体-方正超大字符集”“字号”为14，如图8-5所示。

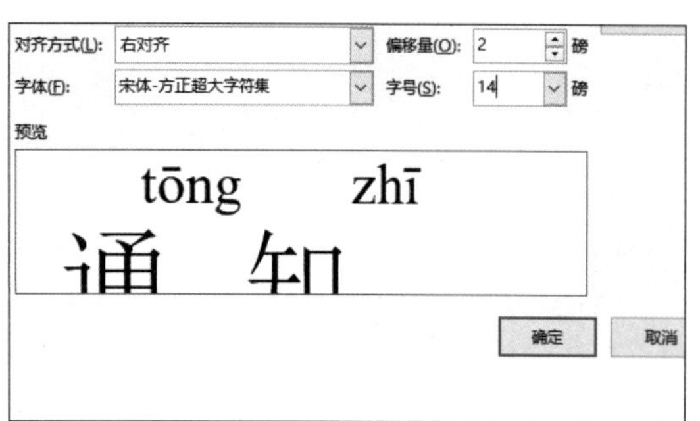

图8-5　设置各选项

6 单击“确定”按钮，所选择的文本上方即可添加对应的拼音标注，如图8-6所示。

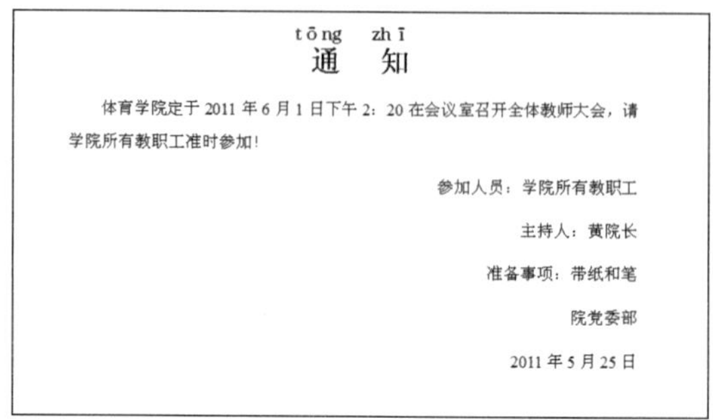

tōng zhī
通 知

体育学院定于2011年6月1日下午2：20在会议室召开全体教师大会，请学院所有教职工准时参加！

参加人员：学院所有教职工

主持人：黄院长

准备事项：带纸和笔

院党委部

2011年5月25日

图8-6　添加拼音标注

专家提醒

若添加拼音标注的字符较多时，用户在执行操作之前应当将字符间的间距调整好，这样有利于拼音标注的显示。

若用户需要清除拼音标注，只需在打开“拼音指南”对话框后，单击“清除读音”按钮，再单击“确定”按钮即可。

8.1.2　带圈字符

应用带圈字符功能可以为选中的字符在外围添加一个圆圈，这样能起到突出字符的作用。除了为文字添加圆圈外，还可以将格式设置为方形、三角形和菱形。设置带圈字符的具体操作步骤如下：

1 在打开的文档中选择需要添加带圈的字符，如图8-7所示。

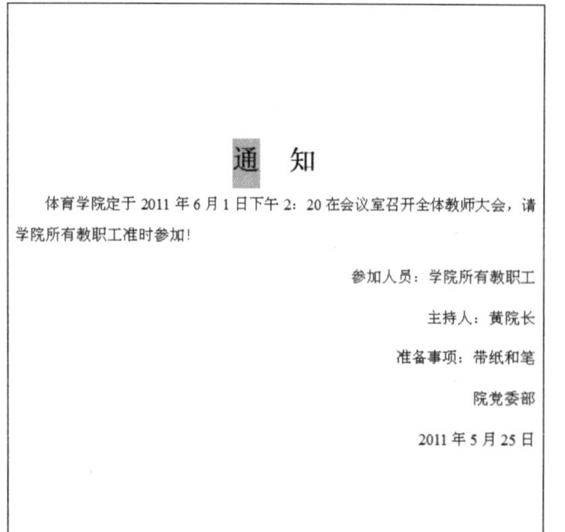

通 知

体育学院定于2011年6月1日下午2：20在会议室召开全体教师大会，请学院所有教职工准时参加！

参加人员：学院所有教职工

主持人：黄院长

准备事项：带纸和笔

院党委部

2011年5月25日

图8-7　选中字符

2 单击“字体”选项组中的“带圈字符”按钮，如图8-8所示。

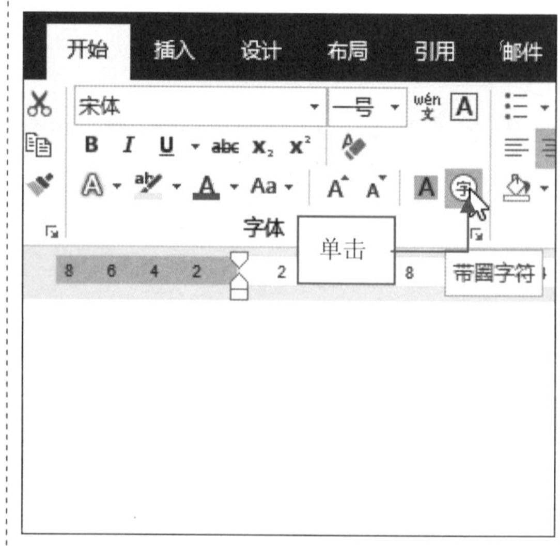

图8-8　单击“带圈字符”按钮

3 执行操作后，将弹出“带圈字符”对话框，如图 8-9 所示。

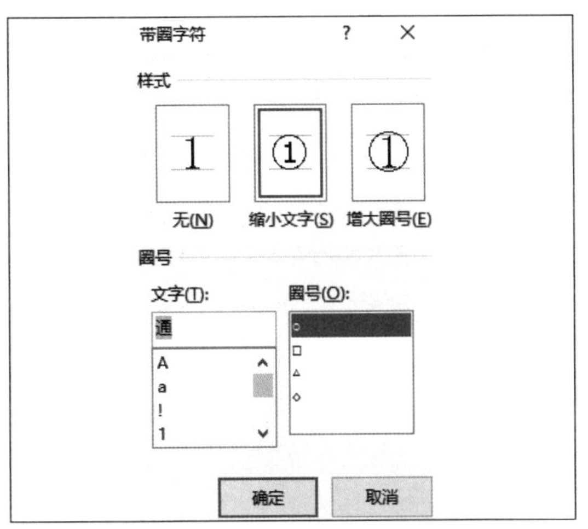

图 8-9 “带圈字符”对话框

4 在“样式”选项区中选择“增大圈号”选项，如图 8-10 所示。

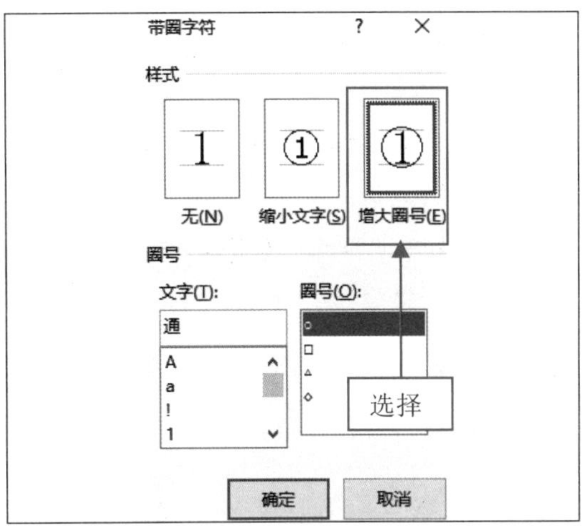

图 8-10 选择“增大圈号”选项

专家提醒

在“文字”选项区中的文本框中重新输入字符或在列表框中选择一个新的字符，该字符将会覆盖文档中所选中的字符。

5 单击“确定”按钮，即可为选中的字符添加圆圈，如图 8-11 所示。

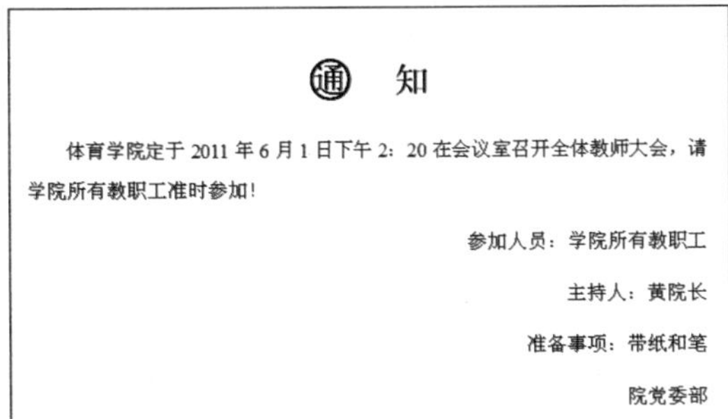

通 知

体育学院定于 2011 年 6 月 1 日下午 2：20 在会议室召开全体教师大会，请学院所有教职工准时参加！

参加人员：学院所有教职工

主持人：黄院长

准备事项：带纸和笔

院党委部

图 8-11 添加圆圈

6 用与上述相同的方法，为其他字符添加圆圈，如图 8-12 所示。

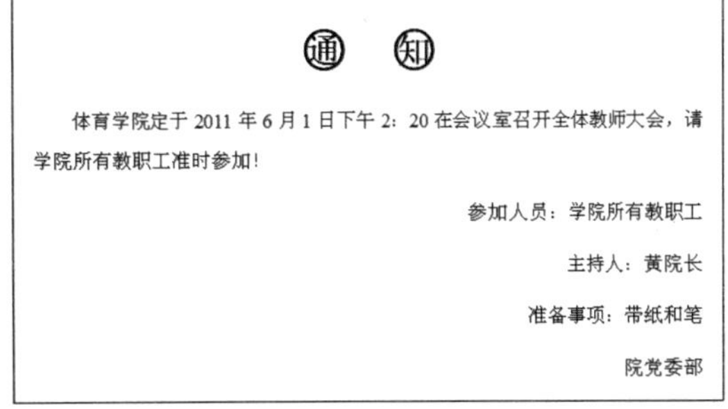

通 知

体育学院定于 2011 年 6 月 1 日下午 2：20 在会议室召开全体教师大会，请学院所有教职工准时参加！

参加人员：学院所有教职工

主持人：黄院长

准备事项：带纸和笔

院党委部

图 8-12 添加圆圈效果

知识链接

选中添加带圈的字符后，打开“带圈字符”对话框，在“样式”选项区中选择“无”选项，再单击“确定”按钮，即可清除带圈字符上的圈号。

8.1.3 纵横混排

使用纵横混排功能可以在文档中实现文字的纵横混排效果。设置纵横混排效果的具体操作步骤如下：

1 打开 Word 文档，如图 8-13 所示。

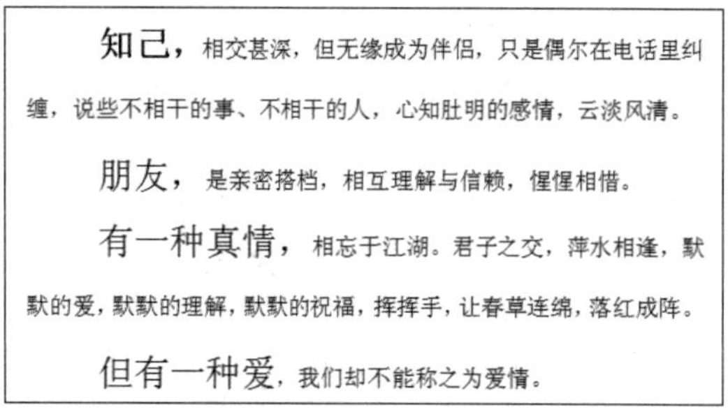

知己，相交甚深，但无缘成为伴侣，只是偶尔在电话里纠缠，说些不相干的事、不相干的人，心知肚明的感情，云淡风清。

朋友，是亲密搭档，相互理解与信赖，惺惺相惜。

有一种真情，相忘于江湖。君子之交，萍水相逢，默默的爱，默默的理解，默默的祝福，挥挥手，让春草连绵，落红成阵。

但有一种爱，我们却不能称之为爱情。

图 8-13 打开文档

2 在文档编辑区中选中需要设置为纵横混排的文本，如图 8-14 所示。

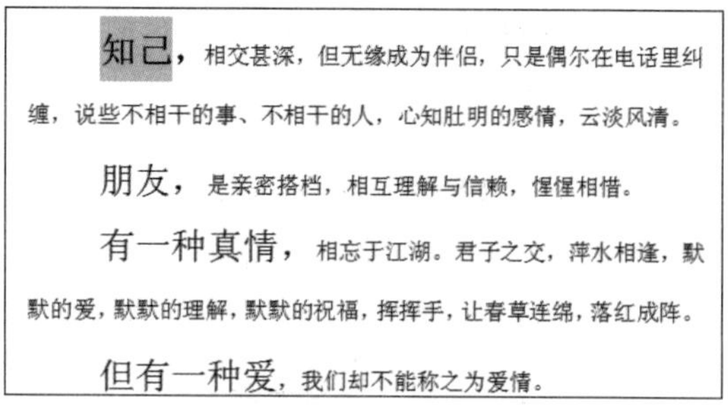

知己，相交甚深，但无缘成为伴侣，只是偶尔在电话里纠缠，说些不相干的事、不相干的人，心知肚明的感情，云淡风清。

朋友，是亲密搭档，相互理解与信赖，惺惺相惜。

有一种真情，相忘于江湖。君子之交，萍水相逢，默默的爱，默默的理解，默默的祝福，挥挥手，让春草连绵，落红成阵。

但有一种爱，我们却不能称之为爱情。

图 8-14 选中文本

3 在“段落”选项组中单击“中文版式”按钮，在弹出的列表框中选择“纵横混排”选项，如图 8-15 所示。

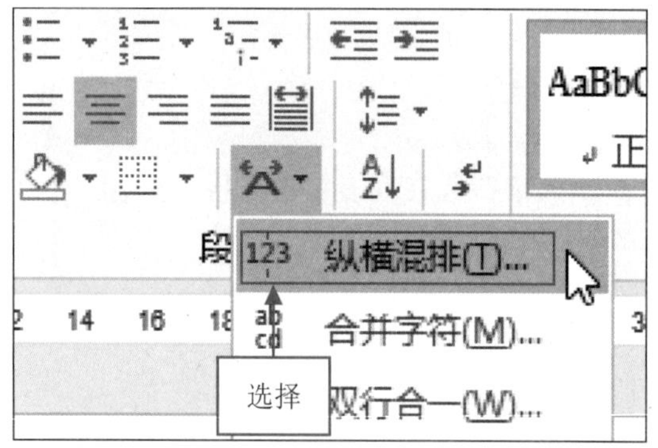

图 8-15 选择“纵横混排”选项

4 执行操作后，将弹出“纵横混排”对话框，其中“预览”选项区中显示的是纵横混排效果，如图 8-16 所示。

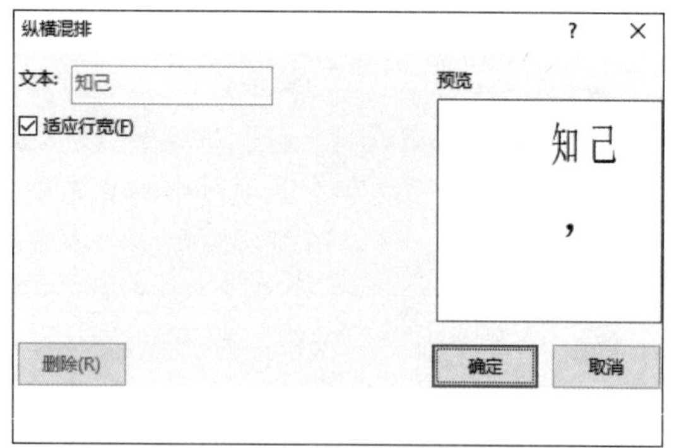

图 8-16 “纵横混排”对话框

5 取消选择“适应行宽”复选框，预览效果随之改变，如图 8-17 所示。

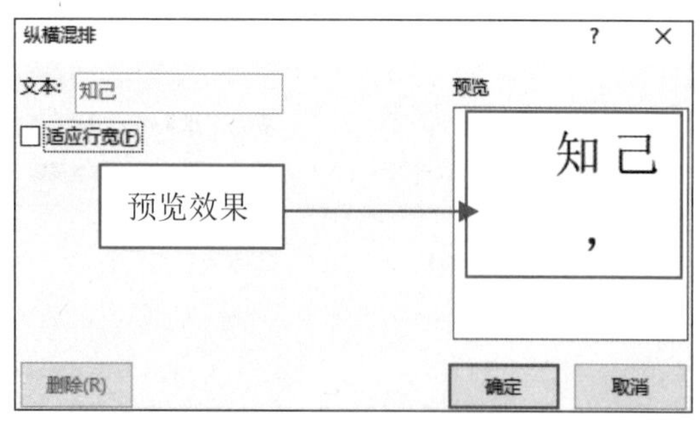

图 8-17 取消选择复选框

6 单击“确定”按钮，即可实现文本的纵横混排效果，如图 8-18 所示。

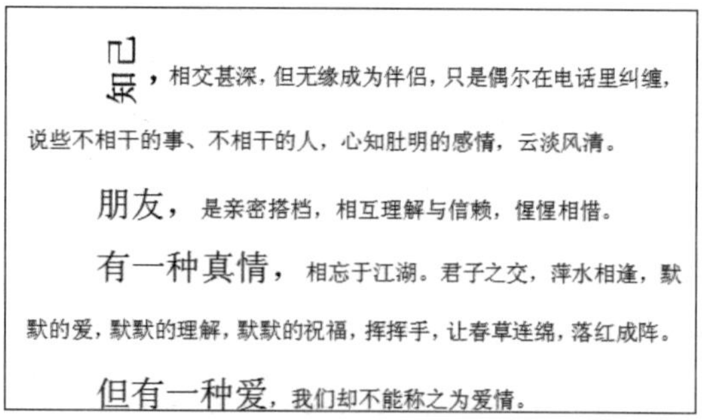

知己，相交甚深，但无缘成为伴侣，只是偶尔在电话里纠缠，说些不相干的事、不相干的人，心知肚明的感情，云淡风清。

朋友，是亲密搭档，相互理解与信赖，惺惺相惜。

有一种真情，相忘于江湖。君子之交，萍水相逢，默默的爱，默默的理解，默默的祝福，挥挥手，让春草连绵，落红成阵。

但有一种爱，我们却不能称之为爱情。

图 8-18 纵横混排

选中设置纵横混排的文本，打开“纵横混排”对话框，单击“删除”按钮，再单击“确定”按钮，即可取消纵横混排效果。

8.1.4　双行合一

在编辑文档的过程中，应用双行合一功能可以制作出特殊的文档排列效果。双行合一的具体操作步骤如下：

1 在打开的文档中，选择一段文本内容，如图 8-19 所示。

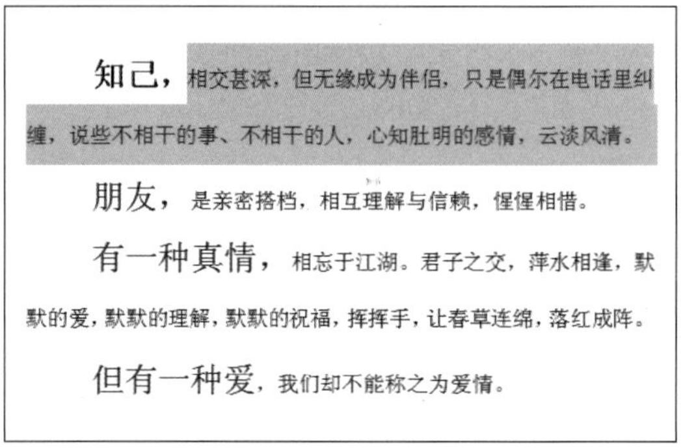

知己，相交甚深，但无缘成为伴侣，只是偶尔在电话里纠缠，说些不相干的事、不相干的人，心知肚明的感情，云淡风清。

朋友，是亲密搭档，相互理解与信赖，惺惺相惜。

有一种真情，相忘于江湖。君子之交，萍水相逢，默默的爱，默默的理解，默默的祝福，挥挥手，让春草连绵，落红成阵。

但有一种爱，我们却不能称之为爱情。

图 8-19　选中文本内容

2 单击“中文版式”按钮，在弹出的列表框中选择“双行合一”选项，如图 8-20 所示。

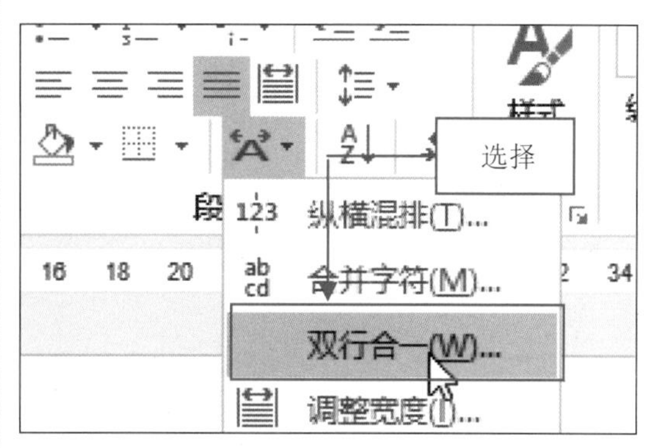

图 8-20　选择“双行合一”选项

3 执行操作后，将弹出“双行合一”对话框，在“预览”选项区中显示的是双行合一的文本效果，如图 8-21 所示。

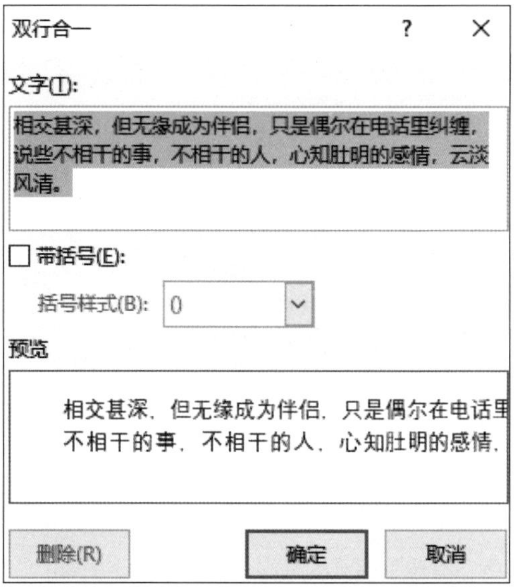

双行合一

文字(T):

相交甚深，但无缘成为伴侣，只是偶尔在电话里纠缠，说些不相干的事，不相干的人，心知肚明的感情，云淡风清。

带括号(E):

括号样式(B): ()

预览

相交甚深，但无缘成为伴侣，只是偶尔在电话里
不相干的事，不相干的人，心知肚明的感情，

删除(R)　确定　取消

图 8-21　“双行合一”对话框

4 选中“带括号”复选框，单击“括号样式”右侧的下三角按钮，在弹出的列表框中选择一种括号样式，如图 8-22 所示。

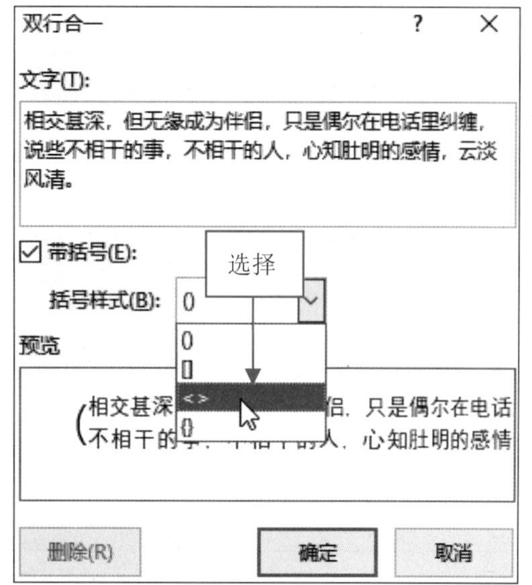

图 8-22　选择括号样式

专家提醒

执行“双行合一”功能时，对文本的字数没有限制，但是文本内容必须在同一段中。

5 单击“确定”按钮，所选择的文本内容以双行合一显示，如图 8-23 所示。

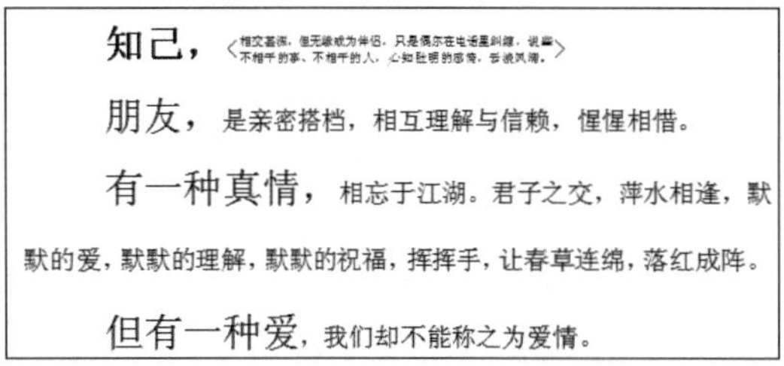

知己，〈相交甚深，但无缘成为伴侣，只是偶尔在电话里纠缠，说些不相干的事、不相干的人，心知肚明的感情，云淡风清。〉

朋友，是亲密搭档，相互理解与信赖，惺惺相惜。

有一种真情，相忘于江湖。君子之交，萍水相逢，默默的爱，默默的理解，默默的祝福，挥挥手，让春草连绵，落红成阵。

但有一种爱，我们却不能称之为爱情。

图 8-23 双行合一

6 选择双行合一后的文本，设置“字号”为小二，如图 8-24 所示。

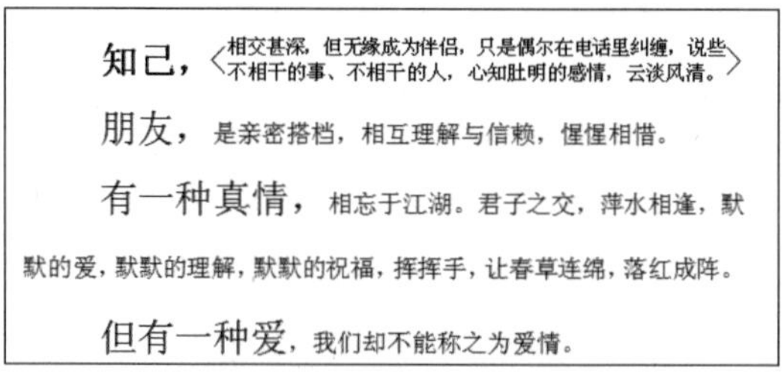

知己，〈相交甚深，但无缘成为伴侣，只是偶尔在电话里纠缠，说些不相干的事、不相干的人，心知肚明的感情，云淡风清。〉

朋友，是亲密搭档，相互理解与信赖，惺惺相惜。

有一种真情，相忘于江湖。君子之交，萍水相逢，默默的爱，默默的理解，默默的祝福，挥挥手，让春草连绵，落红成阵。

但有一种爱，我们却不能称之为爱情。

图 8-24 设置字体大小

选中设置双行合一的文本，打开“双行合一”对话框，单击“删除”按钮，再单击“确定”按钮，即可取消双行合一格式，恢复文本原来的格式。

8.1.5 合并字符

合并字符就是将选中的多个字符进行压缩，使之合并为一个字符，在 Word 2016 中合并的字符既可以是中文也可以是英文。合并字符的具体操作步骤如下：

1 在打开的 Word 文档中选择需要合并字符的文本，如图 8-25 所示。

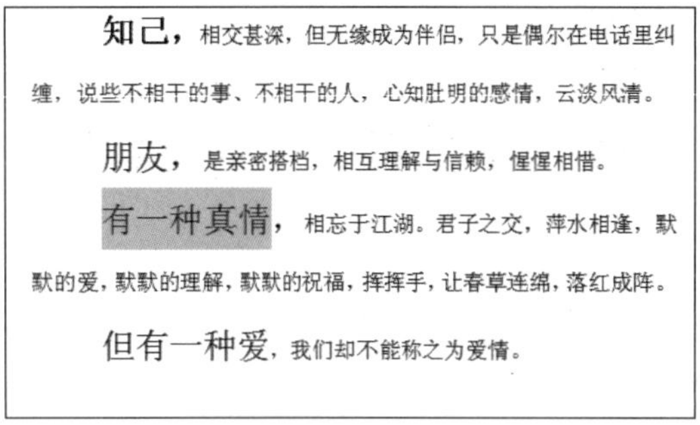

知己，相交甚深，但无缘成为伴侣，只是偶尔在电话里纠缠，说些不相干的事、不相干的人，心知肚明的感情，云淡风清。

朋友，是亲密搭档，相互理解与信赖，惺惺相惜。

有一种真情，相忘于江湖。君子之交，萍水相逢，默默的爱，默默的理解，默默的祝福，挥挥手，让春草连绵，落红成阵。

但有一种爱，我们却不能称之为爱情。

图 8-25 选择文本

2 单击“中文版式”按钮，弹出列表框，选择“合并字符”选项，如图 8-26 所示。

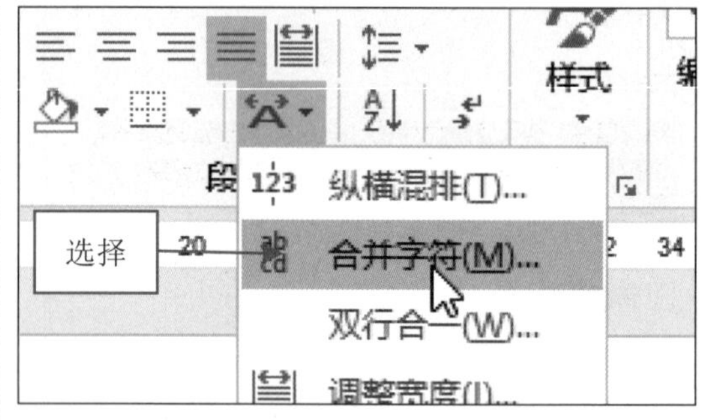

图 8-26 选择“合并字符”按钮

3 弹出“合并字符”对话框，单击“字号”右侧的下三角按钮，在弹出的下拉列表框中选择“16”选项，如图 8-27 所示。

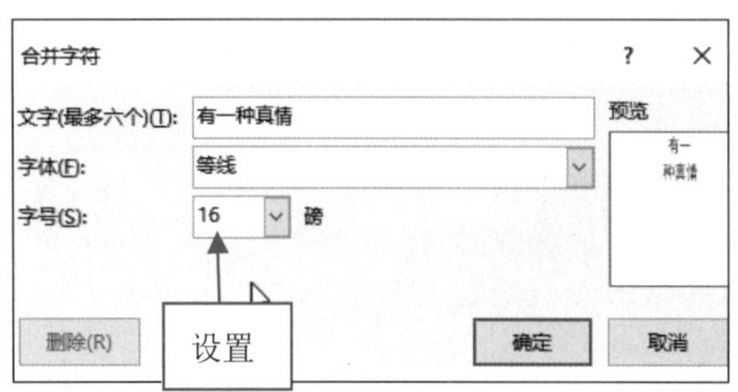

图 8-27 “合并字符”对话框

4 单击“确定”按钮，所选择的文本内容合并为一个字符，如图 8-28 所示。

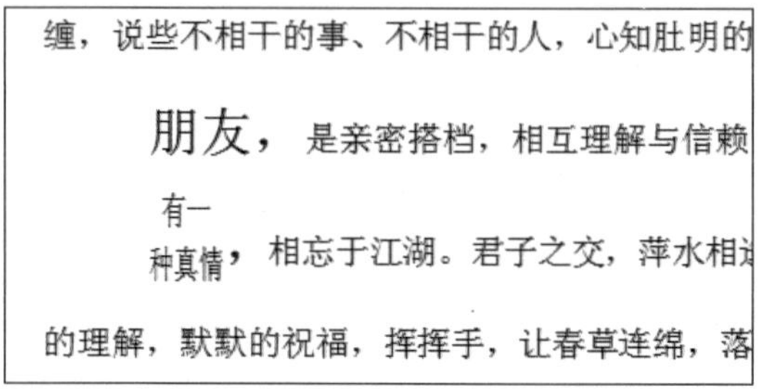

缠，说些不相干的事、不相干的人，心知肚明的

朋友，是亲密搭档，相互理解与信赖

有一种真情，相忘于江湖。君子之交，萍水相

的理解，默默的祝福，挥挥手，让春草连绵，落

图 8-28 合并字符

“合并字符”功能最多可以合并 6 个字符。若需要清除合并字符的格式，只需先选中合并字符的文本，打开“合并字符”对话框，单击“删除”按钮，再单击“确定”按钮即可。

8.2 设置分栏排版

应用分栏排版功能，可以将较长的文档版面分成多栏，不仅有利于文档的阅读，也会使整个文档的版面更加生动、美观。

8.2.1 创建分栏

分栏就是将选中的文本、一页文档或整个文档分成两个或更多的栏。创建分栏的具体操作步骤如下：

1 打开 Word 文档，选中所有正文文本，如图 8-29 所示。

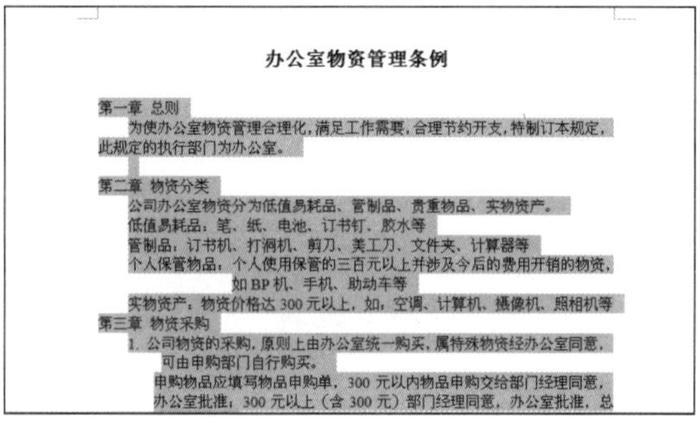

图 8-29 选中文本

2 切换至“布局”选项卡，单击“页面设置”选项组中的“分栏”下三角按钮，如图 8-30 所示。

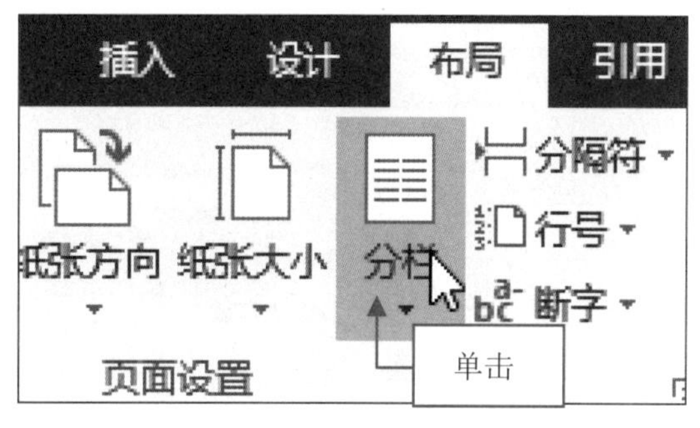

图 8-30 单击“分栏”按钮

3 在弹出的列表框中选择“两栏”选项，如图 8-31 所示。

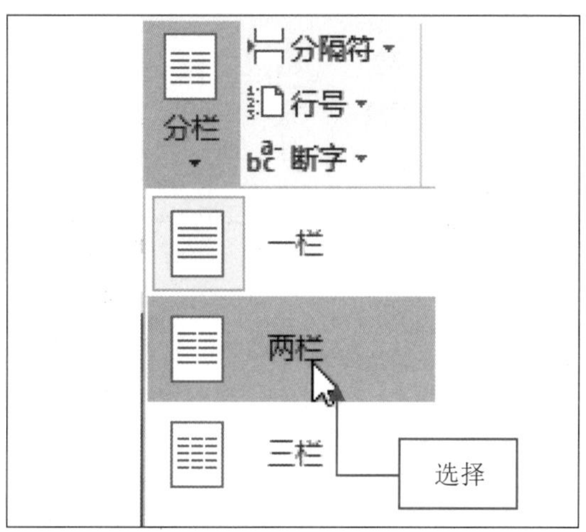

图 8-31 选择“两栏”选项

4 执行操作后，所选择的正文文本被分成两栏，如图 8-32 所示。

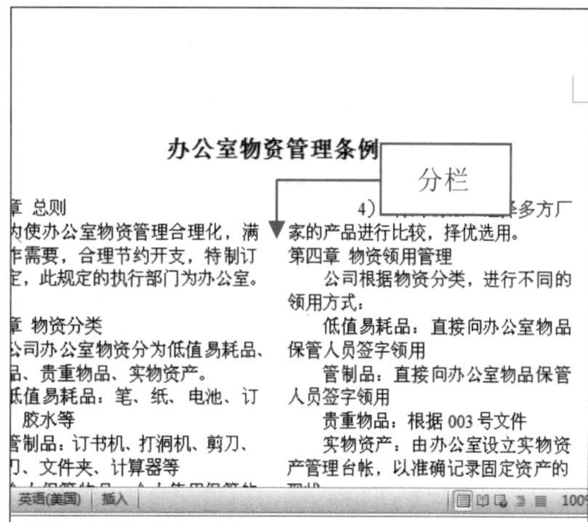

图 8-32 分为两栏

知识链接

单击“分栏”按钮，在弹出的列表框中选择“更多分栏”按钮，弹出“分栏”对话框，在“预设”选项区中可以选择分栏选项，或是设置分栏“栏数”，再单击“确定”按钮即可创建分栏效果。

8.2.2 调整栏数和栏宽

将文本设置为分栏排版后，若发现分栏后的栏数或栏宽不太符合要求，就需要对栏数和栏宽进行调整。调整栏数和栏宽的具体操作步骤如下：

1 在文档编辑区中选中设置分栏后的文本，如图 8-33 所示。

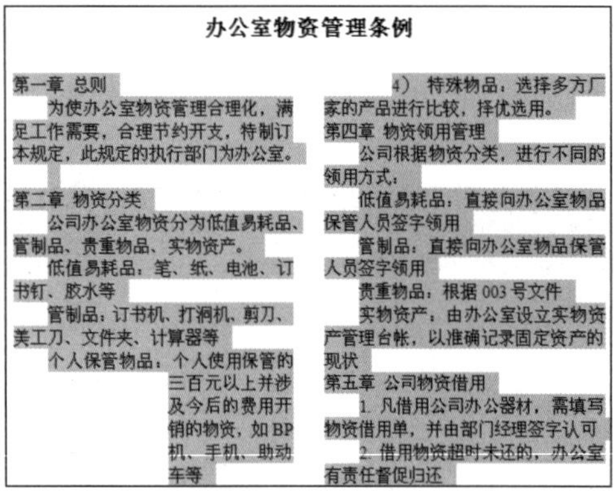

办公室物资管理条例
第一章 总则
为使办公室物资管理合理化，满足工作需要，合理节约开支，特制订本规定，此规定的执行部门为办公室。
第二章 物资分类
公司办公室物资分为低值易耗品、管制品、贵重物品、实物资产。
低值易耗品：笔、纸、电池、订书钉、胶水等
管制品：订书机、打洞机、剪刀、美工刀、文件夹、计算器等
个人保管物品：个人使用保管的三百元以上并涉及今后的费用开销的物资，如BP机、手机、助动车等
4） 特殊物品：选择多方厂家的产品进行比较，择优选用。
第四章 物资领用管理
公司根据物资分类，进行不同的领用方式。
低值易耗品：直接向办公室物品保管人员签字领用
管制品：直接向办公室物品保管人员签字领用
贵重物品：根据 003 号文件
实物资产：由办公室设立实物资产管理台帐，以准确记录固定资产的现状
第五章 公司物资借用
1. 凡借用公司办公器材，需填写物资借用单，并由部门经理签字认可
2. 借用物资超时未还的，办公室有责任督促归还

图 8-33 选择文本

2 切换至“布局”选项卡，在“页面设置”选项组中选择“分栏”|“更多分栏”选项，如图 8-34 所示。

分隔符
行号
断字
分栏
一栏
两栏
三栏
偏左
偏右
选择
更多分栏(C)...

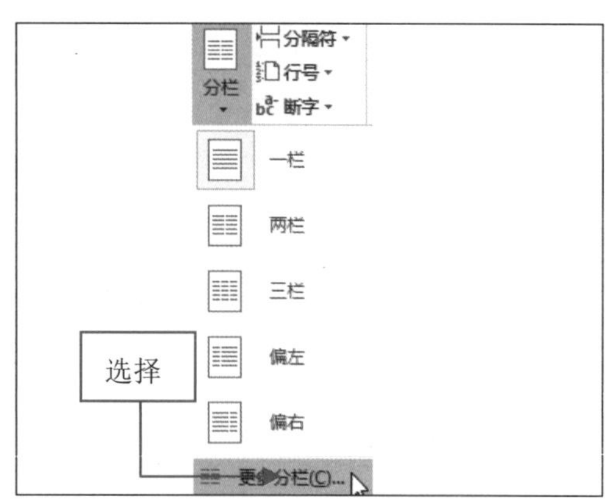

图 8-34 选择“更多分栏”选项

3 弹出“分栏”对话框，其中显示了当前文本的分栏属性，如图 8-35 所示。

分栏
预设
一栏(O)
两栏(W)
三栏(T)
偏左(L)
偏右(R)
栏数(N): 2
分隔线(B)
宽度和间距
预览
栏(C): 宽度(I): 间距(S):
1: 18.76 字符 2.02 字符
2: 18.76 字符
栏宽相等(E)
应用于(A): 整篇文档
开始新栏(U)
确定
取消

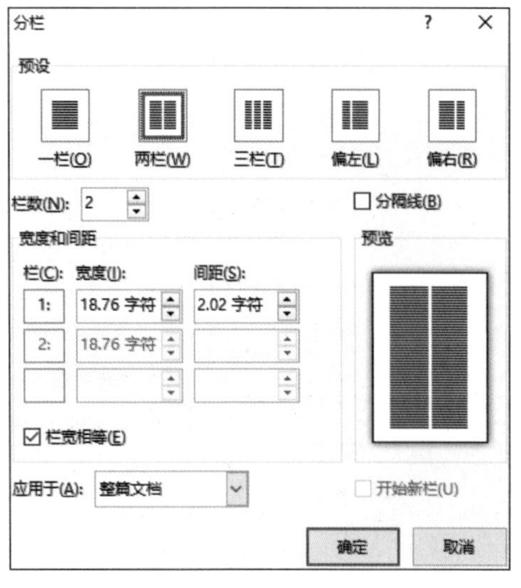

图 8-35 显示分栏属性

4 在“预设”选项区中选择“三栏”选项，如图 8-36 所示。

分栏
预设
一栏(O)
两栏(W)
三栏(T)
偏左(L)
偏右(R)
栏数(N): 3
分隔线(B)
选择该选项
宽度和间距
预览
栏(C): 宽度(I):
1: 11.83 字符 2.02 字符
2: 11.83 字符 2.02 字符
3: 11.83 字符
栏宽相等(E)
应用于(A): 整篇文档
开始新栏(U)
确定
取消

图 8-36 选择“三栏”选项

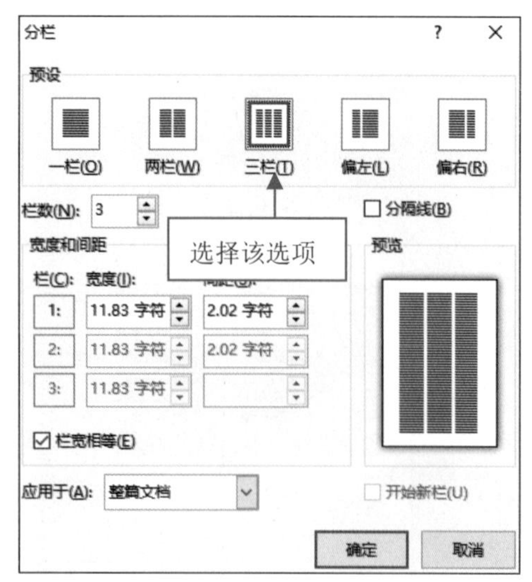

知识链接

在“分栏”对话框中，可以通过设置“栏数”数值来调整分栏，其输入范围为 1~11。

5 在“宽度和间距”选项区中设置“宽度”为 11.51 字符、“间距”为 2.5 字符，如图 8-37 所示。

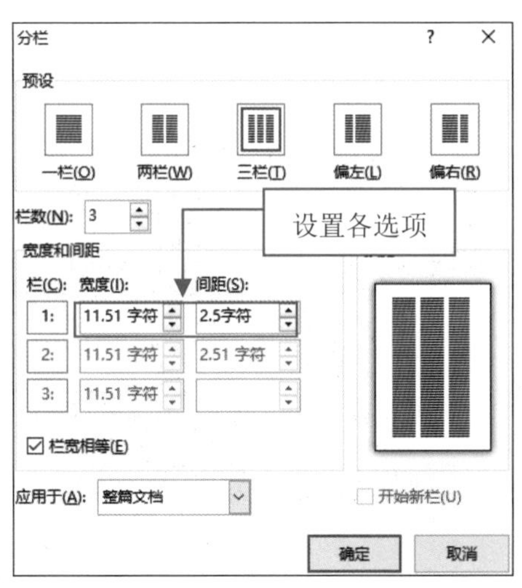

图 8-37　设置相关参数

6 单击“确定”按钮，所选文本的栏数和栏宽进行了相应的改变，如图 8-38 所示。

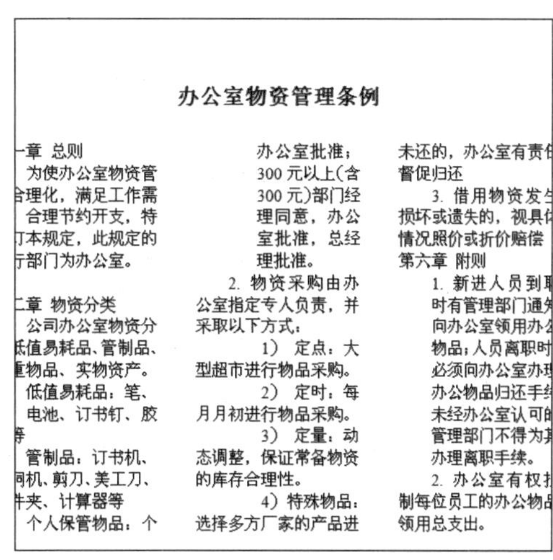

办公室物资管理条例

一章 总则
为使办公室物资管
合理化，满足工作需
合理节约开支，特
丁本规定，此规定的
亍部门为办公室。

二章 物资分类
公司办公室物资分
低值易耗品、管制品、
重物品、实物资产。
低值易耗品：笔、
电池、订书钉、胶
等
管制品：订书机、
阿机、剪刀、美工刀、
牛夹、计算器等
个人保管物品：个

办公室批准；
300 元以上(含
300 元)部门经
理同意，办公
室批准，总经
理批准。
2. 物资采购由办
公室指定专人负责，并
采取以下方式：
1）定点：大
型超市进行物品采购。
2）定时：每
月月初进行物品采购。
3）定量：动
态调整，保证常备物资
的库存合理性。
4）特殊物品：
选择多方厂家的产品进

未还的，办公室有责任
督促归还
3. 借用物资发生
损坏或遗失的，视具体
情况照价或折价赔偿
第六章 附则
1. 新进人员到职
时有管理部门通知
向办公室领用办公
物品；人员离职时
必须向办公室办理
办公物品归还手续
未经办公室认可的
管理部门不得为其
办理离职手续。
2. 办公室有权控
制每位员工的办公物品
领用总支出。

图 8-38　改变栏数和栏宽

知识链接

选中“栏宽相等”复选框后，只要设置“宽度”和“间距”中的一个选项，另一个选项就会自动进行相应的调整。若取消选择“栏宽相等”复选框，则可以分别对每个栏的宽度和间距进行调整。

8.2.3　添加分隔线

在默认情况下，分栏后的文本之间用空格进行分隔，当分栏的间距较小时会给阅读带来一定的视觉困扰，有鉴于此，可以在栏之间添加分隔线进行区分。添加分隔线的具体操作步骤如下：

1 打开“分栏”对话框，选中“分隔线”复选框，如图 8-39 所示。

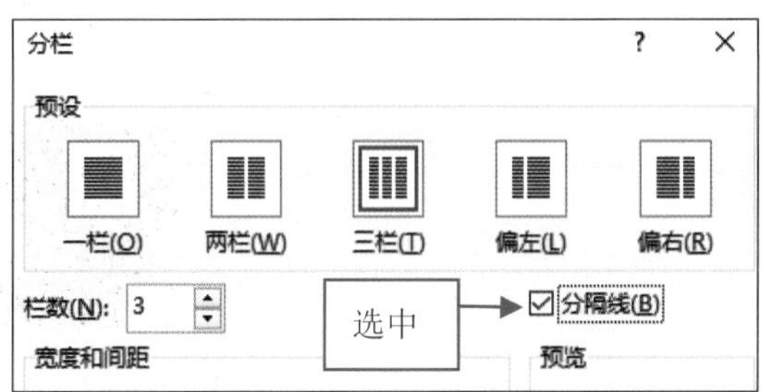

图 8-39　选中“分隔线”复选框

2 单击“确定”按钮，即可在栏之间添加分隔线，如图 8-40 所示。

办公室物资管理条例

第一章 总则
为使办公室物资管理合理化，满足工作需要，合理节约开支，特制订本规定，此规定的执行部门为办公室。

第二章 物资分类
公司办公室物资分为低值易耗品、管制品、

办公室批准；
300 元以上(含
300 元)部门经
理同意，办公
室批准，总经
理批准。
2. 物资采购由办
公室指定专人负责，并
采取以下方式：
1）定点：大

未还的，办公室有责任
督促归还
3. 借用物资发生
损坏或遗失的，视具体
情况照价或折价赔偿
第六章 附则
1. 新进人员到职
时有管理部门通知，
向办公室领用办公
物品；人员离职时，

图 8-40　添加分隔线

知识链接

在“分栏”对话框中取消选择“分隔线”复选框，即可取消显示分隔线。

8.2.4　插入分栏符

直接应用“分栏”功能对文本进行分栏，可能会导致文本排版不整齐，通过插入分栏符可以手动调整每栏中的文本排版，使文档整体上更加美观。插入分栏符的具体操作步骤如下：

1 在当前文档中可以观察到文档的排版不够整齐，如图 8-41 所示。

办公室物资管理条例

第一章 总则
为使办公室物资管理合理化，满足工作需要，合理节约开支，特制订本规定，此规定的执行部门为办公室。

第二章 物资分类
公司办公室物资分为低值易耗品、管制品、贵重物品、实物资产。
低值易耗品：笔、纸、电池、订书钉、胶水等

门经理同意，办公室批准；300 元以上（含 300 元）部门经理同意，办公室批准，总经理批准。
2. 物资采购由办公室指定专人负责，并采取以下方式：
1）定点：大型超市进行物品采购。
2）定时：每月月初进行物品采购。
3）定量：动

字认可
2. 借用物资超时未还的，办公室有责任督促归还
3. 借用物资发生损坏或遗失的，视具体情况照价或折价赔偿
第六章 附则
1. 新进人员到职时有管理部门通知，向办公室领用办公物品；人员离职时，必须向办公室办理办公物品归还手续，未经办

图 8-41　文档排版

2 将光标定位于需要插入分栏符的位置，如图 8-42 所示。

实物资产：物资价格达 300 元以上，如：空调、计算机、摄像机、照相机等
第三章 物资采购
1. 公司物资的采购，原则上由办公室统一购买，属特殊物资经办公室同意，可由申购部门自行购买。

式：
低值易耗品：直接向办公室物品保管人员签字领用
管制品：直接向办公室物品保管人员签字领用
贵重物品：根据 003 号文件
实物资产：由办公室设立实物资产管理台帐，以准确记录固定资产的现状

图 8-42　定位光标

3 切换至“布局”选项卡，单击“页面设置”选项组中的“分隔符”按钮，即可弹出列表框，如图 8-43 所示。

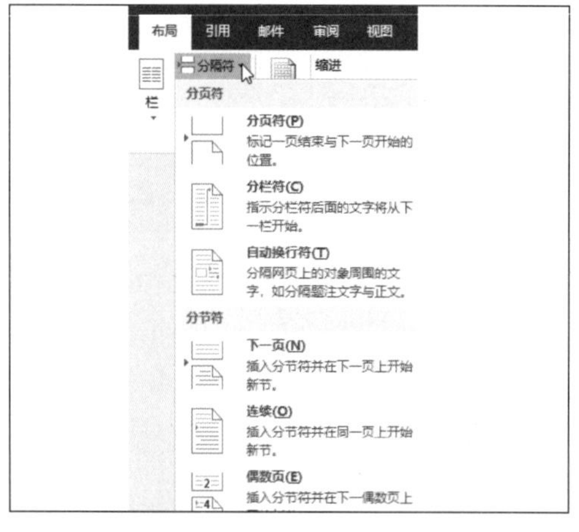

图 8-43　单击“分隔符”按钮

4 选择“分栏符”选项，即可插入分栏符，光标之后的文本从下一栏开始显示，如图 8-44 所示。

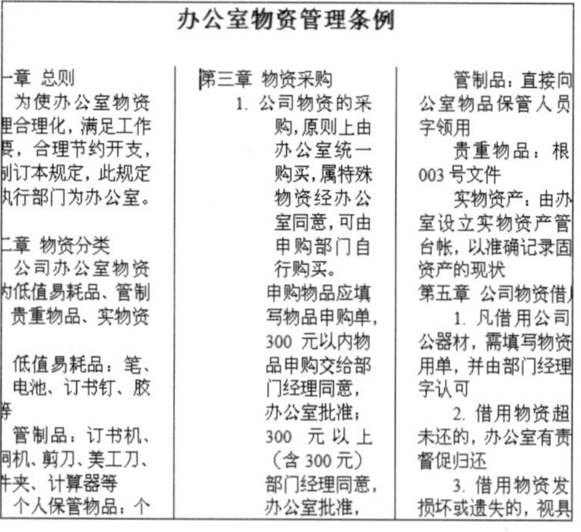
办公室物资管理条例

一章 总则
为使办公室物资
理合理化，满足工作
要，合理节约开支，
制订本规定，此规定
执行部门为办公室。
二章 物资分类
公司办公室物资
为低值易耗品、管制
贵重物品、实物资
低值易耗品：笔、
电池、订书钉、胶
等
管制品：订书机、
印机、剪刀、美工刀、
件夹、计算器等
个人保管物品：个

第三章 物资采购
1. 公司物资的采购，原则上由办公室统一购买，属特殊物资经办公室同意，可由申购部门自行购买。
申购物品应填写物品申购单，300 元以内物品申购交给部门经理同意，办公室批准；300 元以上（含 300 元）部门经理同意，办公室批准，

管制品：直接向
公室物品保管人员
字领用
贵重物品：根
003 号文件
实物资产：由办
室设立实物资产管
台帐，以准确记录固
资产的现状
第五章 公司物资借
1. 凡借用公司
公器材，需填写物资
用单，并由部门经理
字认可
2. 借用物资超
未还的，办公室有责
督促归还
3. 借用物资发
损坏或遗失的，视具

图 8-44　插入分栏符

8.3　添加背景

在默认情况下，文档的背景通常是以白色为底，为了让打印出来的文档更加独特、精美，用户可以为文档添加背景效果。

扫码观看本节视频

第8章

8.3.1　设置背景颜色

一般情况下，文档的背景都是单一的白色，用户可以根据需要为背景添加合适的颜色。设置背景颜色的具体操作步骤如下：

1 打开 Word 文档，如图 8-45 所示。

总则

第一条 为加强公司管理，维护公司良好形象，特制定本规范，明确要求，规范行为，创造良好的企业文化氛围。

第二章 细则

第二条 服务规范：

1. 仪表：公司职员工应仪表整洁、大方。

2. 微笑服务：在接待公司内外人员的垂询、要求等任何场合，应注释对方，微笑应答，切不可冒犯对方。

3. 用语：在任何场合应用语规范，语气温和，音量适中，严禁大声喧哗。

4. 现场接待：遇有客人进入工作场地应礼貌劝阻，上班时间（包括午餐时间）办公室内应保证有人接待。

图 8-45　打开文档

2 切换至“设计”选项卡，单击“页面背景”选项组中的“页面颜色”按钮，如图 8-46 所示。

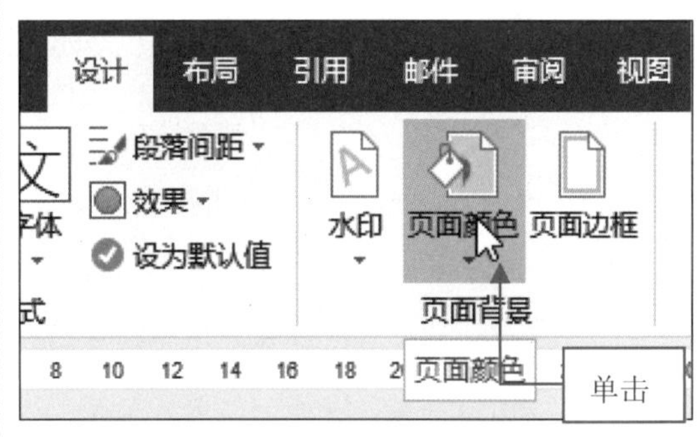

图 8-46　单击“页面颜色”按钮

3 在弹出的列表框中单击“浅绿”按钮，如图 8-47 所示。

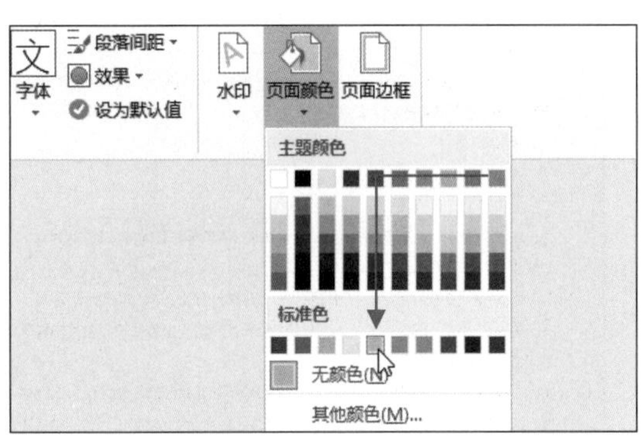

图 8-47　单击“浅绿”按钮

4 执行操作后，文档页面的背景颜色将随之改变，如图 8-48 所示。

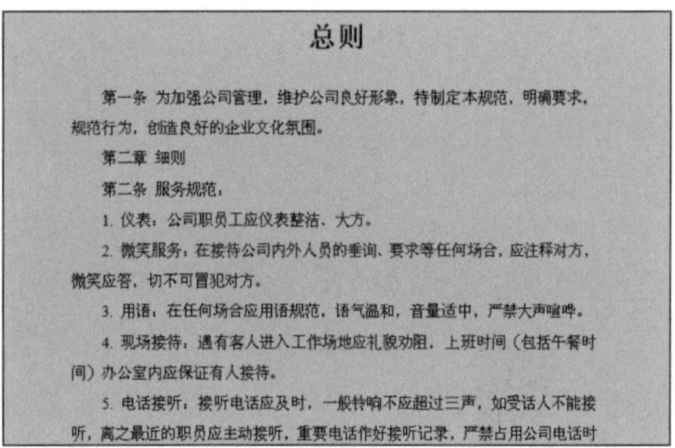

总则

第一条 为加强公司管理，维护公司良好形象，特制定本规范，明确要求，规范行为，创造良好的企业文化氛围。

第二章 细则

第二条 服务规范：

1. 仪表：公司职员工应仪表整洁、大方。

2. 微笑服务：在接待公司内外人员的垂询、要求等任何场合，应注释对方，微笑应答，切不可冒犯对方。

3. 用语：在任何场合应用语规范，语气温和，音量适中，严禁大声喧哗。

4. 现场接待：遇有客人进入工作场地应礼貌劝阻，上班时间（包括午餐时间）办公室内应保证有人接待。

5. 电话接听：接听电话应及时，一般铃响不应超过三声，如受话人不能接听，离之最近的职员应主动接听，重要电话作好接听记录，严禁占用公司电话时

图 8-48　添加背景颜色

知识链接

单击“页面颜色”按钮，若在弹出的列表框中没有需要的颜色，只需选择“其他颜色”按钮，在弹出的“颜色”对话框中单击“标准”选项卡，在“颜色”选项区中选择一种颜色色块即可；若单击“自定义”选项卡，则可以根据需要自定义“颜色模式”以及各颜色的参数值。

8.3.2　添加背景填充

除了直接为文档添加单一的背景颜色外，还可以为背景填充渐变、纹理、图案和图片效果。添加背景填充的具体操作步骤如下：

1 切换至“设计”选项卡，单击“页面背景”选项组中的“页面颜色”按钮，如图 8-49 所示。

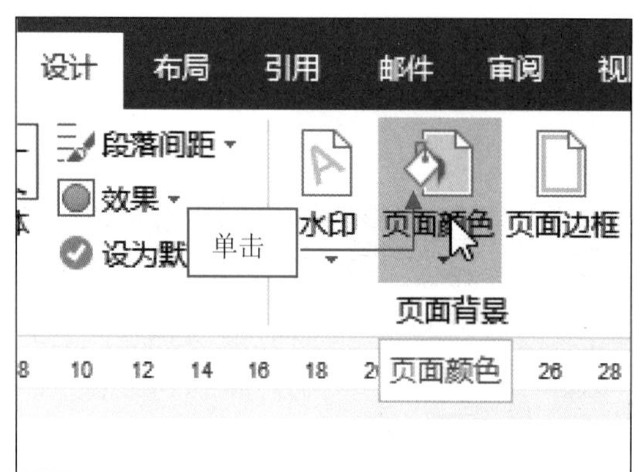

图 8-49 单击“页面颜色”按钮

2 在弹出的列表框中选择“填充效果”选项，如图 8-50 所示。

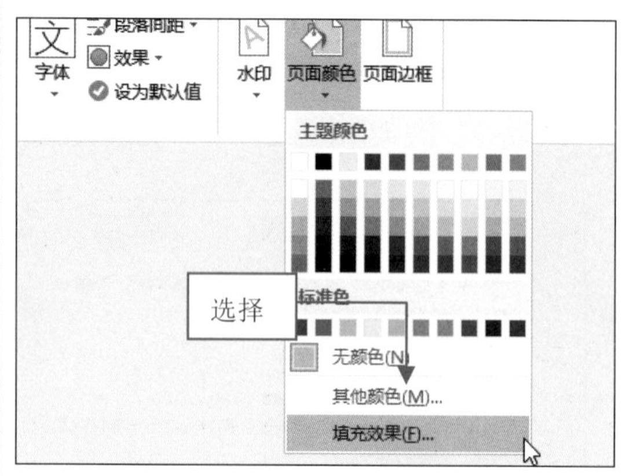

图 8-50 选择“填充效果”选项

3 弹出“填充效果”对话框，切换至“纹理”选项卡，在“纹理”列表框中选择一种纹理，如图 8-51 所示。

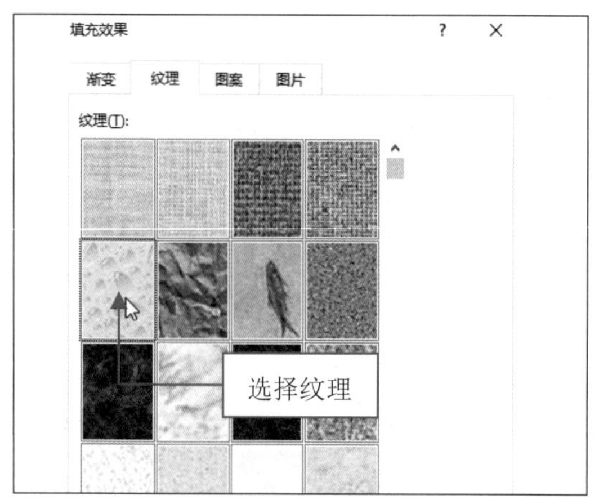

图 8-51 选择纹理

4 单击“确定”按钮，即可为文档背景添加纹理效果，如图 8-52 所示。

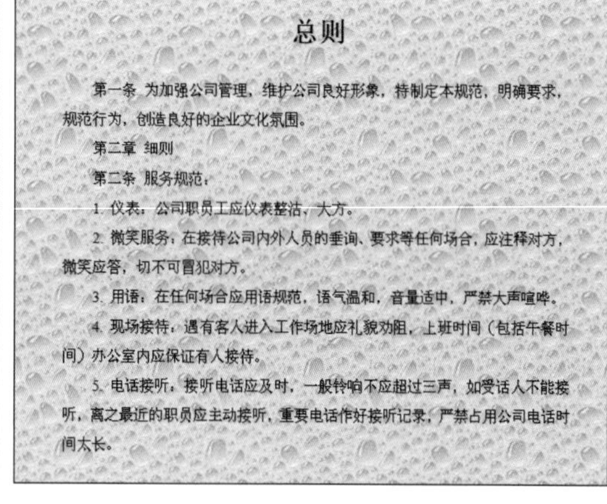

总则

第一条 为加强公司管理，维护公司良好形象，特制定本规范，明确要求，规范行为，创造良好的企业文化氛围。

第二章 细则

第二条 服务规范：

1. 仪表：公司职员工应仪表整洁、大方。

2. 微笑服务：在接待公司内外人员的垂询、要求等任何场合，应注释对方，微笑应答，切不可冒犯对方。

3. 用语：在任何场合应用语规范，语气温和，音量适中，严禁大声喧哗。

4. 现场接待：遇有客人进入工作场地应礼貌劝阻，上班时间（包括午餐时间）办公室内应保证有人接待。

5. 电话接听：接听电话应及时，一般铃响不应超过三声，如受话人不能接听，离之最近的职员应主动接听，重要电话作好接听记录，严禁占用公司电话时间太长。

图 8-52 添加纹理效果

单击“填充效果”对话框中的“其他纹理”按钮，在弹出的“插入图片”对话框中可以选择电脑、网络或自定义的纹理作为文档的填充背景。

8.3.3 添加水印

在许多公司文件中，由于每个文档的性质与其重要性不同，通常会为文档添加水印以防他人盗用或抄袭，从而起到警示作用。添加水印效果后的文档在打印时，是可以被打印出来的。添加水印的具体操作步骤如下：

1. 打开 Word 文档，如图 8-53 所示。

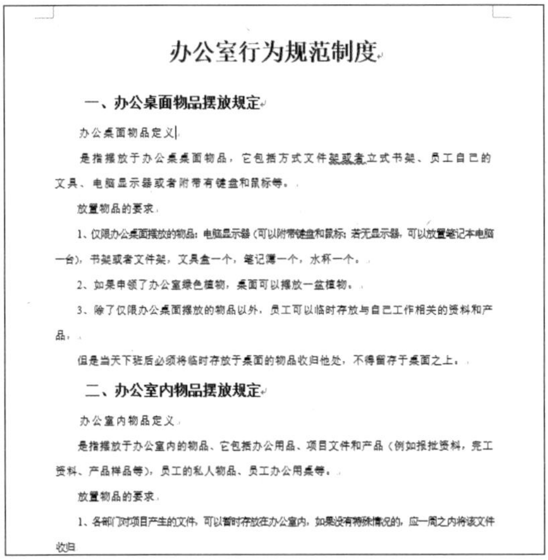

办公室行为规范制度

一、办公桌面物品摆放规定

办公桌面物品定义

是指摆放于办公桌桌面物品，它包括方式文件架或者立式书架、员工自己的文具、电脑显示器或者附带有键盘和鼠标等。

放置物品的要求

1、仅限办公桌面摆放的物品：电脑显示器（可以附带键盘和鼠标；若无显示器，可以放置笔记本电脑一台），书架或者文件架，文具盒一个，笔记簿一个，水杯一个。

2、如果申领了办公室绿色植物，桌面可以摆放一盆植物。

3、除了仅限办公桌面摆放的物品以外，员工可以临时存放与自己工作相关的资料和产品，

但是当天下班后必须将临时存放于桌面的物品收归他处，不得留存于桌面之上。

二、办公室内物品摆放规定

办公室内物品定义

是指摆放于办公室内的物品、它包括办公用品、项目文件和产品（例如报批资料，竞工资料、产品样品等），员工的私人物品、员工办公用桌等。

放置物品的要求

1、各部门对项目产生的文件，可以暂时存放在办公室内，如果没有特殊情况的，应一周之内将该文件收归

图 8-53　打开文档

2. 切换至“设计”选项卡，单击“页面背景”选项组中的“水印”按钮，如图 8-54 所示。

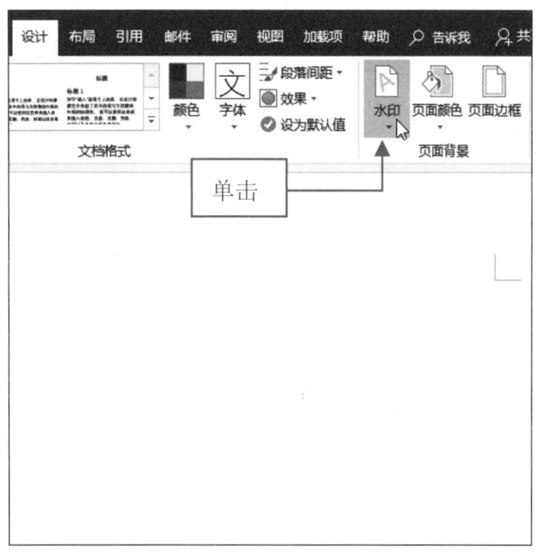

图 8-54　单击“水印”按钮

3. 在弹出的下拉列表中选择“严禁复制 1”选项，如图 8-55 所示。

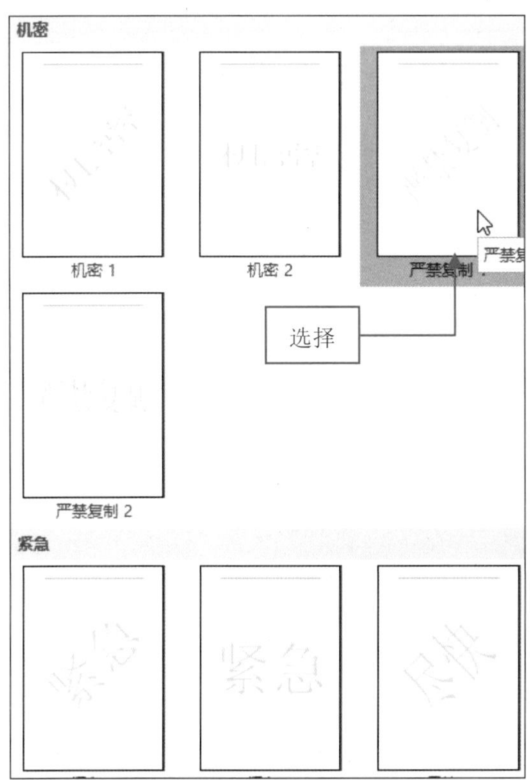

图 8-55　选择“严禁复制 1”选项

4. 执行操作后，即可在文档背景中添加的水印字样，如图 8-56 所示。

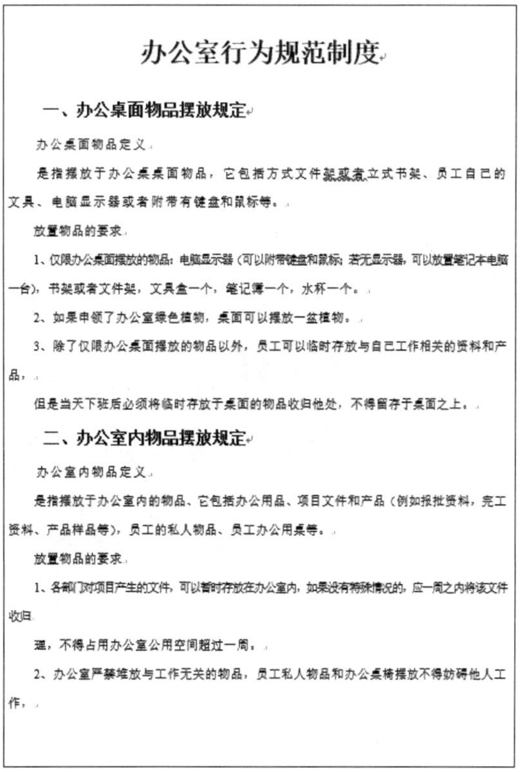

办公室行为规范制度

一、办公桌面物品摆放规定

办公桌面物品定义

是指摆放于办公桌桌面物品，它包括方式文件架或者立式书架、员工自己的文具、电脑显示器或者附带有键盘和鼠标等。

放置物品的要求

1、仅限办公桌面摆放的物品：电脑显示器（可以附带键盘和鼠标；若无显示器，可以放置笔记本电脑一台），书架或者文件架，文具盒一个，笔记簿一个，水杯一个。

2、如果申领了办公室绿色植物，桌面可以摆放一盆植物。

3、除了仅限办公桌面摆放的物品以外，员工可以临时存放与自己工作相关的资料和产品，

但是当天下班后必须将临时存放于桌面的物品收归他处，不得留存于桌面之上。

二、办公室内物品摆放规定

办公室内物品定义

是指摆放于办公室内的物品、它包括办公用品、项目文件和产品（例如报批资料，竞工资料、产品样品等），员工的私人物品、员工办公用桌等。

放置物品的要求

1、各部门对项目产生的文件，可以暂时存放在办公室内，如果没有特殊情况的，应一周之内将该文件收归

理，不得占用办公室公用空间超过一周。

2、办公室严禁堆放与工作无关的物品，员工私人物品和办公桌椅摆放不得妨碍他人工作。

图 8-56　添加水印字样

5 单击“水印”按钮，在弹出的列表框中选择“自定义水印”选项，如图 8-57 所示。

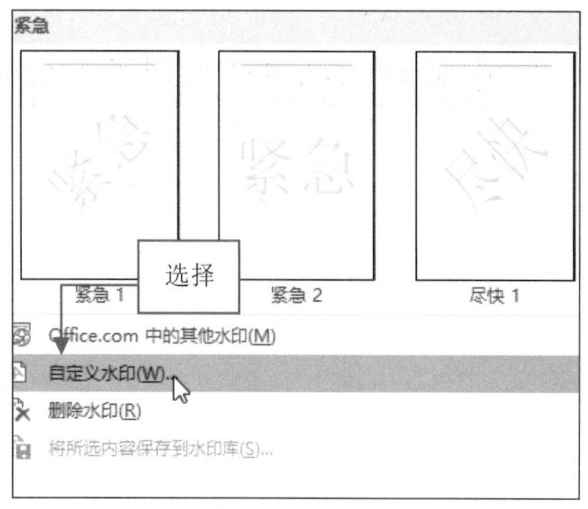

图 8-57 选择“自定义水印”选项

6 弹出“水印”对话框，选中“文字水印”单选按钮，如图 8-58 所示。

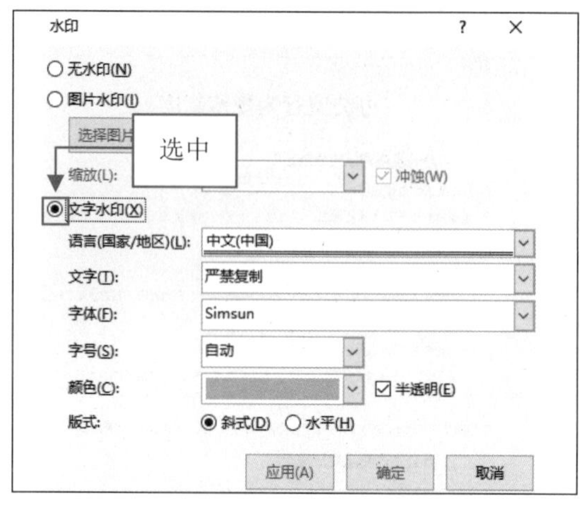

图 8-58 “水印”对话框

知识链接

在文档页眉或页脚处双击鼠标左键，即可激活页眉页脚工具“设计”选项卡，再选择页面背景中的水印字样，将激活“艺术字工具”-“格式”选项卡，单击该选项卡，即可在功能区中对水印字样的颜色、形状等属性进行设置。

7 单击“颜色”色块右侧的下三角按钮，在弹出的下拉列表中选择“浅蓝”选项，如图 8-59 所示。

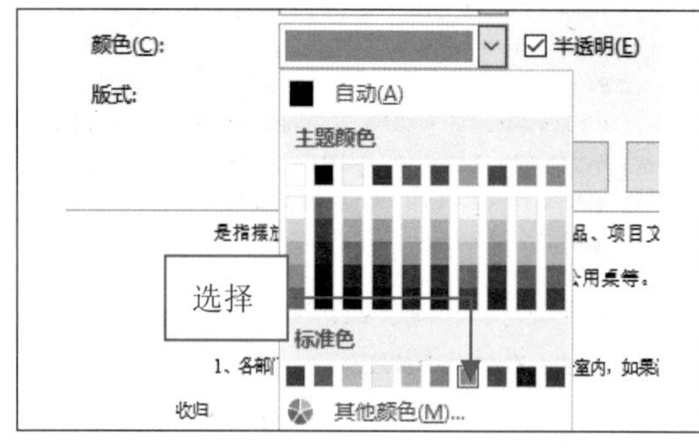

图 8-59 选择颜色

8 单击“应用”按钮，再单击“确定”按钮，水印字样的颜色将随之改变为浅蓝色，如图 8-60 所示。

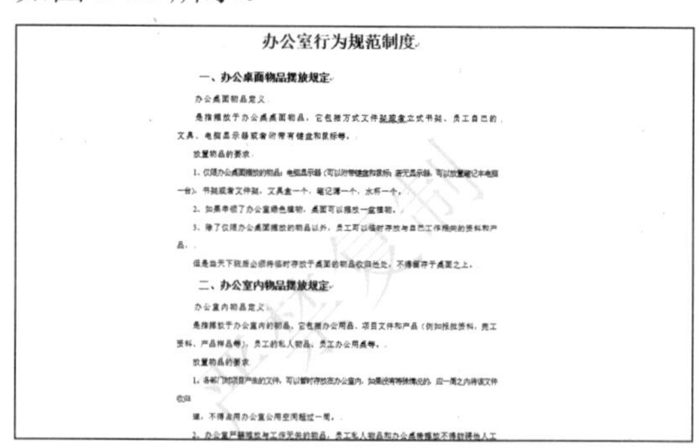

图 8-60 改变水印颜色

知识链接

在“水印”对话框中选中“图片水印”单选按钮，即可激活对应的选项，单击“选择图片”按钮，将弹出“插入图片”对话框，选择需要设置为水印的本机或联机图片后，单击“插入”按钮，再单击“确定”按钮，即可将插入的图片设置为水印。

另外，在“水印”对话框中选中“无水印”单选按钮，再单击“确定”按钮，即可取消水印效果。

8.4　应用其他版式

当文档整体编辑完成后，可以因为工作的特殊要求，需要适当地调整部分字符的位置或格式，如应用制表符调整字符位置，设置首字下沉以及文字方向等。

8.4.1　添加制表符

制表符指的是在按【Tab】键后，插入点后的文字向右移动的位置，每一个段落都可以设置多个制表符。添加制表符的具体操作步骤如下：

1. 打开 Word 文档，将光标定位于整篇文档的开始处，如图 8-61 所示。

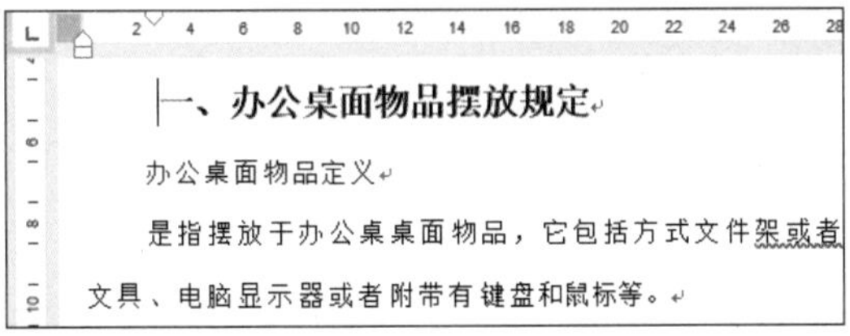

图 8-61　定位光标

2. 逐次单击水平标尺左端的制表符对齐按钮，切换至“左对齐式制表符”按钮，如图 8-62 所示。

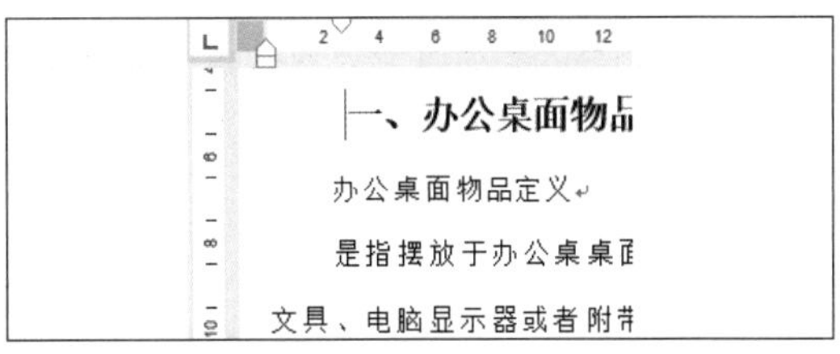

图 8-62　切换制表符

知识链接

在水平标尺左端上循环单击鼠标，即可循环显示制表符类型，制表符主要包括左对齐式制表符、右对齐式制表符、居中式制表符、小数点对齐式制表符和竖线对齐式制表符 5 种。

3. 在水平标尺上单击鼠标左键，添加一个制表符，如图 8-63 所示。

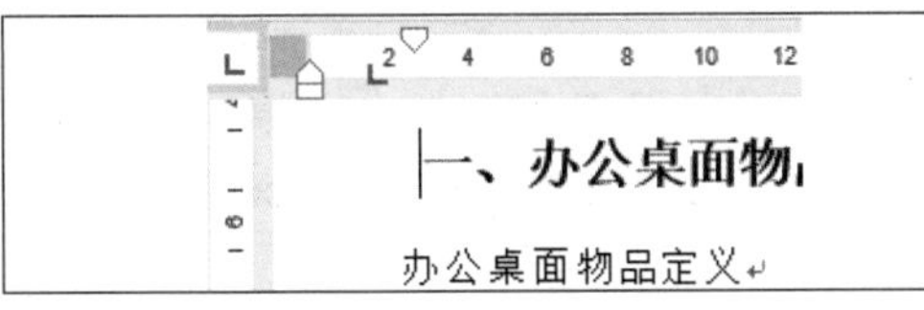

图 8-63　添加制表符

4. 按【Tab】键，将光标定位处的段落文本向右移动，如图 8-64 所示。

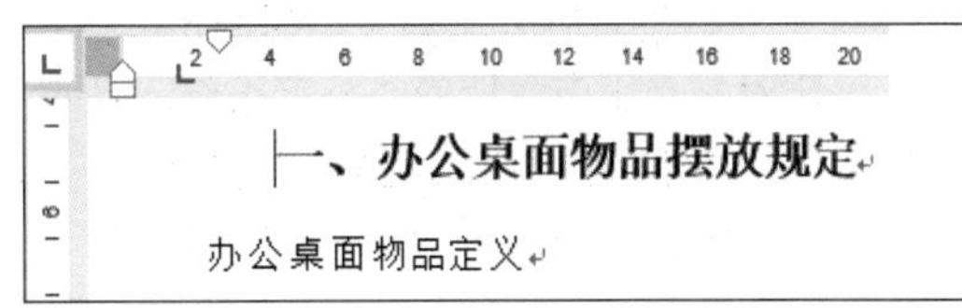

图 8-64　段落文本向右移动

5. 将鼠标指针移至制表符上，按住鼠标左键并将其拖曳至水平标尺上一个新的标记位置，此时，所定位的段落文本位置也随之移动，如图 8-65 所示。

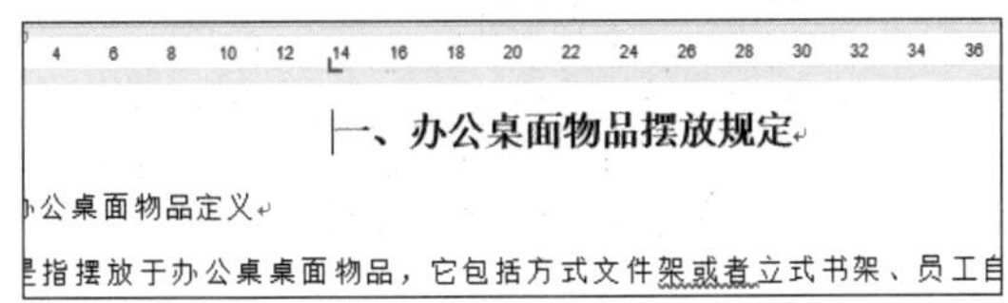

图 8-65　移动文本

6. 将光标定位于“办公桌面”字符前，在水平标尺上的合适位置添加一个制表符，如图 8-66 所示。

图 8-66　定位光标

知识链接

确定制表符类型后，在水平标尺上单击多少次鼠标，即可添加多少个制表符。

7 按【Tab】键，将光标之后的文本向右移动，如图 8-67 所示。

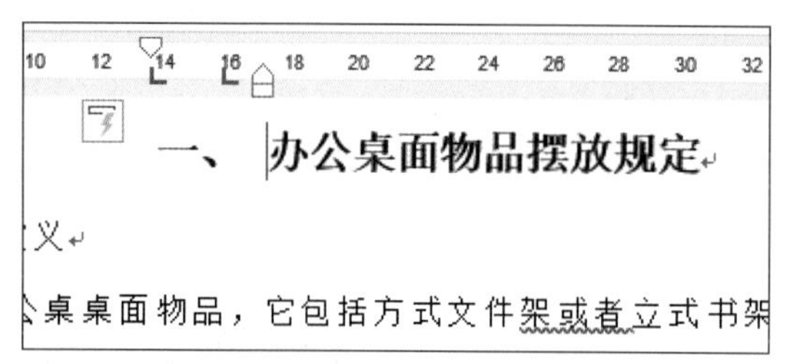

图 8-67 移动文本

8 将添加的制表符拖曳至水平标尺上的另一个合适位置，调整字符的位置，如图 8-68 所示。

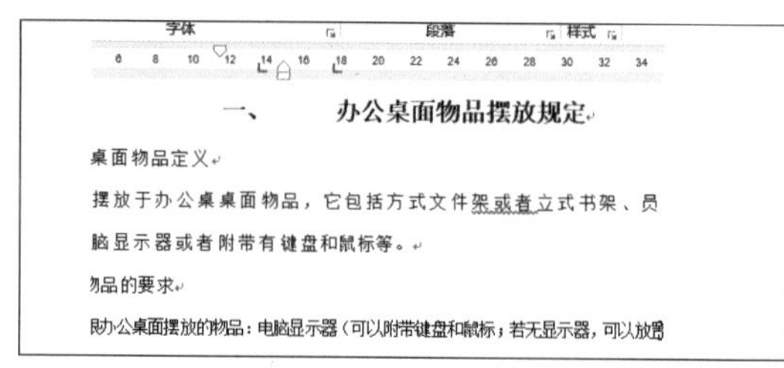

图 8-68 拖曳制表符

知识链接

选择水平标尺上的制表符后，将其拖曳至水平标尺之外，即可将该制表符删除。

8.4.2 设置首字下沉

首字下沉通常应用于文档或段落的开头，应用“首字下沉”可以将段落开头的字符放大多倍，并以下沉或悬挂的方式改变文档的版面样式。设置首字下沉的具体操作步骤如下：

1 在打开的文档中选中最后一段文本中的第 1 个字符，如图 8-69 所示。

5. 发现办公设备（包括通讯、照明、
障时，员工应立即向办公室报修，以便及时
本制度的检查、监督部门为公司办公室
员，将给予 50-100 元的扣薪处理。本制度

图 8-69 选中字符

2 切换至“插入”选项卡，单击“文本”选项组中的“首字下沉”按钮，如图 8-70 所示。

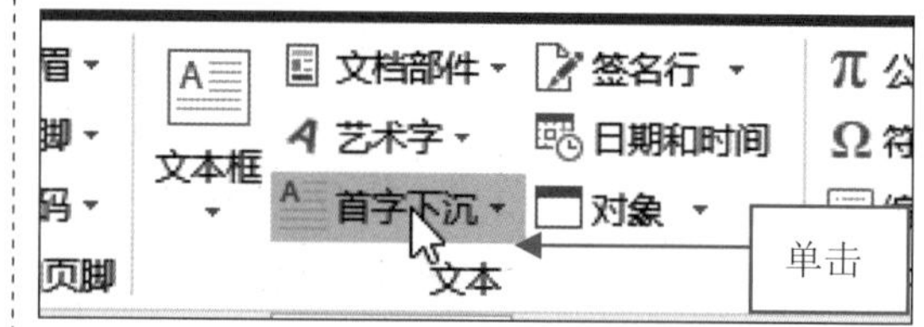

图 8-70 单击“首字下沉”按钮

3 在弹出的列表框中选择“下沉”选项，如图 8-71 所示。

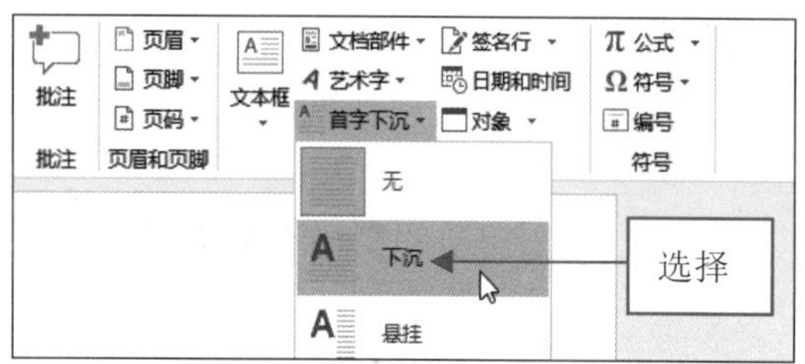

图 8-71 选择“下沉”选项

4 执行操作后，所选字符以首字下沉效果显示，如图 8-72 所示。

4. 部、室专用的设备由部、室指定专人定期
室负责定期的清洁保养工作。
5. 发现办公设备（包括通讯、照明、影音、
障时，员工应立即向办公室报修，以便及时解决
本 制度的检查、监督部门为公司办公
规定的人员，将给予 50-100 元的扣
在公司。

图 8-72 首字下沉效果

5 单击“首字下沉”按钮，弹出列表框，选择“首字下沉选项”选项，如图 8-73 所示。

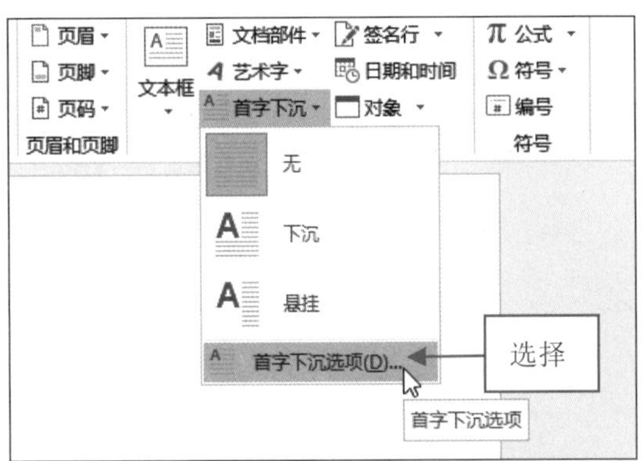

图 8-73　选择“首字下沉选项”选项

6 弹出“首字下沉”对话框，其中显示了当前字符首字下沉的各属性，如图 8-74 所示。

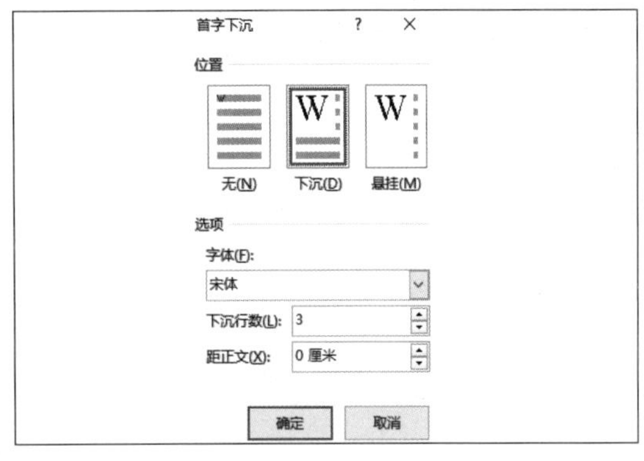

图 8-74　“首字下沉”对话框

7 在“选项”选项区中分别设置“字体”“下沉行数”“距正文”选项，如图 8-75 所示。

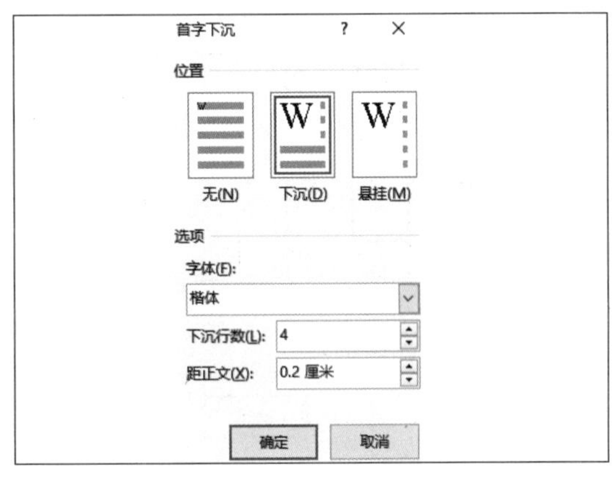

图 8-75　设置各选项

8 单击“确定”按钮，即可改变首字下沉的效果，如图 8-76 所示。

3. 职员应在每天的工作时间开始前和工作
卫生保洁工作，保持物品整齐，桌面清洁。
4. 部、室专用的设备由部、室指定专人定
室负责定期的清洁保养工作。
5. 发现办公设备（包括通讯、照明、影音
障时，员工应立即向办公室报修，以便及时解

制度的检查、监督部门为
反此规定的人员，将给予
最终解释权在公司。

图 8-76　改变首字下沉效果

8.4.3　设置文字方向

改变文字的方向即改变文字的排版方式，用户可以以自身的阅读习惯来改变文字方向，使整个版面多样化。设置文字方向的具体操作步骤如下：

1 打开的 Word 文档以默认文字方向显示，如图 8-77 所示。

第一条　办公秩序

1. 工作时间内不应无故离岗、串岗，不得闲聊、吃零食、大声喧哗，确保办公环境的安静有序。

2. 职员间的工作交流应在规定的区域内进行（大厅、会议室、接待室、总经理室）或通过公司内线电话联系，如需在个人工作区域内进行谈话的，时间一般不应超过三分钟（特殊情况除外）。

3. 职员应在每天的工作时间开始前和工作时间结束后做好个人工作区内的卫生保洁工作，保持物品整齐，桌面清洁。

4. 部、室专用的设备由部、室指定专人定期清洁，公司公共设施则由办公室负责定期的清洁保养工作。

5. 发现办公设备（包括通讯、照明、影音、电脑、建筑等）损坏或发生故

图 8-77　文字方向

2 切换到“布局”选项卡，单击“页面设置”选项组中的“文字方向”按钮，如图 8-78 所示。

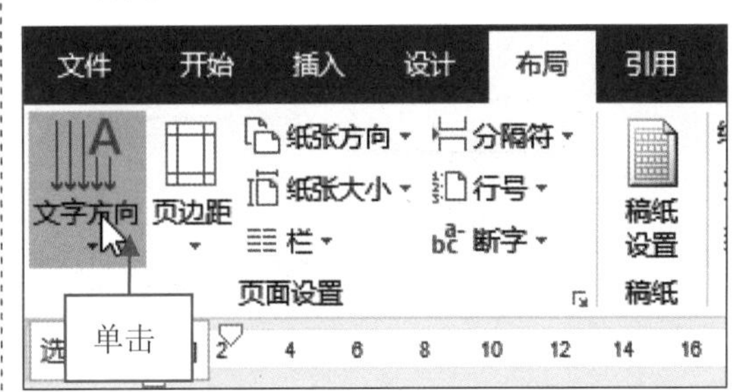

图 8-78　单击“文字方向”按钮

3 在弹出的列表框中选择“垂直”选项，如图 8-79 所示。

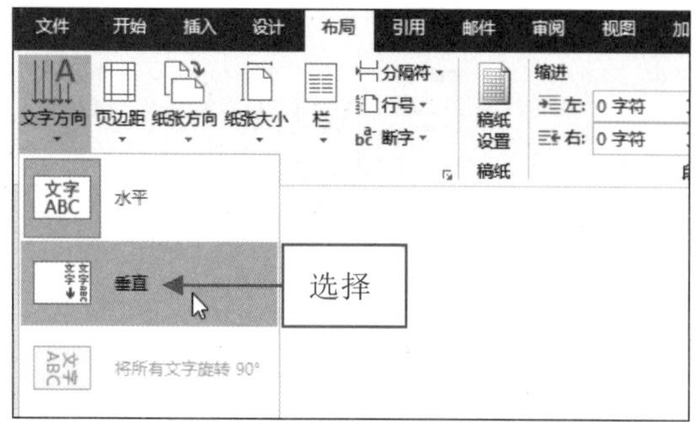

图 8-79 选择“垂直”选项

4 执行操作后，文字方向随之改变，如图 8-80 所示。

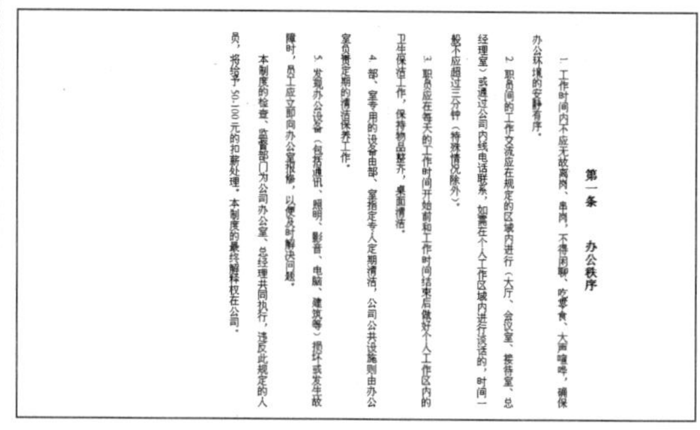

第一条 办公秩序

1. 工作时间内不应无故离岗、串岗，不得闲聊、吃零食、大声喧哗，确保办公环境的安静有序。

2. 职员间的工作交流应在规定的区域内进行（大厅、会议室、接待室、总经理室）或通过公司内线电话联系，如需在个人工作区域内进行谈话的，时间一般不应超过三分钟（特殊情况除外）。

3. 职员应在每天的工作时间开始前和工作时间结束后做好个人工作区内的卫生保洁工作，保持物品整齐，桌面清洁。

4. 部、室专用的设备由部、室指定专人定期清洁，公司公共设施则由办公室负责定期的清洁保养工作。

5. 发现办公设备（包括通讯、照明、影音、电脑、建筑等）损坏或发生故障时，员工应立即向办公室报修，以便及时解决问题。

本制度的检查、监督部门为公司办公室，总经理共同执行，违反此规定的人员，将给予 50-100 元的扣薪处理。本制度的最终解释权在公司。

图 8-80 改变文字方向

5 单击“文字方向”按钮，弹出列表框，选择“文字方向选项”选项，如图 8-81 所示。

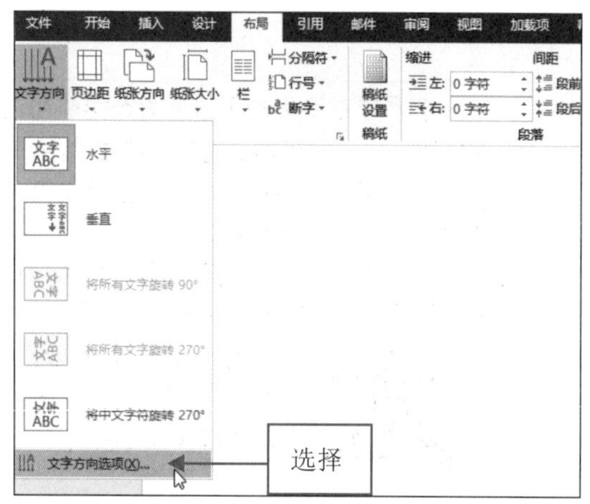

图 8-81 选择“文字方向选项”选项

6 执行操作后，弹出“文字方向-主文档”对话框，如图 8-82 所示。

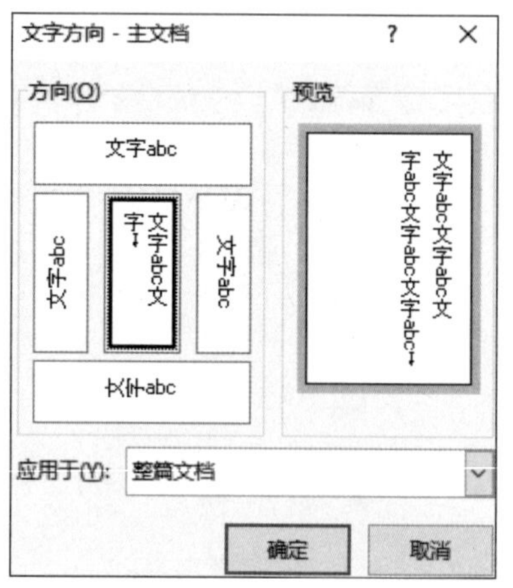

图 8-82 “文字方向-主文档”对话框

7 在“方向”选项区中选择一种文字方向选项，如图 8-83 所示。

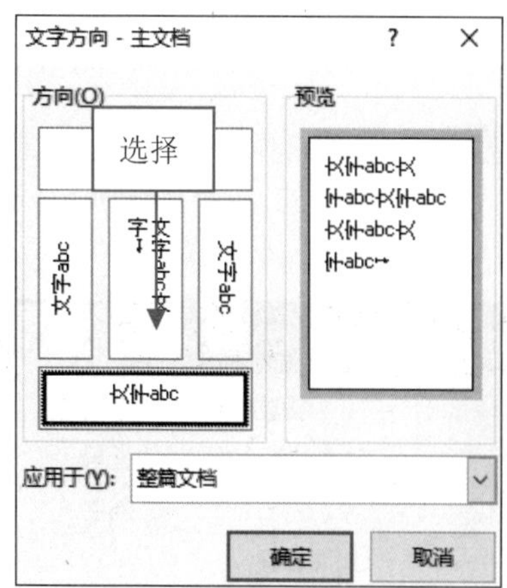

图 8-83 选择文字方向选项

8 单击“确定”按钮，即可改变文字方向，如图 8-84 所示。

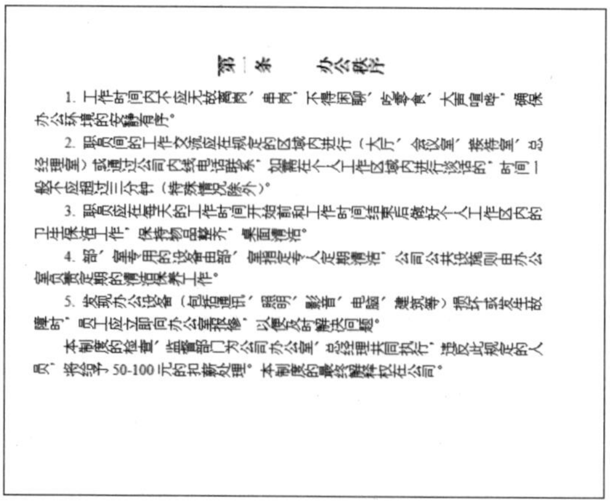

第一条 办公秩序

1. 工作时间内不应无故离岗、串岗，不得闲聊、吃零食、大声喧哗，确保办公环境的安静有序。

2. 职员间的工作交流应在规定的区域内进行（大厅、会议室、接待室、总经理室）或通过公司内线电话联系，如需在个人工作区域内进行谈话的，时间一般不应超过三分钟（特殊情况除外）。

3. 职员应在每天的工作时间开始前和工作时间结束后做好个人工作区内的卫生保洁工作，保持物品整齐，桌面清洁。

4. 部、室专用的设备由部、室指定专人定期清洁，公司公共设施则由办公室负责定期的清洁保养工作。

5. 发现办公设备（包括通讯、照明、影音、电脑、建筑等）损坏或发生故障时，员工应立即向办公室报修，以便及时解决问题。

本制度的检查、监督部门为公司办公室，总经理共同执行，违反此规定的人员，将给予 50-100 元的扣薪处理。本制度的最终解释权在公司。

图 8-84 改变文字方向后的效果

第 9 章

设置页面与打印文档

在 Word 中编辑好文档资料后通常需要将其打印出来，以便携带和阅读，而在打印之前应当对整个文档的页面进行适当的设置。本章将主要介绍设置页面、页面排版、添加页眉、页脚和打印文档等内容。

9.1 设置页面

在创建文档时，文档的纸张大小、方向、版式等属性都是 Word 2016 的默认设置，用户可以根据需要重新对文档的页面属性进行设置。

9.1.1 设置版式

通过设置文档的版式，可以让文档中不同的页面使用不同的页眉和页脚，也可以改变文档的对齐方式。设置版式的具体操作步骤如下：

1 打开 Word 文档，如图 9-1 所示。

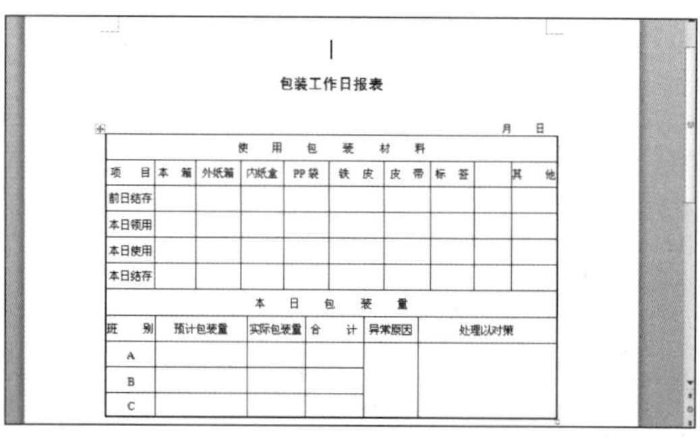

图 9-1 打开文档

2 切换至“布局”选项卡，单击“页面设置”选项组中对话框启动器按钮，如图 9-2 所示。

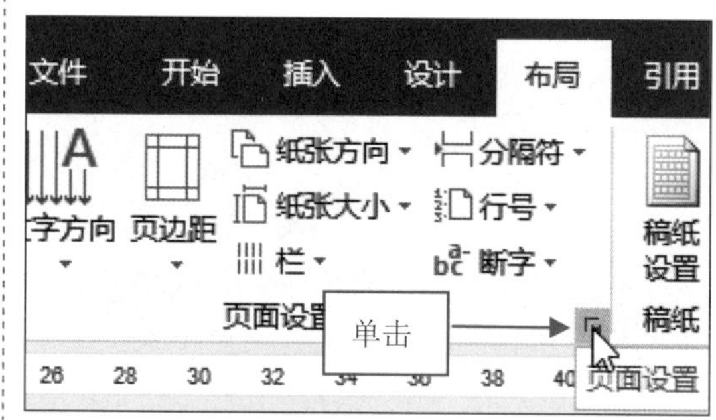

图 9-2 单击对话框启动器按钮

3 弹出“页面设置”对话框，切换至“版式”选项卡，其中显示了当前文档的版式属性，如图 9-3 所示。

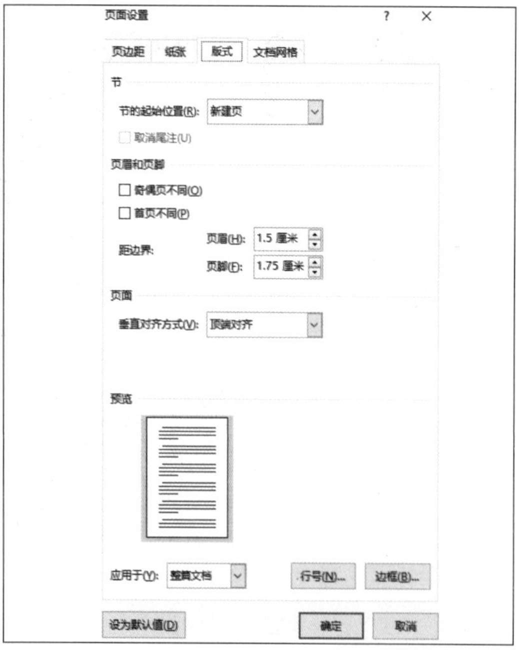

图 9-3 “页面设置”对话框

4 在“页眉和页脚”选项区中设置“页眉”和“页脚”均为 1.2 厘米、“垂直对齐方式”为“底端对齐”，如图 9-4 所示。

图 9-4 设置各选项

知识链接

“页眉和页脚”选项区中各主要选项的含义如下：

- 奇偶页不同：选中该复选框，可以分别在奇数页和偶数页中设置不同的页眉和页脚。
- 首页不同：选中该复选框，可以使节或文档首页与其他页的页眉页脚不同。
- 距边界：在右侧的“页眉”或“页脚”数值框中输入数值，可以用来指定纸张上边缘或下边缘到页眉或页脚之间的距离。

5 单击“行号”按钮，弹出“行号”对话框，选中“添加行号”复选框，设置其余参数，如图 9-5 所示。

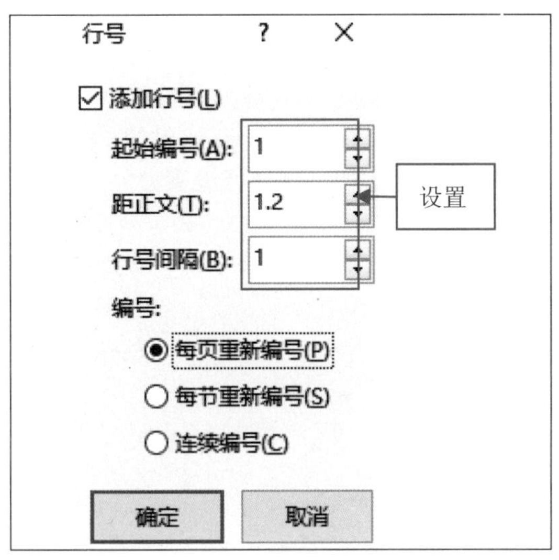

图 9-5　设置各选项

6 单击“确定”按钮，返回“页面设置”对话框，再单击“确定”按钮，即可完成文档版式的设置，如图 9-6 所示。

包装工作日报表

月　　日

使　用　包　装　材　料									
项　目	本　箱	外纸箱	内纸盒	PP 袋	铁　皮	皮　带	标　签		其　他
前日结存									
本日领用									
本日使用									
本日结存									

本　日　包　装　量					
班　别	预计包装量	实际包装量	合　计	异常原因	处理以对策
A					
B					
C					

图 9-6　文档版式

知识链接

“行号”对话框中各主要选项的含义如下：

- 起始编号：在数值框中输入的数值可以用来指定文档开始的行号，默认值为 1。
- 距正文：在数值框中输入的数值可以用来指定行号与正文之间的距离。
- 行号间隔：在数值框中输入的数值可以用来指定要显示的行号增量。
- 编号：选中“每页重新编号”单选按钮，则文档中每一页的编号都会从头开始；选中“每节重新编号”单选按钮，则文档中每一节的编号都会从头开始；选中“连续编号”单选按钮，整个文档将进行连续性的统一编号。

9.1.2　设置纸张

设置纸张就是设置打印文档时的纸张的大小和类型。设置纸张的具体操作步骤如下：

1 打开 Word 文档，如图 9-7 所示。

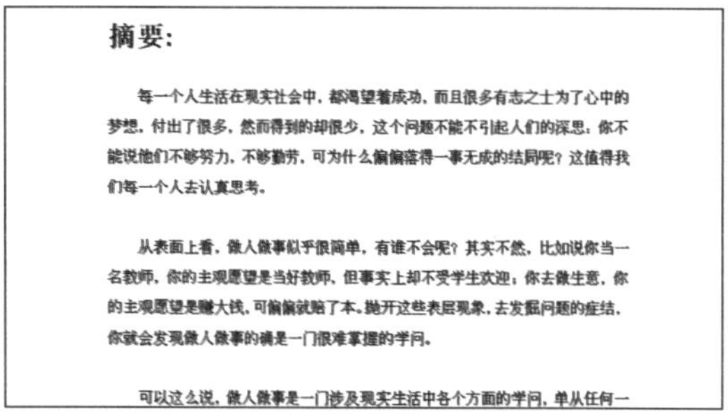

摘要:

每一个人生活在现实社会中，都渴望着成功，而且很多有志之士为了心中的梦想，付出了很多，然而得到的却很少，这个问题不能不引起人们的深思。你不能说他们不够努力，不够勤劳，可为什么偏偏落得一事无成的结局呢？这值得我们每一个人去认真思考。

从表面上看，做人做事似乎很简单，有谁不会呢？其实不然，比如说你当一名教师，你的主观愿望是当好教师，但事实上却不受学生欢迎；你去做生意，你的主观愿望是赚大钱，可偏偏就赔了本。抛开这些表层现象，去发掘问题的症结，你就会发现做人做事的确是一门很难掌握的学问。

可以这么说，做人做事是一门涉及现实生活中各个方面的学问，单从任何一

图 9-7 打开文档

2 切换至“布局”选项卡，单击“页面设置”选项组中的“纸张大小”按钮，如图 9-8 所示。

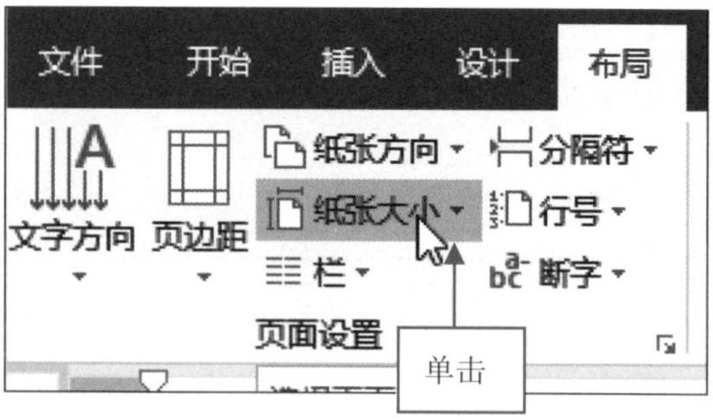

文件
开始
插入
设计
布局
纸张方向
分隔符
文字方向
页边距
纸张大小
行号
栏
断字
页面设置
单击

图 9-8 单击“纸张大小”按钮

专家提醒

用户在“页面设置”选项组中单击对话框启动器按钮后，在弹出的“页面设置”对话框中切换至“纸张”选项卡，即可对文档纸张进行设置。

3 在弹出的列表框中选择“其他纸张大小”选项，如图 9-9 所示。

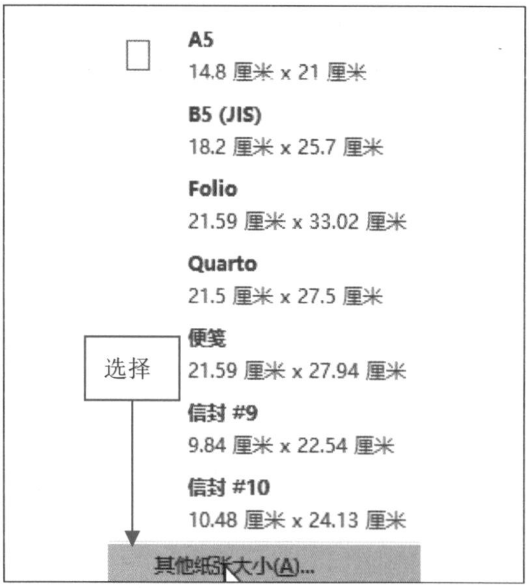

A5
14.8 厘米 x 21 厘米
B5 (JIS)
18.2 厘米 x 25.7 厘米
Folio
21.59 厘米 x 33.02 厘米
Quarto
21.5 厘米 x 27.5 厘米
便笺
21.59 厘米 x 27.94 厘米
信封 #9
9.84 厘米 x 22.54 厘米
信封 #10
10.48 厘米 x 24.13 厘米
其他纸张大小(A)...
选择

图 9-9 选择“其他纸张大小”选项

4 执行操作后，将弹出“页面设置”对话框，如图 9-10 所示。

页面设置
页边距
纸张
版式
文档网格
纸张大小(R):
A4
宽度(W): 21 厘米
高度(E): 29.7 厘米
纸张来源
首页(F):
其他页(O):
默认纸盒 (默认)
默认
预览
应用于(Y):
打印选项(T)...
设为默认值(D)
确定
取消

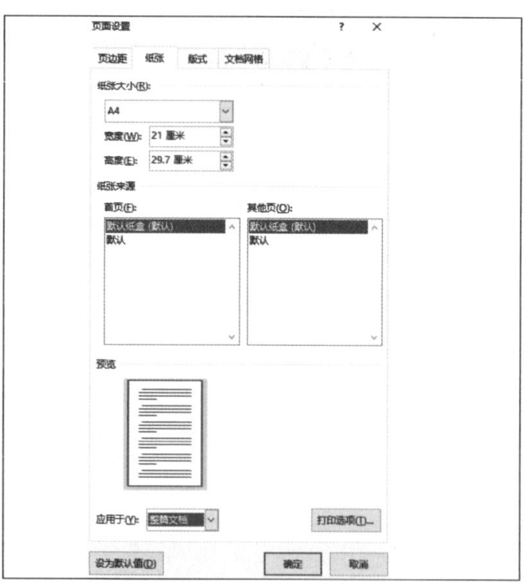

图 9-10 “页面设置”对话框

知识链接

单击“纸张大小”按钮后，在弹出的列表框中选择相应的选项，即可快速设置纸张大小。

5 设置“纸张大小”为“自定义大小”，再设置“宽度”和“高度”，如图 9-11 所示。

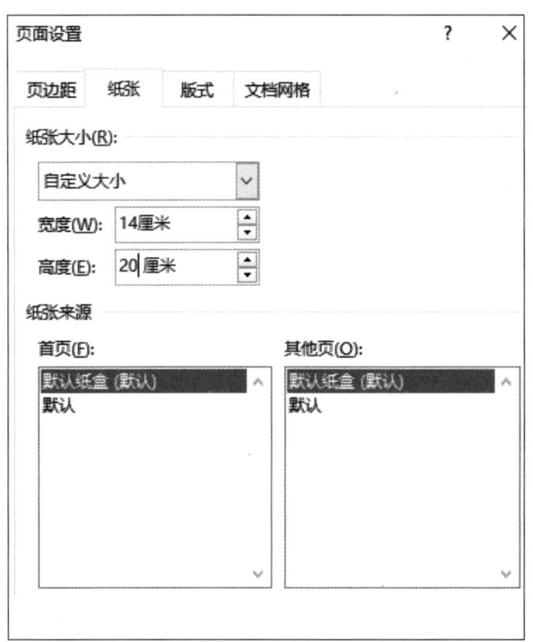

图 9-11　设置各选项

6 单击“确定”按钮，即可改变纸张大小，如图 9-12 所示。

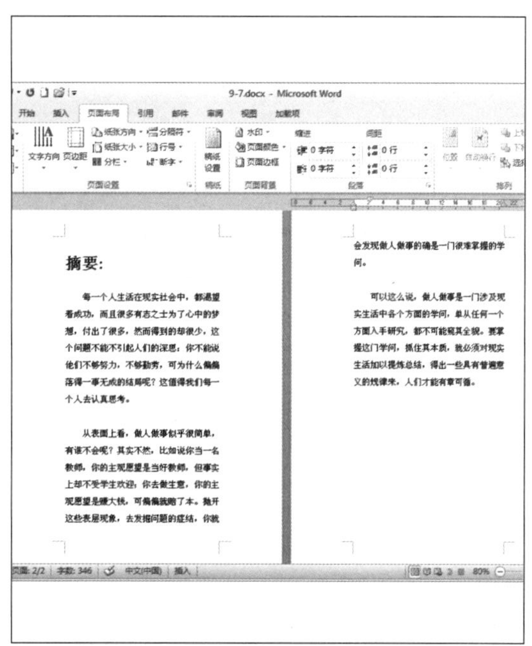

图 9-12　改变纸张大小

知识链接

在“纸张大小”下拉列表框中选择不同的纸张大小，文档纸张的宽度和高度也会随之改变。

9.1.3　设置页边距

页边距指的是页面四周的空白区域，只要是在页边距内的文字和图形都可以被打印出来。设置页边距的具体操作步骤如下：

1 打开 Word 文档后，可观察到当前文档的页边距，如图 9-13 所示。

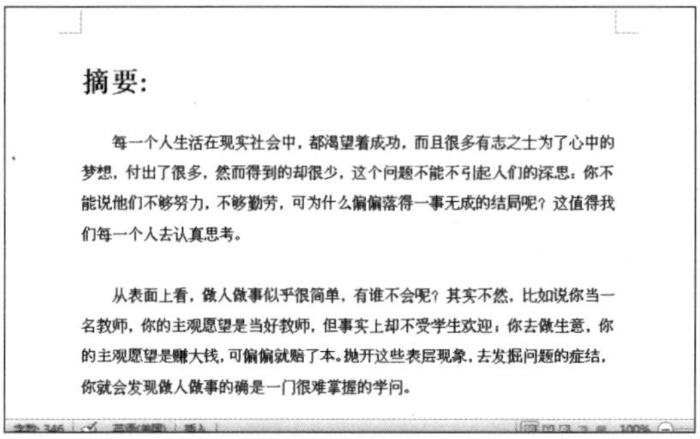

摘要:

每一个人生活在现实社会中，都渴望着成功，而且很多有志之士为了心中的梦想，付出了很多，然而得到的却很少，这个问题不能不引起人们的深思：你不能说他们不够努力，不够勤劳，可为什么偏偏落得一事无成的结局呢？这值得我们每一个人去认真思考。

从表面上看，做人做事似乎很简单，有谁不会呢？其实不然，比如说你当一名教师，你的主观愿望是当好教师，但事实上却不受学生欢迎；你去做生意，你的主观愿望是赚大钱，可偏偏就赔了本。抛开这些表层现象，去发掘问题的症结，你就会发现做人做事的确是一门很难掌握的学问。

图 9-13　当前文档页边距

2 在“布局”选项卡下的“页面设置”选项组中单击“页边距”按钮，如图 9-14 所示。

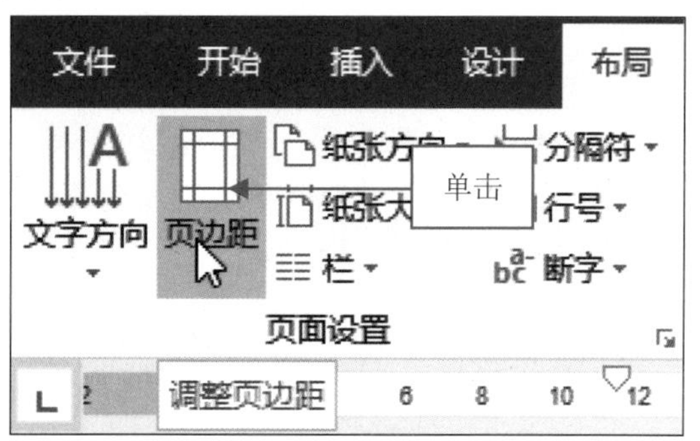

图 9-14　单击“页边距”按钮

3 在弹出的下拉列表中选择“适中”选项，如图 9-15 所示。

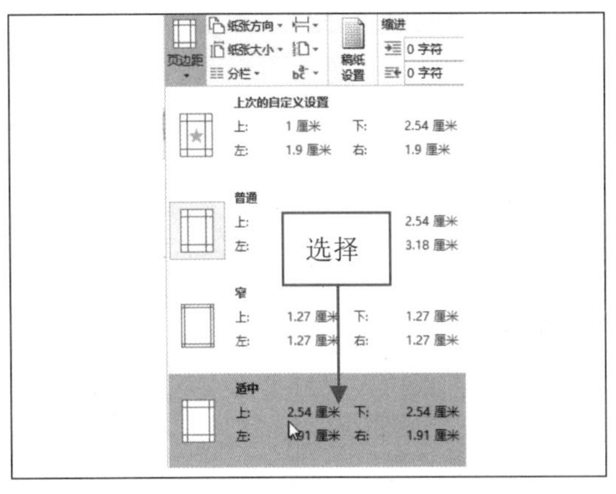

图 9-15 选择“适中”选项

4 执行操作后，文档页边距以适中的形式进行显示，如图 9-16 所示。

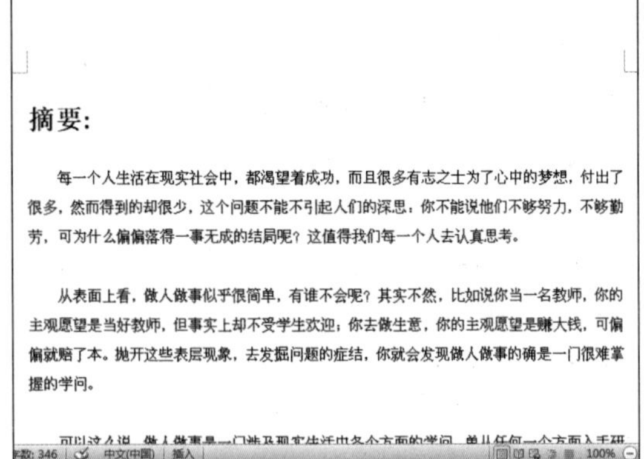

图 9-16 适中形式的页边距

在“页边距”下拉列表中主要有“上次的自定义设置”“普通”“窄”“适中”“宽”和“镜像”5 个选项，其中“上次的自定义设置”选项的页边距大小会根据每次设置页边距之前的一次页边距数值来显示。

5 在“页面设置”选项组中单击“页边距”按钮，在弹出的下拉列表框中选择“自定义边距”选项，如图 9-17 所示。

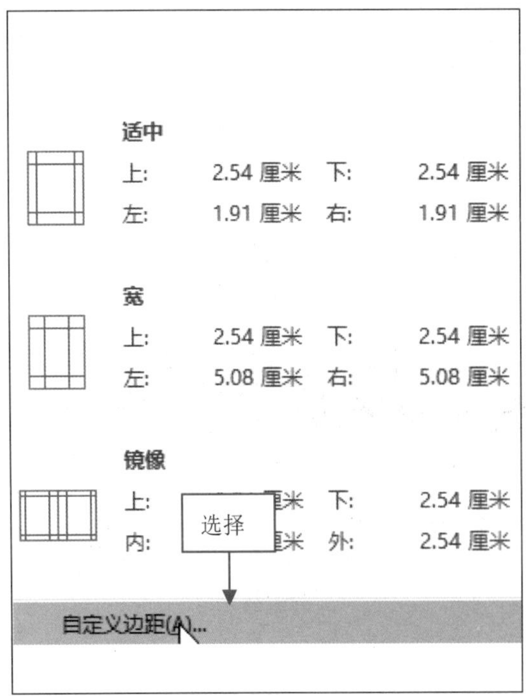

图 9-17 选择“自定义边距”选项

6 弹出“页面设置”对话框，在“页边距”选项卡中显示了当前文档页边距的相关属性，如图 9-18 所示。

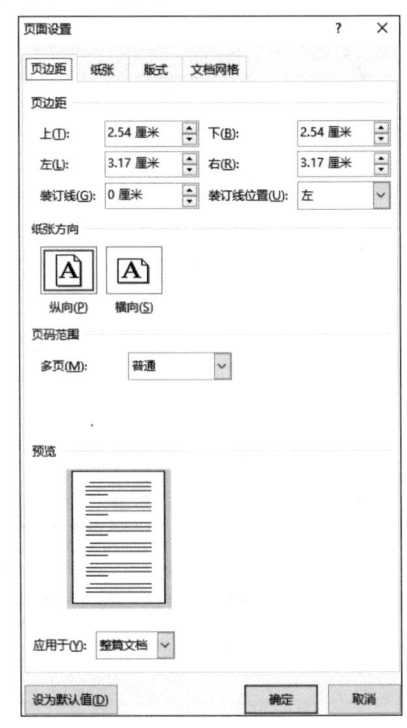

图 9-18 “页面设置”对话框

7 在“页边距”选项区中设置“上”“下”均为 1.9 厘米，再在“纸张方向”选项区中选择“横向”选项，如图 9-19 所示。

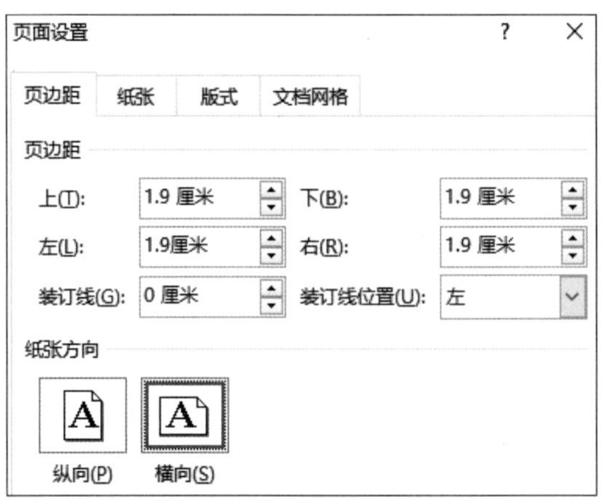

图 9-19　设置各选项

8 单击“确定”按钮，文档的页边距和纸张方向将随之改变，如图 9-20 所示。

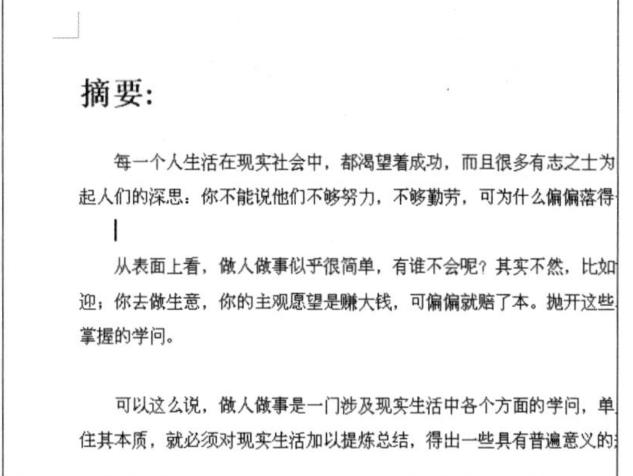

图 9-20　改变页边距和纸张方向

知识链接

在“页面设置”选项组中单击“纸张方向”按钮，在弹出的列表框中选择“横向”或“纵向”选项，即可快速改变纸张方向。

9.1.4　设置文档网格

设置文档网格就是将文档中的字符通过网格来进行限定，其中可以对文档每行中的字符数，以及每页中的行数等进行设置。设置文档网格的具体操作步骤如下：

1 在打开的文档中，文本内容以默认的形式进行显示，如图 9-21 所示。

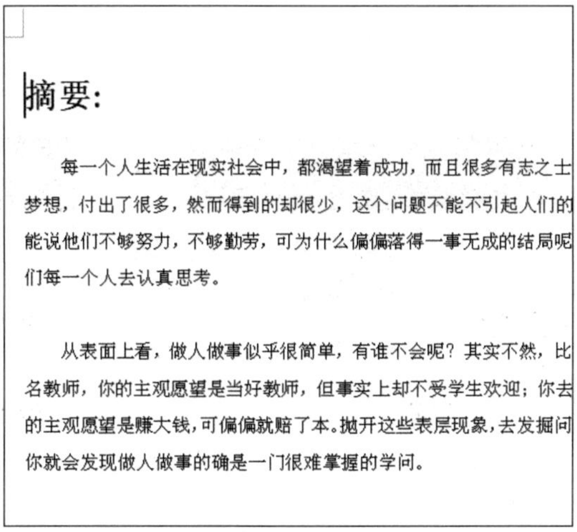

摘要:

每一个人生活在现实社会中，都渴望着成功，而且很多有志之士
梦想，付出了很多，然而得到的却很少，这个问题不能不引起人们的
能说他们不够努力，不够勤劳，可为什么偏偏落得一事无成的结局呢
们每一个人去认真思考。

从表面上看，做人做事似乎很简单，有谁不会呢？其实不然，比
名教师，你的主观愿望是当好教师，但事实上却不受学生欢迎；你去
的主观愿望是赚大钱，可偏偏就赔了本。抛开这些表层现象，去发掘问
你就会发现做人做事的确是一门很难掌握的学问。

图 9-21　文本内容

2 单击“页面设置”选项组中的对话框启动器按钮，弹出“页面设置”对话框，切换至“文档网格”选项卡，如图 9-22 所示。

图 9-22　“页面设置”对话框

3. 在“网格”选项区中选中“文字对齐字符网格”单选按钮，再设置“每行”为39、“每页”为48，如图9-23所示。

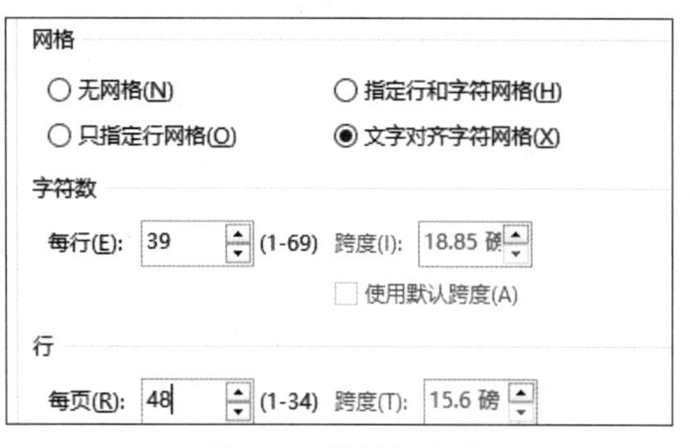

图9-23 设置各选项

4. 单击“确定”按钮，文档编辑区中的内容以设置的文档网格格式进行相应改变，如图9-24所示。

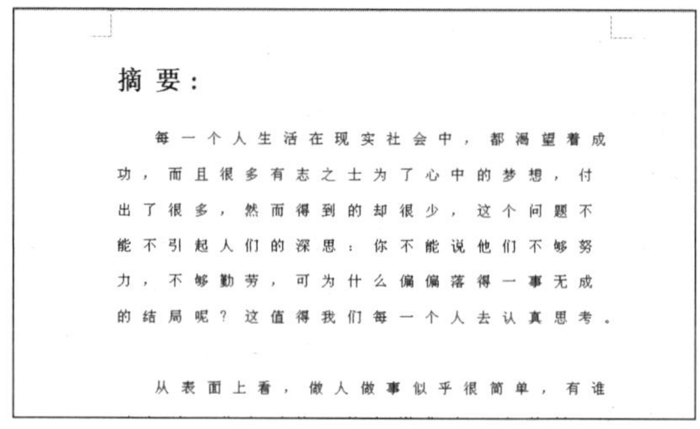

摘 要：

每一个人生活在现实社会中，都渴望着成功，而且很多有志之士为了心中的梦想，付出了很多，然而得到的却很少，这个问题不能不引起人们的深思：你不能说他们不够努力，不够勤劳，可为什么偏偏落得一事无成的结局呢？这值得我们每一个人去认真思考。

从表面上看，做人做事似乎很简单，有谁

图9-24 改变文档内容

知识链接

在“页面设置”对话框的“文字排列”选项区中可以对文字的方向和栏数进行调整。另外，单击“绘图网格”按钮，将弹出“网格线和参考线”对话框，在其中可以对网格属性进行设置。

9.2 排版页面

文档排版的技巧有许多种，熟练地运用各种技巧不仅可以提高文档编辑的效率，还可以提高文档的质量，Word 2016 提供了许多独特的功能和命令，可以将页面设计得更加美观、精致。

扫码观看本节视频

9.2.1 插入分隔符

分隔符主要分为分页符、分栏符、自动换行符和分节符4类，其中分节符又分为下一页、连续、偶数页和奇数页4种。插入分隔符的具体操作步骤如下：

1. 打开Word文档，将光标定位于第2段文本的段首，如图9-25所示。

有时，抬头仰望蔚蓝的天空，总是有一种冲出禁锢的强烈冲动。却发现，自己已经失去了好多、好多。但是，相信自己能够凭着年少轻用尽全身气力往前飞，却不想，自己从此便走上了一条充满错误的道自己的时候，陪伴着的只有孤寂与苍凉。

风过，落叶飞卷。抱着自己那双脆弱的翅膀，瑟瑟发抖，心中的出口，因为总想着：“要变坚强，经历这些风雨是必然的！”总是很天手就能拥抱全世界。当有人向自己伸出温暖的双手时，自己却高傲的也不回的冲向蓝天。当黑夜过去总会出现阳光。但是，我们必须战胜面所迷惑，而做出冲动的决定。天没变，地没变，既然什么都没变，

图9-25 光标定位

2. 切换至“布局”选项卡，单击“页面设置”选项组中的“分隔符”按钮，如图9-26所示。

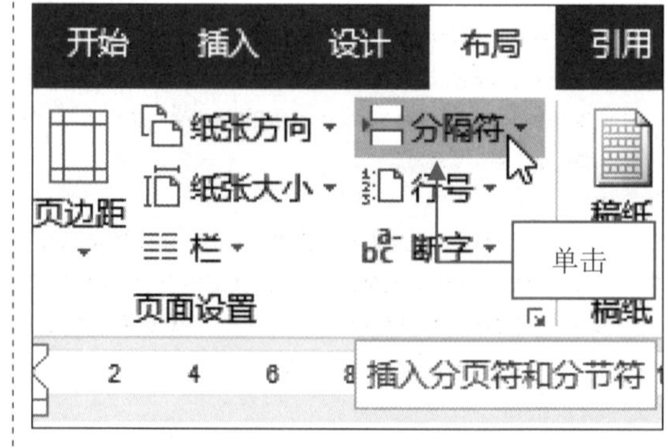

图9-26 单击“分隔符”按钮

3 在弹出的列表框中选择“分页符”选项，如图 9-27 所示。

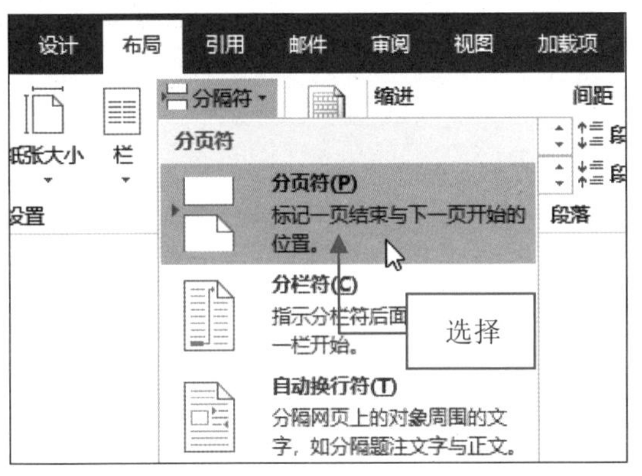

图 9-27　选择“分页符”选项

4 执行操作后，即可插入分页符，如图 9-28 所示。

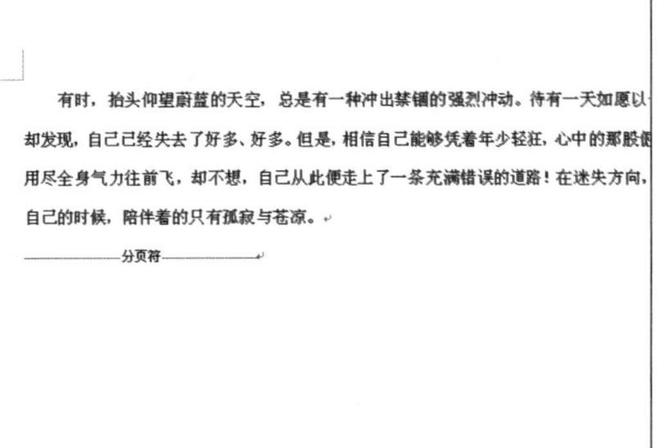

图 9-28　插入分页符

专家提醒

分页符是强制性地将光标之后的文本内容移至下一页。

5 光标之后的文本内容被分隔至下一页，如图 9-29 所示。

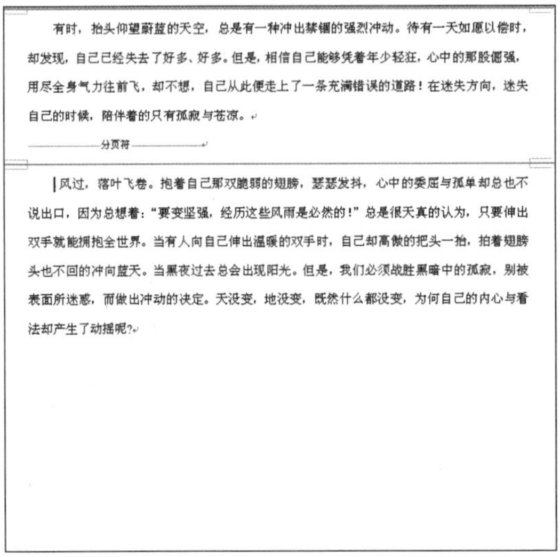

有时，抬头仰望蔚蓝的天空，总是有一种冲出禁锢的强烈冲动。待有一天如愿以偿时，却发现，自己已经失去了好多、好多。但是，相信自己能够凭着年少轻狂，心中的那股倔强，用尽全身气力往前飞，却不想，自己从此便走上了一条充满错误的道路！在迷失方向，迷失自己的时候，陪伴着的只有孤寂与苍凉。

分页符

风过，落叶飞卷。抱着自己那双脆弱的翅膀，瑟瑟发抖，心中的委屈与孤单却总也不说出口，因为总想着：“要变坚强，经历这些风雨是必然的！”总是很天真的认为，只要伸出双手就能拥抱全世界。当有人向自己伸出温暖的双手时，自己却高傲的把头一抬，拍着翅膀头也不回的冲向蓝天。当黑夜过去总会出现阳光。但是，我们必须战胜黑暗中的孤寂，别被表面所迷惑，而做出冲动的决定。天没变，地没变，既然什么都没变，为何自己的内心与看法却产生了动摇呢？

图 9-29　分隔至下一页

6 单击“撤销”按钮，将光标定位于第 2 段的段首，单击“分隔符”按钮，在弹出的列表框中选择“自动换行符”选项，如图 9-30 所示。

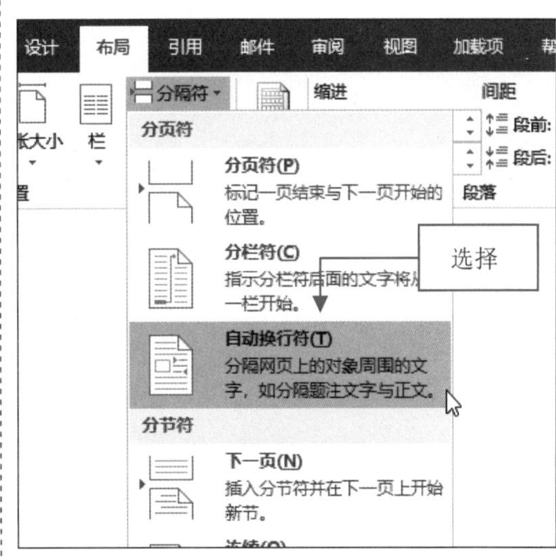

图 9-30　选择“自动换行符”按钮

若文档中没有显示插入的分页符或分节符，则切换至“开始”选项卡，在“段落”选项组中单击“显示/隐藏编辑标记”按钮，即可显示分隔符标记。

7 执行操作后，光标之后的文本段落将自动换行，如图 9-31 所示。

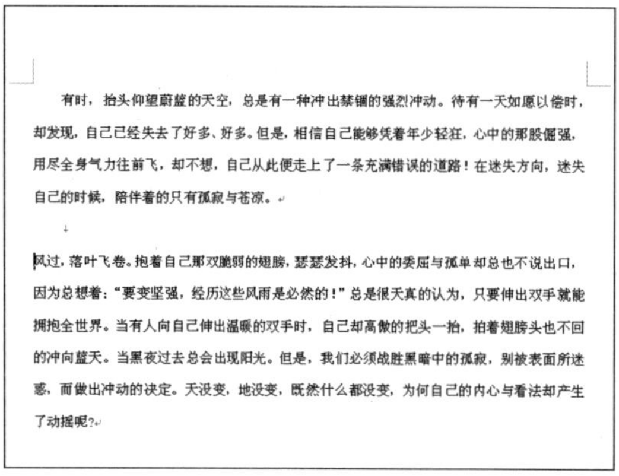

有时，抬头仰望蔚蓝的天空，总是有一种冲出禁锢的强烈冲动。待有一天如愿以偿时，却发现，自己已经失去了好多、好多。但是，相信自己能够凭着年少轻狂，心中的那股倔强，用尽全身气力往前飞，却不想，自己从此便走上了一条充满错误的道路！在迷失方向，迷失自己的时候，陪伴着的只有孤寂与苍凉。
风过，落叶飞卷。抱着自己那双脆弱的翅膀，瑟瑟发抖，心中的委屈与孤单却总也不说出口，因为总想着："要变坚强，经历这些风雨是必然的！"总是很天真的认为，只要伸出双手就能拥抱全世界。当有人向自己伸出温暖的双手时，自己却高傲的把头一扬，拍着翅膀头也不回的冲向蓝天。当黑夜过去总会出现阳光。但是，我们必须战胜黑暗中的孤寂，别被表面所迷惑，而做出冲动的决定。天没变，地没变，既然什么都没变，为何自己的内心与看法却产生了动摇呢？

图 9-31 文本自动换行

8 单击"分隔符"按钮，在弹出的列表框中选择"下一页"选项，如图 9-32 所示。

设计
布局
引用
邮件
审阅
视图
加载项
帮助
告诉我你想要做什么
分隔符
缩进
间距
段前: 0 行
段后: 0 行
纸张大小
栏
设置
段落
位置
环绕文字
分页符
分页符(P)
标记一页结束与下一页开始的位置。
分栏符(C)
指示分栏符后面的文字将从下一栏开始。
自动换行符(T)
字，如分隔题注文字与正文。
分节符
下一页(N)
插入分节符并在下一页上开始新节。
连续(O)
插入分节符并在同一页上开始新节。
偶数页(E)
选择

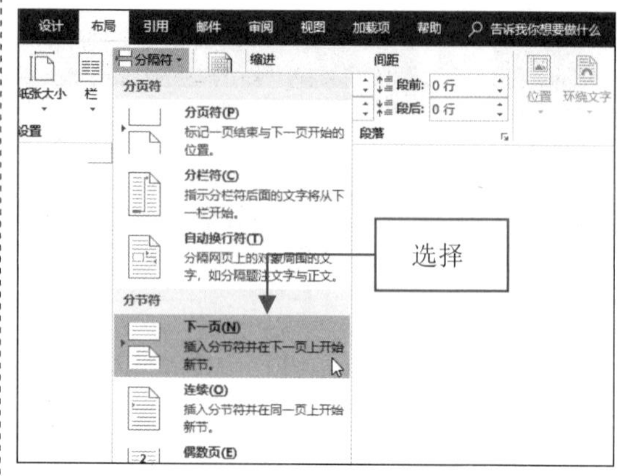

图 9-32 选择"下一页"选项

9 执行操作后，即可插入"分节符（下一页）"标记，如图 9-33 所示。

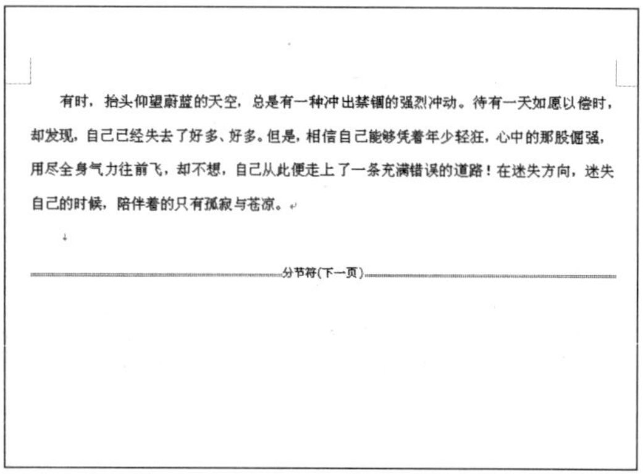

有时，抬头仰望蔚蓝的天空，总是有一种冲出禁锢的强烈冲动。待有一天如愿以偿时，却发现，自己已经失去了好多、好多。但是，相信自己能够凭着年少轻狂，心中的那股倔强，用尽全身气力往前飞，却不想，自己从此便走上了一条充满错误的道路！在迷失方向，迷失自己的时候，陪伴着的只有孤寂与苍凉。
分节符(下一页)

图 9-33 插入分节符

10 光标之后的文本内容被分隔至下一页，如图 9-34 所示。

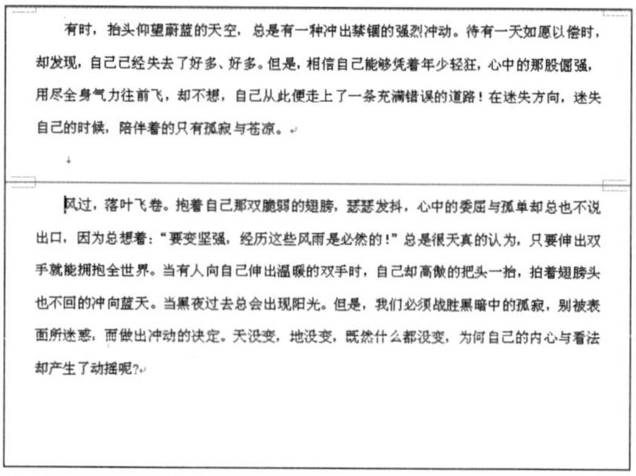

有时，抬头仰望蔚蓝的天空，总是有一种冲出禁锢的强烈冲动。待有一天如愿以偿时，却发现，自己已经失去了好多、好多。但是，相信自己能够凭着年少轻狂，心中的那股倔强，用尽全身气力往前飞，却不想，自己从此便走上了一条充满错误的道路！在迷失方向，迷失自己的时候，陪伴着的只有孤寂与苍凉。
风过，落叶飞卷。抱着自己那双脆弱的翅膀，瑟瑟发抖，心中的委屈与孤单却总也不说出口，因为总想着："要变坚强，经历这些风雨是必然的！"总是很天真的认为，只要伸出双手就能拥抱全世界。当有人向自己伸出温暖的双手时，自己却高傲的把头一扬，拍着翅膀头也不回的冲向蓝天。当黑夜过去总会出现阳光。但是，我们必须战胜黑暗中的孤寂，别被表面所迷惑，而做出冲动的决定。天没变，地没变，既然什么都没变，为何自己的内心与看法却产生了动摇呢？

图 9-34 分隔至下一页

知识链接

不同分节符类型的主要含义如下：

- 下一页：在对文本进行分节的同时进行强制性的分页。
- 连续：在对文本分节的同时，新一节的文本内容仍在本页。
- 偶数页：在分节文本时，若结束于偶数页，则 Word 2016 空出一页奇数页，新的一节将从偶数页开始。
- 奇数页：在分节文本时，若结束于奇数页，则 Word 2016 空出一页偶数页，新的一节将从奇数页开始。

9.2.2 插入页码

当编辑的文档内容较多时，在页眉或页脚插入页码，以便打印出来的文档内容井然有序。插入页码的具体操作步骤如下：

1 新建一个文档，切换至“插入”选项卡，单击“页眉和页脚”选项组中的“页码”按钮，如图 9-35 所示。

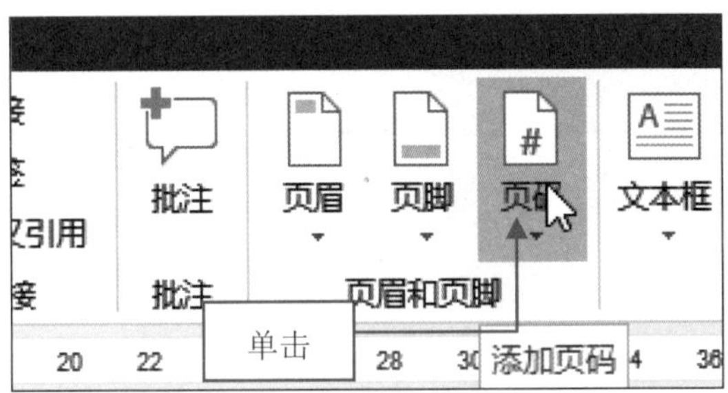

图 9-35　单击“页码”按钮

2 在弹出的列表框中选择“页面底端”选项中的“普通数字 1”选项，如图 9-36 所示。

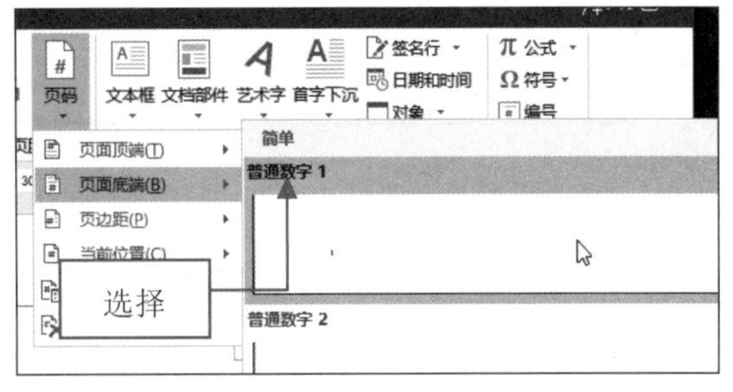

图 9-36　选择“普通数字 1”选项

3 执行操作后，即可在文档的页脚插入页码数字 1，如图 9-37 所示。

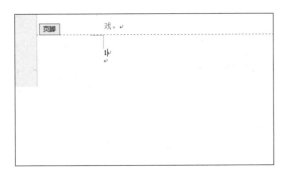

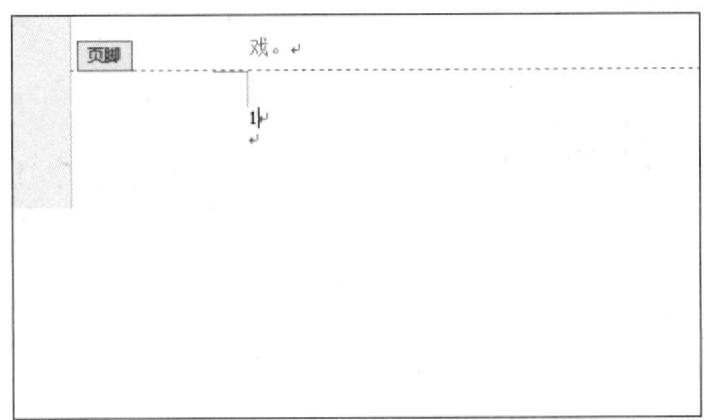

图 9-37　插入页码

4 切换至“页眉和页脚工具”|“设计”选项卡，单击“页码”|“设置页码格式”选项，如图 9-38 所示。

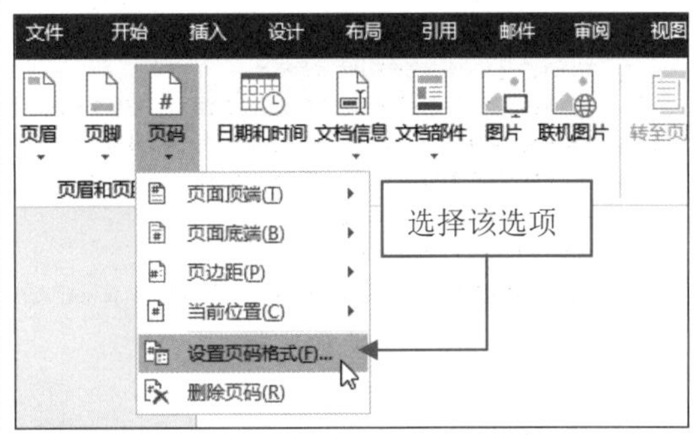

图 9-38　选择“设置页面格式”选项

5 弹出“页码格式”对话框，设置“编号格式”选项，如图 9-39 所示，在下拉选项中选取所需格式。

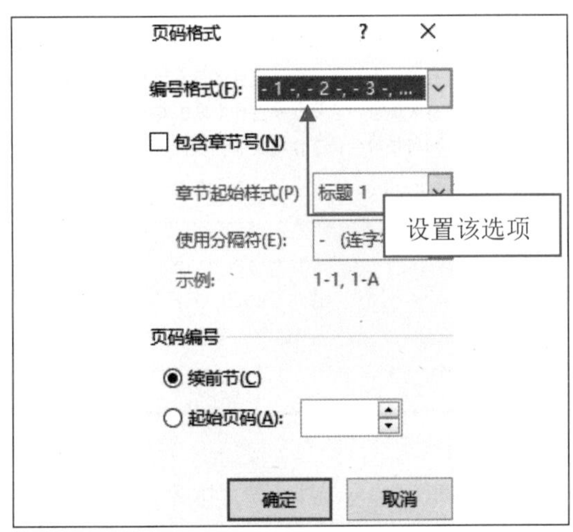

图 9-39　“页码格式”对话框

6 单击“确定”按钮，页码格式将会改变为所设格式，如图 9-40 所示。单击“页眉和页脚工具”|“设计”选项卡下“关闭”选项组中的“关闭页眉和页脚”按钮即可。

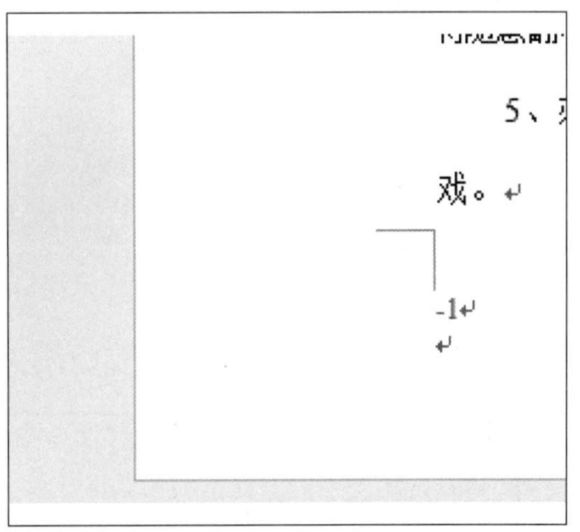

图 9-40　改变页码格式

知识链接

在“页码格式”对话框的“页码编号”选项区中选中“起始页码”单选按钮，并在其右侧的数值框中输入起始页编号，单击“确定”按钮后，当前文档的起始页页码为设置的编号。

9.2.3 插入批注

批注主要是为了在审阅文档时所添加的说明和建议，利用批注可以在保护原文档内容的同时，将审阅时的建议呈现出来。插入批注的具体操作步骤如下：

1 在打开的文档中选择需要插入批注的文本，如图 9-41 所示。

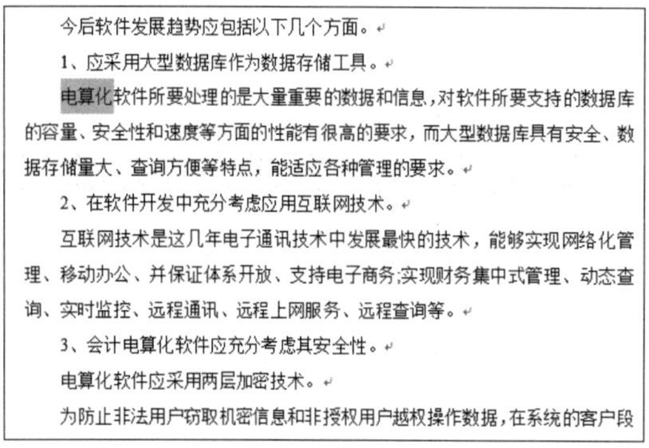

今后软件发展趋势应包括以下几个方面。

1、应采用大型数据库作为数据存储工具。

电算化软件所要处理的是大量重要的数据和信息，对软件所要支持的数据库的容量、安全性和速度等方面的性能有很高的要求，而大型数据库具有安全、数据存储量大、查询方便等特点，能适应各种管理的要求。

2、在软件开发中充分考虑应用互联网技术。

互联网技术是这几年电子通讯技术中发展最快的技术，能够实现网络化管理、移动办公、并保证体系开放、支持电子商务;实现财务集中式管理、动态查询、实时监控、远程通讯、远程上网服务、远程查询等。

3、会计电算化软件应充分考虑其安全性。

电算化软件应采用两层加密技术。

为防止非法用户窃取机密信息和非授权用户越权操作数据，在系统的客户段

图 9-41 选择文本

2 切换至“审阅”选项卡，单击“批注”选项组中“新建批注”按钮，如图 9-42 所示。

邮件
审阅
视图
搜
新建批注
单击
删除
上一条
下一条
显示批注
批注

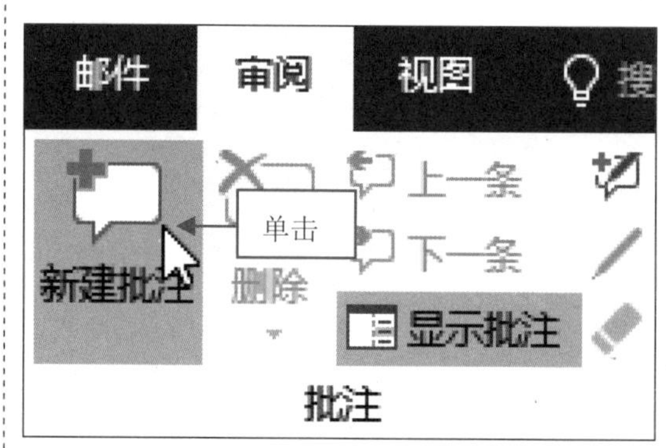

图 9-42 单击“新建批注”按钮

3 执行操作后，即可为选中的文本添加批注，文档右侧将显示一个批注框，如图 9-43 所示。

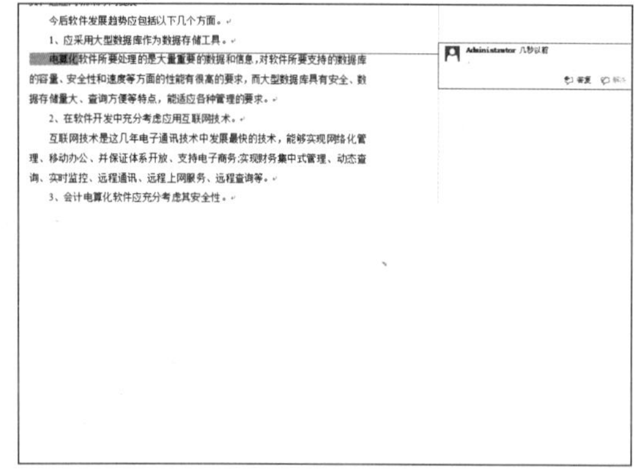

图 9-43 插入批注

4 在批注框中输入需要设置为批注的内容，如图 9-44 所示。

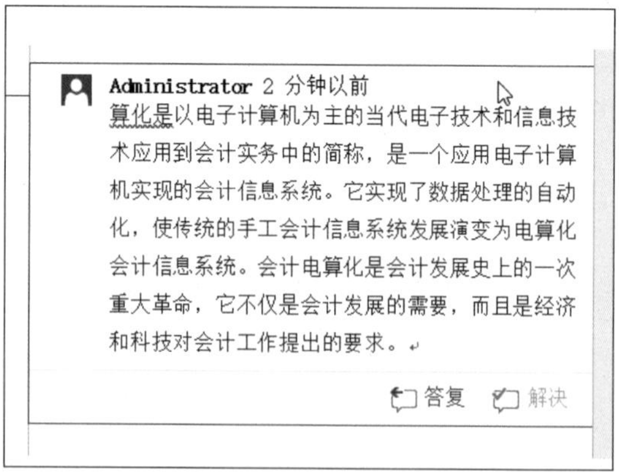

Administrator 2 分钟以前
算化是以电子计算机为主的当代电子技术和信息技术应用到会计实务中的简称，是一个应用电子计算机实现的会计信息系统。它实现了数据处理的自动化，使传统的手工会计信息系统发展演变为电算化会计信息系统。会计电算化是会计发展史上的一次重大革命，它不仅是会计发展的需要，而且是经济和科技对会计工作提出的要求。
答复
解决

图 9-44 输入批注内容

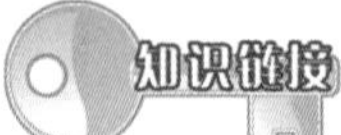

知识链接

在“审阅”选项卡中的“修订”选项组中，单击“显示标记”右侧的下拉三角按钮，在弹出的列表框中选中或取消选中“批注”选项，即可显示或隐藏文档中的批注。

5 在文档中的任意处单击鼠标左键，完成批注的设置，如图 9-45 所示。

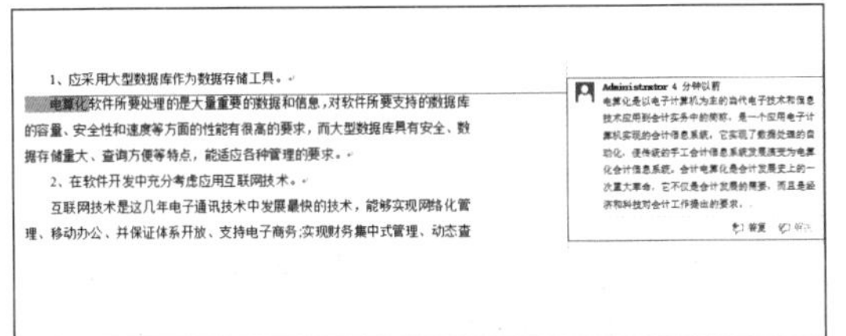

图 9-45　完成批注的设置

6 用与上述相同的方法，对其他文本设置批注，如图 9-46 所示。

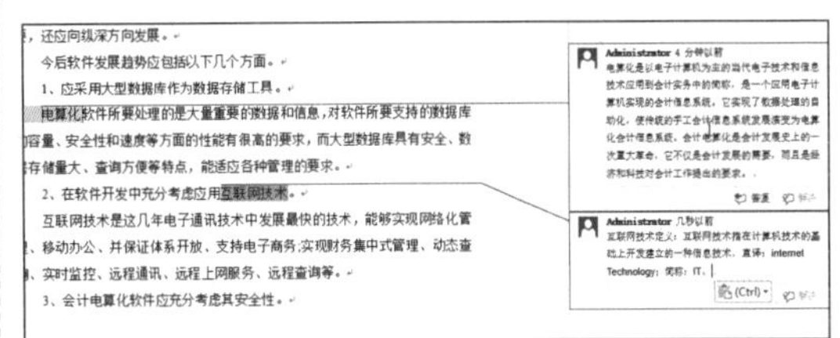

图 9-46　设置批注

知识链接

在文档中选中批注内容后，在“批注”选项组中单击“删除”按钮，即可将所选批注删除。若需要删除的批注内容较多时，可单击“删除”右侧的下三角按钮，在弹出的列表框中选择“删除文档中所有的批注”选项，即可将文档中的所有批注删除。

9.2.4　插入书签

书签主要用于对较长的文档进行定位设置，通常被标记的书签显示为一个中括号。插入书签的具体操作步骤如下：

1 打开 Word 文档，如图 9-47 所示。

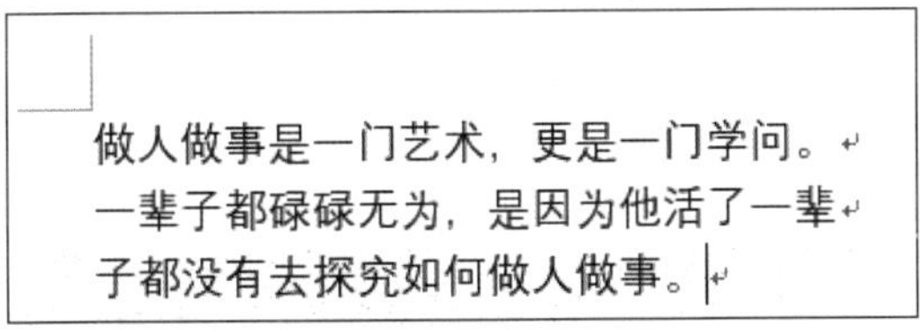

做人做事是一门艺术，更是一门学问。
一辈子都碌碌无为，是因为他活了一辈子都没有去探究如何做人做事。

图 9-47　打开文档

2 选择需要添加书签的文本，切换至“插入”选项卡，单击“链接”选项组中的“书签”按钮，如图 9-48 所示。

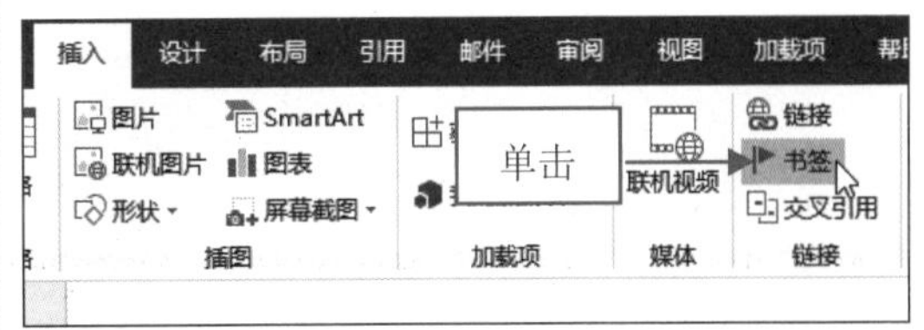

图 9-48　单击“书签”按钮

3 弹出“书签”对话框，在“书签名”文本框中输入书签名，如图 9-49 所示。

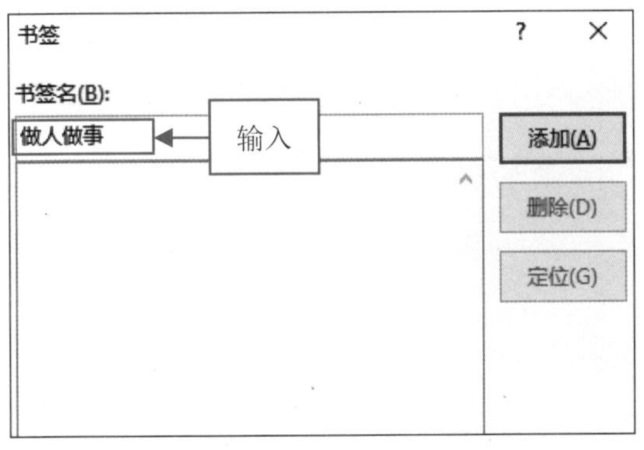

图 9-49　输入书签名

4 单击“添加”按钮，即可添加书签。单击“文件”|“选项”命令，如图 9-50 所示。

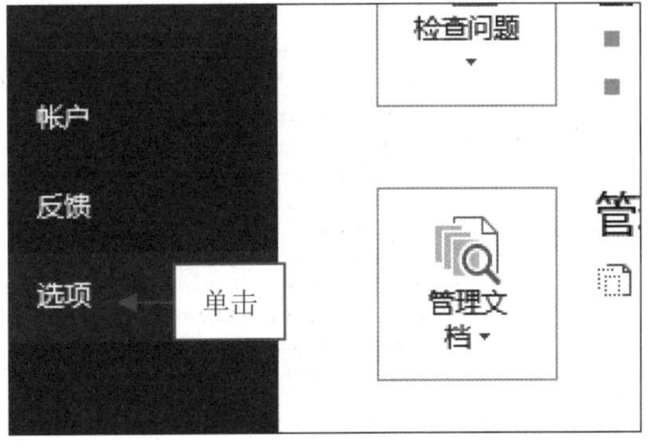

图 9-50　单击“选项”命令

5 弹出“Word 选项”对话框，切换至“高级”选项卡，在“显示文档内容”列表中选中“显示书签”复选框，如图 9-51 所示。

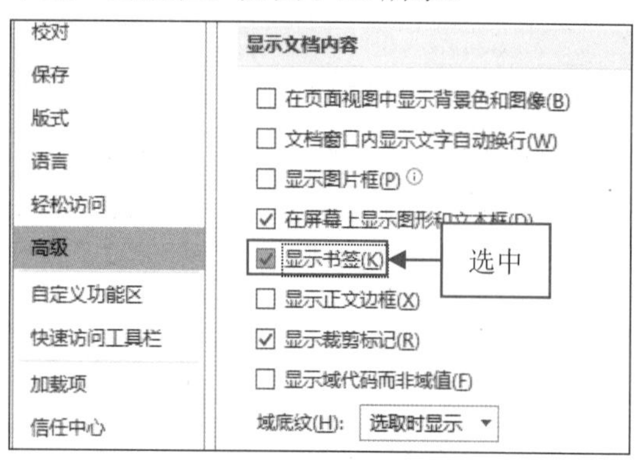

图 9-51　选中“显示书签”复选框

6 单击“确定”按钮，关闭“Word 选项”对话框，此时，文档中将显示书签的标记符号，如图 9-52 所示。

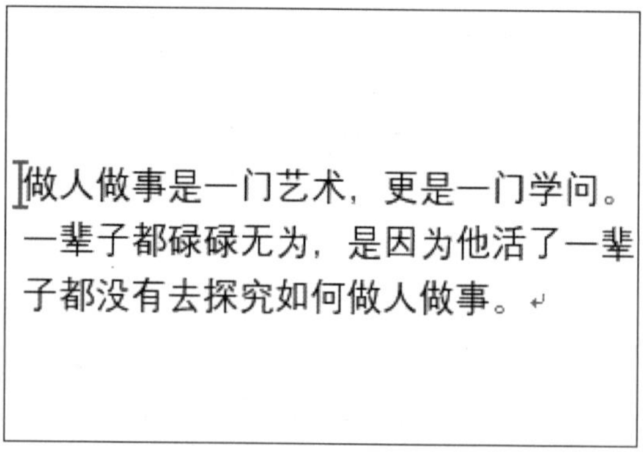

做人做事是一门艺术，更是一门学问。一辈子都碌碌无为，是因为他活了一辈子都没有去探究如何做人做事。↵

图 9-52　显示书签

9.3　设置页眉和页脚

页眉和页脚指的是每一页文档中的顶端和底端，利用页眉和页脚可以显示章节名称、文档说明、背景介绍等其他信息。

9.3.1　插入页眉和页脚

在文档的页眉和页脚可以插入说明文字、特殊符号或线条等文字图形，当文档页面较多时，只要在某一页文档中插入了页眉和页脚内容，则 Word 将自动为每一页添加相同的页眉和页脚中的内容，可以使整个文档的排版更加完整而生动。插入页眉和页脚的具体操作步骤如下：

1 打开 Word 文档，如图 9-53 所示。

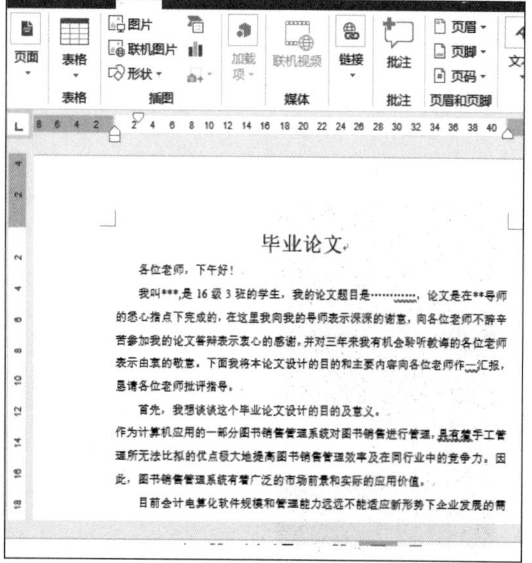

图 9-53　打开文档

2 切换至“插入”选项卡，单击“页眉和页脚”选项组中“页眉”按钮，如图 9-54 所示。

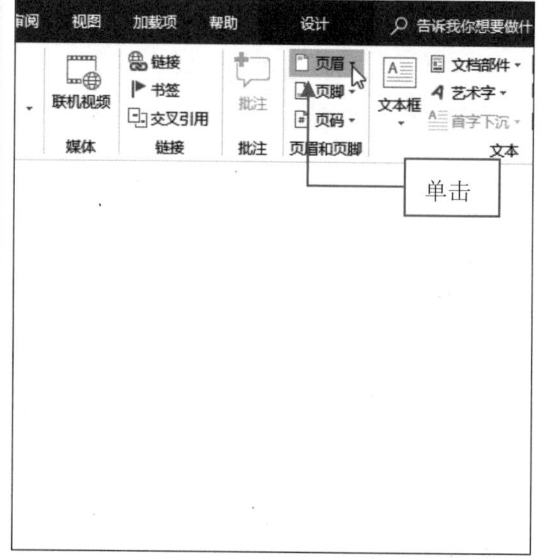

图 9-54　单击“页眉”按钮

3. 在弹出的列表框中选择“奥斯汀”选项，如图 9-55 所示。

图 9-55　选择“奥斯汀”选项

4. 执行操作后，即可在文档中插入页眉，如图 9-56 所示。

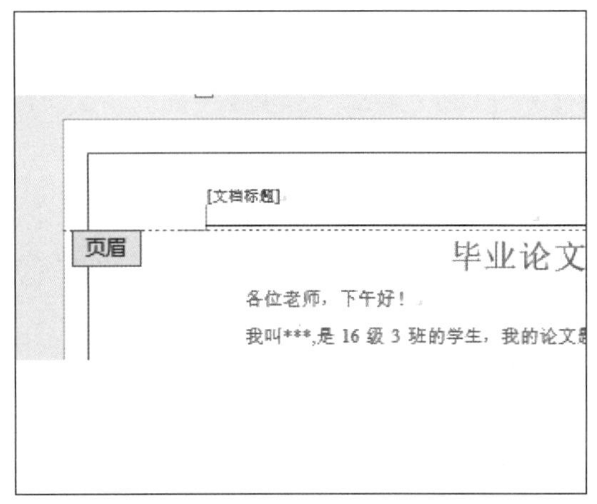

图 9-56　插入页眉

5. 在“文档标题”文本框中输入文档标题，如图 9-57 所示。

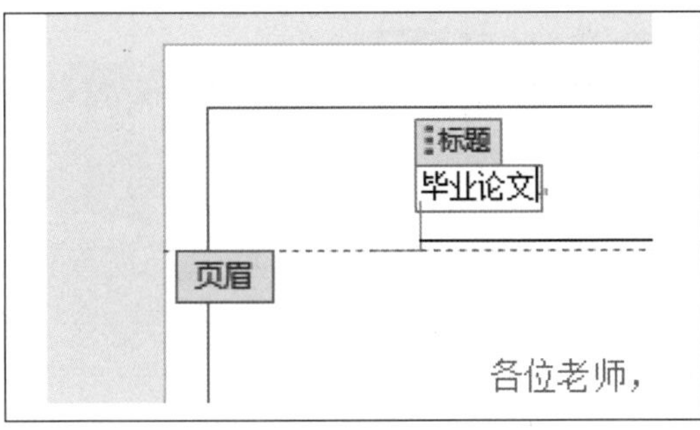

图 9-57　输入文档标题

6. 切换至“页眉和页脚工具”|“设计”选项卡，单击“导航”选项组中的“转至页脚”按钮，如图 9-58 所示。

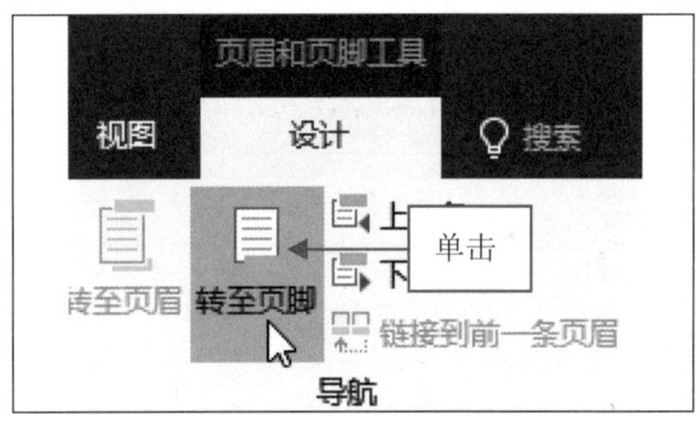

图 9-58　单击“转至页脚”按钮

7. 执行操作后，即可激活该页面的页脚，如图 9-59 所示。

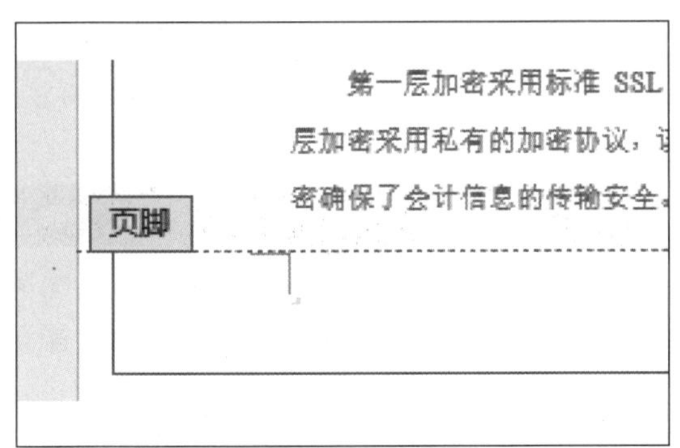

图 9-59　激活页脚

8. 在页脚中输入文本，单击“页眉和页脚工具”|“设计”选项卡下“关闭”选项组中的“关闭页眉和页脚”按钮，完成页眉和页脚的插入，如图 9-60 所示。

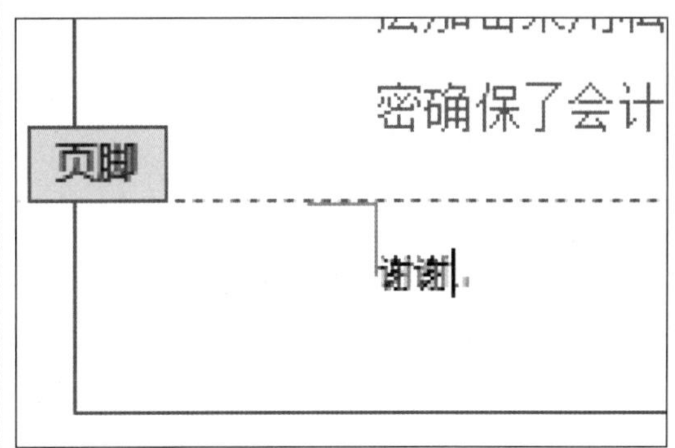

图 9-60　完成页眉和页脚的插入

专家提醒

若用户首先插入的是页脚，在“页眉和页脚工具”|“设计”选项卡中，单击“导航”选项组中的“转至页眉”按钮，可以激活该页的页眉并进行编辑。

9.3.2 修改页眉和页脚内容

插入页眉和页脚后，若需要对页眉和页脚中的内容进行修改，则首先需要激活页眉和页脚。修改页眉和页脚内容的具体操作步骤如下：

1 打开 Word 文档，如图 9-61 所示。

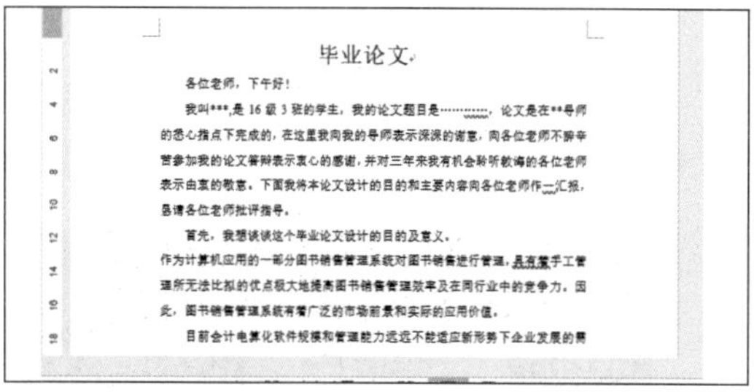

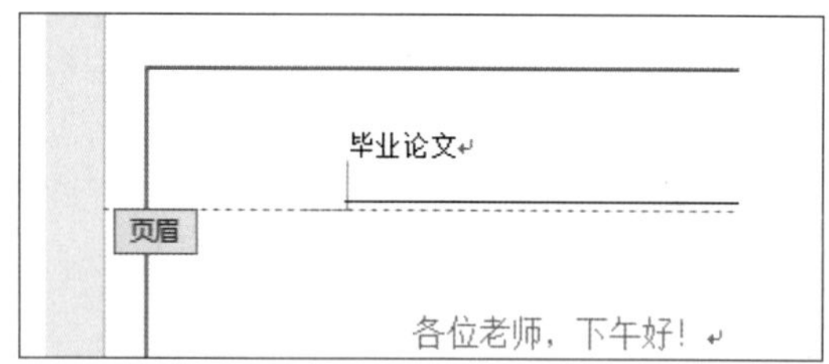

图 9-61 打开文档

2 切换至“插入”选项卡，单击“页眉和页脚”选项组中的“页眉”按钮，在弹出的列表框中选择“编辑页眉”选项，如图 9-62 所示。

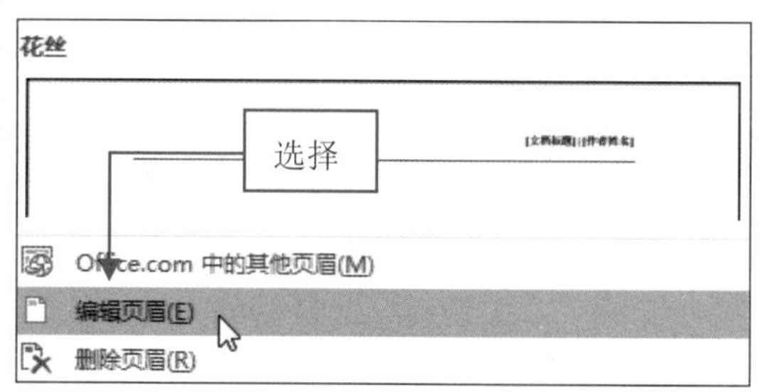

图 9-62 选择“编辑页眉”选项

3 执行操作后，即可激活页眉，使之处于编辑状态，如图 9-63 所示。

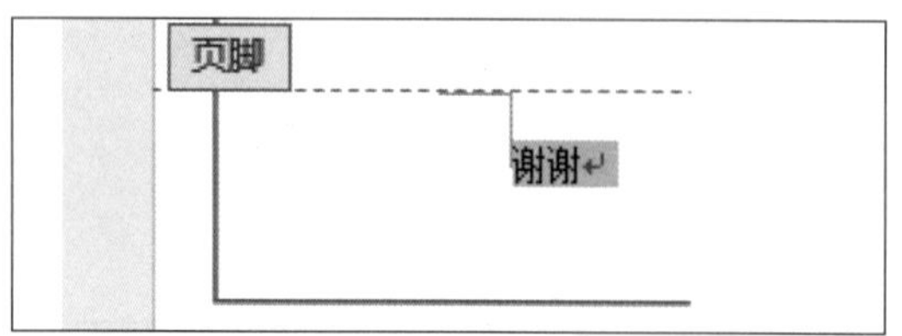

图 9-63 激活页眉

4 在“标题”文本框中输入需要修改的文本内容，如图 9-64 所示。

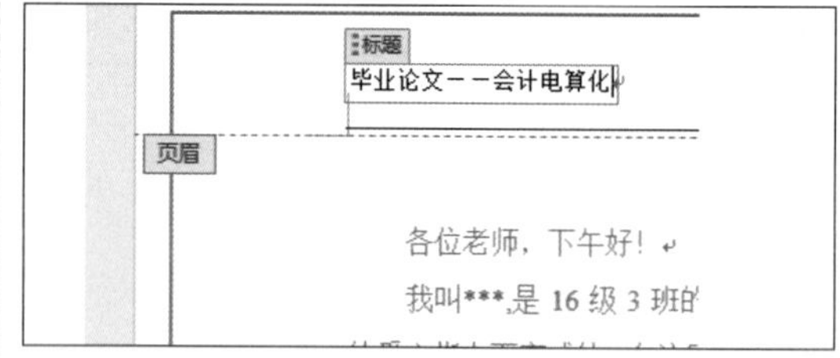

图 9-64 修改文本

5 单击“导航”选项组中的“转至页脚”按钮，激活页脚，并选中页脚中的文本，如图 9-65 所示。

图 9-65 选中文本内容

6 切换至“开始”选项卡，设置“字体”为“隶书”“字号”为“四号，如图 9-66 所示。

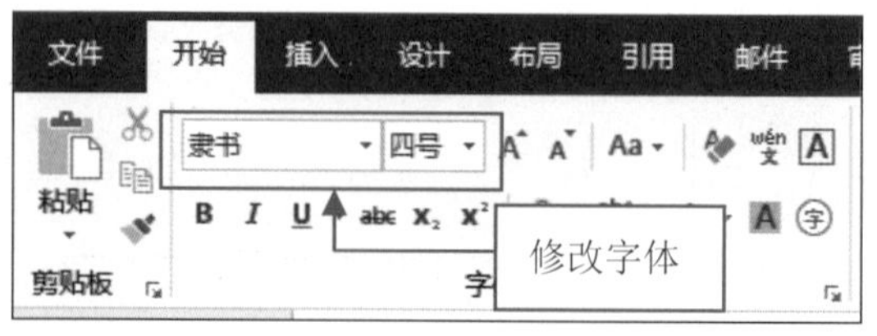

图 9-66 设置字体

7 执行操作后，页脚中的字体和字体大小将随之改变，如图 9-67 所示。

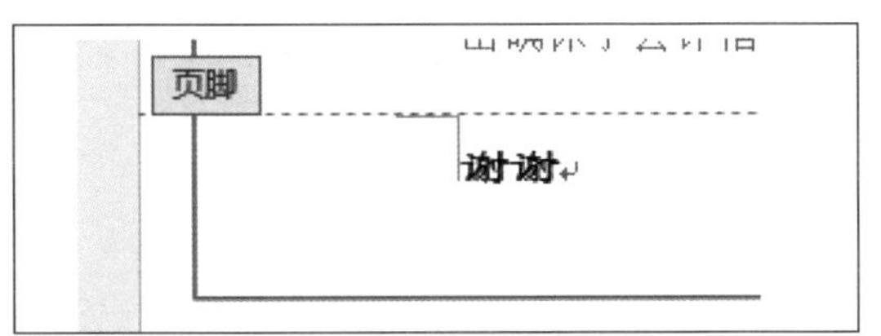

图 9-67　改变字体和字体大小

8 切换至“页眉和页脚工具”|“设计”选项卡，单击“关闭”选项组中的“关闭页眉和页脚”按钮，如图 9-68 所示。

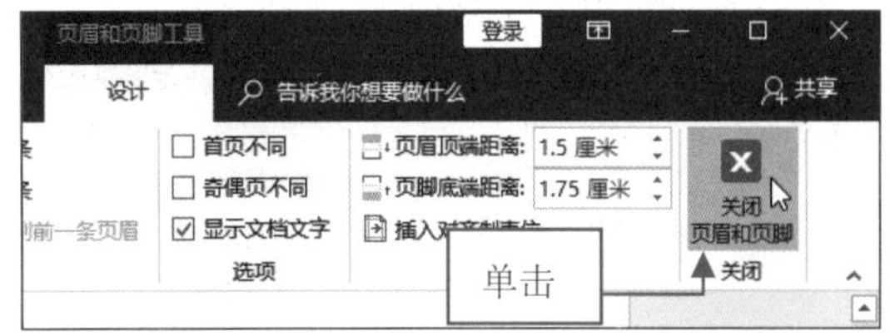

图 9-68　单击“关闭页眉和页脚”按钮

知识链接

在文档中的页眉或页脚处双击鼠标左键，即可激活页眉和页脚，在正文中的任意位置单击鼠标左键，即可关闭页眉和页脚。

9.3.3　设置页眉和页脚位置

内置的页眉和页脚格式不一定符合文档的需要，此时，用户可以根据文档的需求改变页眉和页脚的位置。设置页眉和页脚位置的具体操作步骤如下：

1 在文档的页眉处双击鼠标左键，激活页眉，如图 9-69 所示。

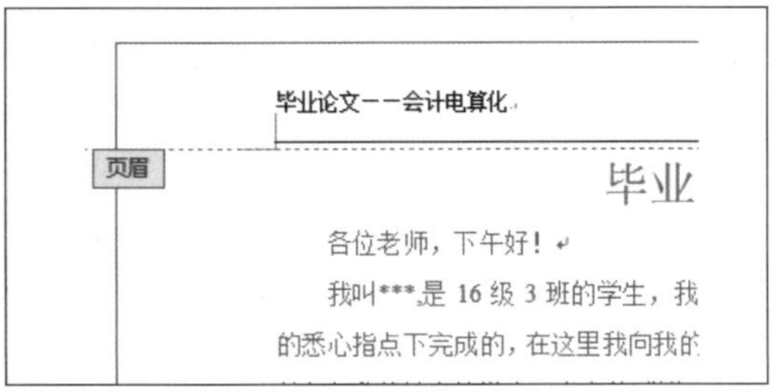

图 9-69　打开文档

2 切换至“页眉和页脚工具”|“设计”选项卡，单击“位置”选项组中的“插入“对齐方式”选项卡”按钮，如图 9-70 所示。

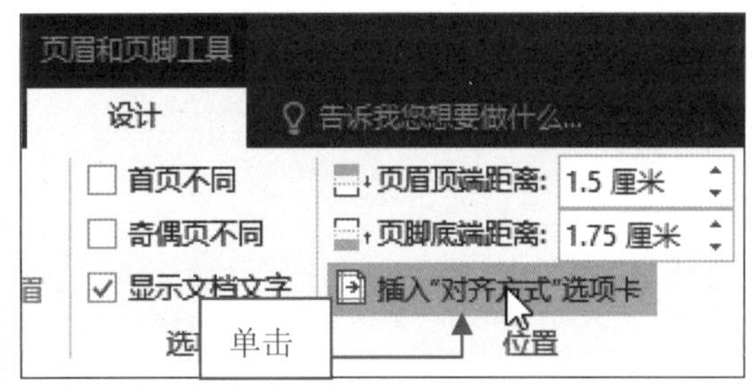

图 9-70　切换至“设计”选项卡

3 弹出“对齐制表位”对话框，在“对齐”选项区中选中“右对齐”单选按钮，如图 9-71 所示。

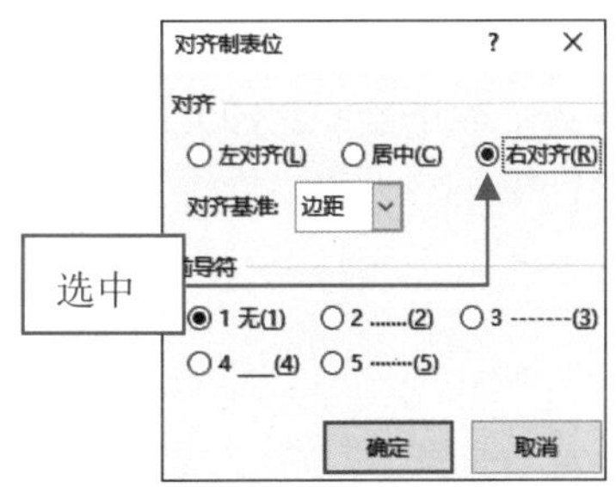

图 9-71　“对齐制表位”对话框

4 单击“确定”按钮，关闭“对齐制表位”对话框，页眉中的文本位置随之改变，如图 9-72 所示。

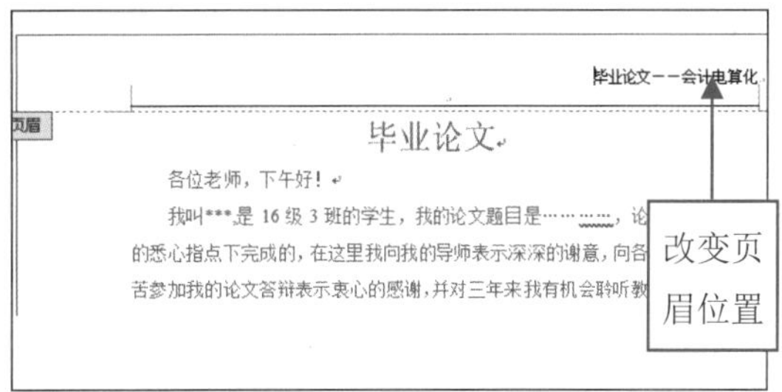

图 9-72　改变页眉文本位置

5 在“位置”选项组中设置“页眉顶端距离”为 1.2 厘米，如图 9-73 所示。

页眉和页脚工具
登录
设计
告诉我你想要做什么
首页不同
奇偶页不同
显示文档文字
页眉顶端距离: 1.2 厘米
页脚底端距离: 1.75 厘米
插入对齐制表位
选项
位置

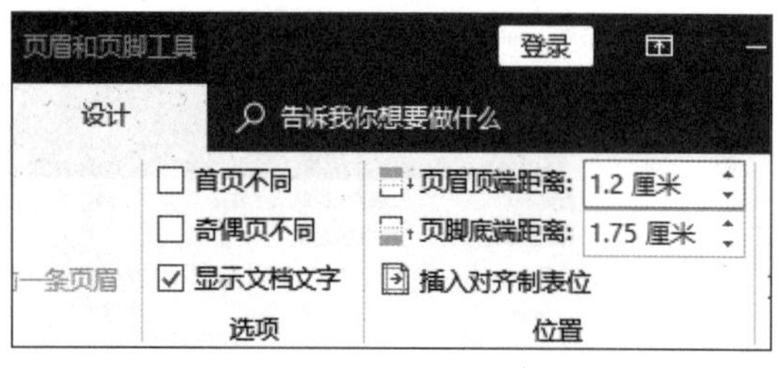

图 9-73　设置“页眉顶端距离”

6 执行操作后，页眉区域的高度随之改变，如图 9-74 所示。

毕业论文——会计电算化

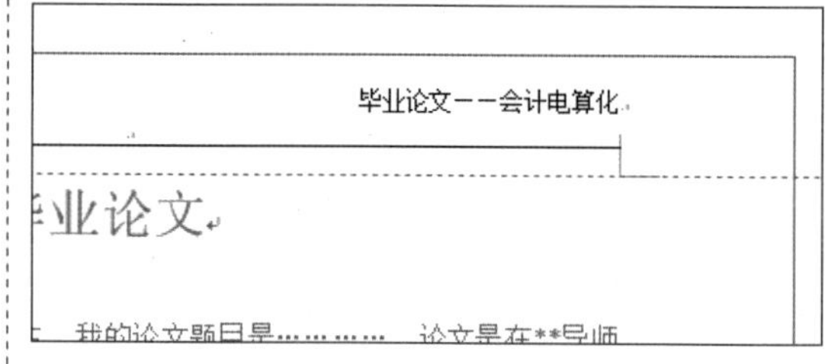

图 9-74　改变页眉区域高度

7 单击“转至页脚”按钮，激活页脚，并定位光标的位置，如图 9-75 所示。

层加密采用私
密确保了会计
页脚
谢谢

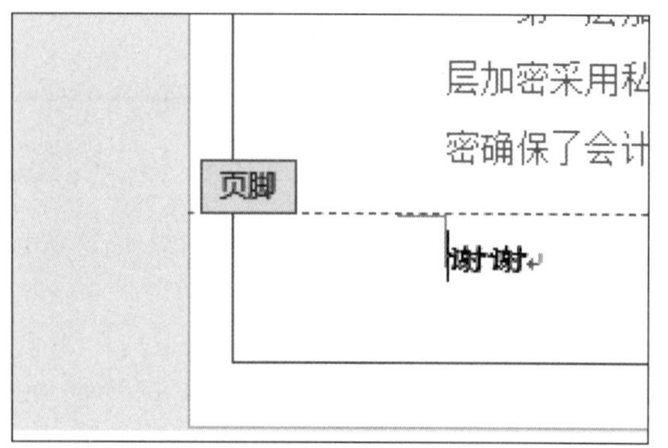

图 9-75　激活页脚

8 单击“插入“对齐方式”选项卡”按钮，弹出“对齐制表位”对话框，选中“居中”单选按钮，如图 9-76 所示。

对齐制表位
对齐
左对齐(L)
居中(C)
右对齐(R)
对齐基准:
边距
前导符
1 无(1)
2 ....(2)
3 -------(3)
4 ___(4)
5 ·······(5)
确定
取消

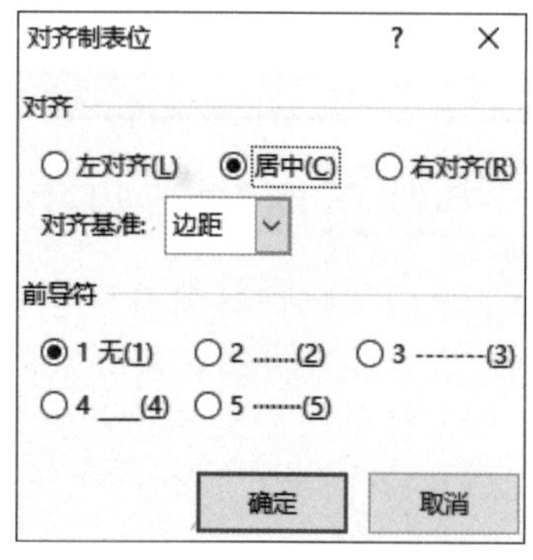

图 9-76　“对齐制表位”对话框

9 单击“确定”按钮，改变页脚文本内容的对齐方式，如图 9-77 所示。

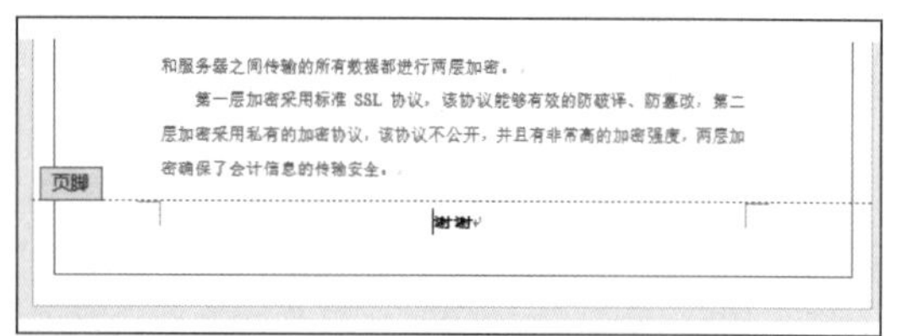

图 9-77　改变对齐方式

10 在“位置”选项组中设置“页脚底端距离”为 1.2 厘米，改变页脚区域的高度，如图 9-78 所示。

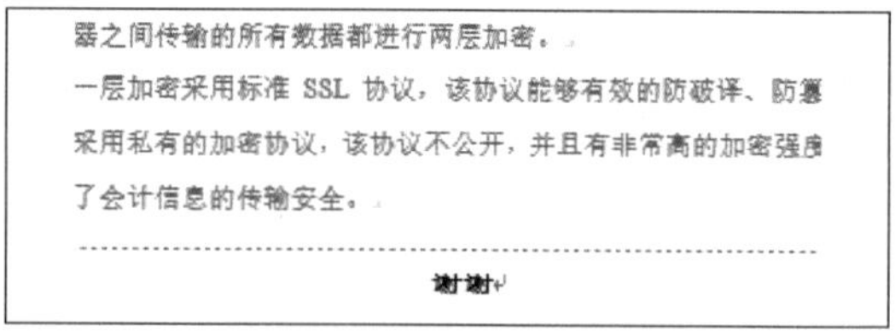

器之间传输的所有数据都进行两层加密。
一层加密采用标准 SSL 协议，该协议能够有效的防破译、防篡
采用私有的加密协议，该协议不公开，并且有非常高的加密强度
了会计信息的传输安全。
谢谢

图 9-78　改变页脚区域高度

9.4　打印文档

完成文档的编辑与排版后，就需要将其打印出来，以便阅读或出版。打印文档的操作十分简单，在打印之前应当对打印机、页数、纸张或页面范围进行相应的设置，以便打印出来效果更加准确。

9.4.1　设置打印

设置打印主要是对文档的打印份数、页数、纸张大小以及方向等打印属性进行设置。打印设置的具体操作步骤如下：

1 打开 Word 文档，如图 9-79 所示。

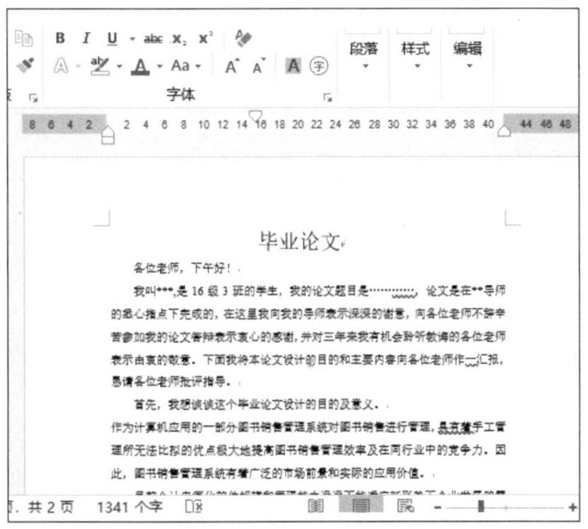

图 9-79　打开文档

2 单击“文件”|“打印”命令，切换至“打印”选项卡，如图 9-80 所示。

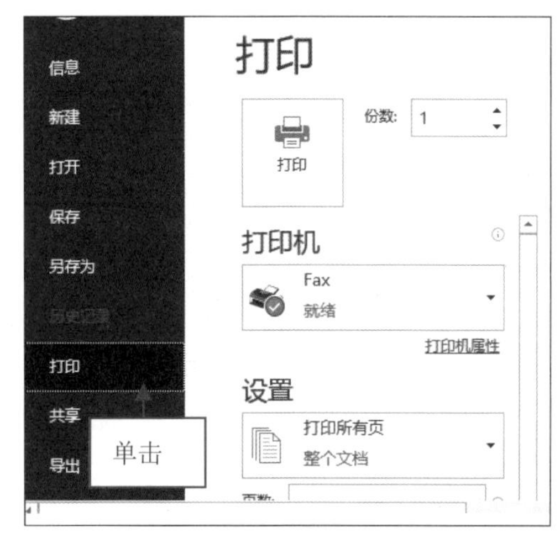

图 9-80　切换至“打印”选项卡

3 在“打印机”下拉列表中选择连接的打印机名称。在“打印”选项区中设置“份数”为 5，如图 9-81 所示。

图 9-81　设置打印份数

4 单击“设置”选项区中的“打印范围”下拉按钮，将打开下拉列表，如图 9-82 所示。

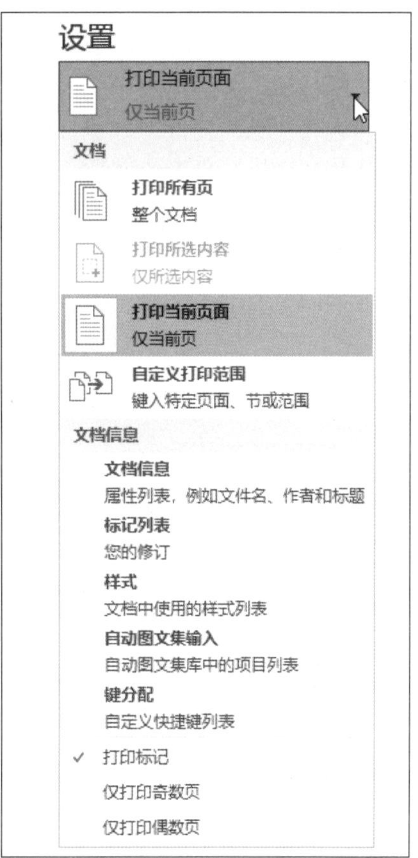

图 9-82　打印范围下拉列表

5 在下拉列表中选择打印范围，如打印所有页、打印所选内容、打印当前页面、仅打印奇数页、仅打印偶数页等，用户可根据需要选择。也可以选择“自定义打印范围”选项，在“页数”文本框中输入要打印的页数，如图9-83所示。

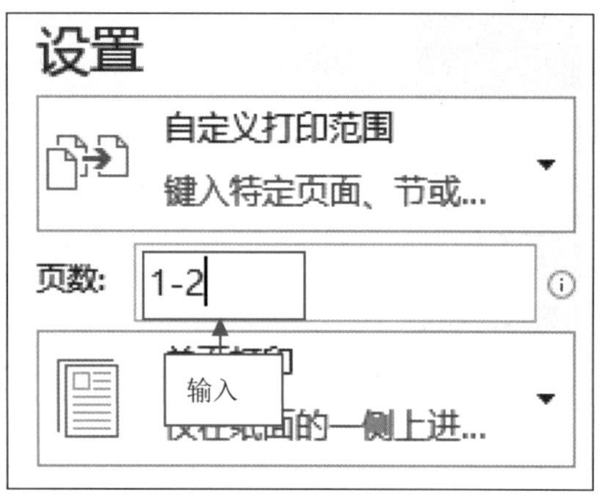

图 9-83 输入页数

6 在打印页面选项区中还可以设置单面打印或双面打印、打印多份的排序方式、打印方向、打印纸张/页边距、打印版面等，如图9-84所示。

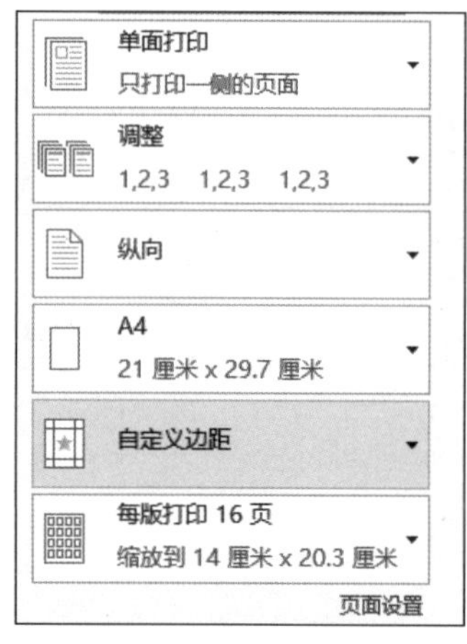

图 9-84 设置打印

9.4.2 预览打印

通过预览打印可以提前观察到打印出的文档效果，若对文档的打印预览效果不满意，可以在打印之前进行适当的修改。预览打印的具体操作步骤如下：

1 打开文档后，单击“文件”|“打印”命令，切换至“打印”选项卡，在对话框右侧可以观察打印文档时的效果，如图9-85所示。

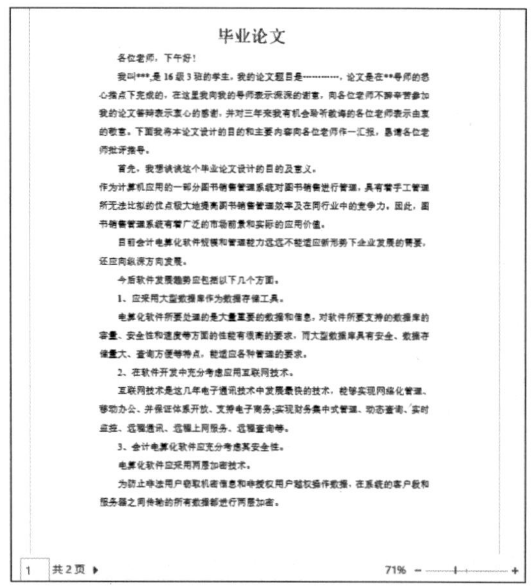

图 9-85 观察打印文档效果

2 单击“打印”选项卡中右下角的“显示比例”按钮，如图9-86所示。

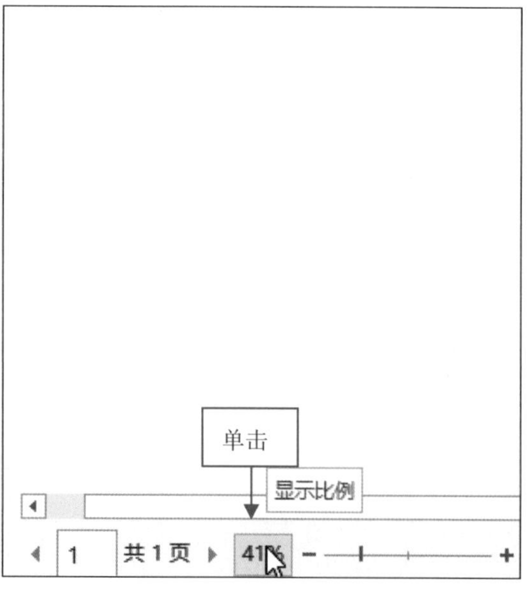

图 9-86 单击“显示比例”按钮

知识链接

在“打印”选项卡的右下角拖曳滑块，或单击“缩小”按钮⊟和“放大”按钮⊞，即可改变预览打印文档的显示比例；若单击“缩放到页面”按钮，即可以当前工作界面的大小显示一页文档。

3 弹出“显示比例”对话框，单击“多页”下方的下三角按钮，在弹出的列表框中选择“1×2 页”选项，如图 9-87 所示。

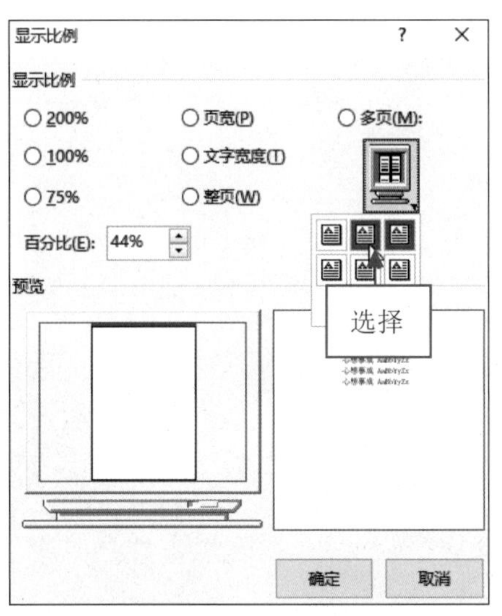

图 9-87　“显示比例”对话框

4 单击“确定”按钮，返回“打印”选项卡，即可在预览区中预览多页显示的打印效果，如图 9-88 所示。

图 9-88　多页显示

9.4.3　打印文档

设置好文档打印的相关属性后，便可以对文档进行打印了，打印文档的方式也有许多种，如打印整篇文档、打印选定的文档或打印到文档等。打印到文档的具体操作步骤如下：

在“打印”选项卡中设置好各选项后，单击“打印”按钮，即可打印文档，如图 9-89 所示。

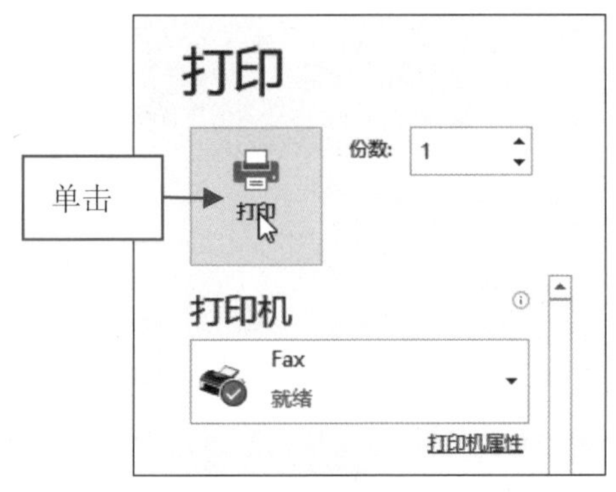

图 9-89　单击“打印”按钮

第10章

商务办公案例实战

Word 2016 的全新推出，倍受广大商务办公人员的青睐，其强大的图文处理功能，常用于制作各种商务办公传真、名片、信函、月刊和客户资料等文档。本章将主要介绍如何制作商务办公中常见的办公文档。

10.1　制作传真

在日常的办公过程中，传真作为一种书面信息的载体，对于信息的交流也是非常重要的。由于传真的使用比较广泛，因此 Word 2016 中提供了多种传真模板，利用这些模板可以快速地制作出简洁美观的传真，大大地提高了工作效率。

10.1.1　新建模板

Word 2016 中提供了多种版式的传真模板，可供用户随时调用。新建模板的具体操作步骤如下：

1 启动 Word 2016 后，程序自动新建一个名称为“文档 1”的空白文档，如图 10-1 所示。

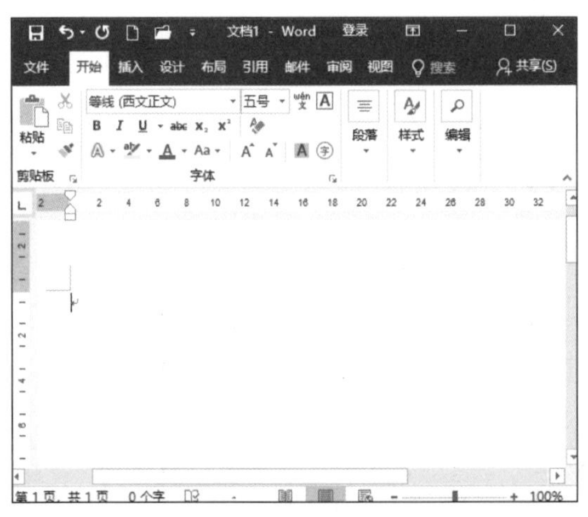

图 10-1　新建空白文档

2 单击“文件”|“新建”命令，如图 10-2 所示。

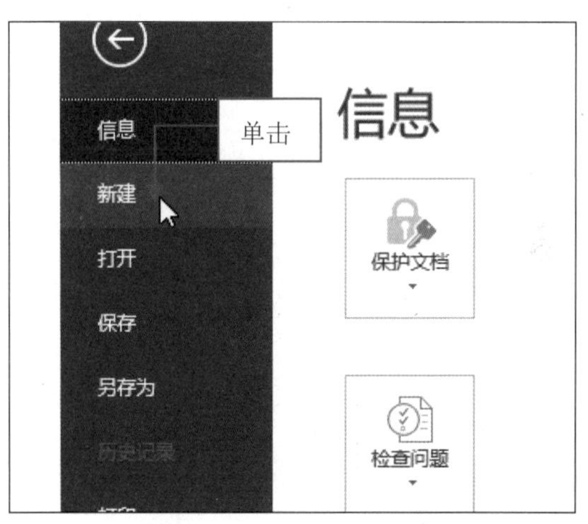

图 10-2　单击“新建”命令

3 切换至“新建”选项卡后，在“搜索联机模板”文本框中输入传真文本，单击“搜索”按钮，如图 10-3 所示。

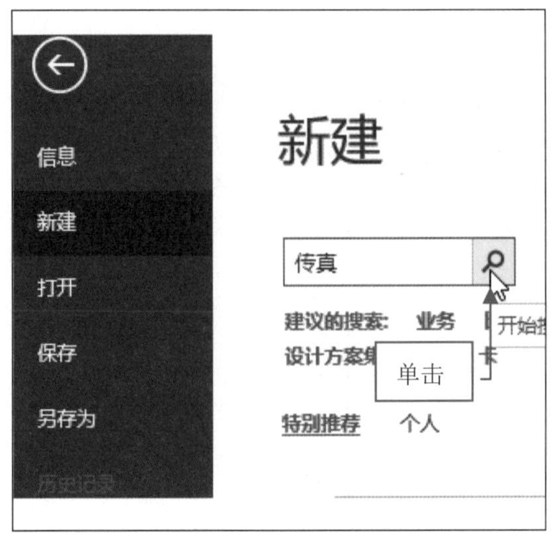

图 10-3　单击“搜索”按钮

4 在搜索到的模板中选择一种合适的模板样式，如图 10-4 所示。

图 10-4　选择模板样式

5 在弹出的预览窗口中单击“创建”按钮，如图 10-5 所示。

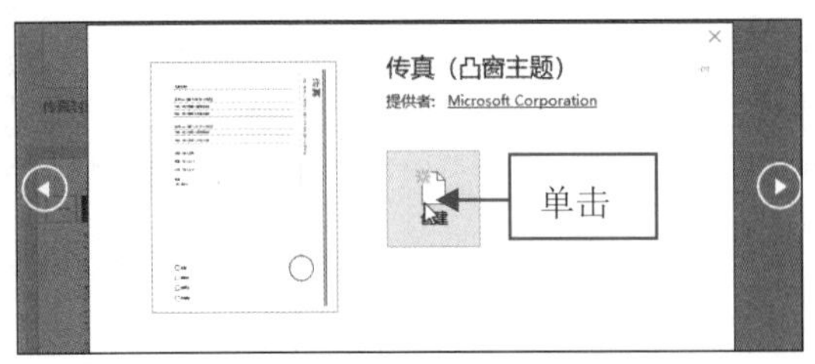

图 10-5 单击“创建”按钮

6 模板自动下载完成后，即可创建一个传真模板，如图 10-6 所示。

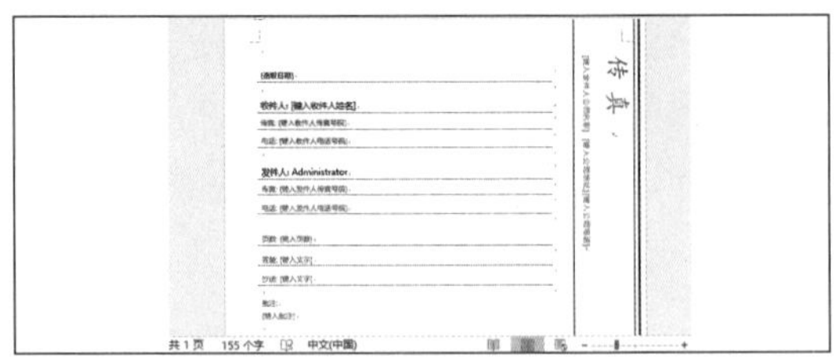

图 10-6 创建传真模板

10.1.2 添加文本

创建了传真模板后，用户可以根据模板中相关的提示信息依次输入文本。添加文本的具体操作步骤如下：

1 新建模板后，将鼠标指针移于需要输入文档的提示信息上，如图 10-7 所示。

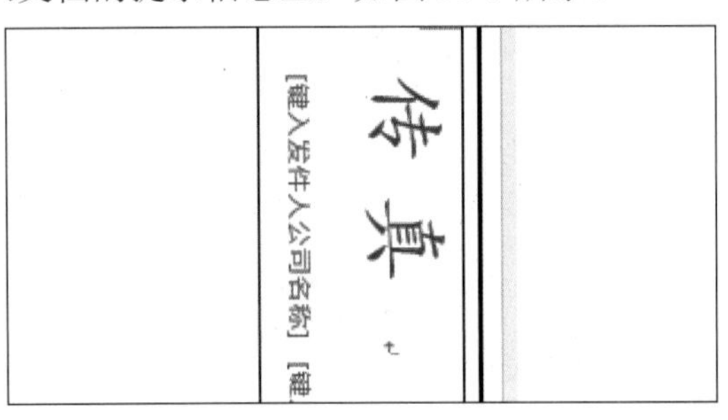

图 10-7 移动鼠标指针

2 单击鼠标左键即可激活文本输入框，如图 10-8 所示。

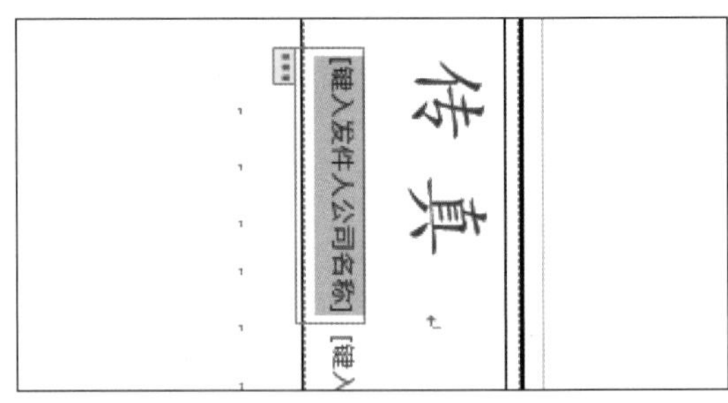

图 10-8 激活文本输入框

Word 2016 中的传真模板基本上是表格形式的，用户可以通过表格工具的“设计”和“布局”选项卡，对传真模板的样式进行适当的修改。

3 根据需要输入发件人所在公司的名称，如图 10-9 所示。

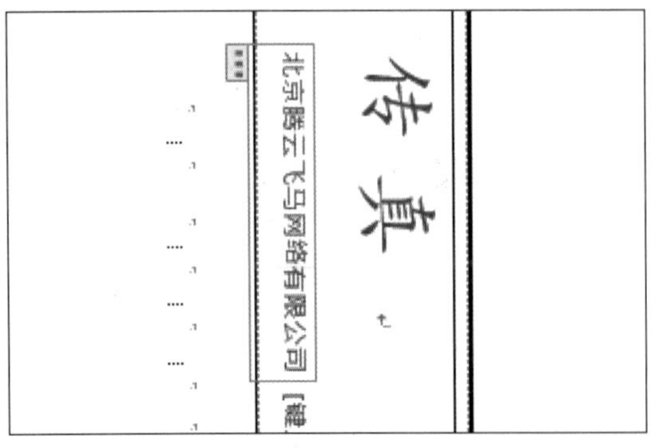

图 10-9 输入公司名称

4 激活“键入公司地址”文本框，并输入公司地址，如图 10-10 所示。

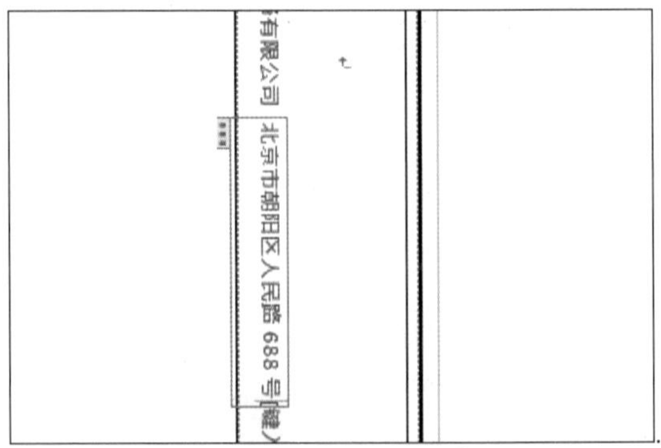

图 10-10 输入公司地址

5. 用与上述相同的方法，分别在其他表格中输入相关内容，如图 10-11 所示。

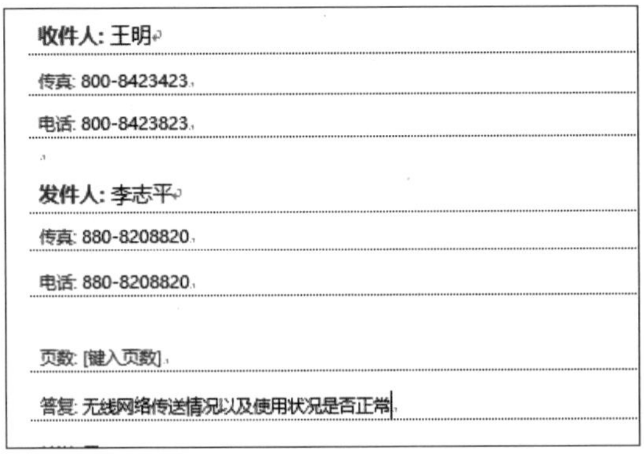

收件人: 王明
传真: 800-8423423
电话: 800-8423823
发件人: 李志平
传真: 880-8208820
电话: 880-8208820
页数: [键入页数]
答复: 无线网络传送情况以及使用状况是否正常

图 10-11　输入相关内容

7. 根据需要将“答复”修改为“关于”，如图 10-13 所示。

发件人: 李志平
传真: 880-8208820
电话: 880-8208820
页数: [键入页数]
关于: 无线网络传送情况以及使用状况是否正常

图 10-13　修改文本

9. 根据需要在表格中输入问候语，如图 10-15 所示。

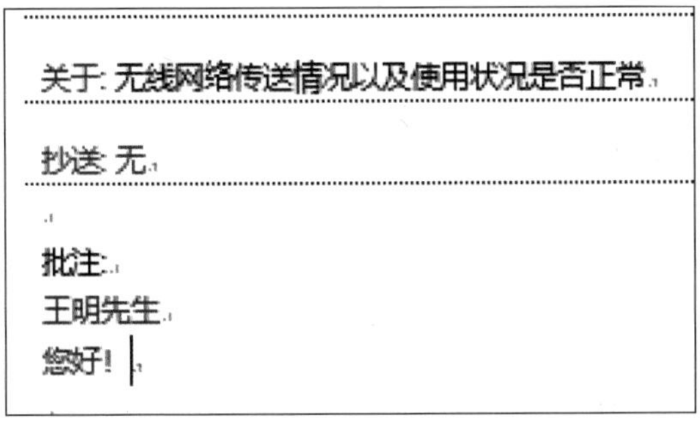

关于: 无线网络传送情况以及使用状况是否正常
抄送: 无
批注:
王明先生
您好!

图 10-15　输入问候语

6. 在传真模板中选中“答复”文本，如图 10-12 所示。

发件人: 李志平
传真: 880-8208820
电话: 880-8208820
页数: [键入页数]
答复: 无线网络传送情况以及使用状况是否正常
抄送: 无

图 10-12　选中文本

8. 在“批注”下方输入文本，按【Enter】键执行换行操作，如图 10-14 所示。

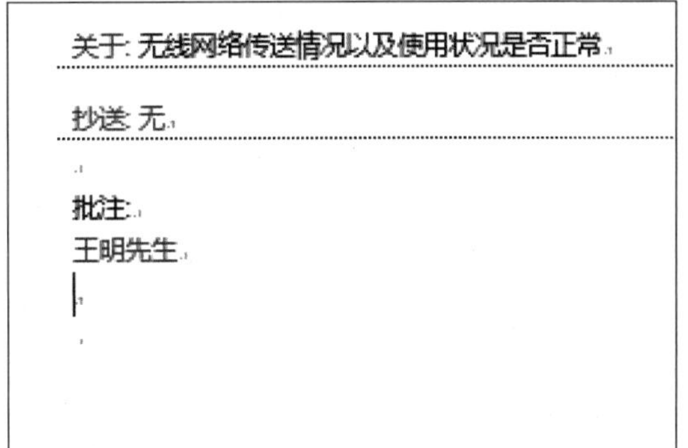
关于: 无线网络传送情况以及使用状况是否正常
抄送: 无
批注:
王明先生

图 10-14　执行换行操作

10. 用同样的方法，输入传真的详细内容以及发件人的地址和姓名，如图 10-16 所示。

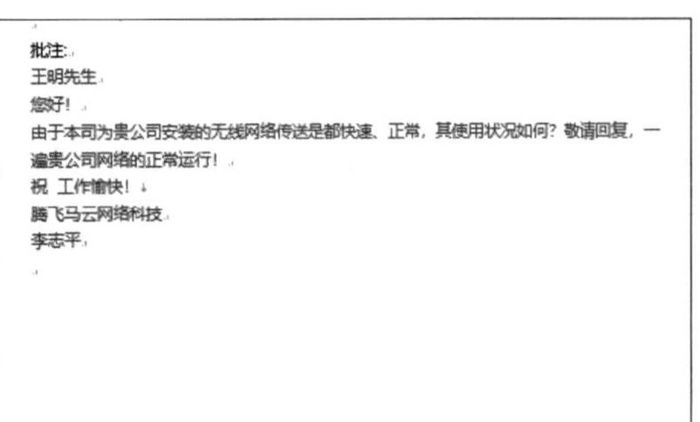
批注:
王明先生
您好!
由于本司为贵公司安装的无线网络传送是都快速、正常，其使用状况如何？敬请回复，一遍贵公司网络的正常运行！
祝 工作愉快！
腾飞马云网络科技
李志平

图 10-16　输入批注内容

10.1.3　设置格式

由于新创建的传真模板中的文本格式不一定符合文件要求，此时，就需要对文本的格式进行必要的设置。设置格式的具体操作步骤如下：

1 在传真模板中选择需要设置格式的文本，如图 10-17 所示。

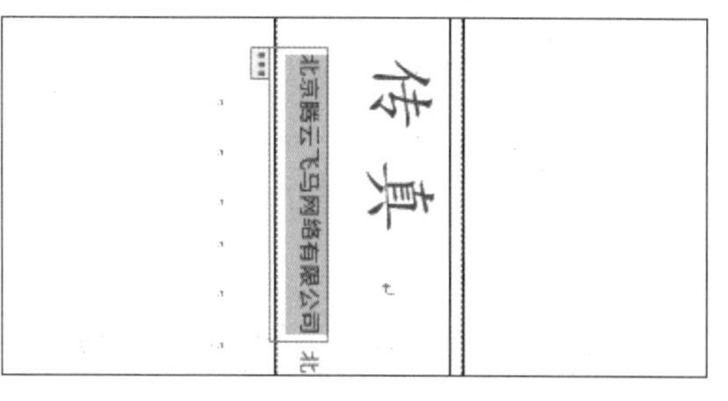

图 10-17　选择文本

2 单击“开始”选项卡下“字体”选项组中右下角的对话框启动器按钮，如图 10-18 所示。

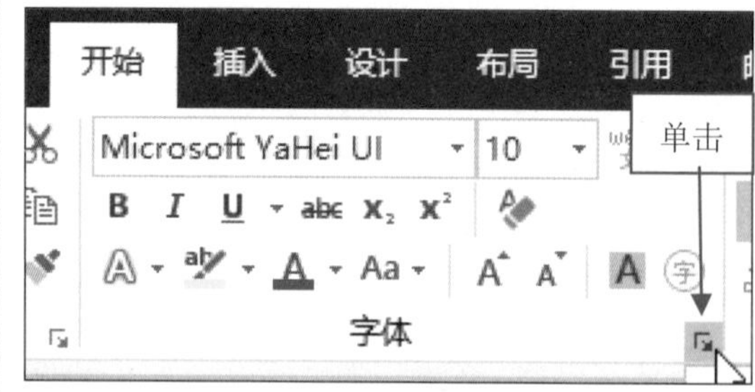

图 10-18　单击“字体”按钮

专家提醒

在传真模板中直接输入文本信息时，文本的格式就是光标所选择提示信息中的字体格式。

3 弹出“字体”对话框，在“字体”选项卡中设置“字形”为“加粗”“字号”为四号，如图 10-19 所示。

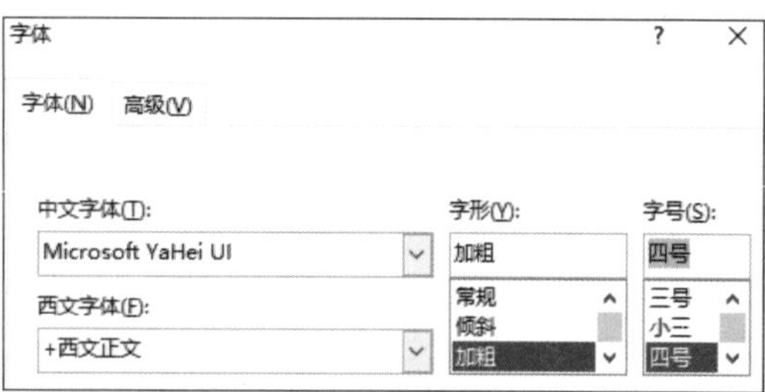

图 10-19　“字体”对话框

4 单击“确定”按钮，即可改变所选择文本的字体格式，如图 10-20 所示。

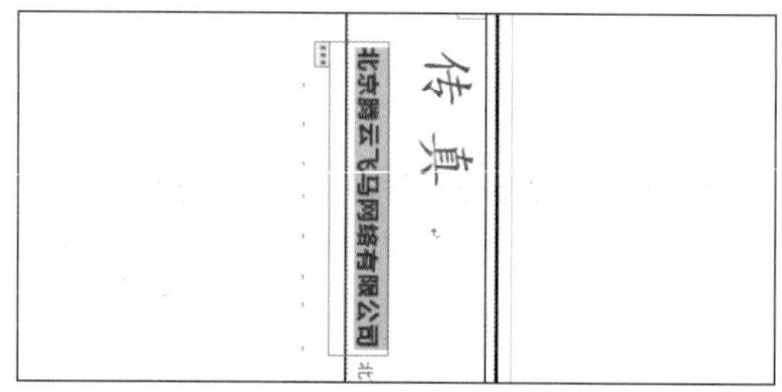

图 10-20　改变字体格式

5 用同样的方法，设置其他文本的“字号”均为小四，如图 10-21 所示。

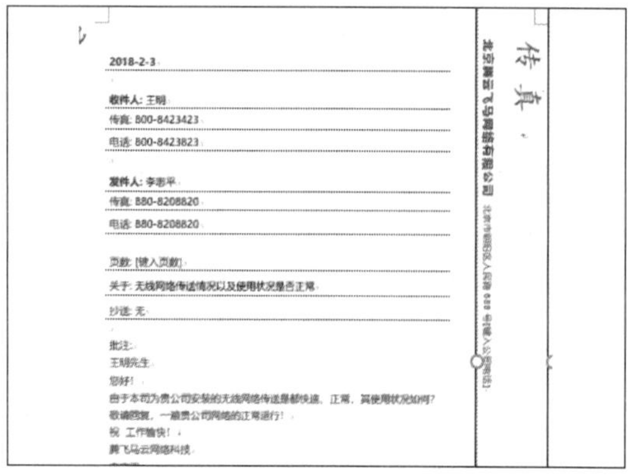

图 10-21　设置字号

6 在按住【Ctrl】键的同时，选中传真中的所有数字，如图 10-22 所示。

2018-2-3

收件人: 王明
传真: 800-8423423
电话: 800-8423823

发件人: 李志平
传真: 880-8208820
电话: 880-8208820

页数: [键入页数]
关于: 无线网络传送情况以及使用状况是否正常

图 10-22　选中数字

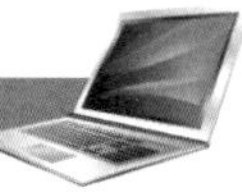

7 单击“字体”右侧的下三角按钮，在弹出的下拉列表框中选择一种字体，如图 10-23 所示。

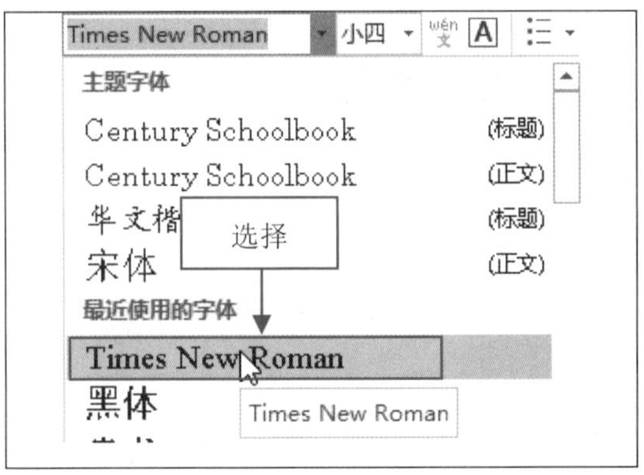

Times New Roman
小四
主题字体
Century Schoolbook (标题)
Century Schoolbook (正文)
华文楷 (标题)
宋体 (正文)
选择
最近使用的字体
Times New Roman
黑体
Times New Roman

图 10-23　选择字体

8 执行操作后，所有数字的字体将随之改变，如图 10-24 所示。

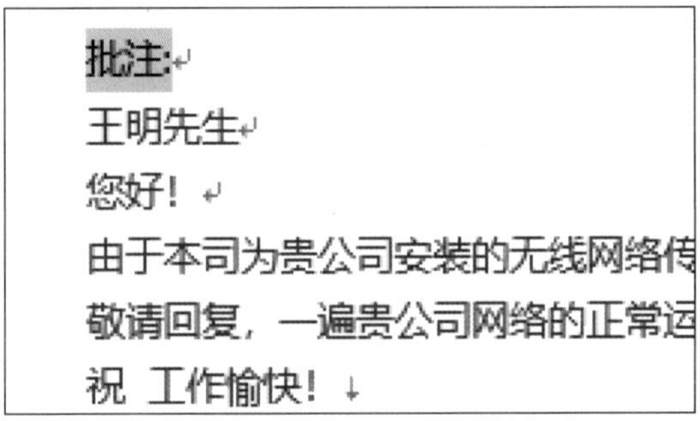

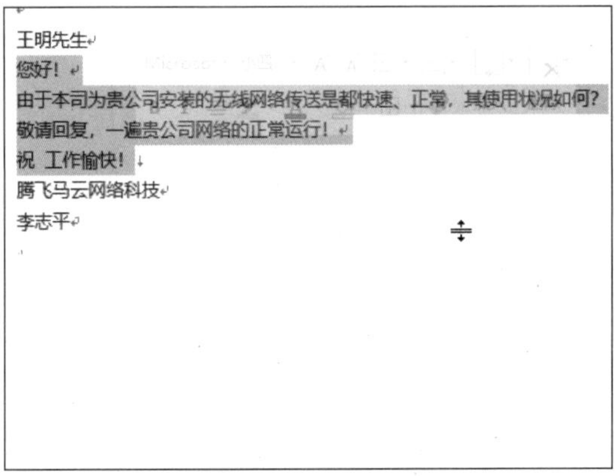

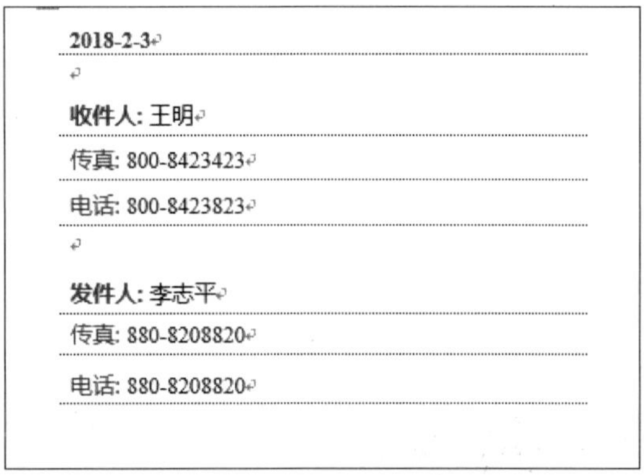

2018-2-3
收件人: 王明
传真: 800-8423423
电话: 800-8423823
发件人: 李志平
传真: 880-8208820
电话: 880-8208820

图 10-24　改变字体

9 在传真中选中“批注：”文本，如图 10-25 所示。

批注:
王明先生
您好！
由于本司为贵公司安装的无线网络传
敬请回复，一遍贵公司网络的正常运
祝 工作愉快！

图 10-25　选中文本

10 按【Delete】键，删除选中的文本，如图 10-26 所示。

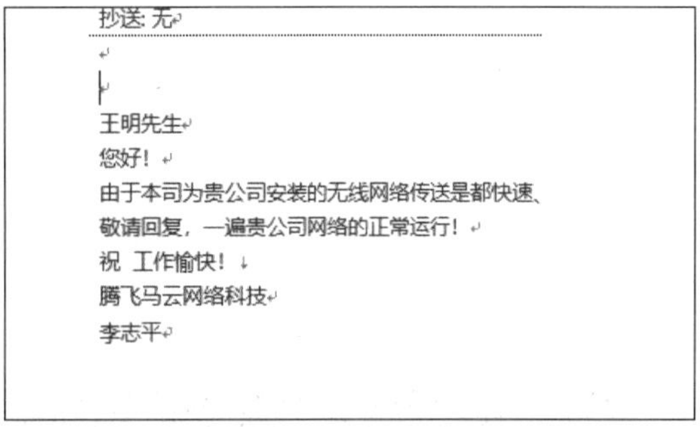

抄送: 无
王明先生
您好！
由于本司为贵公司安装的无线网络传送是都快速、
敬请回复，一遍贵公司网络的正常运行！
祝 工作愉快！
腾飞马云网络科技
李志平

图 10-26　删除文本

11 在传真中选择需要设置段落格式的段落文本，如图 10-27 所示。

王明先生
您好！
由于本司为贵公司安装的无线网络传送是都快速、正常，其使用状况如何？
敬请回复，一遍贵公司网络的正常运行！
祝 工作愉快！
腾飞马云网络科技
李志平

图 10-27　选中段落文本

12 单击“段落”选项组中的对话框启动器按钮，弹出“段落”对话框，在“缩进和间距”选项卡中分别设置“缩进”和“间距”的各参数，如图 10-28 所示。

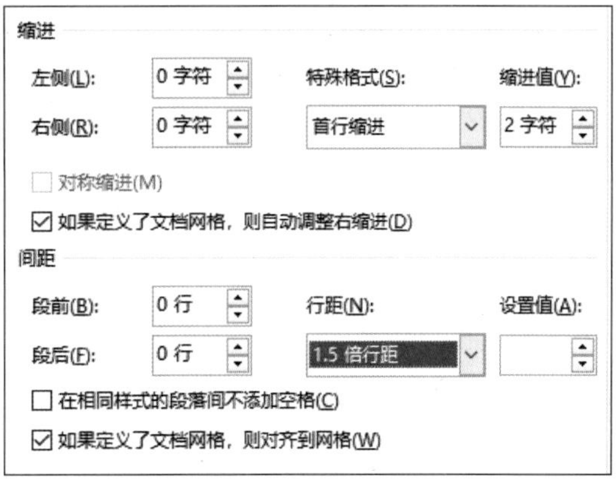

缩进
左侧(L): 0 字符
右侧(R): 0 字符
特殊格式(S): 首行缩进
缩进值(Y): 2 字符
对称缩进(M)
如果定义了文档网格，则自动调整右缩进(D)
间距
段前(B): 0 行
段后(F): 0 行
行距(N): 1.5 倍行距
设置值(A):
在相同样式的段落间不添加空格(C)
如果定义了文档网格，则对齐到网格(W)

图 10-28　设置“缩进”和“间距”

13 单击“确定”按钮，即可改变所选段落文本的格式，如图 10-29 所示。

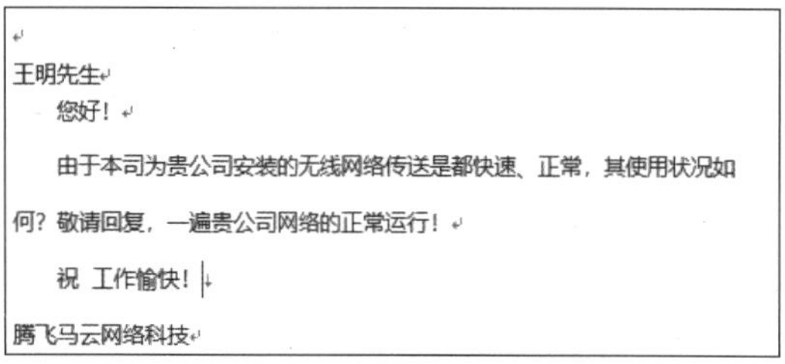

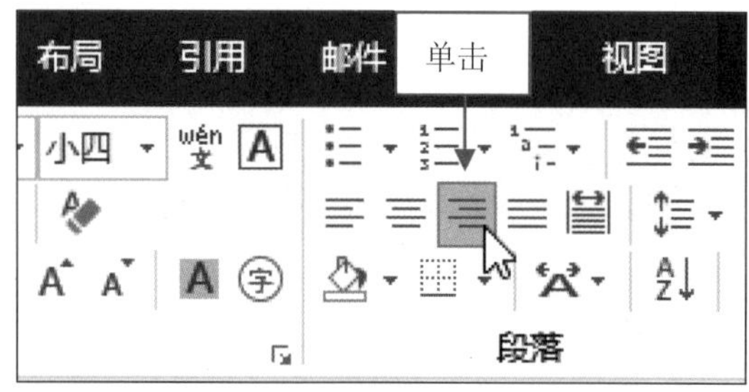

图 10-29 改变段落格式

14 选中原“批注”内容中的公司名称和姓名，如图 10-30 所示。

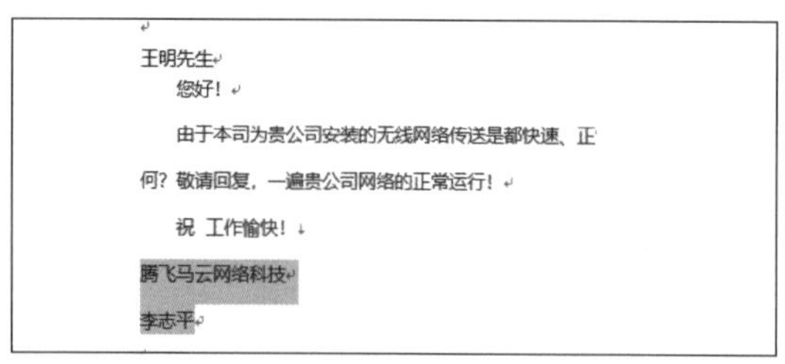

图 10-30 选中公司名称和姓名

15 在“段落”选项组中单击“右对齐”按钮，如图 10-31 所示。

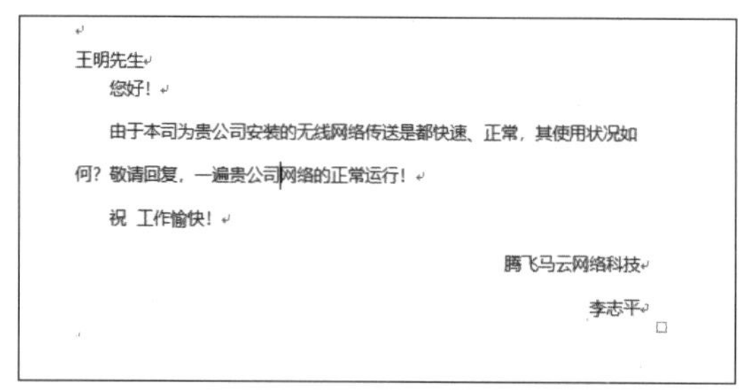

图 10-31 单击“右对齐”按钮

16 执行操作后，文本右对齐显示，如图 10-32 所示。

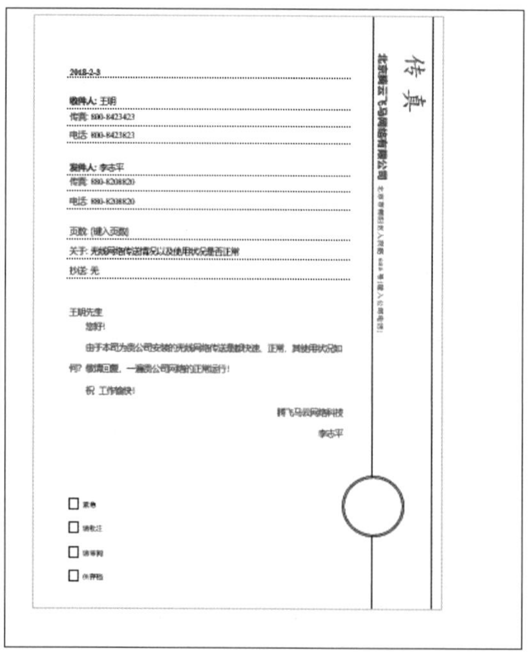

图 10-32 文本右对齐

17 选中公司名称和姓名，单击“段落”选项组中的“行和段落间距”按钮，弹出列表框，选择 1.5 选项，改变段落间距，如图 10-33 所示。

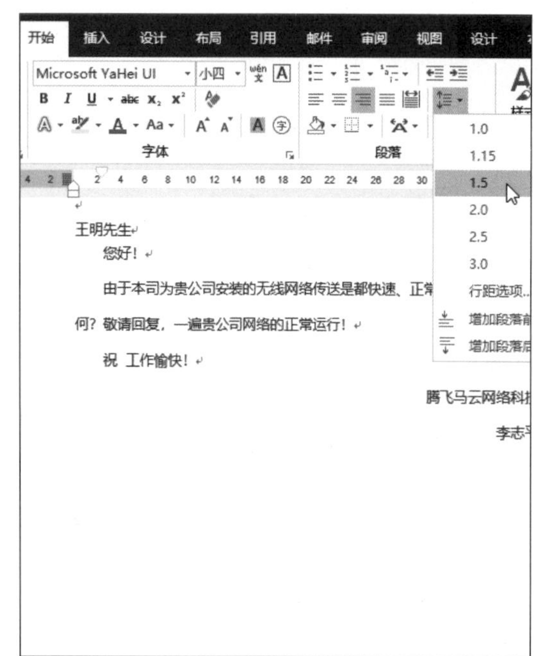

图 10-33 改变段落间距

18 单击“文件”|“打印”命令，切换至“打印”选项卡，即可预览传真的打印效果，如图 10-34 所示。

图 10-34 预览打印效果

10.2　制作名片

名片在商务活动中的用途是极为广泛且实用的，它是一种最简洁且最直接的介绍方式，名片的形式有很多种，但单位名称、姓名、职位、地址和电话等是任何名片中不可缺少的信息。

扫码观看本节视频

10.2.1　制作名片正面

制作名片正面主要是制作名片的大小、形状，以及添加或制作标志性图标和装饰性图形等操作，制作名片的具体操作步骤如下：

1. 新建一个空白文档，切换至“插入”选项卡，单击“插图”选项组中的“形状”按钮，如图 10-35 所示。

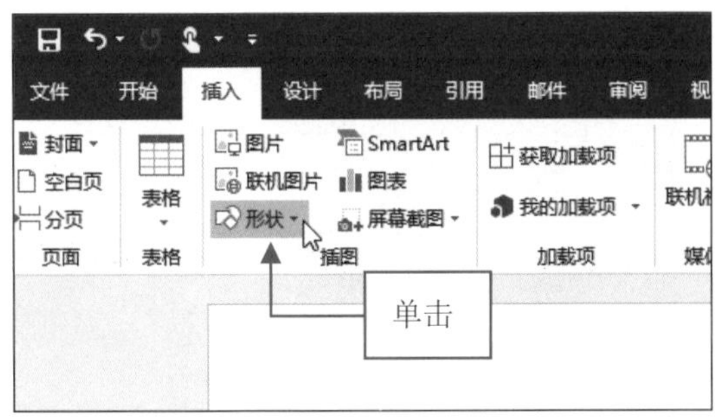

图 10-35　单击“形状”按钮

2. 在弹出的下拉列表中单击“单圆角矩形”图标，如图 10-36 所示。

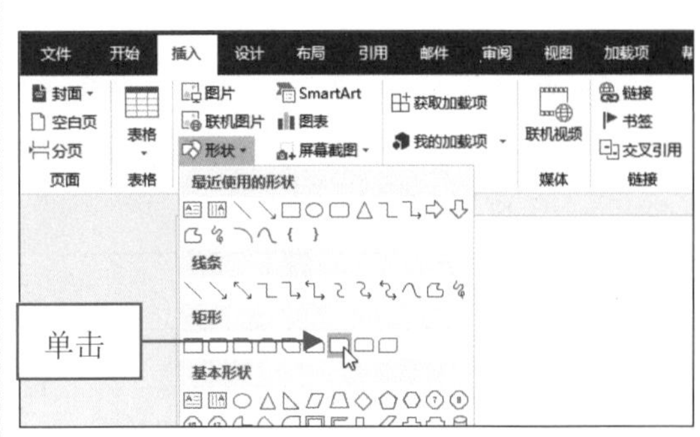

图 10-36　单击“单圆角矩形”按钮

3. 在文档编辑区中单击鼠标左键并拖曳，至合适位置后释放鼠标，绘制出一个单圆角矩形图形，如图 10-37 所示。

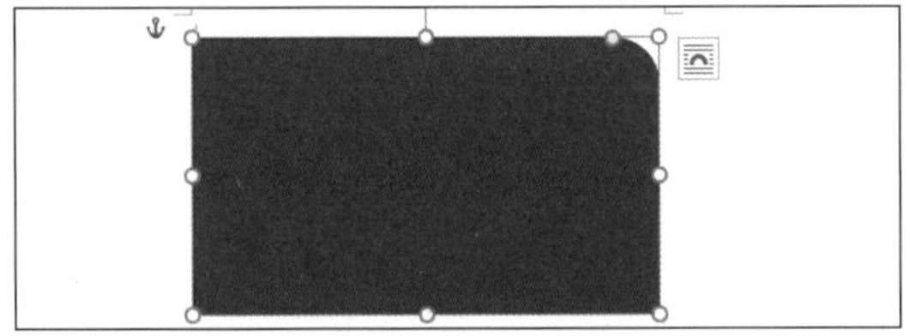

图 10-37　绘制出单圆角矩形

4. 切换至“绘图工具”|“格式”选项卡，在“大小”选项组中分别设置“形状高度”和“形状宽度”，如图 10-38 所示。

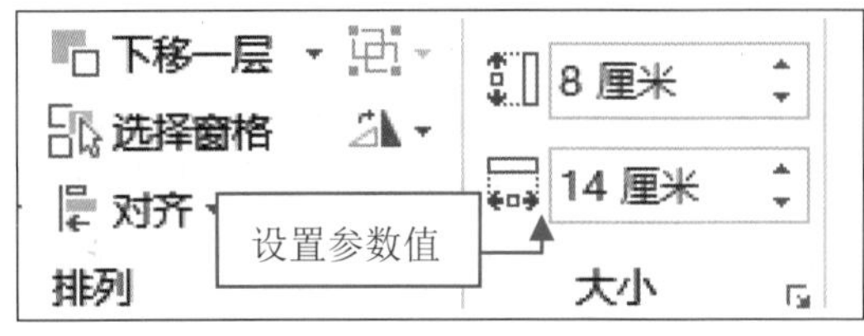

图 10-38　设置各选项

5. 执行操作后，即可改变图形的高度和宽度，如图 10-39 所示。

图 10-39　改变图形高度和宽度

6. 单击“形状样式”选项组中“形状填充”右侧的下三角按钮，在弹出的下拉列表中单击白色图标，如图 10-40 所示。

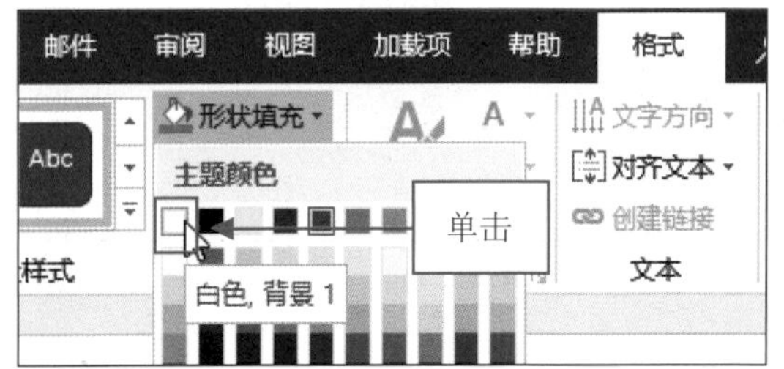

图 10-40　单击白色图标

7 在“形状样式”选项组中单击“形状轮廓”右侧下三角按钮，在弹出的下拉列表中单击黑色图标，如图 10-41 所示。

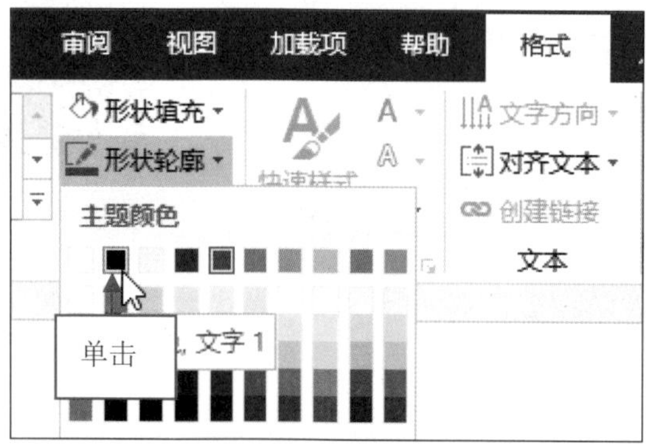

图 10-41　单击黑色图标

8 单击“形状轮廓”右侧的下三角按钮，在弹出的下拉列表中选择“粗细”为 0.25 磅，如图 10-42 所示。

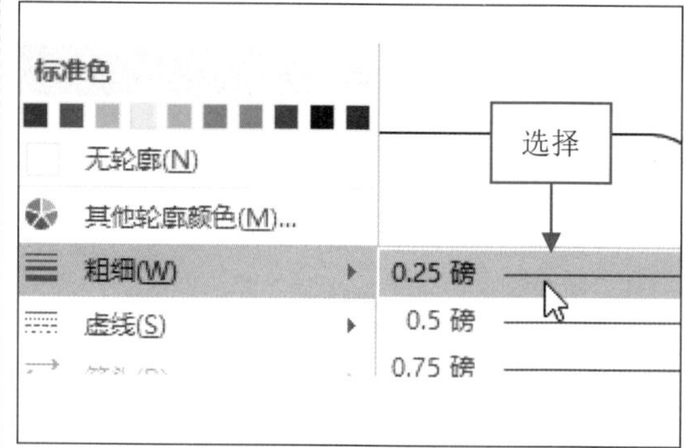

图 10-42　选择粗细

9 执行操作后，文档编辑区中的单圆角矩形样式随之改变，如图 10-43 所示。

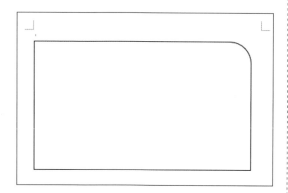

图 10-43　改变样式

10 单击“插入”|“形状”按钮，在弹出的下拉列表中单击“椭圆”图标，如图 10-44 所示。

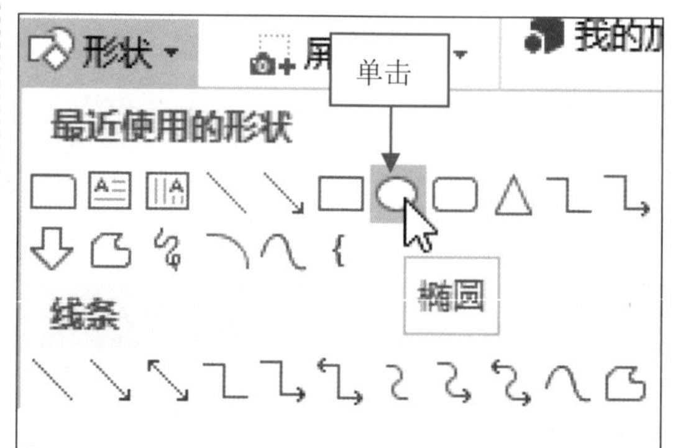

图 10-44　单击“椭圆”图标

11 结合【Shift】键，在文档编辑区中按住鼠标左键并拖曳，至合适位置后释放鼠标左键，绘制一个正圆形，如图 10-45 所示。

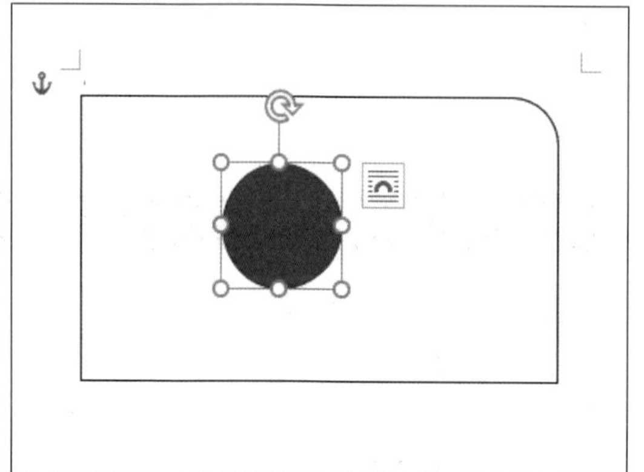

图 10-45　绘制正圆形

12 切换至“绘图工具”|“格式”选项卡，单击“形状样式”选项组右下角的对话框启动器按钮，如图 10-46 所示。

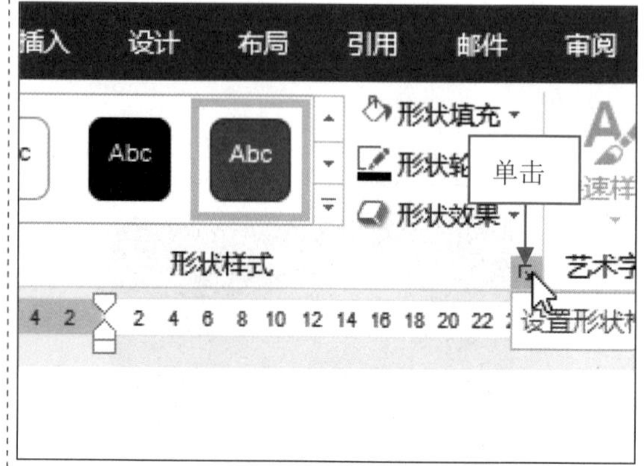

图 10-46　单击对话框启动器按钮

13. 弹出“设置形状格式”窗格，切换到“填充与线条”选项卡，在“填充”列表中勾选“渐变填充”复选框，设置“类型”为“射线”，添加 3 个渐变光圈，依次设置为黄色、中黄（RGB 的参数值为 250、207、26）和橙色（RGB 的参数值为 228、108、10），如图 10-47 所示。

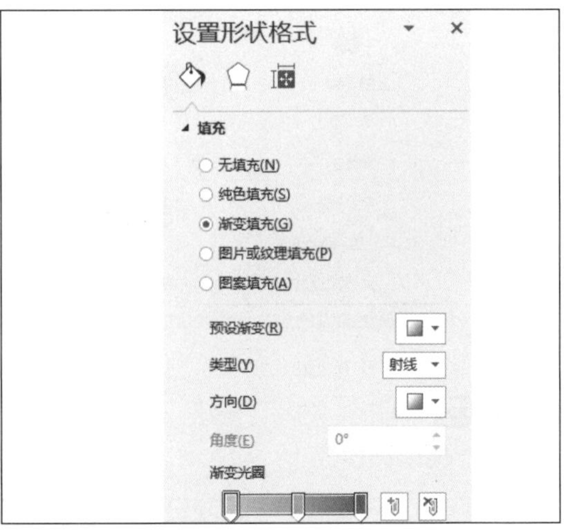

图 10-47　设置填充

14. 在“线条”列表中勾选“实线”单选按钮，单击“颜色”右侧的下三角按钮，在弹出的下拉列表中选择一种橙色图标，如图 10-48 所示。

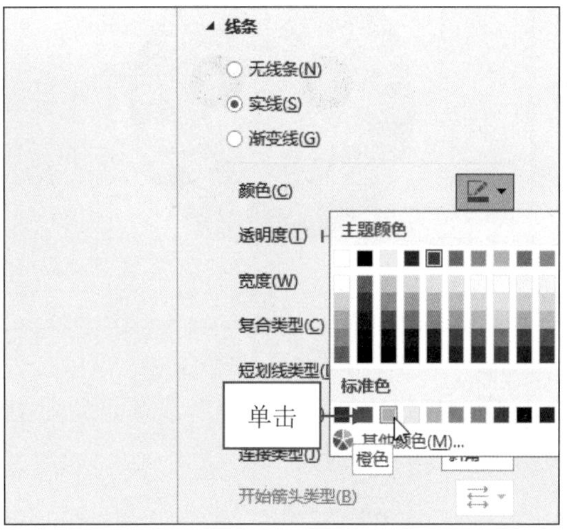

图 10-48　设置线条颜色

15. 切换至“宽度”、“短划线类型”选项，如图 10-49 所示。

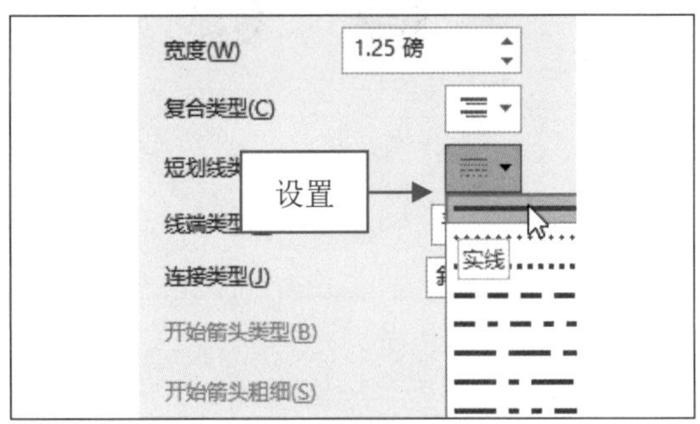

图 10-49　设置线型

16. 单击“关闭”按钮，正圆形的形状样式将随之改变，如图 10-50 所示。

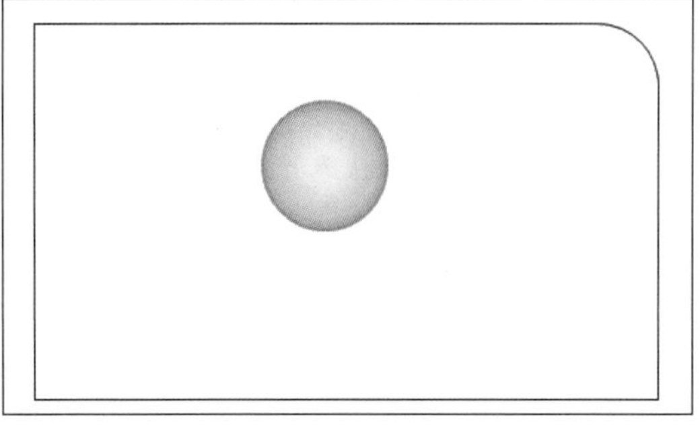

图 10-50　改变形状样式

17. 参照步骤（10）～（16）的操作方法，绘制一个正圆形，为其填充黑色系的射线渐变色，如图 10-51 所示。

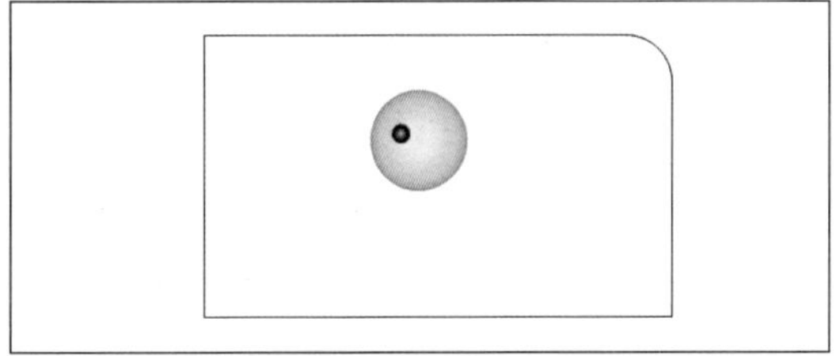

图 10-51　制作黑色正圆形

18. 选择黑色圆形，按【Ctrl+C】组合键，复制图形，按【Ctrl+V】组合键，粘贴图形，将其调整至合适位置，如图 10-52 所示。

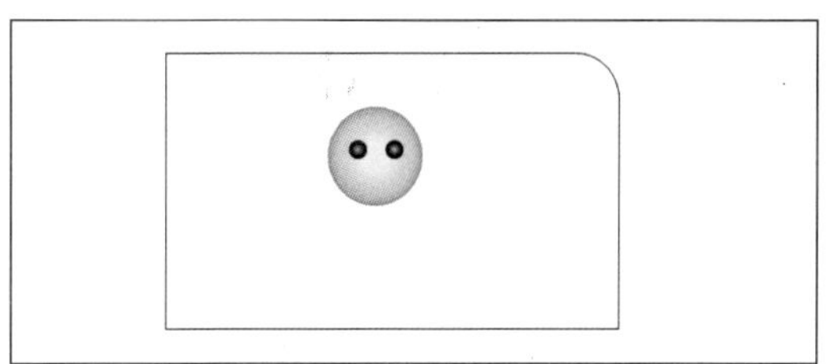

图 10-52　复制并粘贴图形

19 单击“插入”|“形状”按钮，在弹出的列表框中单击“弧形”图标，再在黄色圆形图形上绘制弧形，如图10-53所示。

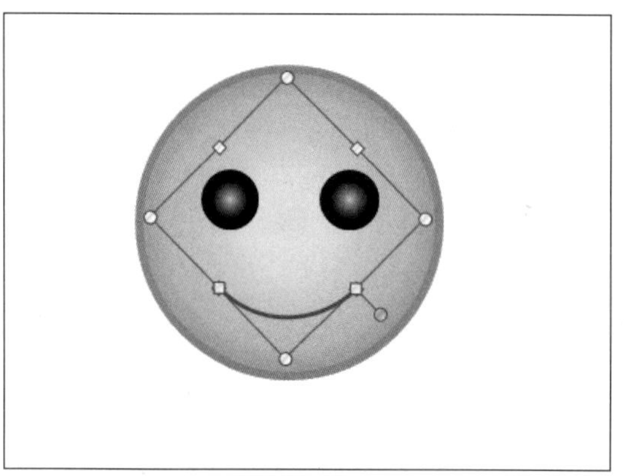

图10-53　绘制弧形

20 单击“形状样式”选项组中的对话框启动器按钮，弹出“设置形状格式”窗格，切换至“填充”选项卡，设置线条颜色为红色，如图10-54所示。

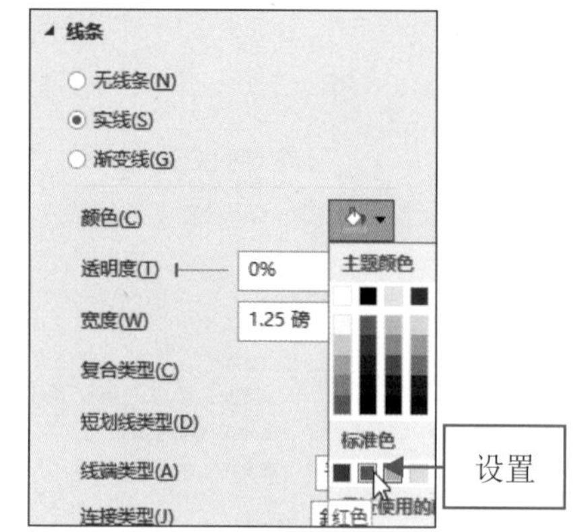

图10-54　设置线条颜色

21 设置其他的“线型”选项，如图10-55所示。

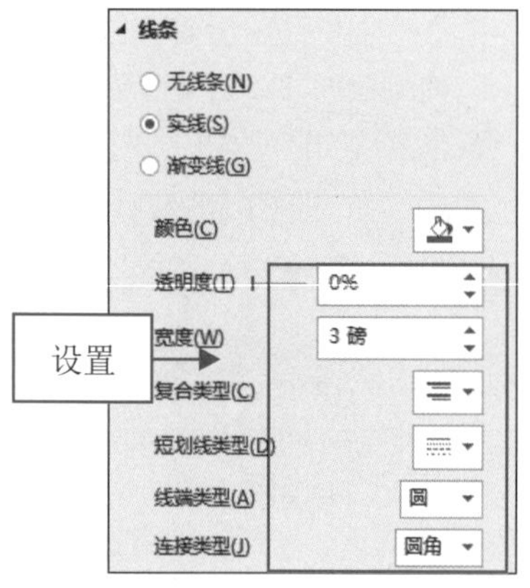

图10-55　设置线型

22 单击“关闭”按钮，改变弧线的形状样式，如图10-56所示。

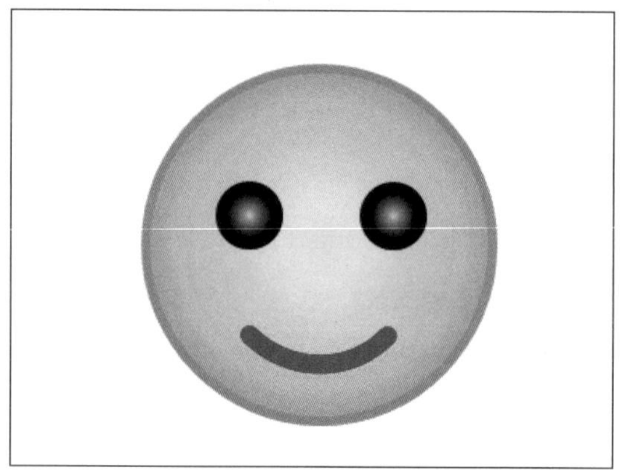

图10-56　改变形状样式

23 在按住【Ctrl】键的同时，选中黄色圆形、黑色圆形和弧线图像，如图10-57所示。

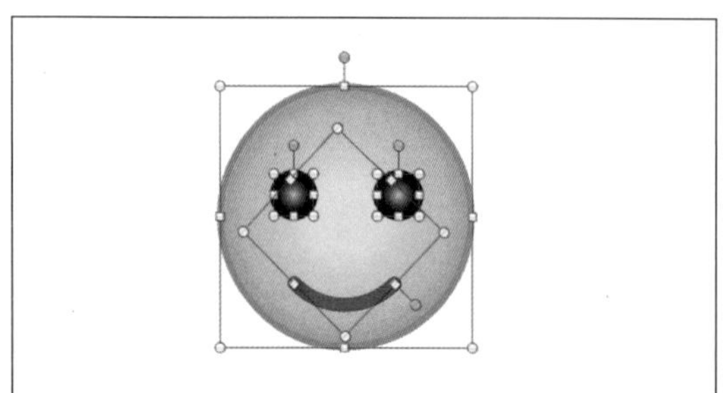

图10-57　选中图形

24 切换至“绘图工具”|“格式”选项卡，单击“排列”选项组中的“组合”按钮，如图10-58所示。

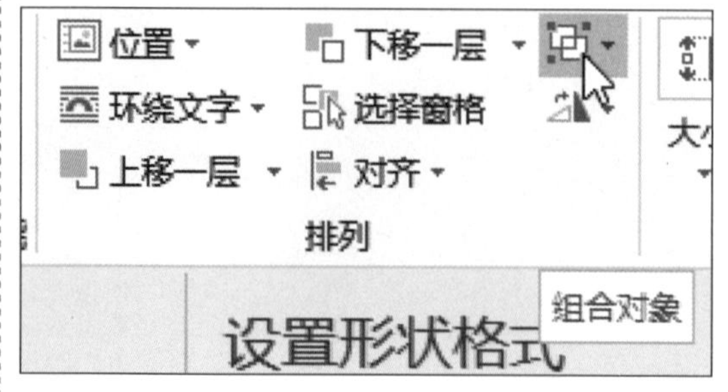

图10-58　组合图形

25 在“大小”选项组中设置“形状高度”和“形状宽度”均为 1.6 厘米，调整组合图形的大小，并调整其位置至名片的左上角，如图 10-59 所示。

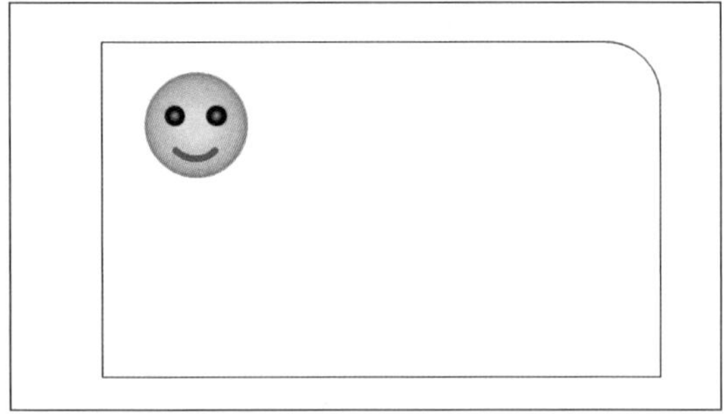

图 10-59　调整组合图形

26 切换至“插入”选项卡，单击“插图”选项组中的“图片”按钮，如图 10-60 所示。

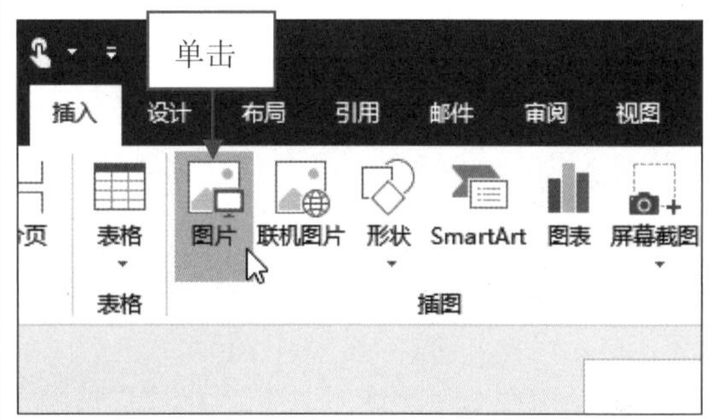

图 10-60　单击“图片”按钮

27 弹出“插入图片”对话框，选择图片，如图 10-61 所示。

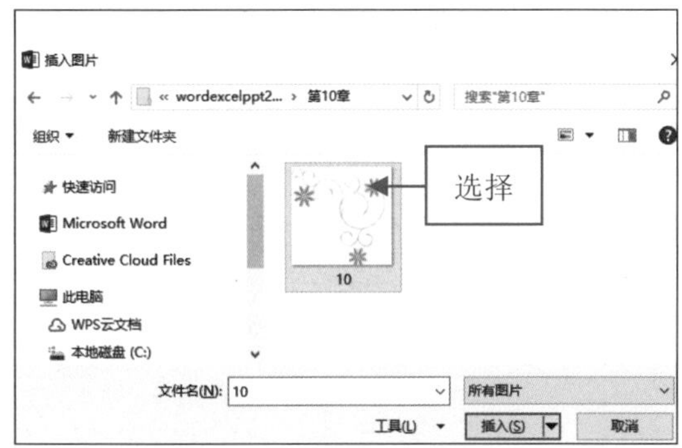

图 10-61　“插入图片”对话框

28 单击“插入”按钮插入图片，单击“排列”选项组中的“环绕文字”按钮，在弹出的下拉列表中选择“浮于文字上方”选项，如图 10-62 所示。

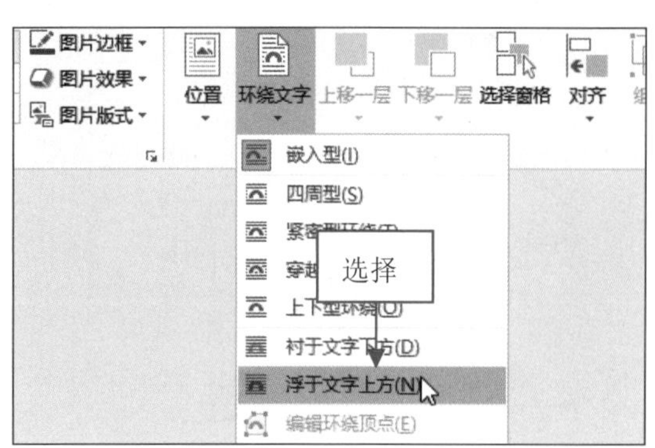

图 10-62　选择“浮于文字上方”选项

29 根据需要适当地调整图形的大小，并将其调整至名片的左下角，如图 10-63 所示。

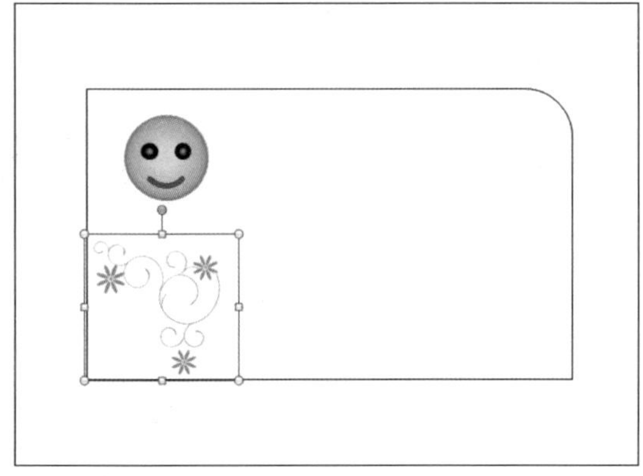

图 10-63　调整图片

30 将鼠标指针移至图形控制框的旋转控制点上，如图 10-64 所示。

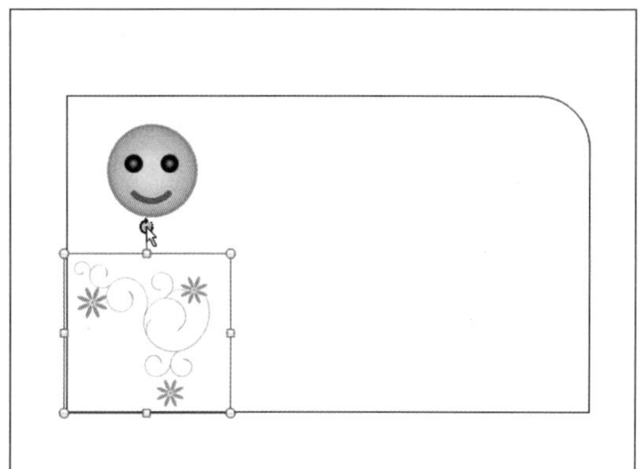

图 10-64　移动鼠标

31 按住鼠标左键并拖曳，将图片旋转至合适角度后释放鼠标左键，如图 10-65 所示。

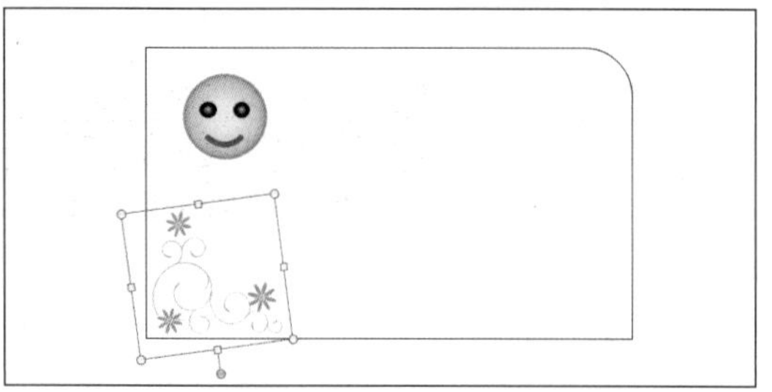

图 10-65　旋转图形

32 复制并粘贴花纹图形，再调整图形的位置和角度，如图 10-66 所示。

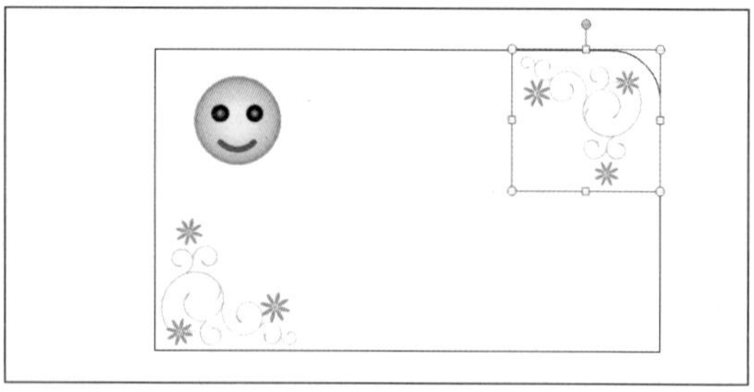

图 10-66　复制并调整图形

33 切换至“绘图工具”|“格式”选项卡，在“调整”选项组中单击“颜色”按钮，在弹出的下拉列表中选择“冲蚀”选项，如图 10-67 所示。

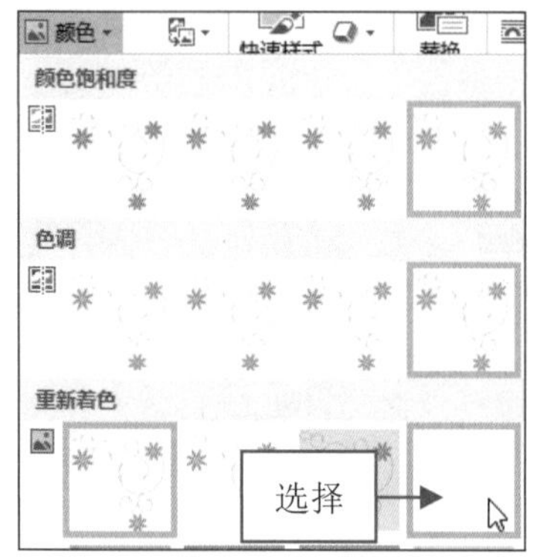

图 10-67　选择“冲蚀”选项

34 执行操作后，即可改变花纹图形的颜色，如图 10-68 所示。

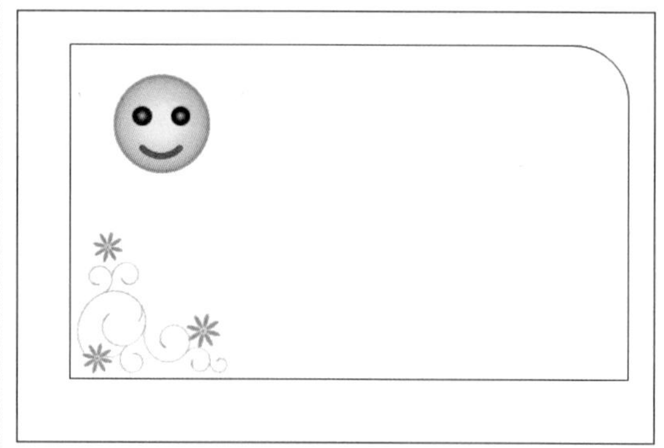

图 10-68　改变图形颜色

10.2.2　制作名片背面

名片背面的设计比正面的制作要简单，通常在名片的背面都会显示公司的标志或一些装饰图形。制作名片背面的具体操作步骤如下：

1 在文档编辑区中复制单圆角矩形图形，并将其调整至名片正面的正下方位置，如图 10-69 所示。

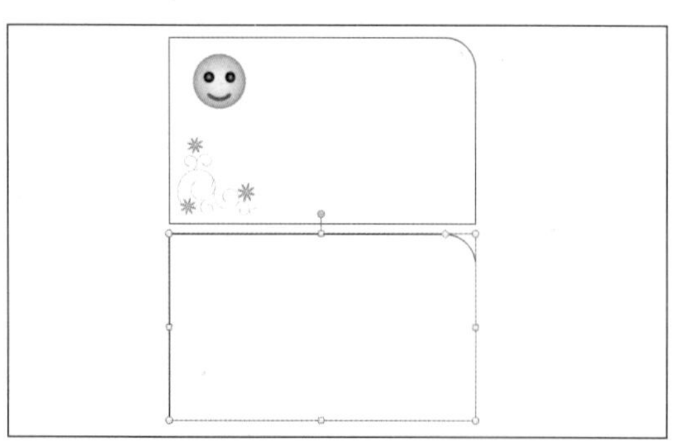

图 10-69　复制并调整图形

2 切换至“绘图工具”|“格式”选项卡，单击“排列”选项组中的“旋转”按钮，在弹出的下拉列表中选择“水平翻转”选项，如图 10-70 所示。

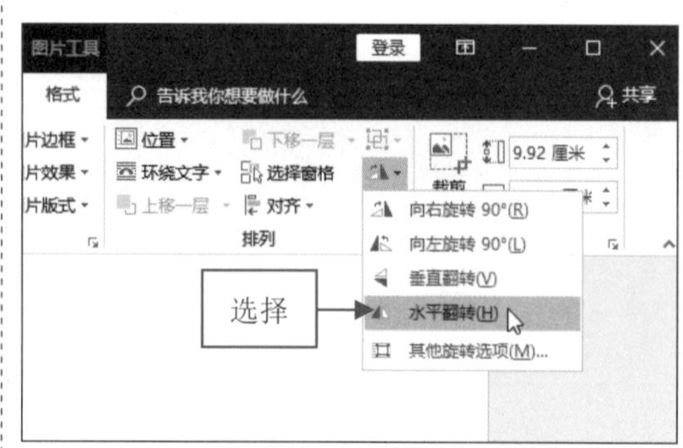

图 10-70　选择“水平翻转”选项

3 执行操作后，即可水平翻转图形，得到名片背面的外形，如图 10-71 所示。

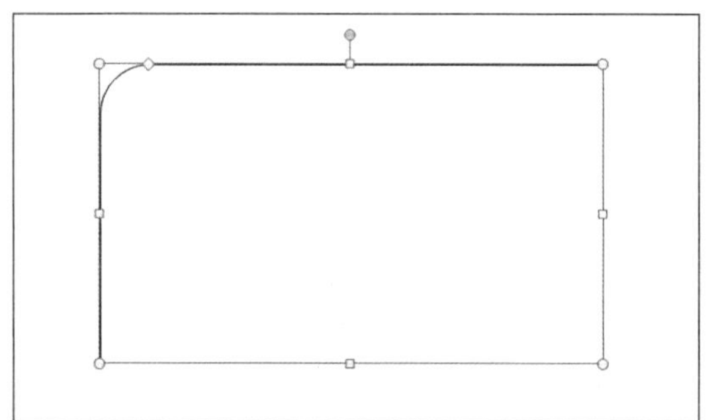

图 10-71　水平翻转图形

4 单击“形状”|“矩形”图标，绘制一个合适大小的矩形图形，如图 10-72 所示。

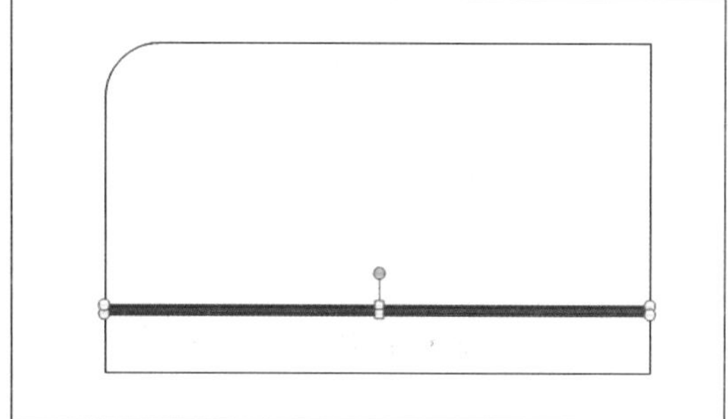

图 10-72　绘制矩形

知识链接

将鼠标指针移至图形上的旋转控制点上时，按住【Shift】键同时进行旋转，图形将以 15° 的倍数进行旋转。

5 单击“形状填充”按钮，在弹出的下拉列表中选择黄色，如图 10-73 所示。

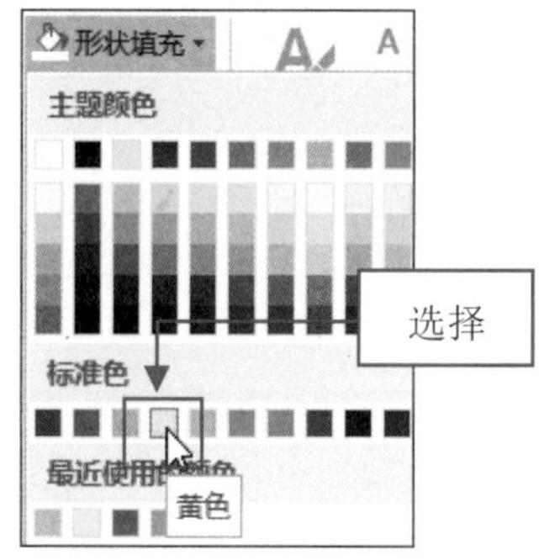

图 10-73　选择黄色

6 单击“形状轮廓”按钮，在弹出的下拉列表中选择“无轮廓”选项，如图 10-74 所示。

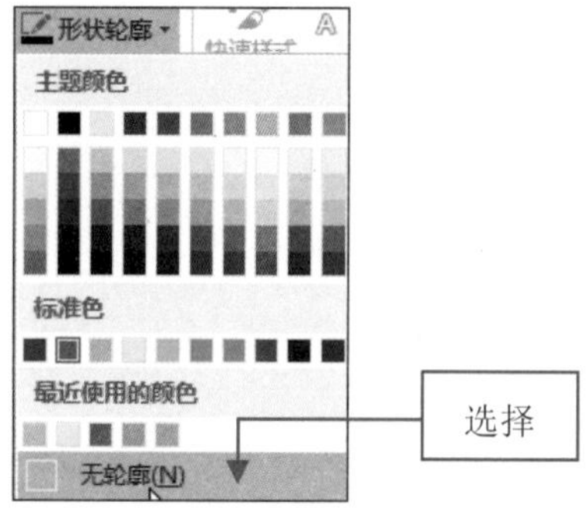

图 10-74　选择“无轮廓”选项

7 执行操作后，即可改变矩形的图形样式，如图 10-75 所示。

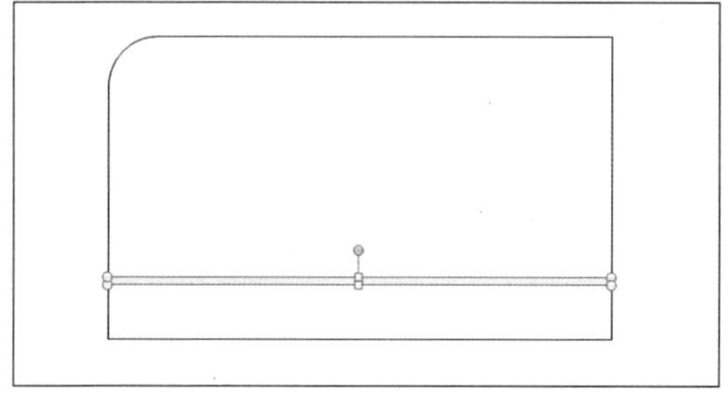

图 10-75　改变矩形样式

8 复制矩形图形，并将其垂直下移至合适位置，如图 10-76 所示。

图 10-76　移动图形

9 选中复制的图形，单击“形状填充”按钮，在弹出的下拉列表中选择“其他填充颜色”选项，如图 10-77 所示。

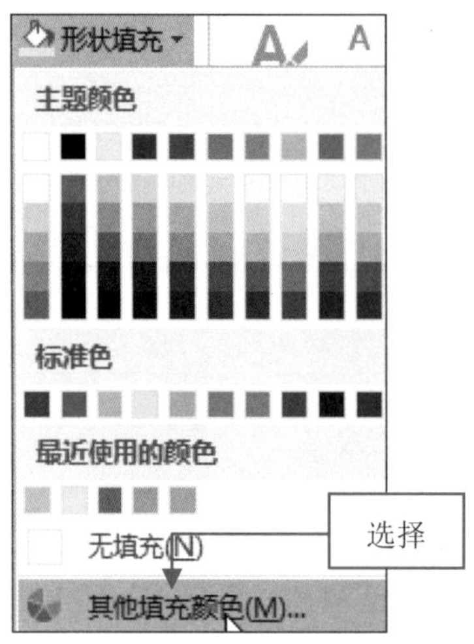

图 10-77　选择“其他填充颜色”选项

10 弹出“颜色”对话框，单击“自定义”选项卡，依次设置“红色”“绿色”“蓝色”分别为 250、207、26，如图 10-78 所示。

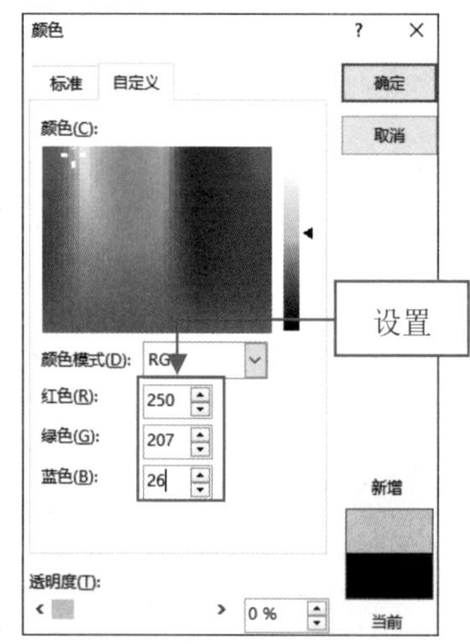

图 10-78　设置颜色

11 单击“确定”按钮，即可改变图形的颜色，如图 10-79 所示。

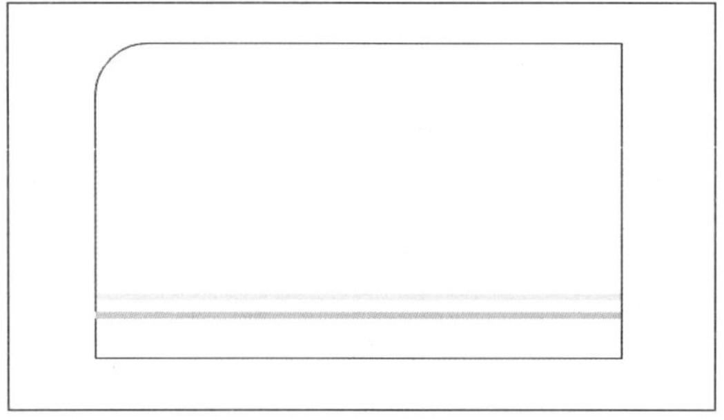

图 10-79　改变图形颜色

12 参照步骤（8）~（11）的操作方法，复制并调整图形位置和颜色，效果如图 10-80 所示。

图 10-80　复制并调整图形

13 复制名片正面上的花纹图形，并调整花纹图形的位置和角度，如图 10-81 所示。

图 10-81　复制花纹图形

14 复制名片正面上的笑脸图形，将其调整至名片背面的合适位置，如图 10-82 所示。

图 10-82　复制笑脸图形

10.2.3　添加文本信息

名片的内容主要包括公司名称、姓名、职位等关键信息。添加文本信息的具体操作步骤如下：

1 切换至“插入”选项卡，单击“文本”选项组中的“文本框”按钮，如图 10-83 所示。

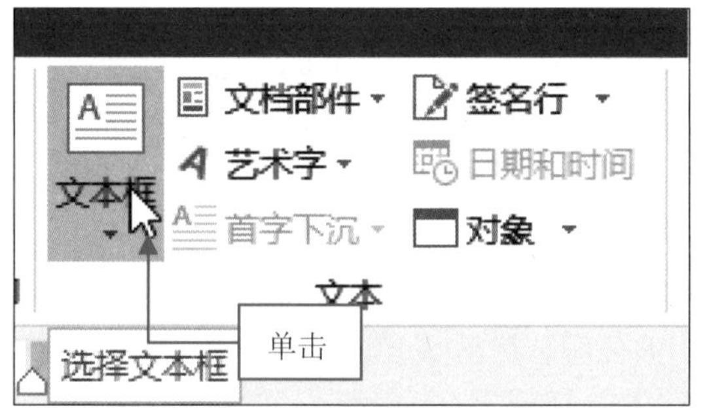

图 10-83　单击“文本框”按钮

2 在弹出的下拉列表中选择“绘制横排文本框”选项，如图 10-84 所示。

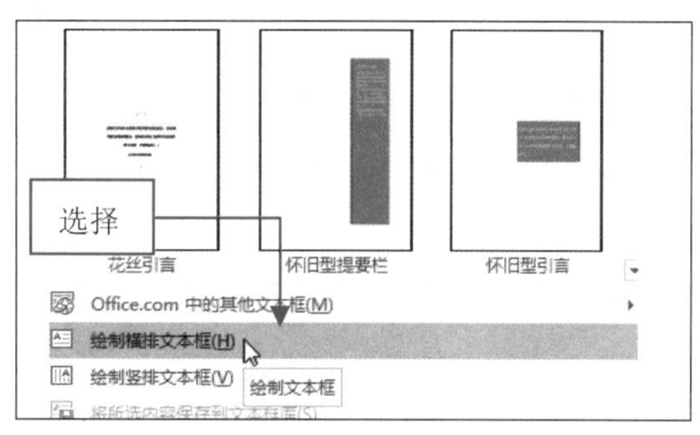

图 10-84　选择“绘制横排文本框”选项

3 将鼠标指针移至名片正面图形上，按住鼠标左键并拖曳，绘制一个文本框，如图 10-85 所示。

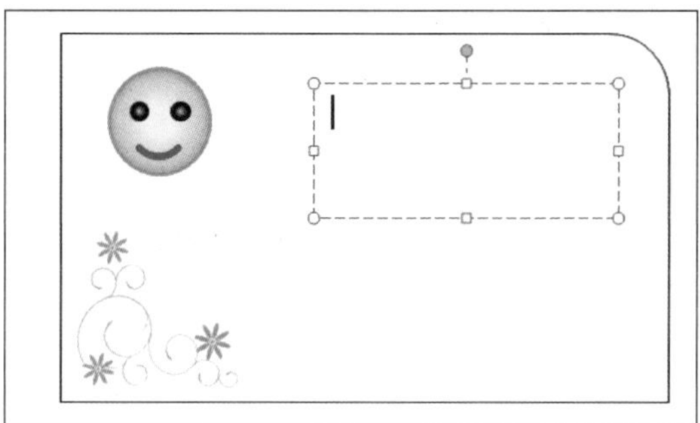

图 10-85　绘制文本框

4 在文本框中输入姓名、职位和编号，如图 10-86 所示。

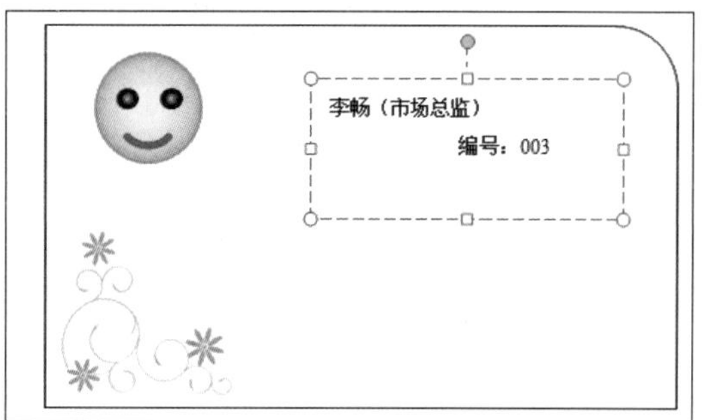

图 10-86　输入姓名

5 用同样的方法，分别绘制文本框并输入文本，效果如图 10-87 所示。

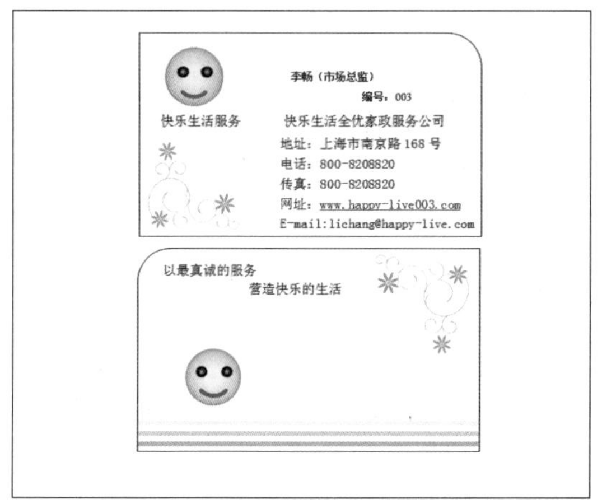

图 10-87　输入文本

6 在名片正面的文本框内选中姓名，如图 10-88 所示。

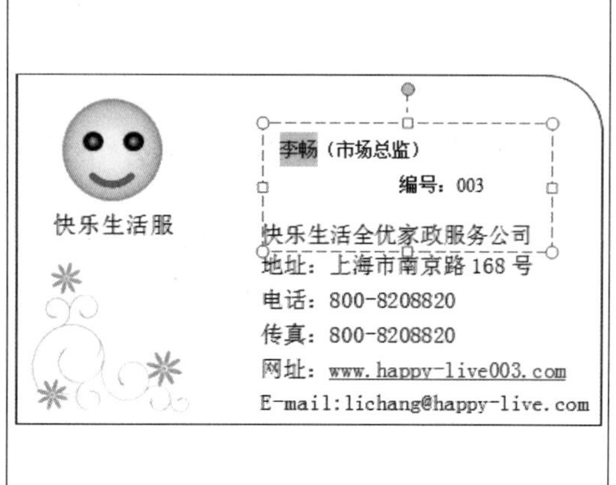

图 10-88　选中姓名

⑦ 设置“字体”为“方正粗活意简体”、“字号”为三号，如图 10-89 所示。

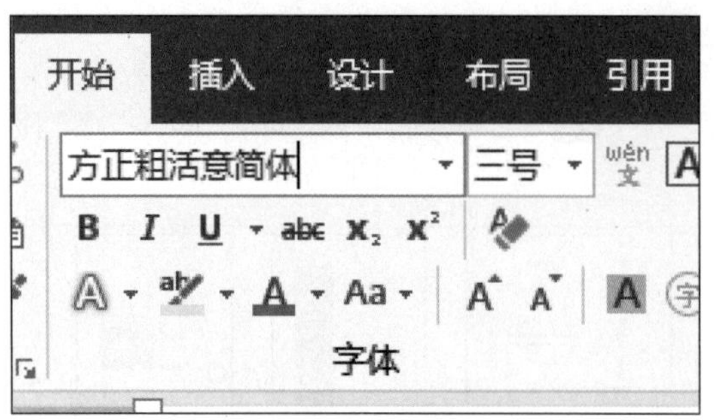

图 10-89　设置字体与字号

⑧ 执行操作后，所选文本的字体与字号将随之改变，如图 10-90 所示。

图 10-90　改变字体与字号

⑨ 参照步骤（6）~（8）的操作方法，根据需要改变名片中其他文本内容的格式，最终如图 10-91 所示。

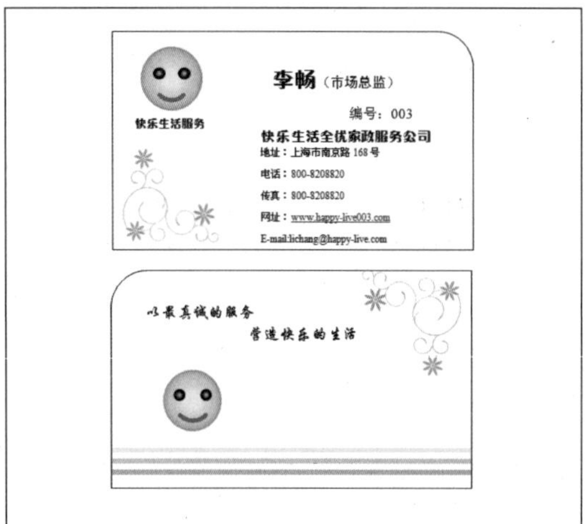

图 10-91　改变文本格式

⑩ 复制名片正面的公司名称，再将复制的公司名称粘贴至名片背面的合适位置，如图 10-92 所示。

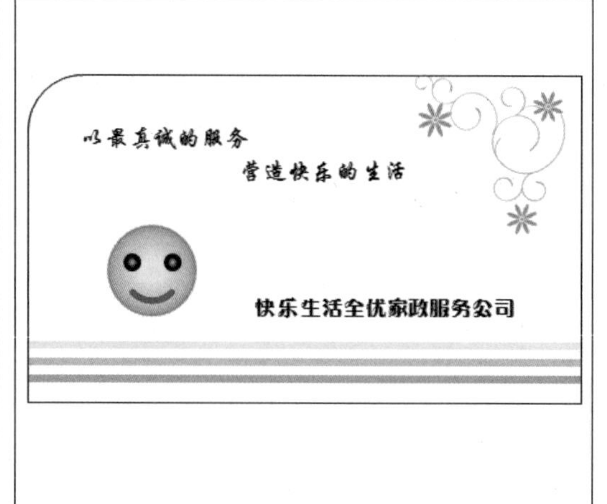

图 10-92　复制并调整文本

⑪ 在名片正面中选中包含地址等信息的文本框，如图 10-93 所示。

图 10-93　选中文本框

⑫ 单击“段落”选项组中的对话框启动器按钮，如图 10-94 所示。

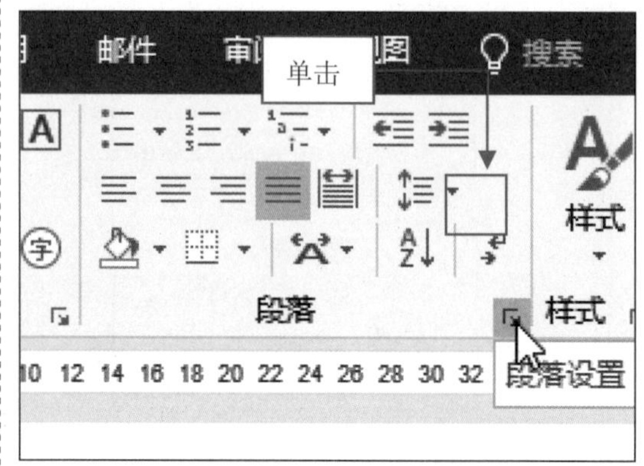

图 10-94　单击对话框启动器按钮

第10章

13 弹出“段落”对话框，在“缩进和间距”选项卡下设置相关参数，如图 10-95 所示。

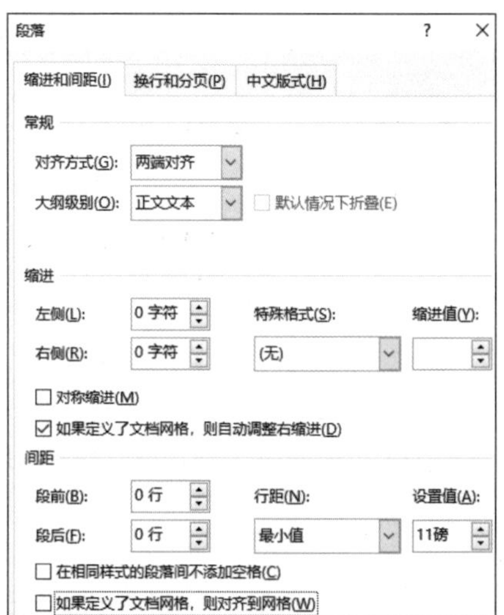

图 10-95 “段落”对话框

14 单击“确定”按钮，即可改变所选文本框中段落文本的格式，如图 10-96 所示。

图 10-96 改变段落文本格式

15 在文本框中选中被标记为蓝色的网址，如图 10-97 所示。

图 10-97 选中网址

16 单击鼠标右键，在弹出的快捷菜单中选择“取消超链接”选项，如图 10-98 所示。

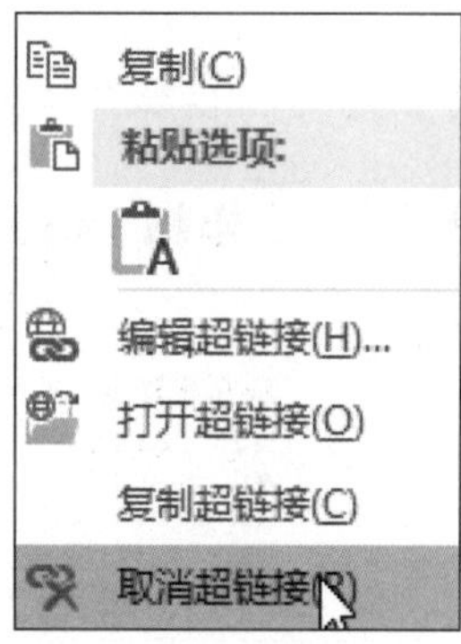

图 10-98 选择“取消超链接”选项

17 执行操作后，即可取消被标记的状态，如图 10-99 所示。

图 10-99 取消标记状态

18 单击“插入”|“形状”按钮，在弹出的下拉列表中单击“直线”图标，如图 10-100 所示。

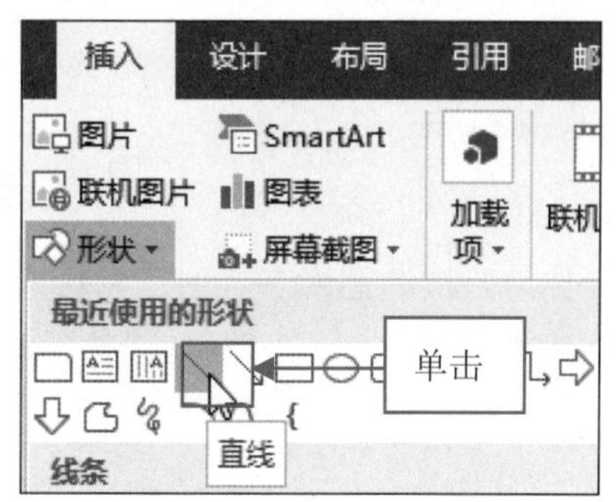

图 10-100 单击“直线”图标

19 在按住【Shift】键的同时，按住鼠标左键并拖曳，绘制一条直线段，如图 10-101 所示。

图 10-101　绘制直线

20 切换至“绘图工具”|“格式”选项卡，设置直线的轮廓色为橙色，如图 10-102 所示。

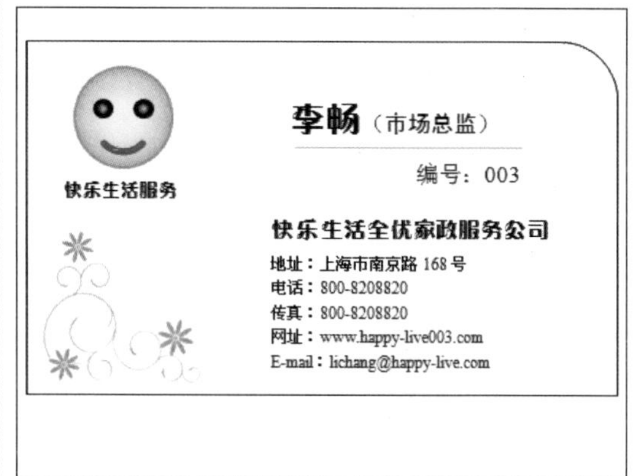

图 10-102　设置轮廓色

21 复制直线并将其垂直下移至合适位置，如图 10-103 所示。

图 10-103　复制并调整直线

22 根据需要适当地调整各文本的位置，完成名片的制作，最终效果如图 10-104 所示。

图 10-104　名片最终效果

10.3　制作月刊

在各种各样的宣传方式中，向媒体或外界发表公司月刊或更新公司主页，都是非常有效且直接的宣传手段。

10.3.1　制作刊头

每一种月刊都有其独特的刊头，尤其是标题名称等。制作刊头的具体操作步骤如下：

1 单击"文件"|"新建"命令，新建一个空白文档，如图 10-105 所示。

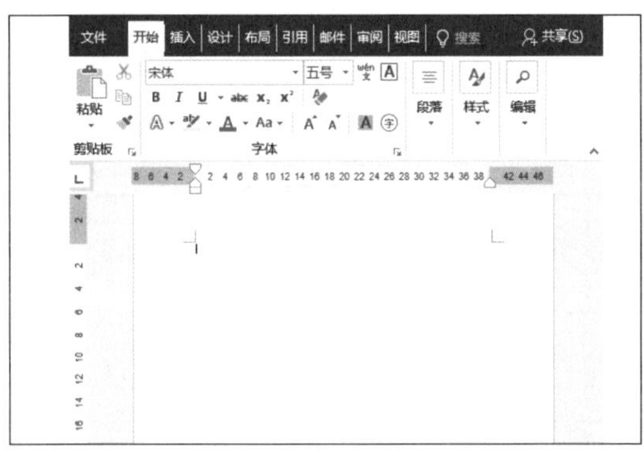

图 10-105　新建文档

2 切换至"布局"选项卡，单击"页面设置"选项组中的"页边距"按钮，如图 10-106 所示。

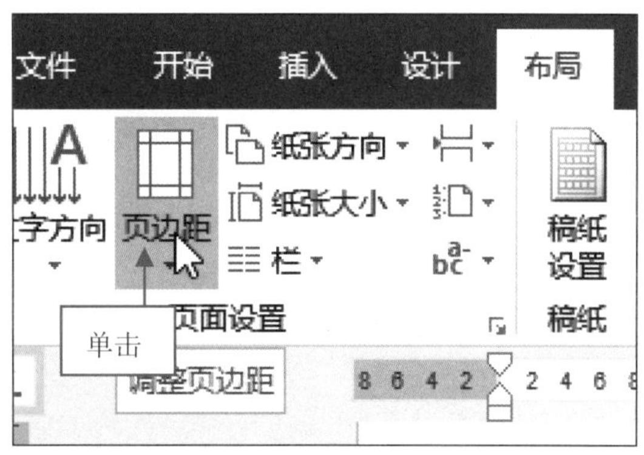

图 10-106　单击"页边距"按钮

3 在弹出的下拉列表中选择"适中"选项，如图 10-107 所示。

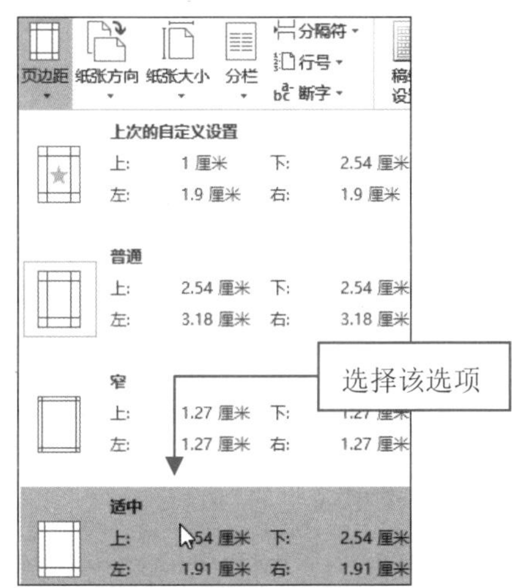

图 10-107　选择"适中"选项

4 执行操作后，页面的页边距将随之改变，如图 10-108 所示。

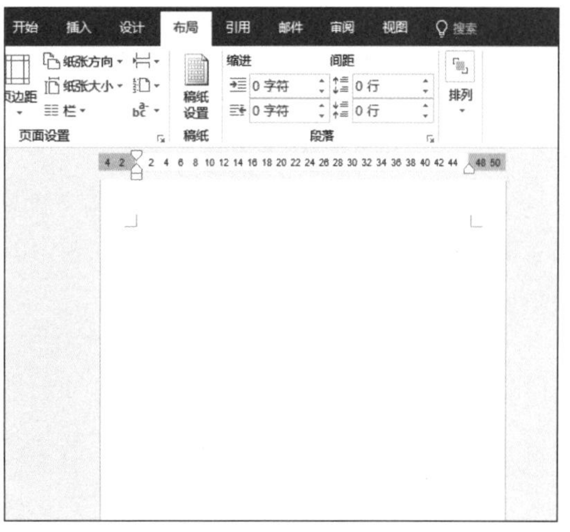

图 10-108　改变页边距

5 切换至"插入"选项卡，单击"文本"选项组中的"艺术字"按钮，如图 10-109 所示。

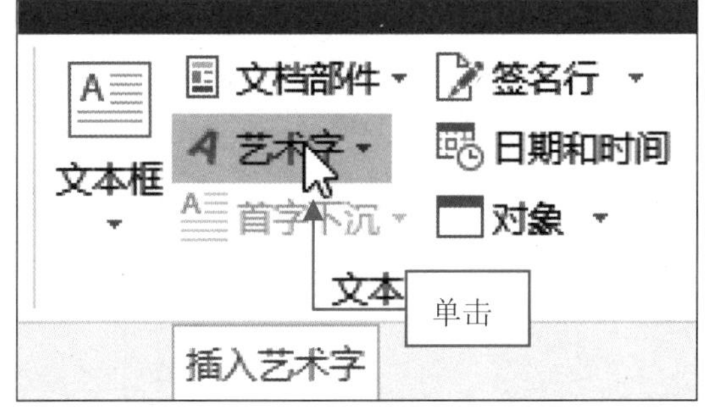

图 10-109　单击"艺术字"按钮

6 在弹出的下拉列表中选择一种艺术字样式，如图 10-110 所示。

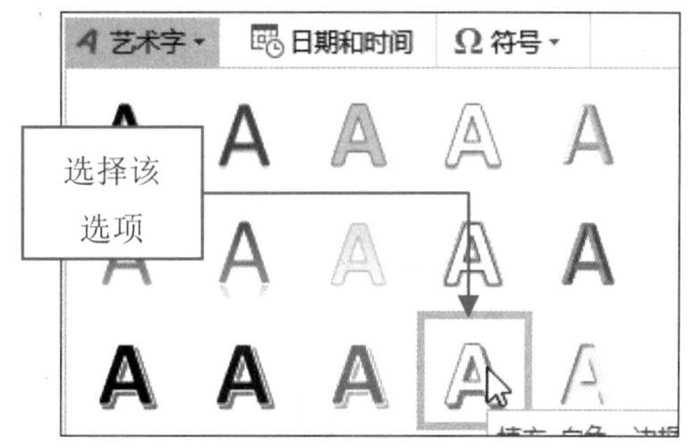

图 10-110　选择一种艺术字

7 插入艺术字文本框后，在其中输入文本，如图 10-111 所示。

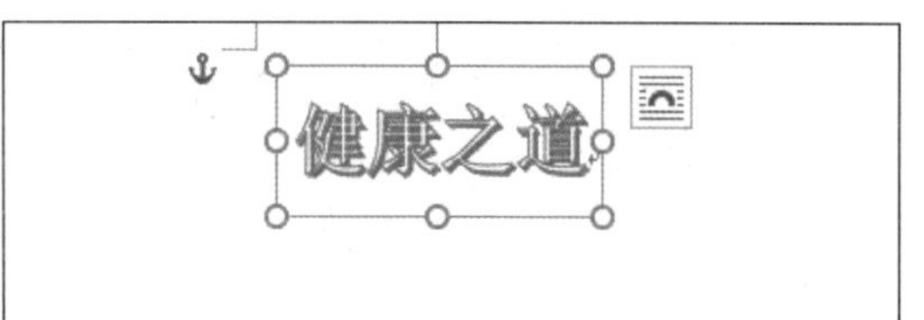

图 10-111 输入文本

8 选中文本框，切换至“开始”选项卡，单击“字体”选项组中的对话框启动器按钮 ，如图 10-112 所示。

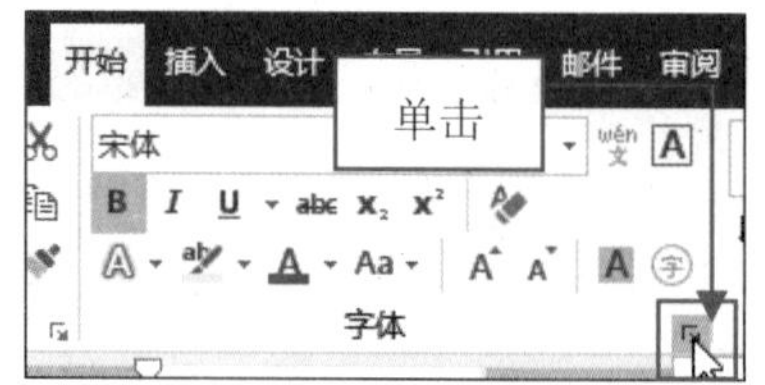

图 10-112 单击对话框启动器按钮

9 弹出“字体”对话框，切换到“高级”选项卡，设置“缩放”为 150%，如图 10-113 所示。

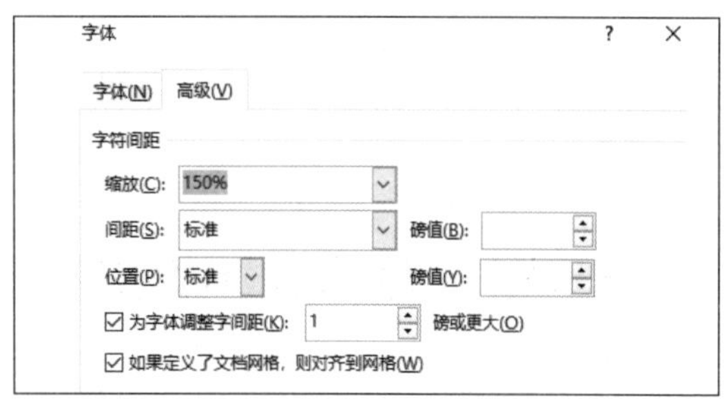

图 10-113 “字体”对话框

10 单击“确定”按钮，即可改变文本框中的字体格式，如图 10-114 所示。

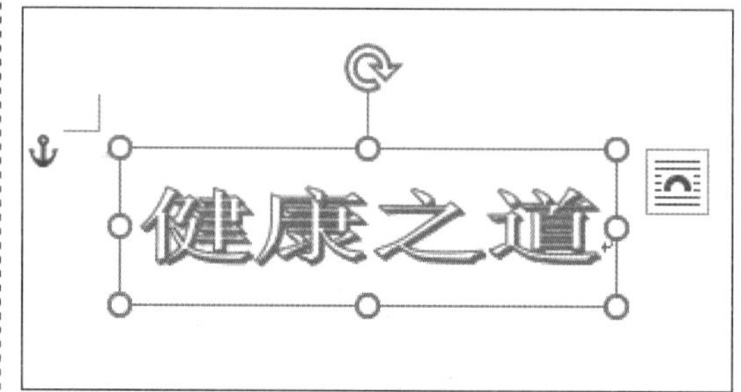

图 10-114 改变缩放格式

11 单击“插入”|“形状”按钮，在弹出的下拉列表中单击“矩形”图标，如图 10-115 所示。

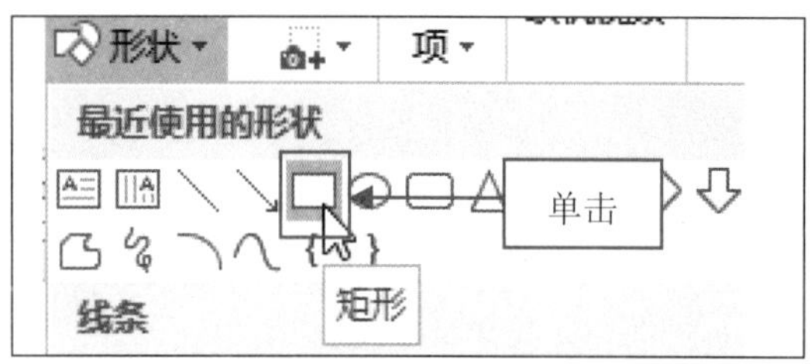

图 10-115 单击“矩形”图标

12 在“健康之道”下方绘制一个大小合适的矩形，如图 10-116 所示。

图 10-116 绘制矩形图形

13 单击“绘图工具”|“格式”|“形状填充”按钮，在弹出的下拉列表中选择一种颜色，如图 10-117 所示。

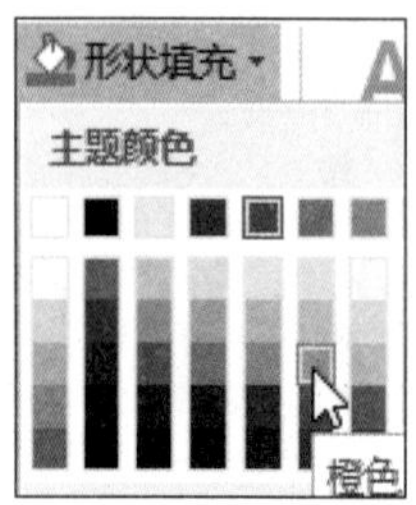

图 10-117 选择颜色

14 单击“绘图工具”|“格式”|“形状效果”按钮，在弹出的列表框中选择一种预设效果，如图 10-118 所示。

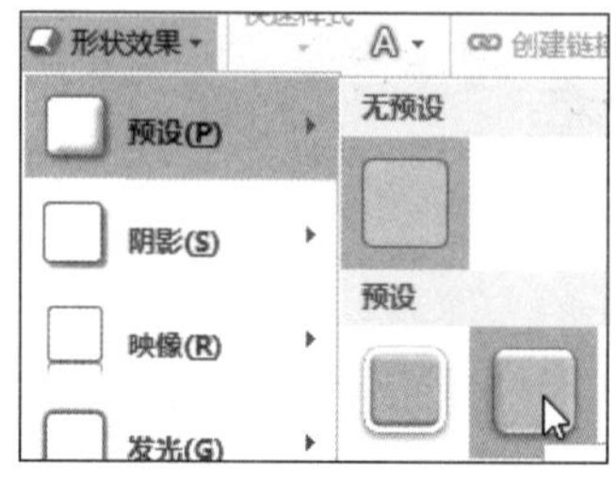

图 10-118 选择预设效果

15 执行操作后，即可改变矩形的形状样式，如图 10-119 所示。

图 10-119 改变形状样式

16 在文档编辑区的右上角绘制一个大小合适的文本框，如图 10-120 所示。

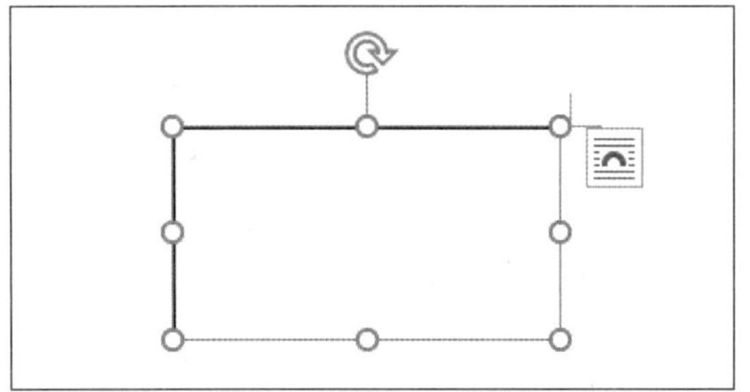

图 10-120 绘制文本框

17 在文本框中输入所需的文本，设置“字体”为宋体、“字号”为小四，其中数字的“字体”为 Times New Roman，如图 10-121 所示。

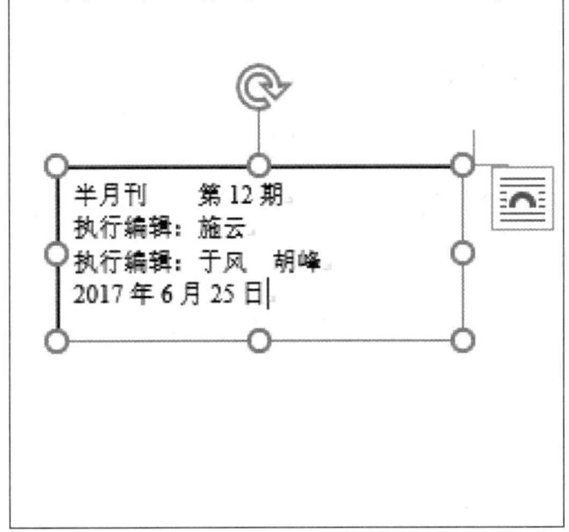

图 10-121 输入文本

18 单击“绘图工具”|“格式”| “形状轮廓”按钮，在弹出的下拉列表中选择“粗细”下级列表中的“1 磅”选项，如图 10-122 所示。

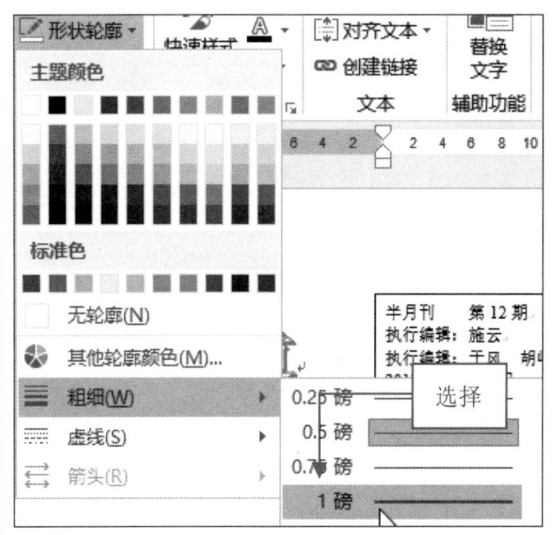

图 10-122 设置形状轮廓

19 单击“绘图工具”|“格式”| “形状轮廓”按钮，在弹出的下拉列表中选择“虚线”下级列表中的“长划线-点”选项，如图 10-123 所示。

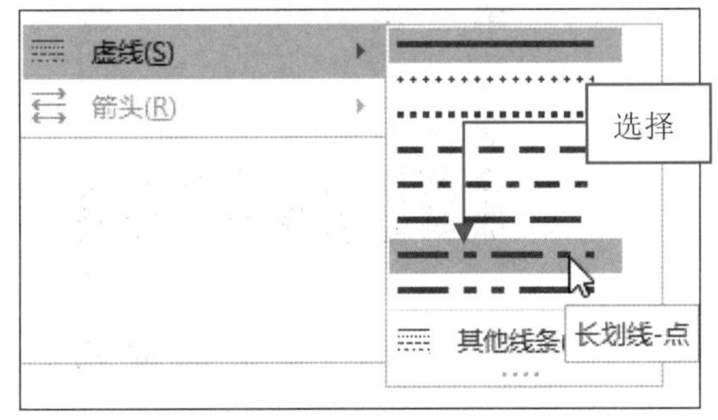

图 10-123 选择虚线

20 执行操作后，文本框的形状轮廓效果将随之改变，如图 10-124 所示。

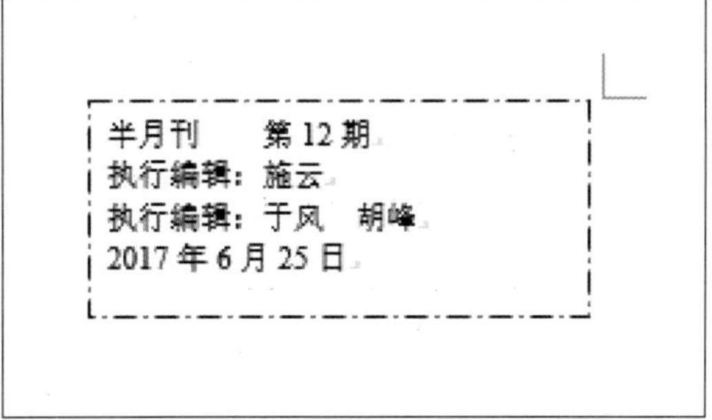

图 10-124 改变形状轮廓

第 10 章

21 绘制文本框并输入“健康之道”的汉语拼音，如图 10-125 所示。

图 10-125 输入汉语拼音

22 在“字体”选项组中设置“字体”、“字号”等参数，并单击“倾斜”按钮 I ，如图 10-126 所示。

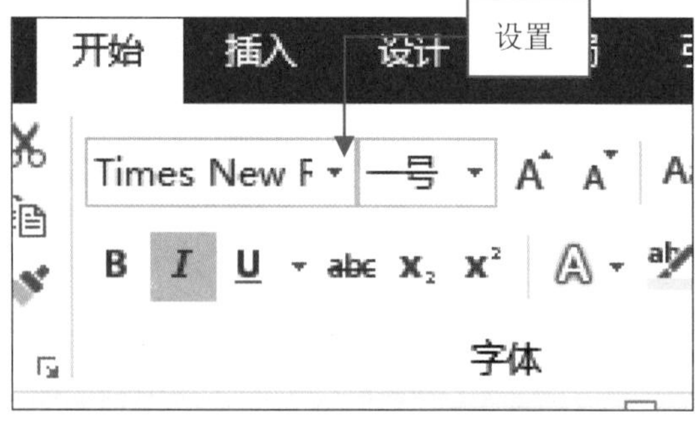

图 10-126 设置字体

23 单击“开始”|“段落”选项组中的“中文版式”按钮，在弹出的列表框中选择“调整宽度”选项，如图 10-127 所示。

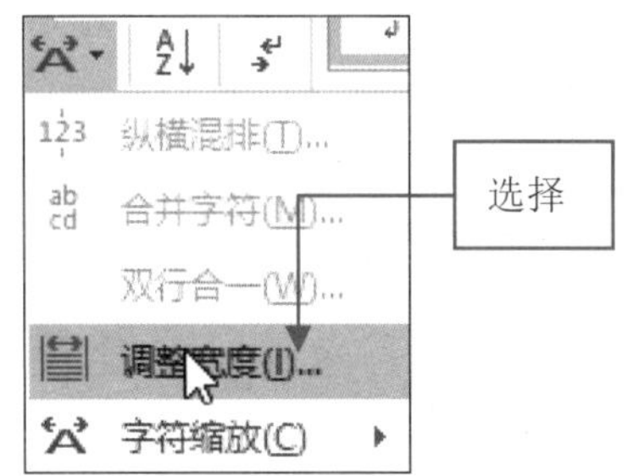

图 10-127 选择“调整宽度”选项

24 弹出“调整宽度”对话框，设置“新文字宽度”为 11 字符，如图 10-128 所示。

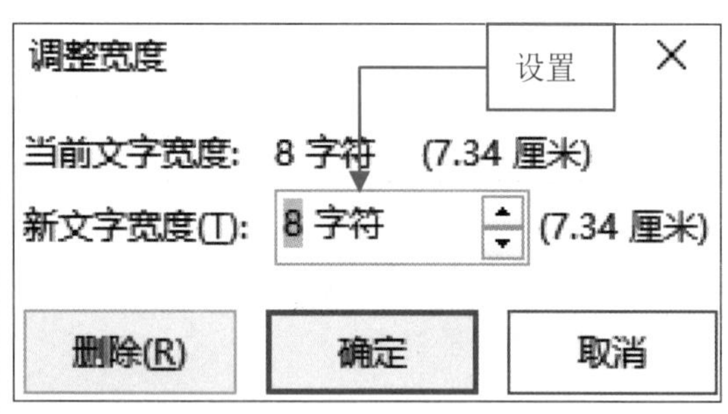

图 10-128 “调整宽度”对话框

25 单击“确定”按钮，即可观察到设置字体、字号和宽度等格式后的文本效果，如图 10-129 所示。

图 10-129 改变文本格式

26 选择文本框，切换至“绘图工具”|“格式”选项卡，单击“形状填充”按钮，在弹出的下拉列表中选择“无填充颜色”选项，如图 10-130 所示。

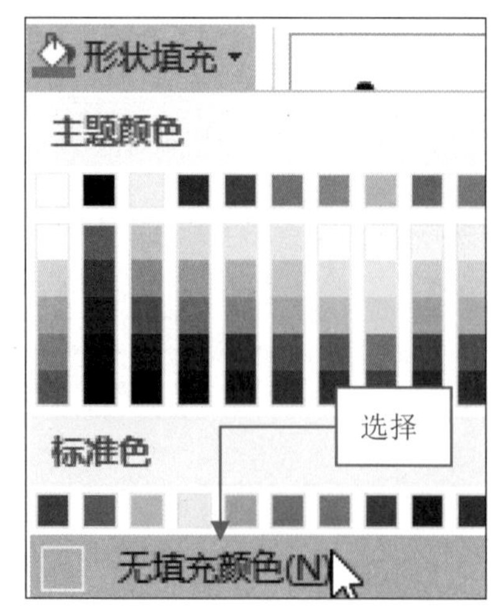

图 10-130 选择“无填充颜色”选项

27 单击“形状轮廓”按钮，在弹出的下拉列表中选择“无轮廓”选项，如图 10-131 所示。

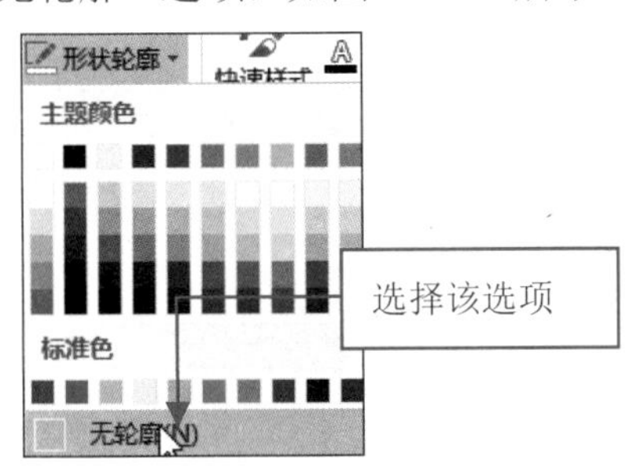

图 10-131　选择“无轮廓”选项

28 执行操作后，即可清除文本框的填充和轮廓效果，如图 10-132 所示。

图 10-132　清除填充和轮廓效果

10.3.2　添加文本

月刊主要是用于对公司的宣传，因而其中的内容理所当然要与公司的性质一致。添加文本内容的具体操作步骤如下：

1 切换至“布局”选项卡，单击“页面设置”选项组中的“分栏”按钮，在弹出的下拉列表中选择“两栏”选项，如图 10-133 所示。

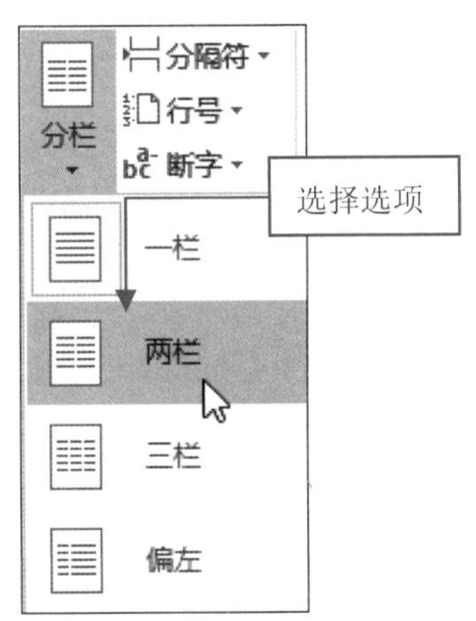

图 10-133　选择“两栏”选项

2 执行操作后，在文档编辑区中输入文本内容，如图 10-134 所示。

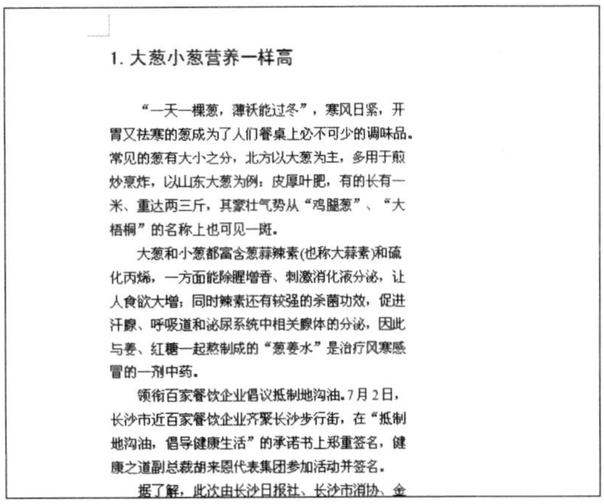

1. 大葱小葱营养一样高

“一天一棵葱，薄袄能过冬”，寒风日紧，开胃又祛寒的葱成为了人们餐桌上必不可少的调味品。常见的葱有大小之分，北方以大葱为主，多用于煎炒烹炸，以山东大葱为例：皮厚叶肥，有的长有一米、重达两三斤，其豪壮气势从“鸡腿葱”、“大梧桐”的名称上也可见一斑。

大葱和小葱都富含葱蒜辣素(也称大蒜素)和硫化丙烯，一方面能除腥增香、刺激消化液分泌，让人食欲大增；同时辣素还有较强的杀菌功效，促进汗腺、呼吸道和泌尿系统中相关腺体的分泌，因此与姜、红糖一起熬制成的“葱姜水”是治疗风寒感冒的一剂中药。

领衔百家餐饮企业倡议抵制地沟油。7 月 2 日，长沙市近百家餐饮企业齐聚长沙步行街，在“抵制地沟油，倡导健康生活”的承诺书上郑重签名，健康之道副总裁胡来恩代表集团参加活动并签名。

据了解，此次由长沙日报社、长沙市消协、金

图 10-134　输入文本内容

3 输入文本内容后，刊头的位置将随之改变，将主刊头的相关信息进行组合，如图 10-135 所示。

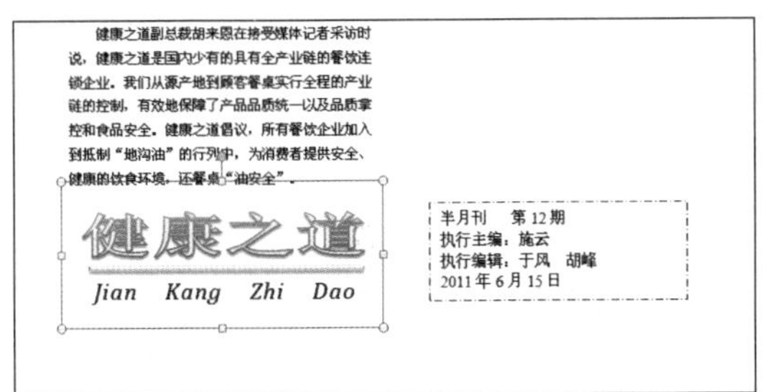

图 10-135　将刊头进行组合

4 在按住【Ctrl】键的同时，选中另一个刊头文本框，如图 10-136 所示。

图 10-136　选中文本框

5 切换至“布局”选项卡，单击“环绕文字”按钮，在弹出的列表框中选择“四周型”选项，如图10-137所示。

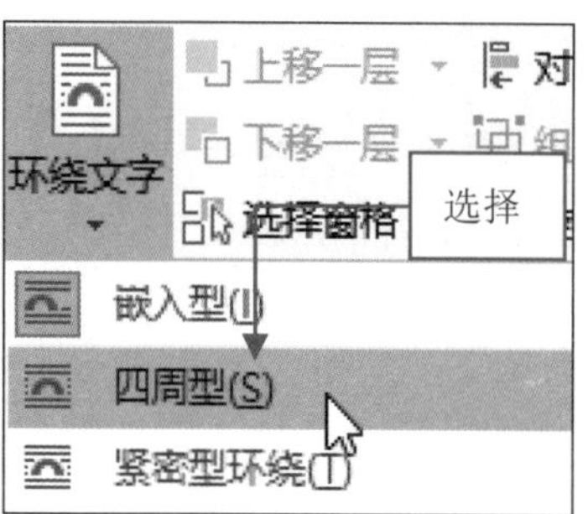

图10-137　选择“四周型”选项

6 执行操作后，将改变文本框的环绕方式，然后根据需要将刊头调整至合适位置，如图10-138所示。

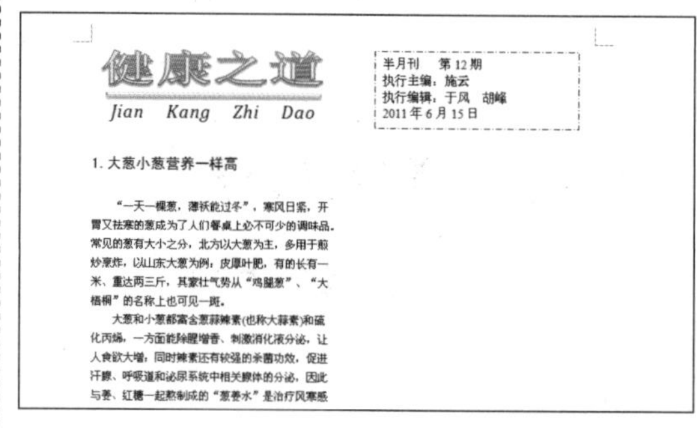

图10-138　调整刊头位置

7 绘制文本框并输入相应的文本内容，如图10-139所示。

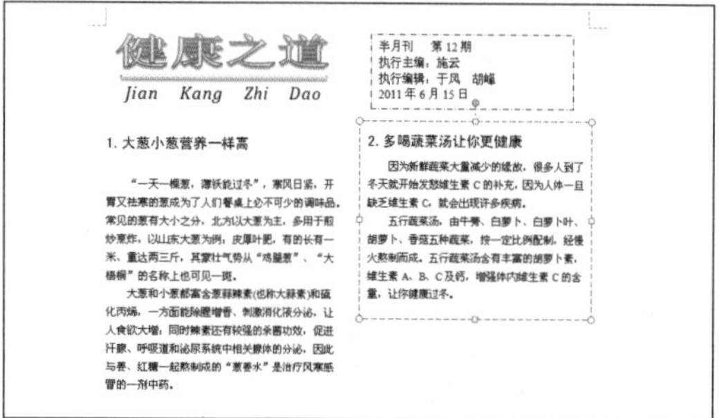

图10-139　输入文本

8 单击“环绕文字”按钮，在弹出的列表框中选择“四周型”选项，如图10-140所示。

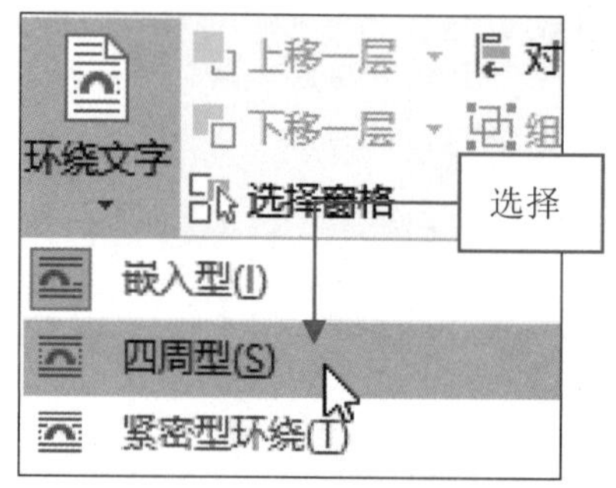

图10-140　选择“四周型”选项

9 改变环绕方式后，对文本框的位置和大小进行适当的调整，如图10-141所示。

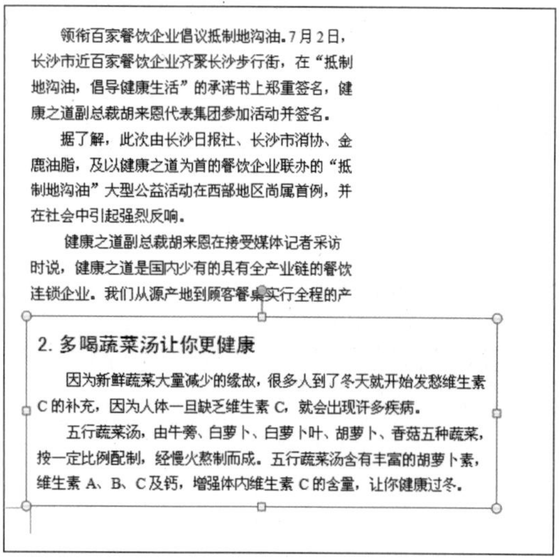

领衔百家餐饮企业倡议抵制地沟油。7月2日，长沙市近百家餐饮企业齐聚长沙步行街，在“抵制地沟油，倡导健康生活”的承诺书上郑重签名，健康之道副总裁胡来恩代表集团参加活动并签名。

据了解，此次由长沙日报社、长沙市消协、金鹿油脂，及以健康之道为首的餐饮企业联办的“抵制地沟油”大型公益活动在西部地区尚属首例，并在社会中引起强烈反响。

健康之道副总裁胡来恩在接受媒体记者采访时说，健康之道是国内少有的具有全产业链的餐饮连锁企业。我们从源产地到顾客餐桌实行全程的产

2. 多喝蔬菜汤让你更健康

因为新鲜蔬菜大量减少的缘故，很多人到了冬天就开始发愁维生素C的补充，因为人体一旦缺乏维生素C，就会出现许多疾病。

五行蔬菜汤，由牛蒡、白萝卜、白萝卜叶、胡萝卜、香菇五种蔬菜，按一定比例配制，经慢火熬制而成。五行蔬菜汤含有丰富的胡萝卜素，维生素A、B、C及钙，增强体内维生素C的含量，让你健康过冬。

图10-141　调整文本框

10 切换至“插入”选项卡，单击“文本”选项组中的“艺术字”按钮，选择一种艺术字样式，如图10-142所示。

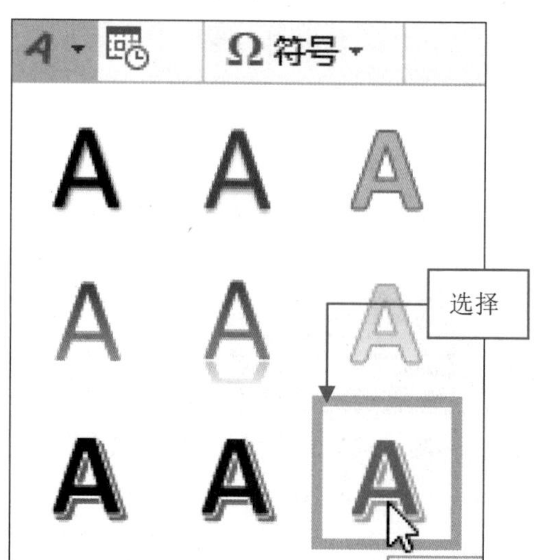

图10-142　选择艺术字样式

第10章

11 在插入的艺术字文本框中输入文本内容，并对文本的字体和字号进行调整，如图 10-143 所示。

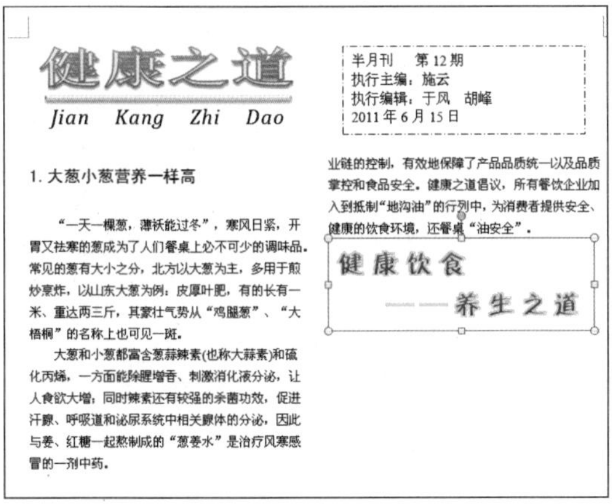

图 10-143　制作艺术字

12 设置艺术字的环绕方式为“四周型”，再将艺术字调整至合适位置，如图 10-144 所示。

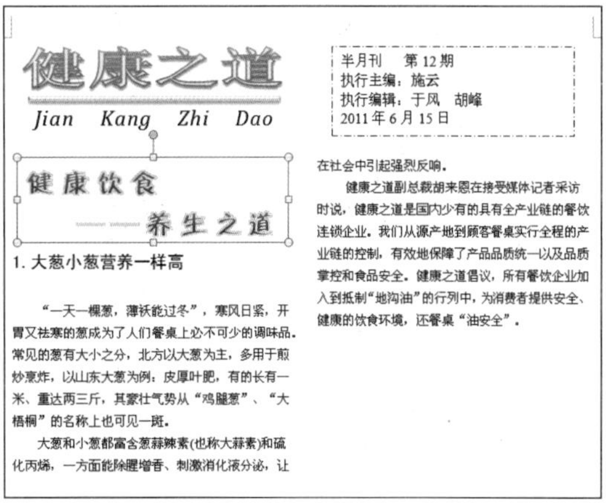

图 10-144　调整艺术字位置

13 将光标定位于文本“中药。”之后，如图 10-145 所示。

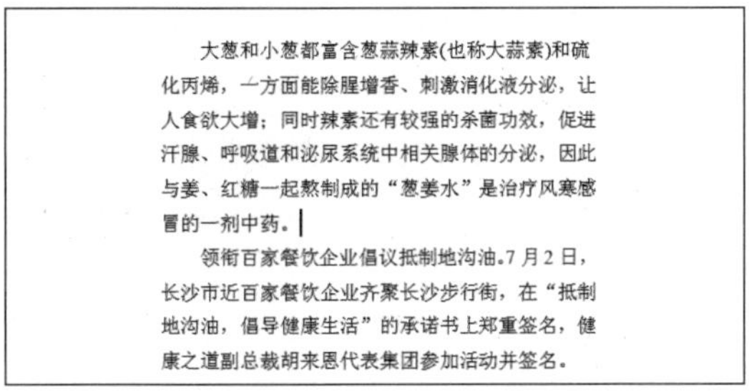

大葱和小葱都富含葱蒜辣素(也称大蒜素)和硫化丙烯，一方面能除腥增香、刺激消化液分泌，让人食欲大增；同时辣素还有较强的杀菌功效，促进汗腺、呼吸道和泌尿系统中相关腺体的分泌，因此与姜、红糖一起熬制成的“葱姜水”是治疗风寒感冒的一剂中药。

领衔百家餐饮企业倡议抵制地沟油。7 月 2 日，长沙市近百家餐饮企业齐聚长沙步行街，在“抵制地沟油，倡导健康生活”的承诺书上郑重签名，健康之道副总裁胡来恩代表集团参加活动并签名。

图 10-145　定位光标

14 单击“布局”选项卡下“页面设置”选项组中的“分隔符”按钮，在弹出的列表框中选择“分栏符”选项，如图 10-146 所示。

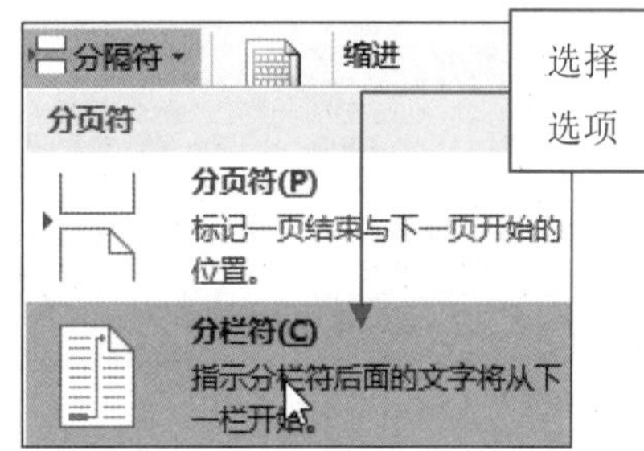

图 10-146　选择“分栏符”选项

15 执行操作后，光标之后的文本将被调至第 2 栏，如图 10-147 所示。

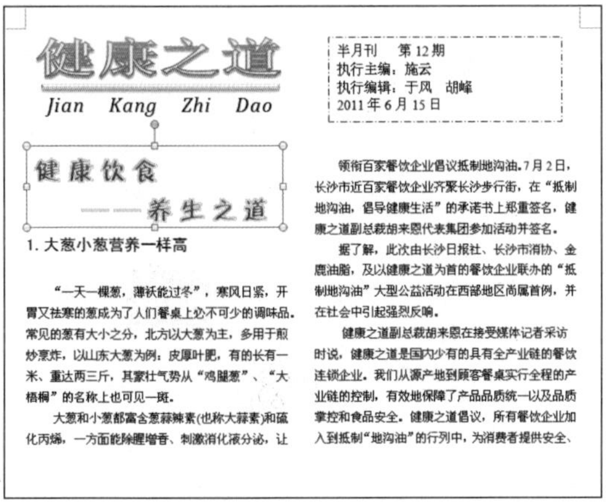

图 10-147　调整文本框

16 单击“分栏”按钮，在弹出的列表框中选择“更多栏”选项，如图 10-148 所示。

图 10-148　选择“更多分栏”选项

17 在弹出的“分栏”对话框中设置“间距”为 3 字符，如图 10-149 所示。

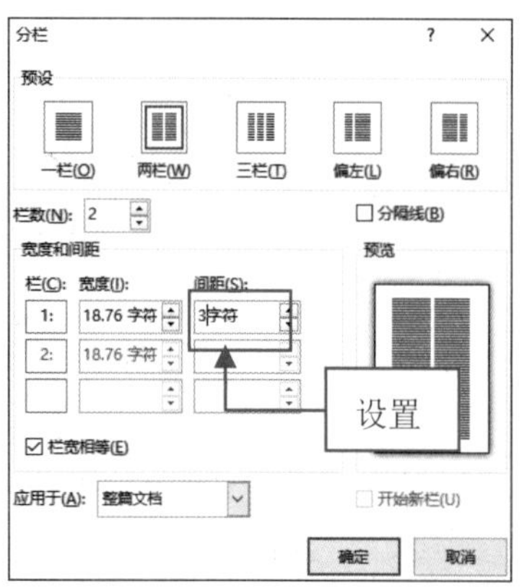

图 10-149 “分栏”对话框

18 单击“确定”按钮，即可调整两栏之间的间距，如图 10-150 所示。

健康之道
Jian Kang Zhi Dao
半月刊 第 12 期
执行主编：施云
执行编辑：于风 胡峰
2011 年 6 月 15 日
健康饮食
——养生之道
1. 大葱小葱营养一样高
“一天一棵葱，薄袄能过冬”，寒风日紧，开胃又祛寒的葱成为了人们餐桌上必不可少的调味品。常见的葱有大小之分，北方以大葱为主，多用于煎炒烹炸，以山东大葱为例：皮厚叶肥，有的长有一米、重达两三斤，其霸气势从“鸡腿葱”、“大梧桐”的名称上也可见一斑。
大葱和小葱都富含葱蒜辣素(也称大蒜素)和硫化丙烯，一方面能除腥增香、刺激消化液分泌，让人食欲大增；同时辣素还有较强的杀菌功效，
领衔百家餐饮企业倡议抵制地沟油。7 月 2 日，长沙市近百家餐饮企业齐聚长沙步行街，在“抵制地沟油，倡导健康生活”的承诺书上郑重签名，健康之道副总裁胡来恩代表集团参加活动并签名。
据了解，此次由长沙日报社、长沙市消协、金鹰油脂，及以健康之道为首的餐饮企业联办的“抵制地沟油”大型公益活动在西部地区尚属首例，并在社会中引起强烈反响。
健康之道副总裁胡来恩在接受媒体记者采访时说，健康之道是国内少有的具有全产业链的餐饮连锁企业。我们从源产地到顾客餐桌实行全程的产业链的控制，有效地保障了产品品质统一以及品质掌控和食品安全。健康之道倡议，所有餐饮企业加入到抵制“地沟油”的行列中，为消费者提供安全、健康的饮食环境，还餐桌“油安全”。

图 10-150 调整栏间距

19 绘制文本框并输入文本，然后调整文本的字体、字号和字体颜色，如图 10-151 所示。

健康饮食
——养生之道
1. 大葱小葱营养一样高
“一天一棵葱，薄袄能过冬”，寒风日紧，开胃又祛寒的葱成为了人们餐桌上必不可少的调味品。常见的葱有大小之分，北方以大葱为主，多用于煎炒烹炸，以山东大葱为例：皮厚叶肥，有的长有一米、重达两三斤，其霸气势从“鸡腿葱”、“大梧桐”的名称上也可见一斑。
大葱和小葱都富含葱蒜辣素(也称大蒜素)和硫化丙烯，一方面能除腥增香、刺激消化液分泌，让人食欲大增；同时辣素还有较强的杀菌功效，
促进汗腺、呼吸道和泌尿系统中相关腺体的分泌，因此与姜、红糖一起熬制成的“葱姜水”是治疗风寒感冒的一剂中药。
领衔百家餐饮企业倡议抵制地沟油。7 月 2 日，长沙市近百家餐饮企业齐聚长沙步行街，在“抵制地沟油，倡导健康生活”的承诺书上郑重签名，健康之道副总裁胡来恩代表集团参加活动并签名。
据了解，此次由长沙日报社、长沙市消协、金鹰油脂，及以健康之道为首的餐饮企业联办的“抵制地沟油”大型公益活动在西部地区尚属首例，并在社会中引起强烈反响。
健康之道副总裁胡来恩在接受媒体记者采访时说，健康之道是国内少有的具有全产业链的餐饮连锁企业。我们从源产地到顾客餐桌实行全程的产业链的控制，有效地保障了产品品质统一以及品质掌控和食品安全。健康之道倡议，所有餐饮企业加入到抵制“地沟油”的行列中，为消费者提供安全、健康的饮食环境，还餐桌“油安全”。
百家餐饮企业抵制地沟油

图 10-151 输入文本

20 设置文本框的环绕方式为“四周型”，然后将其调整至合适位置，如图 10-152 所示。

健康之道
Jian Kang Zhi Dao
半月刊 第 12 期
执行主编：施云
执行编辑：于风 胡峰
2011 年 6 月 15 日
百家餐饮企业抵制地沟油
健康饮食
——养生之道
1. 大葱小葱营养一样高

图 10-152 调整文本框

10.3.3 添加图片

根据文字内容添加一些图片，可以增强月刊的阅读性。添加图片的具体操作步骤如下：

1 切换至“插入”选项卡，单击“插图”选项组中的“图片”按钮，如图 10-153 所示。

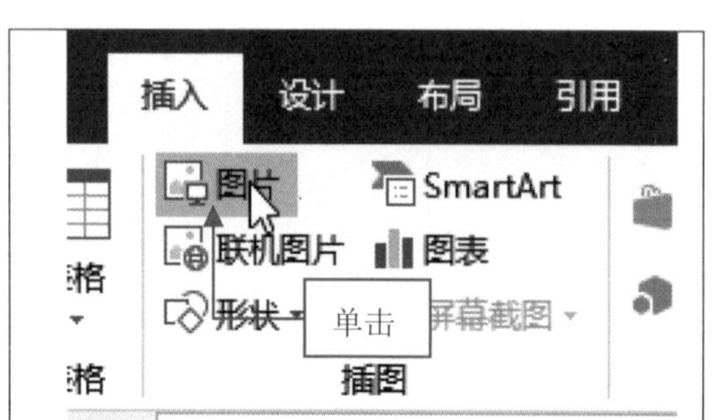

图 10-153 单击“图片”按钮

2 弹出“插入图片”对话框，选择需要插入的图片，如图 10-154 所示。

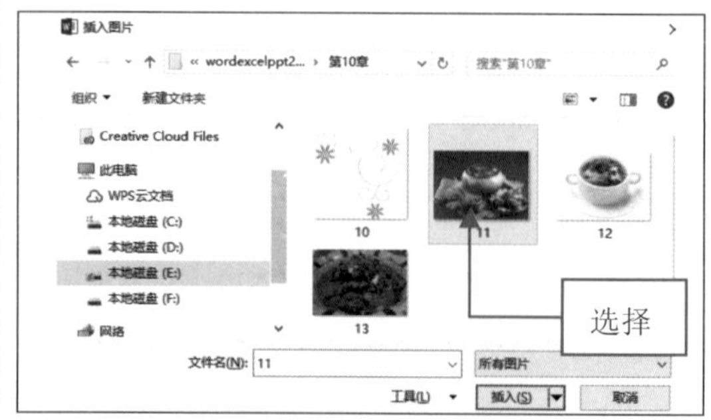

图 10-154 选择图片

3 单击“插入”按钮，即可将图片插入到文档编辑区中，如图 10-155 所示。

图 10-155　插入图片

4 单击“文字环绕”按钮，在弹出的列表框中选择“四周型”选项，如图 10-156 所示。

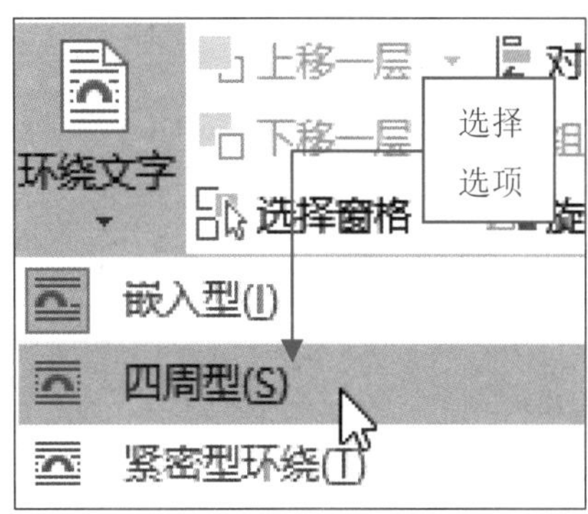

图 10-156　选择“四周型”选项

5 改变图片的环绕方式后，调整图片的位置，如图 10-157 所示。

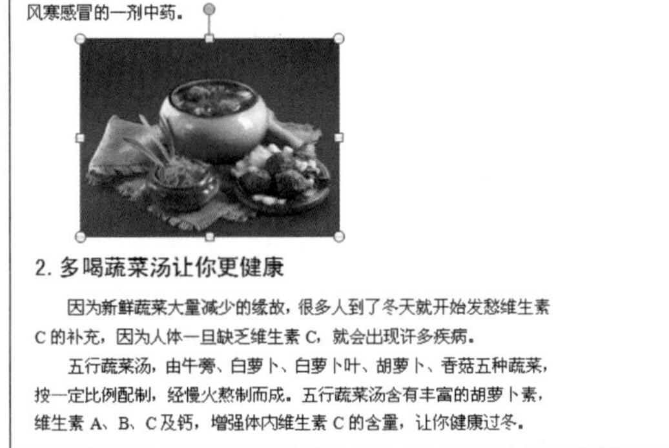

图 10-157　调整图片位置

6 切换至“插入”选项卡，单击“图片”按钮，弹出“插入图片”对话框，在按住【Ctrl】键的同时，选择两张图片，如图 10-158 所示。

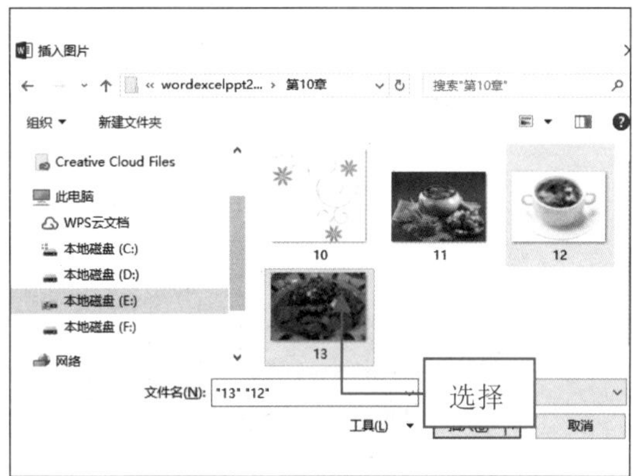

图 10-158　选择图片

7 单击“插入”按钮，将图片插入到文档编辑区中，如图 10-159 所示。

图 10-159　插入图片

8 设置两张图片的环绕方式均为“四周型”，然后调整第一张图片的位置，如图 10-160 所示。

图 10-160　调整图片位置

第 10 章

⑨ 调整另一张图片的位置，并按住【Shift+Ctrl】组合键，等比例放大图片，如图 10-161 所示。

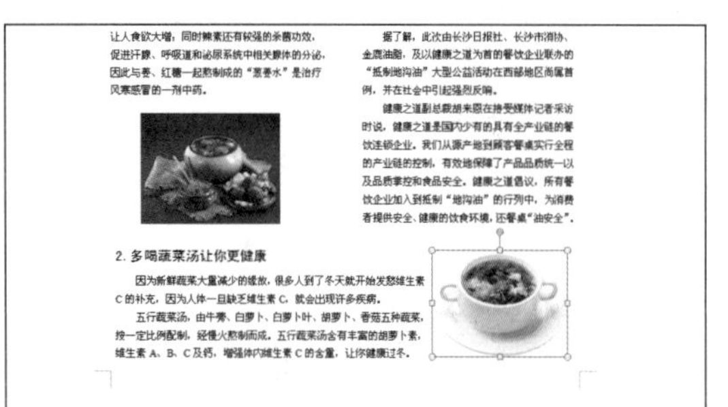

让人食欲大增；同时辣素还有较强的杀菌功效，促进汗腺、呼吸道和泌尿系统中相关腺体的分泌，因此与姜、红糖一起熬制成的“葱姜水”是治疗风寒感冒的一剂中药。

据了解，此次由长沙日报社、长沙市消协、金鹿油脂，及以健康之道为首的餐饮企业联办的“抵制地沟油”大型公益活动在西部地区尚属首例，并在社会中引起强烈反响。

健康之道副总裁胡来恩在接受媒体记者采访时说，健康之道是国内少有的具有全产业链的餐饮连锁企业。我们从源产地到顾客餐桌实行全程的产业链的控制，有效地保障了产品品质统一以及品质掌控和食品安全。健康之道倡议，所有餐饮企业加入到抵制“地沟油”的行列中，为消费者提供安全、健康的饮食环境，还餐桌“油安全”。

2. 多喝蔬菜汤让你更健康

因为新鲜蔬菜大量减少的缘故，很多人到了冬天就开始发愁维生素 C 的补充，因为人体一旦缺乏维生素 C，就会出现许多疾病。

五行蔬菜汤，由牛蒡、白萝卜、白萝卜叶、胡萝卜、香菇五种蔬菜，按一定比例配制，经慢火熬制而成。五行蔬菜汤含有丰富的胡萝卜素，维生素 A、B、C 及钙，增强体内维生素 C 的含量，让你健康过冬。

图 10-161 调整图片的大小和位置

⑩ 切换至“插入”选项卡，单击“插图”选项组中的“形状”按钮，在弹出的下拉列表中单击“直线”图标，如图 10-162 所示。

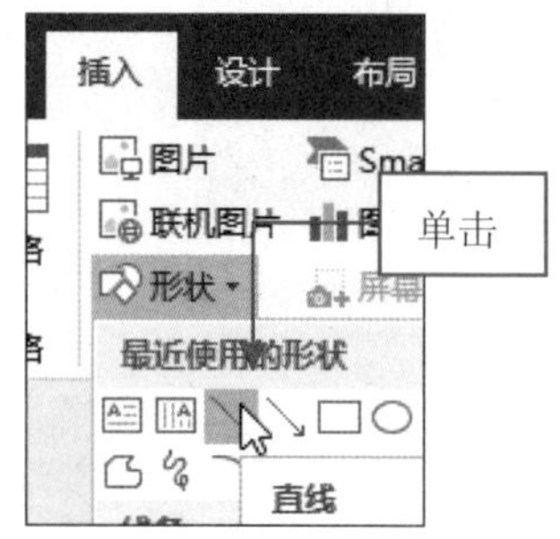

图 10-162 单击“直线”图标

⑪ 在按住【Shift】键的同时，在两栏之间绘制一条直线段，如图 10-163 所示。

健康饮食
——养生之道

1. 大葱小葱营养一样高

“一天一棵葱，薄衣能过冬”，寒风日紧，开胃又祛寒的葱成为了人们餐桌上必不可少的调味品。常见的葱有大小之分，北方以大葱为主，多用于煎炒烹炸，以山东大葱为例，皮厚叶肥，有的长有一米、重达两三斤，其豪壮气势从“鸡腿葱”、“大梧桐”的名称上也可见一斑。

大葱和小葱都富含葱蒜辣素(也称大蒜素)和硫化丙烯，一方面能除腥增香、刺激消化液分泌，让人食欲大增；同时辣素还有较强的杀菌功效，促进汗腺、呼吸道和泌尿系统中相关腺体的分泌，因此与姜、红糖一起熬制成的“葱姜水”是治疗风寒感冒的一剂中药。

百家餐饮企业抵制地沟油

领衔百家餐饮企业倡议抵制地沟油。7 月 2 日，长沙市近百家餐饮企业齐聚长沙步行街，在“抵制地沟油，倡导健康生活”的承诺书上郑重签名，健康之道副总裁胡来恩代表集团参加活动并签名。

据了解，此次由长沙日报社、长沙市消协、金鹿油脂，及以健康之道为首的餐饮企业联办的“抵制地沟油”大型公益活动在西部地区尚属首例，并在社会中引起强烈反响。

健康之道副总裁胡来恩在接受媒体记者采访时说，健康之道是国内少有的具有全产业链的餐饮连锁企业。我们从源产地到顾客餐桌实行全程的产业链的控制，有效地保障了产品品质统一以及品质掌控和食品安全。健康之道倡议，所有餐饮企业加入到抵制“地沟油”的行列中，为消费者提供安全、健康的饮食环境，还餐桌“油安全”。

图 10-163 绘制直线

⑫ 单击“绘图工具”|“格式”|“形状轮廓”按钮，在弹出的下拉列表中设置直线颜色及样式，如图 10-164 所示。

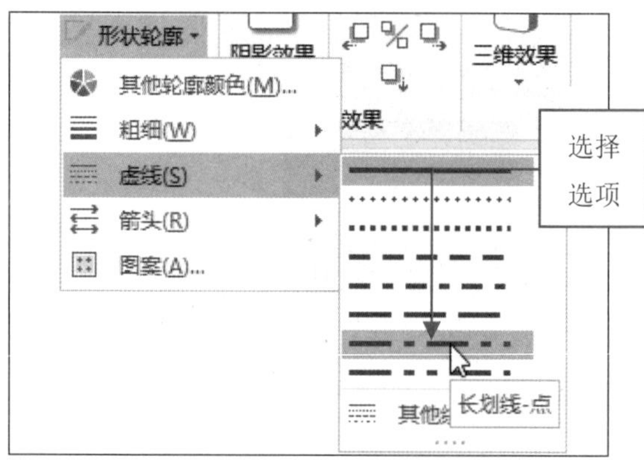

图 10-164 设置直线样式

⑬ 执行操作后，直线段的形状样式将发生相应的改变，如图 10-165 所示。

健康饮食
——养生之道

1. 大葱小葱营养一样高

“一天一棵葱，薄衣能过冬”，寒风日紧，开胃又祛寒的葱成为了人们餐桌上必不可少的调味品。常见的葱有大小之分，北方以大葱为主，多用于煎炒烹炸，以山东大葱为例，皮厚叶肥，有的长有一米、重达两三斤，其豪壮气势从“鸡腿葱”、“大梧桐”的名称上也可见一斑。

大葱和小葱都富含葱蒜辣素(也称大蒜素)和硫化丙烯，一方面能除腥增香、刺激消化液分泌，让人食欲大增；同时辣素还有较强的杀菌功效，促进汗腺、呼吸道和泌尿系统中相关腺体的分泌，因此与姜、红糖一起熬制成的“葱姜水”是治疗风寒感冒的一剂中药。

百家餐饮企业抵制地沟油

领衔百家餐饮企业倡议抵制地沟油。7 月 2 日，长沙市近百家餐饮企业齐聚长沙步行街，在“抵制地沟油，倡导健康生活”的承诺书上郑重签名，健康之道副总裁胡来恩代表集团参加活动并签名。

据了解，此次由长沙日报社、长沙市消协、金鹿油脂，及以健康之道为首的餐饮企业联办的“抵制地沟油”大型公益活动在西部地区尚属首例，并在社会中引起强烈反响。

健康之道副总裁胡来恩在接受媒体记者采访时说，健康之道是国内少有的具有全产业链的餐饮连锁企业。我们从源产地到顾客餐桌实行全程的产业链的控制，有效地保障了产品品质统一以及品质掌控和食品安全。健康之道倡议，所有餐饮企业加入到抵制“地沟油”的行列中，为消费者提供安全、健康的饮食环境，还餐桌“油安全”。

图 10-165 改变形状样式

⑭ 单击“文件”|“打印”命令，预览月刊的打印效果，如图 10-166 所示。

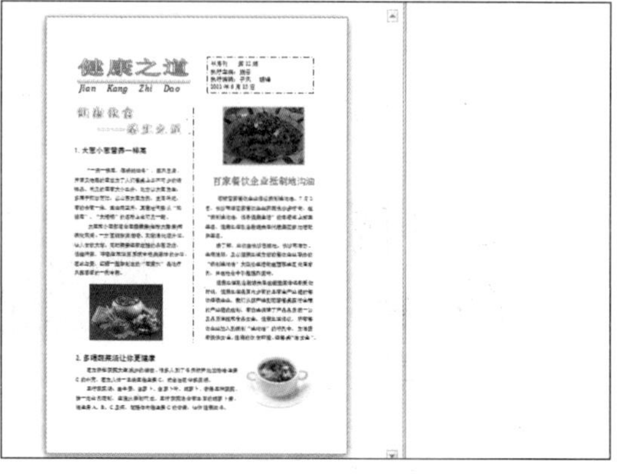

健康之道
Jian Kang Zhi Dao

健康饮食
——养生之道

1. 大葱小葱营养一样高

百家餐饮企业抵制地沟油

2. 多喝蔬菜汤让你更健康

图 10-166 预览打印效果

第 11 章

书报排版案例实战

Word 2016 的排版功能十分强大，对于制作书籍封面、报纸排版或调查问卷等不同版式的设计作品，使用 Word 2016 会非常简单、快捷。本章将主要介绍怎样使用 Word 2016 制作书报排版。

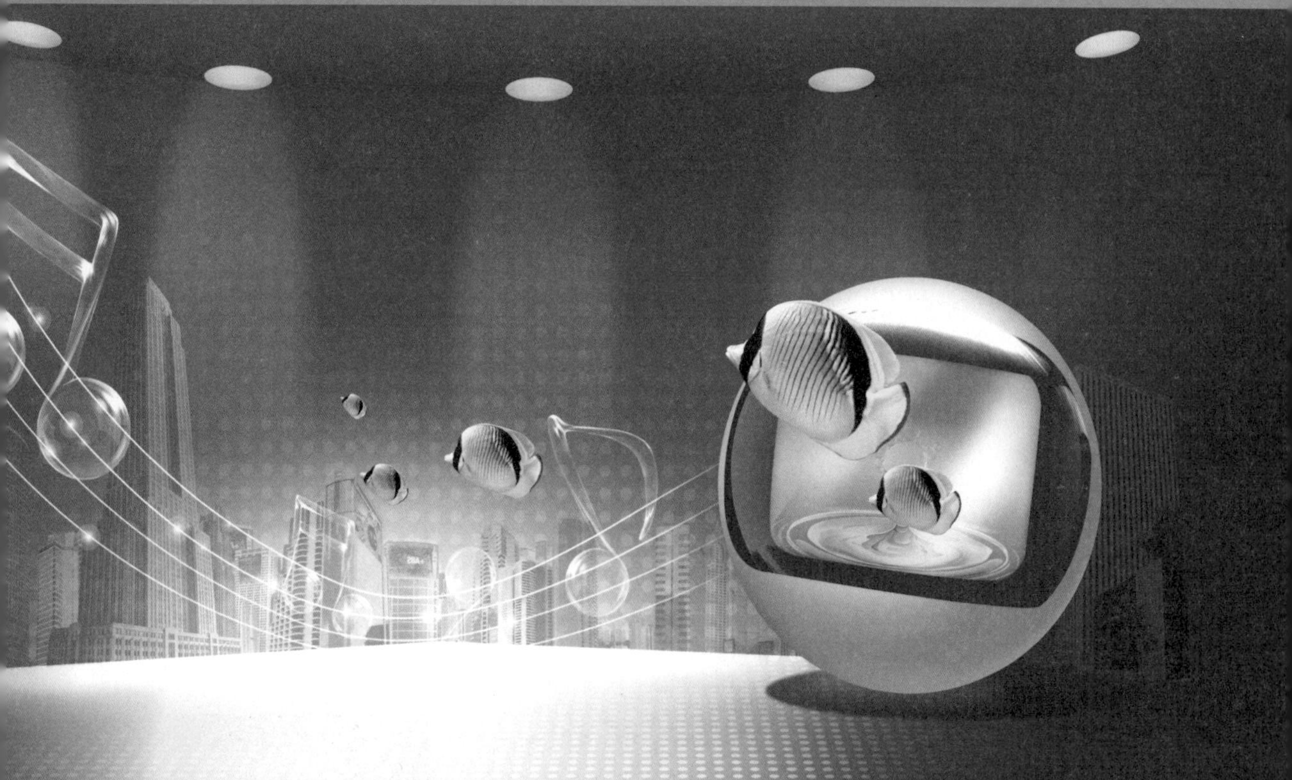

11.1 制作书籍封面

书籍封面相当于书籍的外貌，一个好的外表可以体现并提高书籍的价值，也可以吸引消费者的注意力。

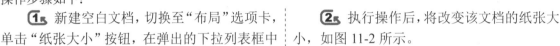

扫码观看本节视频

11.1.1 制作版式

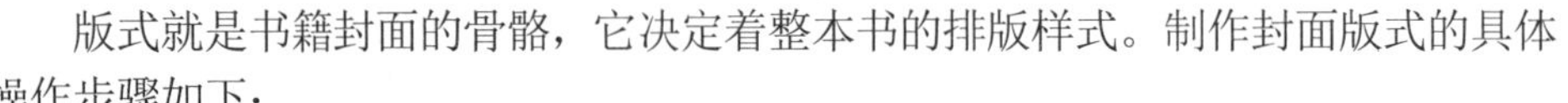

版式就是书籍封面的骨骼，它决定着整本书的排版样式。制作封面版式的具体操作步骤如下：

1 新建空白文档，切换至“布局”选项卡，单击“纸张大小”按钮，在弹出的下拉列表框中选择“16 开”选项，如图 11-1 所示。

图 11-1 选择“16 开”选项

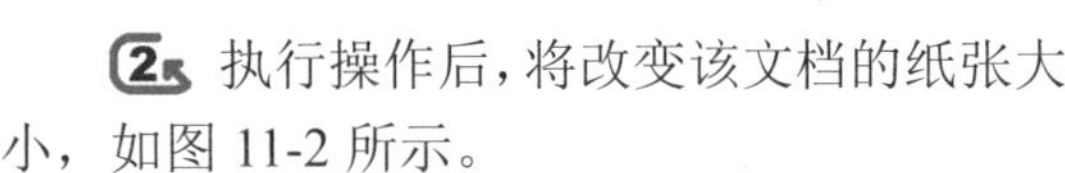

2 执行操作后，将改变该文档的纸张大小，如图 11-2 所示。

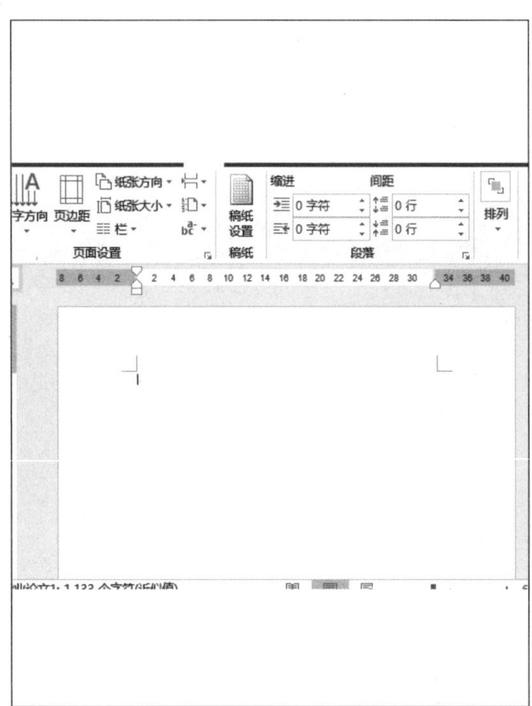

图 11-2 改变纸张大小

3 切换至“插入”选项卡，单击“形状”按钮，在弹出的下拉列表中单击“矩形”按钮，如图 11-3 所示。

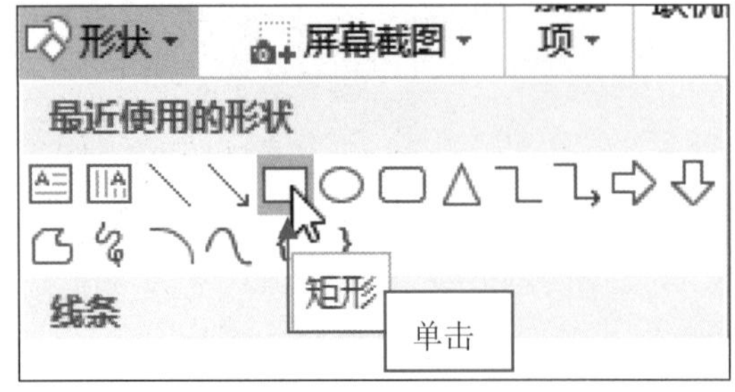

图 11-3 单击“矩形”图标

4 在文档编辑窗口中绘制一个矩形，如图 11-4 所示。

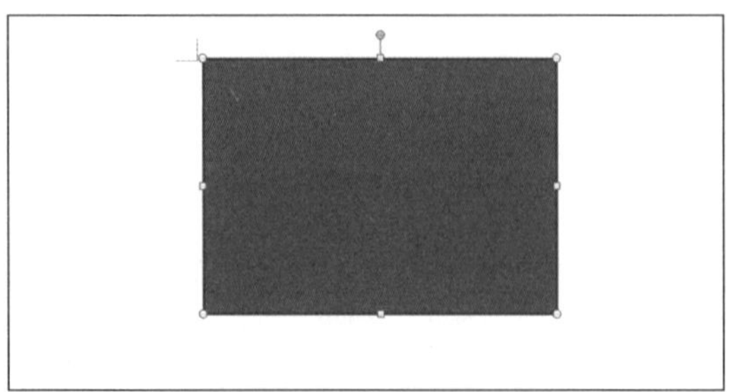

图 11-4 绘制矩形

5 设置矩形的“形状填充”和“形状轮廓”均为浅蓝，如图 11-5 所示。

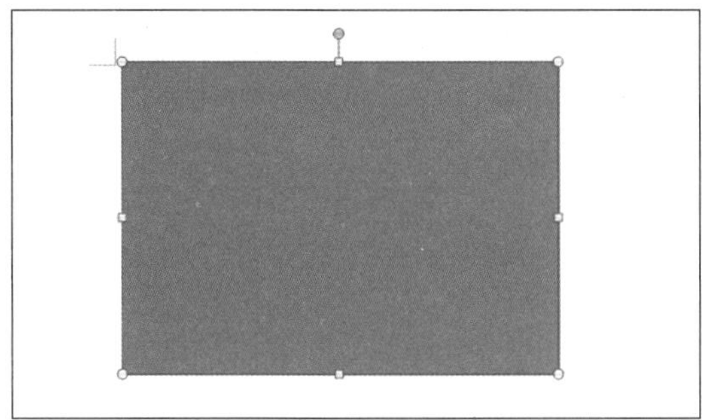

图 11-5　改变矩形颜色

6 设置矩形图形的环绕方式为“衬于文字下方”，将矩形调至与纸张同等大小，如图 11-6 所示。

图 11-6　调整矩形大小

7 单击“插入”|“形状”按钮，在弹出的下拉列表中单击“半闭框”图标，如图 11-7 所示。

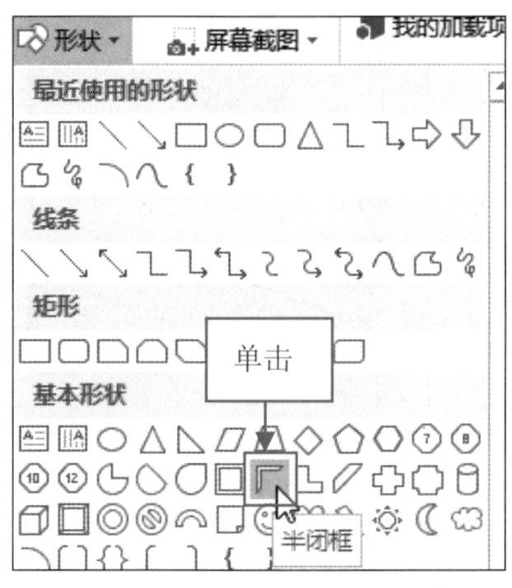

图 11-7　单击“半闭框”图标

8 在按住【Shift】键的同时，在文档左上角绘制一个半闭框图形，如图 11-8 所示。

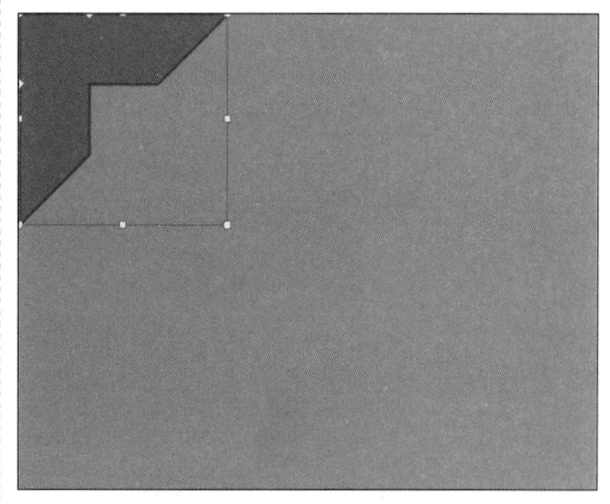

图 11-8　绘制半闭框图形

9 单击“插入”|“图片”按钮，在弹出的对话框中选择需要插入的图片，如图 11-9 所示。

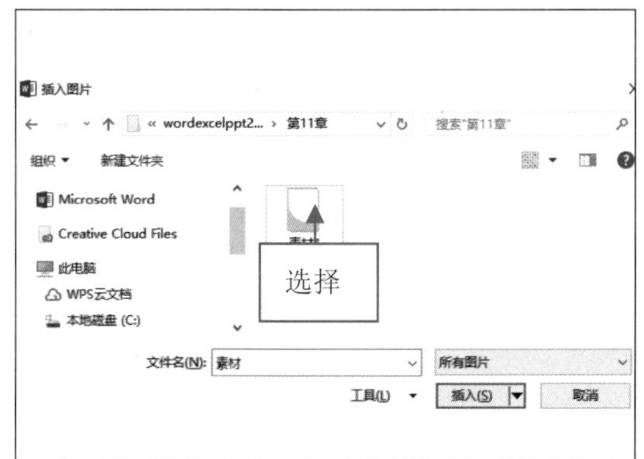

图 11-9　选择图片

10 单击“插入”按钮，插入图片，如图 11-10 所示。

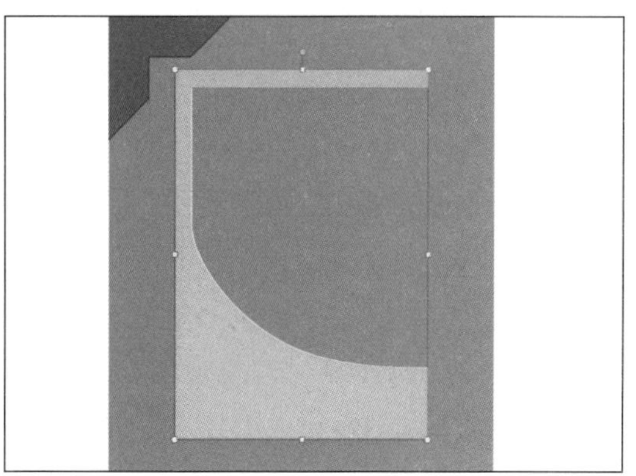

图 11-10　插入图片

11 设置图片的环绕方式为“衬于文字上方”，并适当地调整图片大小，如图 11-11 所示。

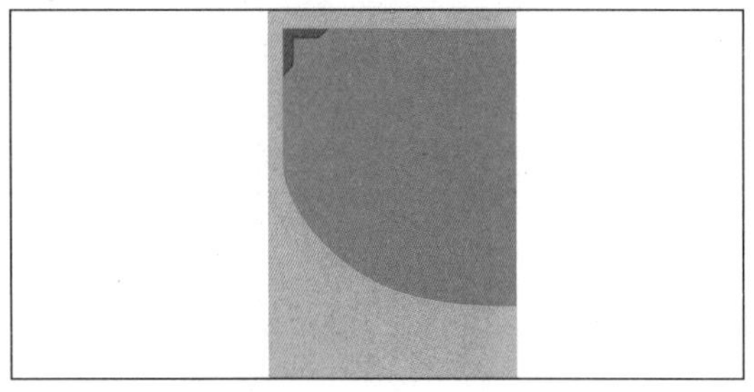

图 11-11 调整图片大小

12 切换至“图片工具”|“格式”选项卡，单击“调整”选项组中的“艺术效果”按钮，如图 11-12 所示。

图 11-12 单击“艺术效果”按钮

13 在弹出的下拉列表中选择“艺术效果选项”选项，如图 11-13 所示。

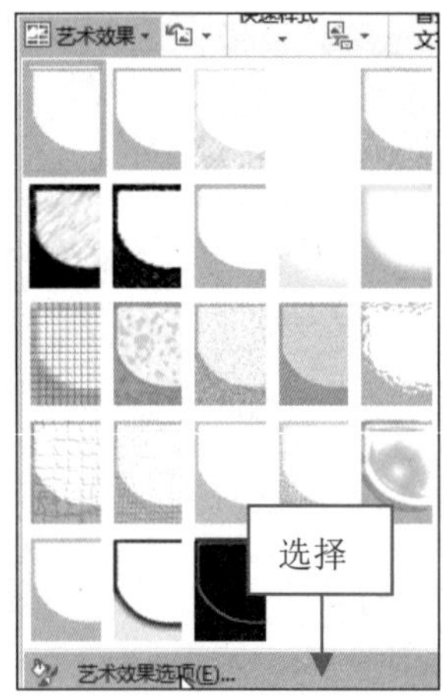

图 11-13 选择“艺术效果选项”选项

14 弹出“设置图片格式”窗格，切换到“效果”选项卡，单击“艺术效果”右侧的下三角按钮，在弹出的列表中选择“线条图”选项，如图 11-14 所示。

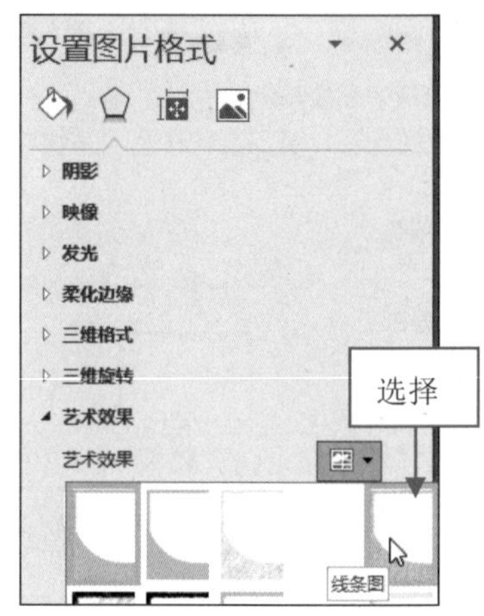

图 11-14 选择“线条图”选项

15 设置“透明度”为 86%、“铅笔大小”为 0，如图 11-15 所示。

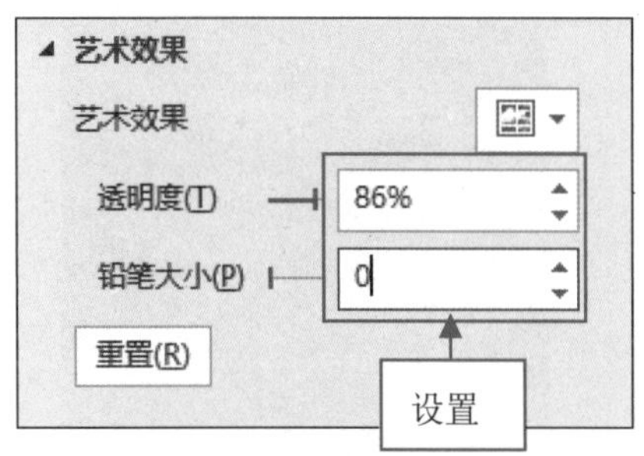

图 11-15 设置各选项

16 单击“关闭”按钮，即可为图片添加艺术效果，如图 11-16 所示。

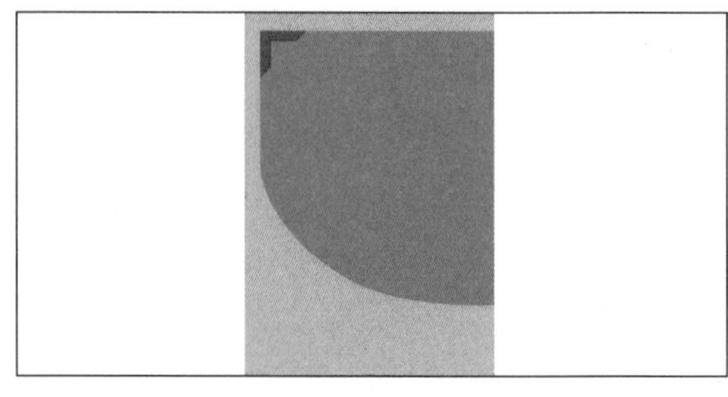

图 11-16 添加艺术效果

11.1.2 添加图形

添加图形的操作主要是绘制图形和插入图形。添加图形的具体操作步骤如下：

1 单击“形状”按钮，在弹出的下拉列表框中单击“剪去对角的矩形”图标，如图 1-17 所示。

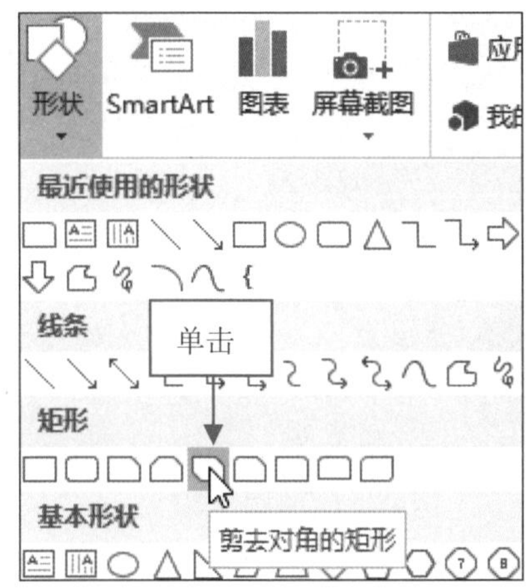

图 11-17　单击“剪去对角的矩形”图标

2 在文档编辑区中绘制一个大小合适的矩形，如图 11-18 所示。

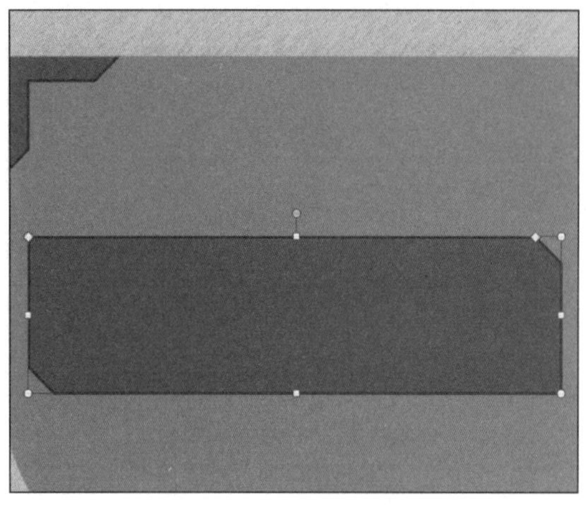

图 11-18　绘制矩形

3 切换至“绘图工具”|“格式”选项卡，设置“形状填充”为橙色、“形状轮廓”为“无轮廓”“形状效果”为“棱台”选项区中的“圆”，效果如图 11-19 所示。

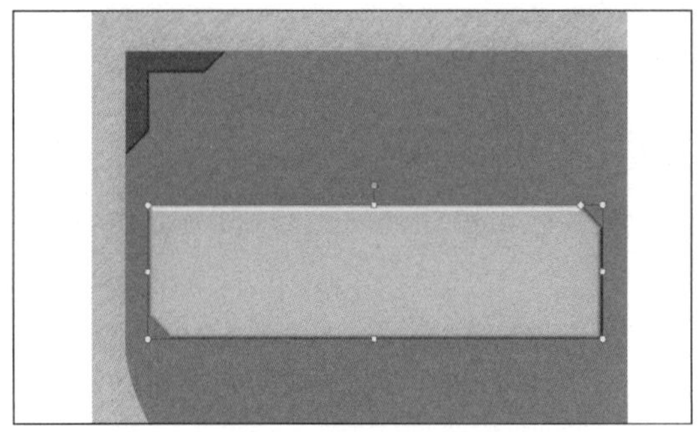

图 11-19　设置形状样式

4 将鼠标指针移至矩形右上角的控制点上，按住鼠标左键并拖曳，调整图形的形状，如图 11-20 所示。

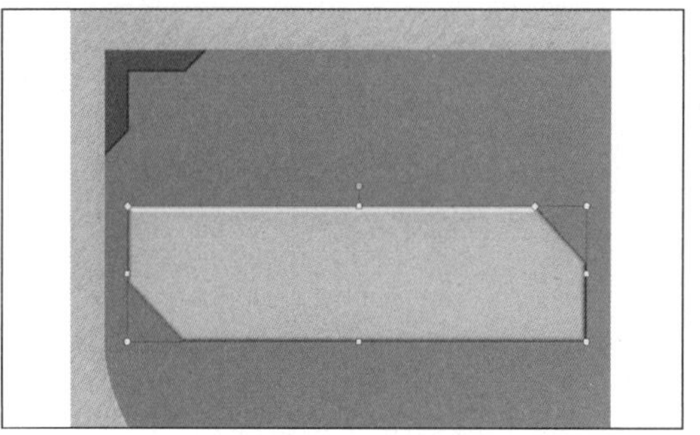

图 11-20　调整图形形状

5 在文档编辑区中绘制一个正圆形，如图 11-21 所示。

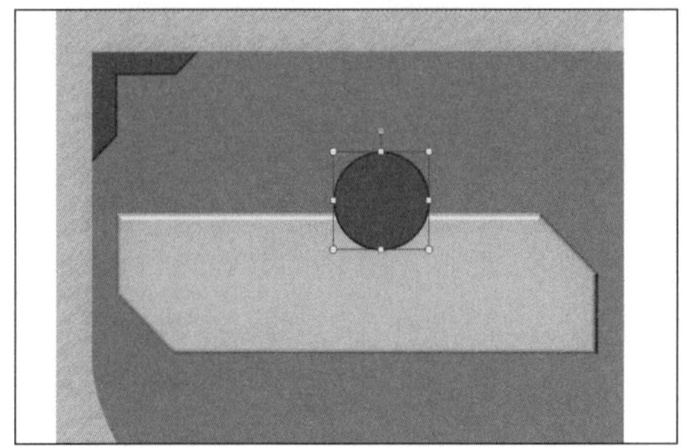

图 11-21　绘制正圆形

6 在“形状样式”选项组中选择一种形状样式，如图 11-22 所示。

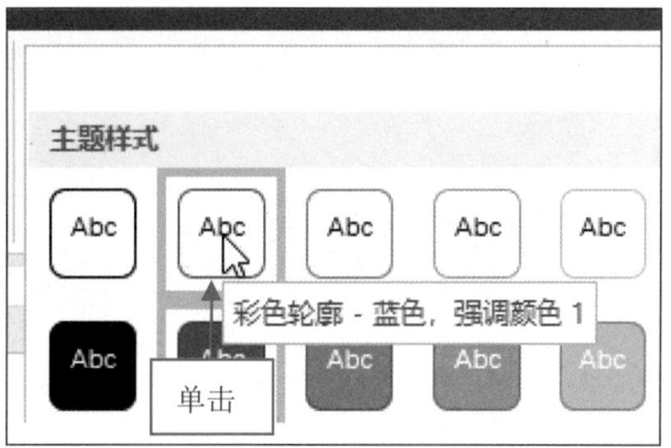

图 11-22　选择形状样式

7 执行操作后，将改变图形的形状样式，如图11-23所示。

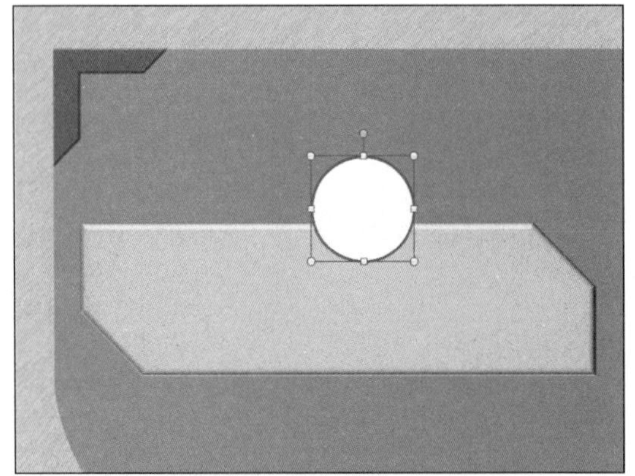

图11-23 改变形状样式

8 复制正圆形两次，并调整各图形的位置，如图11-24所示。

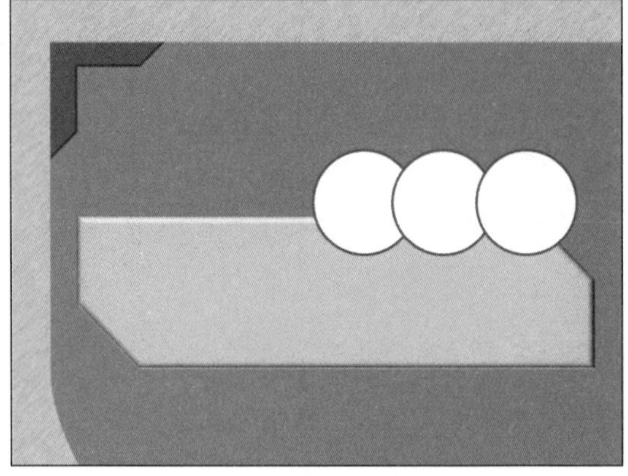

图11-24 复制并调整图形

9 在文档编辑区中绘制一个正圆角矩形，取消轮廓线并填充黄色、橙色、橙红、红色的渐变色，如图11-25所示。

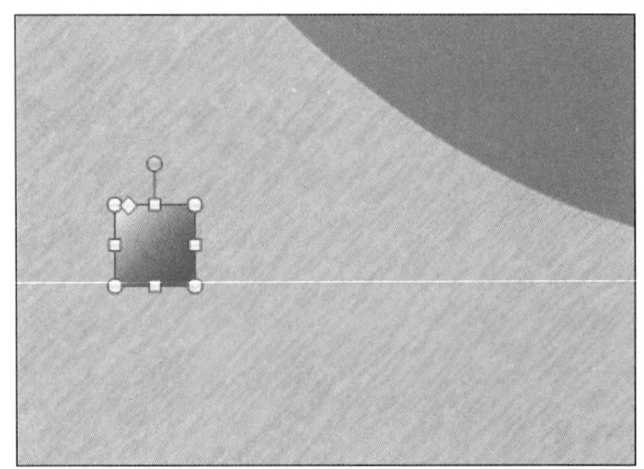

图11-25 填充渐变色

10 切换至“绘图工具”|“格式”选项卡，设置图形的阴影为“偏移：右下”“棱台”为“圆”，改变形状效果，如图11-26所示。

图11-26 改变形状效果

11 复制圆角矩形图形3次，并将其调整至合适位置，如图11-27所示。

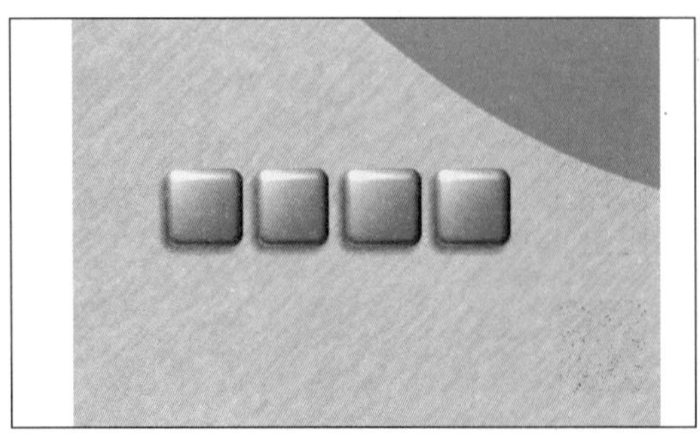

图11-27 复制并调整图形

12 切换至“插入”选项卡，单击“SmartArt图形”按钮，在弹出的“选择 SmartArt 图形”对话框中选择一种 SmartArt 图形，如图11-28所示。

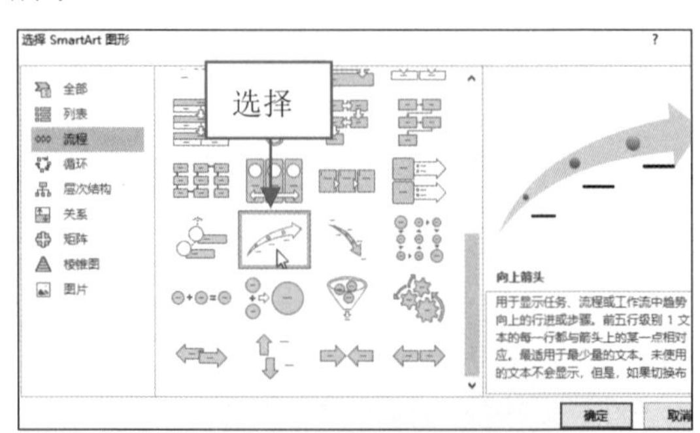

图11-28 选择 SmartArt 图形

13 单击“确定”按钮，插入图形，设置图形的环绕方式为“浮于文字上方”，然后调整图形的大小和位置，如图 11-29 所示。

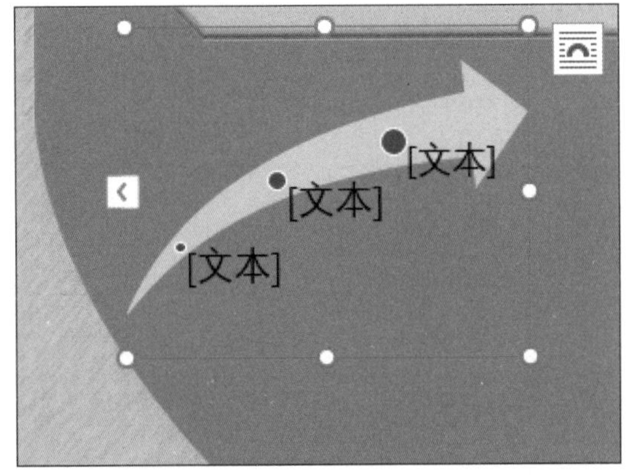

图 11-29　调整大小和位置

14 利用 SmartArt 工具的“设计”和“格式”选项卡改变图形的颜色和样式，如图 11-30 所示。

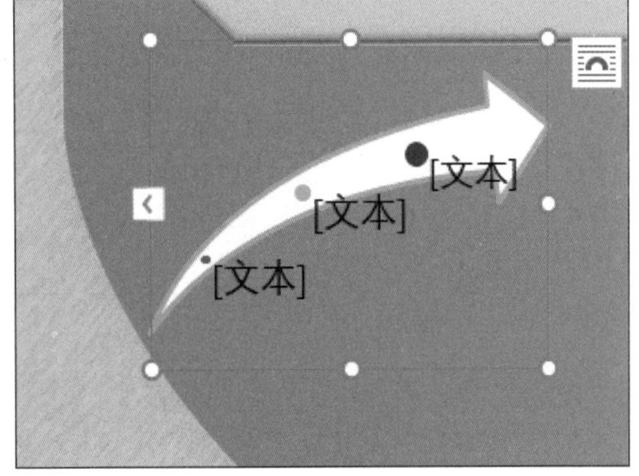

图 11-30　改变颜色和样式

15 切换至“插入”选项卡，单击“图片”按钮，在弹出的对话框中选择需要插入的图形，如图 11-31 所示。

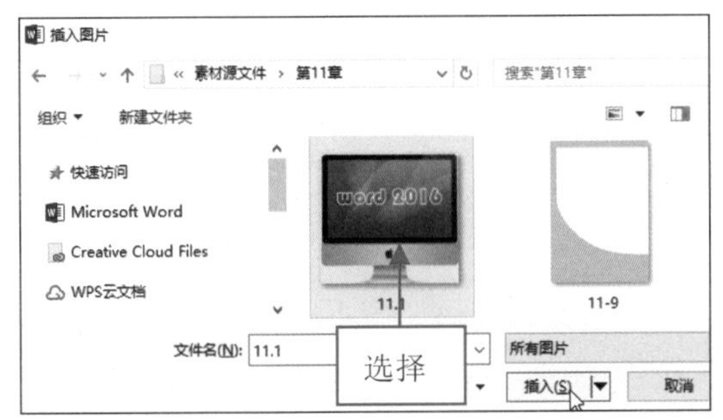

图 11-31　“插入图片”对话框

16 单击“插入”按钮，插入图形，设置图形的环绕方式为“浮于文字上方”，然后调整图形的大小和位置，如图 11-32 所示。

图 11-32　调整图形

11.1.3　添加文本

在封面中，书籍的书名、出版社名称以及书籍特色等文本信息都是非常重要且必须体现的。添加文本的具体操作步骤如下：

1 在文档编辑区中绘制文本框，然后输入文本内容，如图 11-33 所示。

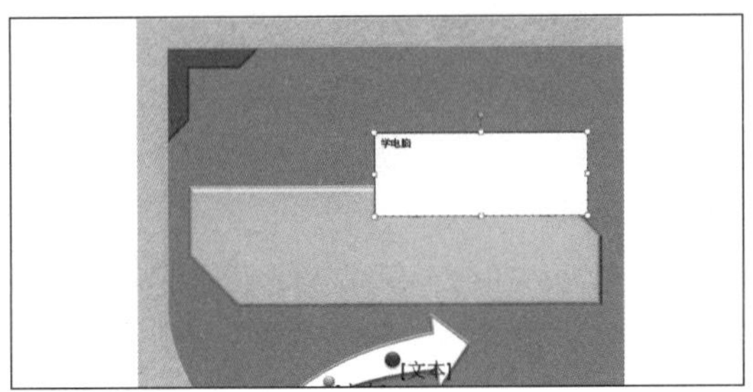

图 11-33　输入文本

2 切换至“开始”选项卡，在“字体”选项组中设置字体格式，如图 11-34 所示。

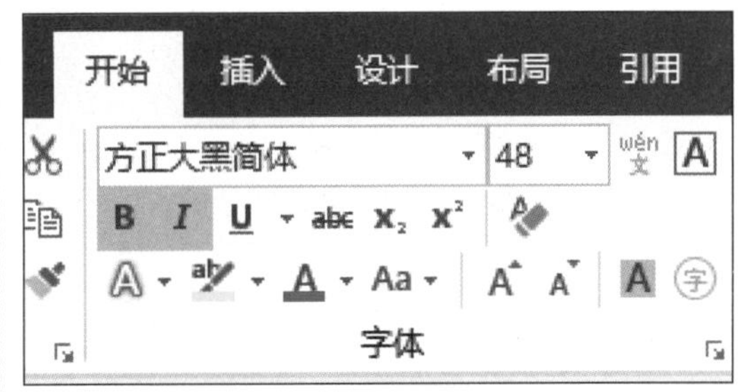

图 11-34　设置字体格式

3 改变字体格式后，在每个文字之间添加一个空格键，调整文字距离，如图 11-35 所示。

图 11-35　调整字距

4 切换至“绘图工具”|“格式”选项卡，在“艺术字样式”选项组中设置填充和轮廓线，如图 11-36 所示。

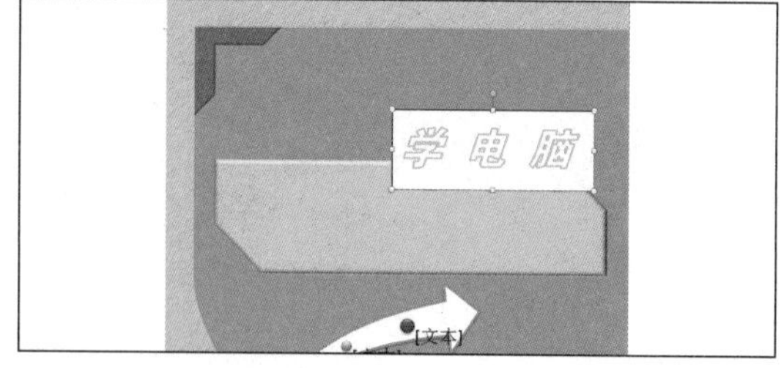

图 11-36　改变填充和轮廓线

5 在“形状样式”选项组中设置文本框的“形状填充”和“形状轮廓”分别为“无填充颜色”和“无轮廓”，改变文本框的样式，如图 11-37 所示。

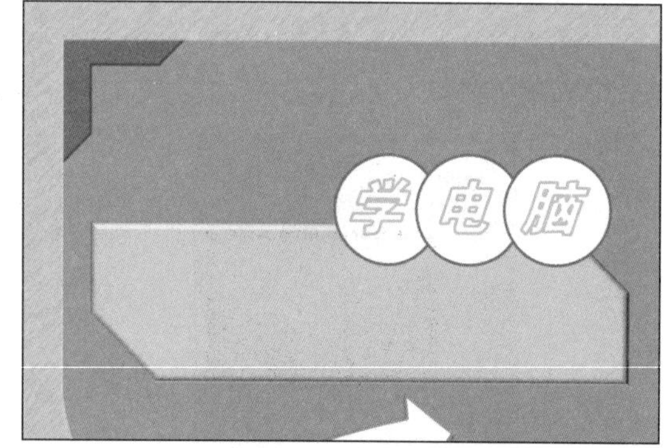

图 11-37　取消形状填充

6 选中文字，单击“艺术字样式”右下角的对话框启动器按钮，弹出“设置形状格式”窗格，设置“阴影”选项的各参数，如图 11-38 所示。

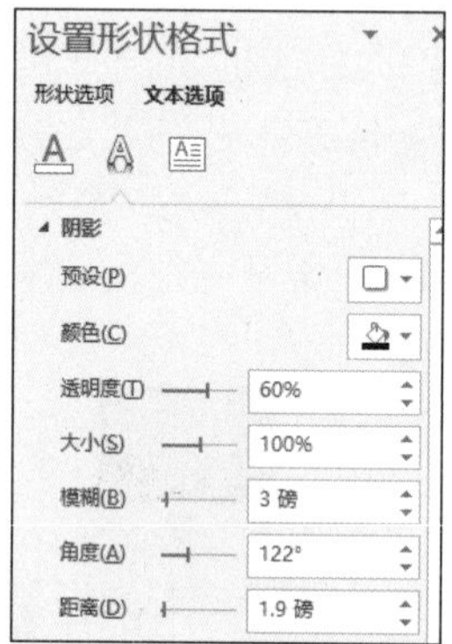

图 11-38　设置“阴影”参数

7 切换至“映像”选项，在“映像”列表中设置各参数，如图 11-39 所示。

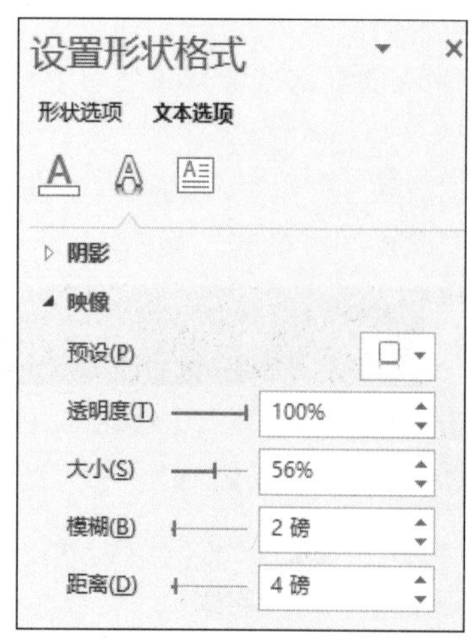

图 11-39　设置“映像”参数

8 单击“关闭”按钮，即可改变文字效果，如图 11-40 所示。

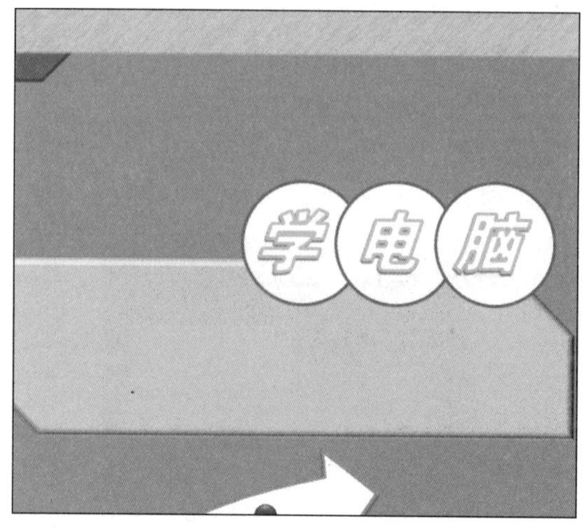

图 11-40　改变文字效果

9 用同样的方法，输入相关的文本信息并制作出类似的文本效果，如图 11-41 所示。

图 11-41　输入文本

10 在文档编辑区中选中一个文本框中的段落文本，如图 11-42 所示。

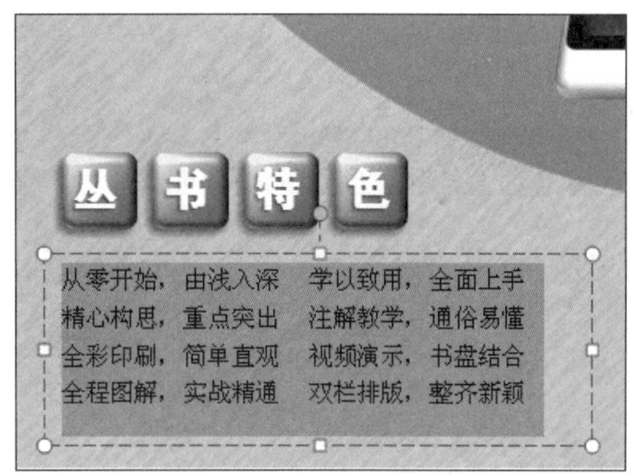

图 11-42　选中段落文本

11 单击“项目符号”按钮，在弹出的下拉列表中选择一种项目符号，如图 11-43 所示。

图 11-43　选择项目符号

12 添加项目符号，适当调整各文本的位置，完成书籍封面的制作，最终效果如图 11-44 所示。

图 11-44　书籍封面的最终效果

11.2　制作报纸排版

在众多宣传媒介中，报纸是最普遍且传播很广的宣传方式之一，利用 Word 2016 制作报纸排版的操作非常简单，其中最常用的操作就是图文混排。

11.2.1　制作刊头

刊头主要包括报纸的名称以及该报的日期和时间。制作刊头的具体操作步骤如下：

1 新建空白文档，切换至“布局”选项卡，单击“页面设置”选项组中的“纸张方向”按钮，在弹出的列表框中选择“横向”选项，如图 11-45 所示。

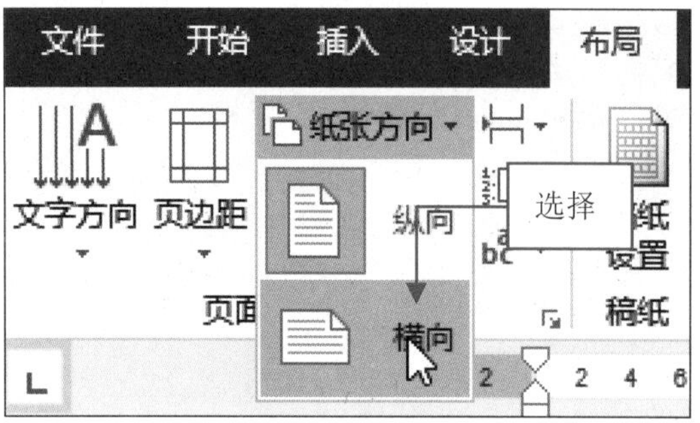

图 11-45 选择“横向”选项

2 执行操作后，即可改变纸张的方向，如图 11-46 所示。

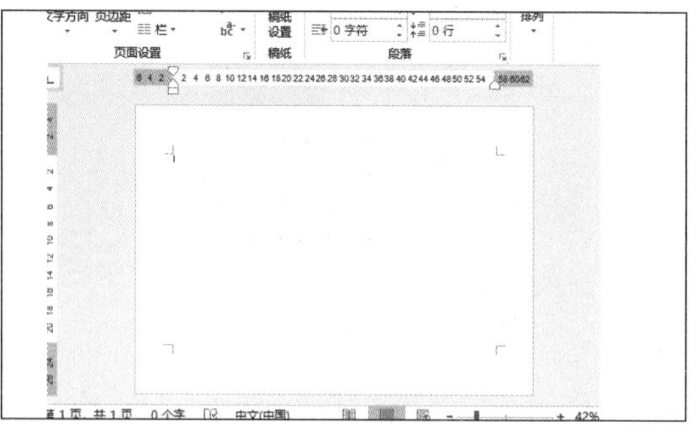

图 11-46 改变纸张方向

3 单击“页边距”按钮，在弹出的下拉列表框中选择“窄”选项，改变文档页边距，如图 11-47 所示。

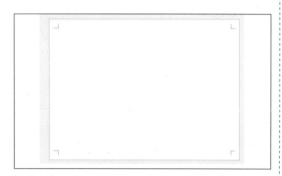

图 11-47 改变页边距

4 绘制文本框并输入文本，设置“字体”为方正黄草简体、“字号”为 54，并单击“加粗”按钮 **B**，如图 11-48 所示。

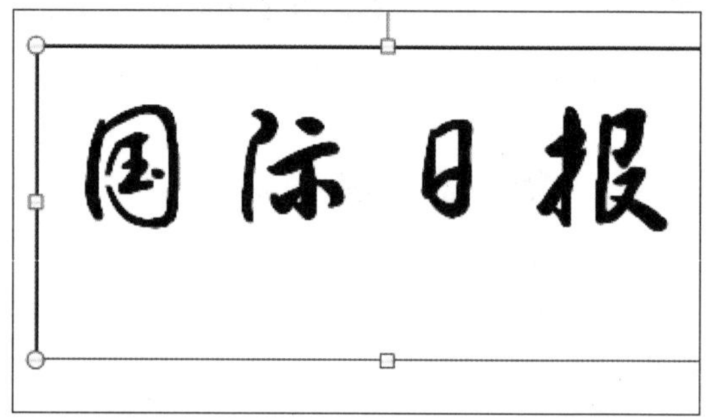

图 11-48 输入文本

5 单击“字体颜色”按钮，在弹出的下拉列表中单击“深红”图标，改变字体颜色，如图 11-49 所示。

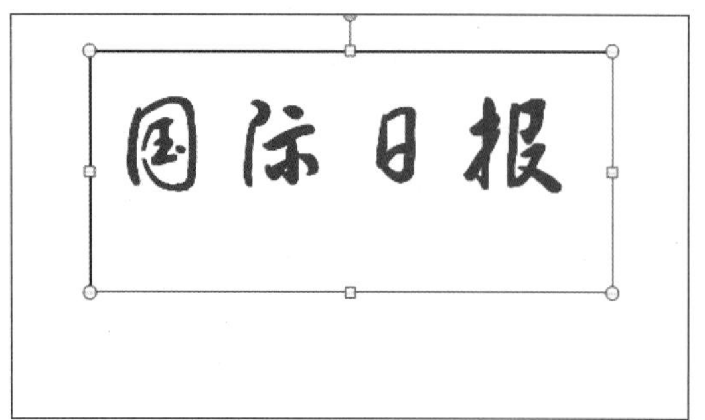

图 11-49 改变字体颜色

6 选中文本框，切换至“绘图工具”|“格式”选项卡，单击“形状填充”右侧的下三角按钮，在弹出的下拉列表中单击“白色”图标，如图 11-50 所示。

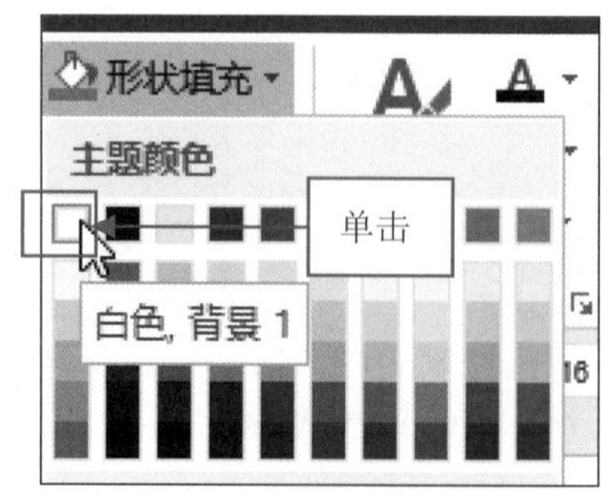

图 11-50 单击白色图标

第 11 章

7 单击“形状轮廓”右侧的下三角按钮，在弹出的下拉列表中单击“蓝色”图标，如图 11-51 所示。

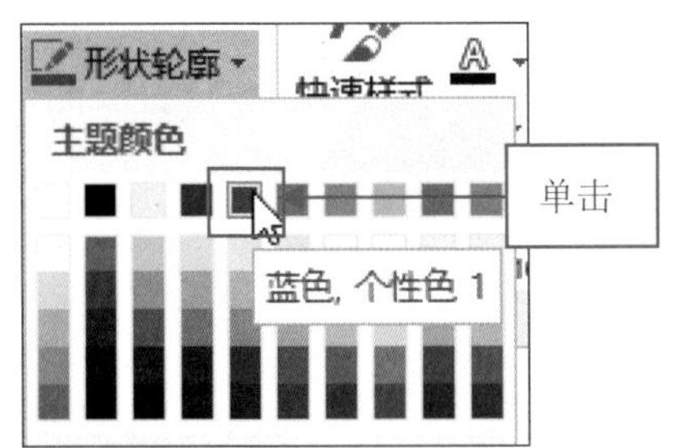

图 11-51　单击“蓝色”图标

8 单击“形状轮廓”右侧的下三角按钮，在弹出的列表框中选择“粗细”下级列表中的“2.25 磅”选项，如图 11-52 所示。

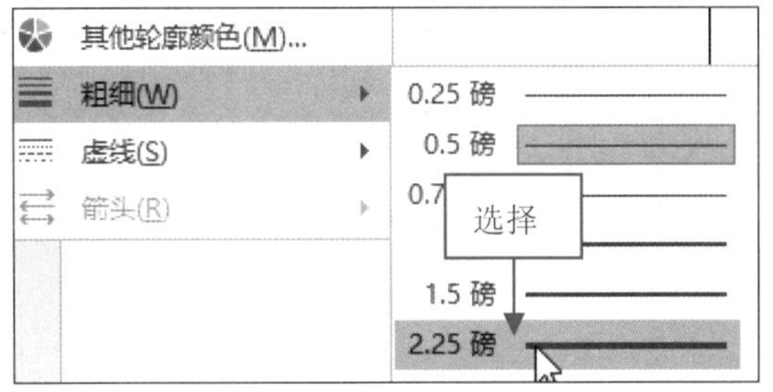

图 11-52　选择粗细

9 单击“形状轮廓”右侧的下三角按钮，在弹出的列表框中选择“虚线”下级列表中的“短划线”选项，如图 11-53 所示。

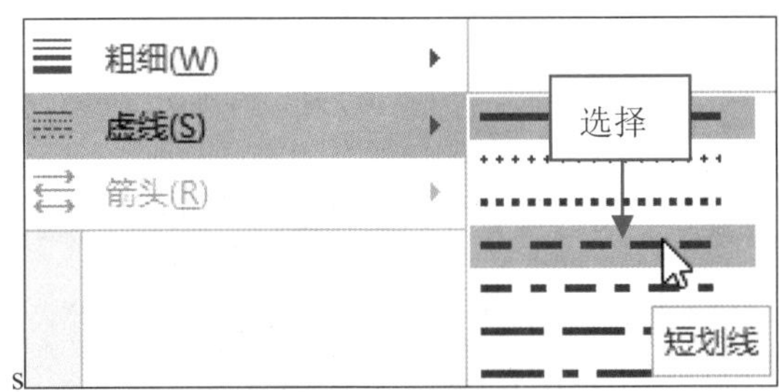

图 11-53　选择“短划线”选项

10 执行操作后，文本框的样式效果将随之改变，如图 11-54 所示。

图 11-54　改变文本框样式

11 参照步骤（4）~（10）的操作方法，绘制文本框并输入英文，然后调整各文字和文本框的格式，如图 11-55 所示。

图 11-55　输入英文

12 用同样的方法，绘制文本框并输入日期和刊期，再调整各文字和文本框的格式，效果如图 11-56 所示。

图 11-56　输入日期和刊期

11.2.2　添加文本

报纸中的文本内容大部分通过分栏或文本框进行分隔。添加文本的具体操作步骤如下：

1 在文档编辑区中输入需要报道的内容，并调整好各文本的格式，如图 11-57 所示。

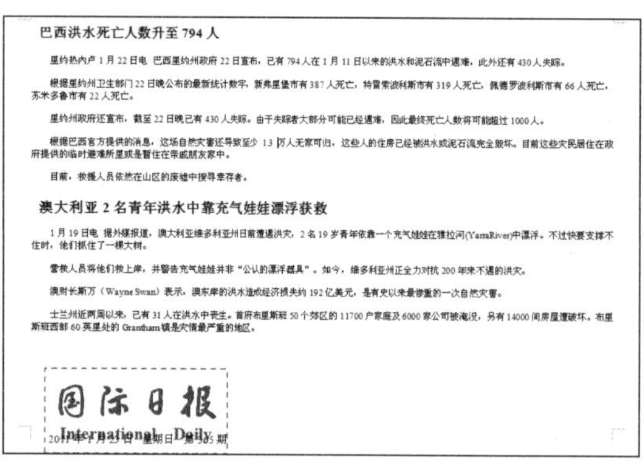
巴西洪水死亡人数升至 794 人

澳大利亚 2 名青年洪水中靠充气娃娃漂浮获救

国际日报 International Daily

图 11-57 输入文本

2 切换至“布局”选项卡，单击“栏”按钮，在弹出列表框中选择“三栏”选项，如图 11-58 所示。

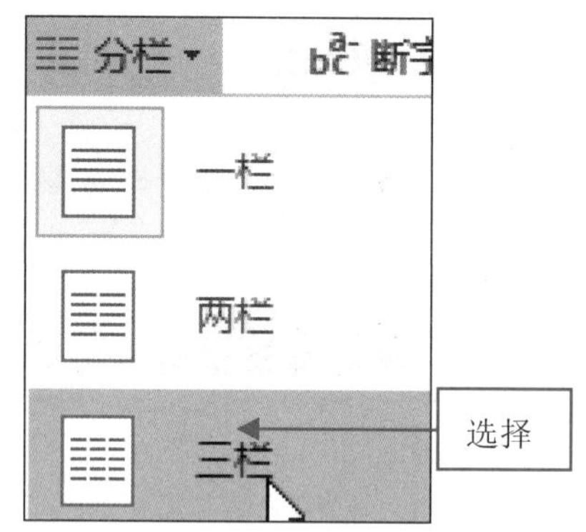

图 11-58 选择“三栏”选项

3 执行操作后，文档编辑区中的文本被分为三栏，如图 11-59 所示。

巴西洪水死亡人数升至 794 人

国际日报 International Daily

澳大利亚 2 名青年洪水中靠充气娃娃漂浮获救

图 11-59 分为三栏

4 将报纸的刊头调整至文档编辑区的左上角，如图 11-60 所示。

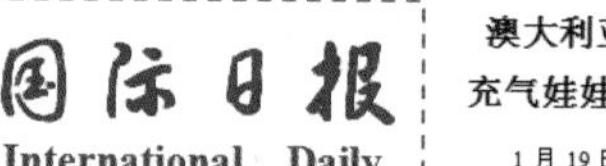

2011 年 1 月 23 日 星期日 第 365 期

巴西洪水死亡人数升至 794 人

里约热内卢 1 月 22 日电 巴西里约州政府 22 日宣布，已有 794 人在 1 月 11 日以来的洪水和泥石流中遇难，此外还有 430 人失踪。

根据里约州卫生部门 22 日晚公布的最新统计数字，新弗里堡市有 387 人死亡，特雷索波利斯市有 319 人死亡，佩德罗波利斯市有 66 人死亡，苏米多鲁市有 22 人死亡。

里约州政府还宣布，截至 22 日晚已有 430 人失踪。由于失踪者大部分可能已经遇难，因此最终死亡人数将可能超过 1000 人。

澳大利亚 2 名青年洪水中靠充气娃娃漂浮获救

1 月 19 日电 据外媒报道，澳大利亚维多利亚州日前遭遇洪灾，2 名 19 岁青年依靠一个充气娃娃在雅拉河(YarraRiver)中漂浮。不过快要支撑不住时，他们抓住了一棵大树。

营救人员将他们救上岸，并警告充气娃娃并非“公认的漂浮器具”。如今，维多利亚州正全力对抗 200 年来不遇的洪灾。

澳财长斯万（Wayne Swan）表示，澳东岸的洪水造成经济损失约 192 亿美元，是有史以来最惨重的一次自然灾害。

士兰州近两周以来，已有 31 人在洪水中丧生。首府布里斯班 50 个郊区的 11700 户家庭及 6000 家公司被淹没，另有 14000 间房屋遭破坏。布里斯班西部 60 英里处的 Grantham 镇是灾情最严重的地区。

图 11-60 调整刊头

5 绘制文本框并输入报道内容，设置各文本的格式，如图 11-61 所示。

国际日报 International Daily

巴西洪水死亡人数升至 794 人

澳大利亚 2 名青年洪水中靠充气娃娃漂浮获救

阿富汗南部路边炸弹致 1 死 9 伤

图 11-61 绘制文本框

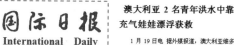

6 选择文本框，单击“排列”|“文字环绕”按钮，在弹出的列表框中选择“四周型”选项，如图 11-62 所示。

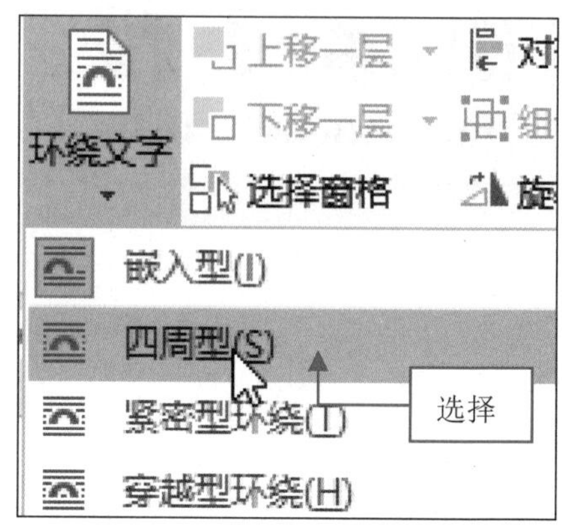

图 11-62 选择“四周型”选项

7 改变环绕方式后，对文本框的位置和大小进行调整，如图 11-63 所示。

国际日报
International Daily
2011年1月23日　星期日　第365期
巴西洪水死亡人数升至794人
阿富汗南部路边炸弹致1死9伤
澳大利亚 2 名青年洪水中靠充气娃娃漂浮获救

图 11-63　调整文本框

8 单击"形状轮廓"按钮，在弹出的列表框中选择"虚线"选项区中的"方点"选项，如图 11-64 所示。

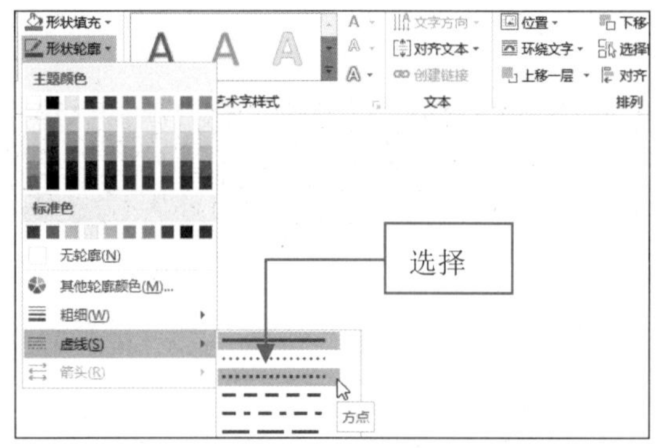

图 11-64　设置虚线

9 执行操作后，即可改变文本框的形状轮廓线，如图 11-65 所示。

阿富汗南部路边炸弹致 1 死 9 伤

喀布尔 1 月 22 日电阿富汗南部赫尔曼德省警方 22 日说，该省当天发生一起路边炸弹爆炸事件，导致 1 名警官死亡，另有 9 名警察受伤。

赫尔曼德省警察副总监卡迈勒丁汗告诉新华社记者："当地时间 22 日上午 10 时左右，10 名警察驾车在赫尔曼德省首府拉什卡尔加郊外一个名为瓦济尔曼达的村庄巡逻，不幸的是车辆触发一枚路边炸弹，导致 1 人死亡，9 人受伤。"阿富汗安全部队正在瓦济尔曼达和附近地区开展军事行动，以期清剿塔利班武装人员，恢复地区安全局势稳定。

阿富汗塔利班在南部的赫尔曼德省、坎大哈省以及附近查布尔省的势力较为强大。阿富汗国民军和北约驻阿国际安全援助部队近期对活跃在这些地区的塔利班不断加大清剿力度，以扩大中央政府在这些辖区的实际控制力。

澳大利亚 2 名青年洪水中靠充气娃娃漂浮获救

1 月 19 日电 据外媒报道，澳大利亚维多利亚州日前遭遇洪灾，2 名 19 岁青年依靠一个充气娃娃在雅拉河(YarraRiver)中漂浮。不过快要支撑不住时，他们抓住了一棵大树。

士兰州近两周以来，已有 31 人在洪水中丧生。首府布里斯班 50 个郊区的 11700 户家庭及 6000 家公司被淹没，另有 14000 间房屋遭破坏。布里斯班西部 60 英里处的 Grantham 镇是灾情最严重的地区。

图 11-65　改变形状轮廓

10 单击"文字环绕"按钮，在弹出的列表框中选择"其他布局选项"选项，如图 11-66 所示。

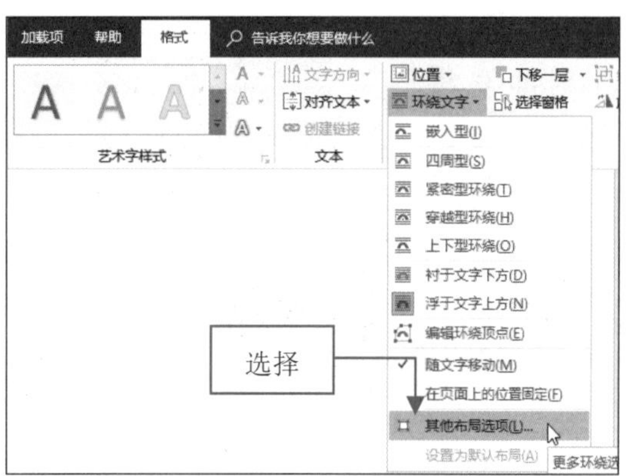

图 11-66　选择"其他布局选项"选项

11 弹出"布局"对话框，设置"上"和"下"均为 0.5 厘米，如图 11-67 所示。

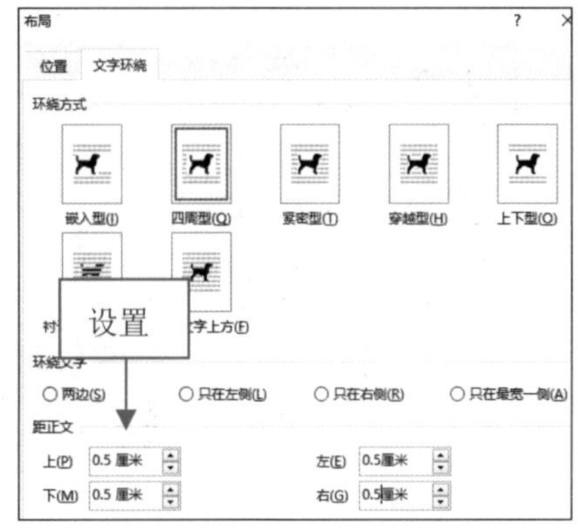

图 11-67　"布局"对话框

12 单击"确定"按钮，文本框与正文之间的距离将随之增大，如图 11-68 所示。

阿富汗南部路边炸弹致 1 死 9 伤

喀布尔 1 月 22 日电阿富汗南部赫尔曼德省警方 22 日说，该省当天发生一起路边炸弹爆炸事件，导致 1 名警官死亡，另有 9 名警察受伤。

赫尔曼德省警察副总监卡迈勒丁汗告诉新华社记者："当地时间 22 日上午 10 时左右，10 名警察驾车在赫尔曼德省首府拉什卡尔加郊外一个名为瓦济尔曼达的村庄巡逻，不幸的是车辆触发一枚路边炸弹，导致 1 人死亡，9 人受伤。"阿富汗安全部队正在瓦济尔曼达和附近地区开展军事行动，以期清剿塔利班武装人员，恢复地区安全局势稳定。

阿富汗塔利班在南部的赫尔曼德省、坎大哈省以及附近查布尔省的势力较为强大。阿富汗国民军和北约驻阿国际安全援助部队近期对活跃在这些地区的塔利班不断加大清剿力度，以扩大中央政府在这些辖区的实际控制力。

澳大利亚 2 名青年洪水中靠充气娃娃漂浮获救

1 月 19 日电 据外媒报道，澳大利亚维多利亚州日前遭遇洪灾，2 名 19 岁青年依靠一个充气娃娃在雅拉河(YarraRiver)中漂浮。不过快要支撑不住时，他们抓住了一棵大树。

士兰州近两周以来，已有 31 人在洪水中丧生。首府布里斯班 50 个郊区的 11700 户家庭及 6000 家公司被淹没，另有 14000 间房屋遭破坏。布里斯班西部 60 英里处的 Grantham 镇是灾情最严重的地区。

图 11-68　增加文本框与正文距离

11.2.3 图文绕排

根据报道的内容插入相关图片，可以增强报刊的阅读性。图文绕排的具体操作步骤如下：

1 切换至“插入”选项卡，单击“插图”选项组中的“图片”按钮，如图 11-69 所示。

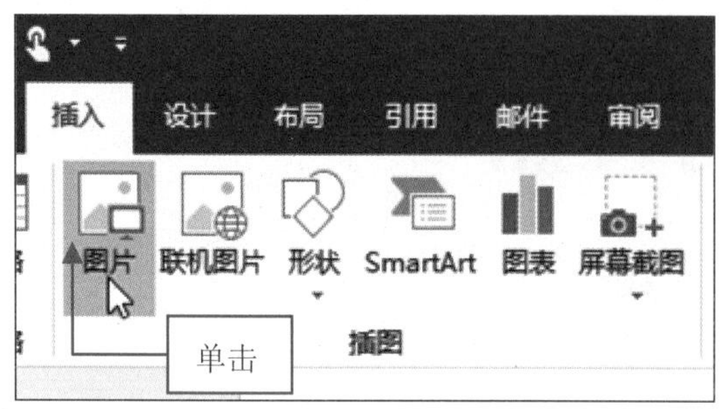

图 11-69 单击“图片”按钮

2 弹出“插入图片”对话框，选中需要插入的图片，如图 11-70 所示。

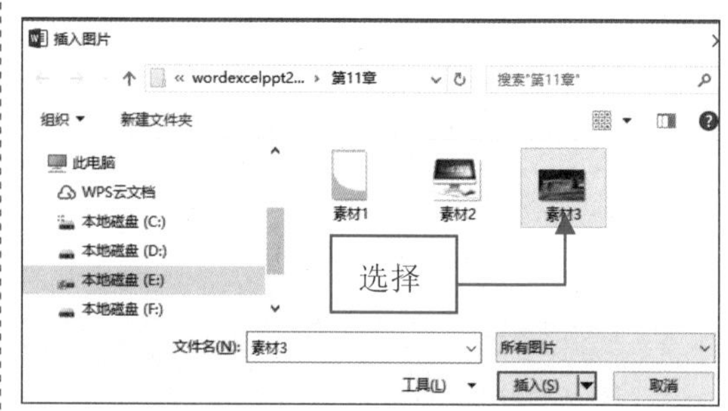

图 11-70 “插入图片”对话框

3 单击“插入”按钮，即可将图片插入至正文中，如图 11-71 所示。

图 11-71 插入图片

4 在“排列”选项组中单击“文字环绕”按钮，在弹出的列表框中选择“四周型”选项，如图 11-72 所示。

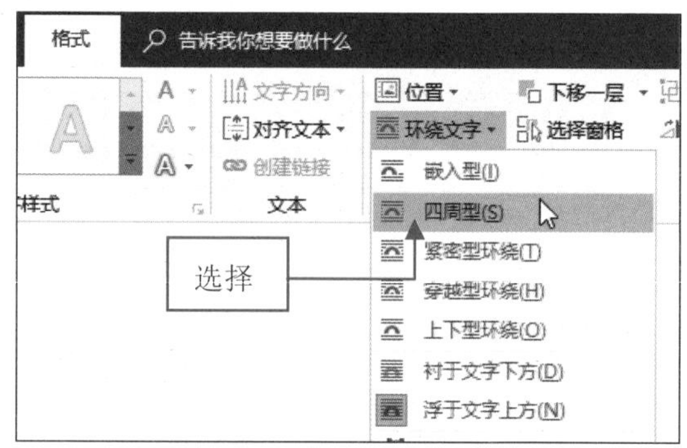

图 11-72 选择“四周型”选项

5 执行操作后，将插入的图片调整至文档编辑区的右下角，如图 11-73 所示。

图 11-73 调整图片

6 对整个文档中的细节进行适当的调整，完成报纸排版的制作，最终效果如图 11-74 所示。

图 11-74 报纸排版最终效果

11.3　制作调查问卷

调查问卷是以问题的形式系统地记载调查内容的一种印件，它的形式有很多种，如表格式、卡片式或簿记式等。问卷用于询问问题，因此，在设计问卷时，一定要注意问题的编写与版式的设计。

11.3.1　添加文本

在编写调查问卷的内容时一定要考虑到问题的传达性，以及被问者是否乐意回答这些问题。添加文本的具体操作步骤如下：

(1) 单击“文件”|“新建”命令，新建空白文档，如图 11-75 所示。

图 11-75　新建文档

(2) 在文档编辑区中输入调查问卷的标题及内容，如图 11-76 所示。

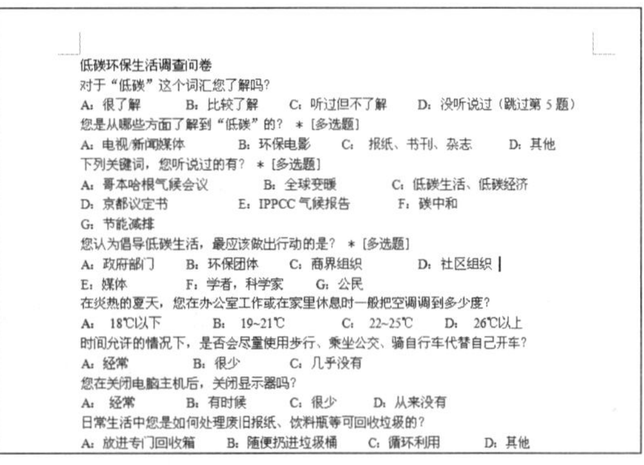

低碳环保生活调查问卷
对于“低碳”这个词汇您了解吗？
A：很了解　B：比较了解　C：听过但不了解　D：没听说过（跳过第 5 题）
您是从哪些方面了解到“低碳”的？ ＊[多选题]
A：电视/新闻媒体　B：环保电影　C：报纸、书刊、杂志　D：其他
下列关键词，您听说过的有？ ＊[多选题]
A：哥本哈根气候会议　B：全球变暖　C：低碳生活、低碳经济
D：京都议定书　E：IPPCC 气候报告　F：碳中和
G：节能减排
您认为倡导低碳生活，最应该做出行动的是？ ＊[多选题]
A：政府部门　B：环保团体　C：商界组织　D：社区组织
E：媒体　F：学者，科学家　G：公民
在炎热的夏天，您在办公室工作或在家里休息时一般把空调调到多少度？
A：18℃以下　B：19~21℃　C：22~25℃　D：26℃以上
时间允许的情况下，是否会尽量使用步行、乘坐公交、骑自行车代替自己开车？
A：经常　B：很少　C：几乎没有
您在关闭电脑主机后，关闭显示器吗？
A：经常　B：有时候　C：很少　D：从来没有
日常生活中您是如何处理废旧报纸、饮料瓶等可回收垃圾的？
A：放进专门回收箱　B：随便扔进垃圾桶　C：循环利用　D：其他

图 11-76　输入内容

(3) 选中标题文本，单击“样式”选项组中的“标题 1”图标，如图 11-77 所示。

图 11-77　单击“标题 1”图标

(4) 执行操作后，标题文本的文本样式将随之改变，如图 11-78 所示。

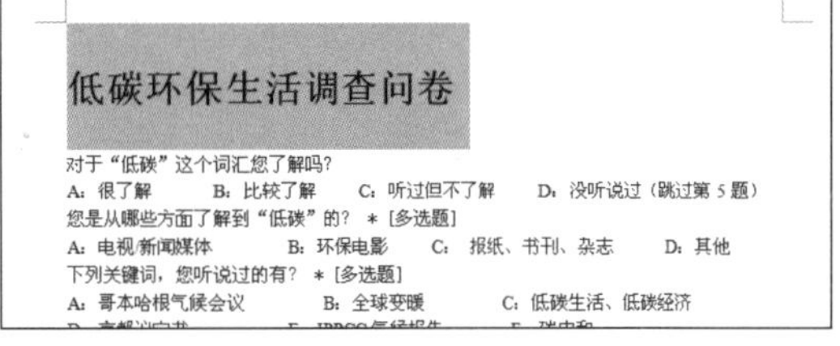

低碳环保生活调查问卷
对于“低碳”这个词汇您了解吗？
A：很了解　B：比较了解　C：听过但不了解　D：没听说过（跳过第 5 题）
您是从哪些方面了解到“低碳”的？ ＊[多选题]
A：电视/新闻媒体　B：环保电影　C：报纸、书刊、杂志　D：其他
下列关键词，您听说过的有？ ＊[多选题]
A：哥本哈根气候会议　B：全球变暖　C：低碳生活、低碳经济

图 11-78　改变文本样式

(5) 在“段落”选项组中单击“居中”按钮 ☰，使标题居中对齐，如图 11-79 所示。

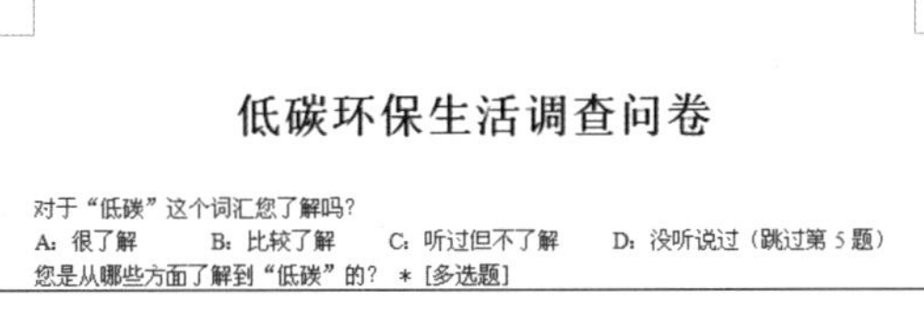

低碳环保生活调查问卷
对于“低碳”这个词汇您了解吗？
A：很了解　B：比较了解　C：听过但不了解　D：没听说过（跳过第 5 题）
您是从哪些方面了解到“低碳”的？ ＊[多选题]

图 11-79　居中对齐

(6) 选中一个段落文本，设置“字号”为小四，并单击“加粗”按钮 **B**，如图 11-80 所示。

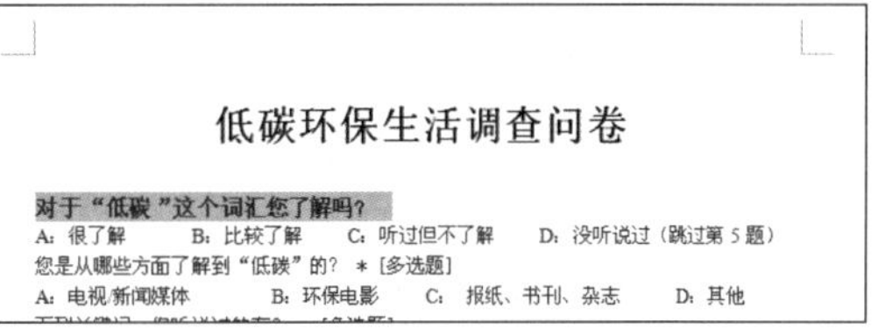

低碳环保生活调查问卷
对于“低碳”这个词汇您了解吗？
A：很了解　B：比较了解　C：听过但不了解　D：没听说过（跳过第 5 题）
您是从哪些方面了解到“低碳”的？ ＊[多选题]
A：电视/新闻媒体　B：环保电影　C：报纸、书刊、杂志　D：其他

图 11-80　设置字体

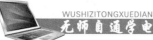

7 单击“编号”右侧的下三角按钮，在弹出的下拉列表中选择一种编号格式，如图 11-81 所示。

邮件 审阅 视图 加载项 帮助 告诉我你想要做什么
编号库
无
1. 2. 3.
1) 2) 3)
一、二、三、
A. B. C.
(二) (三)
选择编号

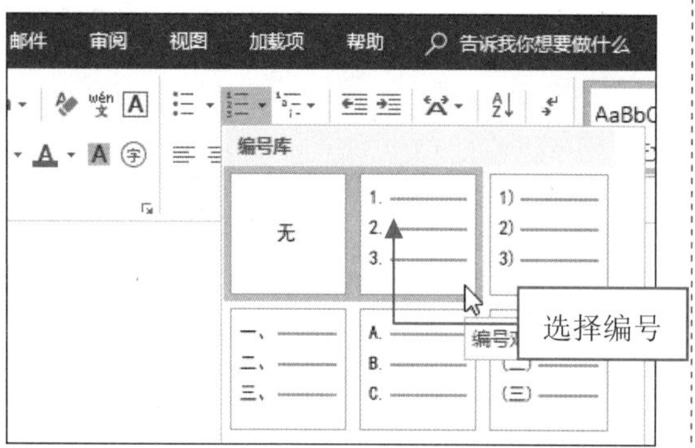

图 11-81 选择编号

8 执行操作后，即可为选中的段落文本添加编号，如图 11-82 所示。

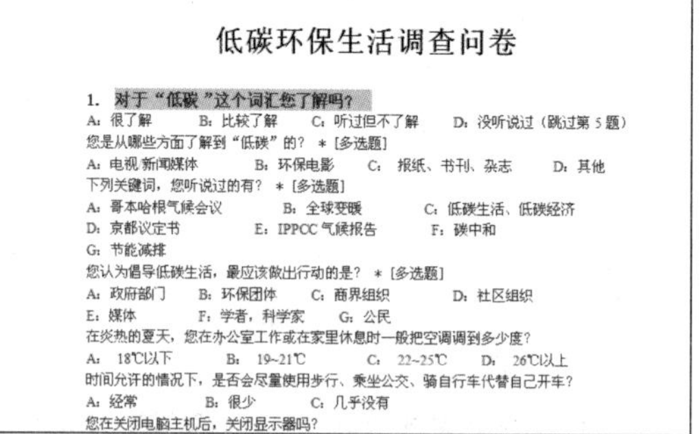

低碳环保生活调查问卷
1. 对于“低碳”这个词汇您了解吗？
A：很了解 B：比较了解 C：听过但不了解 D：没听说过（跳过第 5 题）
您是从哪些方面了解到“低碳”的？＊[多选题]
A：电视/新闻媒体 B：环保电影 C：报纸、书刊、杂志 D：其他
下列关键词，您听说过的有？＊[多选题]
A：哥本哈根气候会议 B：全球变暖 C：低碳生活、低碳经济
D：京都议定书 E：IPPCC 气候报告 F：碳中和
G：节能减排
您认为倡导低碳生活，最应该做出行动的是？＊[多选题]
A：政府部门 B：环保团体 C：商界组织 D：社区组织
E：媒体 F：学者，科学家 G：公民
在炎热的夏天，您在办公室工作或在家里休息时一般把空调调到多少度？
A：18℃以下 B：19~21℃ C：22~25℃ D：26℃以上
时间允许的情况下，是否会尽量使用步行、乘坐公交、骑自行车代替自己开车？
A：经常 B：很少 C：几乎没有
您在关闭电脑主机后，关闭显示器吗？

图 11-82 添加编号

9 选中段落文本，单击“剪贴板”选项组中的“格式刷”按钮，如图 11-83 所示。

文件 开始 设计 布局
单击
宋体 小四
粘贴
剪贴板 字体
格式刷 (Ctrl+Shift+C, Ctrl+Shift+V)

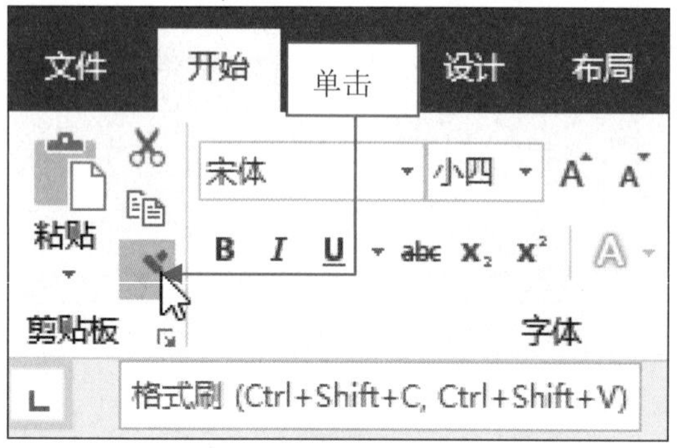

图 11-83 单击“格式刷”按钮

10 将鼠标指针移至另一个段落文本左侧，单击鼠标左键，该段落的格式将随之改变，如图 11-84 所示。

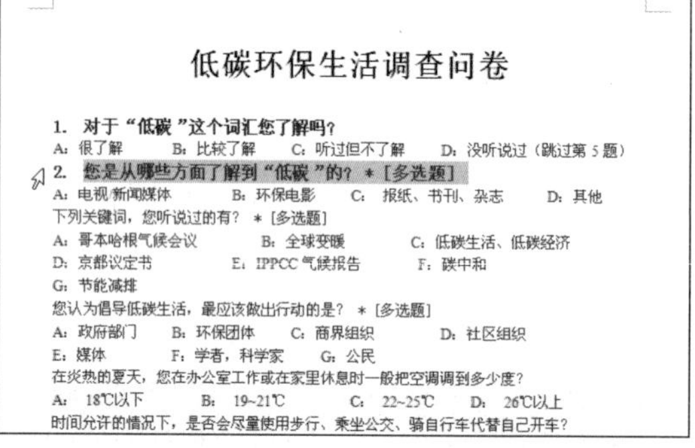

低碳环保生活调查问卷
1. 对于“低碳”这个词汇您了解吗？
A：很了解 B：比较了解 C：听过但不了解 D：没听说过（跳过第 5 题）
2. 您是从哪些方面了解到“低碳”的？＊[多选题]
A：电视/新闻媒体 B：环保电影 C：报纸、书刊、杂志 D：其他
下列关键词，您听说过的有？＊[多选题]
A：哥本哈根气候会议 B：全球变暖 C：低碳生活、低碳经济
D：京都议定书 E：IPPCC 气候报告 F：碳中和
G：节能减排
您认为倡导低碳生活，最应该做出行动的是？＊[多选题]
A：政府部门 B：环保团体 C：商界组织 D：社区组织
E：媒体 F：学者，科学家 G：公民
在炎热的夏天，您在办公室工作或在家里休息时一般把空调调到多少度？
A：18℃以下 B：19~21℃ C：22~25℃ D：26℃以上
时间允许的情况下，是否会尽量使用步行、乘坐公交、骑自行车代替自己开车？

图 11-84 改变段落格式

11 用同样的方法，利用格式刷对其他段落文本进行格式的设置，如图 11-85 所示。

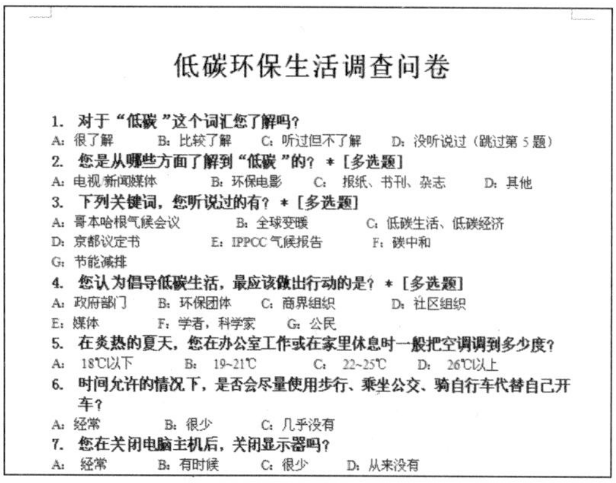

低碳环保生活调查问卷
1. 对于“低碳”这个词汇您了解吗？
A：很了解 B：比较了解 C：听过但不了解 D：没听说过（跳过第 5 题）
2. 您是从哪些方面了解到“低碳”的？＊[多选题]
A：电视/新闻媒体 B：环保电影 C：报纸、书刊、杂志 D：其他
3. 下列关键词，您听说过的有？＊[多选题]
A：哥本哈根气候会议 B：全球变暖 C：低碳生活、低碳经济
D：京都议定书 E：IPPCC 气候报告 F：碳中和
G：节能减排
4. 您认为倡导低碳生活，最应该做出行动的是？＊[多选题]
A：政府部门 B：环保团体 C：商界组织 D：社区组织
E：媒体 F：学者，科学家 G：公民
5. 在炎热的夏天，您在办公室工作或在家里休息时一般把空调调到多少度？
A：18℃以下 B：19~21℃ C：22~25℃ D：26℃以上
6. 时间允许的情况下，是否会尽量使用步行、乘坐公交、骑自行车代替自己开车？
A：经常 B：很少 C：几乎没有
7. 您在关闭电脑主机后，关闭显示器吗？
A：经常 B：有时候 C：很少 D：从来没有

图 11-85 设置段落格式

12 在文档编辑区中选择第 1 个问题的答案中的段落文本，如图 11-86 所示。

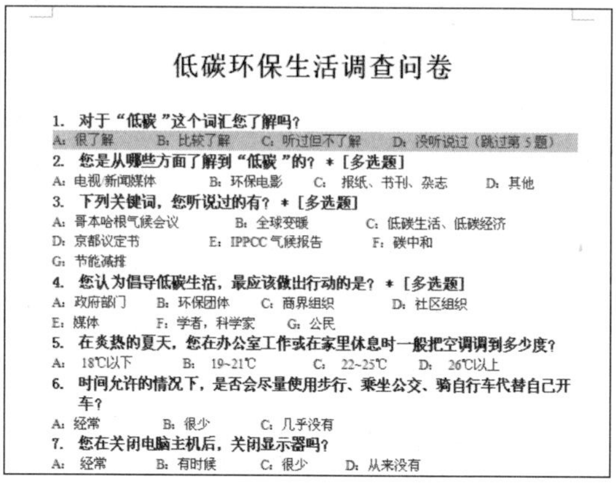

低碳环保生活调查问卷
1. 对于“低碳”这个词汇您了解吗？
A：很了解 B：比较了解 C：听过但不了解 D：没听说过（跳过第 5 题）
2. 您是从哪些方面了解到“低碳”的？＊[多选题]
A：电视/新闻媒体 B：环保电影 C：报纸、书刊、杂志 D：其他
3. 下列关键词，您听说过的有？＊[多选题]
A：哥本哈根气候会议 B：全球变暖 C：低碳生活、低碳经济
D：京都议定书 E：IPPCC 气候报告 F：碳中和
G：节能减排
4. 您认为倡导低碳生活，最应该做出行动的是？＊[多选题]
A：政府部门 B：环保团体 C：商界组织 D：社区组织
E：媒体 F：学者，科学家 G：公民
5. 在炎热的夏天，您在办公室工作或在家里休息时一般把空调调到多少度？
A：18℃以下 B：19~21℃ C：22~25℃ D：26℃以上
6. 时间允许的情况下，是否会尽量使用步行、乘坐公交、骑自行车代替自己开车？
A：经常 B：很少 C：几乎没有
7. 您在关闭电脑主机后，关闭显示器吗？
A：经常 B：有时候 C：很少 D：从来没有

图 11-86 选中文本

13 单击“段落”选项组中的对话框启动器按钮，弹出“段落”对话框，设置相关参数，如图 11-87 所示。

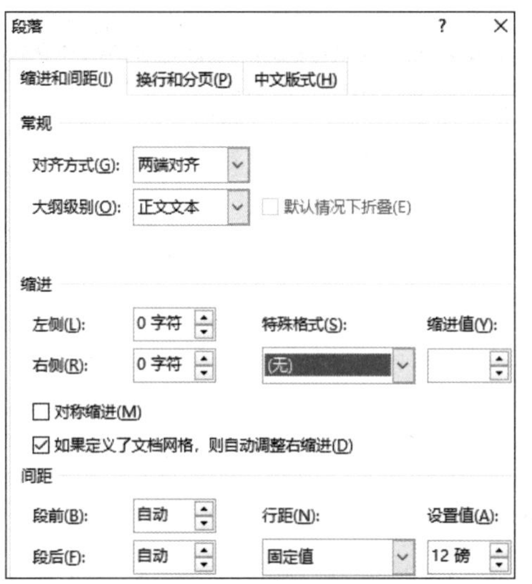

图 11-87　“段落”对话框

14 单击“确定”按钮，改变所选择段落文本的段落格式，如图 11-88 所示。

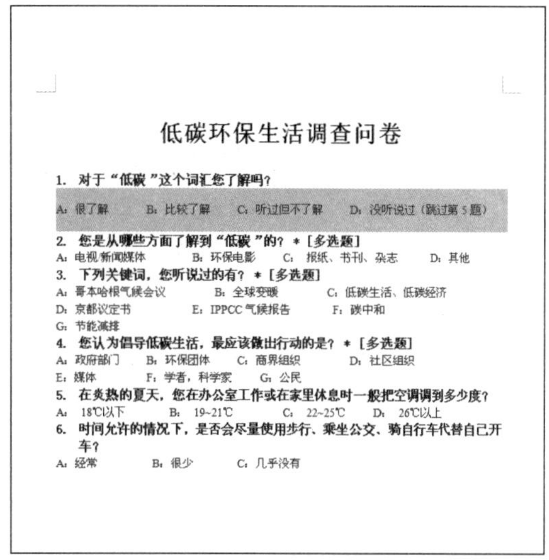

低碳环保生活调查问卷

1. 对于“低碳”这个词汇您了解吗？
A: 很了解　B: 比较了解　C: 听过但不了解　D: 没听说过（跳过第 5 题）
2. 您是从哪些方面了解到“低碳”的？ * [多选题]
A: 电视/新闻媒体　B: 环保电影　C: 报纸、书刊、杂志　D: 其他
3. 下列关键词，您听说过的有？ * [多选题]
A: 哥本哈根气候会议　B: 全球变暖　C: 低碳生活、低碳经济
D: 京都议定书　E: IPPCC 气候报告　F: 碳中和
G: 节能减排
4. 您认为倡导低碳生活，最应该做出行动的是？ * [多选题]
A: 政府部门　B: 环保团体　C: 商界组织　D: 社区组织
E: 媒体　F: 学者，科学家　G: 公民
5. 在炎热的夏天，您在办公室工作或在家里休息时一般把空调调到多少度？
A: 18℃以下　B: 19~21℃　C: 22~25℃　D: 26℃以上
6. 时间允许的情况下，是否会尽量使用步行、乘坐公交、骑自行车代替自己开车？
A: 经常　B: 很少　C: 几乎没有

图 11-88　改变段落格式

15 单击“格式刷”按钮，将第 1 个问题答案的段落格式应用于第 2 个问题答案的段落文本上，如图 11-89 所示。

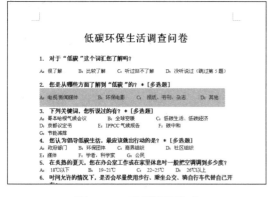

低碳环保生活调查问卷

1. 对于“低碳”这个词汇您了解吗？
A: 很了解　B: 比较了解　C: 听过但不了解　D: 没听说过（跳过第 5 题）
2. 您是从哪些方面了解到“低碳”的？ * [多选题]
A: 电视/新闻媒体　B: 环保电影　C: 报纸、书刊、杂志　D: 其他
3. 下列关键词，您听说过的有？ * [多选题]
A: 哥本哈根气候会议　B: 全球变暖　C: 低碳生活、低碳经济
D: 京都议定书　E: IPPCC 气候报告　F: 碳中和
G: 节能减排
4. 您认为倡导低碳生活，最应该做出行动的是？ * [多选题]
A: 政府部门　B: 环保团体　C: 商界组织　D: 社区组织
E: 媒体　F: 学者，科学家　G: 公民
5. 在炎热的夏天，您在办公室工作或在家里休息时一般把空调调到多少度？
A: 18℃以下　B: 19~21℃　C: 22~25℃　D: 26℃以上
6. 时间允许的情况下，是否会尽量使用步行、乘坐公交、骑自行车代替自己开

图 11-89　应用段落格式

16 用同样的方法，利用格式刷对每个问题答案的段落格式进行相应的设置，如图 11-90 所示。

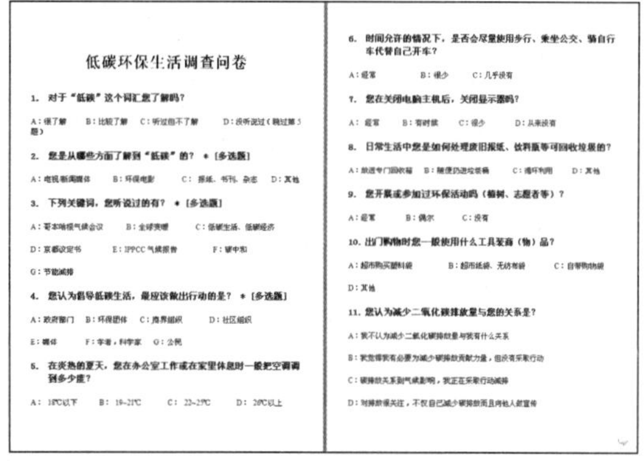

低碳环保生活调查问卷

图 11-90　设置段落格式

利用“格式刷”按钮可以复制一个文本的格式，并将其应用于另一个文本中。在文档编辑过程中该按钮的使用频率非常高。

11.3.2　插入符号

通常在问题答案前面都会有一个特殊的符号供用户作标记。插入符号的具体操作步骤如下：

1 将光标定位于“A：很了解”文本前，如图 11-91 所示。

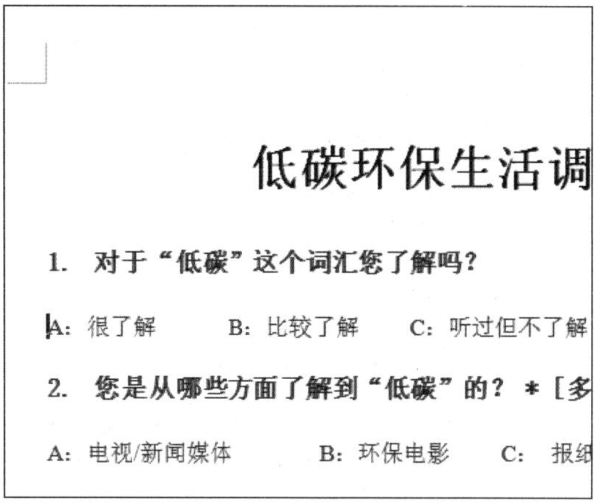

低碳环保生活调
1. 对于“低碳”这个词汇您了解吗？
A：很了解 B：比较了解 C：听过但不了解
2. 您是从哪些方面了解到“低碳”的？ * [多
A：电视/新闻媒体 B：环保电影 C： 报纸

图 11-91　定位光标

2 切换至“插入”选项卡，单击“符号”选项组中的“符号”按钮，在弹出的列表框中选择“其他符号”选项，如图 11-92 所示。

共享
文本框
文档部件
艺术字
首字下沉
签名行
日期和时间
对象
文本
公式
符号
选择选项
其他符号(M)...
插入来自对话框的符号

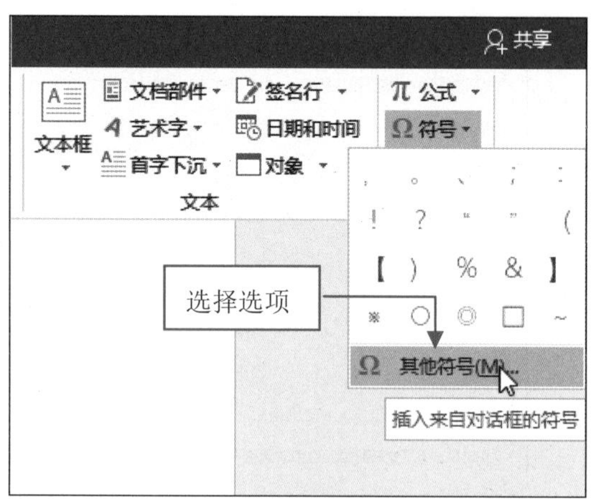

图 11-92　选择“其他符号”选项

3 弹出“符号”对话框，在其中单击“空心方形”图标，如图 11-93 所示。

符号
符号(S)
特殊字符(P)
字体(F): (普通文本)
子集(U): 拉丁语-1 增补
单击
近期使用过的符号(R):

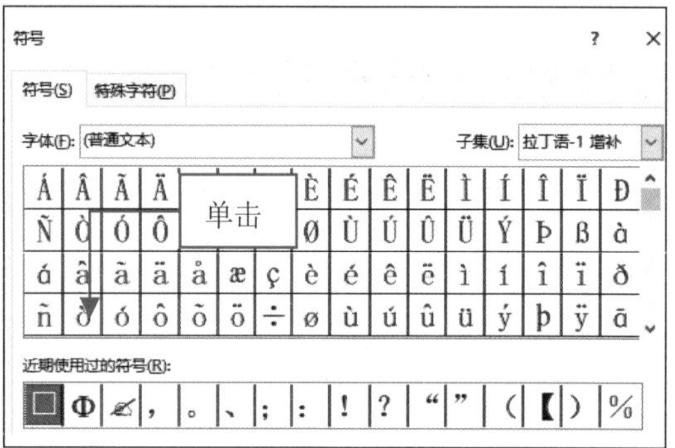

图 11-93　“符号”对话框

4 依次单击“插入”按钮和“关闭”按钮，即可插入所选择的符号，如图 11-94 所示。

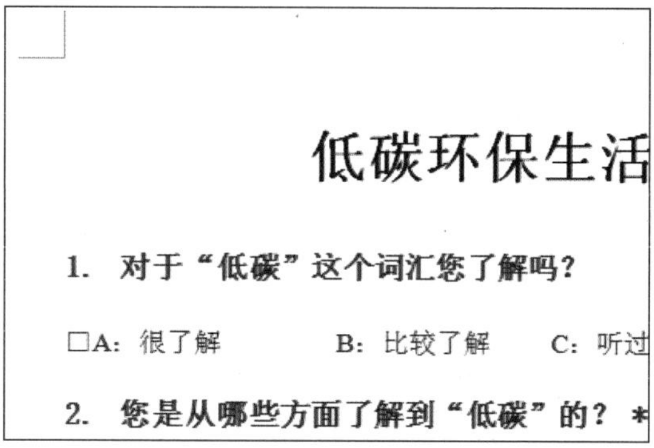

低碳环保生活
1. 对于“低碳”这个词汇您了解吗？
□A：很了解 B：比较了解 C：听过
2. 您是从哪些方面了解到“低碳”的？ *

图 11-94　插入符号

5 按一下空格键，在符号和答案之间空出一个字符的距离，如图 11-95 所示。

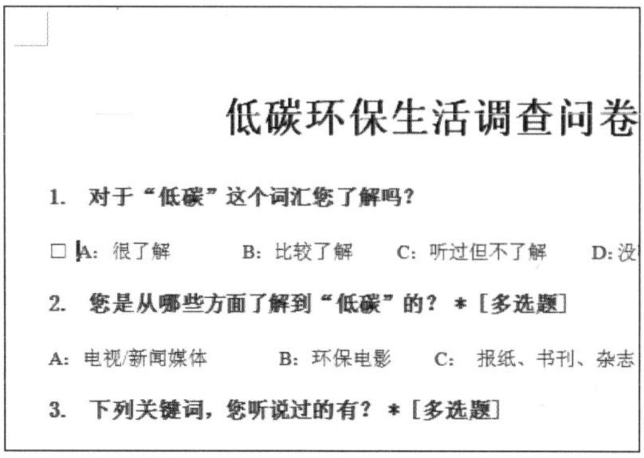

低碳环保生活调查问卷
1. 对于“低碳”这个词汇您了解吗？
□ A：很了解 B：比较了解 C：听过但不了解 D：没
2. 您是从哪些方面了解到“低碳”的？ * [多选题]
A：电视/新闻媒体 B：环保电影 C： 报纸、书刊、杂志
3. 下列关键词，您听说过的有？ * [多选题]

图 11-95　空出一个字符

6 复制符号并将其粘贴于“B：比较了解”文本前，再空出一个字符，如图 11-96 所示。

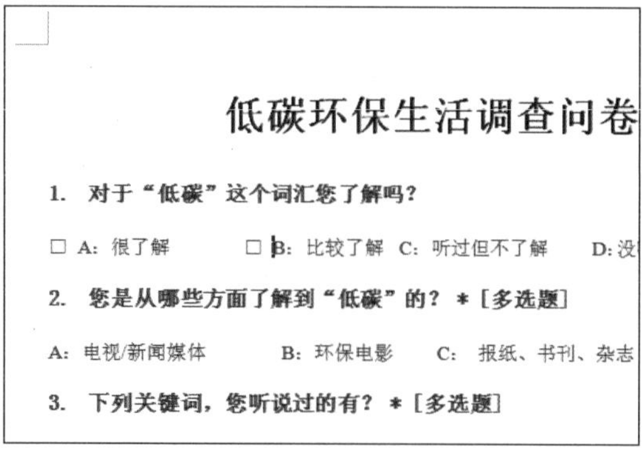

低碳环保生活调查问卷
1. 对于“低碳”这个词汇您了解吗？
□ A：很了解 □ B：比较了解 C：听过但不了解 D：没
2. 您是从哪些方面了解到“低碳”的？ * [多选题]
A：电视/新闻媒体 B：环保电影 C： 报纸、书刊、杂志
3. 下列关键词，您听说过的有？ * [多选题]

图 11-96　粘贴符号

第11章

7 用同样的方法，将符号复制并粘贴于其他答案文本前，如图 11-97 所示。

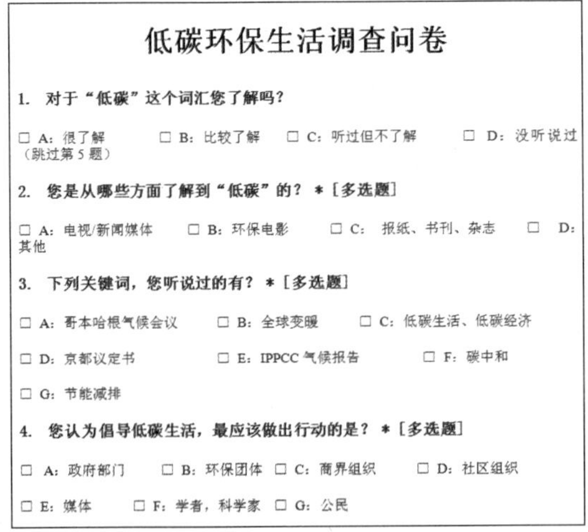

图 11-97　复制并粘贴符号

8 适当地调整各答案文本之间的距离，使文档整体更加整齐，如图 11-98 所示。

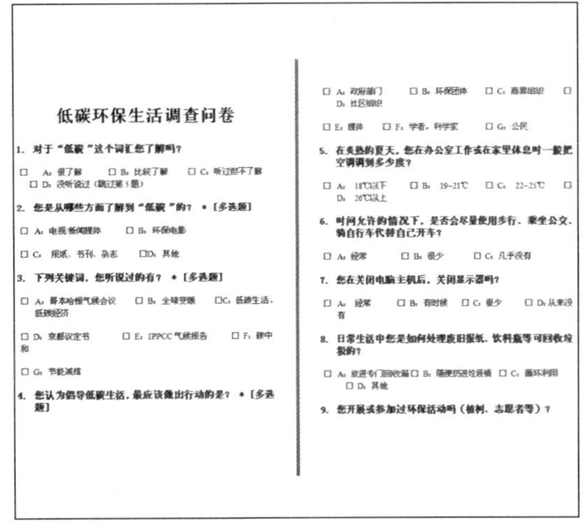

图 11-98　调整文本

11.3.3　添加页眉页脚

在页眉和页脚处添加一些说明或注释，可以使调查问卷更加美观。添加页眉页脚的具体操作步骤如下：

1 双击文档编辑区中的页眉，激活页眉和页脚，如图 11-99 所示。

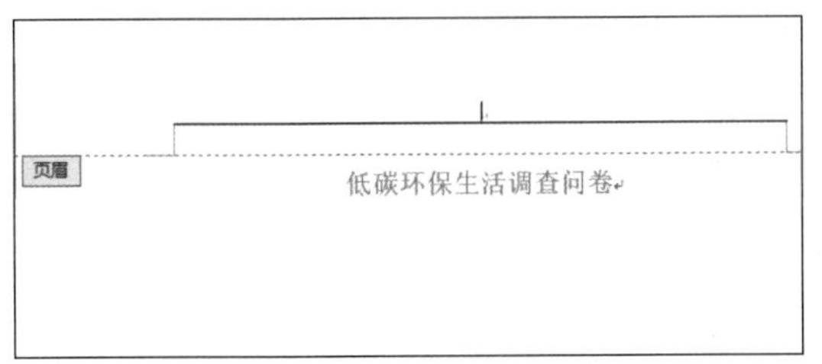

图 11-99　激活页眉页脚

2 在页眉中输入相关内容，并设置文本格式和对齐方式，如图 11-100 所示。

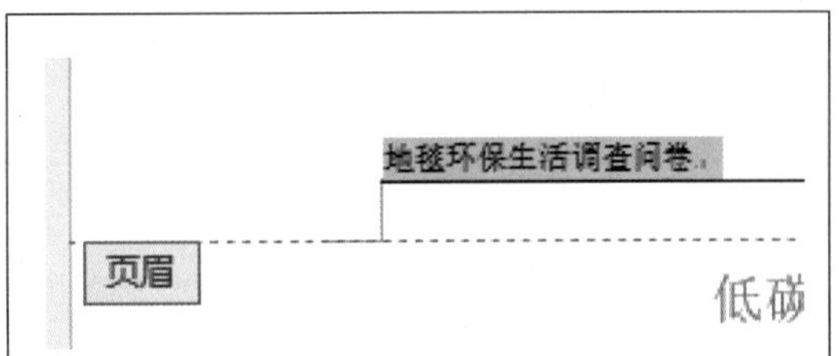

图 11-100　输入文本

3 转至页脚并输入相关内容，然后设置文本的格式和对齐方式，如图 11-101 所示。

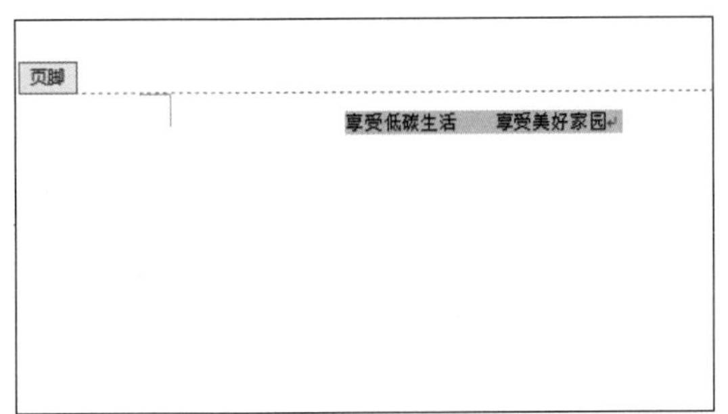

图 11-101　转换页脚

4 在“关闭”选项组中单击“关闭页眉和页脚”按钮，完成页眉页脚的设置，如图 11-102 所示。

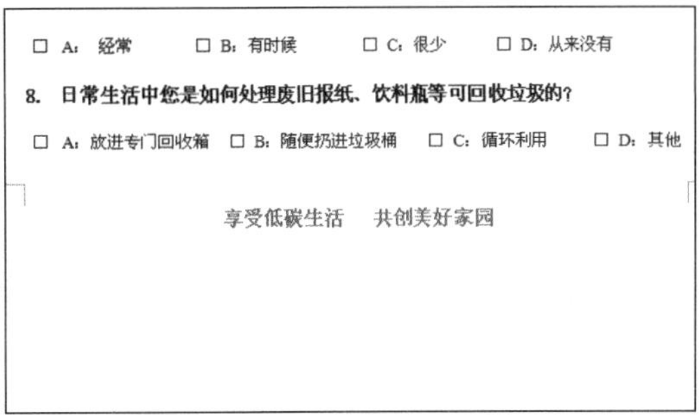

☐ A：经常　☐ B：有时候　☐ C：很少　☐ D：从来没有

8. 日常生活中您是如何处理废旧报纸、饮料瓶等可回收垃圾的?

☐ A：放进专门回收箱　☐ B：随便扔进垃圾桶　☐ C：循环利用　☐ D：其他

享受低碳生活　共创美好家园

图 11-102　完成页眉页脚的设置

5 在正文文本的最后输入感谢语和祝福语，然后将其居中对齐，如图 11-103 所示。

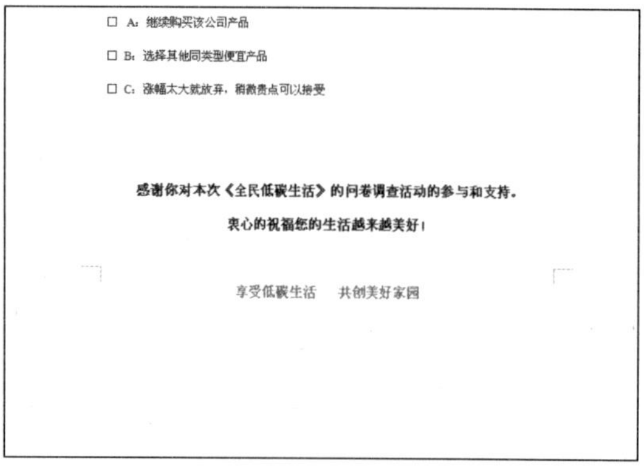

□ A：继续购买该公司产品

□ B：选择其他同类型便宜产品

□ C：涨幅太大就放弃，稍微贵点可以接受

感谢你对本次《全民低碳生活》的问卷调查活动的参与和支持。

衷心的祝福您的生活越来越美好！

享受低碳生活　共创美好家园

图 11-103　居中对齐

6 缩小文档的显示比例，即可观察整个调查问卷的版式与内容，最终效果如图 11-104 所示。

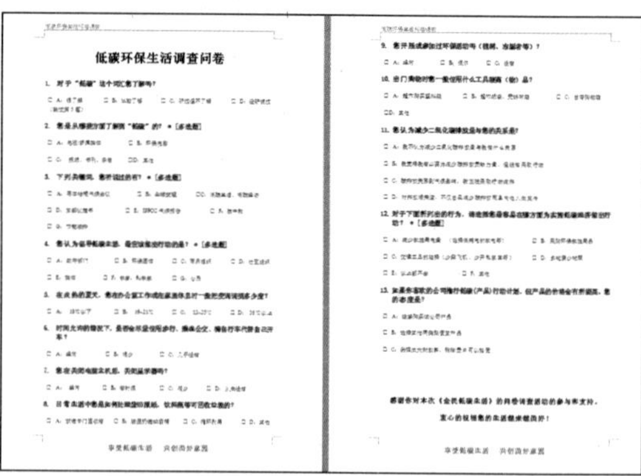

图 11-104　调查问卷最终效果

● 学习笔记

第11章

第12章

其他应用案例实战

在日常生活和办公中，Word 的用途是十分广泛的，制作表格、添加图表等都可以通过 Word 来实现。本章将主要介绍制作申请表、合同以及业绩表的过程。

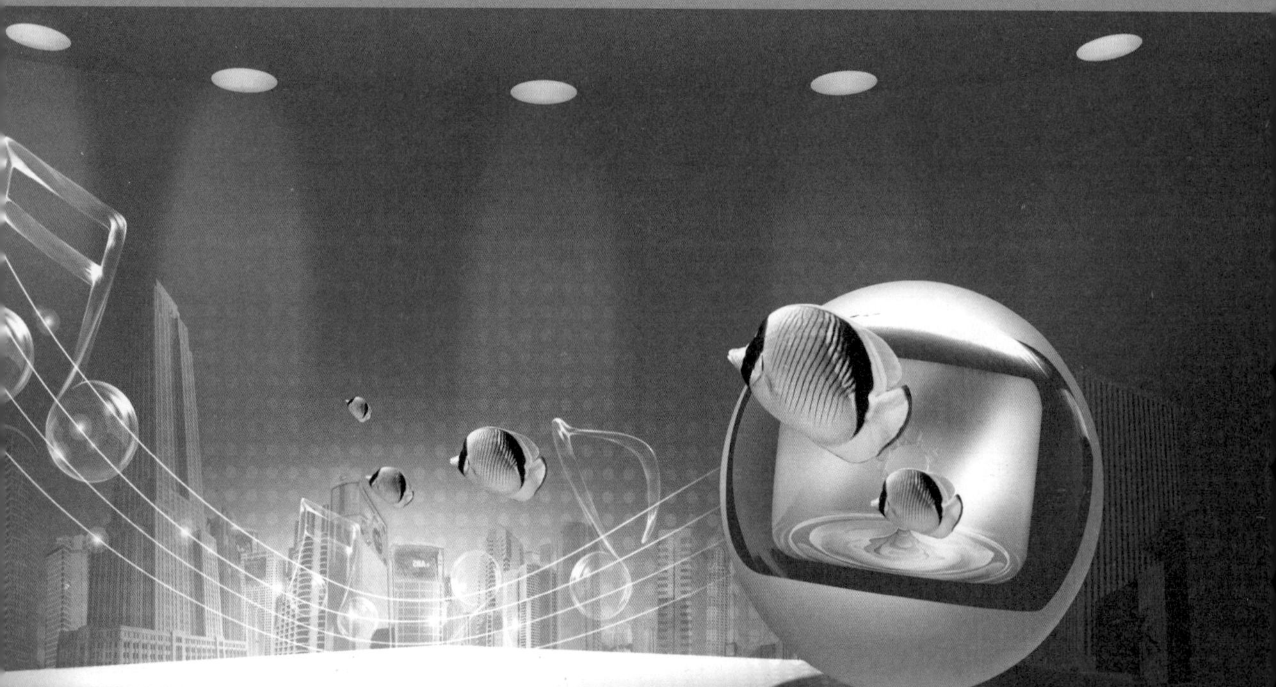

12.1 制作申请表

申请表是对某一职位、优惠政策的申请而填写的表格，它在本质上就是简历的一种。因此，申请表与简历的版式和内容大致相同。

扫码观看本节视频

12.1.1 制作表格框架

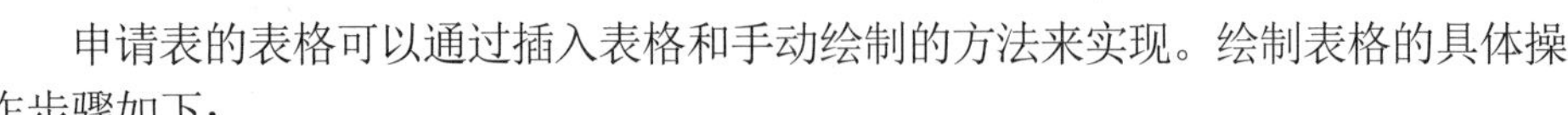

申请表的表格可以通过插入表格和手动绘制的方法来实现。绘制表格的具体操作步骤如下：

1 启动 Word 2016 程序，新建空白文档，设置文档的“页边距”为“适中”，如图 12-1 所示。

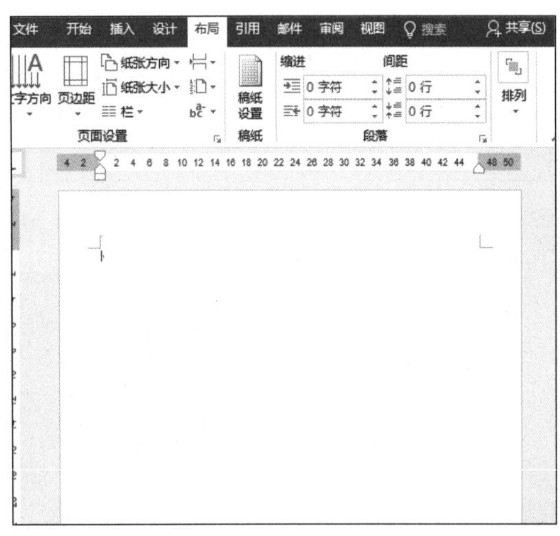

图 12-1 新建空白文档

2 切换至“插入”选项卡，单击“表格”按钮，在弹出的下拉列表中选择“插入表格”选项，如图 12-2 所示。

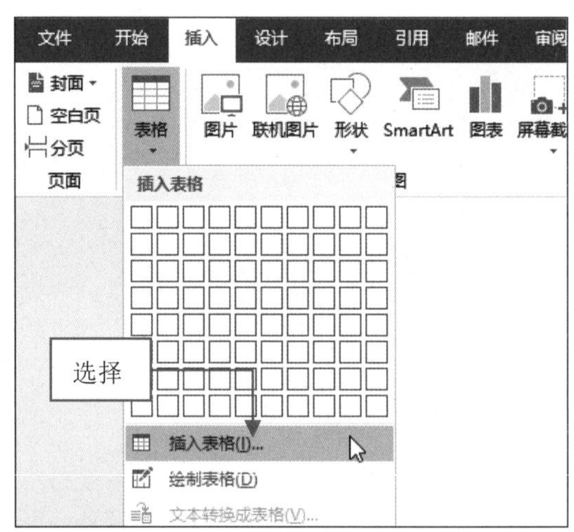

图 12-2 选择“插入表格”选项

3 在弹出的“插入表格”对话框中设置“列数”为 1、“行数”为 14，如图 12-3 所示。

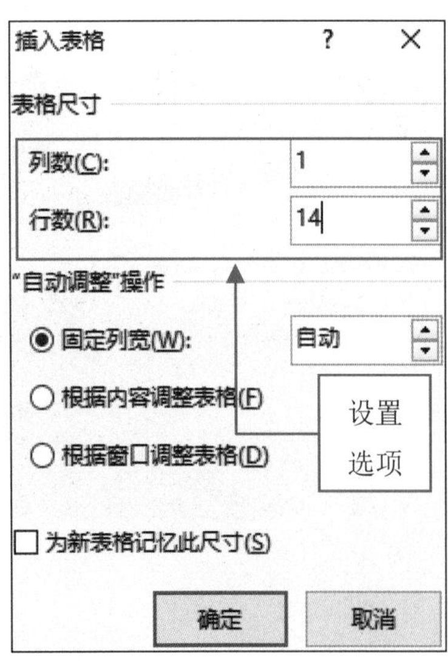

图 12-3 “插入表格”对话框

4 单击“确定”按钮，即可在文档编辑区中插入表格，如图 12-4 所示。

图 12-4 插入表格

5 切换至“表格工具”|“布局”选项卡，在“单元格大小”选项组中设置“表格行高”为 1 厘米、“表格列宽”为 17.2 厘米，如图 12-5 所示。

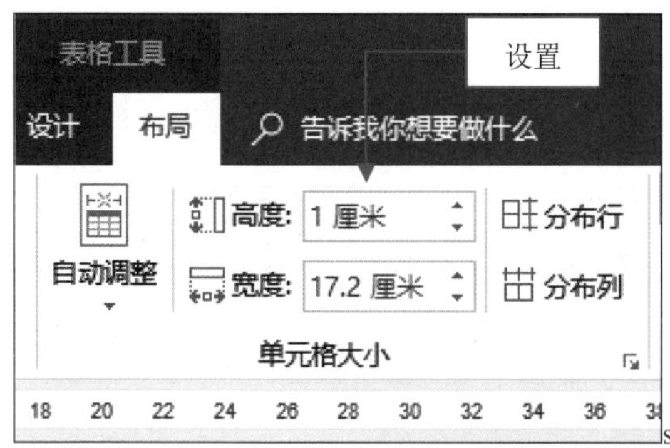

图 12-5　切换至“布局”选项卡

6 执行操作后，表格的单元格大小将随之改变，如图 12-6 所示。

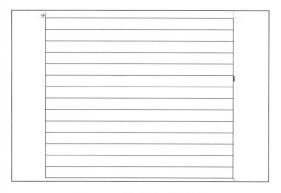

图 12-6　改变单元格大小

7 单击“绘图工具”|“布局”选项卡下“绘图”选项组中的“绘制表格”按钮，如图 12-7 所示。

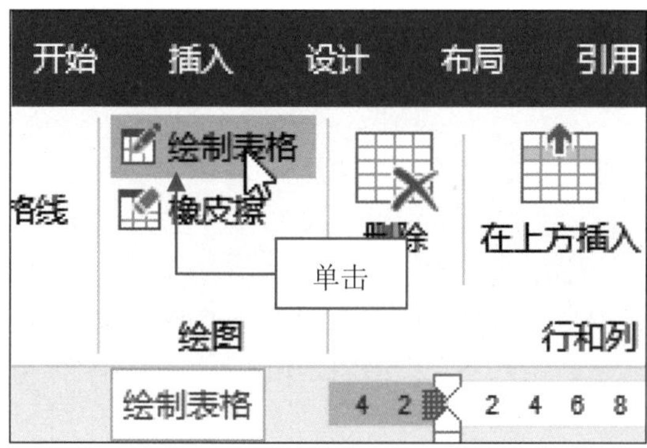

图 12-7　单击“绘制表格”按钮

8 将鼠标指针移至表格中的第 2 行上边框处，按住鼠标左键拖曳至第 11 行，如图 12-8 所示。

图 12-8　拖曳鼠标

9 释放鼠标左键后，即可绘制出一条垂直的竖线，如图 12-9 所示。

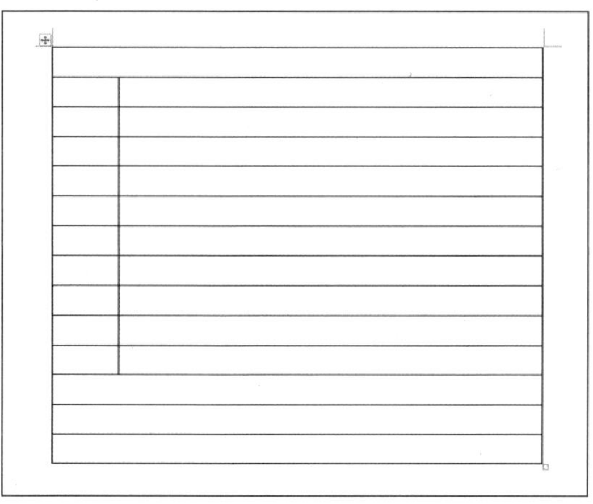

图 12-9　绘制竖线

10 用同样的方法，在表格中合适的位置绘制其他垂直竖线，如图 12-10 所示。

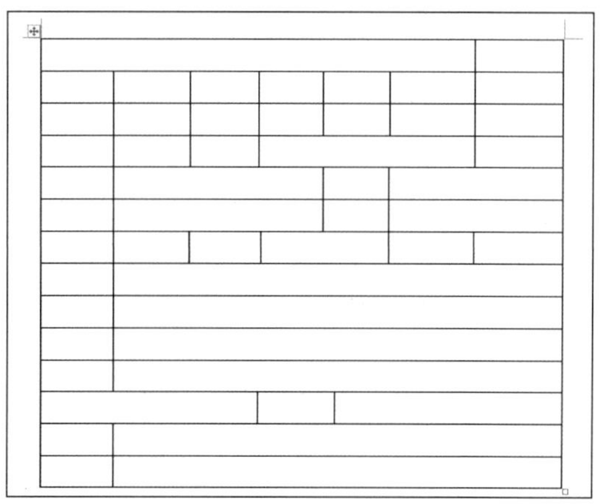

图 12-10　绘制其他竖线

11 将光标定位于第 1 行第 1 列单元格中并输入文本内容，如图 12-11 所示。

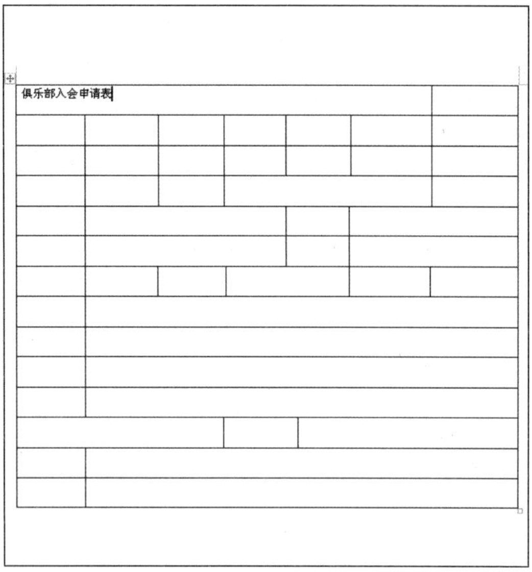

俱乐部入会申请表

图 12-11　输入文本内容

12 用同样的方法，在对应的单元格中输入相应的文本内容，如图 12-12 所示。

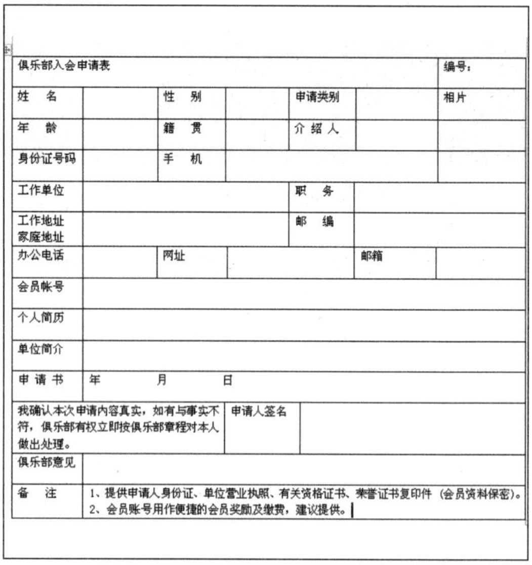

俱乐部入会申请表						编号：
姓　名		性　别		申请类别		相片
年　龄		籍　贯		介 绍 人		
身份证号码		手　机				
工作单位				职　务		
工作地址 家庭地址				邮　编		
办公电话		网址			邮箱	
会员帐号						
个人简历						
单位简介						
申 请 书	年　　月　　日					
我确认本次申请内容真实，如有与事实不符，俱乐部有权立即按俱乐部章程对本人做出处理。			申请人签名			
俱乐部意见						
备　注	1、提供申请人身份证、单位营业执照、有关资格证书、荣誉证书复印件（会员资料保密）。 2、会员账号用作便捷的会员奖励及缴费，建议提供。					

图 12-12　输入相应的文本内容

12.1.2　编辑表格内容

制作完表格框架后，还需要对表格以及表格中的内容进行适当的调整。编辑表格内容的具体操作步骤如下：

1 切换至“表格工具”|“布局”选项卡，单击“表”选项组中的“选择”按钮，在弹出的列表框中选择“选择表格”选项，选中整个表格，如图 12-13 所示。

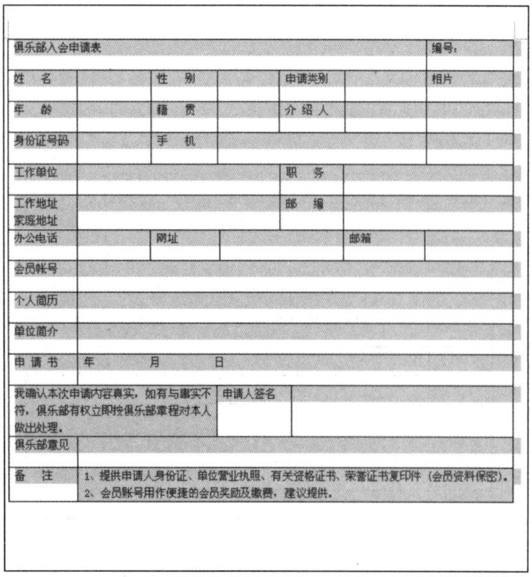

俱乐部入会申请表						编号：
姓　名		性　别		申请类别		相片
年　龄		籍　贯		介 绍 人		
身份证号码		手　机				
工作单位				职　务		
工作地址 家庭地址				邮　编		
办公电话		网址			邮箱	
会员帐号						
个人简历						
单位简介						
申 请 书	年　　月　　日					
我确认本次申请内容真实，如有与事实不符，俱乐部有权立即按俱乐部章程对本人做出处理。			申请人签名			
俱乐部意见						
备　注	1、提供申请人身份证、单位营业执照、有关资格证书、荣誉证书复印件（会员资料保密）。 2、会员账号用作便捷的会员奖励及缴费，建议提供。					

图 12-13　选中整个表格

2 在“对齐方式”选项组中单击“水平居中”按钮，使表格各单元格中的文本内容水平居中对齐，如图 12-14 所示。

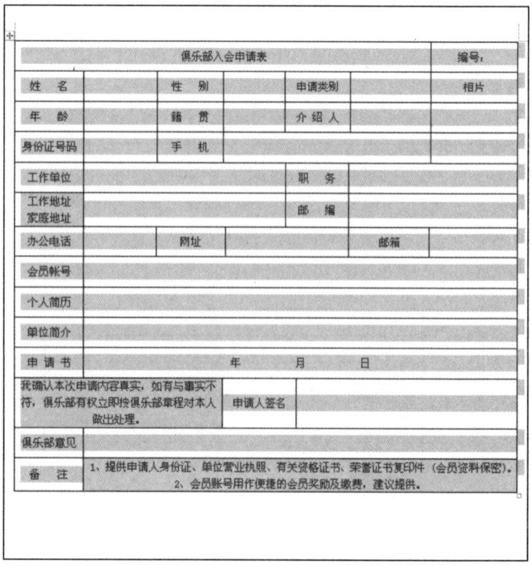

俱乐部入会申请表						编号：
姓　名		性　别		申请类别		相片
年　龄		籍　贯		介 绍 人		
身份证号码		手　机				
工作单位				职　务		
工作地址 家庭地址				邮　编		
办公电话		网址			邮箱	
会员帐号						
个人简历						
单位简介						
申 请 书	年　　月　　日					
我确认本次申请内容真实，如有与事实不符，俱乐部有权立即按俱乐部章程对本人做出处理。			申请人签名			
俱乐部意见						
备　注	1、提供申请人身份证、单位营业执照、有关资格证书、荣誉证书复印件（会员资料保密）。 2、会员账号用作便捷的会员奖励及缴费，建议提供。					

图 12-14　文本水平居中对齐

3 选中"俱乐部入会申请表"文本，设置"字号"为二号并加粗文字，如图 12-15 所示。

图 12-15　改变文字属性

4 在表格中选中多个单元格，如图 12-16 所示。

图 12-16　选中单元格

5 切换至"表格工具"|"布局"选项卡下，单击"合并"选项组中的"合并单元格"按钮，合并单元格，如图 12-17 所示。

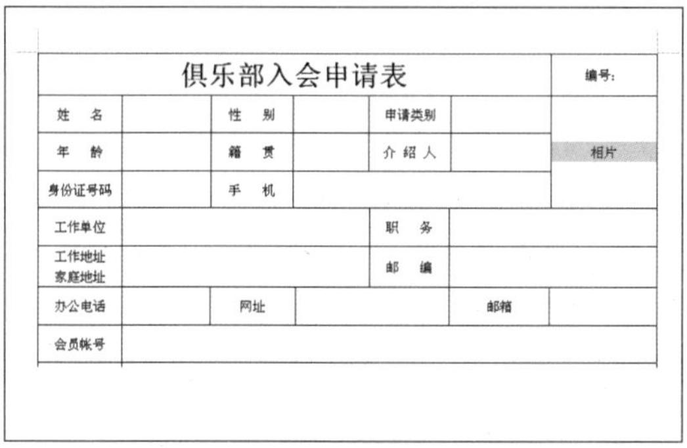

图 12-17　合并单元格

6 在按住【Ctrl】键的同时，选中两个单元格中的文本内容，如图 12-18 所示。

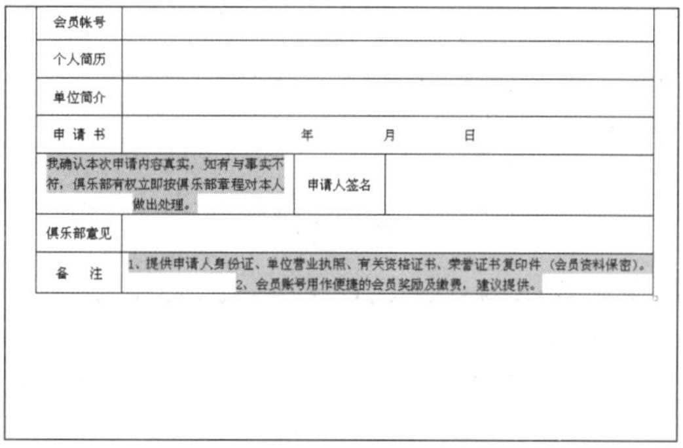

图 12-18　选中文本

7 切换至"开始"选项卡，单击"段落"选项组中的对话框启动器按钮，弹出"段落"对话框，设置相关参数，如图 12-19 所示。

图 12-19　"段落"对话框

8 单击"确定"按钮，所选单元格中文本内容的段落格式将随之改变，如图 12-20 所示。

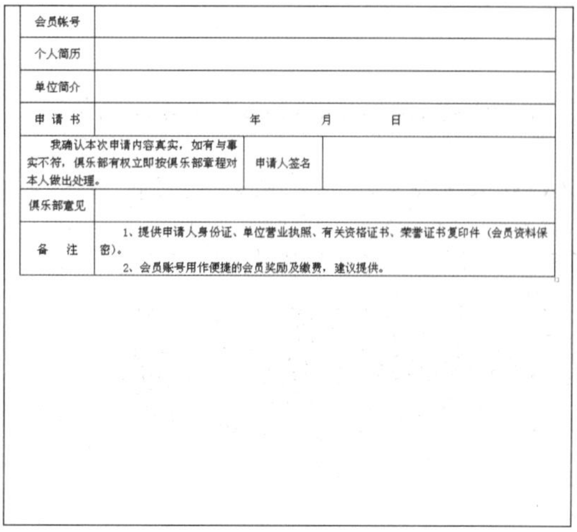

图 12-20　改变段落格式

9 在表格中选中第 9 行～第 11 行单元格，如图 12-21 所示。

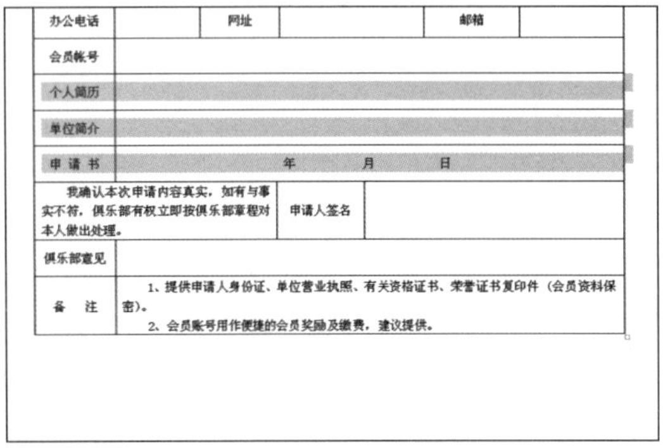

图 12-21 选中多行单元格

10 切换至“表格工具”|“布局”选项卡，在“单元格大小”选项组中设置“表格行高”为 2.5 厘米，改变单元格行高，如图 12-22 所示。

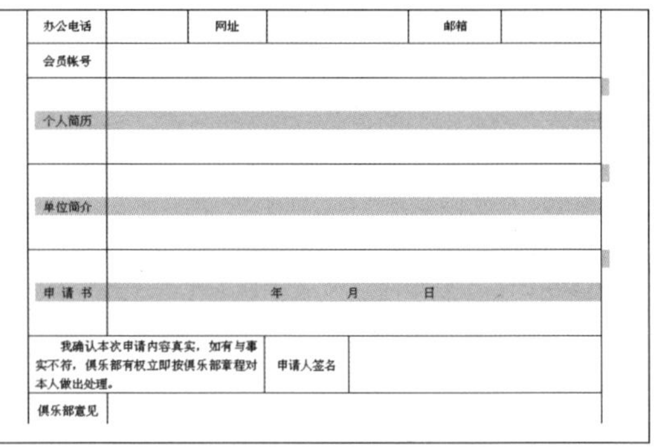

办公电话		网址		邮箱	
会员帐号					
个人简历					
单位简介					
申请书	年 月 日				
我确认本次申请内容真实，如有与事实不符，俱乐部有权立即按俱乐部章程对本人做出处理。		申请人签名			
俱乐部意见					

图 12-22 改变表格行高

11 用同样的方法，设置第 1 行 “表格行高”为 1.5 厘米，改变表格第 1 行的行高，如图 12-23 所示。

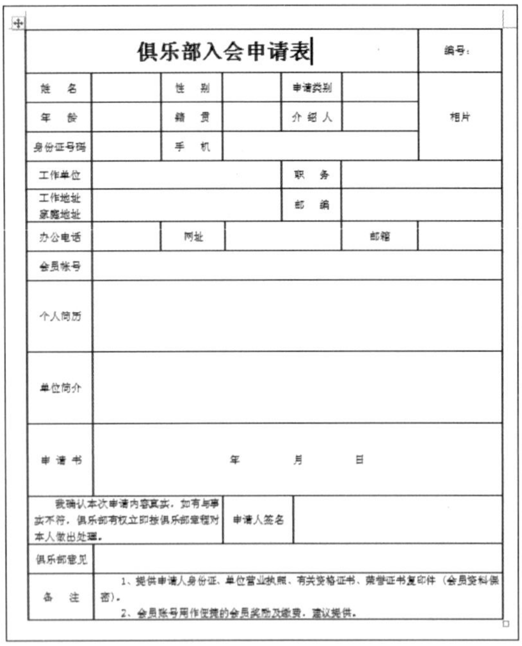

图 12-23 改变表格行高

12 根据需要对部分单元格中文本内容的对齐方式进行适当的调整，即可完成申请表的制作，最终效果如图 12-24 所示。

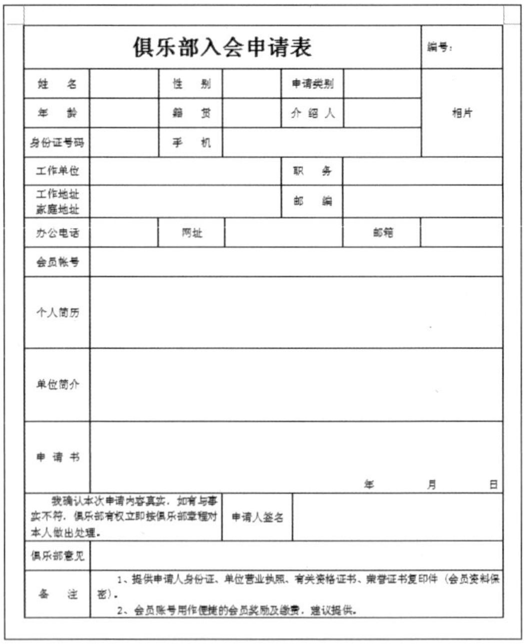

图 12-24 申请表最终效果

12.2 制作广告合同

在日常的商业事务中，广告合同的格式多种多样，而最常用的两种格式是条款式和表格式。

12.2.1 制作合同首页

合同首页就是合同的封面。制作合同首页的具体操作步骤如下：

1. 启动 Word 2016 程序，新建空白文档，在其中输入相应的文本内容，如图 12-25 所示。

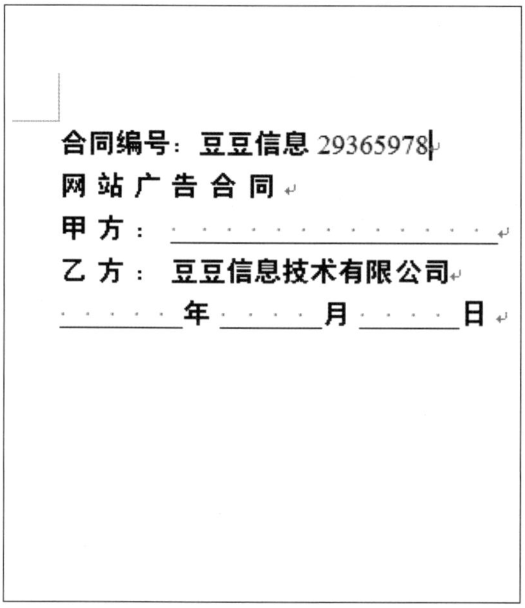

图 12-25　输入文本

2. 将光标定位于“网站广告合同”文本前，连续按【Enter】键，在文本前添加多个空白行，如图 12-26 所示。

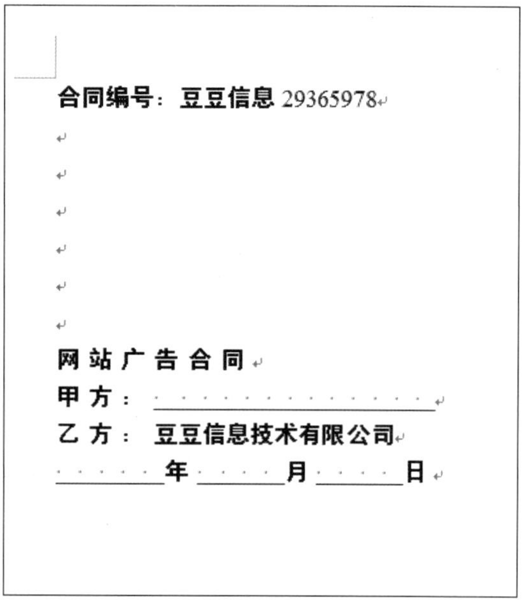

图 12-26　添加空白行

3. 用同样的方法，在其他文本内容前添加多个空白行，如图 12-27 所示。

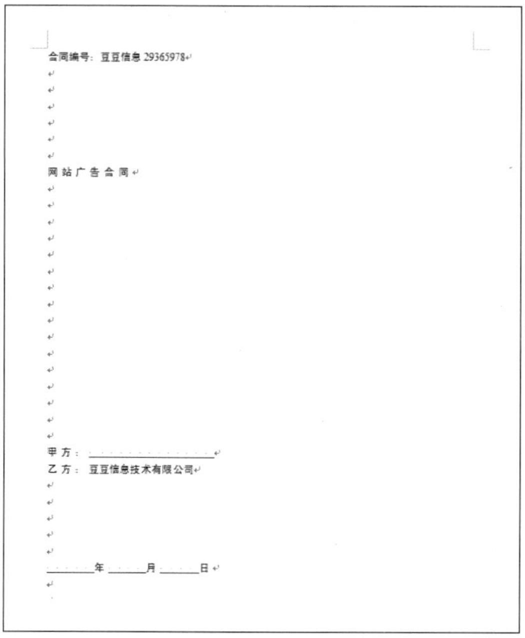

图 12-27　添加多个空白行

4. 选中“网站广告合同”文本，切换至“开始”选项卡，设置“字号”为“初号”，并单击“居中”按钮，使文本居中对齐，如图 12-28 所示。

图 12-28　使文本居中对齐

5 选中“甲方”“乙方”两个段落文本，设置“字号”为四号，如图 12-29 所示。

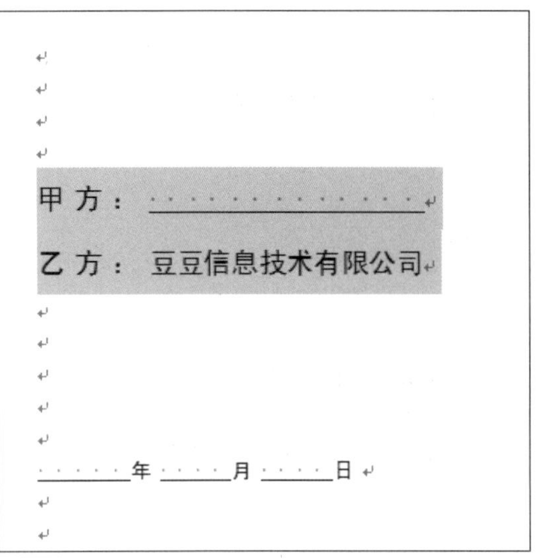

图 12-29 设置字号

6 单击“段落”选项组中的对话框启动器按钮，弹出“段落”对话框，设置相关参数，如图 12-30 所示。

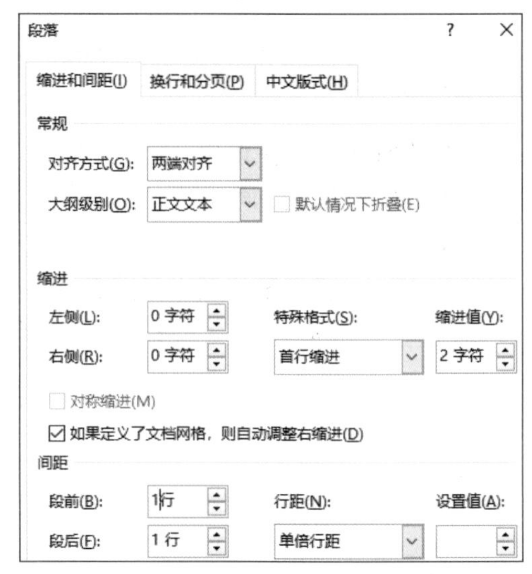

图 12-30 “段落”对话框

7 单击“确定”按钮，即可改变所选择段落文本的段落格式，如图 12-31 所示。

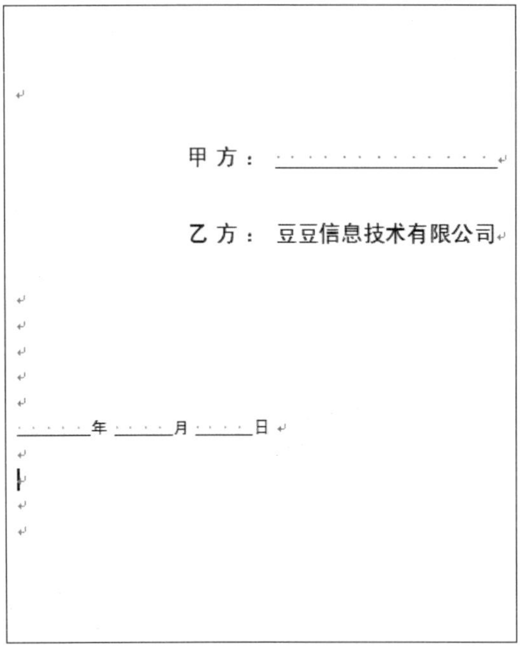

图 12-31 改变段落格式

8 用同样的方法，对其他文本内容的格式进行相应的设置，如图 12-32 所示。

图 12-32 设置各文本内容的格式

12.2.2 制作合同正文

制作合同正文的工作是拟定合同条款等内容。制作合同正文的具体操作步骤如下：

1 切换至“插入”选项卡，单击“页面”选项组中的“空白页”按钮，如图 12-33 所示。

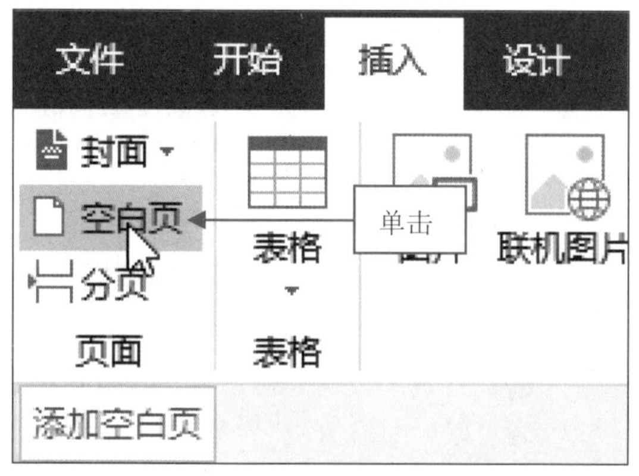

图 12-33　单击“空白页”按钮

2 执行操作后，即可在首页插入一个空白页，如图 12-34 所示。

甲 方：______________

乙 方：豆豆信息技术有限公司

______年 ______月 ______日

图 12-34　插入空白页

3 选择一种输入法，输入相关文本内容，如图 12-35 所示。

图 12-35　输入文本内容

4 在该页文档中选中前 3 行的文本内容，如图 12-36 所示。

图 12-36　选中前 3 行文本内容

5 在“开始”选项卡下的“字体”选项组中单击“加粗”按钮 **B**，使文本加粗，如图 12-37 所示。

图 12-37　加粗文本

6 单击“段落”选项组中的对话框启动器按钮，在弹出的“段落”对话框中设置“行距”为“2 倍行距”，如图 12-38 所示。

左侧(L): 0 字符　特殊格式(S): (无)　缩进值(Y):
右侧(R): 0 字符
☐ 对称缩进(M)
☑ 如果定义了文档网格，则自动调整右缩进(D)
间距
段前(B): 0 行　行距(N): 设置值(A):
段后(F): 0 行　2 倍行距
☐ 在相同样式的段落间不添加空格(C)
☑ 如果定义了文档网格，则对齐到网格(W)

图 12-38　设置“行距”

7 单击“确定”按钮，改变所选段落文本的行距，如图 12-39 所示。

甲　方：　乙　方：（豆豆软件）豆豆信息技术有限公司
地　址：　地　址：深圳市金大地公寓 8 栋 8016 室
联系电话：　联系电话：800-8208820
为充分利用 Internet 商业效用，开展电子商务活动，＿＿＿＿＿＿＿＿（以下简称甲方）委托＿豆豆软件（以下简称乙方）进行广告宣传，双方本着公平友好的原则，签订本合同，以兹信用。
一、甲方委托乙方于＿＿＿年＿＿月＿＿日至＿＿＿年＿＿月＿＿日期间在 中国广告传

图 12-39　改变行距

8 选中需要加粗显示的文本，然后单击“加粗”按钮 **B**，使文本加粗，如图 12-40 所示。

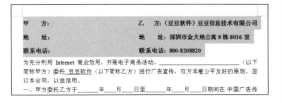

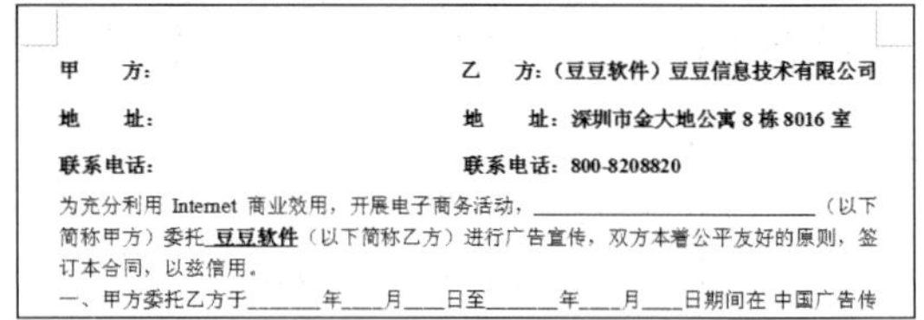
甲　方：　乙　方：（豆豆软件）豆豆信息技术有限公司
地　址：　地　址：深圳市金大地公寓 8 栋 8016 室
联系电话：　联系电话：800-8208820
为充分利用 Internet 商业效用，开展电子商务活动，＿＿＿＿＿＿＿＿（以下简称甲方）委托＿豆豆软件（以下简称乙方）进行广告宣传，双方本着公平友好的原则，签订本合同，以兹信用。
一、甲方委托乙方于＿＿＿年＿＿月＿＿日至＿＿＿年＿＿月＿＿日期间在 中国广告传

图 12-40　加粗文本

9 在文档编辑区中选中需要设置首行缩进的段落文本，如图 12-41 所示。

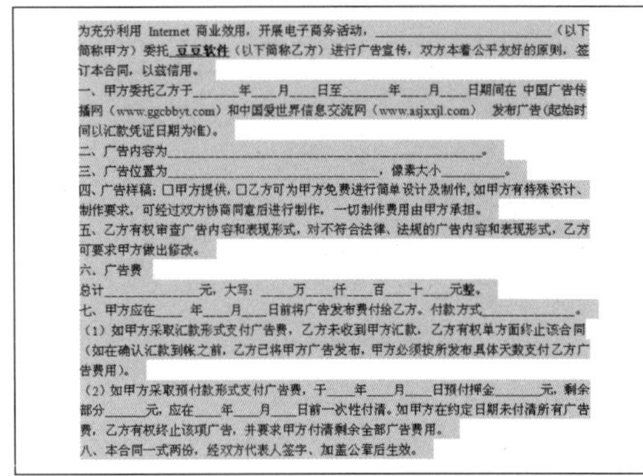
为充分利用 Internet 商业效用，开展电子商务活动，＿＿＿＿＿＿＿＿（以下简称甲方）委托＿豆豆软件（以下简称乙方）进行广告宣传，双方本着公平友好的原则，签订本合同，以兹信用。
一、甲方委托乙方于＿＿＿年＿＿月＿＿日至＿＿＿年＿＿月＿＿日期间在 中国广告传播网（www.ggcbbyt.com）和中国爱世界信息交流网（www.asjxxjl.com） 发布广告(起始时间以汇款凭证日期为准)。
二、广告内容为＿＿＿＿＿＿＿＿＿＿＿＿。
三、广告位置为＿＿＿＿＿＿＿＿，像素大小＿＿＿＿。
四、广告样稿：□甲方提供，□乙方可为甲方免费进行简单设计及制作，如甲方有特殊设计、制作要求，可经过双方协商同意后进行制作，一切制作费用由甲方承担。
五、乙方有权审查广告内容和表现形式，对不符合法律、法规的广告内容和表现形式，乙方可要求甲方做出修改。
六、广告费
总计＿＿＿＿＿＿元，大写：＿＿万＿＿仟＿＿百＿＿十＿＿元整。
七、甲方应在＿＿年＿＿月＿＿日前将广告发布费付给乙方。付款方式＿＿＿＿＿＿。
（1）如甲方采取汇款形式支付广告费，乙方未收到甲方汇款，乙方有权单方面终止该合同（如在确认汇款到帐之前，乙方已将甲方广告发布，甲方必须按所发布具体天数支付乙方广告费用）。
（2）如甲方采取预付款形式支付广告费，于＿＿年＿＿月＿＿日预付押金＿＿＿元，剩余部分＿＿＿元，应在＿＿年＿＿月＿＿日前一次性付清。如甲方在约定日期未付清所有广告费，乙方有权终止该项广告，并要求甲方付清剩余全部广告费用。
八、本合同一式两份，经双方代表人签字、加盖公章后生效。

图 12-41　选中段落文本

10 打开“段落”对话框，设置“特殊格式”为“首行缩进”，然后单击“确定”按钮，改变段落格式，如图 12-42 所示。

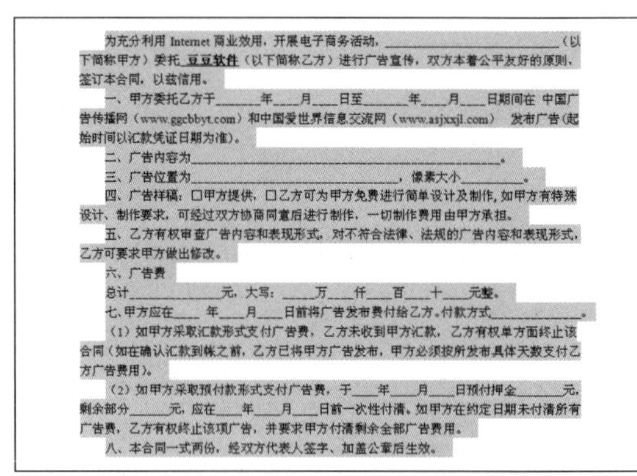
为充分利用 Internet 商业效用，开展电子商务活动，＿＿＿＿＿＿＿＿（以下简称甲方）委托＿豆豆软件（以下简称乙方）进行广告宣传，双方本着公平友好的原则，签订本合同，以兹信用。
一、甲方委托乙方于＿＿＿年＿＿月＿＿日至＿＿＿年＿＿月＿＿日期间在 中国广告传播网（www.ggcbbyt.com）和中国爱世界信息交流网（www.asjxxjl.com） 发布广告(起始时间以汇款凭证日期为准)。
二、广告内容为＿＿＿＿＿＿＿＿＿＿＿＿。
三、广告位置为＿＿＿＿＿＿＿＿，像素大小＿＿＿＿。
四、广告样稿：□甲方提供，□乙方可为甲方免费进行简单设计及制作，如甲方有特殊设计、制作要求，可经过双方协商同意后进行制作，一切制作费用由甲方承担。
五、乙方有权审查广告内容和表现形式，对不符合法律、法规的广告内容和表现形式，乙方可要求甲方做出修改。
六、广告费
总计＿＿＿＿＿＿元，大写：＿＿万＿＿仟＿＿百＿＿十＿＿元整。
七、甲方应在＿＿年＿＿月＿＿日前将广告发布费付给乙方。付款方式＿＿＿＿＿＿。
（1）如甲方采取汇款形式支付广告费，乙方未收到甲方汇款，乙方有权单方面终止该合同（如在确认汇款到帐之前，乙方已将甲方广告发布，甲方必须按所发布具体天数支付乙方广告费用）。
（2）如甲方采取预付款形式支付广告费，于＿＿年＿＿月＿＿日预付押金＿＿＿元，剩余部分＿＿＿元，应在＿＿年＿＿月＿＿日前一次性付清。如甲方在约定日期未付清所有广告费，乙方有权终止该项广告，并要求甲方付清剩余全部广告费用。
八、本合同一式两份，经双方代表人签字、加盖公章后生效。

图 12-42　改变段落格式

12.2.3　制作合同表格

在合同的最后应制作表格用于填写合同双方的相关信息。制作合同表格的具体操作步骤如下：

1 将光标定位于需要插入表格的位置，如图 12-43 所示。

（2）如甲方采取预付款形式支付广告费，于＿＿年＿＿月＿＿日预付押金＿＿＿元，剩余部分＿＿＿元，应在＿＿年＿＿月＿＿日前一次性付清。如甲方在约定日期未付清所有广告费，乙方有权终止该项广告，并要求甲方付清剩余全部广告费用。
八、本合同一式两份，经双方代表人签字、加盖公章后生效。

光标

图 12-43　定位光标

2 切换到“插入”选项卡，单击“表格”选项组中的“表格”按钮，在弹出的下拉列表中选择 5 行 2 列单元格，如图 12-44 所示。

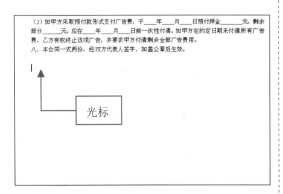

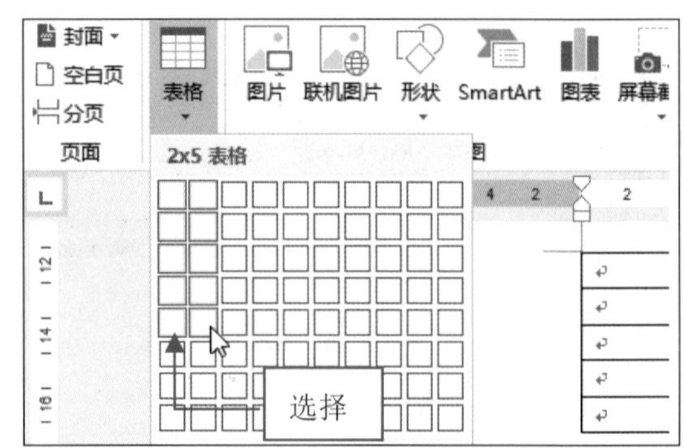

图 12-44　选择单元格

3 执行操作后，即可在文档中插入表格，如图 12-45 所示。

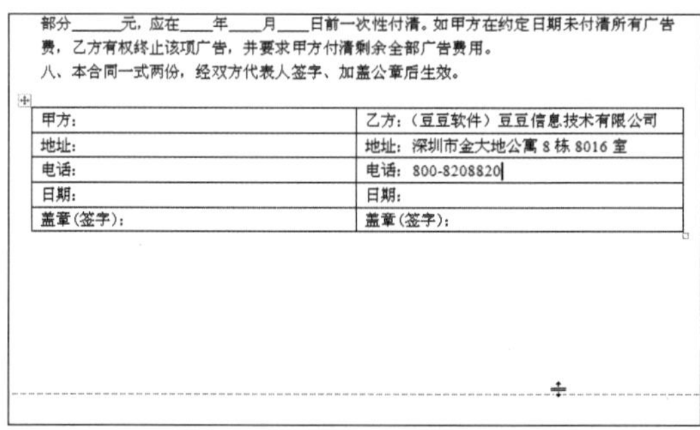

七、甲方应在____年____月____日前将广告发布费付给乙方。付款方式______________。
（1）如甲方采取汇款形式支付广告费，乙方未收到甲方汇款，乙方有权单方面终止该合同（如在确认汇款到帐之前，乙方已将甲方广告发布，甲方必须按所发布具体天数支付乙方广告费用）。
（2）如甲方采取预付款形式支付广告费，于____年____月____日预付押金______元，剩余部分______元，应在____年____月____日前一次性付清。如甲方在约定日期未付清所有广告费，乙方有权终止该项广告，并要求甲方付清剩余全部广告费用。
八、本合同一式两份，经双方代表人签字、加盖公章后生效。

图 12-45　插入表格

4 在各单元格中分别输入相应的文本内容，如图 12-46 所示。

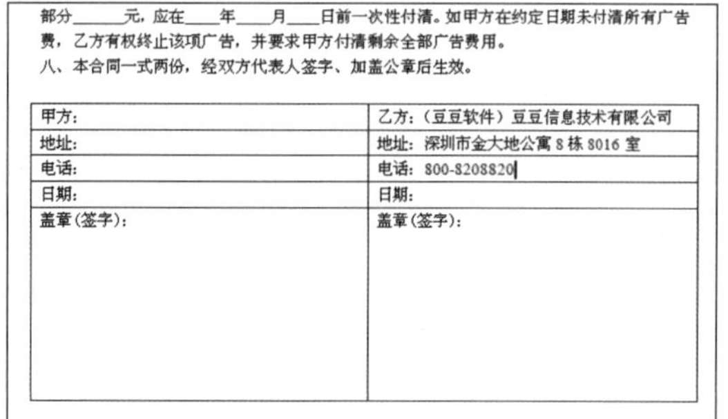

七、甲方应在____年____月____日前将广告发布费付给乙方。付款方式______________。
（1）如甲方采取汇款形式支付广告费，乙方未收到甲方汇款，乙方有权单方面终止该合同（如在确认汇款到帐之前，乙方已将甲方广告发布，甲方必须按所发布具体天数支付乙方广告费用）。
（2）如甲方采取预付款形式支付广告费，于____年____月____日预付押金______元，剩余部分______元，应在____年____月____日前一次性付清。如甲方在约定日期未付清所有广告费，乙方有权终止该项广告，并要求甲方付清剩余全部广告费用。
八、本合同一式两份，经双方代表人签字、加盖公章后生效。

甲方：	乙方：（豆豆软件）豆豆信息技术有限公司
地址：	地址：深圳市金大地公寓 8 栋 8016 室
电话：	电话：800-8208820
日期：	日期：
盖章（签字）：	盖章（签字）：

图 12-46　输入文本内容

5 将光标移至最后一行的边框上，按住鼠标左键并向下拖曳，如图 12-47 所示。

部分______元，应在____年____月____日前一次性付清。如甲方在约定日期未付清所有广告费，乙方有权终止该项广告，并要求甲方付清剩余全部广告费用。
八、本合同一式两份，经双方代表人签字、加盖公章后生效。

甲方：	乙方：（豆豆软件）豆豆信息技术有限公司
地址：	地址：深圳市金大地公寓 8 栋 8016 室
电话：	电话：800-8208820
日期：	日期：
盖章（签字）：	盖章（签字）：

图 12-47　拖曳鼠标

6 至合适位置后释放鼠标，即可调整最后一行的行高，如图 12-48 所示。

部分______元，应在____年____月____日前一次性付清。如甲方在约定日期未付清所有广告费，乙方有权终止该项广告，并要求甲方付清剩余全部广告费用。
八、本合同一式两份，经双方代表人签字、加盖公章后生效。

甲方：	乙方：（豆豆软件）豆豆信息技术有限公司
地址：	地址：深圳市金大地公寓 8 栋 8016 室
电话：	电话：800-8208820
日期：	日期：
盖章（签字）：	盖章（签字）：

图 12-48　调整行高

7 选择一种输入法，在表格的下方输入相关内容，如图 12-49 所示。

（2）如甲方采取预付款形式支付广告费，于____年____月____日预付押金______元，剩余部分______元，应在____年____月____日前一次性付清。如甲方在约定日期未付清所有广告费，乙方有权终止该项广告，并要求甲方付清剩余全部广告费用。
八、本合同一式两份，经双方代表人签字、加盖公章后生效。

甲方：	乙方：（豆豆软件）豆豆信息技术有限公司
地址：	地址：深圳市金大地公寓 8 栋 8016 室
电话：	电话：800-8208820
日期：	日期：
盖章（签字）：	盖章（签字）：

附加说明：
1、在有效期间不改变广告位置。
2、下期同等价位该客户优先订购。

图 12-49　输入文本内容

8 至此，广告合同制作完毕，最终效果如图 12-50 所示。

网站广告合同

图 12-50　广告合同最终效果

12.3　制作考核表

考核表常用于考核公司员工的工作情况，在考核员工的同时也对公司的整体素质进行调查。制作考核表的类别有很多种，如年度考核表、人员考核表和技术考核表等。

12.3.1 制作表格框架

制作表格式考核表的第一步就是制作出符合要求的表格。制作表格框架的具体操作步骤如下：

1 启动 Word 2016 程序，新建空白文档，在文档编辑区中输入相关文本内容，如图 12-51 所示。

图 12-51 输入文本

2 选中“作业员考核表”文本，设置对齐方式为“居中对齐”，选中“年月日”文本，设置对齐方式为“右对齐”，如图 12-52 所示。

图 12-52 设置文本对齐方式

3 按【Enter】键执行换行操作，单击“左对齐”按钮，将光标定位于文档左侧，如图 12-53 所示。

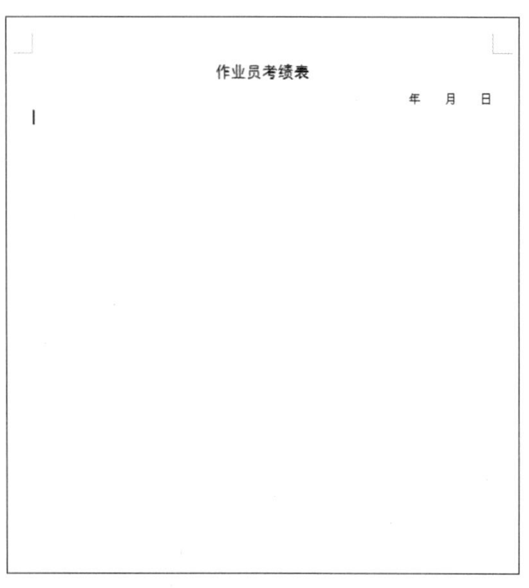

图 12-53 定位光标

4 切换至“插入”选项卡，单击“表格”按钮，在弹出的下拉列表中选择“插入表格”选项，弹出“插入表格”对话框，设置“行数”和“列数”，如图 12-54 所示。

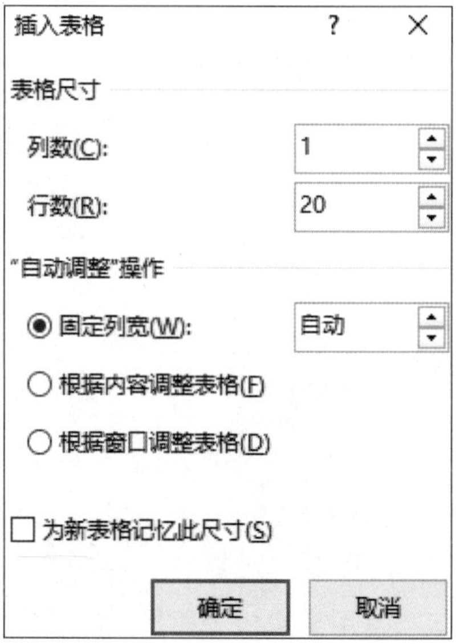

图 12-54 “插入表格”对话框

5 单击“确定”按钮，即可在文档中插入对应行数和列数的表格，如图 12-55 所示。

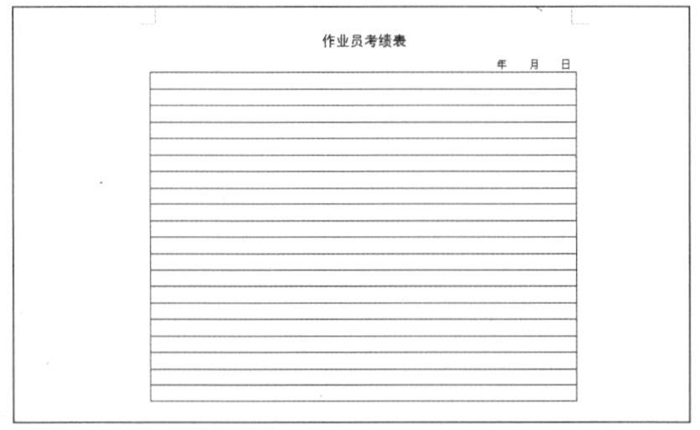

图 12-55　插入表格

6 将鼠标指针移至表格左上角的图标上，单击鼠标左键，选中整个表格，如图 12-56 所示。

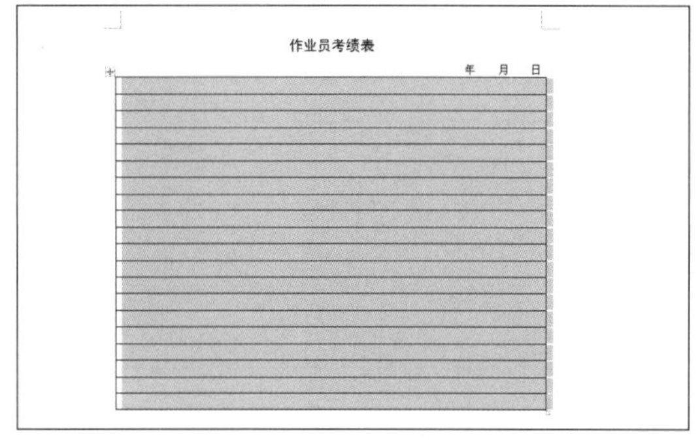

图 12-56　选中整个表格

7 切换至“表格工具”|“布局”选项卡，在“单元格大小”选项组中设置“表格行高”为 1 厘米、“表格列宽”为 15 厘米，如图 12-57 所示。

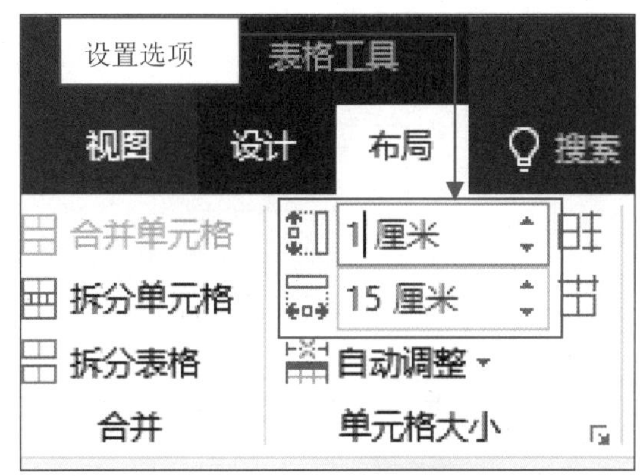

图 12-57　设置各选项

8 执行操作后，表格的行高和列宽将随之改变，如图 12-58 所示。

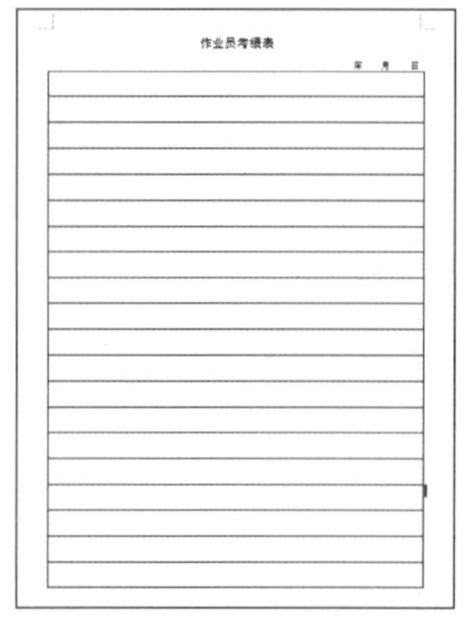

图 12-58　改变行高和列宽

9 将光标定位于第 1 行单元格中，如图 12-59 所示。

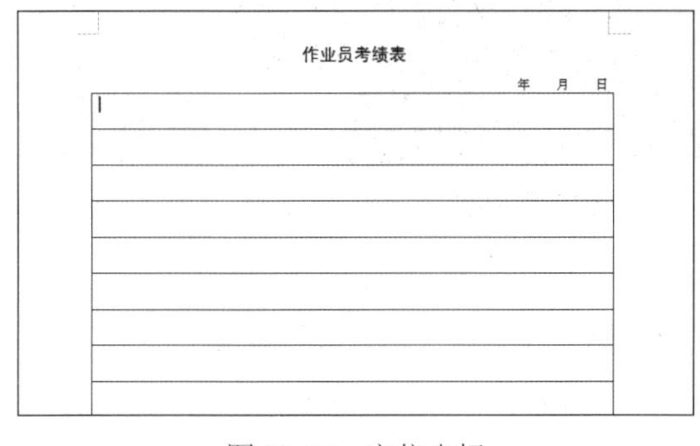

图 12-59　定位光标

10 单击“表格工具”|“布局”选项卡下“合并”选项组中的“拆分单元格”按钮，在弹出的“拆分单元格”对话框中设置“行数”和“列数”，如图 12-60 所示。

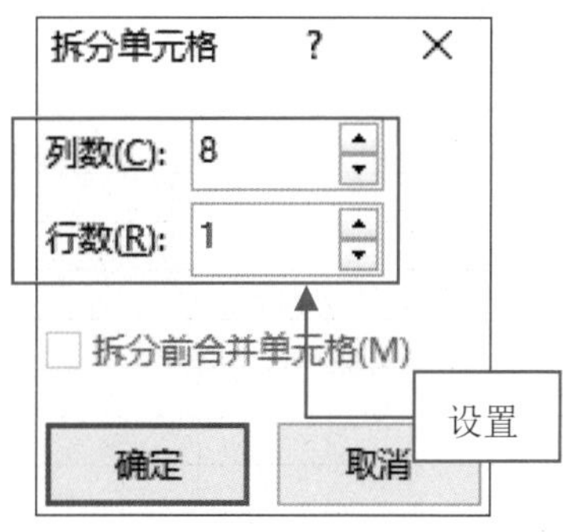

图 12-60　“拆分单元格”选项

11 单击“确定”按钮，即可拆分单元格，如图 12-61 所示。

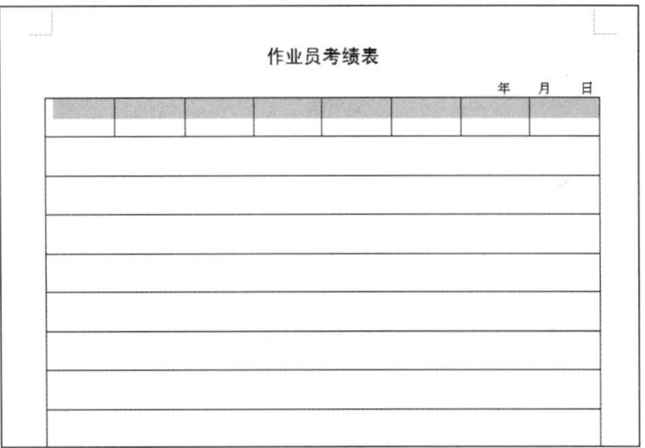

图 12-61 拆分单元格

12 用同样的方法，对第 2 行的单元格进行拆分，如图 12-62 所示。

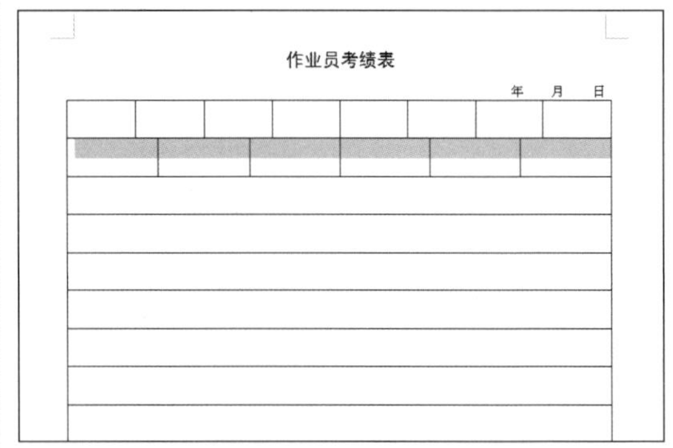

图 12-62 拆分第 2 行单元格

13 利用鼠标调整各单元格的宽度，如图 12-63 所示。

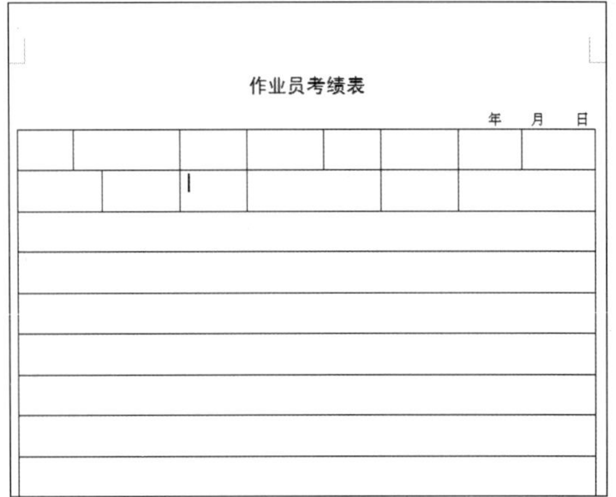

图 12-63 调整单元格宽度

14 参照步骤（9）～（13）的操作方法，拆分单元格并调整各单元格的高度和宽度，如图 12-64 所示。

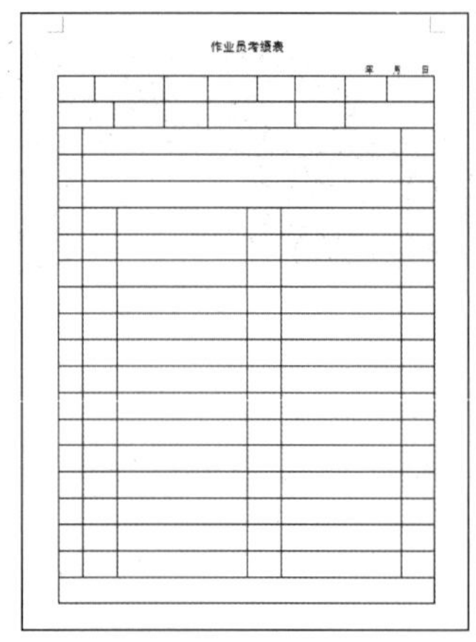

图 12-64 调整各单元格

15 选中第 3 行～第 5 行中的第 1 列单元格，如图 12-65 所示。

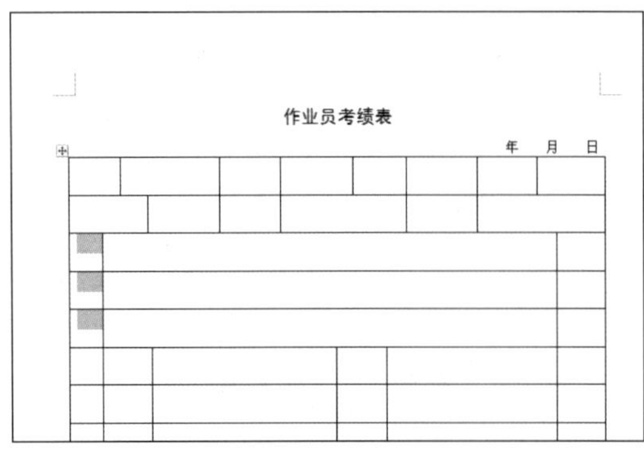

图 12-65 选中单元格

16 切换至“表格工具”|“布局”选项卡，单击“合并”选项组中的“合并单元格”按钮，如图 12-66 所示。

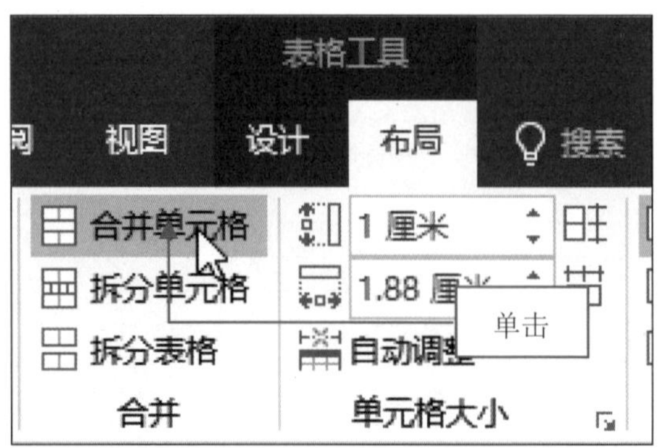

图 12-66 单击“合并单元格”按钮

第12章

17. 执行操作后，即可合并所选择的单元格，如图 12-67 所示。

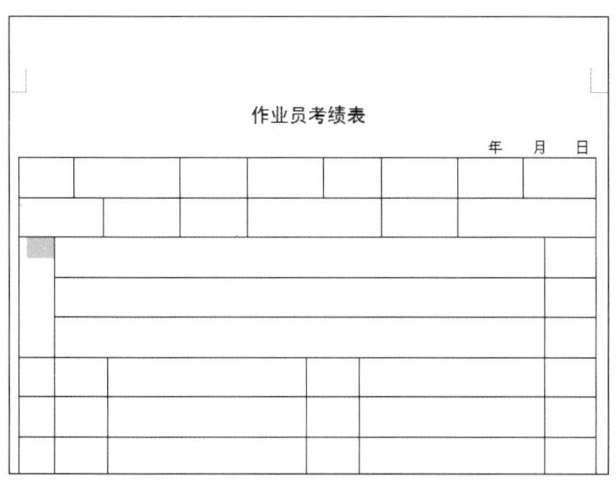

图 12-67　合并单元格

18. 用同样的方法，合并其他需要合并的单元格，如图 12-68 所示。

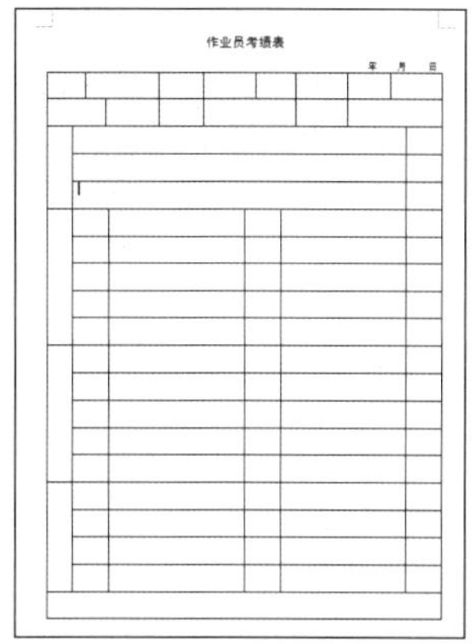

图 12-68　合并其他单元格

12.3.2　添加表格文本

考核表中的内容主要包括人员信息和相关的考核问题。添加表格文本的具体操作步骤如下：

1. 在各单元格中分别输入所需的文本内容，如图 12-69 所示。

作业员考绩表

年　月　日

工号		姓名		到职日	年　月　日	年资	
工作单位		主管姓名		工资	本薪　加给		

出勤	每旷工一日扣 5 分				
	每请假一日扣 1 分				
	每迟到一次扣 1 分				
工作知识	给分	考 核 事 项	给分	考 核 事 项	给分
	5	经常询问生产技术问题		可会同处理生的问题	
	5	经常提出方法建议		能协助主管处理技术问题	
	5	了解机器材料使用		知道如何省用材料、工具	
	5	对于品质优劣能评定		能了解工具机器材料好坏	
合作精神	10	准时上下班		愿协助新同事	
	10	遵守公司各项规定		很少与人发生口角	
	10	遵守各项安全规定		乐意参加各项团体活动	
	10	接受工作调动		易接受他人意见	
	10	愿意担任他人不愿做的工作		整洁习惯良好	
适应性	10	曾担任若干种工作		工作适应性强	
	10	有能力使用复杂机器			
	10	均接受训练			
	10	专业知识良好			
备注	等级	总评分			

图 12-69　输入文本内容

2. 选中整个表格中的文本内容，如图 12-70 所示。

作业员考绩表

年　月　日

工号		姓名		到职日	年　月　日	年资	
工作单位		主管姓名		工资	本薪　加给		

出勤	每旷工一日扣 5 分				
	每请假一日扣 1 分				
	每迟到一次扣 1 分				
工作知识	给分	考 核 事 项	给分	考 核 事 项	给分
	5	经常询问生产技术问题		可会同处理生的问题	
	5	经常提出方法建议		能协助主管处理技术问题	
	5	了解机器材料使用		知道如何省用材料、工具	
	5	对于品质优劣能评定		能了解工具机器材料好坏	
合作精神	10	准时上下班		愿协助新同事	
	10	遵守公司各项规定		很少与人发生口角	
	10	遵守各项安全规定		乐意参加各项团体活动	
	10	接受工作调动		易接受他人意见	
	10	愿意担任他人不愿做的工作		整洁习惯良好	
适应性	10	曾担任若干种工作		工作适应性强	
	10	有能力使用复杂机器			
	10	均接受训练			
	10	专业知识良好			
备注	等级	总评分			

图 12-70　选中文本内容

3 切换至“表格工具”|“布局”选项卡，单击“对齐方式”选项组中的“中部两端对齐”按钮，如图 12-71 所示。

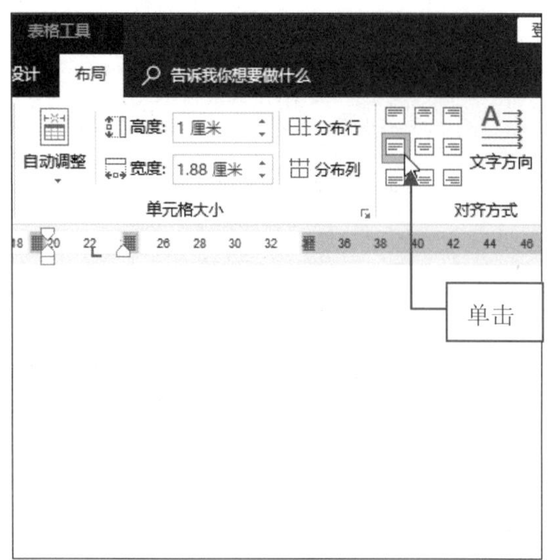

图 12-71 单击“中部两端对齐”按钮

4 执行操作后，即可改变表格中文本的对齐方式，如图 12-72 所示。

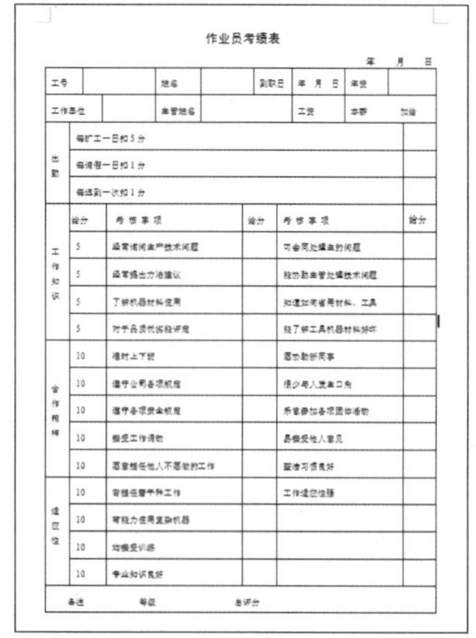

作业员考绩表

年 月 日

工号		姓名		到职日	年 月 日	年资	
工作单位		主管姓名		工资	本薪	加给	
出勤	每旷工一日扣5分						
	每请假一日扣1分						
	每迟到一次扣1分						
	给分	考核事项	给分	考核事项	给分		
工作知识	5	经常询问生产技术问题		可会同处理生产的问题			
	5	经常提出方法建议		能协助主管处理技术问题			
	5	了解机器材料使用		知道如何省用材料、工具			
	5	对于品质优劣能评定		能了解工具机器材料好坏			
合作精神	10	准时上下班		愿协助新同事			
	10	遵守公司各项规定		很少与人发生口角			
	10	遵守各项安全规定		乐意参加各项团体活动			
	10	接受工作调动		易接受他人意见			
	10	愿意担任他人不愿做的工作		整洁习惯良好			
适应性	10	曾担任若干种工作		工作适应性强			
	10	有能力使用复杂机器					
	10	均接受训练					
	10	专业知识良好					
备注	等级	总评分					

图 12-72 改变对齐方式

5 在按住【Ctrl】键的同时，选中表格中的部分文本内容，如图 12-73 所示。

作业员考绩表

年 月 日

工号		姓名		到职日	年 月 日	年资	
工作单位		主管姓名		工资	本薪	加给	
出勤	每旷工一日扣5分						
	每请假一日扣1分						
	每迟到一次扣1分						
	给分	考核事项	给分	考核事项	给分		
工作知识	5	经常询问生产技术问题		可会同处理生产的问题			
	5	经常提出方法建议		能协助主管处理技术问题			
	5	了解机器材料使用		知道如何省用材料、工具			
	5	对于品质优劣能评定		能了解工具机器材料好坏			
合作精神	10	准时上下班		愿协助新同事			
	10	遵守公司各项规定		很少与人发生口角			
	10	遵守各项安全规定		乐意参加各项团体活动			
	10	接受工作调动		易接受他人意见			
	10	愿意担任他人不愿做的工作		整洁习惯良好			
适应性	10	曾担任若干种工作		工作适应性强			
	10	有能力使用复杂机器					
	10	均接受训练					
	10	专业知识良好					
备注	等级	总评分					

图 12-73 选中文本

6 单击“对齐方式”选项组中的“水平居中”按钮，使文本水平居中对齐，如图 12-74 所示。

作业员考绩表

年 月 日

工号		姓名		到职日	年 月 日	年资	
工作单位		主管姓名		工资	本薪	加给	
出勤	每旷工一日扣5分						
	每请假一日扣1分						
	每迟到一次扣1分						
	给分	考核事项	给分	考核事项	给分		
工作知识	5	经常询问生产技术问题		可会同处理生产的问题			
	5	经常提出方法建议		能协助主管处理技术问题			
	5	了解机器材料使用		知道如何省用材料、工具			
	5	对于品质优劣能评定		能了解工具机器材料好坏			
合作精神	10	准时上下班		愿协助新同事			
	10	遵守公司各项规定		很少与人发生口角			
	10	遵守各项安全规定		乐意参加各项团体活动			
	10	接受工作调动		易接受他人意见			
	10	愿意担任他人不愿做的工作		整洁习惯良好			
适应性	10	曾担任若干种工作		工作适应性强			
	10	有能力使用复杂机器					
	10	均接受训练					
	10	专业知识良好					
备注	等级	总评分					

图 12-74 文本水平居中对齐

7 用同样的方法，调整部分文本的对齐方式，如图 12-75 所示。

作业员考绩表

年　月　日

工号		姓名		到职日	年　月　日	年资	
工作单位		主管姓名			工资	本薪	加给
出勤	每旷工一日扣 5 分						
	每请假一日扣 1 分						
	每迟到一次扣 1 分						
工作知识	给分	考核事项		给分	考核事项	给分	
	5	经常询问生产技术问题			可会同处理生产的问题		
	5	经常提出方法建议			能协助主管处理技术问题		
	5	了解机器材料使用			知道如何省用材料、工具		
	5	对于品质优劣能评定			能了解工具机器材料好坏		
合作精神	10	准时上下班			愿协助新同事		
	10	遵守公司各项规定			很少与人发生口角		
	10	遵守各项安全规定			乐意参加各项团体活动		
	10	接受工作调动			易接受他人意见		
	10	愿意担任他人不愿做的工作			整洁习惯良好		
适应性	10	曾担任若干种工作			工作适应性强		
	10	有能力使用复杂机器					
	10	均接受训练					
	10	专业知识良好					
备注		等级		总评分			

图 12-75　调整部分文本对齐方式

8 选中整个表格，切换至“表格工具”|“设计”选项卡，单击“边框”选项组中的“边框”按钮，在弹出的下拉列表中选择“边框和底纹”选项，如图 12-76 所示。

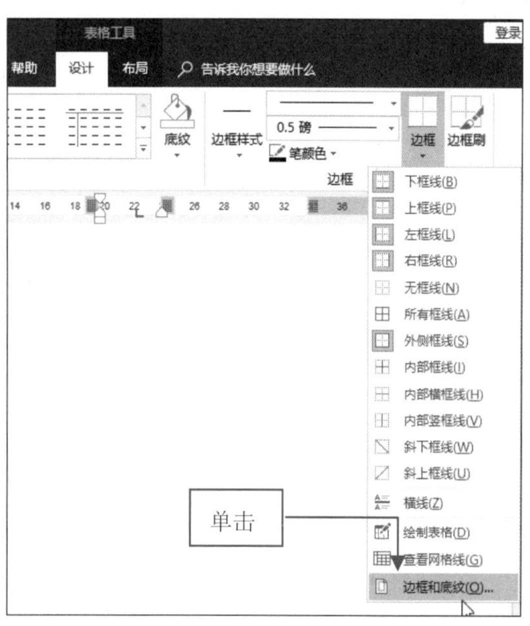

图 12-76　单击“边框”按钮

9 弹出“边框和底纹”对话框，切换至“边框”选项卡，设置各选项，如图 12-77 所示。

边框和底纹　?　×

边框(B)　页面边框(P)　底纹(S)

设置:　无(N)　方框(X)　全部(A)　虚框(D)　自定义(U)

样式(Y):

颜色(C):　自动

宽度(W):　2.25 磅

预览　单击下方图示或使用按钮可应用边框

应用于(L):　表格

选项(O)...

确定　取消

图 12-77　“边框和底纹”对话框

10 单击“确定”按钮，改变表格的边框效果，完成考核表的制作，最终效果如图 12-78 所示。

作业员考绩表

年　月　日

工号		姓名		到职日	年　月　日	年资	
工作单位		主管姓名			工资	本薪	加给
出勤	每旷工一日扣 5 分						
	每请假一日扣 1 分						
	每迟到一次扣 1 分						
工作知识	给分	考核事项		给分	考核事项	给分	
	5	经常询问生产技术问题			可会同处理生产的问题		
	5	经常提出方法建议			能协助主管处理技术问题		
	5	了解机器材料使用			知道如何省用材料、工具		
	5	对于品质优劣能评定			能了解工具机器材料好坏		
合作精神	10	准时上下班			愿协助新同事		
	10	遵守公司各项规定			很少与人发生口角		
	10	遵守各项安全规定			乐意参加各项团体活动		
	10	接受工作调动			易接受他人意见		
	10	愿意担任他人不愿做的工作			整洁习惯良好		
适应性	10	曾担任若干种工作			工作适应性强		
	10	有能力使用复杂机器					
	10	均接受训练					
	10	专业知识良好					
备注		等级		总评分			

图 12-78　考核表最终效果

第12章

精品图书 推荐阅读

“善于工作讲方法，提高效率有捷径。”办公教程可以帮助人们提高工作效率，节约学习时间，提高自己的竞争力。

以下图书内容全面，功能完备，案例丰富，帮助读者步步精通，读者学习后可以融会贯通、举一反三，致力于让读者在最短时间内掌握最有用的技能，成为办公方面的行家！

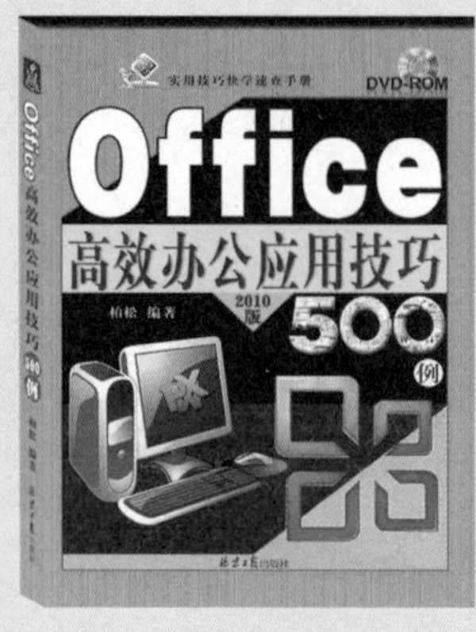

（本系列丛书在各地新华书店、书城及淘宝、天猫、京东商城均有销售）